Rechtsverordnungsersetzende Verträge unter besonderer Berücksichtigung des Umweltrechts

SCHRIFTEN
zum internationalen und zum öffentlichen
RECHT
Herausgegeben von Gilbert Gornig

Band 48

PETER LANG
Frankfurt am Main · Berlin · Bern · Bruxelles · New York · Oxford · Wien

Andreas Zühlsdorff

Rechtsverordnungs-ersetzende Verträge unter besonderer Berücksichtigung des Umweltrechts

Europäischer Verlag der Wissenschaften

Bibliografische Information Der Deutschen Bibliothek
Die Deutsche Bibliothek verzeichnet diese Publikation in der Deutschen Nationalbibliografie; detaillierte bibliografische Daten sind im Internet über <http://dnb.ddb.de> abrufbar.

Gedruckt auf alterungsbeständigem,
säurefreiem Papier.

27
ISSN 0943-173X
ISBN 3-631-50276-1

Printed in Germany 1 2 3 4 5 7

www.peterlang.de

Vorwort

Vor dem Hintergrund sowohl der dezidierten öffentlich-rechtlichen Umweltgesetze als auch der begrenzten Ressourcen der staatlichen Vollzugsgewalt hat sich der Staat immer mehr den indirekten Steuerungsinstrumenten zugewandt. Insbesondere die konsensualen Instrumente feiern derzeit Erfolge; doch sie haben auch ihre Schattenseiten.

Auf der Suche nach einem Instrument, welches die Vorzüge einer indirekten Steuerung aufweist, ihre Nachteile aber ausblendet, wird der Blick auf den öffentlich-rechtlichen Vertrag fallen: Er ist idealtypisch dafür, einen gefundenen Konsens in eine verbindliche Form umzugießen. Der öffentlich-rechtliche Vertrag wurde bisher vorwiegend auf der Normenvollzugsseite gewürdigt, während sein Einsatz als Instrument auf der konsensualen Normsetzungsseite bisher kaum untersucht worden ist. Eine solche Untersuchung hat dabei insbesondere durch den Entwurf der Unabhängigen Sachverständigenkommission zu einem Umweltgesetzbuch an Aktualität und wissenschaftlichem Interesse gewonnen.

Die vorliegende Untersuchung ist im Wintersemester 2001/02 vom Fachbereich Rechtswissenschaften der Friedrich-Schiller Universität Jena als Dissertation angenommen worden. Inhaltlich wurde sie Ende 2000 abgeschlossen; spätere Literatur konnte deshalb nur noch sporadisch berücksichtigt werden.

Die Arbeit entstand im Rahmen des Graduierten-Kollegs „Möglichkeiten privatrechtlicher und öffentlich-rechtlicher Steuerung im Europäischen und Internationalen Wirtschaftsrecht“ an der Friedrich-Schiller Universität Jena.

Mein ganz besonderer Dank gilt meinem Doktorvater, Herrn *Prof. Dr. Peter M. Huber*, der mich in der Wahl des Themas bestärkte und die Untersuchung über die gesamte Zeit mit kritischen Hinweisen und wertvollen Ratschlägen unterstützt hat.

Bei Herrn *Prof. Dr. Rolf Gröschner* bedanke ich mich für seine zügige und sorgfältige Zweitbegutachtung. Dank gebührt darüber hinaus auch Herrn *Prof. Dr. Karl M. Meessen*, der als Leiter des Graduierten-Kollegs die Infrastruktur zum Gelingen dieser Arbeit zur Verfügung gestellt hat und stets sehr hilfsbereit war.

Zudem möchte ich mich bei Herrn *Prof. Dr. Gilbert Gornig* für die Aufnahme meiner Arbeit in seine Schriftenreihe bedanken.

Erleichtert wurde die Arbeit durch ein Stipendium der Deutschen Forschungsgemeinschaft sowie die Veröffentlichung durch einem Druckkostenzuschuß der Friedrich-Schiller Universität Jena.

Schließlich möchte ich mich auch bei meinem Vater herzlich bedanken, der bereitwillig die Sisyphus-Arbeit auf sich genommen hat, das Manuskript dieser Untersuchung zu redigieren.

Widmen möchte ich dieses Buch meinen Eltern, die mich immer in jeder Form unterstützt haben.

Bonn, im Juni 2002 *Andreas Zühlsdorff*

Inhaltsverzeichnis

Abkürzungsverzeichnis

a.A.	anderer Ansicht
a.F.	alte Fassung
AbfG	Abfallgesetz
ABl.	Amtsblatt
ABl. Nr. C	Amtsblatt der EG für Rechtssachen
ABl. Nr. L	Amtsblatt der EG für Bekanntmachungen und Mitteilungen
Abs.	Absatz
AfP	Archiv für Presserecht
AG	Aktiengesellschaft
AgrarR	Agrarrecht
Alt.	Alternative
AMG	Arzneimittelgesetz
AöR	Archiv des öffentlichen Rechts
Art.	Artikel
AT	Allgemeiner Teil
AtG	Atomgesetz
BAG	Bundesarbeitsgericht
BauGB	Baugesetzbuch
Bau-MaßnahmenG	Baumaßnahmengesetz
BayNatSchG	Bayerisches Naturschutzgesetz
BayVBl.	Bayerische Verwaltungsblätter
BayVerfGH	Bayerischer Verfassungsgerichtshof
BayVGH	Bayerischer Verwaltungsgerichtshof
BB	Betriebs-Berater
BBodSchG	Bundesbodenschutzgesetz
BdgNatSchG	Brandenburger Naturschutzgesetz
BDI	Bundesverband der Deutschen Industrie
Begr.	Begründer
BGB	Bürgerliches Gesetzbuch
BGBl.	Bundesgesetzblatt
BGH	Bundesgerichtshof
BGHZ	Entscheidungen des Bundesgerichtshofs in Zivilsachen
BImSchG	Bundesimmissionsschutzgesetz
BK	Bonner Kommentar

BMU	Bundesministerium für Umwelt, Naturschutz und Reaktorsicherheit
BNatSchG	Bundesnaturschutzgesetz
BR-Drucks.	Drucksache des Deutschen Bundesrates
BSGE	Entscheidungen des Bundessozialgerichts
BT	Besonderer Teil
BT-Drucks.	Drucksache des Deutschen Bundestages
Bull.	Bulletin der Europäischen Gemeinschaft
BUND	Bund für Umwelt und Naturschutz
BVerfG	Bundesverfassungsgericht
BVerfGE	Entscheidungen des Bundesverfassungsgerichts
BVerfGG	Bundesverfassungsgerichtsgesetz
BVerwG	Bundesverwaltungsgericht
BVerwGE	Entscheidungen des Bundesverwaltungsgerichts
bzw.	beziehungsweise
ca.	circa
CD-ROM	Compact disc, read only memory
CEN	Comité Européen de Normalisation
CENELEC	Comité Européen de Normalisation Electrotechnique
CEP	Company Environmental Plan
ChemG	Chemikaliengesetz
CO_2	Kohlendioxid
d.h.	das heißt
DB	Der Betrieb
DEG	Diethylenglykol
ders.	derselbe
dies.	dieselbe(n)
DIN	Deutsches Institut für Normung
DIW	Deutsches Institut für Wirtschaftsforschung
DJT	Deutscher Juristentag
DÖV	Die öffentliche Verwaltung
DSD	Duales System Deutschland
DVBl.	Deutsche Verwaltungsblätter
DVO	Durchführungsverordnung
e.V.	eingetragener Verein
EAG	Europäische Atomgemeinschaft

EEA	Einheitliche Europäische Rechtsakte
EG	Europäische Gemeinschaft
EGKSV	Vertrag über die Gründung der Europäischen Gemeinschaft für Kohle und Stahl
EGV	Vertrag zur Gründung der Europäischen Gemeinschaft
Einf.	Einführung
EinigungsV	Einigungsvertrag
EMA	Environmental Management Act
EnergG	Energiewirtschaftsgesetz
et al.	et aliter
etc.	et cetera
EU	Europäische Union
EUDUR	Handbuch zum europäischen und deutschen Umweltrecht
EuGH	Gerichtshof der Europäischen Gemeinschaft
EuR	Europarecht
EUV	Vertrag über die Europäische Union
EuZW	Europäische Zeitung für Wirtschaftsrecht
EWG	Europäische Wirtschaftsgemeinschaft
f.	folgende
FAZ	Frankfurter Allgemeine Zeitung
FCKW	Fluor-Kohlen-Wasserstoffe
ff.	fortfolgende
Fn.	Fußnote
Frhr.	Freiherr
FS	Festschrift
GbefGG	Gesetz über die Beförderung gefährlicher Güter
GenTG	Gentechnikgesetz
GerSiG	Gerätesicherheitsgesetz
GewArch	Gewerbearchiv
GewO	Gewerbeordnung
GG	Grundgesetz
GGO II	Gemeinsame Geschäftsordnung der Bundesministerien
GmbH	Gesellschaft mit beschränkter Haftung
GOBReg	Geschäftsordnung der Bundesregierung
GRUR	Gewerblicher Rechtsschutz und Urheberrecht
GSG	Gerätesicherheitsgesetz

GWB	Gesetz gegen Wettbewerbsbeschränkungen
h.M.	herrschende Meinung
HBG	Hessisches Landesbeamtengesetz
HdbStR	Handbuch des Staatsrechts
HdbVerfR	Handbuch des Verfassungsrechts
HdUR	Handwörterbuch des Umweltrechts
HeNatG	Hessisches Naturschutzgesetz
HGB	Handelsgesetzbuch
Hrsg.	Herausgeber
IETP	Integral Environmental Target Plan
IPPC	Integrated Polution Prevention Control
IVU- Richtlinie	EG- Richtlinie über die integrierte Vermeidung und Verminderung der Umweltverschmutzung
JA	Juristische Arbeitsblätter
Jura	Juristische Ausbildung
JuS	Juristische Schulung
JZ	Juristenzeitung
KOM	Dokumente der Kommission der Europäischen Gemeinschaft
KrW-/AbfG	Kreislaufwirtschafts- und Abfallgesetz
LEG Rh-Pf	Landesenteignungsgesetz Rheinland-Pfalz
LG NW	Landschaftspflegegesetz Nordrhein-Westfalen
LPflG Rh.-Pf.	Landespflegegesetz Rheinland-Pfalz
LuftVG	Luftverkehrsgesetz
m. Anm.	mit Anmerkungen
m.w.N.	mit weiteren Nennungen
MDR	Monatszeitschrift für Deutsches Recht
NatSchG BW	Naturschutzgesetz Baden-Württemberg
NatSchG LSA	Naturschutzgesetz Sachsen-Anhalt
NatSchG M.-V.	Naturschutzgesetz Mecklenburg-Vorpommern
NatSchG SH	Landes-Naturschutzgesetz Schleswig-Holstein
NatSchGBln	Berliner Naturschutzgesetz
NdsNatSchG	Niedersächsisches Naturschutzgesetz
NEPP	National Environmental Policy Plan

NJW	Neue Juristische Wochenzeitung
No.	Number
Nr.	Nummer
NRW	Nordrhein-Westfalen
NuR	Natur und Recht
NVwZ	Neue Zeitschrift für Verwaltungsrecht
NVwZ-RR	Neue Zeitschrift für Verwaltungsrecht, Rechtsprechungs-Report
NZA	Neue Zeitschrift für Arbeitsrecht
NZS	Neue Zeitschrift für Sozialrecht
OLG	Oberlandesgericht
OVG	Oberverwaltungsgericht
PrOVGE	Entscheidungen des Preußischen Oberverwaltungsgerichts
RdE	Recht der Energiewirtschaft
Rdnr.	Randnummer
RGZ	Entscheidungen des Reichsgerichts in Zivilsachen
RL	Richtlinie
RNatSchG	Reichsnaturschutzgesetz
RVO	Reichsversicherungsordnung
S.	Seite
SächsNatSchG	Sächsisches Naturschutzgesetz
SGB	Sozialgesetzbuch
Slg.	Sammlung der Rechtssprechung des EuGH (I)
sog.	sogenannte/r/s
Sp.	Spalte
SPD	Sozialdemokratische Partei Deutschlands
SRU	Rat von Sachverständigen für Umweltfragen
StGB	Strafgesetzbuch
StrVG	Strahlenschutzvorsorgegesetz
TA	Technische Anleitung
TA-Luft	Technische Anleitung zur Reinhaltung der Luft
TarifVO	Tarifverordnung
ThürNatG	Thüringer Naturschutzgesetz
ThürVBl.	Thüringer Verwaltungsblätter

TierSchG	Tierschutzgesetz
TM	Transzendentale Meditation
TVG	Tarifvertragsgesetz
Tz.	Teilziffer
u.a.	unter anderem
UAbs.	Unterabsatz
UGB	Umweltgesetzbuch
UGB-BT	Umweltgesetzbuch, Besonderer Teil
UGB-KomE	Umweltgesetzbuch, Entwurf der Unabhängigen Sachverständigenkommission
UIG	Umweltinformationsgesetz
UmweltHG	Gesetz über die Umwelthaftung
UN	United Nations
UPR	Umwelt- und Planungsrecht
USA	Vereinigte Staaten von Amerika
usw.	und so weiter
UTR	Umwelt- und Technikrecht
UVP	Umweltverträglichkeitsprüfung
UVP- Richtlinie	EG-Richtlinie über die Umweltvertraglichkeitsprüfung
UVPG	Gesetz über die Umweltverträglichkeitsprüfung
UVP-Richtlinie	EG-Richtlinie über die Umweltverträglichkeitsprüfung
v.	vom
VBlBW	Verwaltungsblätter für Baden-Württemberg
VCI	Verband der Chemischen Industrie
VDI	Verein Deutscher Ingenieure e.V.
VerpackungsV	Verpackungsverordnung
VerwArch	Verwaltungsarchiv
VG	Verwaltungsgericht
VGH	Verwaltungsgerichtshof
Vgl.	vergleiche
VO	Verordnung
Vol.	Volume
Vorb.	Vorbemerkung
VVDStRL	Veröffentlichung der Vereinigung der Deutschen Staatsrechtslehrer
VwGO	Verwaltungsgerichtsordnung
VwVfG	Verwaltungsverfahrensgesetz

§ 1: Einleitung

I. Ausgangsproblematik

Das Gewahrwerden der „Schicksalsaufgabe Umweltschutz“[1] seit den siebziger Jahren[2] hatte das Entstehen eines neuen Rechtsgebiets[3] sowie einen enormen Arbeitseifer des Gesetzgebers zur Schaffung von Instrumenten und eines Rahmens zur Umsetzung der neuen politischen Ziele zur Folge.

Will der Staat in grundrechtlich geschützte Bereiche hineinregieren und sie lenken, bedarf er nach dem Vorbehalt des Gesetzes hierfür grundsätzlich einer gesetzlichen Grundlage. Auf Grund des hohen staatlichen Gestaltungswillens im Umweltbereich dürfen insbesondere die Juristen seitdem das stetige Anwachsen eines umweltrechtlichen Regelwerkes auf Bundes- und Landesebene zur Kenntnis nehmen. So hat sich seit 1981 *Kloepfer* der Aufgabe angenommen, eine eigenständige Loseblattsammlung „Umweltschutz“ herauszugeben, die mittlerweile aus zwei Bänden besteht.[4] Vom Bundesministerium für Umwelt, Naturschutz und Reaktorsicherheit wurden im Jahre 1995 allein auf Bundesebene 233 Gesetze, 549 Verordnungen und 498 Verwaltungsvorschriften mit umweltrechtlichen Bezügen ausfindig gemacht,[5] die angepaßt und geän-

---

[1] *Breuer*, Der Staat 20 (1981), 393; *ders.* in: Schmidt-Aßmann (Hrsg.), Besonderes Verwaltungsrecht, S. 466. Von einer „unausweichlichen Menschheitsaufgabe“ spricht *Rauschning*, VVDStRL 38 (1980), 167 (172). Dabei wird unter Umweltschutz allgemein die Gesamtheit der Maßnahmen verstanden, die zur Vermeidung und Verminderung der Umweltbelastung und –gefahren dienen. Vgl. *Hoppe/Beckmann*, Umweltrecht, § 1 Rdnr. 37.
Zur Situation der Umwelt in der EU: *Tietmann* in: EUDUR I, § 2 Rdnr. 5 ff. Zum sog. Umweltstaat vgl. *Kloepfer*, DVBl. 1994, 12 ff.

[2] Vgl. das Umweltprogramm der Bundesregierung 1971, BT-Drucks. VI/2710, S. 7.

[3] Zur Entwicklung des deutschen Umweltrechts vgl.: *Kloepfer*, Zur Geschichte des deutschen Umweltrechts; *Kloepfer/Franzius* in: UTR 27, S. 179 ff.
Obwohl Umweltrecht eine problembezogene Querschnittsaufgabe ist, läßt es sich als eigenes Rechtsgebiet kennzeichnen: Vgl. *Bender/Sparwasser/Engel*, Umweltrecht, S. 14 ff.; *Breuer* in: Schmidt-Aßmann (Hrsg.), Besonderes Verwaltungsrecht, S. 484; *ders.*, Der Staat 20 (1981), 393 (395); *Kloepfer* in: HdUR II, Sp. 2583; *ders.*, Umweltrecht, § 1 Rdnr. 59; *Sendler*, JuS 1983, 255. Im Europarecht ist dieser Querschnittscharakter ausdrücklich in Art. 6 EGV normiert. Vgl. hierzu *Huber* in: EUDUR I, § 19 Rdnr. 3.
Zu den Kerngebieten des Umweltrechts werden gezählt: Abfallrecht, Bodenschutzrecht, Gefahrenstoffrecht, Gewässerschutzrecht, Immissionsschutzrecht, Naturschutz- und Landschaftspflegerecht und das Strahlenschutzrecht.
Mittlerweile hat sich sogar eine Art von Allgemeinem Umweltrecht herausgebildet. Durch das Umweltinformationsgesetz und das Gesetz über die Umweltverträglichkeitsprüfung ist nämlich ein eigenes Umweltverfahrensrecht geschaffen worden.
Das Umweltrecht ist vorwiegend noch öffentliches Umweltrecht, was sich aus den historischen Wurzeln des Umweltrechts erklären läßt. Hierzu *Kloepfer*, Zur Geschichte des deutschen Umweltrechts, S. 100 ff.
Zum Umweltschutz durch Privatrecht vgl.: *Medicus* in: UTR 11, S. 5 ff. sowie *Kloepfer* in: UTR 11, S. 35 ff.

[4] Umweltschutz, Textsammlung des Umweltrechts der Bundesrepublik Deutschland, Loseblattsammlung (Stand der Bearbeitung: November 1999), München.

[5] Vgl. Umwelt 1995, 441.

dert werden müssen. So wurde etwa das Bundesimmissionsschutzgesetz (BImSchG) seit seinem Erlaß im Jahre 1974[6] bis heute 25 mal novelliert.[7] Daß deshalb im Umweltrecht die Rechtssetzungsformen Gesetz und Rechtsverordnung unzureichend geworden sind, ist inzwischen offenkundig:[8] Es wird bereits von einer symbolischen Gesetzgebung[9] oder aber vom Gesetz als Tagesbefehl gesprochen.[10] Das Dictum *Otto Mayers*, wonach Verfassungsrecht vergeht,[11] Verwaltungsrecht aber besteht, gilt nicht mehr. Die Halbwertzeit des Gesetzes sinkt.[12]

Eine spezielle Position in dieser Problematik nimmt die europäische Ebene ein, die in Zukunft weiter an Bedeutung gewinnen wird.[13] Auf der EU-Normebene entstehen Rechtsakte jedoch eher zufällig,[14] von einer Systematik oder Harmonie kann hier keine Rede sein, was die Arbeit mit der umweltrechtlichen Gesetzesmaterie erheblich erschwert.

Anders als der Liberalismus hat es sich der heutige Wohlfahrtsstaat zur Aufgabe gemacht, jegliche erdenkbaren Defizite zu kompensieren:[15] Die Sicherung des Gemeinwohls ist Staatsaufgabe[16] geworden.[17] Eine Tätigkeitsgrenze gibt es für den Staat nicht. Verfassungsrechtlich macht sich diese Entwicklung in der steigenden Bedeutung des Sozialstaatsprinzips sowie in der Aufnahme des neuen Staatsziels[18] zum Schutz der natürlichen Lebensgrundlage in Art. 20a GG und in den grundrechtlichen Schutz-

---

[6] Vom 15.03.1974, BGBl. I, S. 721. Zur Entwicklung des Bundes-Immissionsschutzgesetz: *Huber*, AöR 114 (1989), 252 (253 ff.).

[7] So *Storm* in: UTR 40, S. 8. *Huber*, AöR 114 (1989), 252 (257) zählt 1989 bereits zwölf Änderungen des Bundes-Immissionsschutzgesetzes.

[8] *Ossenbühl*, ZG 1997, 305 ff.; *ders.*, DVBl. 1999, 1 (2).

[9] *Becker*, DÖV 1985, 1003 (1004); *Helberg*, Selbstverpflichtungen, S. 22; *Kutscha* in: Becker-Schwarze et al. (Hrsg.), Wandel der Handlungsformen, S. 17 f.; *Schink*, ZUR 1993, 1 (5).

[10] *Brenner*, Gestaltungsauftrag der Verwaltung in der Europäischen Union, S. 207; *Erbguth*, JZ 1994, 477 (478); *Huber*, Staatswissenschaften und Staatspraxis 8 (1997), 423 (437).

[11] *Mayer*, Deutsches Verwaltungsrecht I, Vorwort.

[12] *Huber*, Staatswissenschaften und Staatspraxis 8 (1997), 423 (437).

[13] Bereits jetzt wird davon ausgegangen, daß mittlerweile ca. 80 % der deutschen Gesetz- und Verordnungsgebung auf dem Gebiet des Wirtschafts-, Sozial- und Steuerrechts europäischen Ursprungs sind. Vgl. *Böhm-Amtmann*, WiVerw 1999, 135 (136).

[14] *Rat von Sachverständigen*, Umweltgutachten 1994, Sp. 601 f.

[15] *Burmeister*, VVDStRL 52 (1993), 190 (200 ff.); *Ellwein/Hesse*, Überforderte Staat, S. 136 ff.; *Fürst* in: Ellwein/Hesse (Hrsg.), Staatswissenschaften: Vergessene Disziplin oder neue Herausforderung ? S. 292 f.; *Grimm* in: Grimm (Hrsg.), Wachsende Staatsaufgaben - sinkende Steuerungsfähigkeit des Rechts, S. 296 ff.; *ders.* in: Voigt (Hrsg.), Abschied vom Staat - Rückkehr zum Staat ? S. 45 ff.; *ders.* in: Parlamentsrecht und Parlamentspraxis, § 15 Rdnr. 7; *Hesse* in: HdbVerfR, § 1 Rdnr. 26 ff.
Kloepfer, VVDStRL 40 (1982), 63 (128) weist darauf hin, daß die gestiegenen Aufgabenbereiche hauptsächlich auf einer Anspruchsinflation des Bürgers beruhen.

[16] Zum Begriff der Staatsaufgabe vgl. *Bull*, Staatsaufgaben, S. 99 ff.; *Burgi*, Funktionale Privatisierung, S. 41 ff.; *Schulze-Fielitz* in: Grimm (Hrsg.), Wachsende Staatsaufgaben - sinkende Steuerungsfähigkeit des Rechts, S. 11 ff. sowie S. 20 ff.
Zur Staatsaufgabe Umweltrecht vgl. *Kloepfer*, DVBl. 1979, 639 ff. sowie *Rauschning/Hoppe*, VVDStRL 38 (1980), 167 ff./211 ff.

[17] *Böckenförde*, Der Staat 15 (1976), 457 (458).

[18] Durch die Grundgesetzänderung vom 26.03.1998, BGBl. I, S. 610.

pflichten bemerkbar.[19] So wird das moderne Verwaltungsrecht derzeit von polygonalen Rechtsverhältnissen, faktischen Einwirkungen und vielfältigen Bewirkungsformen mit diffusen Betroffenheitsgraden geprägt.[20] Die Folge ist nicht nur ein quantitatives Anwachsen der Staatsaufgaben, die Mehrzahl der zum klassischen Aufgabenbestand der Ordnungsbewahrung und der Gefahrenabwehr hinzukommenden Aufgaben unterscheidet sich zudem qualitativ von den bisherigen Aufgaben dadurch, daß sie zukunftbezogen und komplex sind.[21] Die Alternative der Unterteilung eines Sachverhalts in „rechtmäßig" oder „rechtswidrig" als Entscheidungsgrundlage schwindet immer mehr; eine Tendenz, die durch die sich sprunghaft entwickelnden Naturwissenschaften zusätzlich verstärkt wird: Was heute noch gilt, ist morgen bereits veraltet. Als neue Entscheidungsgrundlagen dienen nun Prävention und Prognose. Deshalb wird sowohl im Umwelt- als auch im technischen Sicherheitsrecht zunehmend vom klassischen Konzept der Gefahrenabwehr abgewichen und die staatliche Eingriffsschwelle nach „unten" zur Risikovorsorge hin gezogen.[22]

Um solche Prognoseentscheidungen treffen zu können, ist aber mehr Sachverstand nötig als früher, als es nur galt, erkennbare Gefahren abzuwehren. Diese neuen Aufgaben des Staates sperren sich imperativer Steuerung,[23] und was der Staat nicht kennt, kann er auch nicht steuern.[24] So werden derzeit Rufe nach einer Entlastung des überforderten Staates laut.[25]

Dabei war noch 1971 die öffentlich-rechtliche Welt in Ordnung: Auf der Staatsrechtslehrertagung in Regensburg zum Thema „Dogmatik des Verwaltungsrechts vor den Gegenwartsaufgaben der Verwaltung" kamen die beiden Berichterstatter *Bachof* und *Brohm* übereinstimmend zu dem Ergebnis, daß das verwaltungsrechtliche System

---

[19] Etwa: Die Wahrung des gesamtwirtschaftlichen Gleichgewichts, die Verantwortung für gleiche Bildungs- und Lebenschancen, ein funktionierendes soziales Sicherungssystem, Schutz der natürlichen Lebensgrundlagen in der Verantwortung für künftige Generationen.

[20] *Dreier*, Staatswissenschaften und Staatspraxis 4 (1993), 647 (658); *Wahl* in: Ellwein/Hesse (Hrsg.), Staatswissenschaften: Vergessene Disziplin oder neue Herausforderung ? S. 29 ff.

[21] *Depenheuer* in: Huber (Hrsg.), Kooperationsprinzip im Umweltrecht, S. 21; *Hill* in: Ellwein/Hesse (Hrsg.), Staatswissenschaften: Vergessene Disziplin oder neue Herausforderung ? S. 55 ff.
Zu den einfachen konstruierten Beziehungen zwischen Staat und gesellschaftlichen Umfeld auf denen das rechtsstaatliche Steuerungsmodell beruht vgl. *Ritter* in: Grimm (Hrsg.), Wachsende Staatsaufgaben - sinkende Steuerungsfähigkeit des Rechts, S. 70 f.

[22] Stichwort Technologiefolgenabschätzung: *Czybulka*, Die Verwaltung 26 (1993), 27 (30); *Di Fabio*, Risikoentscheidungen im Rechtsstaat, S. 3 und S. 448; *Grimm* in: Parlamentsrecht und Parlamentspraxis, § 15 Rdnr. 7; *Hill* in: Ellwein/Hesse (Hrsg.), Staatswissenschaften: Vergessene Disziplin oder neue Herausforderung ? S. 58; *Huber*, Staatswissenschaften und Staatspraxis 8 (1997), 423 (438 f.); *ders.* in: UTR 36, S. 478; *Kloepfer*, JZ 1991, 737; *Murswiek*, VVDStRL 48 (1990), 207 (210); *Preuß* in: Grimm (Hrsg.), Staatsaufgaben, S. 523 ff.; *Rehbinder* in: FS Sendler, S. 269 ff.; *Scherzberg*, VerwArch 84 (1993), 484 (490 ff.)

[23] *Grimm* in: Grimm (Hrsg.), Wachsende Staatsaufgaben - sinkende Steuerungsfähigkeit des Rechts, S. 297.

[24] So *Battis/Gusy*, Technische Normen im Baurecht, S. 299.

[25] *Ellwein/Hesse*, Überforderte Staat, S. 136 ff.; *Schulte* in: Rengeling (Hrsg.), Umweltnormung, S. 167; *Schulze-Fielitz* in: Voigt (Hrsg.), Abschied vom Staat - Rückkehr zum Staat ? S. 95 ff.; *Schuppert*, Der Staat 28 (1989), 91 ff.; *ders.*, DÖV 1995, 761 ff.

sich als elastisch genug erwiesen habe, um die Gegenwartsprobleme zu bewältigen.[26] Davon kann mittlerweile aber nicht mehr die Rede sein. Allenthalben wird vielmehr von einer Struktur- und Funktionskrise der öffentlichen Verwaltung gesprochen.[27]

II. Der steuerungstheoretische Bezugsrahmen

1. Das Gesetz als Steuerungsinstrument

Alles Recht zielt auf Wirksamkeit ab,[28] nur so kann es eine Ordnung schaffen.[29] Daher muß sich die Rechtswissenschaft auch mit den Wirksamkeitsbedingungen des Rechts beschäftigen. Für den Verfassungsstaat ist das Gesetz Auftrag und Grenze der Verwaltung[30] sowie zentrales Steuerungsmedium.[31] Allein das Gesetz befähigt den Staat, im Grundrechtsbereich mit Machtmitteln zum Schutz der Freiheit tätig zu werden. Und Gesetze können nur durch das Parlament beschlossen werden. Sie sind somit das Bindeglied zwischen Staat und Gesellschaft.[32] Es muß deshalb gewährleistet sein, daß das Volk über die demokratisch legitimierten Organe der Rechtsetzung auch wirklich gezielt Einfluß auf die gesellschaftlichen Verhältnisse nehmen kann.[33] Dazu enthält das Gesetz abstrakt-generelle, auf die Steuerung zukünftiger Handlungen bezogene Regelungen sowie eindeutig konditionale Anweisungen an die Verwaltung, die von dieser gleichbleibend und situationsunabhängig vollzogen werden.[34]

---

[26] *Bachof/Brohm*, VVDStRL 30 (1972), 193 ff./245 ff.

[27] Vgl. die Beiträge in *Blümel/Pitschas* (Hrsg.), Reform des Verwaltungsverfahrensrechts sowie *Hoffmann-Riem*, AöR 115 (1990), 400 ff.; *Pitschas*, Verwaltungsverantwortung und Verwaltungsverfahren, S. 50 ff.

[28] *Schmidt-Aßmann*, Allgemeines Verwaltungsrecht als Ordnungsidee, S. 18, *ders.*, Die Verwaltung 27 (1994), 137 (151). Insofern ist das Verwaltungsrecht auch eine Steuerungswissenschaft: Vgl. *Hoffmann-Riem* in: Hoffmann-Riem et al. (Hrsg.), Reform des Allgemeinen Verwaltungsrechts, S. 121 f.; *Schuppert* in: Hoffmann-Riem et al. (Hrsg.), Reform des Allgemeinen Verwaltungsrechts, S. 67 ff.

[29] *Kelsen*, Reine Rechtslehre, S. 32 f.; *Kirchhof*, Private Rechtsetzung, S. 31; *Rehbinder*, Einführung in die Rechtswissenschaft, S. 57 ff.

[30] *Schmidt-Aßmann* in: Hoffmann-Riem et al. (Hrsg.), Reform des Allgemeinen Verwaltungsrechts, S. 48.

[31] *Huber*, Allgemeines Verwaltungsrecht, S. 37 f.; *Trute*, DVBl. 1996, 950 (957); *Schmidt-Aßmann* in: HdbStR I, § 24 Rdnr. 21 ff.; *Schulze-Fielitz*, Theorie und Praxis parlamentarischer Gesetzgebung, S. 135 ff.

[32] *Grimm* in: Grimm (Hrsg.), Staatsaufgaben, S. 620.

[33] *Roßnagel* in: UTR 27, S. 427. Hierzu auch *Schmidt-Aßmann*, Allgemeines Verwaltungsrecht als Ordnungsidee, S. 19: „Das Verwaltungsrecht muß sich als Steuerungswissenschaft verstehen."

[34] *Hill* in: Ellwein/Hesse (Hrsg.), Staatswissenschaften: Vergessene Disziplin oder neue Herausforderung ? S. 55.

Trotz erhöhten Einsatzes des Gesetzgebers[35] im Umweltbereich bleiben die gewünschten Erfolge jedoch aus: Die steigende Zahl an Umweltnormen hat nicht auch einen erhöhten Umweltschutz zur Folge. Die Steuerungseffekte des Rechts bleiben hinter dem Steuerungszweck zurück. Mithin liegt ein Steuerungsdefizit vor: Die Steuerungskraft des Rechts nimmt dabei insbesondere im Umweltbereich ab.[36]

Eine Zusammenfassung findet diese Entwicklung im Umweltrecht in dem schlagwortartigen Begriff „Vollzugsdefizit".[37] Dieser Begriff meint, daß die mit der Umweltgesetzgebung verfolgte Intention nicht in dem erwarteten zeitlichen und materiellen Umfang realisiert werden kann.[38] Gesetzlicher Anspruch und Verwaltungswirklichkeit, „Soll" und „Ist", klaffen immer weiter auseinander. Insbesondere am Beispiel

---

[35] Zum stetig expandierenden Normierungsbedarf und „Normenflut" bereits *Scheuner*, DÖV 1960, 601 (603). Ferner: *Becker*, DÖV 1985, 1003 (1004); *Badura*, Staatsrecht, Rdnr. F 12; *Brohm*, NVwZ 1988, 794; *Eichenberger*, VVDStRL 40 (1982), 7 (15); *Hill*, ZG 1995, 82 spricht vom „motorisierten Gesetzgeber"; *ders.* in: UTR 27, S. 92; *Isensee*, ZRP 1985, 139 ff.; *Kloepfer*, VVDStRL 40 (1982), 63 (68); *Kloepfer/Elsner*, DVBl. 1996, 964 (965); *Lübbe-Wolff*, ZG 1991, 219 (220 f.); *Messerschmidt*, Gesetzgebungsermessen, S. 141; *Ossenbühl* in: HdbStR III, § 61 Rdnr. 55; *Reinhardt*, AöR 118 (1993), 617 (618) bemüht das Bild des „Ozeans zahlloser umweltrechtlicher Vorschriften"; *Rengeling*, Kooperationsprinzip, S. 162 f.; *Stern*, Staatsrecht II, S. 639; *Vogel*, JZ 1979, 321 ff.
Zu einem vergleichbaren Befund kommen *Battis/Gusy*, Technische Normen im Baurecht, S. 3 ff. auch für das Baurecht.

[36] Zur Krise des regulativen Rechts: *Becker*, DÖV 1985, 1003 ff.; *Böhm*, Normmensch, S. 6 ff.; *Czybulka*, Die Verwaltung 26 (1993), 27 (30): „Hypertrophie der Gesetzgebung"; *Dauber* in: Becker-Schwarze et al. (Hrsg.), Wandel der Handlungsformen, S. 68; *Dose*, Verhandelnde Verwaltung, S. 62 ff.; *ders.*, Die Verwaltung 27 (1994), 91 (97); *Günther* in: Grimm (Hrsg.),Wachsende Staatsaufgaben - sinkende Steuerungsfähigkeit des Rechts, S. 51 ff.; *Hesse* in: Ellwein et al. (Hrsg.), Jahrbuch zur Staats- und Verwaltungswissenschaft 1987, S. 55 ff.; *Horn*, Experimentelle Gesetzgebung, S. 16 ff.; *Hoffmann-Riem* in: Calließ/Striegwitz (Hrsg.), Um den Konsens streiten, S. 10; *Krebs*, VVDStRL 52 (1993), 248 (253); *Mayntz* in: Ellwein et al. (Hrsg.), Jahrbuch zur Staats- und Verwaltungswissenschaft 1987, S. 89 ff.; *dies.*, Staatswissenschaften und Staatspraxis 1 (1990), 283 ff.; *Ritter*, Staatswissenschaften und Staatspraxis 1 (1990), 50 ff.; *ders.* in: Grimm (Hrsg.), Wachsende Staatsaufgaben - sinkende Steuerungsfähigkeit des Rechts, S. 69 ff.; *ders.*, DÖV 1992, 641 ff.; *Schulte*, Schlichtes Verwaltungshandeln, S. 3; *Schulze-Fielitz* in: Hoffmann-Riem/Schmidt-Aßmann (Hrsg.), Konfliktbewältigung durch Verhandlungen II, S. 56; *Schuppert* in: Ellwein/Hesse (Hrsg.), Staatswissenschaften: Vergessene Disziplin oder neue Herausforderung ? S. 73 ff.; *ders.* in: Grimm (Hrsg.),Wachsende Staatsaufgaben - sinkende Steuerungsfähigkeit des Rechts, S. 217 ff.; *Thieme*, DÖV 1990, 1051 ff.; *Trute* in: Schuppert (Hrsg.), Jenseits von Privatisierung und „schlankem" Staat, S. 15 ff.

[37] Mittlerweile ein wissenschaftliches Dauerthema. Vgl. zum Beispiel: *Battis/Gusy*, Technische Normen im Baurecht, S. 12 ff.; *Becker*, DÖV 1985, 1003; *Beyer*, Instrumente des Umweltschutzes, S. 197; *Bohne*, Informale Rechtsstaat, S. 20 ff.; *Breuer* in: Hoffmann-Riem/Schmidt-Aßmann (Hrsg.), Konfliktbewältigung durch Verhandlungen I, S. 232 f.; *Eberle*, Die Verwaltung 17 (1984), 439; *Hoffmann-Riem*, AöR 115 (1990), 400 (404); *ders.* in: Calließ/Striegwitz (Hrsg.), Um den Konsens streiten, S. 12; *Hoppe*, VVDStRL 38 (1980), 211 (216 f.); *Hucke/Wollmann* in: HdUR II, Sp. 2694 ff.; *Lübbe-Wolff*, NuR 1993, 217 ff.; *Mayntz/Hucke*, ZfU 1978, 217 (218); *Rat von Sachverständigen*, Umweltgutachten 1978, Tz. 1521 ff.; *dies.* (Hrsg.), Vollzugsprobleme der Umweltpolitik; *Schink*, ZUR 1993, 1 ff.; *Schmidt*, Einführung in das Umweltrecht, S. 41; *Ule/Laubinger* in: 52. DJT I, Gutachten B, S. 13 ff.
Zur europäischen Dimension: *Mentzinis*, Durchführbarkeit des europäischen Umweltrechts, S. 1 ff.

[38] *Hucke/Wollmann* in: HdUR II, Sp. 2694 f.

des Umweltrechts wird damit deutlich, daß die Frage nach der Steuerung durch den Staat in das öffentliche Recht getragen worden ist.[39]

Der Begriff der Steuerung wird in den Sozialwissenschaften in unterschiedlicher Bedeutung für alle Formen sozialer Handlungskoordination benutzt.[40] In juristischen Arbeiten wird Steuerung dagegen eng begrenzt verstanden und zumeist definiert als zielgerichtete Intervention des Staates in die gesellschaftliche Umwelt.[41] Dabei wird zwischen Steuerungssubjekt: Gesetzgeber, einem Steuerungsziel, einem Steuerungsobjekt: Verwaltung sowie einem Steuerungsinstrument[42] unterschieden.

Der Bezugspunkt für die staatliche Steuerung ist das Gemeinwohl. Nach konservativem Verständnis steht das Gemeinwohl zu Beginn der politischen Diskussion auf Grund einer vorgegebenen Ordnung fest.[43] So ging die Staatsrechtslehre[44] in den Anfängen der Bundesrepublik noch von einem aus der Verfassungsgeschichte überlieferten unüberbrückbaren Gegensatz von Staat und Gesellschaft aus:[45] Nur ein starker Staat sei als Hort des Gemeinwohls in der Lage, die widerstreitenden Partikularinteressen in der Gesellschaft zu zügeln.

Auf der anderen Seite galt es, den Staat mit Hilfe der Grundrechte in Schach zu halten, um die Freiheiten des Einzelnen zu sichern. Ein Staat, der allzusehr mit der Gesellschaft verflochten ist, drohe im Pluralismus der Interessenverbände zum Selbstbedienungsladen desjenigen zu werden, der seine Interessen am besten vertreten könne. Mithin galt die Dichotomie zwischen Staat und Gesellschaft als wesentliches freiheitsstiftendes Element.

---

[39] *Schmidt-Aßmann* in: Biernat et al. (Hrsg.), Grundfragen des Verwaltungsrechts und der Privatisierung, S. 28.

[40] *Hoffmann-Riem* in: Hoffmann-Riem et al. (Hrsg.), Reform des Allgemeinen Verwaltungsrechts, S. 19; *Mayntz* in: Ellwein et al. (Hrsg.), Jahrbuch zur Staats- und Verwaltungswissenschaft 1987, S. 92; *Schuppert* in: Hoffmann-Riem et al. (Hrsg.), Reform des Allgemeinen Verwaltungsrecht, S. 67 ff.

[41] *Finckh*, Regulierte Selbstregulierung, S. 32; *Schuppert* in: Hoffmann-Riem/Schmidt-Aßmann (Hrsg.), Reform des Allgemeinen Verwaltungsrechts, S. 68.
Kritisch zur Konturenlosigkeit des Begriffs der Steuerung: *Mayntz* in: Ellwein et al. (Hrsg.), Jahrbuch zur Staats- und Verwaltungswissenschaft 1987, S. 91 ff.
Di Fabio, VVDStRL 56 (1997), 235 (237) weist darauf hin, daß der Begriff der Steuerung als gesellschaftswissenschaftlicher Import wegen der Behandlung der Menschen als Steuerungsobjekte in der Rechtswissenschaft immer schon suspekt gewesen ist.

[42] Instrumente im Umweltbereich bezwecken eine Verhaltenssteuerung zur Verwirklichung der Umweltziele. Vgl. *Bender/Sparwasser/Engel*, Umweltrecht, S. 37 ff.; *Breuer* in: Schmidt-Aßmann (Hrsg.), Besonderes Verwaltungsrecht, S. 501 ff.; *Hartkopf/Bohne*, Umweltpolitik 1, S. 172 ff.; *Kettler*, JuS 1994, 909 ff.; *Kloepfer*, Umweltrecht, § 5 Rdnr. 1 ff.; *ders.* in: König/Dose (Hrsg.), Instrumente und Formen staatlichen Handelns, S. 329 ff.; *ders.*, JZ 1991, 737 ff.; *von Lersner*, Verwaltungsrechtliche Instrumente des Umweltschutzes, S. 11 ff.; *Lübbe-Wolff*, NVwZ 2001, 481 ff.
Die Vorstellung, daß das Recht bloße instrumentelle Funktion hat, ist erst seit dem 19. Jahrhundert überwiegendes Verständnis. Vgl. *Franzius*, Instrumente indirekter Verhaltenssteuerung, S. 18 ff.

[43] *Voigt* in: Voigt (Hrsg.), Kooperative Staat, S. 35.

[44] Insbesondere *Dürig*, VVDStRL 29 (1971), 126 f. warnt: „Wenn Staat und Gesellschaft deckungsgleich werden, dann gehen mal wieder die Lichter aus.“ Siehe auch: *Böckenförde*, Verfassungstheoretische Unterscheidung von Staat und Gesellschaft; *Burgi*, Funktionale Privatisierung, S. 22; *Bull*, Staatsaufgaben, S. 68 ff.; *Forsthoff*, Staat der Industriegesellschaft, S. 21.

[45] Zur Neubestimmung vgl. etwa *Hennecke* in: UTR 49, S. 7 ff.; *Rupp* in: HdbStR I, § 28 Rdnr. 25 ff.

2. Direkte Steuerungsinstrumente

Das aus dem Sonderordnungsrecht und dem Polizeirecht entwickelte Umweltrecht[46] ist wie das Verwaltungsrecht allgemein durch ordnungsrechtliche Instrumentarien geprägt. Das Kennzeichen der ordnungsrechtlichen Instrumente besteht in einem imperativen Vorgehen des Staates gegenüber privatem Handeln.[47] Mit gesetzlich vorgegebenen Ge- und Verboten wird das Verhalten der Normadressaten unmittelbar beeinflußt. Das kann abstrakt-generell oder durch Einzelfallregelungen geschehen. Es handelt sich dabei um sogenannte direkte Instrumente[48] zur Verhaltenssteuerung, die ihren Adressaten ein bestimmtes Handeln, Dulden oder Unterlassen zwingend vorgeben. Die Adressaten haben nur die Möglichkeit, sich dem in der Anordnung liegenden Befehl zu beugen oder ihre Tätigkeit aufzugeben; denn die Erfüllung der Anordnung kann mit Zwangsmitteln durchgesetzt, ihre Nichterfüllung kann sanktioniert werden. Direkte Steuerungsinstrumente für den Umweltbereich sind: Administrative Kontrollinstrumente, gesetzliche Ge- oder Verbote sowie individuelle Umweltpflichten.

3. Der Steuerungspessimismus

Das rechtsstaatliche Steuerungsmodell beruht zunächst auf einer bestimmten Anzahl von einfach konstruierten Beziehungen zwischen Staat und Gesellschaft. *Ritter*[49] faßt diese wie folgt zusammen:

- Der Staat trifft auf ein relativ einfach strukturiertes gesellschaftliches Umfeld. Folglich kann er sich auf wenige Aufgaben konzentrieren.
- Die Wirkungskette der einseitig-hoheitlichen Maßnahmen ist kurz.
- Das gesellschaftliche Umfeld ist konstant.
- Der Staat verfügt über alle erheblichen Informationen.
- Die einseitig-hoheitliche Lage ist für sich alleine in der Lage, Widerstand zu brechen.
- Die Verwaltung bildet eine Einheit.

---

[46] Vgl. etwa *Bender/Sparwasser/Engel*, Umweltrecht, S. 50; *Breuer*, Verwaltungsrechtliche Prinzipien und Instrumente, S. 13; *Ronellenfitsch*, Selbstverantwortung und Deregulierung, S. 11 ff.

[47] *Lübbe-Wolff*, NVwZ 2001, 481.

[48] Vgl.: *Bender/Sparwasser/Engel*, Umweltrecht, S. 42 ff.; *Breuer*, Verwaltungsrechtliche Prinzipien und Instrumente, S. 13 ff.; *Fürst* in: Ellwein/Hesse (Hrsg.), Staatswissenschaften: Vergessene Disziplin oder neue Herausforderung ? S. 291 ff.; *Gawel*, Die Verwaltung 28 (1995), 201 ff.; *Hoppe/Beckmann*, Umweltrecht, § 8 Rdnr. 1 ff.; *Kettler*, JuS 1994, 826 ff.; *Kloepfer* in: König/Dose (Hrsg.), Instrumente und Formen staatlichen Handelns, S. 329 ff.; *ders.*, JZ 1991, 737 ff.; *ders.*, Umweltrecht, § 5 Rdnr. 1 ff.; *ders.* in: UTR 3, S. 3 ff.; *Krämer* in: EUDUR I, § 15 Rdnr. 1; *von Lersner*, Verwaltungsrechtliche Instrumente des Umweltschutzes, S. 11 ff.
Auch dem UGB-KomE liegt die Unterteilung in direkte/indirekte Instrumente zugrunde.

[49] *Ritter*, AöR 104 (1979), 389 (390 f.); *ders.* in: Grimm (Hrsg.), Wachsende Staatsaufgaben - sinkende Steuerungsfähigkeit des Rechts, S. 70 f.

Es liegt auf der Hand, daß keine dieser Voraussetzungen in der heutigen komplexen Gesellschaft noch vorliegt, wobei Komplexität in diesem Zusammenhang hier bedeutet:[50]

- Eine Vielzahl von Faktoren, die das Leben des Einzelnen oder gesellschaftliche Vorgänge beeinflussen.
- Ein dichtes Geflecht von Wechselwirkungen zwischen den Faktoren.
- Unübersichtliche Zusammenhänge in dem Geflecht sowohl in quantitativer als auch in räumlich-zeitlicher Hinsicht.

Auf Grund der Komplexität und der daraus resultierenden Wirkzusammenhänge innerhalb der Gesellschaft können die Folgen eines Handelns nicht abgesehen werden, da eine Vielzahl von unerwarteten Ergebnissen daraus folgen kann. Deshalb geht mit der Komplexität die Kontingenz Hand in Hand. Wachsende Komplexität und Kontingenz führen aber zu einem stetig steigenden Bedarf an Informationen. Die Fähigkeit des Staates, diese gesellschaftliche Wirklichkeit im Wege von Rechtsnormen zu gestalten, wird daher vor allem in der sozialwissenschaftlichen Diskussion um Regierbarkeit, Steuerung und Neokorporatismus bereits seit einigen Jahren thematisiert.[51] Insbesondere die sogenannte Implementationsforschung befaßt sich mit der Fragestellung, aus welchen Gründen politische Programme nicht den gewünschten Erfolg erzielen.[52]

Nach den fehlgeschlagenen Reformen der sechziger und siebziger Jahre[53] ist der Glaube an die Machbarkeit und Planung gesellschaftlicher Lebensbereiche umgeschlagen. Nunmehr wird, vorwiegend von den Vertretern der Systemtheorie, ein Steuerungspessimismus[54] betrieben, nach dem eine gesetzliche Steuerung nur unter den Anfangsbedingungen des Rechtsstaats im 19. Jahrhundert möglich gewesen ist, als die überschaubare Gesellschaft noch von einem Wertegrundkonsens getragen wurde. Namentlich *Luhmann* ist hier als prominentester Vertreter dieser Theorie zu nennen.[55]

Die heutige Gesellschaft hingegen ist komplexer und weist eine Vielfalt an Werten auf. Abstrakte Regeln können diese vielen speziellen und differenzierten Sachverhalte nicht mehr erfassen. Flexible Lösungen sind ausgeschlossen. Zu den heute weitgehend

---

50 *Ritter* in: Grimm (Hrsg.), Wachsende Staatsaufgaben - sinkende Steuerungsfähigkeit des Rechts, S. 71.

51 Etwa *Czada* in: Streeck (Hrsg.), Staat und Verbände, S. 37 ff.; *Grimm* in: Parlamentsrecht und Parlamentspraxis, § 15 Rdnr. 10; *Mayntz/Scharpf* (Hrsg.), Gesellschaftliche Selbstregulierung und politische Steuerung. Die Sozialwissenschaften haben sich als „pacemaker" an die Spitze der Steuerungsdiskussion gestellt. Kritisch zu dieser Entwicklung: *Schulte* in: Rengeling (Hrsg.), Umweltnormung, S. 167.

52 Vgl. *Hoffmann-Riem* in: Hoffmann-Riem et al. (Hrsg.), Reform des Allgemeinen Verwaltungsrechts, S. 121; *Mayntz* in: Mayntz (Hrsg.), Implementation politischer Programme I, S. 236; *dies.* in: Ellwein et al. (Hrsg.), Jahrbuch zur Staats- und Verwaltungswissenschaft 1987, S. 95 ff.

53 Sog. Planungsdiskussion. Hierzu: *Luhmann*, Politische Planung, S. 66 ff.; *Mayntz* in: Mayntz/Scharpf (Hrsg.), Planungsorganisation, S. 91 ff.

54 So *Nahamowitz*, Staatsinterventionismus und Recht, S. 336; *Offe* in: Ellwein et al. (Hrsg.), Jahrbuch zur Staats- und Verwaltungswissenschaft 1987, S. 310.

55 Etwa *Luhmann*, Einführung in die Rechtssoziologie, S. 339.

anerkannten Schwierigkeiten staatlicher Gestaltung gehört daher die Komplexität der modernen Industriegesellschaft, die rationale staatliche Entscheidungen auf der Grundlage vollständiger Information zur Ausnahme macht.[56] Qualität und Quantität der Staatsaufgaben sind entsprechend gewachsen.

Daraus folgern nun die Vertreter der Systemtheorie, den Gesetzen generell eine Steuerungsfähigkeit abzusprechen,[57] womit der Staat entzaubert sei.[58] Die Sozialwissenschaftler haben zu Beginn der 80er Jahre die in den Naturwissenschaften entwickelten „Selbstorganisationsansätze" für lebende Systeme, wie zum Beispiel Nervenzellen, aufgegriffen, zu einer Theorie selbstreferentieller Systeme weiterentwickelt und auf den sozialen Bereich angewendet.[59]

Der Ausgangspunkt dieser Theorie ist das Systemkonzept. Es besagt, daß die Systeme in sich geschlossene, organisierte Ganzheiten sind, die sich klar von ihrer Umwelt abgrenzen. Diese Systemtheorie beruht auf der Vorstellung, daß sich komplexe Gesellschaften in verschiedene funktional spezialisierte Subsysteme unterteilen, wobei jedes Subsystem auf seinem eigenen binären Code beruht. Die Systeme sind operativ geschlossen, grundsätzlich gleichgeordnet und für die anderen Systeme intransparent: „Black box" -Problematik. Anderen Teilsystemen gelingt es nicht mehr, ihre Interessen in anderen Systemen geltend zu machen.[60] Die einzelnen Systeme sind nur noch in der Lage, sich selber zu steuern.[61] Eine direkte gezielte Außensteuerung ist nicht mehr möglich. In Bezug auf das Recht ergibt sich daraus, daß das Recht nicht (mehr) in der Lage ist, die Vielzahl der Systeme zu steuern.

4. Die „Rückkehr" der Staates in der Gestalt des kooperativen und informellen Staates

Die Rechtswissenschaft hat sich jedoch nicht sonderlich von dieser sozialwissenschaftlichen Diskussion beeindrucken lassen,[62] in der die Formenvielfalt der rechtli-

---

[56] *Ritter* in: Grimm (Hrsg.), Wachsende Staatsaufgaben - sinkende Steuerungsfähigkeit des Rechts, S. 72.

[57] Vgl. etwa *Luhmann*, Recht der Gesellschaft, S. 38 ff.; *ders.*, Einführung in die Rechtssoziologie, S. 354 ff.; *Teubner*, Recht als autopoietisches System, S. 21 ff.; *Willke*, Systemtheorie I, S. 214 ff.; *ders.*, Systemtheorie entwickelter Gesellschaften, S. 44. Die Diskussion ist nachgezeichnet bei: *Mayntz* in: Ellwein et al. (Hrsg.), Jahrbuch zur Staats- und Verwaltungswissenschaft 1987, S. 95 ff. Einführend in die Thematik: *Smid*, JuS 1986, 513 ff.

[58] *Willke*, Entzauberung des Staates.

[59] Siehe *Teubner*, Archiv für Rechts- und Sozialphilosophie 68 (1982), 13 ff.; *Willke*, Entzauberung des Staates; *ders.*, Systemtheorie I.; *ders.* in: Glagow (Hrsg.), Gesellschaftssteuerung zwischen Korporatismus und Subsidiarität, S. 299 ff.
Kritisch: *Habermas*, Faktizität und Geltung, S. 70 ff.; *Nahamowitz*, Staatsinterventionismus und Recht, S. 348 ff.; *Ritter* in: Grimm (Hrsg.), Wachsende Staatsaufgaben – sinkende Steuerungsfähigkeit des Rechts; S. 87 f.; *Schmidt-Aßmann*, Allgemeines Verwaltungsrecht als Ordnungsidee, S. 19; *Schmidt*, VerwArch 91 (2000), 149 (152); *Schuppert* in: Grimm (Hrsg.), Wachsende Staatsaufgaben – sinkende Steuerungsfähigkeit des Rechts, S. 244.
Luhmann, ZfRSoz 1991, 142 ff. scheint selber zum Schluß nicht mehr von der Systemtheorie überzeugt zu sein.

[60] *Mayntz* in: Mayntz et al. (Hrsg.), Differenzierung und Verselbständigung, S. 36.

[61] *Luhmann*, Wirtschaft der Gesellschaft, S. 334 ff.

[62] Vgl. *Schmidt-Preuß*, VVDStRL 56 (1997), 160 (170).

chen Steuerung beurteilt wird.[63] Mittlerweile wird sogar auch in der Steuerungswissenschaft wieder von einer „Rückkehr des Staates“[64] oder der „Re-Etatisierung“ gesprochen. Und zwar kehrt der Staat im Gewand des kooperativen und informellen Staates zurück.[65] Denn auch wenn die Ursachen für das Vollzugsdefizit vielfältig sind, wird als Auslöser neben unzureichenden Entscheidungsgrundlagen, unzureichender Verwaltungsorganisation sowie unzureichenden Verwaltungsmitteln immer wieder auch das mangelhafte Handlungsinstrumentarium der Verwaltung genannt.[66]

Als Konsequenz dieser Befunde sind Kooperation,[67] Privatisierung[68] und informales Verwaltungshandeln[69] als die charakteristischen Stichworte für die verwaltungsrechtli-

---

[63] *Schmidt-Aßmann*, Die Verwaltung 27 (1994), 137 (153); *Schulze-Fielitz* in: Voigt (Hrsg.), Abschied vom Staat - Rückkehr zum Staat ? S. 117; *Schuppert* in: Grimm (Hrsg.), Wachsende Staatsaufgaben - sinkende Steuerungsfähigkeit des Rechts, S. 231 ff.; *ders.* in: Hoffmann-Riem et al. (Hrsg.), Reform des Allgemeinen Verwaltungsrechts, S. 93 ff.

[64] Vgl. *Ladeur*, Die Verwaltung 26 (1993), 137 ff.; *Schuppert*, Der Staat 28 (1989), 91 ff.; *ders.*, DÖV 1995, 761 ff.; *Treutner*, Kooperativer Rechtsstaat; *Voigt* in: Voigt (Hrsg.), Abschied vom Staat - Rückkehr zum Staat ? S. 9: „Der Staat ist tot – es lebe der Staat !“

[65] *Bohne*, Informale Rechtsstaat; *Hesse* in: Hoffmann-Riem/Schmidt-Aßmann (Hrsg.), Konfliktbewältigung durch Verhandlungen I, S. 97; *Ritter*, AöR 104 (1979), 389 ff.; *ders.*, DÖV 1992, 641 (645 f.); *Voigt* (Hrsg.), Kooperative Staat; *Wolf* in: Hoffmann-Riem/Schmidt-Aßmann (Hrsg.), Konfliktbewältigung durch Verhandlungen II, S. 132 ff.

[66] *Battis/Gusy*, Technische Normen im Baurecht, S. 14 f.; *Becker*, DÖV 1985, 1003 ff.; *Dempfle*, Normvertretende Absprachen, S. 28; *Eichenberger/Kloepfer*, VVDStRL 40 (1982), 15 ff./68 ff.; *Grüter*, Umweltrecht und Kooperationsprinzip, S. 49; *Hoffmann-Riem* in: Hoffmann-Riem et al. (Hrsg.), Reform des Allgemeinen Verwaltungsrechts, S. 121; *Hoppe*, VVDStRL 38 (1980), 243 f.; *Kloepfer*, DVBl. 1979, 639 (644).

[67] *Benz*, Kooperative Verwaltung; *Bulling*, DÖV 1989, 277 ff.; *Dose*, Verhandelnde Verwaltung; *Dose/Voigt* (Hrsg.), Kooperatives Recht; *Dreier*, Staatswissenschaften und Staatspraxis 4 (1993), 647 (650); *Grziwotz*, JuS 1998, 807 f.; *Gusy*, ZfU 2001, 1 ff.; *Krebs*, DÖV 1989, 969 ff.; *Ritter*, AöR 104 (1979), 389 ff.; *ders.* in: Grimm (Hrsg.), Wachsende Staatsaufgaben - sinkende Steuerungsfähigkeit des Rechts, S. 73 ff.; *ders.*, Staatswissenschaften und Staatspraxis 1 (1990), 50 ff.; *Röhl*, Die Verwaltung 29 (1996), 487 ff.; *Schneider*, VerwArch 87 (1996), 38 ff.; *Schulze-Fielitz* in: Dose/Voigt (Hrsg.), Kooperatives Recht, S. 225 ff.; *Trute* in: UTR 48, S. 13 ff.; *von Wedemeyer*, Kooperation statt Vollzug im Umweltrecht.
Zum kooperativen Verwaltungshandeln bereits im 19. Jahrhundert: *Ellwein* in: Dose/Voigt (Hrsg.), Kooperatives Recht, S. 43 ff.; *Song*, Kooperatives Verwaltungshandeln durch Absprachen und Verträge beim Vollzug, S. 24 ff.

[68] Zur Privatisierungsdebatte und dem damit verbundenen „Rückzug“ des Staates: *Ambrosius*, Staatswissenschaften und Staatspraxis 5 (1994), 415 ff.; *Bauer*, DÖV 1998, 89 ff.; *Benz*, Die Verwaltung 28 (1995), 337 ff.; *Bull*, VerwArch 86 (1995), 621 ff.; *Burgi*, Funktionale Privatisierung und Verwaltungshilfe; *ders.*, Die Verwaltung 33 (2000), 183 ff.; *Di Fabio*, JZ 1999, 585 ff.; *Erbguth*, UPR 1995, 396 ff.; *Finckh*, Regulierte Selbstregulierung, S. 99 ff.; *Hengstschläger/Osterloh/Bauer/Jaag*, VVDStRL 54 (1995), 167 ff./204 ff./243 ff./287 ff.; *Huber*, DVBl. 1999, 485 ff.; *ders.*, Staatswissenschaften und Staatspraxis 8 (1992), 423 ff.; *ders.*, Allgemeines Verwaltungsrecht, S. 164 ff.; *Gramm*, Privatisierung und notwendige Staatsaufgaben; *Gusy* (Hrsg.), Privatisierung von Staatsaufgaben; *Kahl*, DVBl. 1995, 1327 ff.; *König*, VerwArch 79 (1988), 241 ff.; *Krölls*, GewArch 1995, 129 ff.; *Lecheler*, BayVBl. 1994, 555 f.; *Lee*, Privatisierung als Rechtsproblem; *Peine*, DÖV 1997, 353 ff.; *Schmidt*, Die Verwaltung 28 (1995), 281 ff.; *Schneider*, VerwArch 87 (1996), 38 ff.; *Schoch*, DÖV 1993, 125 ff.; *ders.*, DVBl. 1994, 962 ff.; *Schuppert*, Staatswissenschaften und Staatspraxis 5 (1994), 541 ff.; *ders.*, DÖV 1995, 16 ff.; *Seidel*, Privater Sachverstand; *Stober*, DÖV 1995, 125 ff.; *Wieland*, Die Verwaltung 28 (1995), 315 ff.

che Diskussion der letzten Jahre in den Vordergrund getreten.[70] Zusammengefaßt werden diese Phänomene im Begriff der Verantwortungsteilung,[71] für die der neue Vorhaben- und Erschließungsplan gemäß § 12 BauGB ein anschauliches Beispiel bietet: In ihm treffen Verfahrensprivatisierung,[72] kooperatives Verwaltungshandeln sowie die Verrechtlichung des informalen Verwaltungshandelns auf einander.[73]

5. Die Instrumente des indirekten Verwaltungshandelns

Der Staat zieht es nun manchmal vor zu paktieren, statt nur zu normieren:[74] Denn insbesondere bei regulativer Politik wirken sich die Komplexität und die unvollständige Informationsgrundlage der staatlichen Entscheidungsträger aus. Ebenso hat ein

---

Zum in diesem Zusammenhang selten beachteten „Einflußknick" in der Privatisierungsdebatte vgl. *Huber* in: UTR 48, S. 218 ff.; *ders.*, DVBl. 1999, 485 (495).

69 *Arnold*, VerwArch 80 (1989), 125 ff.; *Bauer*, VerwArch 78 (1987), 241 ff.; *Becker*, DÖV 1985, 1003 ff.; *Benz*, Die Verwaltung 23 (1990), 83 ff.; *Beyer*, Instrumente des Umweltschutzes, S. 113 ff.; *Beyerlin*, NJW 1987, 2713 ff.; *Bohne*, Informale Rechtsstaat; *ders.*, VerwArch 75 (1984), 343 ff.; *ders.* in: HdUR I, Sp. 1046 ff.; *ders.* in: Gesellschaft für Umweltrecht, S. 97 ff.; *Brohm*, DVBl. 1990, 321 ff.; *ders.*, NVwZ 1991 1025 ff.; *ders.*, DVBl. 1994, 133 ff.; *Bulling*, DÖV 1989, 277f.; *Bussfeld* in: Hill (Hrsg.), Verwaltungshandeln durch Verträge und Absprachen, S. 39 ff.; *Dauber* in: Becker-Schwarze et al. (Hrsg.), Wandel der Handlungsformen, S. 67 ff.; *Di Fabio*, VerwArch 81 (1990), 193 ff.; *Dreier*, Staatswissenschaften und Staatspraxis 4 (1993), 647 ff.; *Eberle*, Die Verwaltung 17 (1984), 439 ff.; *Gramm*, Der Staat 30 (1991), 51 ff.; *Gröschner*, DVBl. 1990, 619 ff.; *Grüter*, Umweltrecht und Kooperationsprinzip, S. 59 ff.; *Henneke*, NuR 1991, 267 ff.; *Heintzen*, VerwArch 81 (1990), 532 ff.; *Heinz*, DVBl. 1989, 752 ff.; *Hill*, DÖV 1987, 885 ff.; *Hoffmann-Riem*, VVDStRL 40 (1982), 187 ff.; *Holznagel*, DVBl. 1990, 569 ff.; *Kaiser*, NJW 1971, 585 ff.; *Kirchhof* in: HdbStR III, § 59 Rdnr. 250 ff.; *Kloepfer* in: Coing (Hrsg.), Japanisierung des westlichen Rechts, S. 83 ff.; *ders.*, JZ 1991, 737; *Krebs*, DÖV 1989, 969 ff.; *Kunig*, DVBl. 1992, 1193 ff.; *Kunig/Rublack*, Jura 1990, 1 ff.; *Lecheler*, BayVBl. 1992, 545 ff.; *Lübbe-Wolff*, NJW 1987, 270 ff.; *Müggenborg*, NVwZ 1990, 909 ff.; *Oldiges*, WiR 1973, 1 ff.; *Ossenbühl*, Umweltpflege durch behördliche Warnungen; *ders.* in: UTR 3, S. 27 ff.; *Schoch*, DVBl. 1991, 667 ff.; *Schulte*, DVBl. 1988, 512 ff.; *Schulze-Fielitz*, Informale Verfassungsstaat; *Sodan*, DÖV 1987, 858 ff.; *Tokiyasu*, NVwZ 1994, 133 ff.; *von Wedemeyer*, Kooperation statt Vollzug im Umweltrecht, S. 13 ff.; *Würtenberger*, NJW 1991, 257 ff.

70 *Fluck/Schmitt*, VerwArch 89 (1998), 220 (253); *Huber*, DVBl. 1999, 489 ff.; *Schmidt*, VerwArch 91 (2000), 149 (151); *Schmidt-Preuß*, VVDStRL 56 (1997), 160 (169). Kritisch *Breuer* in: Hoffmann-Riem/Schmidt-Aßmann (Hrsg.), Konfliktbewältigung durch Verhandlungen I, S. 234: „Den Verhandlungslösungen gebührt im deutschen Umweltschutzrecht nicht die Rolle eines dominierenden Hauptinstruments."

71 Vgl. *Trute* in: Schuppert (Hrsg.), Jenseits von Privatisierung und „schlankem" Staat, S. 14 sowie *Voßkuhle* in: Schuppert (Hrsg.), Jenseits von Privatisierung und „schlankem" Staat, S. 52 ff.

72 Grundsätzlich wird zwischen formaler (Organisationsprivatisierung) und materieller (Aufgabenprivatisierung) Privatisierung unterschieden. Während bei der formellen Privatisierung eine staatliche Aufgabe weiterhin vom Staat unter Nutzung privatrechtlicher Rechtsform erfüllt wird, wird bei der materiellen Privatisierung die Aufgabe Privaten im materiellen Sinne übertragen. Vgl. *Huber*, Allgemeines Verwaltungsrecht, S. 165 ff.; *Seidel*, Privater Sachverstand, S. 17 ff.

73 *Möller*, VerwArch 90 (1999), 187 (194). Siehe hierzu auch *Grigoleit*, Der Staat 33 (2000), 79 ff.; *Kahl*, DÖV 2000, 793 ff.; *Quaas* in: Schrödter, BauGB, § 12 Rdnr. 5.

74 *Kloepfer*, Umweltrecht, § 5 Rdnr. 189.

Wandel der Handlungsformen der staatlichen Steuerung stattgefunden,[75] und was von den Sozialwissenschaftlern als größtes Problem einer staatlichen Steuerung ausgemacht worden war, ist nun paradoxerweise deren größte Stärke: Die gesellschaftliche Selbststeuerung[76] wird dazu genutzt, die staatlichen Steuerungskapazitäten zu schonen.[77] Auf ein erwünschtes Verhalten wird von Seiten des Staates also nur hingewirkt, ohne es zu gebieten; das erwünschte Verhalten soll allein durch indirektes, mittelbares und kooperatives Einwirken erzielt werden.[78] Statt Ge- oder Verbote setzt der Staat auf finanzielle oder sonstige Anreize, mit denen er auf die autonome Willensbildung der Bürger einzuwirken versucht.[79] Die Anreize werden gegen ein staatlich gewünschtes Verhalten getauscht.[80] Somit verbleibt dem Bürger grundsätzlich die Wahl, ob er dem Anreiz folgen will oder nicht. Daher spricht man hier von Instrumenten indirekter Verhaltenssteuerung.[81]

Zu diesen indirekten Instrumenten gehören so unterschiedliche Instrumente wie etwa Warnungen, Informationszugänge, Absprachen, Duldungen, Abgaben, Subventionen oder Umweltauditierung. Diesen Instrumenten der indirekten Verhaltenssteuerung liegen regelmäßig eine politische Idee sowie die Bewertung eines empirischen Befundes zugrunde.[82]

Insbesondere dem relativ jungen Umweltrecht als innovativstem Gebiet des öffentlichen Rechts[83] wird hier die Rolle als „Laboratorium der Gesamtrechtsordnung“[84] und „Experimentierfeld des Verwaltungsrechts“[85] zuteil, denn Veränderungen der Umweltsituation oder neue wissenschaftliche Erkenntnisse im Umweltbereich sind zahlreich und machen deshalb häufige Änderungen auch des Regelungsgegenstandes erforderlich. Zudem zwingen auftretende Fallkonstellationen und Problemstellungen

---

75 Zum Formenwandel: *Becker-Schwarze* et al. (Hrsg.), Wandel der Handlungsformen; *Fürst* in: Ellwein/Hesse (Hrsg.), Staatswissenschaften: Vergessene Disziplin oder neue Herausforderung ? S. 293; *Schulze-Fielitz* in: Voigt (Hrsg.), Abschied vom Staat - Rückkehr zum Staat ? S. 96 ff.; *Trute* in: Schuppert (Hrsg.), Jenseits von Privatisierung und „schlankem“ Staat, S. 19; *ders.* in: UTR 48, S. 15; *Wolf* in: Hoffmann-Riem/Schmidt-Aßmann (Hrsg.), Konfliktbewältigung durch Verhandlungen II, S. 132.

76 Oder neudeutsch „private government“.

77 *Trute* in: Schuppert (Hrsg.), Jenseits von Privatisierung und „schlankem“ Staat, S. 18; *ders.*, DVBl. 1996, 950 (953 f.).

78 Grundlegend *Kirchhof*, Verwalten durch mittelbares Einwirken.

79 *Franzius*, Instrumente indirekter Verhaltenssteuerung, S. 103; *Kloepfer*, Umweltrecht, § 5 Rdnr. 155.

80 Somit ist die Tauschfähigkeit eine wichtige Voraussetzung für die Kooperation. Vgl. hierzu etwa *Gusy*, ZfU 2001, 1 (3).

81 *Franzius*, Instrumente indirekter Verhaltenssteuerung, S. 101; *Kloepfer*, Umweltrecht, § 5 Rdnr. 153 ff.; *ders.*, ZAU 1996, 56 ff.; *ders.* in: Coing et al. (Hrsg.), Japanisierung des westlichen Rechts, S. 83 ff.

82 *Hartkopf/Bohne*, Umweltpolitik 1, S. 172 ff.

83 *Hoffmann-Riem*, Die Verwaltung 28 (1995), 425 (428); *ders.* in: Hoffmann-Riem et al. (Hrsg.), Reform des Allgemeinen Verwaltungsrechts, S. 117; *Klopfer/Elsner*, DVBl. 1996, 964 (965); *Murswiek*, Die Verwaltung 33 (2000), 241.

84 *Kloepfer*, Rechtsumbildung durch Umweltschutz, S. 51. Ferner: *Hill* in: UTR 27, S. 92 spricht vom Motor der Staats- und Verwaltungsrechtsentwicklung.

85 *Henneke*, NuR 1991, 267 ff.; *Kloepfer*, JZ 1991, 737 ff.; *Schulte*, Schlichtes Verwaltungshandeln, S. 83.

ebenfalls bisweilen zu neuen rechtlichen Antworten. Aus diesen Gründen eignet sich das Umweltrecht wie nur wenige andere Rechtsgebiete dazu, neue oder in neuer Weise modifizierte rechtliche Steuerungsinstrumente einzuführen,[86] und deshalb ist das traditionell vorwiegend ordnungsrechtlich geprägte Umweltrecht[87] mittlerweile zum Referenzgebiet für die Privatisierungs- und Deregulierungsdebatte geworden.[88]

Die Tendenz hin zu kooperativen und konsensualen Lösungen ist dabei unverkennbar[89] und wird außerhalb Deutschlands in noch verstärktem Maße betrieben;[90] denn das Ziel eines verbesserten Umweltschutzes[91] führt zwangsläufig zu der Überlegung, ob dieser verbesserte Umweltschutz nicht auch und gerade durch die Zusammenarbeit staatlicher Stellen mit aktuellen oder potentiellen Verschmutzern statt durch einseitig-hoheitliche Regelungen erreicht werden könnte.[92] Wer ein Verfahren oder ein Produkt selbst entwickelt und betreibt, der kennt die technischen Vorbedingungen und Probleme am besten. Dementsprechend ist das technische Wissen über die jeweils zu regelnden Vorgänge bei den unmittelbar beteiligten Privaten in wesentlich höherem Maße vorhanden als bei den staatlichen Stellen, die damit unmittelbar nichts zu tun haben. Und wer das Problem besser kennt, kennt auch die mögliche Lösung besser.[93]

Besonders im Umweltrecht dreht sich die Diskussion darum, welche neuen staatlichen Steuerungsmittel als Alternative zum einseitig-hoheitlichen Verwaltungshandeln möglich sind. Im Mittelpunkt der Überlegung zu Alternativen zum einseitig-hoheitlichen Handeln des Staates stehen bisher Verhandlungslösungen sowie die Verlagerung staatlicher Aufgaben auf Private.[94] Zu nennen sind hier kooperative Modelle, die Ord-

---

86 *Brandner* in: UTR 40, S. 120; *Schmidt*, VerwArch 91 (2000), 149 (159). Dem Ordnungsrecht wirft *Wagner*, NVwZ 1995, 1046 (1048) im Umweltbereich vor, unverhältnismäßige Aufwendungen bei marginalem Sicherheitsgewinn mit der Folge der Wettbewerbshemmung zu verursachen.

87 *Breuer*, Verwaltungsrechtliche Prinzipien und Instrumente des Umweltschutzes, S. 18 ff.; *von Lersner*, Verwaltungsrechtliche Instrumente des Umweltschutzes, S. 13 ff.; *Ronellenfitsch*, Selbstverantwortung und Deregulierung im Ordnungs- und Umweltrecht, S. 11 ff.

88 *Huber*, DVBl. 1999, 489.

89 *Hoffmann-Riem*, AöR 115 (1990), 400 ff.; *Kloepfer*, Jura 1993, 583 (570); Lübbe-Wolff, NVwZ 2001, 481 (491); *Ritter*, DÖV 1992, 641 (645 f.); *Schröder*, NVwZ 1988, 1011; *Schulze-Fielitz* in: Voigt (Hrsg.), Abschied vom Staat - Rückkehr zum Staat ? S. 116; *Wolf* in: Hoffmann-Riem/Schmidt-Aßmann (Hrsg.), Konfliktbewältigung durch Verhandlungen II, S. 132 f.

90 Vgl. *Kloepfer* in: Coing (Hrsg.), Japanisierung des westlichen Rechts, S. 83 ff.; *Kunig/Rublack*, Jura 1990, 1 ff.; *Rabe*, Rechtsgedanke der Kompensation, S. 4 ff.; *Tokiyasu*, NVwZ 1994, 133 ff.

91 Zum Zweck des Umweltrechts vgl. *Schmidt*, Einführung in das Umweltrecht, S. 2 ff. sowie § 1 UGB-KomE.

92 *Krämer* in: EUDUR I, § 15 Rdnr. 73.

93 *Battis/Gusy*, Technische Normen im Baurecht, S. 48.

94 *Hill* in: UTR 27, S. 91 ff.; *Hoffmann-Riem/Schmidt-Aßmann* (Hrsg.), Konfliktbewältigung durch Verhandlungen I und II; *dies.* (Hrsg.), Innovation und Flexibilität des Verwaltungshandelns; *Kloepfer/Elsner*, DVBl. 1996, 964 (965); *König/Dose* (Hrsg.), Instrumente und Formen staatlichen Handelns.
Siehe zu Formen des selbstregulierten Gesetzesvollzuges: *Di Fabio*, VVDStRL 56 (1997), 235 (242).

nungsrecht mit privater Selbstüberwachung[95] verbinden, oder aber die selbstinitiierte Privatüberwachung in Öko-Audit Systemen.[96]

Das idealtypische Instrument, um einen Konsens in eine rechtlich verbindliche Form umzugießen, ist indessen der Vertrag.[97] Zunächst ist der öffentlich-rechtliche Vertrag durch seine Normierung in den §§ 54 ff. VwVfG als Normenvollzugsinstrument geläufig. Besonders in der sogenannten funktionalen Privatisierung[98] auf kommunaler Ebene hat der Verwaltungsvertrag als sogenannter Kooperationsvertrag[99] eine große Anziehungskraft entwickelt. So wird zur Erfüllung der Aufgaben, beispielsweise in der Abwasserbeseitigung,[100] unter Beibehaltung der Aufgabenzuständigkeit des Verwaltungsträgers ein Privater als „Erfüllungsgehilfe" eingeschaltet. Der Verwaltungsvertrag gehört also einerseits zu den rechtlich geregelten Verfahrenshandlungen, andererseits soll er aber durch Kooperation einseitig-hoheitliche Handlungen abwenden.

Den Instrumenten einer solchen kooperativen Steuerung wird im Unterschied zu den imperativen Rechtsformen eine Reihe von Vorteilen zugeschrieben:[101] Sie sollen die Nutzung gesellschaftlich vorhandenen Wissens fördern und somit das Problem der begrenzten Informationsverarbeitungskapazität des Staates entschärfen. Als weitere Argumente für die Kooperation werden größere Effizienz, Flexibilität und Sachnähe sowie das Fördern von Eigeninitiative als Argumente für Kooperation angeführt. Die kooperative Steuerung erlaubt es außerdem, zu Steuerungserfolgen über das gesetzlich vorgeschriebene Maß hinaus beizutragen, und deshalb haben solche Steuerungsinstrumente auf Grund einer erhöhten Akzeptanz bessere Implementationschancen, da eine Entscheidung als zumindest anerkennenswürdig hingenommen wird.[102]

---

[95] Zur privaten Selbstüberwachung in Form der Betriebsbeauftragten zum Beispiel in §§ 21a ff. WHG; §§ 54 f. KrW-/AbfG; §§ 53 ff. BImSchG.

[96] Vgl. hierzu *Führ*, NVwZ 1993, 858 ff.; *Kloepfer*, NuR 1993, 353 ff.; *ders.*, Umweltrecht, § 5 Rdnr. 318 ff. m.w.N.; *Lübbe-Wolff*, DVBl. 1994, 361 ff.; *Scherer*, NVwZ 1993, 11 ff.

[97] Konsens und Kooperation nicht deckungsgleich. Siehe *Schneider*, VerwArch 87 (1996), 38 (39); *Schröder*, NVwZ 1998, 1011 (1012).

[98] Die funktionale Privatisierung, oder neudeutsch: „Public-private partnership", bildet eine Zwischenform der Privatisierung.

[99] *Bauer*, VVDStRL 54 (1995), 243 (274 ff.); *Henke*, DÖV 1985, 41 ff., *Krebs*, VVDStRL 52 (1993), 248 (277 f.) will den Kooperationsvertrag bereits als eigenen Vertragstyp anerkennen.

[100] Die Abwasserentsorgung ist kommunale Pflichtaufgabe, in der eine Vollprivatisierung ausgeschlossen ist. Vgl. hierzu § 18a Abs. 2 WHG in Verbindung mit den Landeswassergesetzen.

[101] Vgl. *Bauer*, VerwArch 78 (1987), 241 (250 f.); *Dauber* in: Becker-Schwarze et al. (Hrsg.), Wandel der Handlungsformen, S. 80 ff.; *Eberle*, Die Verwaltung 17 (1984), 439 (450 ff.); *Kloepfer*, Umweltrecht, § 5 Rdnr. 156; *ders.* in: König/Dose (Hrsg.), Instrumente und Formen staatlichen Handelns, S. 329 ff.; *Lange*, VerwArch 82 (1991), 1 (3); *Rengeling*, Kooperationsprinzip, S. 71 ff.; *Ritter* in: Grimm (Hrsg.), Wachsende Staatsaufgaben - sinkende Steuerungsfähigkeit des Rechts, S. 78 f.; *Spannowsky*, Verträge und Absprachen, S. 49 f.

[102] *Schmidt-Aßmann*, Allgemeines Verwaltungsrecht als Ordnungsidee, S. 95; *Würtenberger*, Akzeptanz von Verwaltungsentscheidungen, S. 61.

6. Das informale Verwaltungshandeln

Das Paradepferd dieser neuen Instrumente ist das informale[103] Verwaltungshandeln; denn die schwache legislatorische Programmierung der Verwaltung, die hohe Komplexität des Entscheidungsgegenstandes, die knappen Ressourcen, die Ungewißheit über den Ausgang einer rechtsförmigen Entscheidung und schließlich der Zeitdruck begünstigen und fördern den Auf- und Ausbau von Verhandlungssystemen und informalen Abstimmungsprozeduren.[104]

Das Begriffspaar formal/informell bezeichnet nach *Bohne* alternative Handlungsmodalitäten und bezieht sich auf Entscheidungssituationen, in denen der Staat faktisch wählen kann, ob er ein bestimmtes Ziel in den von der Rechtsordnung bereitgestellten Handlungsformen oder mit rechtlich nicht geregelten Realakten verwirklichen will.[105] Merkmale informellen Verwaltungshandelns sind demnach

- rechtliche Nichtregelung und Fehlen eines Rechtsbindungswillens,
- Alternativverhältnis zu rechtlichen Verfahren und Entscheidungsformen,
- Tauschbeziehungen zwischen den Handlungsbeteiligten.[106]

Diese Voraussetzungen erfüllen zum Beispiel Branchenabkommen, Vorverhandlungen, Vorabzuleitungen von Entscheidungsentwürfen, Informationsaustausch, Sanierungsabreden[107] oder gentlemen´s agreements.

Das informale Verwaltungshandeln kann dabei auf der normvollziehenden Seite oder aber auf der Seite der Normsetzung zum Tragen kommen. Kritiker betrachten diese informellen Handlungsmittel jedoch mit Argwohn; es werden hinter diesen

---

103 Oder auch informelle Verwaltungshandeln. Hierzu: *Bauer*, VerwArch 78 (1987), 241 ff.; *Bohne*, Informale Rechtsstaat, S. 42; *Hill*, DÖV 1987, 885 (890); *Hoffmann-Riem*, AöR 115 (1990), 400 (423 ff.); *Püttner*, DÖV 1989, 137 (140).

104 *Dreier*, Staatswissenschaften und Staatspraxis 4 (1993), 647 (656).

105 Mittlerweile wohl herrschendes Verständnis: *Bohne*, Informale Rechtsstaat, S. 47; *ders.*, VerwArch 75 (1984), 343 (344); *ders.* in: HdUR I, Sp. 1046 ff.; *Dreier*, Staatswissenschaften und Staatspraxis 4 (1993), 647 (649); *Kunig/Rublack*, Jura 1990, 1 (3); *Maurer*, Allgemeines Verwaltungsrecht, § 15 Rdnr. 14; *Rabe*, Rechtsgedanke der Kompensation, S. 12.

106 Ein weiteres Verständnis hat *Ossenbühl* in: UTR 3, S. 29 sowie *Schulte*, DVBl. 1988, 512 ff. Sie beziehen jegliches Verwaltungshandeln ein, das sich nicht unter die herkömmlichen rechtlich formalisierten Handlungsformen der Verwaltung rubrizieren läßt, d.h. auch einseitiges Informationshandeln des Staates.
Franzius, Instrumente indirekter Verhaltenssteuerung, S. 149 Fn. 149 weist zu Recht darauf hin, daß etwa Warnungen und Informationsakte mittlerweile zu einer eigenen Gruppe avanciert sind.
Bulling, DÖV 1989, 277 (287 f.) schlägt hingegen das Begriffspaar kooperativ/einseitig vor.

107 Hierzu *Beckmann/Große-Hundfeld*, BB 1990, 1570 ff.

Handlungsmitteln sogar üble Machenschaften vermutet.[108] Denn dieses staatliche informelle Handeln nährt den Vorwurf, daß die Verwaltung wirtschaftlich oder sozial einflußreiche Bürger bzw. Unternehmen bevorzugt gegenüber sozial schwächeren Bürgern behandelt.[109] Aus „volonté générale“ kann so schnell „volonté de tous“ werden.[110]

Die Problemfelder, die das informale Verwaltungshandeln umgeben, werden mittlerweile seit einem Jahrzehnt in der verwaltungswissenschaftlichen und staatstheoretischen Diskussion auf Grund der nicht unerheblichen sachlichen Überschneidung auch unter dem Duktus des kooperativen[111] Verwaltungshandelns diskutiert und teilweise synonym benutzt;[112] denn Absprachen zwischen Staat und Wirtschaft unter Verzicht auf hoheitliche Lenkungsmittel sind nicht ohne die Bereitschaft zur Kooperation denkbar. Ganz deckungsgleich sind die beiden Begriffe informales und kooperatives Verwaltungshandeln hingegen nicht: Formalisiertes und kooperatives Verwaltungshandeln schließen sich nämlich nicht aus, wie etwa der öffentlich-rechtliche Vertrag oder der mitwirkungsbedürftige Verwaltungsakt verdeutlichen.[113] Mithin ist nicht jedes kooperative Verwaltungshandeln auch informal.

Generell kann man sagen, daß Kooperation einen Verwaltungsstil umschreibt, der informalen Instrumenten gegenüber aufgeschlossen ist.[114] Unter kooperativ wird dabei ein Verhalten des Staates verstanden, das darauf abzielt, mit anderen Akteuren mehr oder weniger als von gleich zu gleich arbeitsteilig zusammenzuarbeiten.[115] Kooperatives Verwaltungshandeln zielt mithin nicht auf eine Steuerung des Adressaten ab, sondern ermöglicht eine wechselseitige Einflußnahme.[116] Hierdurch wird die Eigenlogik

---

[108] So etwa wird von einer „Praxis aus der Dunkelkammer des Rechtsstaates gesprochen.“ Vgl. hierzu *Bauer*, VerwArch 78 (1987), 241 (244); *Bulling*, DÖV 1989, 277; *Dreier*, Staatswissenschaften und Staatspraxis 4 (1993), 647 (660 f.). Weitere Beispiele bei *Rabe*, Rechtsgedanke der Kompensierung, S. 12 ff. Das Meinungsspektrum hinsichtlich der Beurteilung informalen Verwaltungshandeln läßt sich in drei Meinungsgruppen einteilen: 1. Striktes Ablehnen, 2. Positive Beurteilung, aber Grenzen sind festzulegen, 3. Positive Beurteilung und keine rechtsstaatlichen Bedenken. Vgl. hierzu *Dauber* in: Becker-Schwarze et al. (Hrsg.), Wandel der Handlungsformen, S. 82 ff.; *Dose*, Verhandelnde Verwaltung, S. 19 ff.; *Grüter*, Umweltschutz und Kooperationsprinzip, S. 120 ff.; *Spannowsky*, Verträge und Absprachen, S. 49 ff.

[109] *Pitschas*, Verwaltungsverantwortung und Verwaltungsverfahren, S. 51.

[110] *Engel*, Staatswissenschaften und Staatspraxis 9 (1998), 535 (559); *Trute*, DVBl. 1996, 950 (955).

[111] Oder konsensuales Verwaltungshandeln. Hierzu *Bonk* in: Stelkens/Bonk/Sachs, VwVfG, § 54 Rdnr. 41; *Bulling*, DÖV 1989, 277 ff.; *Hill*, NJW 1986, 2602 (2609); *ders.* in: Hill (Hrsg.), Verwaltungshandeln durch Verträge und Absprachen, S. 166 ff.; *Schneider*, VerwArch 87 (1996), 38 ff.

[112] Kooperatives Verwaltungshandeln im engeren Sinne: So etwa *Bohne*, Informale Rechtsstaat, S. 46 ff.; *Dose*, Die Verwaltung 27 (1994), 91; *Kloepfer*, ZAU 1996, 57 (58); *Schulze-Fielitz* in: Dose/Voigt (Hrsg.), Kooperatives Recht, S. 227.

[113] Kooperatives Verwaltungshandeln im weiteren Sinne: Vgl. *Benz*, Die Verwaltung, 23 (1990), 83 (85); *Bulling*, DÖV 1989, 277 ff.; *Kunig/Rublack*, Jura 1990, 1 (4); *Spannowsky*, Verträge und Absprachen, S. 66.

[114] *Dreier*, Staatswissenschaften und Staatspraxis 4 (1993), 647 (652).

[115] *Hill* in: Ellwein/Hesse (Hrsg.), Staatswissenschaften: Vergessene Disziplin oder neue Herausforderung ? S. 59; *Voigt* in: Voigt (Hrsg.), Kooperative Staat, S. 42. Eine anerkannte Definition hierzu gibt es allerdings nicht: *Schulze-Fielitz*, DVBl. 1994, 657.

[116] *Song*, Kooperatives Verwaltungshandeln durch Absprachen und Verträge beim Vollzug, S. 34.

des Steuerungsobjektes zur Steuerung genutzt.[117] Der Schwerpunkt des informalen Verwaltungshandelns liegt im Umweltschutzbereich, wo diese Entwicklung bereits in dem allgemeinen Rechtsgrundsatz des Kooperationsprinzips zusammengefaßt ist.

7. Voraussetzungen für eine Kooperation

Staatliche und gesellschaftliche Steuerung sind heute keine unüberwindlichen Gegensätze mehr, vielmehr wirken beide zusammen. Die Instrumentendiskussion um die kooperative Steuerung im Umweltrecht ist deshalb auch von Anfang an von einer Veränderung des Verhältnisses von Staat und Gesellschaft begleitet worden.[118] Mittlerweile hat sich nämlich die Auffassung durchgesetzt, daß beide Bereiche in der parlamentarischen Demokratie eng mit einander verschränkt sind:[119] Zwar gibt es im demokratischen Gemeinwesen auch ein „Gegenüber" von Staat und Gesellschaft, aber beide Bereiche sind auf einander angewiesen und ergänzen sich gegenseitig.[120] Die Vorstellung einer in sich geschlossenen staatlichen Einheit ist kaum noch tragfähig.[121] Hinter dem Bild der Einheit des Staates verbirgt sich vielmehr ein Netzwerk von verselbständigten Verwaltungseinheiten: Es ist eine Pluralisierung des Staates eingetreten.[122]

Zur Umsetzung der kooperativen Steuerungsansätze wird auf bestehende korporatistische Strukturen als geeignete Kooperationspartner zurückgegriffen, die möglichst viele Interessen bündeln.[123] Anknüpfend an die Neokorporatismusdebatte[124] werden nunmehr Verbände mit ihrer Selbstorganisationsfähigkeit durch den Staat instrumentalisiert, um deren Informationsvorsprung für die Steuerung fruchtbar zu machen.[125] Dadurch wird die Zahl der Akteure und damit die Komplexität reduziert. Großverbänden kommt dabei eine Mittlerposition zwischen der Regierungsposition und den Interessen der Verbandsmitglieder zu; denn diese Großverbände können ihre Mitglieder dazu bewegen, mit staatlichen Entscheidungsträgern ausgehandelte Lösungen zu befolgen. Dadurch entstehen allerdings zunehmend auch wechselseitige Abhängigkeiten,[126] die als Kooperationssysteme bezeichnet werden.[127]

---

[117] *Mayntz* in: Ellwein et al. (Hrsg.), Jahrbuch zur Staats- und Verwaltungswissenschaft 1987, S. 95 ff.; *Trute* in: Schuppert (Hrsg.), Jenseits von Privatisierung und „schlankem" Staat, S. 17; *Voigt* in: Voigt (Hrsg.), Kooperative Staat, S. 42 ff.

[118] *Hennecke* in: UTR 49, S. 7 ff.; *Rupp* in: HdbStR I, § 28 Rdnr. 26.

[119] *Becker*, DÖV 1985, 1003; *Voigt* in: Voigt (Hrsg.), Kooperative Staat, S. 11.

[120] *Bull*, Staatsaufgaben, S. 64 ff.: „Die Gesellschaft hat den Staat erobert"; *Häberle*, VVDStRL 30 (1971), 42 (61) spricht von einer Osmose von Staat und Gesellschaft.

[121] Vgl. zum sog. Maschinen-Modell: *Franzius*, Instrumente indirekter Verhaltenssteuerung, S. 32 ff.

[122] *Hesse* in: Ellwein et al. (Hrsg.), Jahrbuch zur Staats- und Verwaltungswissenschaft 1987, S. 61; *Krebs* in: HdbStR III, § 69 Rdnr. 11 ff.; *Ritter* in: Grimm (Hrsg.), Wachsende Staatsaufgaben - sinkende Steuerungsfähigkeit des Rechts, S. 105;

[123] *Gusy*, ZfU 2001, 1 (2).

[124] *Czada* in: Streeck (Hrsg.), Staat und Verbände, S. 37 ff.; *Grimm* in: Parlamentsrecht und Parlamentspraxis, § 15 Rdnr. 10; *Hilbert/Voelzkow* in: Glagow (Hrsg.), Gesellschaftssteuerung zwischen Korporatismus und Subsidiarität, S. 140; *Lübbe-Wolff*, ZG 1991, 219 (232); *Neumann*, Freiheitsgefährdung im kooperativen Sozialstaat, S. 425 ff.; *Voelzkow*, Private Regierungen in der Techniksteuerung, S. 59 ff.

[125] *Voigt* in: Voigt (Hrsg.), Kooperative Staat, S. 33 ff.

[126] *Grimm* in: Parlamentsrecht und Parlamentspraxis, § 15 Rdnr. 8; *Teubner*, JZ 1978, 545 ff.

[127] *Gusy*, ZfU 2001, 1 (2).

Nach anfänglichen Abneigungen[128] sind Verbände als legitimer Bestandteil der verfassungsrechtlichen Ordnung mittlerweile anerkannt.[129] Ihnen kommt im pluralistischen Staat eine integrierende Funktion zu, und zwar in der Form der Repräsentanten des Partikularen und Besonderen.[130] Je höher der Organisationsgrad des Verbandes ist, um so eher eignet sich der Verband als Verhandlungspartner. Nur auf diesem Wege kann auch die sogenannte Trittbrettfahrerproblematik[131] vermieden werden. Die Kooperationsfähigkeit hängt außerdem damit zusammen, wie hierarchisch die Organisation strukturiert ist. Hierarchische Organisationen kooperieren nämlich stärker mit einander als solche, die nach mehrheitsdemokratischen Regeln entscheiden oder deren Vertreter sich in Verbandsversammlungen rechtfertigen müssen.[132]

Damit ist nun ein Staatsbegriff entstanden, der nicht mehr nur durch verfahrensrechtliche Kontrolle oder Überwachung oder durch verhaltensbeeinflussende materiell-rechtliche Anforderungen steuert, sondern freiwillige private Initiative und Aktivität als Beitrag zur Erfüllung öffentlicher Aufgaben induziert: Es wird nunmehr von gesteuerter Selbststeuerung gesprochen.[133] Unter dem Motto „Steuern statt rudern“[134] hält sich der Staat im Hintergrund, nimmt die staatliche Leistungstiefe zurück und überläßt seine Aufgaben vermehrt der privaten Selbststeuerung.[135] Prominentester Vertreter einer solchen (erzwungenen) Selbstregulierung ist derzeit die Abfallentsorgung nach der Verpackungsverordnung.[136]

Wer diese Steuerung durch Kooperation als einen Rückzug des Staates versteht, hängt „an alten Zöpfen“. Es handelt sich hierbei vielmehr um einen Formenwandel der öffentlichen Aufgabenerfüllung.[137] So formuliert *Mayntz*, daß die neuen Regelungsformen keine Reaktionen politischer Schwäche, sondern ein Korrelat des gesellschaftlichen Strukturwandels seien, der staatlichen Akteuren auch in manchen traditionellen Regelungsfeldern neue Einflußmöglichkeiten eröffnet.[138] Kooperation ist mithin Ausdruck eines modernen Verwaltungsstaates.[139]

Auch das *Bundesverwaltungsgericht* hat sich bereits in seinem Urteil vom 04.02. 1966[140] zu der Auffassung bekannt, daß das moderne Verwaltungshandeln in seiner Vielgestalt nicht mehr nur auf die einseitige Erledigung staatlicher Obliegenheiten durch Normsetzung und Vollziehung in Form eines Verwaltungsaktes beschränkt

---

[128] In den 50er Jahren befürchtete man, daß Verbände in ihrem Machtstreben das demokratische System zerstören. Vgl. *Ammermüller*, Verbände im Rechtsetzungsverfahren, S. 11 m.w.N.

[129] *Schröder*, Gesetzgebung und Verbände, S. 21; *Stern*, Staatsrecht I, S. 344.

[130] *Stern*, Staatsrecht I, S. 346.

[131] Neudeutsch: „Free-rider“.

[132] *Benz* in: Seibel/Benz (Hrsg.), Regierungssysteme und Verwaltungspolitik, S. 85.

[133] *Gusy*, ZfU 2001, 1 (4 f.); *Schmidt-Preuß*, VVDStRL 56 (1997), 160 (163). Ferner *Finckh*, Regulierte Selbstregulierung, S. 46 ff.

[134] *Hoppe*, VVDStRL 56 (1997), 283.

[135] *Trute* in: UTR 48, S. 15.

[136] Hierzu *Di Fabio*, NVwZ 1995, 1 ff.; *Finckh*, Regulierte Selbstregulierung, S. 74 ff.

[137] *Huber*, DVBl. 1999, 489 (496); *Trute* in: Schuppert (Hrsg.), Jenseits von Privatisierung und „schlankem“ Staat, S. 15; *Schuppert*, DÖV 1995, 761 (763 f.); *ders.*, Die Verwaltung 31 (1998), 415 (447).

[138] *Mayntz* in: Mayntz (Hrsg.), Soziale Dynamik und politische Steuerung, S. 283 ff.

[139] *Dreier*, Staatswissenschaften und Staatspraxis 4 (1993), 647 (652).

[140] *BVerwGE* 23, 213 (216).

bleiben dürfe. In der Urteilsbegründung ist zu lesen: „Im hervorragenden Maße trägt die grundsätzliche Anerkennung der Rechtmäßigkeit des Verwaltungshandelns in der Form von öffentlich-rechtlichen Verträgen auch der im modernen Rechtsstaat gegenüber obrigkeitsstaatlichen Vorstellungen völlig veränderten Stellung des früher lediglich als Verwaltungsobjekt betrachteten Bürgers Rechnung."

Gesellschaftliche Selbststeuerung kann jedoch nur gelingen, wenn das rechtsförmige Regeln den Rahmen hierfür setzt.[141] Die klassischen Handlungsformen des Staates sind somit nicht etwa hinfällig geworden,,[142] sondern bleiben unverzichtbares Steuerungsmittel.[143] Sie finden lediglich eine begrenztere Anwendung. Manchen Aufgabenfeldern, wie zum Beispiel der Gefahrenabwehr, bleiben die neuen Handlungsformen nämlich weitgehend verschlossen:[144] Das Aufgabenfeld der Selbststeuerung liegt vornehmlich im Vorsorgebereich.

Diese neuen kooperativen Handlungsformen finden immer im Schatten des Rechts statt.[145] Es geht hierbei daher nicht um Alternativen zum Recht, sondern nur um Alternativen im Recht.[146] Unter den Selbststeuerungsmechanismus ist sogar ein regulatives Auffangnetz gespannt, um bei Verfehlung der Ziele Sicherheit zu bieten.[147] Kooperation gelingt oft nur deshalb, weil weiterhin der Rückgriff auf ordnungsrechtliche Instrumente besteht bzw. die Möglichkeit einzelfallgerechter ordnungsrechtlicher Lösungen geboten wird. Regulierte Selbststeuerung basiert mithin auf dem flankierenden Schutz der indirekten Steuerung durch direkte Steuerungsmöglichkeiten.[148]

III. Das Kooperationsprinzip im Umweltrecht

Starke Vollzugsdefizite bedingen generell einen erhöhten Bedarf an Kooperation.[149] Deshalb verwundert es nicht, daß insbesondere im Umweltrecht die Kooperation zwischen den Entscheidungsträgern und den gesellschaftlichen Kräften eine besonders große Rolle spielt und hierdurch geprägt wird: Die Kooperation gehört zu den Leitprinzipien der Umweltpolitik.

---

[141] *Schulze-Fielitz* in: Voigt (Hrsg.), Abschied vom Staat - Rückkehr zum Staat ? S. 93 ff.; *Schuppert* in: Grimm (Hrsg.), Wachsende Staatsaufgaben - sinkende Steuerungsfähigkeit des Rechts, S. 237 ff.

[142] Darauf weisen hin: *Hoffmann-Riem* in: Hoffmann-Riem et al. (Hrsg.), Reform des Allgemeinen Verwaltungsrechts, S. 135; *Kloepfer*, JZ 1991, 737.

[143] *Brohm*, NVwZ 1988, 794 (795); *Hoffmann-Riem*, Die Verwaltung 33 (2000), 155 (168); *Ritter* in: Grimm (Hrsg.), Wachsende Staatsaufgaben - sinkende Steuerungsfähigkeit des Rechts, S. 100 ff.; *Schmidt*, VerwArch 91 (2000), 149 (152); *Schmidt-Aßmann*, Allgemeines Verwaltungsrecht als Ordnungsidee, S. 19; *Trute*, DVBl. 1996, 950 ff.

[144] *Kettler*, JuS 1994, 826; *Pitschas*, DÖV 1989, 785 (798); a.A.: *Trute* in: UTR 48, S. 19.

[145] *Kloepfer*, Umweltrecht, § 5 Rdnr. 190; *Schulze-Fielitz* in: Voigt (Hrsg.), Abschied vom Staat - Rückkehr zum Staat ? S. 107.

[146] *Schuppert* in: Grimm (Hrsg.), Wachsende Staatsaufgaben - sinkende Steuerungsfähigkeit des Rechts, S. 234.

[147] *Hoffmann-Riem*, Die Verwaltung 28 (1995), 425 (430 ff.); *ders.*, Die Verwaltung 33 (2000), 169 (176).

[148] *Ritter* in: Grimm (Hrsg.), Wachsende Staatsaufgaben - sinkende Steuerungsfähigkeit des Rechts, S. 82.

[149] *Lübbe-Wolff*, NuR 1993, 217 (226).

Trotz seiner Bedeutung ist das Kooperationsprinzip jedoch weiterhin von einer „wabernden Wand des Nebels“ umgeben:[150] Die genaue wissenschaftliche Bedeutung des Kooperationsprinzips ist unklar,[151] und eine ausdrückliche gesetzliche Normierung gibt es bisher nicht. Allerdings hat das Kooperationsprinzip in einer Vielzahl umweltrechtlicher Bestimmungen seine Ausprägung gefunden, und das ist Anlaß genug, die bisherigen Erkenntnisse über das Kooperationsprinzip hier kurz aufzuzeigen.

1. Inhalt und Abgrenzung des Kooperationsprinzips

Das Umweltrecht[152] als problembezogene Querschnittsaufgabe[153] befindet sich auf dem Weg von einem heterogenen Ensemble verschiedener Sondermaterien zu einem Sammelbegriff, der durch gemeinsame Ordnungsprinzipien und Zielverpflichtungen seine innere Kohärenz erhält:[154] Eine Entwicklung, die in jüngster Zeit in dem Bestreben gipfelt, ein einheitliches Umweltgesetzbuch zu kodifizieren. Die tragenden Säulen zur Herstellung von Kongruenz und Harmonie für ein Rechtsgebiet stellen Ordnungsprinzipien dar.[155] Zu diesen prägenden Grundprinzipien des Umweltrechts zählen das Vorsorge-, das Verursachungs- und das Kooperationsprinzip:[156] Diese drei Prinzipien bilden eine Prinzipientrias.[157]

Die Gemeinsamkeiten dieser drei Prinzipien erschöpfen sich aber bereits in der meist gemeinsamen Nennung; ihre Zielrichtung und Anwendungsebenen sind unterschiedlich: Während das Vorsorgeprinzip die Erweiterung staatlicher Gefahrenabwehr unterhalb der Gefahrenquelle als Ziel hat[158] und das Verursachungsprinzip eine Verantwortungszurechnung vornimmt, stellt das Kooperationsprinzip vor allem auf die Umsetzung und den Vollzug ab.[159] Der Kerngedanke des Kooperationsprinzips ist, daß Umweltschutz nicht nur durch den Staat alleine, sondern durch die Einbindung der Kräfte von Staat und Gesellschaft realisiert werden soll. Dem Kooperationsgedanken liegt die Erkenntnis zu Grunde, daß ein moderner Industriestaat, gekennzeichnet durch zunehmende Komplexität der ökonomischen und ökologischen Zusammenhänge, nicht ausschließlich durch die freie Wirtschaft und auch nicht mittels gesetzlicher Rege-

---

[150] *Huber* in: Huber (Hrsg.), Kooperationsprinzip im Umweltrecht, S. 14. Von einem „amorphen Erscheinungsbild“ spricht *Breuer*, 59. DJT I, Gutachten B, S. 94 f.

[151] Vgl. die zwei ausführlichen Untersuchungen zum Kooperationsprinzip: *Rengeling*, Kooperationsprinzip und *Grüter*, Umweltrecht und Kooperationsprinzip.

[152] Zum Begriff Umweltrecht: *Salzwedel* in: HdbStR III, § 85 Rdnr. 5.

[153] *Breuer* in: Schmidt-Aßmann (Hrsg.), Besonderes Verwaltungsrecht, S. 484; *Hoppe/Beckmann*, Umweltrecht, § 1 Rdnr. 40.

[154] *Di Fabio*, DVBl. 1990, 338. Vgl. hierzu *Bender/Sparwasser/Engel*, Umweltrecht, S. 8; *Kloepfer*, Umweltrecht, § 4 Rdnr. 1 ff.

[155] Vgl. hierzu insbesondere *Larenz*, Methodenlehre, S. 474 ff.

[156] Ferner werden daneben noch das Gemeinlast- und das Bestandschutzprinzip genannt.

[157] Hierzu ausführlich *Bender/Sparwasser/Engel*, Umweltrecht, S. 34 ff.; *Breuer* in: Schmidt-Aßmann (Hrsg.), Besonderes Verwaltungsrecht, S. 468 ff.; *Hoppe/Beckmann*, Umweltrecht, § 1 Rdnr. 48 ff.; *Kloepfer*, Umweltrecht, § 4 Rdnr. 1 ff.; *Rengeling* in: HdUR I, Sp. 1285 ff.; *Schmidt*, Einführung in das Umweltrecht, S. 3 ff.; *Sendler*, JuS 1983, 255 (257). Siehe auch die Kodifizierungen der drei Prinzipien in den §§ 5 bis 7 UGB-KomE.

[158] Zum Vorsorgeprinzip siehe *Breuer* in: Schmidt-Aßmann (Hrsg.), Besonderes Verwaltungsrecht, S. 469; *Ossenbühl*, NVwZ 1986, 161 ff.; *Rehbinder* in: FS Sendler, S. 269 ff.

[159] *Hartkopf/Bohne*, Umweltpolitik 1, S. 113.

lungen steuerbar ist. Es muß deshalb zu einer wechselseitigen Verschränkung von Staat und Wirtschaft kommen. *Kloepfer* sieht hierin einen „Wandel vom normierenden zum paktierenden Staat",[160] und *Ritter* erwartet hiervon das partielle Abdanken des „Umweltschutzes mit der Pickelhaube".[161] Eine Beteiligung soll die auf ihre individuellen Freiheiten bedachten Betroffenen in die staatliche Umweltpolitik einbinden und ein ausgewogenes Verhältnis zwischen gegenläufigen Interessen sicherstellen. Dadurch soll zum einen eine erhöhte Akzeptanz der Maßnahmen und Vollzugserleichterungen geschaffen werden, zum anderen kann der Staat sich durch die Kooperation den Sachverstand aus dem gesellschaftlich-privaten Bereich nutzbar machen[162].

Rengeling[163] hat die verschiedenen möglichen Kooperationsstufen einer Typologisierung unterworfen:

Auf der ersten und schwächsten Stufe der Kooperation leistet der Bürger einer im übrigen einseitig handelnden Verwaltung Informationshilfe: Unechte Kooperation.

Die zweite Stufe sieht qualifizierte Beteiligungsrechte etwa in der Form der Konsultation vor: Unvollkommen zweiseitige Kooperation.

Erst auf der dritten Stufe kann von echter Kooperation gesprochen werden, nämlich wenn staatliche Stellen und Bürger über den Verwaltungsgegenstand verhandeln und Einigung erzielen.

Auch wenn das Kooperationsprinzip keine Besonderheit des Umweltrechts ist, so ist es doch umweltschutztypisch.[164] Denn in kaum einem anderen Bereich sind staatliche und gesellschaftliche Kräfte so stark auf einander angewiesen wie im Umweltschutz.[165] So treten zum Beispiel bereits bei der bloßen Ermittlung eines Sachverhaltes allein mit den tradierten Mitteln der Eingriffsverwaltung Probleme zu Tage.[166]

Diese Probleme ergeben sich vor allem aus der Komplexität der zu behandelnden technischen und wirtschaftlichen Prozesse, aus der Abhängigkeit umweltpolitischer Maßnahmen von naturwissenschaftlichen Erkenntnissen sowie aus einer Vielzahl von betroffenen Interessen. Dem Kooperationsprinzip kommt daher im Umweltrecht eine Katalysatorwirkung zu.[167] Dies bedeutet jedoch nicht, daß der Staat sich seiner Umweltverantwortung entziehen kann; denn nicht zuletzt wegen des Staatszieles aus Art. 20a GG und seiner Machtmittel hat der Staat ein deutliches Übergewicht bei der Durchsetzung von Umweltschutzzielen. Das Kooperationsprinzip entfaltet nämlich kein Konsensgebot,[168] der Staat bleibt mithin trotz Kooperation unverzichtbarer „Garant" auch für private Umweltschutzaktionen.[169] Kooperation ersetzt also niemals das

---

[160] *Kloepfer*, Umweltrecht, § 4 Rdnr. 45; *Kloepfer/Elsner*, DVBl. 1996, 964 (965).
[161] *Ritter*, NVwZ 1987, 929 (937).
[162] *Kloepfer/Meßerschmidt*, Innere Harmonisierung des Umweltrechts, S. 81. Hierzu auch *Seidel*, Privater Sachverstand, S. 13 ff.
[163] *Rengeling*, Kooperationsprinzip, S. 14.
[164] *Kloepfer* in: Achterberg et al. (Hrsg.), Besonderes Verwaltungsrecht, S. 377.
[165] *Hartkopf/Bohne*, Umweltpolitik 1, S. 114.
[166] Vgl. *Lübbe-Wolff*, NuR 1989, 295 (300).
[167] *Schulte*, Schlichtes Verwaltungshandeln, S. 83.
[168] *Hartkopf/Bohne*, Umweltpolitik 1, S. 115.
[169] *Breuer* in: Schmidt-Aßmann (Hrsg.), Besonderes Verwaltungsrecht, S. 473; *Kloepfer*, Umweltrecht, § 4 Rdnr. 45.

positive Recht und entlastet Amtsträger nicht von ihrer Gemeinwohlverantwortung.[170] Die Kooperation ist folglich lediglich ein Hilfsmittel zur Erfüllung staatlicher Umweltpolitik.

Das Kooperationsverhältnis zwischen dem Staat und der privaten Wirtschaft hat seinen Niederschlag mittlerweile in verschiedenen Institutionen und Instrumenten gefunden.[171] Ausprägungen[172] des Kooperationsprinzips sind beispielsweise die Beteiligungsvorschriften im Umweltverwaltungsverfahren[173] sowie die Anhörung der beteiligten Kreise.[174] Nicht gerecht wird der Bedeutung des Kooperationsprinzips im Hinblick auf die informellen Instrumente allerdings seine Reduzierung auf einen bloßen Verfahrensgrundsatz.[175]

Doch das Kooperationsprinzip hat auch seine Schattenseiten. Vorsichtige Stimmen fassen das Kooperationsprinzip nämlich auch „als Begleitmusik für den Rückzug des Staates aus seiner Erfüllungsverantwortung“ auf[176] oder aber als „bloß hübsches Etikett, hinter dem sich manches Häßliche verstecken läßt.“[177]

2. Die Herkunft des umweltrechtlichen Kooperationsprinzips

Erste Ansätze zum Kooperationsprinzip finden sich im Umweltbericht der Bundesregierung 1976[178] wie folgt formuliert: „Nur aus der Mitverantwortung und der Mitwirkung der Betroffenen kann sich ein ausgewogenes Verhältnis zwischen individuellen Freiheiten und gesellschaftlichen Bedürfnissen ergeben. Eine frühzeitige Beteiligung der gesellschaftlichen Kräfte am umweltpolitischen Willensbildungs- und Entscheidungsprozeß ist deshalb von der Bundesregierung vorangetrieben worden, ohne jedoch den Grundsatz der Regierungsverantwortlichkeit in Frage zu stellen.“

Eine ausdrückliche gesetzliche Ausformung des Kooperationsprinzips sieht der Entwurf für ein Umweltgesetzbuch (UGB-KomE) in § 7 Abs. 1 UGB-KomE vor, wo das Kooperationsprinzip wie folgt umschrieben wird: „Der Umweltschutz ist Bürgern und Staat anvertraut. Behörden und Betroffene wirken bei der Erfüllung der ihnen nach den umweltrechtlichen Vorschriften obliegenden Aufgaben und Pflichten nach Maßgabe der jeweiligen Bestimmungen zusammen.“

---

[170] *Depenheuer* in: Huber (Hrsg.), Kooperationsprinzip im Umweltrecht, S. 33.

[171] Ausführlich *Breuer* in: Schmidt-Aßmann (Hrsg.), Besonderes Verwaltungsrecht, S. 520 m.w.N.; *Kloepfer/Meßerschmidt*, Innere Harmonisierung des Umweltrechts, S. 81 ff.; *Müggenborg*, NVwZ 1990, 909 (910 f.); *Paefgen*, GewArch 1991, 161 (162).

[172] Vgl. zu den Ausprägungen des Kooperationsprinzips im Abfallrecht: *Reese*, ZfU 2001, 14 ff.; im Atomrecht:, *Wieland*, ZfU 2001, 20 ff.; im Immissionsschutzrecht: *Voßkuhl*, ZfU 2001, 23 ff.

[173] Zum Beispiel nach § 10 Abs. 3-9 BImSchG; § 9b Abs. 4 AtG.

[174] Zum Beispiel nach § 51 BImSchG in Verbindung mit §§ 4 Abs. 1 Satz 3, 7 Abs. 1, 23, 32-35, 38 Abs. 2, 48, 53 Abs. 1 Satz 2 BImSchG.

[175] So aber wohl *Bender/Sparwasser/Engel*, Umweltrecht, S. 35.

[176] *Di Fabio*, NVwZ 1999, 1153 (1154).

[177] *Huber* in: Huber (Hrsg.), Kooperationsprinzip im Umweltrecht, S. 14. Kritisch auch *Depenheuer* in: Huber (Hrsg.), Kooperationsprinzip im Umweltrecht, S. 28.

[178] BT-Drucks. 7/5684, S. 9. Im Umweltprogramm der Bundesregierung von 1971, BT-Drucks. VI/2710 kennt den Ausdruck „Kooperationsprinzip“ noch nicht, spricht aber von engster Zusammenarbeit zwischen Bund, Ländern, Gemeinden, Wirtschaft und allen gesellschaftlich verantwortlichen Gruppen. Insofern bezeichnet *Paefgen*, GewArch 1991, 161 dieses Umweltprogramm als Geburtsurkunde des Kooperationsprinzips.

Auf europäischer Ebene hat das Kooperationsprinzip, anders als das Vorsorge- und Verursacherprinzip in Art. 174 Abs. 2 UAbs. 1 EGV, keine ausdrückliche Nennung im EG-Vertrag gefunden.[179] Jedoch heißt es im fünften Aktionsprogramm[180] der EU für den Umweltschutz vom 01.02.1993: Das neue Programm „zielt darauf ab, Veränderungen im Verhalten der Gesellschaft dadurch zu erreichen, daß alle Bereiche der Gesellschaft auf optimale Weise im Geiste einer gemeinsamen Verantwortung eingebunden werden; dies umfaßt Behörden, staatliche und private Unternehmen sowie jeden einzelnen."[181] In der Beschlußfassung[182] des Europäischen Parlaments vom 24.09.1998 zur Überprüfung des fünften Aktionsprogramms wird dann von gemeinsamer Verantwortung und Partnerschaft sowie bezüglich der Durchsetzung von Rechtsvorschriften sogar von Kooperationstätigkeit gesprochen. Mithin wird nun auch in der europäischen Umweltpolitik die Kooperation groß geschrieben.

3. Das Kooperationsprinzip - ein Rechtsprinzip

Im Unterschied zu politischen Prinzipien, die lediglich eine Orientierungshilfe sind, entfalten Rechtsprinzipien positive Rechtsgeltung und damit Verbindlichkeit.[183] Diese Rechtsverbindlichkeit ist allerdings keine unmittelbare; es geht vielmehr um die Verwirklichung von normativen Grundsatzentscheidungen, die noch der Konkretisierung durch den Gesetzgeber bedürfen.[184] So gelten sowohl das Vorsorge-, das Verursacher- als auch das Kooperationsprinzip nicht nur als Handlungsmaxime der Umweltpolitik, sondern auch als allgemeine Prinzipien[185] des Umweltrechts; denn sie sind mit ihrer Aufnahme in Art. 34 EinigungsV zu unmittelbar geltendem Bundesrecht geworden.[186] Das bedeutet: Der Gesetzgeber hat sich verpflichtet, diese Prinzipien als Leitvorstellungen zu beachten.[187] Sie steuern somit die Rechtsanwendung und Rechtsfortbildung.

4. Das Kooperationsprinzip in der Rechtsprechung des Bundesverfassungsgerichts

Seine endgültige „Weihe" hat das Kooperationsprinzip durch seine ausdrückliche Anerkennung als Rechtsprinzip in zwei Entscheidungen des *Bundesverfassungsgerichts*[188] zur kommunalen Verpackungsteuer und zur Landesabfallabgabe erhalten, in

---

[179] Vgl. hierzu *Frenz*, Europäisches Umweltrecht, § 3 Rdnr. 136.

[180] ABl. Nr. C 138, S. 3.

[181] Zu den europarechtlichen Grundlagen vgl.: *Rengeling* in: Huber (Hrsg.), Kooperationsprinzip im Umweltrecht, S. 53 ff.

[182] ABl. Nr. L 275, S. 1.

[183] *Di Fabio*, NVwZ 1999, 1153 (1154); *Murswiek*, ZfU 2001, 7 (8).

[184] Hierzu *Murswiek*, ZfU 2001, 7 (8); *Schrader*, DÖV 1990, 326; *Westphal*, DÖV 2000, 996 (997). Zu Rechtsprinzipien allgemein: *Larenz*, Methodenlehre, S. 474 f.

[185] Vgl. hierzu *Rehbinder* in: FS Sendler, S. 269 ff.

[186] BGBl. II, S. 889; *Kloepfer*, Umweltrecht, § 4 Rdnr. 3; *ders.*, DVBl. 1991, 1 (3 f.). Siehe zu einer Begründung des Kooperationsprinzip als Rechtsprinzip aus der „Natur der Sache": *Westphal*, DÖV 2000, 996 (999).
Kritisch: *Murswiek*, ZfU 2001, 7 (12).

[187] *Brandner* in: UTR 15, S. 380; *Kloepfer*, Umweltrecht, § 4 Rdnr. 3.

[188] *BVerfGE* 98, 83 ff. und 106 ff.

denen das Gericht landesrechtliche Umweltlenkungsabgaben verworfen hat.[189] In seinem ersten Urteil prüfte das *Bundesverfassungsgericht* die Vereinbarkeit von Landesabfallgesetzen mit dem Kooperationskonzept im Bundesimmissionsschutzgesetz, in seiner zweiten Entscheidung prüfte es eine kommunale Satzung über die Erhebung einer Verpackungssteuer. In diesen Entscheidungen hat das *Bundesverfassungsgericht* der Forderung Nachdruck verliehen, daß das Kooperationsprinzip als allgemeines Rechtsprinzip zu verstehen ist.[190] Ein etwaiger Verfassungsrang des Kooperationsprinzips wurde damit hingegen nicht begründet.

a) Die beiden Entscheidungen des Bundesverfassungsgerichts vom 07.05. 1998

Das *Bundesverfassungsgericht* zieht in seinen beiden Urteilen das Kooperationsprinzip als tragenden Entscheidungsgrund in seinen Urteilsbegründungen heran. Besonders ausführlich äußert sich das *Bundesverfassungsgericht* zum Kooperationsprinzip in seinem Urteil zur kommunalen Verpackungssteuer:

Aus dem Rechtsstaatsprinzips und dem Grundsatz der Bundestreue leitet das *Bundesverfassungsgericht* zunächst als Ausgangspunkt aller rechtsetzenden Organe ab, „die Regelungen jeweils so aufeinander abzustimmen, daß den Normadressaten nicht gegenläufige Regelungen erreichen, die die Rechtsordnung widersprüchlich machen."[191] Entscheidend ist mithin die Frage, ob ein solcher Widerspruch zwischen dem Abfallgesetz und der kommunalen Satzung vorliegt.

Beide genannten Regelungswerke verfolgen zunächst dasselbe Ziel, nämlich die Vermeidung von Abfällen. Zur Erreichung dieses Ziels muß aber zusätzlich ein Gleichklang der Mittel zur Erreichung hinzutreten, was in der Regel zu einem Vergleich und zu einer Auslegung der Regelungen führt.

Das Abfallrecht ist gleichsam der Pionier der staatlich gelenkten Kooperation.[192] So sieht auch das *Bundesverfassungsgericht* im Abfallgesetz, insbesondere in § 14 AbfG a.F., eine zielgebundene Kooperation verankert und konkretisiert. Dabei begründet das Kooperationsprinzip „eine kollektive Verantwortung verschiedener Gruppen mit unterschiedlichen fachlichen, technischen, personellen und wirtschaftlichen Mitteln, in

---

Die beiden Entscheidungen des *Bundesverfassungsgerichts* zur kommunalen Verpackungssteuer haben ein umfangreiches und zumeist kritisches Echo in der Literatur gefunden. So wie das Ergebnis der Entscheidung fast einmütig zugestimmt wird, stoßen die umweltrechtlichen Ausführungen des Gerichts hingegen auf eine ebensolche Ablehnung. Vgl.: Zustimmend nur *Di Fabio*, NVwZ 1999, 1153 ff. zur Aufwertung des Kooperationsprinzips. Vgl. ansonsten die Besprechungen und Äußerungen von: *Bothe*, NJW 1998, 2333 ff.; *Fischer*, JuS 1998, 1096 ff.; *Frenz*, DÖV 1999, 41 ff.; *Henneke*, ZG 1998, 275 ff.; *Jobs*, DÖV 1998, 1039 ff.; *Kluth*, DStR 1998, 892 f.; *Konrad*, DÖV 2000, 12 ff.; *Lege*, Jura 1999, 125 ff.; *Meßerschmidt* in: Gawel/Lübbe-Wolff (Hrsg.), Rationale Umweltpolitik, S. 378 ff.; *Murswiek*, Die Verwaltung 33 (2000), 241 (269); *Schmidt/Diederichsen*, JZ 1999, 37 ff.; *Schrader*, ZUR 1998, 152 (155); *Selmer*, JuS 1998, 1054 ff.; *Sendler*, NJW 1998, 2875 ff.; *Weidemann*, DVBl. 1999, 73 ff.

[189] *Huber* in: Huber (Hrsg.), Kooperationsprinzip im Umweltrecht, S. 13.

[190] *Di Fabio*, NVwZ 1999, 1153.

[191] Vgl. zur umfangreichen Kritik an diesem „Prinzip der Widerspruchsfreiheit": *Lege*, Jura 1999, 125 (127 ff.); *Sendler*, NJW 1998, 2875 ff.)

[192] *Di Fabio*, NVwZ 1999, 1153 (1155). Hierzu auch *Fluck* in: Huber (Hrsg.), Kooperationsprinzip im Umweltrecht, S. 85 ff.

eigenständiger Aufgabenverteilung das vorgegebene oder gemeinsame Ziel zu erreichen."[193] Nur subsidiär sehe das Abfallgesetz einseitige Verhaltensregeln vor („zielgebundene Kooperation").

Die Satzung zur kommunalen Verpackungsabgabe hingegen beruht auf einer zielorientierten steuerlichen Verhaltenslenkung. Diese Lenkung sei mit der Offenheit der Handlungsmittel, die das Kooperationskonzept des Abfallgesetzes präge, unvereinbar; denn die Auswahl der hierfür geeigneten Mittel werde den „beteiligten Kreisen" mit ihrer Sachkenntnis und Sachnähe durch die Entscheidung des Satzungsgebers entzogen. „Der Steuertatbestand steht dem abfallrechtlichen Prinzip kooperativer Verantwortung entgegen, weil dieser lediglich den Vermeidungserfolg als Ziel vorgibt, den Weg zu diesem Ziel aber dem sachkundigen Einvernehmen überläßt."

Solange aber die zuständigen Bundesstellen die Kooperation nicht als gescheitert ansehen, ist es den Ländern oder Kommunen untersagt, einseitige Verhaltensregeln zu erlassen. Damit begründet ein vom Staat herbeigeführtes Kooperationsverhältnis eine Art hoheitlicher Friedenspflicht.[194] Somit widersprechen die fraglichen Regelungen dem bundesrechtlich verankerten Kooperationsprinzip und sind nichtig.

b) Das Kooperationsprinzip als freiheitssichernde Grenze staatlicher Gewalt ?

Diese beiden Entscheidungen haben über das Herausstreichen der Bedeutung des Kooperationsprinzips für das Umweltrecht hinaus eine Diskussion über eine neue Stoßrichtung des Kooperationsprinzips ausgelöst.

So besteht etwa die Überlegung, das Kooperationsprinzip als umweltrechtliches Pendant[195] zum steuerrechtlichen Halbteilungsgrundsatz[196] zu sehen. Mag diese These auch zunächst überraschend sein, so legt sich diese Überraschung, wenn man den Halbteilungsgrundsatz aus seinem Platz im Steuerrecht löst und abstrahiert. Dann stellt sich nämlich die Frage: Wann führt eine Lastenkumulation zu einer Grundrechtsverletzung ? Diese Frage ist besonders im umweltrechtlichen Bereich mit seinem Potpourri von hoheitlicher Überwachung, gelenkter Selbstregulierung, Selbstverpflichtungen und hoheitlichen Abgaben höchst brisant.

Im Ergebnis statuiert das *Bundesverfassungsgericht* in seinen beiden Urteilen aus dem Kooperationsgedanken Schranken für flankierende abgaben- und ordnungsrechtliche Maßnahmen auf Landesebene und damit eine Belastungsgrenze für den Bürger. Diese Sperrwirkung muß in der Konsequenz auch für andere Bundesgesetze gelten; denn nichtkooperative Handlungsinstrumente dürfen nicht flankierend an die Seite von Vorschriften treten, die der Bundesgesetzgeber mit dem Kooperationsgedanken durchzieht.

Die Folge einer solchen Gedankenführung könnte jedoch sein, daß es dem Gesetzgeber in Zukunft verwehrt bliebe, einen „Instrumentenmix" anzuwenden. Wollte nun

---

[193] *BVerfGE* 98, 106 (120 f.).

[194] *Di Fabio*, NVwZ 1999. 1153 (1156).

[195] Vgl. *Di Fabio*, NVwZ 1999, 1153 (1156 f.); *Huber*, ThürVBl. 1999, 97 (104); *ders.* in: Huber (Hrsg.), Kooperationsprinzip im Umweltrecht, S. 14. Zustimmend jetzt *Köck*, NuR 2001, 1 (4).

[196] *BVerfGE* 93, 121 ff. (sog. Einheitswertbeschluß). Vgl. hierzu *Zühlsdorff*, ThürVBl. 2001, 25 ff. m.w.N.

der Bundesgesetzgeber eine den überprüften landesrechtlichen Steuern vergleichbare Bundessteuer einführen, so müßte diese Steuer auch als Verstoß gegen das Kooperationsprinzip verfassungswidrig sein.[197] Gerade eine Kombination von Instrumenten kann jedoch sinnvoll sein, um Umweltziele zu erreichen. Ein Widerspruch muß darin nicht liegen. Es fragt sich insofern, ob das *Bundesverfassungsgericht* mit seinen weitgehenden Folgerungen nicht den Grundsatz des judicial self restraint[198] überschritten hat.

Mit der Gedankenführung der Bindung des Gesetzgebers an eine getroffene gesetzliche Entscheidung ist aber ein noch viel weitläufigerer Problemkreis angesprochen, nämlich die Frage, ob sich der Gesetzgeber über die Verfassung und das Prinzip der Systemgerechtigkeit aus Art. 3 Abs. 1 GG[199] hinaus auch etwa durch Programm- und Planungsgesetze[200] selbst binden kann. Letztere würden damit zu einer eigenen Rechtsquelle avancieren. Auf Grund der Komplexität der Fragestellung kann auf diese nur hingewiesen werden, eine Beantwortung in dem Zusammenhang mit dieser Untersuchung kann nicht erfolgen.[201]

IV. Fragestellung der Arbeit

1. Kooperation auf der Normenvollzugsseite

Die hier aufgezeigten Entwicklungstendenzen im Verwaltungshandeln hin zur Kooperation betreffen die Ebene des Vollzugs von Gesetzen.[202] Provozierend wird in diesem Zusammenhang vom „kooperativen Recht" gesprochen,[203] das immer dann vorliegt, wenn kooperatives Verwaltungshandeln, etwa durch den Einbau sekundärer Elastizität oder durch Öffentlichkeitsbeteiligung in Genehmigungsverfahren, vom Gesetz- und Verordnungsgeber bewußt oder unbewußt programmiert wurde.[204] In diesem Zusammenhang taucht in der Verwaltungslehre der Begriff des Verwaltungskooperationsrechts auf. Dieser Begriff meint im wesentlichen die rechtliche Ausgestaltung verantwortungsteilender Aufgabenerfüllung zwischen öffentlichem und privatem Sektor durch das Zusammenwirken von öffentlichen und privaten Rechtsträgern einschließlich der in zwischengelagerten Grauzonen angesiedelten Rechtsubjekte.[205] Zweifelsohne ist das Thema Vertrag bzw. Absprache zwischen Verwaltung und Privaten

---

[197] *Murswiek*, Die Verwaltung 33 (2000), 241 (278).

[198] Hierzu *Kriele* in: HdbStR V, § 110 Rdnr. 4 ff.

[199] *BVerfGE* 60, 16 (40).

[200] Hierfür scheint *BVerfGE* 101, 158 ff. zu sprechen, nachdem der Gesetzgeber ein Maßstäbegesetz für den Länderfinanzausgleich schaffen muß.

[201] Hierzu hat sich eine eigene Literatur entwickelt. Vgl. etwa die Nachweise bei *Meßerschmidt*, Gesetzgebungsermessen, S. 30.

[202] Zuletzt etwa *Song*, Kooperatives Verwaltungshandeln durch Absprachen und Verträge beim Vollzug.

[203] *Dose*, Die Verwaltung 27 (1994), 91 ff.; *Dose/Voigt* in: Dose/Voigt (Hrsg.), Kooperatives Recht, S. 12; *Rossen-Stadtfeld*, NVwZ 2001, 361 ff.; *Schulze-Fielitz* in: Dose/Voigt (Hrsg.), Kooperatives Recht, S. 225 ff.; *ders.*, DVBl. 1994, 657 ff. Allerdings ist der Begriff des kooperativen Rechts nicht abschließend konturiert.

[204] *Benz* in: Benz/Seibel (Hrsg.), Zwischen Kooperation und Korruption, S. 33 f.; *Dose*, Die Verwaltung 27 (1994), 91 ff.

[205] Vgl. *Bauer* in: Schuppert (Hrsg.), Jenseits von Privatisierung und „schlankem" Staat, S. 252 ff.

auf der Vollzugseite ein hoch aktuelles Thema, wie auch die gleichnamige Themenwahl[206] des Zweiten Beratungsgegenstandes auf der Staatsrechtslehrertagung 1992 in Bayreuth zeigt.[207]

2. Kooperation auf der Normsetzungsseite

Hingegen ist die konsensuale Normgebung in Form eines normersetzenden Vertrags bisher nahezu unbekannt[208] und auf der juristischen Landkarte mit „hic sunt leones" zu kennzeichnen.[209] Die konsensuale Rechtsetzung soll allerdings auch weniger ordnungsrechtliche Maßnahmen abwehren, sie ist vielmehr vor dem Hintergrund von Komplexität, Informationsbedarf und Experimentierbedürfnis zu sehen.

Ein erster Schritt zur Erkundung des Bereichs der normersetzenden Verträge ist mit den sogenannten regelvermeidenden Maßnahmen gemacht worden, den Selbstverpflichtungen, auf die sich das deutsche juristische Interesse in den 80er und 90er Jahren vornehmlich konzentrierte.

Die vorliegende Untersuchung will versuchen, einen Beitrag zur Erforschung dieses juristischen Neulandes zu leisten. Ihr Ziel ist es, losgelöst vom Einzelfall ein im deutschen Umweltrecht neues Handlungsinstrument abstrakt auf seine juristische Tauglichkeit zu überprüfen und Zusammenhänge mit Nachbarbereichen aufzuzeigen. Insbesondere rechtsstaatliche und demokratische Problemstellungen drängen sich in diesem Zusammenhang auf. Als Ergebnis dieser Untersuchung soll eine Antwort auf die Frage gefunden werden, ob ein rechtsverordnungsersetzender Vertrag de lege lata möglich und/oder wünschenswert ist.

Mit der Formulierung „Normersetzender Vertrag" werden in dieser Untersuchung als Oberbegriff allgemein Verträge bezeichnet, die eine öffentlich-rechtliche Norm unabhängig von ihrem Rang in der Normenhierarchie ersetzen sollen. Der Begriff der „Norm" wird insoweit als abstrakt-generelle Regelung in Abgrenzung zum konkret-individuellen Einzelakt[210] verstanden.[211] Regelung setzt dabei eine Verbindlichkeit,

---

[206] *Burmeister/Krebs*, VVDStRL 52 (1993), 190 ff./248 ff. Ferner *Hill* (Hrsg.), Verwaltungshandeln durch Verträge und Absprachen; *Spannowsky*, Verträge und Absprachen, S. 449 ff.

[207] In diesem Sinne *Huber*, AöR 118 (1993), 289 (304). Siehe auch *Song*, Kooperatives Verwaltungshandeln durch Absprachen und Verträge beim Vollzug, S. 63 ff.

[208] Eine erste Überlegung zu einem Normenvertrag datiert allerdings bereits aus dem Jahre 1966 ! Vgl. *Krüger*, NJW 1966, 617 (622). Sowohl Normsetzungsverträge als auch die Möglichkeit der Allgemeinverbindlicherklärung nach dem Muster von Tarifverträgen wird hier bereits angedacht. Der Gedanke scheint dann aber in Vergessenheit geraten zu sein.
Aus neuerer Zeit zum normersetzenden Vertrag vgl. *Köpp*, Normvermeidende Absprachen, S. 270 ff. sowie *Frenz*, Selbstverpflichtungen der Wirtschaft, S. 197 ff.

[209] Ähnlich für den Bereich der Privaten Normsetzung: *Kirchhof*, Private Rechtsetzung, S. 21 f.

[210] Vgl. zur Abgrenzung durch das Begriffspaar abstrakt-generell/konkret-individuell *BVerwGE* 12, 87 ff. (Endiviensalat). Ein Lehrbuchklassiker. Statt vieler: *Kirchhof*, Private Rechtssetzung, S. 64 ff.; *Maurer*, Allgemeines Verwaltungsrecht, § 9 Rdnr. 17.

[211] Obwohl der Begriff der „Norm" zum Vokabular jedes Juristen gehört, fehlt eine allgemeingültige Umschreibung. An die Diskussion des Begriffs der „Norm" hat sich dann Ende des 19. Jahrhunderts die Auseinandersetzung um den Gesetzesbegriff angeschlossen. Vgl. etwa aus der unendlichen Literatur: *Meyer-Cording*, Die Rechtsnorm, S. 23 ff.; *Starck*, Der Gesetzesbegriff des Grundgesetzes, S. 77 ff.

ihren imperativen Charakter,[212] nach außen voraus.[213] Insoweit sind mit Norm nur Normen im engeren Sinne gemeint.[214] Die Bindungswirkung wiederum erfordert einen staatlichen Geltungsbefehl.

Wird speziell eine bestimmte Art von Normen angesprochen, so wird ihre Bezeichnung anstelle der allgemeinen Formulierung dem Vertrag vorangestellt. Diese Verträge sollen möglichst die gleichen Regelungswirkungen wie die zu ersetzende Norm entfalten. Deshalb „ersetzt" ein solcher Vertrag tatsächlich die entsprechende Norm. Es handelt sich um einen normersetzenden Vertrag.

In dieser Untersuchung geht es maßgeblich um die Ersetzung von exekutiv[215] gesetzten Normen, genauer um Rechtsverordnungen. Ein Vertrag, der eine Rechtsverordnung ersetzen soll, wird dabei als „rechtsverordnungsersetzender Vertrag", also als Unterfall der normersetzenden Verträge bezeichnet. Mit dem Zusatz „rechtsverordnungsersetzend" wird die öffentlich-rechtliche Komponente des Vertrags verdeutlicht, da die Normsetzung eine typisch hoheitliche Aufgabe ist. Mithin kann der rechtsverordnungsersetzende Vertrag nicht mit einem privatrechtlichen Vertrag verwechselt werden. Daher wird hier auf den Zusatz öffentlich-rechtlich verzichtet. Abgewichen wird von dieser Bezeichnung nur in den Kapiteln zum Umweltgesetzbuch und zu den europarechtlichen Fragen.

V. Gang der Untersuchung

In dieser Untersuchung werden die Möglichkeiten und Grenzen eines rechtsverordnungsersetzenden Vertrags als eines Instruments des Umweltschutzes ausgelotet. Dabei werden thematisch verschiedene Gebiete der Rechts- und Verwaltungswissenschaften berührt; denn die Fragestellung umfaßt Fragen des Umweltrechts, des Verfassungs-, Europa- und Verwaltungsrechts, des Wettbewerbsrechts sowie allgemeine Fragen des Verwaltungsrechts als Steuerungswissenschaft.

Zunächst werden in § 2 bereits vorhandene Ansätze zur Kooperation und Selbstregulierung im Zusammenhang mit Normung und Normgebung vorgestellt. Vor allem die freiwilligen Selbstverpflichtungen der Wirtschaft, die in § 2 I. dargestellt werden, weisen nämlich erhebliche Parallelen zu einem rechtsverordnungsersetzenden Vertrag auf und sind daher von erheblichem Interesse für diese Untersuchung. Die in diesem Zusammenhang diskutierten Fragen weisen sowohl auf mögliche Problemfelder eines rechtverordnungsersetzenden Vertrags, bieten aber auch erste Anhaltpunkte für deren Lösung.[216]

---

[212] *Kirchhof*, Private Rechtssetzung, S. 31 ff.

[213] Die Unterscheidung von Außen- und Innenrecht kennzeichnet das deutsche Verwaltungsrecht bis in die heutige Zeit. Vgl. *Ossenbühl*, Verwaltungsvorschriften und Grundgesetz, S. 34 ff.

[214] Auch wenn die Verwaltungsvorschrift eine Rechtsnorm im rechtstheoretischen Sinne ist, sind hier nur Rechtsquellen mit unmittelbarer Außengerichtetheit von Interesse.

[215] Exekutive kann zum einen eine Funktion bezeichnen, nämlich Regieren und Verwalten, zum anderen aber die besonderen Organe, die mit dem Vollzug von Parlamentsgesetzen betraut sind, nämlich Regierung und Verwaltung. Die Themenstellung dieser Untersuchung legt ein institutionelles Verständnis nahe.

[216] Vgl. etwa *Bohne*, VerwArch 75 (1984), 343 ff.; *Brohm*, DÖV 1992, 1025 ff.; *Hellberg*, Selbstverpflichtrungen, S. 48 ff.; *Oebbecke*, DVBl. 1986, 793 ff.

Danach werden die beiden maßgeblichen Impulsgeber für eine konsensuale Normgebung in § 3 vorgestellt. Zum einen wird in § 3 I. das entsprechende Kapitel über Normsetzung im Entwurf der unabhängigen Sachverständigenkommission für ein Umweltgesetzbuch beleuchtet. Eine Bewertung der hier aufgestellten Regelungen wird am Schluß der Untersuchung nach Herausarbeitung des eigenen rechtlichen Rahmens für rechtsverordnungsersetzende Verträge in § 17 erfolgen. Zum anderen gilt es, die Entwicklung auf der europäischen Ebene (§ 3 II.) zu betrachten. Diese Entwicklungen sollen zum Schluß der Untersuchung in § 18 als Anlaß genommen werden, der Frage nachzugehen, ob es einen normersetzenden Vertrag auch auf europäischer Ebene geben bzw. ob ein solcher Vertrag zur Umsetzung von EU- Richtlinien in nationales Recht dienen kann. Der rechtsverordnungsersetzende Vertrag selber wird in § 4 III. und in § 7 hinsichtlich seiner Rechtsnatur, seiner Begrifflichkeit und seines Regelungsumfangs definiert. Die Frage nach den Vertragspartnern wird indessen in § 5 beantwortet. Denn der rechtsverordnungsersetzende Vertrag macht nur dann einen Sinn, wenn sein Regelungsgehalt auch tatsächlich vollstreckt werden kann.

Im Anschluß daran wird nach den Rechtmäßigkeitsvoraussetzungen eines rechtsverordnungsersetzenden Vertrags de lege lata gefragt. Ein besonderes Gewicht liegt dabei auf der Analyse der Maßstabsgebung aus Vorrang und Vorbehalt des Gesetzes (§ 6), wobei sich eine zweistufige Prüfung dergestalt anbietet, daß zunächst als Ausformung des Vorrangs des Gesetzes nach generellen Vertragsformverboten (§ 8) gefragt wird. Gewissermaßen als Korrelat zu den Vertragsformverboten wird (§ 9) überlegt, ob es nicht ein Gebot zum Handeln durch Vertrag statt durch Gesetz oder Rechtsverordnung geben kann.

Anschließend werden die Anforderungen untersucht, denen der Inhalt eines rechtsverordnungsersetzenden Vertrags genügen muß. Dabei gilt es, zunächst die Grundrechte der Vertragspartner (§ 12 IV.1. und § 12 IV.2.) als auch von Dritten (§ 12 IV.3.) zu beachten. Hier ist vornehmlich an die Wirtschaftsgrundrechte gemäß Art. 12 Abs. 1 und Art. 14 Abs. 1 GG zu denken, aber auch gleichheitsrechtliche Fragen gemäß Art. 3 Abs. 1 GG spielen eine Rolle. Darüber hinaus muß der rechtsverordnungsersetzende Vertrag auch den Vorgaben aus dem Demokratieprinzip genügen.

Ob die gefundenen grundrechtlichen Eingriffe sich auf eine Ermächtigungsgrundlage zurückführen lassen, wird unter P. geprüft. In diesem Zusammenhang kommt vor allem die spezialgesetzliche Ermächtigungsgrundlage für eine Rechtsverordnung als eventuelle Ermächtigungsgrundlage für einen rechtsverordnungsersetzenden Vertrag in Betracht. Aber auch an einfach gesetzlichen Schranken muß sich der rechtsverordnungsersetzende Vertrag messen lassen, und in diesem Rahmen wird auf das Verwaltungsverfahrensgesetz (§ 15 III.1.) sowie auf kartellrechtliche Fragen eines rechtsverordnungsersetzenden Vertrags (§ 15 III.2.) eingegangen. Verfahrensfragen werden bereits vorher erörtert (§ 15 II.).

Als Ergebnis dieser Überlegungen ergibt sich in § 19 ein Urteil über die Vor- und Nachteile eines rechtsverordnungsersetzenden Vertrags sowie eine Stellungnahme über den Einsatz eines solchen Vertrags im Vergleich zu der entsprechenden Rechtsverordnung und entsprechenden Selbstverpflichtung. Hieraus läßt sich dann als Ergebnis ableiten, ob die Einführung eines rechtsverordnungsersetzenden Vertrags erfolgversprechend ist.

§ 2: Bisherige Ansätze zur kooperativen Normsetzung

Ansätze einer kooperativen Normsetzung und der Selbstregulierung der Gesellschaft gibt es vorrangig im umweltrechtlichen Bereich.[1] Die am weitesten entwickelte Form einer kooperativen Normsetzung findet sich indessen außerhalb des Umweltrechts im Tarifrecht, so daß der hier folgende Exkurs in das kollektive Arbeitsrecht notwendig ist.

I. Die Selbstverpflichtungen

Bei den sogenannten Selbstverpflichtungen zwischen Staat und Wirtschaft handelt es sich um eine gesetzlich nicht geregelte Kooperationsform, die hier deshalb von besonderem Interesse ist, da diese Untergruppe der normersetzenden Selbstverpflichtungen eine erhebliche Deckungsgleichheit mit den rechtsverordnungsersetzenden Verwaltungsverträgen aufweist. Denn rechtsverordnungsersetzende Verwaltungsverträge sind Grenzgänger zwischen Selbstverpflichtungen und Rechtsverordnungen.

Den Selbstverpflichtungen kommt in dieser Untersuchung eine exponierte Stellung zu: Auf Grund der nicht unerheblichen Ähnlichkeit von normvertretenden Selbstverpflichtungen und rechtsverordnungsersetzenden Verwaltungsverträgen bietet sich an, viele Problempunkte und Lösungsansätze aus der Diskussion um Selbstverpflichtungen auf die rechtsverordnungsersetzenden Verwaltungsverträge zu übertragen.

1. Die Bedeutung von Selbstverpflichtungen im Umweltrecht

Auf Selbstverpflichtungen wies bereits auf der Staatsrechtslehrertagung 1979 in Berlin *Hoppe* als Zweitberichterstatter zum Thema „Staatsaufgabe Umweltschutz" mit der Empfehlung hin, bei der Lösung von Umweltproblemen auch auf die Möglichkeiten des Zusammenwirkens von Staat und gesellschaftlichen Kräften zu achten. Er nannte besonders die „hoheitlich inspirierte Verhaltensabrede".[2] Diese Empfehlung ist auf fruchtbaren Boden gefallen; denn in der Tat ist insbesondere im Umweltrecht in den vergangenen Jahren eine Zunahme von Verhaltensabreden in Form von Selbstverpflichtungen zu verzeichnen.[3] Mittlerweile haben Selbstverpflichtungen[4] einen festen

[1] Vgl. auch die exemplarischen Formen der Kooperation bei *Trute* in: UTR 48, S. 26 ff.

[2] *Hoppe*, VVDStRL 38 (1980), 213 (308). Mit verfassungs- und kartellrechtlichen Bedenken schon damals *Kloepfer*, VVDStRL 38 (1980), 372.

[3] *Dempfle*, Normvertretende Absprachen, S. 28; *Di Fabio*, JZ 1997, 969.

Platz in der deutschen Umweltpolitik. So gab die Bundesregierung 1994 in der Koalitionsvereinbarung für die 13. Legislaturperiode hinsichtlich der Verwertung von Altautos, Elektronikschrott und Batterien dem Instrument der Selbstverpflichtungen sogar den ausdrücklichen Vorrang vor ordnungsrechtlichen Maßnahmen.[5] Sowohl das Umwelt- als auch das Wirtschaftsministerium hielten Selbstverpflichtungen für einen Bestandteil der Politik der Deregulierung und traten daher dafür ein, umweltpolitische Ziele möglichst mittels Selbstverpflichtungen durchzusetzen. Diese Position entspricht weitgehend auch den Forderungen der Wirtschaft, während sie von den Umweltverbänden entweder strikt abgelehnt oder mit erheblicher Skepsis bewertet wird.[6]

Seit den 70er Jahren wurden in der Bundesrepublik rund 80 Selbstverpflichtungen im Umweltbereich eingegangen.[7] Sie betrafen in der Abfallwirtschaft vornehmlich

---

[4] Zum Thema vgl.: *BDI*, Freiwillige Kooperationslösungen; *Becker*, DÖV 1985, 1003 ff.; *Beyer*, Instrumente des Umweltschutzes, S. 271 ff.; *Breuer* in: Hoffmann-Riem/Schmidt-Aßmann (Hrsg.), Konfliktbewältigung durch Verhandlungen I, S. 250 f.; *Bohne* in: HdUR I, Sp. 1057 ff.; *ders.*, VerwArch 75 (1984), 343 (361); *ders.* in: Gessner/Winter (Hrsg.), Rechtsformen der Verflechtung zwischen Staat und Wirtschaft, S. 266 ff.; *Breier*, ZfU 1997, 131 ff.; *Brockmann* in: ZEW (Hrsg.), Innovation durch Umweltpolitik, S. 103 ff.; *Brohm*, DÖV 1992, 1025 ff.; *ders.*, DVBl. 1994, 133 ff.; *ders.* in: Biernat et al. (Hrsg.), Grundfragen des Verwaltungsrechts und der Privatisierung, S. 135 ff.; *Dempfle*, Normvertretende Absprachen; *Di Fabio*, JZ 1997, 969 ff.; *Dreier*, Staatswissenschaften und Staatspraxis 4 (1993), 647 (653 ff.); *Eberle*, Die Verwaltung 17 (1984), 439 ff.; *Engel*, Staatswissenschaften und Staatspraxis 9 (1998), 535 ff.; *Franzius*, Instrumente indirekter Verhaltenssteuerung, S. 165 ff.; *Frenz*, EuR 34 (1999), 27 ff.; *ders.*, Selbstverpflichtungen der Wirtschaft; *Fluck/Schmitt*, VerwArch 89 (1998), 220 ff.; *Giesberts*, Altautoverordnung und freiwillige Selbstverpflichtung, S. 15 ff.; *Goergens/Troge*, Branchenabkommen; *Grewlich*, DÖV 1998, 54 ff.; *Grohe*, WiVerw 1999, 177 ff.; *Grüter*, Umweltrecht und Kooperationsprinzip, S. 63 ff.; *Hartkopf/Bohne*, Umweltpolitik 1, S. 220 ff.; *Helberg*, Selbstverpflichtungen; *Holzey/Tegner*, Wirtschaftsdienst 1996, 425 ff.; *Huber*, Allgemeines Verwaltungsrecht, S. 237 ff.; *Hucklenbruch*, Umweltrelevante Selbstverpflichtungen; *Kettler*, JuS 1994, 909 (912 f.); *Kirchhof* in: HdbStR III, § 59 Rdnr. 158 ff.; *Kloepfer* in: Coing (Hrsg.), Japanisierung des westlichen Rechts, S. 89 ff.; *ders.* in: König/Dose (Hrsg.), Instrumente und Formen staatlichen Handelns, S. 333 ff.; *ders.*, Umweltrecht, § 5 Rdnr. 211 ff.; *ders.*, DVBl. 1994, 12 (21); *Kloepfer/Elsner*, DVBl. 1996, 964 ff.; *Knebel/Wicke/Michael*, Selbstverpflichtungen und normersetzende Umweltverträge, S. 39 ff.; *Köpp*, Normvermeidende Absprachen zwischen Staat und Wirtschaft; *Kuhnt*, DVBl. 1996, 1082 (1089 ff.); *Müggenborg*, NVwZ 1990, 909 (915 ff.); *Murswiek*, JZ 1988, 985 (988 ff.); *Oebbecke*, DVBl. 1986, 793 ff.; *Oldiges*, WiR 1973, 1 ff.; *Pommerenke*, RdE 1996, 131 ff.; *Rabe*, Rechtsgedanke der Kompensation; *Rat von Sachverständigen*, Umweltgutachten 1998, Tz. 266 ff.; *Rengeling*, Kooperationsprinzip, S. 47; *Rennings/Brockmann/Koschel/Bergmann/Kühn*, Nachhaltigkeit, S. 131 ff.; *Schendler*, NVwZ 2001, 494 ff.; *Scherer*, DÖV 1991, 1 ff.; *Schmelzer*, Selbstverpflichtungen; *Schröder*, NVwZ 1998, 1011 (1012 f.); *Schulte*, Schlichtes Verwaltungshandeln, S. 98 ff.; *Song*, Kooperatives Verwaltungshandeln durch Absprachen und Verträge beim Vollzug, S. 36 ff.; *Trute* in: UTR 48, S. 43 ff.; *Wicke*, Umweltökonomie, S. 233 ff.; *Wicke/Knebel/Braeseke* (Hrsg.), Umweltbezogene Selbstverpflichtungen; *Würfel*, Informelle Absprachen in der Abfallwirtschaft; *von Zezschwitz*, JA 1978, 498 ff.; *Wägenbaur*, EuZW 1997, 645 ff.

[5] Umwelt 1995, 7; *Helberg*, Selbstverpflichtungen, S. 28; *Rat von Sachverständigen*, Umweltgutachten 1996, Tz. 163 und Tz. 273.

[6] Etwa *Flasbarth/Bandt* in: Wicke et al. (Hrsg.), Umweltbezogene Selbstverpflichtungen, S. 63 ff./S. 125 ff.

[7] *Frenz*, EuR 34 (1999), 27; *Holzey/Tegner*, Wirtschaftsdienst 1996, 425.

Batterien, Papier, Verpackungsabfälle und ausgediente Kraftfahrzeuge, außerdem die schrittweise Nichtbenutzung bestimmter Stoffe, zum Beispiel Asbest, FCKW, sowie bestimmter Stoffe in Wasch- und Reinigungsmitteln. Außerdem betreffen sie die Ableitung gefährlicher Stoffe wie zum Beispiel Ammoniak in das Wasser und die CO_2-Emissionen beim Kraftstoffverbrauch von Kraftfahrzeugen sowie in verschiedenen Industriezweigen.[8] Selbstverpflichtungen sind aber nicht nur in der Umweltpolitik, sondern auch in anderen Bereichen, unter anderem in der Medien-, Drogen- und Außenwirtschaftspolitik weit verbreitet und somit keine umweltspezifische Erscheinung.[9] Jedoch geht die Umweltpolitik bezüglich der Verwendung von Selbstverpflichtungen deutlich voran.[10] Dem Recht, so meint *Di Fabio*, haben die Selbstverpflichtungen allerdings mehr Verwirrung als Freude beschert.[11]

Die bedeutendste Selbstverpflichtung ist im Hinblick auf ihre große Reichweite und ihre Verknüpfung mit einer zentralen Zielsetzung der modernen Umweltpolitik die Erklärung der deutschen Industrie aus dem Jahre 1995 zur Reduzierung der CO_2-Emissionen und zu der Steigerung der Energieeffizienz, die ein Jahr später modifiziert und ausgeweitet wurde.[12]

Die Zahl der Selbstverpflichtungen ist besonders in den letzten Jahren gestiegen und im europäischen Vergleich relativ hoch.[13] Zu Selbstverpflichtungen kommt es dabei bisher vorwiegend auf nationaler Ebene.[14]

2. Der Inhalt von Selbstverpflichtungen

Selbstverpflichtungen weichen von dem klassischen Muster des hoheitlich handelnden Staates ab, der die Ziele und Instrumente der Umweltpolitik durch Erlaß von ein-

---

Fluck/Schmitt, VerwArch 89 (1998), 220 (221) gehen von 40 - 80 Selbstverpflichtungen aus. Der *Rat von Sachverständigen*, Umweltgutachten 1998, Tz. 266 kommt auf „etwa 70“; *Wicke/Knebel* in: Wicke et al. (Hrsg.), Umweltbezogene Selbstverpflichtungen, S. 5. *Wägenbaur*, EuZW 1997, 645 (646) meint, daß Selbstverpflichtungen dem „Zeitgeist“ entsprechen.

8 Vgl. die Zusammenstellung et al. bei *Hucklenbruch*, Umweltrelevante Selbstverpflichtungen, S. 31 ff.; *Knebel/Wicke/Michael*, Selbstverpflichtungen und normersetzende Umweltverträge, S. 419 ff.; *Schmelzer*, Selbstverpflichtungen, S. 10 und KOM (96) 561, Anhang, Länderbericht Deutschland.

9 *Oldiges*, WiR 1997, 1 zur Selbstbeschränkung auf dem Heizölmarkt. Ferner *Bohne* in: Gessner/Winter (Hrsg.), Rechtsformen der Verflechtung zwischen Staat und Wirtschaft, S. 266; *Bonk* in: Stelkens/Bonk/Sachs, VwVfG, § 54 Rdnr. 40; *Dempfle*, Normvertretende Absprachen, S. 25 m.w.N.; *Maurer*, Allgemeines Verwaltungsrecht, § 15 Rdnr. 14; *Scherer*, DÖV 1991, 1 (2 f.); *Schmelzer*, Selbstverpflichtungen, S. 5 ff.

10 *Di Fabio*, JZ 1997, 969.

11 *Di Fabio*, JZ 1997, 969 (970).

12 Vgl. die aktualisierte Erklärung der deutschen Wirtschaft zur Klimavorsorge vom 27.03.1996. Herausgegeben vom BDI, Gustav Heinemann Ufer 84-88, 50968 Köln.
Hierzu *Breier*, ZfU 1997, 130 (134 ff.); *Grohe*, WiVerw 1999, 177 (183 f.); *Koch* in: Koch/Casper (Hrsg.), Klimaschutz im Recht, S. 161 ff.; *Kohlhaas/Praetorius*, Selbstverpflichtungen der Industrie, S. 13 ff.; *Rat von Sachverständigen*, Umweltgutachten 1998, Tz. 268. Siehe auch die Antwort der Bundesregierung auf die große Anfrage von Abgeordneten des Bundestages und der SPD-Fraktion vom 14.01.1997, BT-Drucks. 13/6704.

13 *Rat von Sachverständigen*, Umweltgutachten 1998, Tz. 266.

14 Eine Ausnahme bildet der „Umweltpakt von Bayern“ von 1995, abgeschlossen zwischen der Bayerischen Staatskanzlei und Verbänden der bayrischen Industrie, des Handels und des Handwerks.

seitig-hoheitlichen Regelungen vorgibt. Sie sind mithin ein signifikantes Beispiel für den Wandel der Handlungsformen des Staates.

Die Ausgangssituation für eine Selbstverpflichtung ist oft ein unbefriedigender Zustand im Umweltbereich, den der Markt nicht regeln kann.[15] Trotz objektiv gegebenen gesetzgeberischen Handlungsbedarfs verzichtet die staatliche Seite auf den Erlaß eines Gesetzes oder einer Rechtsverordnung. Anstelle einer Regelung durch Rechtsverordnung, Satzung oder Gesetz sucht die Exekutive denselben Regelungseffekt über Abreden mit den ökologischen Problemträgern zu erreichen, um so Rechtssetzungsakte zu vermeiden. Inhaltlich lassen sich je nach umweltpolitischer Zielsetzung sieben Formen der Selbstverpflichtung unterscheiden:[16]

- Phasing out Verpflichtungen,
- Verpflichtungen zur Einhaltung von Reduktionszielen,
- Rücknahme-, Recycling- und Entsorgungsverpflichtungen,
- Verpflichtungen zur Ergreifung bestimmter Sicherheitsmaßnahmen,
- Kennzeichnungsverpflichtungen,
- Handelsbeschränkungen und
- Altlastensanierungsverpflichtungen.

3. Das Zustandekommen einer Selbstverpflichtung

Eine Selbstverpflichtung setzt zunächst mindestens zwei Beteiligte voraus, die sich durch einen kommunikativen Prozeß auf ein bestimmtes abgestimmtes Verhalten einigen.[17] Die Initiative zu einer Selbstverpflichtung geht grundsätzlich von staatlichen Stellen aus.[18] Die Regierung macht zunächst deutlich, daß sie gedenkt, einen bestimmten Zustand durch eine einseitig-hoheitliche Regelung abzuschaffen. Dann tritt sie mit den Betroffenen in Verhandlung über Schutzziele und Instrumentenwahl und nutzt dabei die „Drohung“, Normen zu erlassen, als Ausgangspunkt für das Aushandeln ei-

[15] *Dempfle*, Normvertretende Absprachen, S. 21. Insofern sind Selbstverpflichtung nicht nur durch das Kooperations-, sondern auch durch das Verursacherprinzip geprägt.

[16] Vgl. *Böhm-Amtmann*, WiVerw 1999, 135 (143). Zur Ausgestaltung von Selbstverpflichtungen auch: *Hucklenbruch*, Umweltrelevante Selbstverpflichtungen, S. 72 ff.

[17] *Dempfle*, Normvertretende Absprachen, S. 12.

[18] Zudem existieren auch rein einseitige Verpflichtungen von Privaten. Diese bleiben bei dem in dieser Untersuchung gewählten Ansatz jedoch unberücksichtigt; denn sie werfen lediglich kartellrechtliche Fragen auf.

ner „freiwilligen" Selbstverpflichtung.[19] Ein solches Handeln findet mithin im „Schatten des Leviathan" statt.[20]

Die Wirtschaftsseite[21] gibt auf Grund dieser Verhandlungen zwischen Wirtschaft und Regierung eine Selbstverpflichtung an die zuständige staatliche Stelle ab, in der sie versichert, ein bestimmtes, qualifiziertes oder quantifiziertes Umweltziel erreichen zu wollen.[22] Wie die Wirtschaft das vorgegebene Ziel erreicht, ist ihr freigestellt. Diese Erklärung wird dann von staatlicher Seite „informell" anerkannt. Auf Grund der Zusage von Seiten der Wirtschaft erfolgt eine amtliche Erklärung, zum Beispiel durch eine Pressekonferenz,[23] in der die Selbstverpflichtung der Wirtschaft begrüßt und in der die Absicht bekundet wird, vorerst auf eine Normierung in dem Bereich zu verzichten.[24] Mithin stehen Selbstverpflichtungen zwischen gesellschaftlicher Selbstregulierung und staatlicher Steuerung[25] und bilden eine eigentümliche Mischung aus faktischem Zwang und Kooperation.[26] Dennoch lassen sich solche Selbstverpflichtungen als Tauschgeschäft, als „do ut des", interpretieren.[27] Anders als bei Anhörungs-, Mitwirkungs- oder Beteiligungsrechten erhält der Private nämlich etwas; denn die Regierung verzichtet auf einen Normenerlaß in diesem Bereich.[28]

In der umweltpolitischen Diskussion in der Bundesrepublik Deutschland ist unter umweltbezogener Selbstverpflichtung die einseitig rechtlich unverbindliche Zusage der Wirtschaft bzw. einzelner Branchen zu verstehen, Maßnahmen zum Umweltschutz durchzuführen oder umweltbelastende Aktivitäten zu unterlassen oder zu reduzieren,

---

[19] Auch in der Volkswirtschaft finden Selbstverpflichtungen Beachtung: Vgl. etwa *Brockmann* in: ZEW (Hrsg.), Innovation durch Umweltpolitik, S. 103 ff.; *Cansier* in: Kloepfer (Hrsg.), Selbst-Beherrschung im technischen und ökologischen Bereich,, S. 105 ff.; *Knebel/Wicke/Michael*, Selbstverpflichtungen und normersetzende Umweltverträge, S. 131 ff.; *Kohlhaas/Praetorius*, Selbstverpflichtungen der Industrie; *Rennings/Brockmann/Koschel/Bergmann/Kühn*, Nachhaltigkeit, S. 131 ff.; *Schmelzer*, Selbstverpflichtungen, S. 73 ff.; *Voigt*, ZfU 2000, 393 ff.; *Wagner/Haffner* in: UTR 48, S. 106 ff.

Zu empfehlen ist für Juristen die Untersuchung von *Engel*, Staatswissenschaften und Staatspraxis 9 (1998), 535 ff., der interessant juristisches, ökonomisches und sozialwissenschaftliches verknüpft.

[20] *Dose/Voigt* in: Dose/Voigt (Hrsg.), Kooperatives Recht, S. 11.

[21] Wobei allerdings auch Selbstverpflichtungen einzelner Personen denkbar sind. Hierzu etwa *Frenz*, Selbstverpflichtungen der Wirtschaft, S. 46.

[22] *Beyer*, Instrumente des Umweltschutzes, S. 271; *Fluck/Schmitt*, VerwArch 89 (1998), 220 (225).

[23] *Bohne* in: Gessner/Winter (Hrsg.), Rechtsformen der Verflechtung von Staat und Wirtschaft, S. 270; *Hucklenbruch*, Umweltrelevante Selbstverpflichtungen, S. 118; *Rat von Sachverständigen*, Umweltgutachten 1998, Tz. 272.

[24] *Bohne* in: HdUR I, Sp. 1059.

[25] Hierzu *Schmidt-Preuß/Di Fabio*, VVDStRL 56 (1997), 160 ff./235 ff.

[26] *Oldiges*, WiR 1973, 1 (7).

[27] *Bohne*, VerwArch 75 (1984), 343 (344); *Murswiek*, JZ 1988, 985 (988).

[28] *Bohne*, VerwArch 75 (1984), 343 (361); *Knebel/Wicke/Michael*, Selbstverpflichtungen, S. 20. *Wicke/Knebel* in: Wicke et al. (Hrsg.), Umweltbezogene Selbstverpflichtungen, S. 5 sprechen sich gegen eine Pauschalisierung auf bloßes „umweltbezogenes Wohlverhalten gegen Gesetzes- oder Verordnungsverzicht" aus. Teilweise wird hier als staatliche Gegenleistung das Absenken des Schutzniveaus angeführt.

Hiergegen wendet sich *Di Fabio*, JZ 1997, 969 (970), Fn. 15: „Schließlich gilt nicht ohne weiteres, daß die für die Wirtschaft teuerste Lösung auch die effektivste ist."

um bestimmte Umweltziele zu erreichen.[29] Diese Zusagen erfolgen zwar auf staatlichen Anstoß, werden aber als einseitige Pflichtübernahme verstanden.[30] Kennzeichnend und konstitutives Merkmal für diese Selbstverpflichtungen ist der Umstand, daß sie mangels Rechtsbindungswillens rechtlich unverbindlich sind.[31] Denn auch wenn Selbstverpflichtungen auf dem „do ut des"- Grundsatz basieren, fehlt ihnen die Bindungswirkung des Vertrags.[32] Ein „pacta sunt servanda" ist ihnen somit fremd. Trotzdem kommt einer Selbstverpflichtung eine gewisse faktische Bindungswirkung zu.[33]

Der Abschluß von Selbstverpflichtungen ist auch an keine Form gebunden. Bei Selbstverpflichtungen zwischen staatlichen Stellen und Privaten erfolgt nur eine schriftliche Fixierung, häufig durch ein Protokoll, das von der Gegenseite bestätigt wird.[34] Dieses Protokoll dient lediglich der Dokumentation des gefundenen Ergebnisses; denn die eigentliche Selbstverpflichtung ist zeitlich vorgelagert.[35]

Der mangelnde Rechtsbindungswille der Beteiligten spricht gegen den Versuch, eine Rechtsbindung über die Figur des „venire contra factum proprium" oder der Rechtscheinhaftung zu konstruieren.[36] Die Wirksamkeit der Selbstverpflichtung wird wegen der eventuellen Möglichkeit eines Normenerlasses daher aus dem Ordnungsrecht nur abgeleitet.[37] Ein Verstoß gegen die Selbstverpflichtung bleibt infolgedessen ohne direkte Rechtsfolgen.

In Betracht zu ziehen ist trotz der Unverbindlichkeit jedoch ein Sekundäranspruch der Unternehmen gegen die staatliche Seite. Haben Unternehmen zum Beispiel Inve-

---

29 *Beyer*, Instrumente des Umweltschutzes, S. 272; *Di Fabio*, JZ 1997, 969 (970); *Faber*, UPR 1997, 431 (432); *Frenz*, EuR 34 (1999), 27; *Helberg*, Selbstverpflichtungen, S. 32; *Wicke/Knebel* in: Wicke et al. (Hrsg.), Umweltbezogene Selbstverpflichtungen, S. 4.

30 *Frenz*, EuR 34 (1999), 27 (28).

31 *Bohne*, Informale Rechtsstaat, S. 72; *ders.*, VerwArch 75 (1984), 343 (344); *Burmeister*, VVDStRL 52 (1993), 190 (234); *Dempfle*, Normersetzende Absprachen, S. 49; *Dreier*, Staatswissenschaften und Staatspraxis 4 (1993), 647 (648); *Hartkopf/Bohne*, Umweltpolitik 1, S. 226; *Kloepfer*, Umweltrecht, § 5 Rdnr. 206; *Schröder*, NVwZ 1998, 1011 (1012).
Di Fabio, JZ 1997, 969 (970) weist auf den Euphemismus und die Paradoxität des Begriffs „freiwillige Selbstverpflichtung" hin.
Zu Problemen der Abgrenzung rechtsverbindlicher/unverbindlicher Absprachen im Arzneimittelrecht: *Di Fabio*, Risikoentscheidungen im Rechtsstaat, S. 328 ff.
Ferner zum Problem der Abgrenzung Selbstverpflichtung/Vertrag an Hand der Schriftform: *Di Fabio*, Risikoentscheidungen im Rechtsstaat, S. 329 ff.

32 *Bohne*, VerwArch 75 (1984), 343 (361); *Kloepfer* in: Bohne (Hrsg.), Umweltgesetzbuch als Motor oder Bremse, S. 178; *Rengeling*, Kooperationsprinzip, S. 169; UGB-KomE, S. 507. Differenzierend *Hucklenbruch*, Umweltrelevante Selbstverpflichtungen, S. 117. A.A.: *Frenz*, Selbstverpflichtungen der Wirtschaft, S. 43, der die Unverbindlichkeit nicht als Wesensmerkmal der Selbstverpflichtung sieht.
Zur Kodifizierung und damit zur Formalisierung von Selbstverpflichtungen vgl. § 35 UGB-KomE.

33 *Becker*, DÖV 1985, 1003 (1010); *Hucklenbruch*, Umweltrelevante Selbstverpflichtungen, S. 121.
Engel, Staatsrecht und Staatspraxis 9 (1998), 535 (538) spricht von einem politischen Vertrag, dem nur eine faktische Bedeutung zukommt. Demnach gehorcht die Selbstverpflichtung nicht dem Code der Rechtsordnung, sondern dem Code der Politik. Es wird mit politischen Kosten „gezahlt".

34 *Kloepfer*, Umweltrecht, § 5 Rdnr. 206.

35 *Dempfle*, Normvertretende Absprachen, S. 22.

36 Hierzu *Beyer*, Instrumente des Umweltschutzes, S. 228 ff.

37 *Kloepfer*, Umweltrecht, § 5 Rdnr. 190.

stitionen auf Grund der Selbstverpflichtung getätigt, die durch den Erlaß einer Rechtsverordnung mit anderen Standards wertlos geworden sind, könnte auf der Seite der Unternehmen eine aus dem Rechtsstaatsprinzip abgeleitete[38] Vertrauenshaftung eingreifen.[39] Diese kann zwar keinen Erfüllungsanspruch vermitteln,[40] Sekundäransprüche sind aber denkbar.

Grundsätzlich dürfte die Wirtschaft jedoch an einer Einhaltung ihrer Zusagen interessiert sein, da ihr auch in Zukunft an einer guten Zusammenarbeit mit den staatlichen Stellen liegt. Die Wirtschaftsseite bedenkt sicherlich auch die Imageschäden, die ein Nichteinhalten der Zusage beim umweltsensibilisierten Verbraucher hervorrufen könnte; denn freiwillige Selbstverpflichtungen werden im Regelfall in die Öffentlichkeitsarbeit der Wirtschaftsverbände mit einbezogen.[41]

Hält sich der Private ganz oder teilweise nicht an die Verpflichtung bzw. an den vereinbarten Zeitplan, so ist es dem Verwaltungsträger grundsätzlich unbenommen, auf das klassische Regelungsinstrumentarium zurückzugreifen und eine entsprechende Regelung zu erlassen.[42]

4. Abgrenzung der Typen von Selbstverpflichtungen

Für den Begriff der „Selbstverpflichtung“ hat sich bisher noch kein einheitlicher Sprachgebrauch durchgesetzt. Neben der Selbstverpflichtung sind, noch die zumeist synonym genutzten Wörter Selbstbeschränkungen, Selbstbeschränkungsabkommen, Selbstbeschränkungsvereinbarungen, Umweltabsprachen, Selbstbeschränkungsabsprachen, Austauschabsprachen, Arrangements, Agreements, Branchenabkommen im Umlauf.[43]

Vorsicht ist vor allem geboten, wenn von Vereinbarungen die Rede ist. Denn dieser Terminus wird als Oberbegriff sowohl für verbindliche Verträge als auch für sonstige

---

[38] *BVerfGE* 59, 128 (167). Ein Rückgriff auf den Grundsatz „Treu und Glauben“ ist daher im öffentlichen Recht nicht notwendig.

[39] Hierzu *Di Fabio*, JZ 1997, 969 (971). Ähnlich *Bauer*, VerwArch 78 (1987), 262 ff.; *Becker*, DÖV 1985, 1003 (1010); *Fluck/Schmitt*, VerwArch 89 (1998), 220 (256); *Oldiges*, WiR 1973, 1 (9); *Schulte*, Schlichtes Verwaltungshandeln, S. 217 ff.

[40] *Rabe*, Rechtsgedanken der Kompensation, S. 35.

[41] Hierzu *Rabe*, Rechtsgedanke der Kompensation, S. 30. Dieser Gedanke ist jedoch eher fraglich. So wird die Öffentlichkeit wohl kaum den „Lebensweg“ einer Selbstverpflichtung mitverfolgen. Für die Öffentlichkeit wird nur schwer zu erkennen sein, an welchem Rad die Selbstverpflichtung schlußendlich hakte. Eine gezielte Strafe mittels Reputationsentzug hat ein Trittbrettfahrer daher kaum zu befürchten.

[42] Mangels rechtlicher Bindung kann die hoheitliche Seite natürlich auch schon ohne einen „Bruch“ der Selbstverpflichtung einseitig-hoheitlich handeln. In diesem Zusammenhang vgl. die Ausführungen von *Engel*, Staatswissenschaften und Staatspraxis 9 (1998), 535 (545), der darlegt, wann und warum die Akteure zu sog. opportunistischen Verhalten wechseln bzw. welche faktischen Bindungen Selbstverpflichtungen hervorrufen.

[43] Überblick bei *Helberg*, Selbstverpflichtungen, S. 32 ff.; *Hucklenbruch*, Umweltrelevante Selbstverpflichtungen, S. 78 ff.

Absprachen ohne rechtliche Bindung genutzt.[44] Für die vorliegende Untersuchung ist aber die terminologische Abgrenzung der unverbindlichen Selbstverpflichtung von verbindlichen Verträgen ausschlaggebend, und daher wird hier ausschließlich die Bezeichnung Selbstverpflichtung benutzt.

Ihrer Funktion nach sind Selbstverpflichtungen im beschriebenen Sinne regulativ: Eine Norm soll ersetzt werden. Um zu verdeutlichen, daß eine Selbstverpflichtung gerade keine einer Rechtsnorm vergleichbare Rechtswirkung entfaltet, werden sie auch als normvertretend oder normabwendend bezeichnet.[45] Ihr Hauptanwendungsfall ist die Abwendung einer Rechtsverordnung, und zwar vornehmlich im produktbezogenen Umweltschutz. Gesetzesabwendende Selbstverpflichtungen sind hingegen nur vereinzelt bekannt geworden.[46]

Diese regulative Art von Selbstverpflichtungen hat eine analoge Regelungsfunktion, wie sie sonst nur der Normsetzung und, in ihrem Gefolge, der Eingriffsverwaltung beigemessen werden kann.[47]

Hiervon sind Selbstverpflichtungen mit bloßem projektbezogenen (normvollziehenden) Charakter zu unterscheiden,[48] die ihrer Funktion nach das „Ob“, „Wann“ und „Wie“ der Durchführung von Maßnahmen betreffen und auch als Agreements oder Arrangements bezeichnet werden.[49] Sie sind für die vorliegende Untersuchung nicht von Interesse.[50] Unter diese Gruppe fällt zum Beispiel auch das Vorverhandeln zwischen Behörde und Genehmigungssteller darüber, welche eventuellen Auflagen zur Genehmigung zu erwarten sind.

Als weitere Gruppe gibt es die normenflankierenden Selbstverpflichtungen,[51] die die Anwendbarkeit von Rechtsvorschriften erst sicherstellen. Als Beispiel hierfür kann

---

44 Vgl. *Kloepfer* in: König/Dose (Hrsg.), Instrumente und Formen staatlichen Handelns, S. 333; *Oebbecke*, DVBl. 1986, 793. Jetzt auch die Mitteilung der Europäischen Kommission an den Rat und das Europäische Parlament vom 27.11.1996, Kom (96), 561. Dem folgen auch *Fluck/Schmitt*, VerwArch 89 (1998), 220 ff.

45 Siehe *Bohne* in: HdUR I, Sp. 1057: Daß solche Absprachen keinen Normencharakter hätten, ergebe sich bereits aus dem Wort „informal“. Vgl. ferner: *Brohm*, DÖV 1992, 1025 (1029); *Helberg*, Selbstverpflichtungen, S. 48; *Kloepfer*, JZ 1991, 737 (740); *Müggenborg*, NVwZ 1990, 909 (917); *Oebbecke*, DVBl. 1986, 793; *Schendler*, NVwZ 2001, 494, (495).
Rabe, Rechtsgedanke der Kompensation, S. 18 unterscheidet zudem zwischen normersetzenden und regelungssetzenden Absprachen. Letztere ersetzen nur einen Verwaltungsakt.

46 So in Baden-Württemberg als Instrument der Grundwasserüberwachung. Vgl.: *Bohne* in: HdUR I, Sp. 1058.
Ansonsten wird man wohl die Selbstverpflichtung der Wirtschaft zur CO_2- Reduktion als gesetzesabwendend einschätzen müssen. Die Einführung einer CO_2- Steuer kann nur durch ein formelles Gesetz geschehen. So *Helberg*, Selbstverpflichtungen, S. 53.

47 *Oldiges*, WiR 1973, 1 (10).

48 Hierzu *Bohne*, VerwArch 75 (1984), 343 (345); *Hartkopf/Bohne*, Umweltpolitik 1, S. 222 f.; *Helberg*, Selbstverpflichtungen, S. 46 ff.; *Henneke*, NUR 1991, 267 (271); *Kloepfer*, Umweltrecht, § 5 Rdnr. 210; *Scherer*, DÖV 1991, 1 (2).

49 *Eberle*, Die Verwaltung 17 (1984), 439 ff.; *Helberg*, Selbstverpflichtungen, S. 34; *Kloepfer*, Umweltrecht, § 5 Rdnr. 210; *ders.*, JZ 1991, 737 (739).

50 Hierzu *Song*, Kooperatives Verwaltungshandeln durch Absprachen und Verträge im Vollzug, S. 42 ff.

51 *Fluck/Schmitt*, VerwArch 89 (1998), 220 (226); *Schmidt-Preuß*, VVDStRL 56 (1997), 160 (189).

als Novum im Umweltrecht die Altautoverordnung[52] genannt werden, deren Vollziehbarkeit auf der Selbstverpflichtung der Industrie beruht, ein Rücknahmesystem für gebrauchte Kraftfahrzeuge einzurichten:[53] Selbstverpflichtung und Verordnung greifen hier ineinander.

5. Die Motivation zum Geben einer Selbstverpflichtung

Der Schutz der Umwelt muß sich für die betroffenen Unternehmen aber mit den eigenen wirtschaftlichen Interessen decken.[54] Motivation zum Abschluß einer Selbstverpflichtung ist für die private Seite die Tatsache, daß Selbstverpflichtungen durch das Verhindern der Rechtsetzung eigene Umsetzungsspielräume erhalten.[55] Zu den unbestrittenen Vorzügen einer Selbstverpflichtung gehört zudem eine erhöhte Flexibilität, da Selbstverpflichtungen ohne Schwierigkeiten an sich verändernde ökonomische oder ökologische Rahmenbedingungen angepaßt werden können. Ferner nutzen Selbstverpflichtungen den in den Unternehmen vorhandenen Sachverstand für den Umweltschutz, reduzieren den staatlichen Überwachungsbedarf und vermeiden langwierige und im Ausgang unsichere Rechtsstreitigkeiten über die Auslegung von Rechtsnormen.[56]

Die umweltpolitische Erfolgsbilanz von Selbstverpflichtungen ist bisher allerdings gemischt;[57] denn den genannten Vorzügen steht eine Reihe von Nachteilen gegenüber, die insbesondere aus den fehlenden Kontroll- und Sanktionsmöglichkeiten des Staates erwachsen. Fehlschläge sind daher nicht ausgeblieben. So stellte sich zum Beispiel im Jahre 1977 heraus, daß trotz einer Absprache zwischen der Bundesregierung und der Industrie zur Beschränkung von Einwegbehältnissen auf dem Getränkemarkt der angestrebte Verminderungseffekt nicht eingetreten war. Der Anteil der Einwegbehältnisse war sogar um 50 % angestiegen.[58] Die Folge einer solchen Nichteinhaltung von Selbstverpflichtungen kann daher sein, daß sich notwendige Umweltschutzmaßnahmen verzögern.

Weitere Bedenken gegen Selbstverpflichtungen ergeben sich aus den mit den Selbstbeschränkungsabkommen in der Regel einhergehenden Wettbewerbsverzerrungen, den möglichen faktischen Grundrechtsbeeinträchtigungen nicht beteiligter

---

[52] Verordnung über die Entsorgung von Altautos und die Anpassung straßenrechtlicher Vorschriften vom 04.07.1997, BGBl. I, S. 1666. Dazu auch *Giesberts*, Altautoverordnung und freiwillige Selbstverpflichtung, S. 15 ff.; *Giesberts/Hilf*, NVwZ 1998, 1158 f.; *Kopp*, NJW 1997, 3292 ff.; *Schrader*, NVwZ 1997, 943 ff.; *Trute* in: UTR 48, S. 47 f.; *Wagner/Haffner* in: UTR 48, S. 106 ff. Durch die Kombination von Ordnungsrecht und kooperativem Element ist daran zu denken, daß hier die Grundsätze des *Bundesverfassungsgerichts* aus seinem Verpackungssteuerurteil greifen. Denn danach darf der Gesetzgeber nicht Ordnungsrecht und kooperative Instrumente kombinieren. Das Kooperationsprinzip „blockt" insofern das Ordnungsrecht.

[53] Vgl. *Giesberts/Hilf*, Altautoverordnung und freiwillige Selbstverpflichtung, S. 15 ff.

[54] *Rennings/Brockmann/Koschel/Bergmann/Kühn*, Nachhaltigkeit, S. 143.

[55] *Fluck/Schmitt*, VerwArch 89 (1998), 220 (227).

[56] *Dempfle*, Normersetzende Absprachen, S. 40.

[57] BMU (Hrsg.), Denkschrift für ein Umweltgesetzbuch, S. 43; *Franzius*, Instrumente indirekter Verhaltenssteuerung, S. 168; *Kloepfer/Elsner*, DVBl. 1996, 964 (971).

[58] *Versteyl* in: Kunig/Schwermer/Versteyl, AbfG, § 14 Rdnr. 24.

Unternehmen sowie der Gefahr, daß Beteiligungsrechte der Bundesregierung und des Bundesrates ausgehöhlt werden.[59]

Vor dem Hintergrund dieser Erwägungen finden Selbstverpflichtungen deshalb eine unterschiedliche Bewertung in der Literatur: Teils werden sie als Mittel der Deregulierung ausdrücklich begrüßt,[60] teils jedoch auch unter dem Gesichtspunkt der Rechtssicherheit, Vorhersehbarkeit und Berechenbarkeit staatlichen Handelns schlicht für verfassungswidrig gehalten.[61]

Nach vermittelnder Ansicht haben Selbstverpflichtungen trotz allem eine anzuerkennende Funktion innerhalb des staatlichen Handlungsinstrumentariums, da sie unter Umständen besser als ein Gesetz oder als eine Verordnung zur Regelung bestimmter Sachverhalte geeignet sind.[62] Den vorgetragenen rechtsstaatlichen Bedenken sollte deshalb besser durch die Normierung bestimmter Kontroll-, Unterrichtungs- und Publizitätspflichten begegnet werden.[63]

Ziel des Staates bei der Anwendung des Instruments der Selbstverpflichtung ist es, schneller und unbürokratischer zu einer ausreichenden Realisierung seiner umweltbezogenen Ziele zu gelangen. Durch das Moment der Freiwilligkeit erhofft sich die Umweltadministration auf lange Sicht bessere Ergebnisse als durch ordnungsrechtliche Anordnungen,[64] zumal hierdurch administrative Ressourcen geschont werden. Ferner wird die Bereitschaft der Wirtschaft, ihr Wissen auf konsensualem Wege einzubringen, höher eingeschätzt als bei bloßen Anhörungsverfahren im Normsetzungsverfahren.[65]

6. Die systematische Einordnung der Selbstverpflichtung

a) Die Rechtsnatur

Grundlegend ist zunächst die Frage zu beantworten, ob Selbstverpflichtungen überhaupt dem öffentlichen Recht zuzuordnen sind. Dabei ist zu beachten, daß Selbstverpflichtungen eine vertikale und eine horizontale Dimension haben. Unter diesen beiden Dimensionen ist auf der einen Seite die Bezugsrichtung Staat-Verband, auf der anderen Seite die Bezugsrichtung zwischen den an der Selbstverpflichtung teilnehmenden Unternehmen untereinander zu verstehen.[66]

---

[59] *Becker*, DÖV 1985, 1003 (1010); *Bohne*, VerwArch 75 (1984), 343 (367); *Dempfle*, Normersetzende Absprachen, S. 97 ff.; *Kloepfer* in: Bohne (Hrsg.),Umweltgesetzbuch als Motor oder Bremse, S. 177; *Oebbecke*, DVBl. 1986, 793 (796 ff.).

[60] *Becker*, DÖV 1985, 1003 (1011); *Ritter*, AöR 104 (1979), 389 (409 f.); *Schlarmann*, Wirtschaft als Partner des Staates, S. 160.

[61] *Grüter*, Umweltrecht und Kooperationsprinzip, S. 120 ff.; *von Zezschwitz*, JA 1978, 497.

[62] *Baudenbach*, JZ 1988, 689 (692); *Dempfle*, Normersetzende Absprachen, S. 138 f.; *Hartkopf/Bohne*, Umweltpolitik 1, S. 227.

[63] *Dempfle*, Normersetzende Absprachen, S. 138 f.

[64] *Rat von Sachverständigen*, Umweltgutachten 1998, Tz. 281; *Wicke/Knebel* in: Wicke et al. (Hrsg.), Umweltbezogene Selbstverpflichtungen, S. 5.

[65] *Fluck/Schmitt*, VerwArch 89 (1998), 220 (228).

[66] *Dempfle*, Normersetzende Absprachen, S. 51 ff.; *Hucklenbruch*, Umweltrelevante Selbstverpflichtungen, S. 97; *Kloepfer*, Umweltrecht, § 5 Rdnr. 209; *Oldiges*, WiR 1973, 1 (10); *von Zezschwitz*, JA 1978, 497 (502).

Unzweifelhaft ist das vertikale Handeln des Staates, also die Einflußnahme des Staates auf den privaten Beteiligten im Vorfeld der Selbstverpflichtung, öffentlich-rechtlicher Natur; denn schließlich betreffen Gegenstand und Zweck dieser Verständigung das exekutivische Normsetzungsermessen.[67] Wäre es nämlich nicht zur Selbstverpflichtung gekommen, dann hätte der Staat durch eine öffentlich-rechtliche Norm gehandelt.[68] Die „eigentliche" Selbstverpflichtungserklärung des Verbandes im Anschluß an das staatliche Vorgehen ist hiervon losgelöst zu sehen: Der Erklärungsakt bleibt rein privatrechtlich.[69]

Der Verband und die Verbandsmitglieder müssen dann im Binnenverhältnis horizontale Absprachen treffen, um die getroffene Verpflichtung intern durchzusetzen. Diese für den Vollzug der Selbstverpflichtung erforderlichen Maßnahmen lassen sich aber in ihrer Rechtsnatur nicht problemlos einordnen. Überwiegend werden diese Umsetzungsmaßnamen jedoch privatrechtlich eingeordnet;[70] denn es fehlt für die Annahme einer öffentlich-rechtlichen Absprache zwischen den Privaten an einer ausdrücklichen rechtlichen Ermächtigungsgrundlage.[71]

Selbstverpflichtungen, seien sie nun regulativ oder projektbezogen, werden zu den sogenannten informalen oder informellen Verwaltungsinstrumenten gezählt.[72] Sie befinden sich unterhalb der förmlichen Vertragsebene.

b) Die Einordnung in die Handlungsformenlehre

Der ordnungsrechtliche Rahmen, an dem sich Selbstverpflichtungen zu messen haben, hängt maßgeblich davon ab, wie diese Selbstverpflichtungen in die Handlungsformenlehre einzuordnen sind.[73] Idealtypisch handelt der Staat durch die Rechtsformen der abstrakt-generellen Normsetzung oder durch konkret-individuelle Einzelakte.[74] Zu diesen genannten Kategorien gehört aber nicht der staatliche Mitwirkungsakt bei Selbstverpflichtungen, so daß er unter die Residualkategorie des schlichten Verwaltungshandelns zu subsumieren ist.[75] Die Mitwirkung des Staates ist mithin als Realakt zu kennzeichnen, der auf die Herbeiführung eines tatsächlichen Erfolges gerichtet ist.[76] Die zuvor erfolgte Einordnung als informelles Verwaltungshandeln hat nämlich nicht zur Folge, daß damit eine neue Handlungsform im Sinne der Handlungsformenlehre

---

67 *Bohne* in: HdUR I, Sp. 1070; *Brohm*, DÖV 1992, 1025 (1027); *Kloepfer*, Umweltrecht, § 5 Rdnr. 209; *Knebel/Wicke/Michael*, Selbstverpflichtungen und normersetzende Umweltverträge, S. 49.

68 *Baudenbach*, JZ 1988, 689 (694).

69 So auch *Knebel/Wicke/Michael*, Selbstverpflichtungen und normersetzende Umweltverträge, S. 50.

70 *Brohm*, DÖV 1992, 1025 (1028); *Di Fabio*, JZ 1997, 969 (974); *Hucklenbruch*, Umweltrelevante Selbstverpflichtungen, S. 142; *Kloepfer*, Umweltrecht, § 5 Rdnr. 209; a.A. *Bachof* in: FS BVerwG, S. 17; *Bohne*, VerwArch 75 (1984), 343 (363); *Dempfle*, Normersetzende Absprachen, S. 77; *Helberg*, Selbstverpflichtungen, S. 55 f.

71 *Bohne* in: HdUR I, Sp. 1070; *Kloepfer*, Umweltrecht, § 5 Rdnr. 209.

72 *Bulling*, DÖV 1989, 277 (287 f.); *Kloepfer*, Umweltrecht, § 5 Rdnr. 190.

73 Vgl. *Burmeister*, VVDStRL 52 (1993), 190 (232 f.); *Ossenbühl*, JuS 1979, 681 ff.; *Schmidt-Aßmann*, DVBl. 1989, 533 ff.

74 *Schulze-Fielitz* in: Dose/Voigt (Hrsg.), Kooperatives Recht, S. 233.

75 Vgl. zur Einordnung des schlichten Verwaltungshandelns durch die Rechtsverhältnislehre: *Schulte* in: Dose/Voigt (Hrsg.), Kooperatives Recht, S. 257 ff.

76 *Dempfle*, Normersetzende Absprachen, S. 50.

aufgestellt worden ist.[77] Vielmehr muß sich das Mitwirkungshandeln des Staates bei Selbstverpflichtungen wie jeder Realakt an allgemeinen verfassungsrechtlichen Maßstäben, nämlich an dem Rechtsstaats- und Demokratieprinzip, an Vorrang und Vorbehalt des Gesetzes sowie an den Grundrechten messen lassen.[78]

II. Private technische Normung

Die Umweltverwaltung ist bei ihren Entscheidungen über das Vorgehen bei konkreten Sachverhalten auf Entscheidungsvorgaben angewiesen. Als Entscheidungshilfe zur Risikobewertung[79] sind der Verwaltung oftmals Grenz-, Richt- oder Zielwerte zur Feinsteuerung an die Hand gegeben, sogenannte Umweltstandards.[80] Den einschlägigen Umweltgesetzen können diese Standards aber nicht entnommen werden. In diesen finden sich nämlich häufig nur Generalklauseln oder unbestimmte Gesetzesbegriffe:[81] Technikklauseln.[82] Als Beispiel für solche unbestimmten Gesetzesbegriffe sei hier der Begriff „Stand der Technik[83] in §§ 3 Abs. 6, 5 Abs. 1 Nr. 2 BImSchG[84] genannt. Dieser Begriff bindet das Schutzniveau an neue technische Entwicklungen an, ein „trial and error“ soll ausgeschlossen werden.[85]

Der Vorteil solcher Formulierungen besteht in ihrer Flexibilität und Offenheit gegenüber der technischen Entwicklung, wodurch das zwischen dem statischen Recht und der Dynamik der Technik[86] bestehende Spannungsverhältnis abgeschwächt wird.[87] Gefragt werden somit Bewertungsmaßstäbe, die nach Möglichkeit auf meßbare Maßstäbe reduziert sind: Grenzwerte. Soweit Grenzwerte auch im untergesetzlichen Re-

---

[77] *Knebel/Wicke/Michael*, Selbstverpflichtungen und normersetzende Umweltverträge, S. 42; *Schulte*, Schlichtes Verwaltungshandeln, S. 19 ff.

[78] Vgl. *Knebel/Wicke/Michael*, Selbstverpflichtungen und normersetzende Umweltverträge, S. 45; *Kunig*, DVBl. 1992, 1192 (1198); *Schulte*, Schlichtes Verwaltungshandeln, S. 83; *Spannowsky*, Verträge und Absprachen, S. 450 ff.

[79] Neben der Risikobewertung sind Sinn und Zweck der technischen Normen ferner Rationalisierung bzw. Qualitätssicherung. Vgl. *Battis/Gusy*, Technische Normen im Baurecht, S. 25 ff.

[80] Vgl. *Feldhaus*, UPR 1982, 137; *Lamb*, Kooperative Gesetzeskonkretisierung, S. 27.

[81] Zur Kontrolldichte solcher unbestimmten Rechtsbegriffe und der Lehre vom Beurteilungsspielraum vgl. etwa *BVerfGE* 84, 34 ff.; 84, 59 ff.; 88, 40 (50); *BVerwGE* 15, 207 (208); 45, 162 (164 ff.); 81, 12 (17); 88, 35 (37 ff.); 94, 307 ff.; *Ebinger*, Unbestimmte Rechtsbegriffe im Recht der Technik, S. 26 ff.; *Erichsen*, DVBl. 1985, 22; *Hoppe/Beckmann*, Umweltrecht, § 3 Rdnr. 16 ff.; *Huber*, Allgemeines Verwaltungsrecht, S. 128; *Maurer*, Allgemeines Verwaltungsrecht, § 7 Rdnr. 31 ff.; *Papier*, DÖV 1986, 621 ff.; *Sachs* in: Stelkens/Bonk/Sachs, VwVfG, § 40 Rdnr. 91 ff.; *Wahl*, NVwZ 1991, 409 (410 ff.).

[82] *Kloepfer* in: Achterberg et al. (Hrsg.), Besonderes Verwaltungsrecht, S. 365.

[83] Insgesamt gibt es 35 verschiedene Formulierungen: Vgl. *Nicklisch*, BB 1983, 261 (263). Am häufigsten wird dabei neben dem „Stand der Technik“ von den „allgemein anerkannten Regeln der Technik“ und dem „Stand von Wissenschaft und Technik“ gesprochen.

[84] *Bender/Sparwasser/Engel*, Umweltrecht, S. 25 ff. Umfassend: *Marburger*, Regeln der Technik im Recht, S. 121 ff. Weitere Beispiele sind: §§ 22 Abs. 1 Nr. 1 BImSchG; § 12 Abs. 3 KrW-/AbfG; § 7a Abs. 1 Satz 3 WHG.

[85] *Scherzberg*, VerwArch 84 (1993), 484 (502).

[86] Sog. Dynamisierung des Rechts. Vgl. *Ritter*, NVwZ 1987, 929 (932 ff.).

[87] *Feldhaus* in: UTR 54, S. 170.

gelungswerk, also in Rechtsverordnung und in Verwaltungsvorschriften,[88] fehlen, bleibt der Verwaltung zur Konkretisierung der unbestimmten Begriffe nur der Rückgriff auf die Regelfestsetzung technischer Gremien. Man spricht hier von technischem Regelwerk, dem im Umwelt- und Technikrecht eine äußerst hohe praktische Bedeutung zukommt. Es ist nämlich die Anleitung zur Lösung konkreter technischer Aufgaben bei der Herstellung, Verwendung oder Beseitigung technischer Anlagen, Geräte, Maschinen, Bauwerke, Stoffe etc.[89] Die Folge des Rückgriffs auf dieses technische Regelwerk ist, daß das Gesetz nicht mehr das abgeschlossene und nur noch mechanisch umzusetzende Produkt politischer Willensbildung, sondern im Grunde nur die erste Phase eines arbeitsteiligen Vorgangs der Rechtsverwirklichung bildet. Hierdurch kommt es zu einer Gewichtsverlagerung vom Gesetz auf die Verwaltung.[90]

In diesem technischen Sicherheitsrecht haben sich traditionell institutionelle Strukturen der Kooperation von Wissenschaft, Gesellschaft und Verwaltung bei der Setzung von konkretisierenden Standards herausgebildet,[91] die ein Feld der gesellschaftlichen Selbstregulierung par excellence darstellen.[92]

Durch Gesetz wurde erstmals im Jahre 1908 mit der Deutschen- Dampfkessel- Normen- Kommission nach öffentlichem Recht ein Expertenausschuß mit dem ausdrücklichen Auftrag, technische Regeln auszuarbeiten, eingesetzt.[93] Nicht selten handelt es sich bei diesen Regeln aber auch um private Regelwerke von Normenverbänden[94] wie zum Beispiel dem des Deutschen Instituts für Normung (DIN),[95] welchem heute die

---

88 Ermächtigungen hierfür sind zum Beispiel: §§ 48; 66 Abs. 2 BImSchG; § 12 Abs. 2 KrW-/AbfG; § 36b Abs. 7 WHG; § 26b BNatSchG; § 10 Abs. 2 StrVG; § 30 Abs. 5 GenTG. Adressaten sind oft die einzelnen Bundesministerien.

89 *Marburger/Gebhard* in: Endres/Marburger (Hrsg.), Umweltschutz durch gesellschaftliche Selbststeuerung, S. 3.

90 Siehe *Huber*, Staatswissenschaften und Staatspraxis 8 (1997), 423 (440).

91 *Kloepfer/Elsner*, DVBl. 1996, 964 (966); *Pitschas*, DÖV 1989, 785 (788); *Trute* in: UTR 48, S. 41.

92 *Schmidt-Preuß*, VVDStRL 56 (1997), 160 (202).

93 *Marburger/Gebhard* in: Endres/Marburger (Hrsg.), Umweltschutz durch gesellschaftliche Selbststeuerung, S. 2 f. Vgl. auch § 11 Abs. 2 GSG

94 *Battis/Gusy*, Technische Normen im Baurecht, S. 54; *Kloepfer*, Umweltrecht, § 3 Rdnr. 78, der von über 200 solcher privatrechtlichen Normenverbänden spricht.
Überblick bei *Marburger*, Regeln der Technik im Recht, S. 155 ff.; *Marburger/Gebhard* in: Endres/Marburger (Hrsg.), Umweltschutz durch gesellschaftliche Selbststeuerung, S. 6 ff.
Siehe zum technischen Regelwerk auch die Reformvorschläge in den §§ 31 ff. UGB-KomE.
Zur Europäischen Normsetzung vgl. *Brennecke*, Normsetzung durch private Verbände, S. 97 ff.; *Führ*, Reform des europäischen Normungsverfahrens, S. 53 ff.; *Marburger/Enders* in: UTR 27, 333 ff.; *Marburger/Gebhard* in: Endres/Marburger (Hrsg.), Umweltschutz durch gesellschaftliche Selbststeuerung, S. 12 ff.; *Rönck*, Technische Normung als Gestaltungsmittel, S. 207 ff.; *Schmidt-Preuß*, ZLR 1997, 249 (259 ff.); *Schulte* in: EUDUR I, § 17 Rdnr. 10 ff.

95 Gemäß eines Vertrages zwischen der Bundesrepublik und dem DIN vom 05.06.1975 hat das DIN allerdings bei seiner Normungsarbeit auch öffentliche Zwecke zu beachten. Über diesen Vertrag kann die Bundesregierung Einfluß auf die Normsetzung nehmen. Derzeit hat der DIN rund 6400 Mitglieder, die nur Unternehmen oder juristische Personen sein können. Der Sitz des DIN ist in Berlin. Die eigentliche Normungsarbeit wird dabei von Normungsausschüssen geleistet.

größte Bedeutung zukommt, oder dem des Vereins Deutscher Ingenieure (VDI).[96] Ausschließlicher Vereinszweck des DIN ist die Normungsarbeit. Neben den zahlreichen nationalen Normgebungsverbänden gewinnen mit zunehmender Verflechtung der Märkte heute die europäischen Normierungsorganisationen an Bedeutung. Hier sind insbesondere die Organisationen CEN (comité européen de normalisation) und CENELEC (comité européen de normalisation electrotechnique) zu nennen, die privatrechtliche Körperschaften nach belgischem Recht sind und ihren Sitz in Brüssel haben.[97]

Private Normung verfolgt prinzipiell private Belange und Interessen, wobei jedoch grundsätzlich gemeinwohlfördernde Beiträge nicht ausgeschlossen sind. Private technische Normung wird vielmehr als Möglichkeit begriffen, zur Staatsentlastung beizutragen.[98]

Unter technischen Normen wird das Ergebnis einer planmäßigen Vereinheitlichung materieller oder immaterieller Gegenstände verstanden.[99] Diese private Normenerstellung ist eine Ausprägung der Beteiligten am Wirtschaftsleben und durch Art. 9 Abs. 1 und Art. 12 Abs. 1 GG geschützt,[100] sie ist das augenfälligste Gegenstück zur staatlichen Normung.[101] Im Schnittfeld von Recht, Technik und Wirtschaft kommt der privaten Normerstellung eine kaum abzuschätzende praktische Bedeutung zu.[102]

Diese von privaten Vereinen aufgestellten Regelwerke stellen selbstverständlich keine Rechtsnormen dar und haben aus sich selbst heraus für die Verwaltung oder die Gerichte grundsätzlich keinerlei Bindungswirkung.[103] Eine gesetzliche Regelung über

---

[96] Der VDI ist die älteste technische Vereinigung der Welt. Sein Sitz ist in Düsseldorf. Anders als der DIN ist Satzungszweck nicht alleine die Normorganisation. Die Gesamtmitgliederzahl grenzt an die 100.000.

[97] *Feldhaus* in: UTR 54, S. 183 ff.; *Marburger/Gebhard* in: Endres/Marburger, Umweltschutz durch gesellschaftliche Selbststeuerung, S. 18 ff.; *Marburger/Enders* in: UTR 27 S. 333 ff.; *Schmidt-Preuß*, VVDStRL 56 (1997), 160 (207 ff.); *Schulte* in: EUDUR I, § 17 Rdnr. 10 ff.

[98] *Di Fabio*, VVDStRL 56 (1997), 235 (241); *Schmidt-Preuß*, ZLR 1997, 249 (251); *Schulte* in: EUDUR I, § 17 Rdnr. 9.

[99] *Marburger/Gebhard* in: Endres/Marburger (Hrsg.), Umweltschutz durch gesellschaftliche Selbststeuerung, S. 4; *Schmidt-Preuß* in: Kloepfer (Hrsg.), Selbst-Beherrschung im technischen und ökologischen Bereich, S. 90.

[100] *Schmidt-Preuß*, ZLR 1997, 249 (252); *ders.* in: Kloepfer (Hrsg.), Selbst-Beherrschung im technischen und ökologischen Bereich, S. 91.
Vgl. auch *Battis/Gusy*, Technische Normen im Baurecht, S. 220 ff., die zusätzlich Art. 14 GG heranziehen.

[101] *Ossenbühl* in: HdbStR III, § 62 Rdnr. 14 ff.; *Schmidt-Preuß*, ZLR 1997, 249 (250); *ders.*, VVDStRL 56 (1997), 160 (202 ff.); *Stern*, Staatsrecht II, S. 560 ff.

[102] *Vieweg* in: UTR 27, S. 511.

[103] *BGHZ* 103, 338 (341 f.); 114, 273 (276); *BVerwG*, NJW 1987, 2886 (2888); NJW 1988, 2396 (2398); NJW 1989, 1291 (1292 f.); *Battis/Gusy*, Technische Normen im Baurecht, S. 68; *Di Fabio*, Produktharmonisierung, S. 18; *Feldhaus* in: UTR 54, S. 172; *Gusy*, NVwZ 1995, 105 (106); *Lübbe-Wolff*, ZG 1991, 219 (226); *Marburger*, Regeln der Technik im Recht, S. 379 m.w.N.; *Marburger/Gebhard* in: Endres/Marburger (Hrsg.), Umweltschutz durch gesellschaftliche Selbststeuerung, S. 32. *Roßnagel*, UPR 1986, 46 (49); *Schmidt-Preuß* in: Kloepfer (Hrsg.), Selbst-Beherrschung im technischen und ökologischen Bereich, S. 90.

das Normsetzungsverfahren der privatrechtlichen Verbände existiert nicht.[104] Direkte Rechtsqualität können private Normen nur durch staatliche Anerkennung im Wege einer Übernahme (Inkorporation) bekommen.[105]

Für eine solche staatliche Übernahme der privaten Regeln bieten sich zwei Wege an: Zum ersten die direkte Übernahme durch Rechtsverordnung oder Verwaltungsvorschrift oder, zum zweiten durch eine statische gesetzliche Verweisung[106] auf ein privates Regelwerk.[107] Hierbei nimmt eine Verweisungsnorm auf das Verweisungsobjekt in einer Weise Bezug, nach der das Verweisungsobjekt an dem Rang und der Bindungswirkung der Verweisungsnorm Teil hat. Durch die Verweisung wird mithin das außerstaatliche technische Regelwerk in das Gesetz inkorporiert und erlangt dadurch Rechtsqualität.

Für die Beurteilung der verfassungsrechtlichen Zulässigkeit von Verweisungen wird danach differenziert, in welcher Norm die Verweisung erfolgt, welche Norm durch die Verweisung inkorporiert werden soll und ob es sich um eine statische oder eine dynamische Verweisung handelt.[108] Erforderlich ist aus Gründen der demokratischen Verantwortungskette stets eine ausdrückliche staatliche Rezeptionsentscheidung, die weder nur formal noch nur pauschal sein darf.[109] Damit der Wille des Gesetzgebers zur Übernahme des privaten Regelwerkes nicht verfälscht wird, darf nur eine statische Verweisung erfolgen.[110] Dynamische Verweisungen sind aus Gründen des Demokratieprinzips unzulässig. Dieses hat zur Folge, daß die Entlastung des Gesetzgebers in diesem durch besondere Dynamik herausragenden Bereich geringer ausfällt, als das mit einer dynamischen Verweisung möglich wäre.

Allerdings kommt den Regelwerken auch ohne eine solche Übernahme eine mittelbare faktische Bedeutung zu. Wie sie diese erhalten, ist aber strittig.[111] Eine Möglichkeit besteht darin, diese Regelwerke als privatrechtliche Standards als sogenannte antizipierte Sachverständigengutachten zu betrachten, die vorbehaltlich atypischer Fallgestalten oder neuerer Erkenntnisse den behördlichen oder gerichtlichen Entscheidungen

---

[104] *Kloepfer/Elsner*, DVBl. 1996, 964 (966). Zum privatverbandlichen Normsetzungsverfahren am Beispiel des DIN vgl. *Battis/Gusy*, Technische Normen im Baurecht, S. 56 ff.; *Lamb*, Kooperative Gesetzeskonkretisierung, S. 76 ff.; *Marburger/Gebhard* in: Endres/Marburger (Hrsg.), Umweltschutz durch gesellschaftliche Selbststeuerung, S. 7 f.

[105] *Hoppe/Beckmann*, Umweltrecht, § 3 Rdnr. 24; *Kloepfer/Elsner*, DVBl. 1996, 964 (968).

[106] Zur Verweisungstechnik allgemein vgl.: *Brugger*, VerwArch 78 (1987), 1 ff.; *Clemens*, AöR 111 (1986), 63 ff.; *Ossenbühl*, DVBl. 1967, 401 ff.; *Schneider*, Gesetzgebung, Rdnr. 377 ff.

[107] *Battis/Gusy*, Technische Normen im Baurecht, S. 111 ff.; *Böhm*, UPR 1994, 132 (133); *Di Fabio*, Produktharmonisierung, S. 19; *Kloepfer*, Umweltrecht, § 3 Rdnr. 77. *Feldhaus* spricht in diesem Zusammenhang von einer antizipierten Deregulierung in: Rengeling (Hrsg.), Umweltnormung, S. 142.

[108] *Lamb*, Kooperative Gesetzeskonkretisierung, S. 89 f.; *Thomsen*, Produktverantwortung, S. 153.

[109] *Di Fabio*, Produktharmonisierung, S. 20; *Kloepfer*, Umweltrecht, § 3 Rdnr. 80.

[110] *Breuer*, AöR 101 (1976), 46; *Brugger*, VerwArch 78 (1987), 1 (21); *Denninger*, Verfassungsrechtliche Anforderungen an die Normsetzung, Rdnr. 444; *Lamb*, Kooperative Gesetzeskonkretisierung, S. 90; *Marburger*, Regeln der Technik im Recht, S. 395 ff.; *Ossenbühl*, DVBl. 1967, 401. Als zulässig wird aber eine normkonkretisierende dynamische Verweisung wie in § 1 der 2. DVO zum EnergG (BGBl. I, S. 146) gesehen.

[111] Ausführlich *Lamb*, Kooperative Gesetzeskonkretisierung, S. 93 ff.

zugrundegelegt werden können.[112] Auch das *Bundesverwaltungsgericht* folgte im Voerde-Urteil zunächst dieser Konstruktion.[113] Jedoch ging es in diesem Urteil um die TA-Luft, mithin um eine Verwaltungsvorschrift und nicht um ein privates Regelwerk. Auch die später in der Rechtsprechung des *Bundesverwaltungsgerichts* seit dem Wyhl-Urteil verwendete Figur der normkonkretisierenden Verwaltungsvorschriften[114] läßt sich nicht auf privates Regelwerk übertragen.

Nichtsdestotrotz mißt das *Bundesverwaltungsgericht* dem privaten Regelwerk mittlerweile im gerichtlichen Verfahren zumindest eine widerlegbare Indizwirkung zu.[115] Privatrechtliche Regeln legen demnach im gerichtlichen Verfahren die Vermutung nahe, daß bei ihrer Beachtung die jeweiligen gesetzlichen Anforderungen erfüllt sind: Prima-facie Beweis.[116]

Diese prozessuale Verwertung hat eine stabilisierende Rückwirkung auf die administrative Ebene; denn die Verwaltung wird die privaten technischen Regelwerke auch ohne gesetzliche Übernahme ihren Entscheidungen zugrundelegen.[117] In der Konsequenz wird damit im Umweltbereich de facto in nicht-staatlichen Gremien mit Privatinteressen über das vom Bürger hinzunehmende Belastungsniveau entschieden, wodurch die privaten technischen Regeln eine bedenkliche Quasi-Gesetzesqualität erhalten.[118]

Staatsentlastung, Sachverständigkeit, Flexibilität und Akzeptanz der Standardsetzung durch Private stehen also auf der Positivliste des privaten Regelwerkes. Demgegenüber dürfen aber die Probleme einer schwindenden staatlichen Verantwortung und der Selektivität der Interessensvermittlung nicht übersehen werden.[119]

III. Die Beteiligung an der exekutivischen Standardsetzung

Die Beteiligung außerstaatlicher Stellen an Normsetzungsverfahren und damit an Interessenverarbeitung insbesondere bei der Entstehung von Rechtsverordnungen und Verwaltungsvorschriften ist im deutschen Umweltrecht bei der Standardgebung seit langem bekannt. Drei Normgruppen lassen sich unterscheiden:

---

[112] Die Figur des antizipierten Sachverständigengutachten geht auf *Breuer*, AöR 101 (1976), 46 (79 ff.) zurück. Hierzu ferner *Breuer*, DVBl. 1978, 28 (34 ff.); *Böhm*, UPR 1994, 132 (133); *Gusy*, NVwZ 1995, 105 ff.; *Huber*, ZMR 1992, 469 (470 ff.); *Jarass*, NJW 1987, 1225 (1228); *Krist*, UPR 1993, 178 ff.; *Nicklisch*, NJW 1983, 841 ff.; *Sendler*, UPR 1993, 321 (324).

[113] *BVerwGE* 55, 250 ff.

[114] *BVerwGE* 72, 300 (320). Aus der Literatur: *Beckmann*, DVBl. 1987, 611 ff.; *von Danwitz*, VerwArch 84 (1993), 73 ff.; *Di Fabio*, DVBl. 1992, 1338 ff.; *Gerhardt*, NJW 1989, 2233 ff.; *Gusy*, DVBl. 1987, 497 (500 f.); *Hill*, NVwZ 1989, 401 ff.; *Kunert*, NVwZ 1989, 1018 ff.; *Lübbe-Wolff*, DÖV 1987, 986 ff.; *dies.*, ZG 1991, 219 ff.; *Sendler*, UPR 1993, 326 ff.; *Wolf*, DÖV 1992, 849 ff.

[115] *BVerwGE* 79, 254 (259); *BVerwG*, UPR 1997, 101 f.

[116] *Battis/Gusy*, Technische Normen im Baurecht, S. 68; *Brugger*, VerwArch 78 (1987), 1 (42 f.); *Di Fabio*, Produktharmonisierung, S. 21 f.; *Feldhaus* in: UTR 54, S. 173; *Marburger*, Regeln der Technik im Recht, S. 590; *Schmidt-Preuß*, VVDStRL 56 (1997), 160 (202).

[117] *Breuer*, AöR 101 (1976), 46 (81).

[118] *Müggenborg*, NVwZ 1990, 909 (912).

[119] Ausführlich: *Feldhaus* in: UTR 54, S. 179 ff.; *Marburger/Gebhard* in: Endress/Marburger (Hrsg.), Umweltschutz durch gesellschaftliche Selbststeuerung, S. 40 ff.; *Schmidt-Preuß*, ZLR 1997, 249 (251 ff.): „Aus Parlamentarismus wird Korporatismus“; ferner *Trute* in: UTR 48, S. 42.

1. Normgruppen, in denen in allgemeiner Form die Anhörung „beteiligter Kreise" vorgeschrieben ist. In dieser Gruppe wird das jeweils zuständige Ministerium verpflichtet, eine Anhörung der in der jeweiligen Vorschrift näher bezeichneten Fach- und Interessensbereiche anzuhören.

2. Vorschriften, in denen die Anhörung von bestimmten Einzelsachverständigen[120] geregelt ist. Dabei können verschiedene Anforderungen an den Sachverständigen gestellt werden. So wird etwa in § 4 Abs. 6 ChemG fachunspezifisch lediglich die Anhörung von Sachverständigen gefordert. Hingegen schreibt beispielsweise § 32 Abs. 2 AMG die Anhörung von Sachverständigen aus der medizinischen und pharmazeutischen Wissenschaft und Praxis vor.

3. Vorschriften, in denen die Anhörung von sachverständigen Gremien[121] festgelegt ist.[122] Diese Gruppe unterscheidet sich von der vorhergehenden Gruppe dadurch, daß vor dem Erlaß von Rechtsverordnungen oder Verwaltungsvorschriften ein kollegial strukturiertes Sachverständigengremien zu kontaktieren ist. Als Beispiel kann hierfür § 16b Abs. 1 Satz 2 TierSchG genannt werden. In dieser Vorschrift wird gefordert wird, daß vor Erlaß einer Rechtsverordnung oder einer allgemeinen Verwaltungsvorschrift die Tierschutzkommission gehört werden muß.

Bei den Gruppen zwei und drei handelt es sich um klassische Formen der Staatsberatung, hingegen umfaßt die Gruppe eins auch eine Beteiligung von späteren Normadressaten an der Normgebung. Daher ist diese erste Gruppe bei der Betrachtung von Ansätzen zu einer kooperativen Normgebung hier von Interesse.

Zunächst ist sprachlich zwischen Beteiligung und Mitwirkung zu differenzieren: Während Mitwirkung das Miteinbeziehen einer weiteren staatlichen Stelle meint, bringt Beteiligung nach überkommenem Verständnis die Einflußnahme außerstaatlicher Stellen zum Ausdruck.[123]

Eine solche Beteiligung am Normgebungsverfahren im Sinne der ersten Gruppe sieht beispielsweise auf dem Gebiet des Immissionsschutzrechts die Vorschrift des § 51 BImSchG vor.[124] Hier ist vorgeschrieben, daß vor dem Erlaß von Rechtsverordnungen und Verwaltungsvorschriften die näher bezeichneten Fach- und Interessensbereiche durch die rechtsetzende Stelle formlos anzuhören sind, wenn die Ermächti-

[120] Zum Beispiel: § 4 GbefGG.

[121] Etwa Gremienbeteiligungen in § 11 Abs. 1 Nr. 3; Abs. 2 Satz 2 GerSiG; beratende Ausschüsse § 32a LuftVG sowie die Zentrale Kommission für biologische Sicherheit gemäß § 4 Abs. 1 GenTG.

[122] *Denninger*, Verfassungsrechtliche Anforderungen an die Normsetzung, S. 54; *Lamb*, Kooperative Gesetzeskonkretisierung, S. 591 ff.

[123] *Frankenberger*, Umweltschutz durch Rechtsverordnung, S. 78; *Hill*, Fehlerhafte Verfahren und seine Folgen im Verwaltungsrecht, S. 266 ff.; *Schmidt-Aßmann*, Jura 1979, 505 (515 f.).

[124] Weitere Beispiele sind: §§ 60 KrW-/AbfG; 17 Abs. 1 ChemG; 6 WRMG; 20 BBodSchG.

gungsgrundlage dies verlangt.[125] Vorläufer aller rechtlichen Regelungen über die Heranziehung beteiligter Kreise ist der § 24 Abs. 1 GewO, welcher seit 1953[126] für Verordnungen nach § 24 GewO die Anhörung der beteiligten Kreise verlangt. Anders als § 24 GGO II, wonach zur Vorbereitung von Gesetzen, Rechtsverordnungen und Verwaltungsvorschriften beteiligte Fachkreise oder Verbände die Möglichkeit zur Stellungnahme erhalten können,[127] ist die Beteiligung gemäß § 51 BImSchG verpflichtend. Der § 51 BImSchG konkretisiert dabei, wer anzuhören ist: Vertreter der Wissenschaft, der Betroffenen, der beteiligten Wirtschaft, des beteiligten Verkehrswesens und der für den Immissionsschutz zuständigen obersten Landesbehörde.

Der Sinn der Anhörung der beteiligten Kreise liegt nicht in der Wahrung von Individualinteressen, sondern vor allem in der besseren Information des betreffenden Normgebers und folglich in einer qualitativen Verbesserung der Entscheidung[128] durch die Anhörung eines repräsentativen Querschnitts von Gruppen mit besonderem Sachverstand und besonderer rechtlicher oder funktionaler Betroffenheit. Mithin sind die Anhörungen als Partizipationsmodelle ein Ausdruck des umweltrechtlichen Kooperationsprinzips.[129] Außerdem verleiht die Anhörung der zu erlassenden Vorschrift eine gesteigerte Legitimation,[130] da durch den Interessensausgleich eine Befriedungsfunktion[131] eintritt.

Die für diese Untersuchung interessanteste Gruppe der anzuhörenden Beteiligten als spätere Normadressaten ist die „beteiligte Wirtschaft". Dieser Begriff umfaßt die registrierten Verbände,[132] die in der seit 1972 vom Bundestag geführten Liste von Verbänden enthalten sind und Interessen gegenüber dem Bundestag oder der Bundesregierung vertreten.[133] Diese Liste umfaßte im März 1995 insgesamt 1538 Verbände.[134]

Für die Auswahl der Beteiligten gibt es keine allgemeinen Verfahrensregeln.[135] Zuständig für die Auswahl ist die jeweils zum Normerlaß ermächtigte Stelle, der bei die-

---

[125] Solche Anordnungen zur Anhörung finden sich in §§ 4 Abs. 1 Satz 3; 7 Abs. 1 bis 3; 19 Abs. 1 in Verbindung mit §§ 4 Abs. 1 Satz 3; 32 Abs. 1; 33 Abs. 1; 34 Abs. 1; 35 Abs. 1; 38 Abs. 2 Satz 1; 43 Abs. 1 Satz 1; 48; 53 Abs. 1 Satz 2; 55 Abs. 2 Satz 3 BImSchG.
Auch auf Landesebene gibt es Beteiligungsvorschriften für den Erlaß von Rechtsverordnungen. Auf diese wird aber nicht eingegangen. Vgl. hierzu *Schink*, NuR 1992, 113 ff.

[126] Änderungsgesetz vom 29.03.1953, BGBl. I, S. 1459.

[127] Denkbar ist allerdings, daß es bei dauernder Anhörung von Spitzenverbänden zu einer Anhörungspflicht auch im Rahmen des § 24 GGO II kommen kann.

[128] *Hoffmann*, DVBl. 1996, 347 (349); *Lamb*, Kooperative Gesetzeskonkretisierung, S. 156 f.; *Kloepfer/Meßerschmidt*, Innere Harmonisierung des Umweltrechts, S. 81 f.; *Schutt*, NVwZ 1991, 10 (11).

[129] A.A.: *Grüter*, Umweltrecht und Kooperationsprinzip, S. 57, der die Kooperation nicht in der Beratung sieht, sondern von in einer Einflußnahme auf das Ergebnis.

[130] *Jarass*, BImSchG, § 51 Rdnr. 1.

[131] *Sendler*, JuS 1983, 255 (257).

[132] *Feldhaus*, BImSchG II, § 51 Rdnr. 3; *Jarass*, BImSchG, § 51 Rdnr. 2; *Lamb*, Kooperative Gesetzeskonkretisierung, S. 159; a.A. *Hansmann* in: Landmann/Rohmer, BImSchG I, § 51 Rdnr. 11, wonach es auf eine feste Organisation nicht ankommt.

[133] *Versteyl* in: Kunig/Paetow/Versteyl, KrW-/AbfG, § 25 Rdnr. 8.

[134] Vgl. *Frankenberger*, Umweltschutz durch Rechtsverordnung, S. 198.

[135] Zum Verfahren *Leitzke*, Anhörung der beteiligten Kreise, S. 117 ff.

ser Auswahl zwar ein Ermessen[136] zukommt, die jedoch stets die geplante Norm beachten muß. Die Auswahl erfolgt in drei Entscheidungsabschnitten. Gefragt wird:

1. Welche Kreise sind als beteiligt anzusehen ?
2. Durch welche Personen oder Institutionen werden diese Kreise vertreten ?
3. Wie viele Vertreter der beteiligten Kreise sollen angehört werden ?[137]

Dabei dienen die Beteiligungsrechte nach überwiegender Ansicht nicht dem Schutz der Angehörten. Deren Interessen werden also nicht berührt, so daß eine Klagebefugnis bei Nichtbeteiligung ausgeschlossen ist.[138] Somit kommt dem § 51 BImSchG als Verfahrensvorschrift lediglich ein Ordnungscharakter zu.[139]

Eine Ausnahme hiervon bildet § 29 Abs. 1 Nr. 1 BNatSchG, der gemäß § 4 Satz 3 BNatSchG unmittelbar gilt. Mit dem gesetzgeberischen Kompromiß[140] in § 29 BNatSchG a.F. haben nämlich Verbände, die Interessen des Naturschutzes und der Landschaftspflege wahrnehmen und bestimmte formelle und materielle Anforderungen erfüllen,[141] sowohl ein Recht auf Einsichtnahme in Sachverständigengutachten als auch zur Äußerung bei der Vorbereitung von Verordnungen und anderen untergesetzlichen Rechtsvorschriften durch die zuständige Behörde. Die naturschutzrechtliche Verbandsbeteiligung ist folglich nur bei raumbezogenen Normen und nicht für die Erarbeitung allgemeiner Umweltstandards vorgesehen. Aus dem Wortlaut des § 29 Abs. 5 Satz 3 BNatSchG a.F., „Mitwirkungsrecht", wird dem Verband nach der überwiegenden Meinung dadurch eine Klagebefugnis auf Beteiligung während eines Verfahrens im Wege der allgemeinen Leistungsklage zugestanden.[142]

Von der Frage nach einem Anspruch auf Beteiligung ist die Frage zu trennen, welche Fehlerfolge eine unterlassene, aber vorgeschriebene Anhörung der beteiligten Kreise auslöst.

---

[136] *Fluck* in: Fluck (Hrsg.), KrW-/AbfG I, § 60 Rdnr. 45; *Jarass*, BImSchG, § 51 Rdnr. 2; *Schutt*, NVwZ 1991, 10 (11).

[137] Ausführlich *Lamb*, Kooperative Gesetzeskonkretisierung, S. 161 ff.

[138] *Denninger*, Verfassungsrechtliche Anforderungen an die Normsetzung, S. 54; *Hansmann* in: Landmann/Rohmer, BImSchG I, § 51 Rdnr. 22; *Jarass*, BImSchG, § 51 Rdnr. 4; *Lamb*, Kooperative Gesetzeskonkretisierung, S. 163; *Leitzke*, Anhörung der beteiligten Kreise, S. 230.

[139] *Hoffmann*, DVBl. 1996, 347 (350); *Jarass*, BImSchG, § 51 Rdnr. 4.

[140] Hierdurch wurde die weitergehende Forderung zur Einführung einer Verbandsklage abgewehrt. Vgl. *Bender*, DVBl. 1977, 708 ff. sowie BT-Drucks. 7/5251, S. 13 und 7/5171. Vgl. zur Verbandsklage *Bender/Sparwasser/Engel*, Umweltrecht, S. 225; *Breuer*, NJW 1978, 1558 (1561 ff.) sowie *Kloepfer*, Umweltrecht, § 5 Rdnr. 29 ff. m.w.N. über die Diskussion um die Einführung einer Verbandsklage.

[141] Vgl. zur Anerkennung von Verbänden nach § 29 Abs. 1 und Abs. 2 BNatSchG: *Spieth*, Beteiligung an der Rechtsetzung, S. 222 ff.

[142] *BVerwG*, NVwZ 1991, 162 (164); *VGH Kassel*, NVwZ 1988, 1040 ff.; *Denninger*, Verfassungsrechtliche Anforderungen an die Normsetzung, S. 60 f.; *Lamb*, Kooperative Gesetzeskonkretisierung, S. 173.
Nach herrschender Ansicht führt die Nichtbeteiligung im Bundesnaturschutzgesetz auch zur Aufhebung der behördlichen Entscheidung.

Ob das Nichtanhören der beteiligten Kreise als Verfahrensfehler zu werten ist und damit zur Nichtigkeit der Norm führt, ist strittig.[143] Legt man den Schwerpunkt von Sinn und Zweck der Anhörung auf die Informationsmöglichkeit der Verwaltung, wird man einen Fehler in der Anhörung für unerheblich halten.[144] Sieht man hingegen den Grundrechtsschutz durch Verfahren in der Anhörung verankert, wird bereits die Nichtanhörung einer Personengruppe zur Unwirksamkeit der Verordnung führen.[145] Die vollständige Unterlassung der Anhörung führt jedoch zur Nichtigkeit der Rechtsverordnung.[146] So hat das *Bundesverfassungsgericht* judiziert, daß in der Nichtbeachtung der Anhörungspflicht eines Sachverständigen durch die Exekutive die Überschreitung der gesetzlichen Ermächtigung liege. Die Unterlassung einer ermächtigungsgesetzlich gebotenen Anhörung führe daher unmittelbar zur Nichtigkeit der betroffenen Rechtsverordnung.[147] Ähnlich äußerte sich das *Bundesverwaltungsgericht*:[148] Die Fehlerfolge soll von der Schwere des Verfahrensverstoßes abhängen. Das Unterlassen der Anhörung könne als ein solcher schwerwiegender Verstoß angesehen werden.

Auch die Art der Durchführung der Anhörung liegt im Ermessen der staatlichen Stelle.[149] Um aber Lobbyismus zu vermeiden und die Problemlösung zu vereinfachen, finden die Anhörungen der Gruppen zumeist mündlich und gemeinsam statt.[150] Eine Veröffentlichung der Anhörungsergebnisse ist jedoch nicht vorgesehen, und der Normgeber ist auch nicht an das Ergebnis der Anhörung gebunden.[151] Faktisch zeigt aber etwa die Entstehung der Verpackungsverordnung, daß eine Einflußnahme durch die Anhörung gegeben ist, die bis zur Mitentscheidung reicht.[152]

Die Beteiligung des Steuerungsadressaten an der exekutivischen Standardsetzung bewegt sich damit im Grenzbereich zwischen dem Aushandeln des Normenvollzugs, da die Standards die Umweltgesetze konkretisieren und damit vollziehbar machen, und

---

143 Zusammenfassung bei *Schutt*, NVwZ 1991, 10 (16) sowie *Spieth*, Beteiligung an der Rechtsetzung, S. 232 ff.

144 *Hoffmann*, DVBl. 1996, 347 (350).

145 *Denninger*, Verfassungsrechtliche Anforderungen an die Normsetzung, S. 174; *Frenz*, KrW-/AbfG, § 60 Rdnr. 10; *Leitzke*, Anhörung der beteiligten Kreise, S. 215.

146 Für die Nichtigkeit sprechen sich aus: *Feldhaus*, BImSchG II, § 51 Rdnr. 4; *Fluck* in: Fluck (Hrsg.), KrW-/AbfG I, § 60 Rdnr. 61; *Frenz*, KrW-/AbfG, § 60 Rdnr. 10; *Leitzke*, Anhörung der beteiligten Kreise, S. 230; *Ule/Laubinger*, BImSchG, § 51 Rdnr. 2; a.A.: *Jarass*, BImSchG, § 51 Rdnr. 4.

147 *BVerfGE* 10, 221 (227).

148 *BVerwGE* 59, 48 (50 f.). Im konkreten Fall verneinte das *Bundesverwaltungsgericht* die Nichtigkeit der Rechtsverordnung, die unter Mißachtung einer landesbeamtenrechtlichen Vorschrift ergangen ist. Es argumentierte, daß der § 110 HBG nur in allgemeiner Form die Pflicht zur Beteiligung ausspreche.

149 *Denninger*, Verfassungsrechtliche Anforderungen an die Normsetzung, S. 56.

150 *Lamb*, Kooperative Gesetzeskonkretisierung, S. 165.

151 *Denninger*, Verfassungsrechtliche Anforderungen an die Normsetzung, S. 57; *Hansmann* in: Landmann/Rohmer, BImSchG I, § 51 Rdnr. 24 m.w.N.; *Schutt*, NVwZ 1991, 10 (13).

152 *Battis/Gusy*, Technische Normen im Baurecht, S. 49; *Grüter*, Umweltrecht und Kooperationsprinzip, S. 57; *Lamb*, Kooperative Gesetzeskonkretisierung, S. 167; *Würfel*, Informelle Absprachen in der Abfallwirtschaft, S. 117.

dem Aushandeln von Norminhalten, da die Standards von ihrem Charakter her allgemeine Normen sind.[153]

IV. Die Zielfestlegungen im Abfallrecht

Die Bundesregierung kann nach Anhörung der beteiligten Kreise Zielfestlegungen für die freiwillige Rücknahme von Abfällen treffen, die innerhalb einer angemessenen Frist zu erreichen sind. Dies sieht der § 25 Abs. 1 KrW-/AbfG vor, basierend auf dem § 14 Abs. 2 Satz 1 AbfG a.F.[154] Hierdurch soll sich eine Rechtsverordnung erübrigen. Damit ist ein im deutschen Recht einzigartiges Alternativverfahren zur Verordnungsgebung eingeführt worden;[155] denn das „Wie" der Zielerreichung ist gänzlich den Adressaten überlassen. An keiner anderen Stelle innerhalb des KrW-/AbfG wird das dem Abfallrecht zugrunde liegende Kooperationssystem deutlicher.[156] Aber: Der Inhalt von Zielfestlegungen darf nur solche Anforderungen enthalten, die auch Gegenstand einer Rechtsverordnung sein könnten.

Zielfestlegungen werden als regelungsvermeidende Handlungen verstanden.[157] Der Rechtscharakter von Zielfestlegungen ist aber bisher unbeantwortet.[158] Einigkeit herrscht insofern nur, als daß Zielfestlegungen weder als Verwaltungsakt noch als Rechtsverordnung oder als Verwaltungsvorschrift erachtet werden können, da sie keine unmittelbare rechtliche Wirkung entfalten.[159] Es ist somit davon auszugehen, daß eine Zielfestlegung lediglich ein politischer Akt ist.[160] Fraglich ist daher, ob die Bundesregierung selbst in irgendeiner Form rechtlich an die festgelegten Ziele gebunden ist.[161] Stellt man diese Frage für eine Rechtsverordnung, so ist die Antwort eindeutig: Es tritt keine Bindungswirkung ein, da der Fortbestand einer bestimmten Rechtslage nicht geschützt ist.[162] Eine weitergehende Bindung als durch eine Rechtsverordnung kann die Zielfestlegung aber nicht statuieren, so daß im Ergebnis eine Bindung

---

[153] *Lamb*, Kooperative Gesetzeskonkretisierung, S. 202.

[154] Vgl. ferner die Kodifikation der Zielfestlegung in § 34 UGB-KomE.

[155] *Kloepfer* in: König/Dose (Hrsg.), Instrumente und Formen staatlichen Handelns, S. 336. Zur Ähnlichkeit der Zielfestlegung mit dem japanischen „Gyosei Shido" vgl. *ders.* in: Coing et al. (Hrsg.), Japanisierung des westlichen Rechts, S. 94.

[156] *Grüter*, Umweltrecht und Kooperationsprinzip, S. 50; *Kloepfer*, Umweltrecht, § 18 Rdnr. 65; *Versteyl* in: Kunig/Paetow/Versteyl, KrW-/AbfG, § 25 Rdnr. 1; *Würfel*, Informelle Absprachen in der Abfallwirtschaft, S. 22; a.A. *Jekewitz*, DÖV 1990, 51 (55 ff.); *Rengeling*, Kooperationsprinzip, S. 86.

[157] *Atzpodien*, DVBl. 1990, 559; *ders.*, UPR 1990, 7; *Robbers*, DÖV 1987, 272 (277).

[158] Vgl. *Klages*, Vermeidungs- und Verwertungsgebote, S. 75; *Kloepfer*, Umweltrecht, § 18 Rdnr. 65; *Würfel*, Informelle Absprachen in der Abfallwirtschaft, S. 95 ff. Daß Unklarheiten über die Rechtsnatur der Zielfestlegung besteht, ist dabei verfassungsrechtlich unerheblich. Anders als die Legislative gibt es für die Exekutive keinen numerus clausus der Handlungsformen.

[159] *Fluck* in: Fluck (Hrsg.), KrW-/AbfG I, § 25 Rdnr. 38; *Jekewitz*, DÖV 1990, 51 (57); *Klages*, Vermeidungs- und Verwertungsgebote, S. 77; *Schutt*, NVwZ 1991, 10 (14).

[160] *Kloepfer*, Umweltrecht, § 18 Rdnr. 66; *Versteyl* in: Kunig/Paetow/Versteyl, KrW-/AbfG, § 25 Rdnr. 8.

[161] Strittig: Für eine Bindungswirkung: *Atzpodien*, DB 1987, 727 (729); *ders.*: UPR 1990, 7 (12); *Fluck* in: Fluck (Hrsg.), KrW-/AbfG I, § 25 Rdnr. 56; *Klages*, Vermeidungs- und Verwertungsgebote, S. 77; a.A.: *Jekewitz*, DÖV 1990, 51 (57); *Kloepfer*, Umweltrecht, § 18 Rdnr. 66; *Versteyl* in: Kunig/Paetow/Versteyl, KrW-/AbfG, § 25 Rdnr. 8.

[162] *BVerfGE* 15, 313 (324 ff.); 27, 375 (386); 38, 61 (83); 68, 193 (222).

für den Verordnungsgeber über die Grundsätze des Vertrauensschutzes hinaus ausscheiden muß.[163] Die Bundesregierung hat von der Ermächtigung des alten § 14 Abs. 2 Satz 1 AbfG bisher in zwei Fällen zur Abfallvermeidung Gebrauch von Zielfestlegungen gemacht.[164] Darüber hinaus hat das Bundesministerium für Umwelt und Reaktorsicherheit die Entwürfe für vier weitere Zielfestlegungen vorgelegt, die aber nicht verabschiedet worden sind.[165]

Die Ansichten über die praktische Bewährung des Instruments der Zielfestlegung gehen weit auseinander. So wurde zum Beispiel der mit der ersten Zielfestlegung verfolgte Aufbau privater Rücknahmesysteme für Verpackungen durch die Wirtschaft erst nach der Vorlage eines entsprechenden Verordnungsentwurfs in Angriff genommen. Aus diesem Grunde bewertete insbesondere der Bundesrat die Vorschrift des § 14 Abs. 2 Satz 1 AbfG a.F. als „nicht zielführende" Überbetonung des Kooperationsprinzips und schlug auf Antrag Bayerns dessen Streichung vor.[166] Nichtsdestotrotz haben die bisher verabschiedeten bzw. als Entwurf vorgelegten Zielfestlegungen im Bereich der Kunststoffverpackungen und Baureststoffe erhebliche Anstöße für kooperative Maßnahmen der Wirtschaft erbracht.

Die überwiegende Ansicht in der Literatur sieht die Zielfestlegung deshalb als rechtspolitisch interessantes Mittel, das als „formalisierte Drohgebärde"[167] positive Auswirkungen auf das Verhalten der Betroffenen zeitigt, indem es den Betroffenen die Möglichkeit einräumt, zunächst Mittel und Wege zur Zielerreichung selbst zu bestimmen.

V. Der Vertragsnaturschutz

1. Gesetzliche Grundlagen

Das Naturschutzrecht ist die älteste Quelle des Umweltrechts.[168] In seinem Mittelpunkt steht heute das Gesetz über Naturschutz und Landschaftspflege: Bundesnatur-

---

[163] Der § 34 Abs. 2 UGB-KomE weist explizit darauf hin, daß der Verordnungsgeber nicht an die Zielfestlegung gebunden ist und jederzeit auf dem Gebiet eine Verordnung erlassen kann.

[164] Zielfestlegung zur Vermeidung, Verringerung oder Verwertung von Abfällen aus Verpackungen für Getränke vom 26.4.1989 (Bundesanzeiger vom 06.05.1989, S. 2237); Zielfestlegung zur Vermeidung und Verringerung oder Verwertung von Abfällen von Verkaufsverpackungen aus Kunststoff für Nahrungs- und Genußmitteln sowie Konsumgütern vom 17.01.1990 (Bundesanzeiger vom 30.01. 1990, S. 513).

[165] Für die Verwertung von Kunststoffolien, Anzuchtgefäßen und Verpackungen aus Kunststoff vom 21.05.1990; für die Verwertung von Bauschutt, Baustellenabfällen; Erdaushub und Straßenaufbruch (Baureststoffe) vom 03.01.1990; zur Verringerung von Altpapier vom 14.05.1990 und zur Verwertung von Altautos vom 15.08.1990.

[166] BR-Drucks. 528/90, S. 13.

[167] *Jekewitz*, DÖV 1990, 51 (57); *Versteyl* in: Kunig/Schwermer/Versteyl, AbfG, § 14 Rdnr. 25. Zum verhandlungstaktischen Nutzen der Zielfestlegung durch Versenkung von politischen Kosten: *Engel*, Staatswissenschaften und Staatspraxis 9 (1998), 535 (556).

[168] Bereits durch das Reichsnaturschutzgesetz (RNatSchG) vom 26.06.1935 begann der Naturschutz in Deutschland. Dieses Gesetz galt zunächst unter dem Grundgesetz als Landesrecht (*BVerfGE* 8, 186 (193 ff.)) bis 1976 weiter. Vgl. *Bender/Sparwasser/Engel*, Umweltrecht, S. 167; *Kloepfer*, Umweltrecht, § 11 Rdnr. 1; *Köpl*, Handlungsspielräume der Verwaltung im Naturschutzrecht, S. 12 ff.; *Meßerschmidt*, BNatSchG, Einleitung Rdnr. 1 ff.

schutzgesetz (BNatSchG).[169] Da das Bundesnaturschutzgesetz auf einer rahmenrechtlichen Gesetzgebungskompetenz des Bundes gemäß Art. 75 Abs. 1 Satz 1 Nr. 3 GG beruht, sind auch die Landesnaturschutz- und Landespflegegesetze von Bedeutung. Allgemein wird das Bundesnaturschutzgesetz als reformierungsbedürftig angesehen und ist deshalb derzeit auch Gegenstand von Reformierungsbemühungen.[170]

Die Ziele des Natur- und Landschaftsschutzes, festgelegt in den §§ 1, 2 BNatSchG, nämlich selektiver Gebiets- und Artenschutz,[171] werden überwiegend mit dem Instrument der rechtsverbindlichen Unterschutzstellung (§ 13 BNatSchG) durch Rechtsverordnung[172] von den Ländern durchgesetzt.[173]

Gemäß § 12 Abs. 2 BNatSchG muß die Schutzgebietserklärung neben Schutzgegenstand und Schutzzweck auch die zur Erreichung des Schutzzwecks erforderlichen Ge- und Verbote enthalten. Diese Unterschutzstellung hat zur Folge, daß entweder absolute Nutzungs- und Änderungsverbote vorgesehen sind oder aber bestimmte Nutzungsformen oder -änderungen unter Genehmigungsvorbehalt gestellt werden.[174] Im allgemeinen entstehen dabei durch naturschutzrechtliche Regelungen oder Maßnahmen Beschränkungen der Eigentümerbefugnisse. Auf Grund der Situationsgebundenheit des Grundstückes[175] sind diese Beschränkungen von den Eigentümern aber als Konkretisierungen der Sozialbindung des Eigentums gemäß Art. 14 Abs. 2 Satz 2 GG entschädigungslos zu dulden.[176]

Einige Bundesländer sind bei der Umsetzung der Ziele des Naturschutzrechts bereits dazu übergegangen, statt Verordnungen bei der Festsetzung von Schutzgebieten

---

169 Vom 20.12.1976, BGBl. I, S. 3574, zuletzt geändert durch Gesetz vom 29.08.1998, BGBl. I, S. 2994.

170 Vgl. die Beiträge in *Breuer* et al. (Hrsg.), UTR 20; *Fritz*, UPR 1997, 439. Einen Überblick bieten *Bender/Sparwasser/Engel*, Umweltrecht, S. 168 ff.

171 *Bender/Sparwasser/Engel*, Umweltrecht, S. 174 ff.; *Köpl*, Handlungsspielräume der Verwaltung im Naturschutzrecht, S. 27 ff.; *Schmidt-Aßmann*, NuR 1979, 1 (3).

172 Vgl. §§ 21, 22 NatSchG BW; Art. 7 ff. BayNatSchG; §§ 33, 18 ff. NatSchGBln; §§ 19 ff. BdgNatSchG, § 3 NatSchG M.-V.; §§ 16-21 SächsNatSchG; §§ 12-17 ThürNatG; §§ 17-22 NatSchG LSA, § 16 HeNatG; §§ 24 ff. NdsNatSchG; §§ 18 ff. LPflG Rh.-Pf.; §§ 16 ff. NatSchG SH.
Nur in NRW erfolgt die Unterschutzstellung durch Satzung gemäß §§ 16, 19 ff. LG NW.

173 *Di Fabio*, DVBl. 1990, 338; *Rengeling/Gellermann*, ZG 1991, 317. Zum Verfahren der Unterschutzstellung: *Strenschke*, BayVBl. 1987, 644 ff.
Etwa 8 % der Gesamtfläche in Deutschland sind bisher unter Schutz gestellt. *Rehbinder*, DVBl. 2000, 859 (860).

174 *Zeibig*, Vertragsnaturschutz, S. 30.

175 Der Gedanke der Situationsgebundenheit taucht erstmals in *BGHZ* 23, 30 ff. auf. Seitdem ständige Rechtsprechung.

176 Auch das *Bundesverwaltungsgericht* knüpft an den Begriff der Situationsgebundenheit an: *BVerwGE* 49, 365 (368); 67, 84 (86); 84, 361 (370); 94, 1 (5). Vgl. auch *Kloepfer*, Umweltrecht § 11 Rdnr. 62 f.

auch öffentlich-rechtliche Verträge als Handlungsform vorzusehen: Vertragsnaturschutz.[177]

Der 1998 eingefügte § 3a BNatSchG sieht nunmehr vor, daß die Länder prüfen sollen, ob der Zweck der durchzuführenden Maßnahmen auch durch vertragliche Vereinbarungen erreicht werden kann.[178] Damit steht es im Ermessen der Behörde, ob sie Ordnungsrecht anwendet oder einen Vertrag abschließt; ein Vorrang des Vertragsnaturschutzrechts vor einer förmlichen Unterschutzstellung existiert mithin durch den § 3a BNatSchG nicht.[179] Die Einführung des Vertragsnaturschutzes war aber in der politischen Diskussion um die Reform des Bundesnaturschutzgesetzes nicht unumstritten.[180] Gegen den Vertragsnaturschutz sprach sich damals die SPD- Opposition mit dem Argument aus, der Vertragsnaturschutz hemme die Arbeit der Naturschutzbehörde.[181] Ein genereller Vorrang des Vertragsnaturschutzes scheiterte deshalb. Auf Landesebene sehen einige Naturschutzgesetze allerdings bereits seit 1982[182] neben Verordnungen auch den Vertragsnaturschutz ausdrücklich vor, und so wird dementsprechend der Vertragsnaturschutz hier bereits seit geraumer Zeit praktiziert.[183]

2. Inhalt des Vertragsnaturschutzes

Vertragsnaturschutz wird definiert als Naturschutz mittels Vereinbarungen, die die zuständigen Landschaftsschutzbehörden auf freiwilliger Basis mit den Grundstückseigentümern bzw. Pächtern schutzwürdiger Flächen schließen. Dabei verpflichten sich die nutzungsberechtigten Bewirtschafter gegen eine entsprechende Nutzungsausfallentschädigung, im Interesse eines verbesserten Naturschutzes auf ihren Grundstücken bestimmte umweltpflegerische Handlungen vorzunehmen bzw. umweltschädigende Handlungen zu unterlassen.[184] Finanziert wird der Vertragsnaturschutz zumeist durch die Europäische Union und durch die Länder.[185]

---

[177] Hierzu: *Di Fabio*, DVBl. 1990, 338 ff.; *Fritz*, UPR 1997, 439 ff.; *Gassner* in: Gassner et al., BNatSchG, Einf. Rdnr. 38 f.; *Gellermann/Middeke*, NuR 1991, 457 ff.; *Kloepfer*, Umweltrecht, § 11 Rdnr. 52; *Köpl*, Handlungsspielräume der Verwaltung im Naturschutzrecht, S. 139 ff.; *Moog*, Vertragsnaturschutz in der Forstwirtschaft, S. 31 ff.; *Rehbinder*, DVBl. 2000, 859; *Rengeling/Gellermann*, ZG 1991, 317 ff.; *Schlette*, Verwaltung als Vertragspartner, S. 208 ff.; *Zeibig*, Vertragsnaturschutz, S. 40 ff.

[178] Zu den Zweifeln an der Verfassungsmäßigkeit der Vorschrift vgl. *Beaucamp*, DVBl. 1999, 1344 (1346).

[179] So deutlich *BVerwG*, NuR 1998, 37 (38). A.A.: Wohl *Meßerschmidt*, BNatSchG, Einleitung Rdnr. 17, der von einem grundsätzlichen Vorrang des Vertrages ausgeht.

[180] *Fritz*, UPR 1997, 439.

[181] SPD-Abgeordneter *Mehl* in: FAZ Nr. 128 vom 06.06.1997, S. 1. Die damalige SPD- Opposition stimmte am 24.04.1998 gegen die Novelle. Zur Diskussion vgl. BT.- Drucks. 13/6441, S. 43 und 13/7778, S. 67.

[182] So der Art. 6d Abs. 2 BayNatSchG.

[183] Etwa § 2a Abs. 1 BayNatSchG; §§ 2; 64 BdgNatSchG; § 3 Abs. 2 LNatG M-V; § 2 Abs. 2 LNatSchG SH; § 39 Abs. 2 SächsNatschG; § 2 Abs. 6 ThürNatG.
Rengeling/Gellermann, ZG 1991, 317 (320) sprechen sogar bereits von einem Standardinstrument.

[184] *Ebersbach*, AgrarR 1991, 63 (64); *Gellermann/Middeke*, NuR 1991, 457 (460); *Moog*, Vertragsnaturschutz in der Forstwirtschaft, S. 4; *Zeibig*, Vertragsnaturschutz, S. 40 ff.

[185] *Rehbinder*, DVBl. 2000, 859 (862).

Der Vertragsnaturschutz ist in verschiedenen Varianten denkbar. So kann man zum Vertragsnaturschutz auch den Landerwerb der öffentlichen Hand zu Zwecken des Naturschutzes sowie Betreuungsverträge rechnen, die die öffentliche Hand als Eigentümerin mit Dritten zum Zweck der Pflege schutzwürdiger Flächen abschließt. Grundsätzlich ist der Vertragsnaturschutz auch für Flächen zulässig, die nicht schutzwürdig im Sinne der §§ 12 ff. BNatSchG sind.[186]

Im zunehmenden Maße wird der Vertragsnaturschutz zudem zur Durchführung von speziellen Arten- und Biotopschutzprogrammen[187] eingesetzt. Diese Möglichkeit ist für die vorliegende Untersuchung die interessantere Variante; denn in solchen Fällen können die Vereinbarungen in Form eines Vertrags die Unterschutzstellung eines Gebietes durch eine Rechtsverordnung ganz oder teilweise ersetzen. Dieses ist insbesondere dann sinnvoll, wenn die Unterschutzstellung nur einen oder wenige Grundstückseigentümer betrifft. Vertragspartner ist der Eigentümer der Fläche, und damit zumeist Landwirte. Die Verträge werden befristet abgeschlossen. Der Eigentümer einer schutzbedürftigen Fläche verpflichtet sich vertraglich, sich der Nutzung einer Fläche zu enthalten. Mithin werden Maßnahmen vertraglich festgeschrieben, die die Verwaltung auch im Rahmen einer Unterschutzstellungsverordnung hätte aussprechen können: Das Verbot bestimmter Düngemittel etc.

Die Frage nach der rechtlichen Einordnung solcher Verträge ist zwar strittig,[188] aber anhand der bekannten Kriterien der Abgrenzung von öffentlichem Recht vom Privatrecht vorzunehmen. Da das Ziel der Verträge die Verfolgung des Schutzes gemäß § 1 BNatSchG ist, liegt im Regelfall ein öffentlich-rechtlicher Vertrag vor, der an die Stelle einer Rechtsverordnung tritt und somit einen normersetzenden Charakter hat.[189] Der Maßstab für die rechtliche Beurteilung der in der Naturschutzpraxis gebräuchlichen Verträge sind bei der öffentlich-rechtlichen Variante die §§ 54 VwVfG, wobei es sich um Austauschverträge im Sinne des § 56 VwVfG handelt. Dabei werden die Bürger jedoch nicht vor die Wahl gestellt, entweder eine vertragliche Vereinbarung zu akzeptieren oder eine entsprechende Regelung per Verordnung zu dulden.[190] Die normersetzende Wirkung solcher Naturschutzverträge ist zudem rein faktischer Natur, da sich die Naturschutzbehörde nicht verpflichtet, von einer allgemeinverbindlichen Unterschutzstellung abzusehen.

Ein öffentlich-rechtlicher Vertrag und eine allgemeinverbindliche Rechtsverordnung können auch kombiniert werden. So läßt sich etwa ein Betretungsverbot per Rechtsverordnung aussprechen, während die Nutzungsbeschränkungen vertraglich

---

[186] *Rehbinder*, DVBl. 2000, 859 (864).

[187] Siehe zum Beispiel das Uferrandstreifenprogramm in Schleswig-Holstein. Weitere Beispiele bei *Rengeling/Gellermann*, ZG 1991, 317 (320).

[188] Vgl. hierzu *Fritz*, UPR 1997, 339 (441); *Zeibig*, Vertragsnaturschutz, S. 49 ff. m.w.N.

[189] *Gellermann/Middeke*, NuR 1991, 457 (458); *Rengling/Gellermann*, ZG 1991, 317 (323).

[190] *Gellermann/Middeke*, NuR 1991, 457 (463).

geregelt werden.[191] Diese Verträge sind dann normergänzend oder normverwirklichend.[192]

Verfahrensrechtlich stellt sich beim Vertragsnaturschutz die Frage, ob die anerkannten Naturschutzverbände gemäß § 29 BNatSchG a.F. in Verbindung mit § 4 Satz 3 BNatSchG vor dem Vertragsschluß beteiligt werden müssen. In § 29 BNatSchG a.F. finden sich solche Beteiligungsgebote für Naturschutzverbände sowohl hinsichtlich bestimmter Handlungsformen als auch hinsichtlich inhaltlicher Vorgaben: Die Befreiung von Ge- und Verboten. Folglich sind Naturschutzverbände unabhängig von der Handlungsform beim Abschluß eines naturschutzrechtlichen Vertrags zu beteiligen, wenn der Inhalt des Vertrags Gegenstand der Nennung in § 29 BNatSchG a.F. ist. Da eine solche Nennung in § 29 BNatSchG a.F. aber nicht erfolgt, wird das Beteiligungsgebot mithin nicht ausgelöst.

Problematisch ist allerdings die Frage, ob der Verband auch zu beteiligen ist, wenn die Behörde zur Erreichung eines Naturschutzzieles statt eines der in § 29 BNatSchG a.F. aufgeführten Instrumente auf den Vertrag ausweicht. In einem solchen Fall ist an eine analoge Anwendung des § 29 BNatSchG a.F. zu denken,[193] um eine Umgehung der Beteiligungsrechte der Naturschutzverbände zu verhindern.

An der Analogiefähigkeit der Ausnahmevorschrift des § 29 BNatSchG a.F. gibt es aber erhebliche Zweifel,[194] sind doch die Fälle der Beteiligungen enumerativ im Naturschutzgesetz aufgeführt. Durch die ausdrückliche Normierung des Vertragsnaturschutzes entfällt zudem die weitere Voraussetzung einer Analogie, nämlich die planwidrige Regelungslücke. Es muß nämlich nun angenommen werden, daß der Gesetzgeber diese Regelungslücke im Zuge der Neuerung erkannt und gebilligt hat. Mithin ist eine analoge Anwendung des § 29 BNatSchG auf Naturschutzverträge ausgeschlossen.

Eine Sonderstellung nehmen solche Gebiete ein, die von gemeinschaftsweiter Bedeutung sind. Denn aus der Habitat-Richtlinie[195] ergibt sich eine Pflicht zur Unterschutzstellung von Naturschutzgebieten. Diese Vorgaben hat mittlerweile der Gesetzgeber in §§ 19a ff. BNatSchG umgesetzt.[196] Auf der einen Seite macht der § 19b Abs. 2 BNatSchG nunmehr die Schutzgebietsausweisung durch die Länder nach § 12 Abs. 1 BNatSchG beim Vorliegen der gemeinschaftlichen Voraussetzungen zwingend. Auf der anderen Seite eröffnet der § 19 Abs. 4 BNatSchG aber gerade die Möglichkeit zum vertraglichen Handeln, wenn nach § 19 Abs. 4 BNatSchG durch eine vertragliche Vereinbarung ein gleichwertiger Schutz gewährleistet ist.

---

[191] *Di Fabio*, DVBl. 1990, 338 (341); *Fritz*, UPR 1997, 439 (440). Ein Beispiel ist das nordrhein-westfälische Feuchtwiesenschutzprogramm von 1989. Danach wird der Status quo der Feuchtgrünländereien durch eine sog. Grundnaturschutzverordnung gesichert, während die erforderlichen Bewirtschaftungsbeschränkungen vertraglich geregelt werden.

[192] Hierzu *Gellermann/Middeke*, NuR 1991, 457 (459).

[193] So *Di Fabio*, DVBl. 1990, 338 (345).

[194] So *Gellermann/Middeke*, NuR 1991, 457 (459); *Zeibig*, Vertragsnaturschutz, S. 136.

[195] Richtlinie des Rates 79/409/EWG vom 02.04.1979 über die Erhaltung der wildlebenden Vogelarten, ABlEG L 103/01.

[196] Zweites Gesetz zur Änderung des BNatSchG vom 30.04.1998, BGBl. I, S. 823.

3. Bewertung des Vertragsnaturschutzes

Von den Vorzügen des Vertragsnaturschutzes sind an erster Stelle die akzeptanz- und konsensfördernden Wirkungen naturschutzvertraglicher Vereinbarungen zu nennen;[197] denn durch die Beteiligung und Einbindung der Grundstückseigentümer in den Entscheidungsprozeß wird bei den Eigentümern das Verständnis für den Naturschutz geweckt und gefördert. Hervorgehoben wird zudem auf der Positiv-Seite die geringere Rechtsmittelanfälligkeit der vertraglichen Vereinbarungen im Vergleich zur Unterschutzstellung per Rechtsverordnung sowie die geringere Fehleranfälligkeit des Vertrags.[198]

Bedenken gegen den Vertragsnaturschutz werden mit dem Argument erhoben, die Behörde sei an eine Verhandlungstechnik nicht gewöhnt.[199] Dieses Problem ließe sich allerdings durch den Einsatz von Standardverträgen abschwächen.[200]

Hingegen sind die Befürchtungen, der Vertragsnaturschutz diene lediglich allgemein der Subventionierung der Landwirtschaft, nicht von der Hand zu weisen.[201] Zudem stößt der Vertrag als Instrument im Naturschutz dann schnell an Grenzen, wenn es um den Schutz von großen Flächen geht. Oft wird nämlich nur eine flächenintensive Unterschutzstellung dem Schutzgedanken des Naturschutzgesetzes gerecht. Je mehr betroffene Interessen aber in die Vertragsverhandlungen involviert sind, desto schwieriger und aufwendiger wird der Einsatz des Vertrags;[202] denn mit jedem der Betroffenen muß ein Vertrag geschlossen werden. Viele der Vorteile einer vertraglichen Lösung sind also aufgebraucht, wenn der Erlaß einer Rechtsverordnung weiterhin zusätzlich flankierend notwendig bleibt.

Außerdem ist eine Besonderheit des Naturschutzes zu bedenken: Nicht Flexibilität ist das Credo des Naturschutzes, sondern Beständigkeit: Flächen sollen dauerhaft unter Schutz stehen. Eine langfristige Sicherung ist aber bei befristeten und dinglich ungesicherten Verträgen nicht möglich. Lange Lauffristen sind hingegen für die Eigentümer unattraktiv. Durch den Vertragsnaturschutz wird also lediglich ein punktueller Schutz gewährleistet.

VI. Rechtsnormersetzende Vereinbarungen im Arbeitsrecht

Die am weitesten entwickelte Form gesellschaftlicher Selbststeuerung bis hin zur echten privaten Rechtsetzung gibt es außerhalb des Umweltrechts, nämlich im kollektiven Arbeitsrecht.[203] Da auch das UGB-KomE teilweise an arbeitsrechtliche Instrumentarien für die Verwirklichung eines normersetzenden Vertrags anknüpft, darf hier das Arbeitsrecht ebenfalls nicht außer Betracht bleiben, um eine konsensuale Normsetzung in ihrer Gesamtheit vorzustellen. Der Art. 9 Abs. 3 GG gewährleistet Gewerkschaften und Arbeitgebern als Freiheitsrecht einen von staatlicher Regelung freigelassenen Raum, in dem die Beteiligten eigenverantwortlich bestimmen können,

---

[197] *Di Fabio*, DVBl. 1990, 338 (341). Siehe auch *Württenberger*, NJW 1991, 257 ff.
[198] *Di Fabio*, DVBl. 1990, 338 (341); *Gellermann/Middeke*, NuR 1991, 457 (459).
[199] *Di Fabio*, DVBl. 1990, 338 (341).
[200] *Rehbinder*, DVBl. 2000, 859 (862).
[201] *Rehbinder*, DVBl. 2000, 859 (866 f.).
[202] *Gellermann/Middeke*, NuR 1991, 457 (460).
[203] *Kloepfer/Elsner*, DVBl. 1996, 964 (966).

wie sie die Arbeits- und Wirtschaftsbedingungen wahren und fördern wollen.[204] Dieser verfassungsrechtlich verankerte Schutz der verbandsautonomen Selbstregulierung hat seine einfachgesetzliche Ausprägung im Tarifvertragsgesetz (TVG) gefunden, in dem der Staat private Rechtsetzung durch Tarifvertrag anerkennt.[205] Der § 1 Abs. 1 TVG präzisiert die inhaltlichen Anforderungen an den normativen Teil des Tarifvertrags. Mit dem Instrument des Tarifvertrags stellt der Staat mithin für private Normierung eine Rechtsform zur Verfügung und überläßt gesellschaftlichen Verbänden die Normierung zur selbständigen, nichtstaatlichen Schaffung materieller Regelungen.[206] Damit ist die Rechtsetzung nicht personen-, sondern rechtsformorientiert. Diese Normsetzung[207] wird rechtssystematisch überwiegend im Privatrecht verankert.[208] In der Rangfolge der Rechtsquellen als privatrechtliche Normen stehen die Tarifnormen unterhalb der Rechtsverordnung und der öffentlich-rechtlichen Satzung, und das Arbeitsrecht zeigt damit, daß ein teilweise postuliertes staatliches Rechtsetzungsmonopol in der deutschen Rechtsordnung nicht existiert: Mit dem Tarifvertrag hat der Staat für das private Rechtsetzungsverfahren ausdrücklich einen Rahmen gesetzt.

Die Normadressaten des Tarifvertrags sind zunächst gemäß § 3 Abs. 1 TVG die Tarifvertragsparteien und ihre Mitglieder. Um zu verhindern, daß Arbeitgeber den Tarifvertrag durch das Einstellen von tarifungebundenen Arbeitgebern unterlaufen, sieht das Tarifvertragsgesetz eine sogenannte Allgemeinverbindlicherklärung[209] des Vertrags vor. Rechtsgrundlage für eine solche Allgemeinverbindlicherklärung ist § 5 TVG in Verbindung mit §§ 1 – 12 der Verordnung zur Durchführung des Tarifvertragsgesetzes,[210] die bereits in der Weimarer Republik bekannt war.

Durch eine solche Allgemeinverbindlicherklärung werden die Rechtswirkungen des Tarifvertrags auch auf nicht tarifgebundene Arbeitnehmer und damit auch auf Außenseiter erstreckt, und zwar unabhängig von der Kenntnis des Tarifvertrags. Mithin tritt

---

[204] *BVerfGE* 44, 322 (341); 64, 208 (215); 84, 212 (224); 94, 268 (284); 80, 355 (368). Vgl. auch § 94 BBG, der Formen der Mitwirkung an der staatlichen Gesetzgebung im Beamtenrecht vorsieht. Hierzu *Jachmann*, ZBR, 165 ff.

[205] *Kirchhof*, Private Rechtsetzung, S. 181 ff. So wird der Tarifvertrag teilweise als korporativer Normenvertrag bezeichnet. Vgl. *Gamillscheg*, Kollektives Arbeitsrecht I, S. 510; *Schaub*, Arbeitsrechthandbuch, S. 1652 m.w.N.

[206] *BVerfGE* 44, 322 (341).

[207] Daß es sich hierbei um Rechtsnormen handelt, ist unstreitig. Vgl. *BVerfGE* 18, 18 (26); 34, 307 (317); 44, 322 (341); 55, 7 (21); *Kirchhof*, Private Rechtssetzung, S. 185; *Schaub*, Arbeitsrechtshandbuch, S. 1652.

[208] *Gamillscheg*, Kollektives Arbeitsrecht I, S. 48; *Kirchhof*, Private Rechtsetzung, S. 185; *Ossenbühl* in: HdbStR III, § 66 Rdnr. 41.

[209] Vgl. hierzu *Aigner*, DB 1994, 2545 ff.; *Lund*, DB 1977, 1314 ff.; *Mäßen/Maurer*, NZA 1996, 121 ff.; *Schlachter*, BB 1987, 758 ff.; *Schneider*, Gesetzgebung, Rdnr. 895; *Zöllner/Loritz*, Arbeitsrecht, S. 417.

[210] Vom 20.02.1970. Zum Verfahren der Allgemeinverbindlichkeitserklärung etwa *Schaub* in: Dieterich et al. (Hrsg.), TVG, § 5 Rdnr. 13 ff.
Allgemeinverbindlicherklärungen waren bereits in der Weimarer Republik bekannt. Vgl. *Farthmann/Coen* in: HdbVerfR, § 19 Rdnr. 53. Eingeführt durch die TarifVO am 23.12.1918.
Von den rund 47.000 Tarifverträgen waren am 01.01.1998 etwa 800 allgemeinverbindlich. So *Schaub* in: Dieterich et al. (Hrsg.), TVG, § 5 Rdnr. 4.

eine personelle Erweiterung ein. Hierdurch soll die Effektivität der tarifvertraglichen Normsetzung gesichert werden.[211]

Die Allgemeinverbindlichkeit setzt voraus,[212] daß zunächst ein Antrag von einer Tarifpartei gestellt wird. Weiterhin kann nur ein rechtswirksamer Tarifvertrag als allgemeinverbindlich erklärt werden. Ferner ist eine Allgemeinverbindlicherklärung nur zulässig, wenn die tarifgebundenen Arbeitgeber mindestens 50 % der unter den Geltungsbereich des Tarifvertrags fallenden Arbeitnehmer beschäftigen. Die letzte Voraussetzung ist ein öffentliches Interesse an der Allgemeinverbindlicherklärung. Von diesen Voraussetzungen, die kumulativ vorliegen müssen, kann gemäß § 5 Abs. 1 Satz 2 TVG nur abgesehen werden, wenn die Allgemeinverbindlicherklärung zur Behebung eines sozialen Notstandes erforderlich erscheint.

Zuständig für die Allgemeinverbindlicherklärung ist gemäß § 5 TVG das Bundesministerium der Arbeit; sie ist gemäß § 5 Abs. 7 TVG im Bundesanzeiger zu veröffentlichen. Dieser Veröffentlichung kommt konstitutive Bedeutung zu.[213] Der Tarifvertrag selber wird hingegen nicht veröffentlicht.

Der Tarifvertrag und dessen Allgemeinverbindlicherklärung sind eine rechtsnormsetzende Vereinbarung. Die Allgemeinverbindlicherklärung ist nach der Rechtsprechung des *Bundesverfassungsgerichts* im Verhältnis zu den ohne sie gebundenen Arbeitgebern und –nehmern ein Rechtsetzungsakt sui generis zwischen autonomer Regelung und staatlicher Rechtsetzung, der seine eigenständigen Grundlagen in Art. 9 Abs. 3 GG findet.[214] Verfassungsrechtliche Bedenken werden gegen die Allgemeinverbindlicherklärung nicht erhoben:[215] Durch die Öffentlichkeit des Verfahrens und die dem Minister übertragene Wahrung des öffentlichen Interesses werden die Belange der Außenseiter geschützt und die Normsetzung ausreichend demokratisch legitimiert.[216]

Da es sich um eine öffentlich-rechtliche Streitigkeit im Sinne des § 40 Abs. 1 Satz 1 VwGO handelt, ist Rechtsschutz vor dem Verwaltungsgericht zu suchen.[217] In der Deregulierungsdebatte wird allerdings teilweise auf die Abschaffung der Allgemeinverfügung gedrungen.[218]

---

[211] *BVerfGE* 44, 322 (342), *Gamillscheg*, Kollektives Arbeitsrecht I, S. 884.

[212] Vgl. zu den Voraussetzungen *Gamillscheg*, Kollektives Arbeitsrecht I, S. 892 ff.; *Schaub* in: Dieterich et al. (Hrsg.), TGV, § 5 Rdnr. 13 ff.

[213] *Zöllner*, DVBl. 1958, 124 (126).

[214] *BVerfGE* 44, 322 (340); 55, 7 (34); 64, 208 (215). Strittig: Vgl. *BAG*, NJW 1990, 3036; *Maurer*, Allgemeines Verwaltungsrecht, § 9 Rdnr. 21; *Kirchhof*, Private Rechtsetzung, S. 210 ff.; *Schaub*, Arbeitrechtshandbuch, S. 1734.

[215] *Schaub*, Arbeitsrechtshandbuch, S. 1731.

[216] *BVerfGE* 44, 322 (347); *Schaub*, Arbeitrechtshandbuch, S. 1734.

[217] *BVerwG*, NJW 1989, 1495 (1496); *Gamillscheg*, Kollektives Arbeitsrecht I, S. 904 ff.; *Schaub* in: Dieterich et al. (Hrsg.), TVG, § 5 Rdnr. 40.

[218] Vgl. *Gamillscheg*, Kollektives Arbeitsrecht I, S. 883 m.w.N.

§ 3: Die aktuellen Reformüberlegungen

Ihre besondere Aktualität gewinnt die Fragestellung dieser Untersuchung durch zwei Ereignisse: Zum einen ist hier auf nationaler Ebene der Entwurf zu einem Umweltgesetzbuch (UGB-KomE) aus dem Jahre 1997 zu nennen,[1] in dem die unabhängige Sachverständigenkommission in § 36 UGB-KomE erstmalig für den Einsatz eines normersetzenden Vertrags votiert.[2] Zum anderen hat fast zeitgleich auf supranationaler Ebene eine Beschäftigung mit diesem Themenkomplex stattgefunden. So wertet die EU-Kommission in ihrer Empfehlung Kom (96) 251 erstmals die bisherigen Erfahrungen mit konsensualen Instrumenten in den Mitgliedsländern aus und führt sie einer Bewertung zu. Vornehmlich in den Niederlanden findet bisher der normersetzende Vertrag seine praktische Anwendung; denn durch die rechtliche Verbindlichkeit eines Vertrags soll, entgegen der oftmals gegen Selbstverpflichtungen der Wirtschaft vorgebrachten Kritik, der Flucht der Unternehmen aus der Verantwortung entgegengewirkt werden.

Diese Aktualität wird ferner durch den Forschungsbericht des Umweltbundesamtes aus dem Jahr 1999 unterstrichen, der sich erstmalig systematisch mit dem normersetzenden Vertrag auseinandersetzt.[3]

I. Die Reformüberlegungen im Entwurf für ein Umweltgesetzbuch (UGB)

1. Die Geschichte und der Aufbau des UGB

Das Umweltrecht ist in zahlreiche Spezialgesetze zersplittert. Diese Gesetze sind zu jeweils verschiedenen Zeiten entstanden und weisen Unterschiede auf, die vielfach von der Sache her nicht gerechtfertigt und nur historisch erklärbar sind. Nicht hinreichend auf einander abgestimmt, unterscheiden sich die Umweltgesetze in ihren Regelungsstrukturen und leiden nicht selten an Wertungswidersprüchen. So steht neben dem Bundesrahmenrecht nicht nur das ausfüllende Landesrecht, sondern auch diverse Fachgesetze wie zum Beispiel das Bau- und Raumordnungsrecht, die zu beachten sind. Umweltrelevante Regelungen finden sich sowohl im öffentlichen Recht als auch im Privat- und Strafrecht. Zunehmende Bedeutung kommt heute außerdem den supra- und internationalen Vorgaben zu, so daß das Umweltrecht den Charakter eines Normenlabyrinths hat.[4]

---

[1] Bundesministerium für Umwelt, Naturschutz und Reaktorsicherheit (Hrsg.), Umweltgesetzbuch (UGB-KomE). Entwurf der Unabhängigen Sachverständigenkommission zum Umweltgesetzbuch beim Bundesministerium für Umwelt, Naturschutz und Reaktorsicherheit, 1998. Im Entwurf zu einem UGB-AT war der normersetzende Vertrag noch nicht vorhanden.

[2] Namentlich *Kloepfer* hat sich dabei für den normersetzenden Vertrag eingesetzt. Vgl.: *Kloepfer/Elsner*, DVBl. 1996, 964 (969 ff.). Nach der internen Geschäftsverteilung der Sachverständigenkommission zum Entwurf eines UGB ist der Abschnitt über Rechts- und Regelungssetzung von Kloepfer konzipiert worden. So *Sendler* in: Kloepfer (Hrsg.), Selbst-Beherrschung im technischen und ökologischen Bereich, S. 135.

[3] Forschungsbericht 296 18 081, im Folgenden zitiert als *Knebel/Wicke/Michael*, Selbstverpflichtungen und normersetzende Umweltverträge.

[4] *Kloepfer/Rehbinder/Schmidt-Aßmann/Kunig*, Umweltgesetzbuch-AT, S. 1.

Abhilfe soll nun ein einheitliches Umweltgesetzbuch (UGB) schaffen:[5] Sozusagen Deregulierung durch Reregulierung.[6] Erste Überlegungen zur Normierung und Kodifizierung des Umweltgesetzes in einem einheitlichen Umweltgesetzbuch sind bereits am Anfang der 70er Jahre in der Wissenschaft geäußert worden.[7] Unter Kodifikation wird dabei in der deutschen Rechtssprache die gesetzestechnische Zusammenfassung der Rechtssätze eines oder mehrerer Sachgebiete in einem einheitlichen, möglichst vollständigen und planvoll gegliederten Gesetzbuch verstanden. Kennzeichnend ist dabei, daß die Kodifikation den gesamten Rechtsstoff eines umfangreichen Rechtsgebietes in umfassender Weise regelt.[8] Der Gesetzgeber bringt hierdurch zum Ausdruck, daß ein bestimmter Sachbereich als Verwirklichung bestimmter politischer Vorstellungen zu verstehen ist.[9] Beispiele für solche als Gesetzbücher bezeichnete Kodifikationen des geltenden Rechts sind das Strafgesetzbuch von 1871, das Bürgerliche Gesetzbuch von 1896, das Handelsgesetzbuch von 1871, das Sozialgesetzbuch von 1975 und neuerdings das Baugesetzbuch von 1987.[10]

Die Überlegungen zur Kodifikation der Umweltgesetze wurden 1976 im Umweltbericht der Bundesregierung aufgegriffen.[11] Dort heißt es: „Die große Zunahme der Rechtsvorschriften auf dem Gebiet des Umweltschutzes in den letzten Jahren, ihre wachsende Kompliziertheit und ihre Verstreutheit auf zahlreiche verschiedene Gesetze und Durchführungsvorschriften haben zu der Frage geführt, ob sie nicht in einem einheitlichen Gesetzeswerk – geordnet in einen allgemeinen Teil und einzelner Fachkreise – zusammengefaßt werden können.“ Hieran anschließend wurden in den Jahren 1978[12] und 1986[13] im Auftrag des Bundesumweltamtes zwei Studien zur Systematisierung und Harmonisierung der Umweltgesetzgebung durchgeführt. Das Ergebnis dieser

---

[5] Vgl. *Kloepfer* in: HdUR II, Sp. 2579 ff.; *Kloepfer/Meßerschmidt*, Innere Harmonisierung des Umweltrechts, S. 7; *Schink*, DÖV 1999, 1.
Es gibt auch kritische Stimmen zur Entwicklung eines Umweltgesetzbuches, die insbesondere auf dem 59. Deutschen Juristentag erhoben worden sind. Vgl. etwa *Breuer*, Empfiehlt es sich, ein Umweltgesetzbuch zu schaffen, gegebenenfalls mit welchen Regelungsbereichen ? Gutachten B zum 59. DJT. Vgl. auch den Sitzungsbericht in: Verhandlungen des 59. DJT; *ders.*, Der Staat 20 (1981), 393 (401); *ders.*, UPR 1995, 365 (366 ff.); *ders.* in: Schmidt-Aßmann (Hrsg.), Besonderes Verwaltungsrecht, S. 500.
Vgl. auch *Bohne* (Hrsg.), Umweltgesetzbuch als Motor oder Bremse; *Rat von Sachverständigen*, Umweltgutachten 1998, S. 128 ff.
Rengeling in: EUDUR I, § 1 Rdnr. 14 spricht sogar schon von einem Europäischen Umweltgesetzbuch.

[6] *Storm*, WiVerw 1999, 159 (171).

[7] *Kloepfer*, ZfU 1979, 145 ff.; *Storm*, AgrarR 1974, 181 (185); *ders.* in: Koch (Hrsg.), Auf dem Weg zum Umweltgesetzbuch, S. 9.

[8] *Storm*, WiVerw 1999, 158 (161).

[9] Vgl. BR-Drucks. 286/73, S. 21 zur Begründung des Sozialgesetzbuches.

[10] *Schneider*, ZRP 1998, 323 (324) gibt aber zu bedenken, daß es sich bei dem Baugesetzbuch nicht um eine Kodifikation, sondern nur um eine Zusammenfassung von bestehenden Recht handelt.

[11] BT-Drucks. 7/5684, S. 109. Vgl. *Storm* in: Koch (Hrsg.), Auf dem Weg zum Umweltgesetzbuch, S. 9 ff.

[12] *Kloepfer*, Systematisierung des Umweltrechts.

[13] *Kloepfer/Meßerschmidt*, Innere Harmonisierung des Umweltrechts; siehe auch *Kloepfer*, ZAU 1995, 194.

Studien zeigt, daß die Erstellung eines Allgemeinen Teils möglich und wegen der damit verbundenen Vorteile auch wünschenswert ist. Auch die Teilnehmer des 59. Deutschen Juristentages haben sich, trotz eines gegenteiligen Gutachtens[14] und zweier skeptischer Referate,[15] mehrheitlich für die Schaffung eines Umweltgesetzbuches ausgesprochen. Das im Jahre 1994 eingeführte Staatsziel der Umweltpflege in Art. 20a GG hat zudem den Ruf nach einer einfachgesetzlichen Ausfüllung in Form eines Umweltgesetzbuches verstärkt.

Damit war der Weg für ein Umweltgesetzbuch frei, dessen Realisierung in vier Phasen vonstatten gehen soll: In einer wissenschaftlichen, einer sachverständigen, einer ministeriellen und schließlich in einer parlamentarischen Phase. Dadurch soll das Umweltgesetzbuch auf eine möglichst breite Diskussionsbasis gestellt werden.

Die wissenschaftliche Phase ist ihrerseits aufgeteilt in die Erstellung eines Allgemeinen Teils (UGB-AT)[16] und eines Besonderen Teils (UGB-BT);[17] beide Teile wurden 1990 bzw. 1994 abgeschlossen. Beruhend auf den Arbeiten zum UGB-AT betonte der damalige Umweltminister die Notwendigkeit der Kodifizierung als eine unmittelbare Verpflichtung zum Handeln.[18] Die Idee der Umweltgesetzkodifizierung ist durch die Vorstellung gekennzeichnet, die wesentlichen Teile des geltenden Umweltrechts, rund 30 Gesetze, zusammenzufassen, sie zu harmonisieren, zu vereinheitlichen und die Gesamtmaterie in systematische Zusammenhänge zu stellen.

Die Unabhängige Sachverständigenkommission für ein Umweltgesetzbuch hat im September 1997 nach fünfjähriger Arbeit einen Entwurf für ein solches Umweltgesetzbuch vorgelegt.[19] Der Entwurf der Kommission lehnt sich dabei in vielen Punkten an den Professorenentwurf eines Umweltgesetzbuches Allgemeiner Teil und Besonderer Teil an, enthält aber auch eine Reihe von neuen Konzepten und Einzelregelungen.[20] Er stellt eine in sich geschlossene Kodifikation mit 17 Kapiteln und 775 Paragraphen dar, die über 20 Bundesgesetze vollständig oder teilweise ersetzt.[21] Dabei werden in einem Allgemeinen Teil die Regeln vor die Klammer gezogen, während im Besonderen Teil in den einzelnen Kapiteln die umweltrechtlichen Normen, die für spezielle Umweltmedien oder umweltrelevante Verhaltensweisen gelten, zusammengefaßt sind.[22] Der Sinn dieser Vorgehensweise ist es, den Besonderen Teil zu entlasten und

---

[14] *Breuer* in: 59. DJT I, Gutachten B, S. 37 ff.

[15] *Dolde/Hansmann* in: 59. DJT II, S. 8 ff.

[16] *Kloepfer/Rehbinder/Schmidt-Aßmann/Kunig*, Umweltgesetzbuch AT.

[17] *Jarass/Kloepfer//Kunig/Papier/Peine/Rehninder/Salzwedel/Schmidt-Aßmann*, Umweltgesetzbuch, Besonderer Teil. Vgl. als Überblick *Kloepfer/Dürner*, DVBl. 1997, 1081 ff.; *Kloepfer* in: Achterberg et al. (Hrsg.), Besonderes Verwaltungsrecht, S. 38 f *Schink*, DÖV 1999, 1 ff.; *Sendler* in: EUDUR II, § 93 Rdnr. 19 ff.

[18] BT-Stenograph., Berichte 12/5 vom 30.01.1991, S. 17.

[19] *Sendler/Kloepfer/Bulling/Gaentzsch/Johann/Schweikl/Sellner/Winter*, Umweltgesetzbuch. Entwurf der Unabhängigen Sachverständigenkommission zum Umweltgesetzbuch beim Bundesministerium für Umwelt, Naturschutz und Reaktorsicherheit, 1998.

[20] *Rat von Sachverständigen*, Umweltgutachten 1998, Tz. 260 ff. Zu den Zweifeln hinsichtlich der Gesetzgebungskompetenz des Bundes für ein UGB vgl.: *Gramm*, DÖV 1999, 540 ff.

[21] *Schink*, DÖV 1999, 1 (2).

[22] Zur Befürchtung, daß die Verfahrensvorschriften des UGB zu einer weiteren Verfahrenszersplitterung führen werden: *Schmitz*, NJW 1998, 2870 f. Hiergegen: *Sendler*, NVwZ 1999, 132 ff.

auf diese Weise das Umweltrecht stärker zu systematisieren und zu harmonisieren.[23] Der Allgemeine Teil macht mit seinen acht Kapiteln rund ein Drittel des Gesetzeswerks aus und enthält den Zweck des Gesetzbuches, die Begriffsbestimmungen, die Grundlagen des Umweltschutzes, die Rechts- und Regelungssetzung, die Beteiligung von Verbänden, den Rechtsschutz, die Umweltpflichtigkeit der öffentlichen Verwaltung, die Organisation und die Zuständigkeiten, die Planung, die Vorhabengenehmigung, die Produkte, die eingreifenden Maßnahmen, den betrieblichen Umweltschutz, die Umwelthaftung und sonstige ökonomische Instrumente, die Umweltinformation sowie den grenzüberschreitenden Umweltschutz. Der Besondere Teil mit den verbleibenden neun Kapiteln teilt sich wie folgt auf: Naturschutz, Bodenschutz, Gewässerschutz, Immissionsschutz und Energieversorgung, Kernenergie und Strahlenschutz, Verkehrsanlagen und Leitungsanlagen, Gentechnik, Gefährliche Stoffe und Abfallwirtschaft. Auch innerhalb der einzelnen Kapitel des UGB-KomE wurde angestrebt, möglichst einheitliche Strukturen zu schaffen.[24]

Die Hoffnung, das ehrgeizige Projekt bis zur Jahrtausendwende[25] zu verwirklichen, hat sich hingegen nicht erfüllt. Nach den Vorstellungen der damaligen Umweltministerin *Merkel* auf der Umweltministerkonferenz vom 04. und 05.06 1997 sollte zumindest ein erstes Buch zum Umweltgesetzbuch (UGB I) als Umsetzung der IVU-Richtlinie[26] und der UVP-Änderungsrichtlinie[27] Gesetzeskraft erlangen.[28] Mithin plante die damalige Bundesregierung eine schrittweise Einführung des Umweltgesetzbuches.[29] Aber vor allem die Probleme der Gesetzgebungskompetenz[30] haben bisher selbst diese Minimallösung zu verhindern gewußt. Beide Richtlinien sollen nun als Artikelgesetz umgesetzt werden. Ungeachtet dessen hält das Bundesumweltministerium am Projekt Umweltgesetzbuch fest,[31] auch wenn das Projekt derzeit auf Eis liegt.[32] Um eine gesicherte verfassungsrechtliche Grundlage für eine bundeseinheitliche Kodifikation des Umweltrechts durch ein Umweltgesetzbuch zu schaffen, soll eine Initiative zur Erweiterung der konkurrierenden Gesetzgebungskompetenzen des Bundes ergriffen werden, um die verfassungsrechtlichen Bedenken zu überwinden.[33] Fraglich erscheint aber, ob sich eine solche Kompetenzerweiterung des Bundes zu Lasten der Länder po-

---

23 *Kloepfer/Dürner*, DVBl. 1997, 1081 (1084).

24 *Schink*, DÖV 1999, 1 (3).

25 *Storm*, NVwZ 1999, 35: „Jahrhundertwerk".

26 Richtlinie 96/61/EG, gelegentlich nach der englischen Fassung auch IPPC-Richtlinie genannt, behandelt die integrierte Vermeidung und Verminderung der Umweltverschmutzung.

27 Richtlinie 97/11/EG zur Änderung der Richtlinie 85/337/EWG über die Umweltverträglichkeitsprüfung bei bestimmten öffentlichen und privaten Projekten (UVP-Richtlinie). Hierzu *Becker*, NVwZ 1997, 1167 (1168).

28 *Sendler* in: UTR 45, S. 10.

29 *Rat von Sachverständigen*, Umweltgutachten 1998, Tz. 260.

30 Vgl. hierzu zum Beispiel: *Gramm*, DÖV 1999, 540 ff.; *Ochtendung*, NVwZ 2000, 1144; *Reinhardt* in: UTR 45, S. 123 ff.; *Rengeling*, DVBl. 1998, 997 ff.

31 So hat sich die rot-grüne Regierung in ihrer Koalitionsvereinbarung vom 20.10.1998 für die Schaffung eines Umweltgesetzbuchs ausgesprochen. Vgl. auch *Kloepfer* in: Achterberg et al. (Hrsg.), Besonderes Verwaltungsrecht, S. 357.

32 *Hoppe*, DVBl. 2000, 400; *Leitzke*, UPR 2000, 361; *Stüer/Rude*, DVBl. 2000, 250 (253); *Wolke*, DVBl. 2000, 402 (405).

33 *Stüer/Rude*, DVBl. 2000, 250 (252).

litisch durchsetzen läßt, so daß derzeit der Erlaß eines Umweltgesetzbuches in die Ferne gerückt ist.

2. Rechts- und Regelungssetzung im UGB

Von besonderem Interesse für diese Untersuchung ist der dritte Abschnitt des UGB-KomE; denn der Allgemeine Teil des UGB enthält die Regelungen über die Rechts- und Regelungssetzung für untergesetzliche Normen.[34] Dabei sind u.a. Zielfestlegung, Selbstverpflichtungen und normersetzende Verträge[35] Inhalt des vierten Unterabschnitts des UGB-KomE: §§ 34 bis 40 UGB-KomE. Hier wird in § 35 UGB-KomE erstmals eine formale Grundregel für den Erlaß von Selbstverpflichtungen aufgestellt, wobei an dem Charakter der Unverbindlichkeit von Selbstverpflichtungen aber nichts geändert wird. In den §§ 36 und 37 UGB-KomE wird dann ebenfalls rechtliches Neuland betreten: Die ausdrücklich geregelte Möglichkeit eines unmittelbar verbindlichen normersetzenden Vertrags in der hier vorgesehenen Form gibt es bisher im geltenden Umweltrecht nicht.[36]

Die systematische Stellung der Regelung im Zusammenhang mit exekutivischen Normen zeigt dabei, daß solche Verträge keine förmlichen Gesetze ersetzen können. Gesetzesersetzende Verträge werden mithin im UGB-KomE nicht behandelt. Der § 36 Abs. 1 Nr. 1 UGB-KomE spricht ausdrücklich davon, daß die Voraussetzungen für den Erlaß einer Rechtsverordnung im Sinne des § 13 UGB-KomE vorliegen müssen. Damit geht das UGB-KomE offensichtlich davon aus, daß einem gesetzesersetzenden Vertrag keine Bedeutung zukommt. Die normersetzenden Verträge nach § 36 Abs. 1 UGB-KomE sollen nur Rechtsverordnungen ersetzen und sind ausdrücklich als öffentlich-rechtliche Verträge gekennzeichnet.

Der UGB- Entwurf sieht den Anwendungsbereich des normersetzenden Vertrags in Wirtschaftssektoren, deren Struktur so beschaffen ist, daß durch Verhandlungen mit wenigen Akteuren bereits weitreichende Steuerungswirkungen erzielt werden können. Darüber hinaus soll der normersetzende Vertrag nach den Vorstellungen des UGB-KomE auch dazu dienen, mit verhandlungsbereiten Teilen der betroffenen Wirtschaft vertraglich festgelegte schärfere Umweltanforderungen zu vereinbaren, um in einer Art Feldversuch deren praktische Umsetzung zu erproben.[37]

II. Umweltvereinbarungen auf europäischer Ebene

Das Thema der Untersuchung hat zudem durch das fünfte Aktionsprogramm der Kommission und insbesondere durch eine spätere Mitteilung der Kommission zu Um-

---

[34] Vgl. den Gesetzestext im Anhang.
Zur exekutivischen Regelungssetzung des UGB-AT vgl.: *Kunig* in: Koch (Hrsg.), Auf dem Weg zum Umweltgesetzbuch, S. 157 ff. Siehe ferner *Sendler* in: Kloepfer (Hrsg.), Selbst-Beherrschung im technischen und ökologischen Bereich, S. 7 ff. zur Selbstregulierung im UGB.

[35] Die Unabhängige Sachverständigenkommission wählt im UGB-KomE statt der Bezeichnung „rechtsverordnungsersetzende Verwaltungsverträge“ die Bezeichnung „normersetzende Verträge“. Letztere wird daher in diesem Abschnitt verwendet werden.

[36] Zum normersetzenden Vertrag im UGB-KomE vgl.: *Kloepfer/Elsner*, DVBl. 1996, 964 (972); *Leitzke*, UPR 2000, 361 ff.; *Schröder*, NVwZ 1998, 1011 (1013).

[37] Diese Möglichkeit wird nicht durch § 36 Abs. 1 Satz 1 Ziffer 1 UGB-KomE ausgeschlossen, dessen Regelung vielmehr als Mindestvoraussetzung zu verstehen ist.

weltvereinbarungen einen Entwicklungsschub erhalten. Bevor hierauf näher eingegangen wird, werden die rechtlichen Grundlagen des Umweltschutzes auf europäischer Ebene und insbesondere die Umweltaktionsprogramme erläutert. Denn in dem 5. Aktionsprogramm finden sich die ersten Auseinandersetzungen mit dem Thema Umweltvereinbarungen. Im Anschluß daran wird ein Blick auf Belgien und die Niederlande geworfen, in denen bereits Erfahrungen mit verbindlichen Umweltvereinbarungen gemacht worden sind.

1. Umweltschutz und Umweltaktionsprogramme der Europäischen Gemeinschaft

Da viele Umweltbelastungen grenzüberschreitend sind,[38] werden immer häufiger auf internationaler Ebene umweltrechtliche Maßnahmen ergriffen. So ist es nicht verwunderlich, daß heute auch die Umweltpolitik zu den zentralen Aufgaben der Europäischen Gemeinschaft gehört,[39] der mit ihrer gemeinschaftsweiten Rechtsetzungsgewalt ein wirksames rechtliches Instrumentarium zum Erlaß umweltrechtlicher Maßnahmen zur Verfügung steht.

In den Gründungsverträgen der Europäischen Gemeinschaft war eine europäische Umweltpolitik jedoch nicht vorgesehen.[40] Das Signal für eine eigenständige Umweltpolitik der Europäischen Gemeinschaft wurde erst mit der Schlußerklärung der Pariser Gipfelkonferenz vom 20.10.1972 gesetzt,[41] inspiriert durch die erste UN-Umweltkonferenz in Stockholm.[42] Die Europäische Gemeinschaft wurde beauftragt, ein Aktionsprogramm für den Umweltschutz inklusive eines Zeitplans zu entwickeln. Am 22.11.1973 wurde das erste[43] von bisher fünf Aktionsprogrammen erstellt. Seitdem hat der Umweltschutz eine immer wichtigere Rolle in der Politik der Gemeinschaft eingenommen.[44]

Die Kompetenzgrundlage für Gemeinschaftsmaßnahmen im Umweltbereich ohne hauptsächlichen Bezug auf den Binnenmarkt ist Art. 175 EGV,[45] der eine generalklauselartige Ermächtigung darstellt.[46] Seit 1987 ergingen auf Grund dieser Ermächtigung über 200 verbindliche Rechtsakte, meist Richtlinien, im umweltrechtlichen

---

[38] Vgl. zu den Problemen der grenzüberschreitenden Umweltbelastung: *Kloepfer*, DVBl. 1984, 245 ff; *Oppermann/Kilian* in: HdUR I, Sp. 683 ff.; *Schröder*, DVBl. 1986, 1173. Das UGB-KomE widmet dem internationalen Umweltschutz ein eigenes Kapitel (§§ 228 ff.).

[39] *Huber* in: EUDUR I, § 19 Rdnr. 1; *Oppermann*, Europarecht, Rdnr. 1995.

[40] *Bleckmann*, Europarecht, Rdnr. 2805.

[41] Bull. EG 10/1972, S. 9. Überblick bei *Krämer* in: Groebe et al. (Hrsg.), EU/EGV III, Vorbemerkung zu den Artikeln 130r bis 130t Rdnr. 2 ff.; *Schröder* in: EUDUR I, § 9 Rdnr. 4 ff.

[42] *Böhm-Amtmann*, WiVerw 1999, 135 (138); *Oppermann*, Europarecht, Rdnr. 1993.

[43] ABl. 1973 C 112/1 v. 22.12.1973.

[44] Vgl. zur Entwicklung insbesondere durch den Amsterdamer Vertrag zum Beispiel: *Albin/Bär*, NuR 2000, 285 ff.; *Fischer*, JA 1997, 818 ff.; *Schröder*, NuR 1998, 1 ff.; *Voß/Wiehe* in: UTR 45, S. 454 ff.

[45] *Beyer*, JuS 1990, 962 (964); *Frenz*, Europäisches Umweltrecht, Rdnr. 65; *Molkenbur*, DVBl. 1990, 677 (679 f.); *Oppermann*, Europarecht, Rdnr. 2024; *Schröder*, DVBl. 1994, 316 (322); *Soell*, NuR 1990, 155 (156); a.A. *Scheuning*, EuR 24 (1989), 152 (161), der hierfür Art. 174 EGV für einschlägig erachtet.

[46] *Schröder*, DVBl. 1994, 316 (322). Schwierig ist dabei die Abgrenzung zu Art. 95 EGV. Hierzu *Frenz*, Europäisches Umweltrecht, Rdnr. 94 ff.; *Molkenbur*, DVBl. 1990, 672 (681); *Nettesheim*, Jura 1994, 337 ff.; *Pernice*, NVwZ 1990, 201 (205 f.); *Voß/Wenner*, NVwZ 1994, 332 ff.

Kontext und auf nahezu allen Umweltsektoren.[47] Heute wird auch das deutsche Umweltrecht maßgeblich,[48] wenn nicht gar hauptsächlich, mit unterschiedlichem Erfolg[49] durch die europäische Ebene bestimmt.[50]

Die Rechtsprechung des *Europäischen Gerichtshofs* zählt mittlerweile den Umweltschutz zu den wesentlichen Allgemeinbelangen, die zwischenstaatliche Handelshemmnisse rechtfertigen können.[51]

Hinsichtlich der Handlungsinstrumente zum Umweltschutz besteht für die Europäische Gemeinschaft Wahlfreiheit; denn gemäß Art. 174 EGV beschließen die zuständigen EU-Organe nur über ein generelles Tätigwerden der Europäischen Gemeinschaft zur Erreichung der Ziele nach Art. 175 Abs. 1 EGV, d.h. sie beschließen, ob die Gemeinschaft überhaupt tätig werden soll. „Tätigwerden" bedeutet dabei aber nicht nur die grundsätzliche Entscheidung darüber, ob die Europäische Gemeinschaft ein bestimmtes Umweltproblem regeln soll, sondern es umfaßt ebenso die einzelnen Maßnahmen selbst.[52] Gemäß Art. 249 EGV stehen hierfür im Katalog der Rechtshandlungen Verordnungen, Richtlinien, Entscheidungen, Empfehlungen und Stellungnahmen zur Verfügung, die im Verfahren nach Art. 251 EGV erlassen werden.

---

47 Die Zahlen variieren. Vgl. *Breier*, NuR 1993, 457 (461); *ders.* in: EUDUR I, § 13 Rdnr. 55; *Hansmann*, NVwZ 1995, 320; *Oppermann*, Europarecht, Rdnr. 1999; *Rengeling/Gellermann* in: UTR 36, S. 1.
Demmke, Die Verwaltung 27 (1994), 49 (50) spricht sogar von ca. 450 Rechtsakten. *Huber* in: EUDUR I, § 19 Rdnr. 16 zählt 130.
Zusammenstellung einer Auswahl nach Regelungsbereichen *Krämer* in: Groebe et al. (Hrsg.), EU/EGV III, Vorbemerkung zu den Artikeln 130r bis 130t Rdnr. 8 ff. sowie *Oppermann*, Europarecht, Rdnr. 2022 ff.

48 *Huber*, DVBl. 1999, 489 (495).

49 Eine Reihe von EG-Rechtsakten sind dem deutschen Rechtssystem fremd und führen somit zu Systembrüchen. Kritisch daher *Breuer*, DVBl. 1997, 1211 (1218); *ders.*, NVwZ 1994, 417 (428 f.): „Regelmäßig sind sie (die supranationalen Rechtsakte) von Aktionismus sowie von quasi-diplomatischern Verhandlungs- und Formelkompromissen geprägt. Mißlich wirkt sich indessen aus, daß die nationalen Rechtsordnungen, vergleichend betrachtet, oft fundamentale, auf der supranationalen Ebene kaum bekannte und daher praktisch nicht berücksichtigte Systemunterschiede aufweisen. Dies spielt insbesondere in dem weiten Bereich des Wirtschaftsverwalzungs- und Umweltrecht eine erhebliche Rolle." *Ders.*, NVwZ 1997, 833 (837) wirft dem europäischen Umweltrecht vor, daß im vordergründigen Reformeifer nicht genug an rechtlichen Instrumenten in das hochentwic??kelte und hochkomplizierte deutsche Umweltrecht eingefügt werden können.
Salzwedel/Reinhardt, NVwZ 1991, 946 (947) sprechen sogar von „rechtsmißbräuchlichen und besatzungsähnlichen Eingriffen in gewachsene Normstrukturen".

50 Zur europarechtlichen Determination der umweltrechtlichen Instrumente vgl.: *von Danwitz* in: UTR 48, S. 53 ff. Vgl. etwa die Richtlinie 85/33//EWG über die Prüfung der Umweltverträglichkeit (UVP), als UVPG gesetzlich umgesetzt (BGBl. 1990 I, S. 205), hierzu zum Beispiel *Schink/Erbguth*, DVBl. 1991, 413 ff.; Richtlinie 90/313/EWG über den freien Zugang zu Informationen über die Umwelt. Hierzu *Engel*, NVwZ 1992, 111 ff. Als UIG ebenfalls gesetzlich umgesetzt (BGBl. 1994 I, S. 1490).
Positiver sieht *Huber* in: EUDUR I, § 19 Rdnr. 15 den Einfluß des Europarechts. Das Europarecht führe schließlich zur Entwicklung neuer Methoden in der Umweltsteuerung.

51 Umweltschutz ist als ein zwingendes Erfordernis im Sinne der Cassis-Formel anerkannt und kann demnach die Beschränkungen des freien Warenverkehrs rechtfertigen: *EuGH* Slg. 1985, 531 (549); Slg. 1988, 4607 (4629 f.). Vgl. *Frenz*, Europäisches Umweltrecht, Rdnr. 681.

52 *Jahns-Böhm*, Umweltschutz durch europäisches Gemeinschaftsrecht, S. 134.

Darüber hinaus sieht der Art. 175 Abs. 3 EGV sogenannte Umweltaktionsprogramme der EU-Kommission vor, durch die eine erste inhaltliche Konkretisierung der europäischen Umweltpolitik erfolgt;[53] denn sie umschreiben Ziele, Grundsätze und Prioritäten der europäischen Umweltpolitik. Entgegen dem mißverständlichen Wortlaut, der von allgemeinen Aktionsprogrammen auch in anderen Bereichen spricht, können aber nur Aktionsprogramme im Umweltbereich erlassen werden.[54]

Eine Definition, was ein Aktionsprogramm ist, findet sich weder im primären noch im sekundären Gemeinschaftsrecht. Der *Europäische Gerichtshof* hat hinsichtlich des fünften Gemeinschaftsprogramms lediglich festgestellt, daß dieses Aktionsprogramm einen Rahmen für die Konzeption und Durchführung der gemeinschaftlichen Umweltpolitik darstellt.[55]

Darüber hinaus werden folgende Anforderungen an ein umweltpolitisches Aktionsprogramm gestellt:[56]

- Das jeweilige Programm muß vorrangige Ziele festlegen;
- es muß Maßnahmen angeben, die auf Gemeinschaftsebene ergriffen werden, um diese Ziele zu erreichen;
- es muß einen Zeitraum angeben, innerhalb dessen die vorgesehenen Maßnahmen in Angriff genommen werden.

Das erste Aktionsprogramm stammt aus dem Jahre 1973.[57] Seitdem wurden insgesamt fünf solcher Programme erlassen.[58] Eine rechtliche Bindung entfalten die Umweltprogramme jedoch nicht,[59] und auch eine Rechtsgrundlage für konkrete umweltpolitische Maßnahmen der Europäischen Gemeinschaft stellen sie nicht dar.[60] Mithin zeigen die Aktionsprogramme lediglich die umweltpolitischen Leitlinien der Europäischen Gemeinschaft für die eigentlichen Umweltrechtsakte auf.[61]

Mit dem Vertrag von Maastricht sieht aber nunmehr der Art. 175 EGV einen Beschluß des Europäischen Rates im Verfahren nach Art. 251 EGV für das Aktionsprogramm vor. Zusätzlich vorgeschrieben ist jetzt eine vorherige Anhörung des Wirtschafts- und Sozialausschusses sowie des Ausschusses der Regionen. Trotz des förm-

---

[53] *Huber* in: EUDUR I, § 19 Rdnr. 8.

[54] *Frenz*, Europäisches Umweltrecht, Rdnr. 88; *Huber* in: EUDUR I, § 19 Rdnr. 8; *Krämer* in: Groebe et al. (Hrsg.), EU/EGV III, Art. 130s Rdnr. 28; *Schweitzer/Hummer*, Europarecht, § 14 Rdnr. 1571.

[55] *EuGH* Slg. 1996, 6669 (6670).

[56] *Krämer* in: EUDUR I, § 14 Rdnr. 42.

[57] ABl. C 112 v. 20.12.1973, S. 1.

[58] Zweites Aktionsprogramm 1977 – 1981, ABl. C 139 v. 13.06.1977, S. 1; Drittes Aktionsprogramm 1982 – 1986, ABl. C 46 v. 17.02.1983, S. 1; Vierte Aktionsprogramm 1987 – 1992, ABl. C 328 v. 07.12.1987, S. 1 und das Fünfte Aktionsprogramm 1993 – 2000, ABl. C 138 v. 28.05.1992, S. 1.

[59] *Bleckmann*, Europarecht, Rdnr. 2846; *Huber* in: EUDUR I, § 19 Rdnr. 9. Teilweise werden Aktionsprogramme aber als eine Art „soft law" als Folge der Loyalitätspflichten der Mitgliedsstaaten gemäß Art. 5 und 6 EGV bezeichnet. Vgl. *Oppermann*, Europarecht, Rdnr. 479.

[60] *Huber* in: EUDUR I, § 19 Rdnr. 8; *Krämer* in: EUDUR I, § 14 Rdnr. 15.

[61] *Kloepfer*, Umweltrecht, § 9 Rdnr. 47; *Oppermann*, Europarecht, Rdnr. 1998.

lichen Verfahrens -Beschlußverfahren- werden auch zukünftige Aktionsprogramme aber keine Verbindlichkeit haben. Dieses macht Art. 175 Abs. 3 UAbs. 2 EGV deutlich: Aktionsprogramme bedürfen der Umsetzung gemäß Art. 175 Abs. 1 und Abs. 2 EGV. Unmittelbare Rechtswirkung entfaltet ein Aktionsprogramm mithin auch weiterhin nicht.[62]

2. Umweltvereinbarungen auf europäischer Ebene

Selbstverpflichtungen sind keine deutsche Erfindung, und deshalb war es nur eine Frage der Zeit, bis auch die Europäische Kommission sich mit diesen Umweltvereinbarungen auseinandersetzen würde. Sprach die Europäische Kommission in dem fünften Aktionsprogramm die Möglichkeit von Umweltvereinbarungen 1993 eher noch beiläufig an, so befaßte sie sich in einer Mitteilung aus dem Jahre 1996 bereits ausführlich mit der Thematik -Umweltvereinbarung-.[63]

a) Das fünfte Umweltaktionsprogramm

Das fünfte Umwelt-Aktionsprogramm der Europäischen Union[64] mit der Devise „Für eine dauerhafte und umweltgerechte Entwicklung" ist Teil der langfristigen Neuausrichtung der Umweltpolitik in den EU-Mitgliedstaaten und soll die Festlegung politischer Strategien in der EU in einen nachhaltigen Rahmen für die wirtschaftliche und soziale Entwicklung integrieren. Waren die bisherigen Programme auf den Erlaß von Rechtsvorschriften ausgerichtet: Hierarchisches Konzept – top down, so verfolgt das fünfte Aktionsprogramm die Absicht, die Palette der Instrumente zu erweitern und bereits vorhandene Instrumente zu ergänzen. Hierzu gehören verstärkte ökonomische und marktwirtschaftliche sowie auf „gemeinsamer Verantwortung" basierende Instrumente wie Sensibilisierungsmaßnahmen, finanzielle Fördermechanismen und freiwillige umweltpolitische Abkommen: Partizipatorisches Konzept - bottom up.

Mithin betont das Programm ein Miteinander der gesellschaftlichen Kräfte: Shared responsibility heißt nun die Devise. So ist in dem Programm zu lesen: „Während früher Umweltschutzmaßnahmen darauf beruhten, bestimmte Verhaltens- oder Verfahrensweisen zu verbieten, verfolgt das neue Konzept das Prinzip der Zusammenarbeit zwischen allen Beteiligten. Dieses Prinzip spiegelt die Erkenntnis wider, die sich in der Wirtschaft und Industrie immer mehr durchsetzt, wonach die Industrie nicht nur einen wesentlichen Anteil am (Umwelt-) Problem hat, sondern auch ein Teil der Lösung dieses Problems sein muß. Mit dem neuen Konzept werden insbesondere der Dialog mit der Industrie verstärkt, sowie unter bestimmten Voraussetzungen freiwillige Vereinbarungen und andere Formen der Selbstkontrolle unterstützt werden."[65]

---

[62] A.A.: *Krämer* in: EUDUR I, § 14 Rdnr. 28, der nun das Aktionsprogramm als Entscheidung versteht, die für die, die sie bezeichnet, verbindlich ist.

[63] Empfehlung vom 09.12.1996, ABl. L 333 sowie die Mitteilung der Europäische Kommission an den Rat und das Europäische Parlament über Umweltvereinbarungen vom 27.11.1996, Kom (96) 561.

[64] Zu den vorhergehenden Programmen vgl. *Kloepfer*, Umweltrecht, § 9 Rdnr. 48.

[65] ABl. 1993 Nr. C 138, S. 17. *Böhm-Amtmann*, WiVerw 1999, 135 (137) sieht die methodischen Wurzeln des Programms in der Kommunikationstheorie, der struktur-funktionalistischen Systemtheorie und der Soziologie begründet.

Am 29.02.1996 legte dann die Europäische Kommission einen auf Art. 130 Abs. 3 EGV basierenden Beschlußvorschlag für eine Überprüfung des fünften Umweltaktionsprogramms vor.[66] Als Schwerpunkte für die weitere Gemeinschaftspolitik nennt dieser Beschlußvorschlag fünf Bereiche sowie die Erweiterung der Palette der bisherigen Instrumente.

An dieser Prioritätenliste hat sich trotz der umfangreichen Stellungnahmen und Überarbeitungen[67] bis zum Beschluß[68] des Europäischen Parlaments und des Rates zur Überprüfung des fünften Aktionsprogramms nichts Wesentliches geändert. Durch das fünfte Aktionsprogramm zeichnet sich jedoch ein gewisser Wandel im umweltrechtlichen „approach" der Europäischen Gemeinschaft ab; denn die deregulierenden und binnenmarktzentrierten Rechtsakte treten zugunsten einer umweltspezifischen -sektoralen wie integrierten- Rechtsetzung zunehmend in den Hintergrund.[69] Auf europäischer Ebene findet mithin ebenfalls der Paradigmenwechsel -weg vom Ordnungsrecht, hin zu marktwirtschaftlich orientierten Handlungsformen- statt.

b) Die Mitteilung der Europäischen Kommission

Die vielfältigen Probleme, die mit Selbstverpflichtungen und normersetzenden Verträgen verbunden sind, haben die Europäische Kommission bewogen, diese Instrumente in ihrer Mitteilung an den Rat und das Parlament vom 29.11.1996[70] genauer zu untersuchen. Insofern setzt diese Mitteilung die Strategie des fünften Aktionsprogramms mit dessen Bemühen um eine Erweiterung der Politikinstrumente fort. Die Europäische Kommission versteht dabei, entgegen der in dieser Untersuchung verwendeten Wortwahl, den Begriff der Vereinbarung als Oberbegriff, unter den sowohl unverbindliche Selbstverpflichtungen als auch rechtsverbindliche Verträge fallen, was leicht zu Mißverständnissen führen kann.

---

[66] ABl. 1996 Nr. C 140, S. 5.

[67] Auf den Vorschlag der Europäische Kommission zur Überarbeitung des fünften Aktionsprogramms folgten im Jahre 1996 die Stellungnahmen des Wirtschafts- und Sozialausschusses (ABl. 1998 Nr. L 275, S. 1 ff.) und des Ausschusses der Regionen (ABl. 1997 Nr. C 34, S. 12) sowie ein geänderter Vorschlag des Parlaments (ABl. 1996 Nr. C 362, S. 112). Die Europäische Kommission erarbeitete 1997 daraufhin einen neuen Vorschlag (ABl. Nr. C 28, S. 18) und der Rat legte dann im April 1997 einen gemeinsamen Standpunkt (ABl. 1997 Nr. C 157, S. 12) fest.
Siehe dazu auch *Rengeling* in: EUDUR I, § 27 Rdnr. 40.

[68] ABl. 1998 Nr. L 275, S. 1 ff.

[69] *Böhm-Amtmann*, WiVerw 1999, 135 (137); *Huber* in: EUDUR I, § 19 Rdnr. 4.

[70] Kom (96) 561. Am 09.12.1996 folgte des weiteren eine Empfehlung, die auf der Mitteilung fußt. Vgl. ABl. 1996 Nr. L 333, S. 59. Hierzu vgl. *Bailey*, European Environmental Law Review 1999, 170 ff.; *Bongaerts*, European Environmental Law Review 1997, 84 ff.; *Fluck/Schmitt*, VerwArch 89 (1998), 220 ff.; *Frenz*, EuR 34 (1999), 48 ff.; *Grewlich*, DÖV 1998, 54 ff.; *Khalastchi/Ward*, Journal of Environmental Law 1998, 257 ff.; *Krieger*, EuZW 1997, 648 ff.; *Nygaard*, Oil and Gas and Taxation Review 1999, 185 ff.; *Pommerenke*, RdE 1996, 131 ff.; *Prieur*, Review of European Community and International Environmental Law 1998, 301 ff.; *Rehbinder*, Environmental Policy and Law 1997, 258 ff.; *Rengeling* in: Huber (Hrsg.), Kooperationsprinzip im Umweltrecht, S. 66 ff.; *Segerson/Miceli*, Journal of Environmental Economics and Management 36 (1998), 109 ff.; *Rat von Sachverständigen*, Umweltgutachten 1998, Tz. 311; *Wägenbaur*, EuZW 1997, 645 ff.

Im Mittelpunkt der Untersuchung der Europäischen Kommission steht die Frage, inwieweit die Vorteile der bisherigen Instrumente unter Berücksichtigung ihrer Problembereiche noch besser ausgenutzt werden können. Das Ziel der Mitteilung ist die Aufstellung von Leitlinien und Bedingungen zur Anwendung von Vereinbarungen zwischen Behörden und Wirtschaftszweigen als Mittel zur Durchführung von Gemeinschaftsrichtlinien auf dem Gebiet der Umwelt. Hierdurch soll die Verwendung von Umweltvereinbarungen gefördert und erleichtert werden. Zu diesem Zweck wurden die unterschiedlichen nationalen Erscheinungsformen rechtsvergleichend untersucht und Kriterien für ihre gemeinschaftskonforme Ausgestaltung entwickelt. Die Europäische Kommission listet vor allem drei Vorteile solcher Umweltvereinbarungen auf:

- Die Förderung der fortschrittsorientierten Haltung der Industrie,
- die Möglichkeit kostenwirksamer Lösungen,
- die schnelle Zielverwirklichung.

Damit diese Umweltvereinbarungen zu greifbaren Erfolgen führen, stellt die Europäische Kommission an die Vereinbarungen bestimmte Anforderungen insbesondere im Hinblick auf ihre Verbindlichkeit sowie im Hinblick auf ihre hinreichende Konkretheit, Transparenz, Glaubwürdigkeit und Zuverlässigkeit.

- Die Europäische Kommission gibt des weiteren in ihrer Mitteilung zudem allgemeine und unverbindliche Leitlinien für die Anwendung von Umweltvereinbarungen an die Hand. Sie empfiehlt dabei in ihren Leitlinien frühzeitige Abstimmung mit allen Beteiligten,
- Information der Öffentlichkeit,
- je nach Rechtssystem des jeweiligen Mitgliedslandes zivilrechtliche oder öffentlich-rechtliche vertragliche Form als wichtiges Element für den Erfolg,
- qualifizierbare Ziele,
- stufenweises Vorgehen,
- Überwachung der Ergebnisse,
- unabhängige Prüfung der Ergebnisse,
- weitere Garantien sowie Vertragsstrafen,
- das Recht auf Beitritt für unbeteiligte Dritte, das Recht auf einseitige Kündigung für alle Beteiligten.[71]

Die Analyse dieser Leitlinien ergibt, daß die Europäische Kommission einseitigen Verpflichtungen der Wirtschaft skeptisch gegenüber steht.[72]

---

[71] Vgl. zur Ausgestaltung einer europäischen Selbstverpflichtung im Energiesektor: *Frenz*, EuR 34 (1999), 27 ff.

[72] Kom (96) 561, S. 10 ff.

Das durch die Mitteilung und die Empfehlung der Europäischen Kommission neu belebte Thema des verstärkten Einsatzes von Umweltvereinbarungen zur mitgliedstaatlichen Umsetzung von Richtlinien oder zur Durchführung des Gemeinschaftsrechts direkt auf europäischer Ebene war 1997 Gegenstand sowohl einer Stellungnahme des Wirtschafts- und Sozialausschusses[73] als auch einer Entschließung des Europäischen Parlaments[74] und des Rates.[75]

Alle drei Organe begrüßten unter Bezugnahme auf die Europäische Kommissionsakte den Abschluß von Umweltvereinbarungen als umweltpolitischem Instrument. Allerdings wurden auch Bedenken geäußert. Der Wirtschafts- und Sozialausschuß bemängelte, daß sich die Europäische Kommission lediglich zu gesetzesvertretenden und nicht auch zu administrativen Maßnahmen auf nationaler Ebene geäußert habe. Ferner bestehe die Gefahr, daß durch den Einsatz von Umweltvereinbarungen eine Privatisierung der öffentlichen Aufgabe Umweltschutz erfolge. Des weiteren müßten Grenzwerte grundsätzlich als Gegenstand von Umweltvereinbarungen ausscheiden; denn diese Grenzwerte dürften ausschließlich von den politischen Entscheidungsträgern unter Beachtung der formellen Sicherungen des Rechtsetzungsverfahrens erlassen werden. Ein Hauptaugenmerk sei ferner auf die Überwachung der Umweltvereinbarung zu richten.

Ähnlich äußerte sich das Europäische Parlament. Es stellte fest: Unerläßlich sei für die Umweltvereinbarungen die Festlegung von Kontrollmechanismen inklusive eines unabhängigen Überwachungsgremiums. Auch seien eine Öffentlichkeitsbeteiligung und eine festgelegte Vertragsdauer von Nutzen.

Der Europäische Rat schließlich begrüßte die Mitteilung der Europäischen Kommission als wertvolle Überlegung und als einen ersten Schritt zu einem besseren Verständnis von Umweltvereinbarungen. In Zukunft solle die Europäische Kommission in ihren Vorschlägen jedoch gegebenenfalls angeben, welche Vorschriften ihrer Ansicht nach auf Grund von Umweltvereinbarungen durch die Mitgliedsstaaten umgesetzt werden könnten.

Auch wenn die Mitteilung der Europäische Kommission und die darauf folgende Empfehlung keinerlei rechtlich bindende Wirkung haben, so bindet sich die Europäische Kommission hierdurch jedoch faktisch selbst.[76] Neue, vor allem rechtliche Erkenntnisse beinhaltet diese Mitteilung der Europäische Kommission allerdings nicht. Die rechtlich problematischen Fragen werden konsequent nicht beantwortet. Gerade die für die Verwendung von Vereinbarungen ausschlaggebenden Fragen nach den Schranken für den Einsatz dieser Vereinbarung durch die nationalen Rechtsordnungen fehlen. Ebenso bleibt im Dunkeln, wie die rechtlich geforderten Vereinbarungen strukturell durch die Verbände auch rechtlich verbindlich durchgesetzt werden können.[77] Insofern teilt das fünfte Aktionsprogramm die neuen Lösungsmodelle „eher diffus“ mit.[78]

---

[73] ABl. 1997 Nr. C 287, S. 1.
[74] ABl. 1997 Nr. C 286, S. 255.
[75] ABl. 1997 Nr. C 321, S. 6.
[76] *Krieger*, EuZW 1997, 648 (650).
[77] Das bemängeln auch *Fluck/Schmitt*, VerwArch 89 (1998), 220 (257).
[78] *Böhm-Amtmann* in: Bohne (Hrsg.), Umweltgesetzbuch als Motor oder Bremse, S. 191.

3. Erfahrungen aus anderen Mitgliedstaaten

Absprachen als Instrumente im Umweltschutz werden nicht nur in der Bundesrepublik, sondern auch in anderen Mitgliedstaaten der Europäischen Union eingesetzt. Berichten zufolge gibt es in nahezu allen EU-Mitgliedstaaten[79] Umweltvereinbarungen.[80] Die Niederlande stehen hier mit mehr als 100 Vereinbarungen an der Spitze der Entwicklung,[81] und die dortige Praxis hat infolgedessen die Europäischen Kommissionsmitteilungen auch deutlich beeinflußt. Ungefähr zwei Drittel aller Umweltvereinbarungen in Europa entfallen auf die Niederlande und auf Deutschland. In kleineren Ländern wie Österreich, Belgien, Dänemark und Schweden sind mehr Umweltvereinbarungen in Kraft als in den größeren wie Frankreich, Italien und dem Vereinigten Königreich, was darauf hindeuten kann, daß Umweltvereinbarungen eher dort zur Anwendung kommen, wo Umweltmaßnahmen bereits ausgereifter sind und Dezentralisierung, Konsensbildung und Verhandlungen im Rahmen von Entscheidungsfindungsprozessen Tradition haben. Länder außerhalb der EU, wie zum Beispiel die USA, Japan, Kanada und Neuseeland, setzen ebenfalls Vereinbarungen als umweltpolitische Instrumente ein.[82] Bei einem Blick über die deutschen Grenzen sind aber die Niederlande sowie Belgien von besonderem Interesse.

a) Die Niederlande

aa) Umwelt und Umweltrecht in den Niederlanden

Die Niederlande weisen mit rund 15,5 Millionen Einwohnern eine der größten Bevölkerungsdichte der Welt pro Quadratmeter auf. Diese Tatsache und der Umstand, daß die wirtschaftliche Grundlage der Niederlande vor allem in der Chemie- und Schwerindustrie sowie in der Landwirtschaft liegt, haben hier bereits früher als in anderen europäischen Staaten zu einer Sensibilisierung im Umweltbereich geführt.[83] Das niederländische Umweltrecht gilt deshalb im Europavergleich als ausgesprochen fortschrittlich und durchgebildet.[84] So schreibt beispielsweise der Art. 21 der niederländischen Verfassung als Aufgabe für die Regierung vor, daß diese sich nicht nur um die Bewohnbarkeit des Landes, sondern auch um dessen Schutz und um die Verbesserung der Lebensumwelt zu kümmern habe. Seit 1993 gibt es ein eigenes Umweltschutzgesetz, den Environmental Management Act (EMA),[85] welches die einschlägigen Fachgesetze bündelt und einen allgemeinen Teil aufweist. Mithin ist der EMA durch das

---

[79] Mit Ausnahme von Griechenland.

[80] Vgl. den Überblick im Anhang zum Kom (96) 561, S. 25 ff. sowie *van Dunné* (Hrsg.), Environmental contracts and covenants.

[81] Die genaue Anzahl ist nicht bekannt. Kürzlich ist jedoch eine CD-Rom mit einem Teil der Vereinbarungen veröffentlicht worden: *Van den Broek/Korten*, Milieu- en energiecovenanten in Nederlanden, Deventer 1997.

[82] Vgl. *European Environment Agency*, Environmental Agreements Vol. 1, S. 25 ff. Vgl. auch *European Environment Agency*, Environmental Agreements Vol. 2.

[83] *Kloepfer/Mast*, Umweltrecht des Auslands, S. 99.

[84] *Kloepfer/Mast*, Umweltrecht des Auslands, S. 100.

[85] Auf niederländisch „Wet Milieubeheer", das allerdings noch nicht vollständig mit seinen 22 Kapitel in Kraft getreten ist. Weiterhin existiert noch als wichtiges Umweltgesetz der „Pollution of Surface Water Act".
Vgl. zum EMA *van Buuren* in: UTR 17, S. 208 ff.

Streben nach integralem Umweltschutz geprägt. Ein weiteres wichtiges Umweltgesetz ist der „Pollution of Surface Water Act“. Der EMA bündelt alle Genehmigungen bis auf die Genehmigungen nach dem „Pollution of Surface Water Act“, so daß also maximal zwei Genehmigungen von Unternehmen zu beantragen sind.

Als Umweltschutzprinzipien sind das Prinzip einer möglichst weitgehenden Emissionsminimierung „as low as reasonably achievable“ (ALARA)[86] sowie das Verschlechterungsverbot: „Stand still principle“ bekannt.[87]

bb) Der niederländische National Environmental Policy Plan von 1989

Große Bedeutung kommt in den Niederlanden der Umweltplanung zu.[88] Um der zunehmenden Umweltverschmutzung entgegenzuwirken, hat die Regierung mehrere ehrgeizige Pläne aufgestellt, in denen sie ihre politischen Ziele zur Verringerung der Umweltverschmutzung formuliert hat. Mit diesen Leitplänen binden die planfeststellenden Organe vornehmlich sich selbst. Zu nennen ist hier vor allem der nationale Plan für Umweltpolitik: „National Environmental Policy Plan“ (NEPP)[89] aus dem Jahr 1989[90], der in acht Themenbereichen über 200 Ziele und Zeitpläne aufstellt, die bis in das Jahr 2010 reichen.[91]

In den Niederlanden hat mittlerweile eine „stille Revolution“ stattgefunden:[92] Weg von dem auch im niederländischen Recht[93] vorherrschenden „command and order“ hin zu „cooperation“ und „communication“, welches der traditionellen niederländischen Kultur der Konsultation besser entspricht[94] und in die Presse bereits als „green polder model“ Eingang gefunden hat. Bereits der NEPP sollte nicht durch direkte Regulierung, sondern durch sogenannte „covenants“[95] umgesetzt werden, was diesem konsensualen Instrument, das bereits seit 1985 Verwendung findet, den endgültigen Durchbruch in den Niederlanden brachte.

Unter covenant versteht man eine geschriebene Vereinbarung mit der nationalen Regierung auf der einen und Industrieorganisationen oder einzelnen Unternehmen auf der anderen Seite. Eine gesetzliche Grundlage für diese covenants gibt es nicht;[96] sie

---

86 *de Hoog*, Industry and Environment 1998, 27.

87 *Kloepfer/Mast*, Umweltrecht des Auslandes, S. 103 f.

88 *van Buuren* in: UTR 17, S. 212 f.

89 Später wurde der NEPP durch den NEPP Plus von 1990 ergänzt. Im Jahre 1993 folgte der NEPP 2.

90 *Peters* in: van Dunné (Editor), Environmental Contracts and Covenants, S. 19 ff.

91 Vgl. zu covenants in den Niederlanden die Darstellung bei *Fluck/Schmitt*, VerwArch 89 (1998), 220 (250 ff.); *Hucklenbruch*, Umweltrelevante Selbstverpflichtungen, S. 244 ff.

92 Vgl. die Broschüre „Silent Revolution. Herausgegeben vom Ministry of Housing, Spatial Planning and the Environment (VROM), P.O. Box 351, 2700 AJ Zoetermeer, The Netherlands, die den Werdegang der Verbreitung von agreements beschreibt.

93 *Hanf/Koppen*, Alternative Decision-Making, S. 4.

94 So *Hanf/Koppen*, Alternative Decision-Making, S. 2; *Koeman*, European Environmental Law Review 1993, 174 (183). Auch *Merkel* in: Wicke et al. (Hrsg.), Umweltbezogene Selbstverpflichtungen, S. 93 hin.

95 Die Bezeichnung ist allerdings nicht einheitlich. So wird auch von „declaration of intend“, „environmental agreements“ oder vom „corporate environmental plan“ gesprochen.

96 *Glasbergen*, Journal of Environmental Planning and Management 1998, 693 (694); *Koeman*, European Environmental Law Review 1993, 174.

werden rechtlich als zivilrechtliche Verträge nach dem Zivilgesetzbuch behandelt[97] und zumeist für eine Dauer von vier Jahren geschlossen. In den Niederlanden kann der Staat zur Erfüllung öffentlicher Aufgaben nämlich auch zivilrechtlich handeln: Sogenannte Zwei-Wege-Lehre.[98]

Grundsätzlich lassen sich drei Gruppen von covenants unterscheiden:[99]

- covenants, die Vorläufer zu späteren gesetzlichen Entscheidungen sind;
- covenants, die anstelle einer gesetzlichen Regelung erfolgen und auch Richtlinien umsetzen können;
- covenants, die Gesetze vollziehen.

Das Verfahren zum Abschluß eines Vertrags ist rechtlich nicht geregelt. Allerdings existiert seit 1995 eine Leitlinie des Ministeriums für Wohnraum, Raumplanung und Umwelt für den Abschluß eines Vertrags hinsichtlich Inhalt und Verfahren.[100]

Zur Umsetzung des NEPP wurden „target groups“[101] von der Regierung gebildet, die für einen bestimmten gesellschaftlichen Teilbereich zuständig sind.[102] Zweifelsohne ist der wichtigste Bereich der Bereich Industrie, der sich wiederum in insgesamt zehn Zieluntergruppen[103] einteilt, sogenannte „target industry groups“. Die insgesamt rund 12.000 Betriebe, die mehr als fünf Beschäftigte haben, werden für ca. 90 % der Umweltbelastung verantwortlich gemacht.[104]

Den target groups obliegt es, die allgemeinen Ziele des NEPP in Verhandlungen mit den Industrievertretern sowohl in konkrete Zahlen mit Zeitrahmen umzumünzen als auch Hilfe zu leisten, wie diese Ziele erreicht werden könnten. Die quantifizierten Ergebnisse führen dann zum sogenannten „integral environmental target plan“ (IETP) für die ganze Branche. Dieser IETP wird sodann dem eigentlichen covenant zugrundegelegt, in dem die jeweilige Branche sich verpflichtet, die aufgestellten Ziele zu erreichen. Die covenants ersetzen dabei aber nicht das bestehende Gesetz oder eine Genehmigung, sie sind jedoch bei der obligatorischen Überprüfung und Erteilung von Genehmigungen mit in die Beurteilung einzubeziehen. Genehmigungen nach dem EMA werden nämlich obligatorisch regelmäßig überprüft.[105]

---

[97] *van Buuren* in: van Dunné (Editor), Environmental Contracts and Covenants, S. 49; *Koeman*, European Environmental Law Review 1993, 174.

[98] *Fluck/Schmitt*, VerwArch 89 (1998), 220 (253); *Grosheide* in: UTR 17, S. 233 f.

[99] *de Hoog*, Industry and Environmental 1998, 27 (28); *Koeman*, European Environmental Law Review 1993, 174 (183).

[100] „Instructions for Agreements“, Government Gazette 1995, S. 249; diese Leitlinien sind vergleichbar mit den deutschen Verwaltungsvorschriften.

[101] Daher spricht man auch von „target group policy“. Vgl. *de Hoog*, Industry and Environment 1998, 27 (28); *Glasbergen*, Journal of Environmental Planning and Management 41 (1998), 693 (698); *Hanf/Koppen*, Alternative Decision-Making, S. 10 ff.

[102] Solche Zielgruppen sind: Industrie, Landwirtschaft, Transport und Verkehr, Landwirtschaft, Bau und Konsum.

[103] Metall, Chemie, Druck, Molkerei Produkte, Elektrotechnik, Textil, Papier, Fleisch, Zement und Synthetik.

[104] *van den Broek* in: van Dunné (Editor), Environmental Contracts and Covenants, S. 35.

[105] *Peters* in: van Dunné (Editor), Environmental Contracts and Covenants, S. 30.

Der erste covenant im Rahmen des NEPP wurde 1992 nach rund 18 Monaten Verhandlungen mit der Metallindustrie geschlossen.[106] Es folgte dann ein Jahr später ein covenant mit der chemischen Industrie, der von drei Ministern, Vertretern der Provinzregierungen und Gemeinden sowie den Water Boards für die staatliche Seite und für die Seite der Industrie vom Chemie Verband und 104 Einzelunternehmen unterzeichnet worden ist.

Ist ein covenant unterzeichnet, ist jedes teilnehmende Unternehmen der Branche verpflichtet, alle vier Jahre einen „company environmental plan" (CEP) zu erstellen. Diese CEPs „übersetzen" die Ziele des IETP für jede einzelne der beteiligten Firmen in zu erreichende Firmenziele. In diesem Plan wird festgelegt, welche konkreten Umweltziele das Unternehmen in einer bestimmten Zeit erreichen will. Der CEP muß von der zuständigen Genehmigungsbehörde akzeptiert werden und ist die Grundlage für weitere Genehmigungen für das Unternehmen. Diese Unternehmenspläne müssen veröffentlicht werden. Ferner muß jede Firma einen jährlichen Bericht abgeben, welche Erfolge bisher erzielt worden sind.

Unterstützt werden die Firmen beim Aufstellen dieser Pläne durch die „facilitating organisation", die als unabhängige Einrichtung überprüft, ob die CEPs in der Summe ausreichen, um die Ziele des IETP zu erreichen. Kommt ein Unternehmen seinen Verpflichtungen nicht nach, so kann die Genehmigungsbehörde die Genehmigung verschärfen.

Auch wenn es sich bei den covenants um verbindliche Verträge handelt, so beruht ihre Wirkkraft doch hauptsächlich auf Vertrauen, zumal viele covenants bereits in ihrem Wortlaut so unbestimmt sind,[107] daß sich daraus keine einklagbare Leistung ergibt.[108] Aber auch die Wahl der Vertragspartner kann dazu führen, daß die Durchsetzung einer Klage unmöglich ist. Ist der covenant zum Beispiel mit einer Organisation abgeschlossen, so fehlt es regelmäßig an rechtlichen Möglichkeiten, die Mitglieder dieser Organisation zu dem entsprechenden Verhalten zu zwingen.

Ist Gegenstand des covenant z.B. die Zusage der Regierung, ihr Gesetzgebungsermessen in einer bestimmten Art und Weise auszuüben, dann kann auch in den Niederlanden eine solche Zusage von den Unternehmen nicht durch ein Gericht durchgesetzt werden. Mithin gibt es keine Garantie, daß die Regierung den Vertrag nicht durch Gesetz konterkariert. Andererseits werden auch den Behörden keine weiteren Sanktionsmöglichkeiten gegen die Unternehmen durch den covenant an die Hand gegeben: Sanktionen können ausschließlich über den Weg der Genehmigungsentziehung oder -verschärfung erfolgen.

Äußerst problembeladen ist das Verhältnis von privatrechtlichem covenant zu öffentlich-rechtlicher Genehmigung.[109] Hat zum Beispiel die zuständige Stelle in einem covenant eine Genehmigung für ein Unternehmen bei einem bestimmten Verhalten

---

[106] *van den Broek* in: van Dunné (Editor), Environmental Contracts and Covenants, S. 37.

[107] Etwa: „Strive to achieve a 50 per cent reduction in emissions".

[108] *Bailey*, European Environmental Law Review 1999, 170 (176); *Koeman*, European Environmental Law Review 1993, 174 (183).

[109] *van den Broek* in: van Dunné (Editor), Environmental Contracts and Covenants, S. 37; *Peters* in: van Dunné (Editor), Environmental Contracts and Covenants, S. 31.

zugesagt und wird diese Genehmigung nun etwa von einem Nachbarn[110] vor dem Verwaltungsgericht angegriffen, dann erhebt sich die Frage, welche Bedeutung das Gericht diesem covenant zumessen wird.

Bisher sind allerdings nur wenige Fälle bekannt, in denen covenants überhaupt Gegenstand eines Gerichtsverfahrens geworden sind.[111] Aber diese bisherigen Urteile[112] machen deutlich, daß ein covenant nicht die gesetzlichen Voraussetzungen für die Erteilung einer Genehmigung aushebeln kann. Mithin ist der covenant und dessen Befolgen für das Unternehmen keine Garantie dafür, daß eine Genehmigung tatsächlich auch Bestand in einem Gerichtsverfahren hat.

Trotz aller bisherigen positiven Erfahrungen sind sich die Niederländer dieser Nachteile der covenants bewußt, und deshalb wird bereits gefordert, den covenants einen gesetzlichen Rahmen zu geben. Auch auf die Gefahr hin, damit die Akzeptanz der covenants zu schmälern,[113] soll damit den Unternehmen nämlich mehr Sicherheit verschafft werden.[114]

Zusammenfassend läßt sich feststellen, daß in den Niederlanden die covenants in den meisten Fällen nicht zum Ersatz von Gesetzen eingesetzt werden, sie treten vielmehr neben die bestehenden Gesetze. Das niederländische Modell ist zudem personell und zeitlich äußerst aufwendig. Dieser Aufwand ist nur in kleinen Ländern möglich. Hinzu kommt, daß durch die langen Laufzeiten in covenants kaum auf neue Technologien und Erkenntnisse eingegangen werden kann. Daß die ehrgeizigen Ziele des NEPP überhaupt erreicht werden, wird bezweifelt.[115] Zudem hat sich gezeigt, daß trotz der Vertragsform der covenant kein Mehr an Sicherheit für die Unternehmen bietet: Das Vertrauen ist die wesentliche Basis der Vereinbarungen. Mithin ist das niederländische Modell kein gangbarer Weg für die Bundesrepublik.[116]

b) Belgien

aa) Umwelt und Umweltrecht in Belgien

Das Umweltbewußtsein[117] ist in Belgien trotz dessen hohen Industrialisierungsgrad eher gering. Dieses spiegelt sich auch in den belgischen Umweltgesetzen wider,[118] die zum Teil seit 1888 unverändert geblieben sind.[119] Seit 1993 ist der Umweltschutz in

---

[110] Ein System des subjektiven öffentlich-rechtlichen Rechtsschutzes kennen die Niederlande nicht. Die Möglichkeiten zur Klageerhebung vor dem Verwaltungsgericht sind weitgehender. Hierzu *van Buuren* in: UTR 12, S. 381 ff.

[111] *Koeman*, European Environmental Law Review 1993, 174 (184).

[112] Bekannt ist in diesem Zusammenhang der „Hydro Agi"-case: Siehe hierzu: *van den Broek* in: van Dunné (Editor), Environmental Contracts and Covenants, S. 38.

[113] *van den Broek*, Milieu en Recht 1992, 258 (269 ff.); *Koeman*, European Environmental Law Review 1993, 174 (184).

[114] *van den Broek* in: van Dunné (Editor), Environmental Contracts and Covenants, S. 40 f.

[115] *Rehbinder*, Environmental Policy and Law 27 (1997), 258 (262) geht davon aus, daß 50 % der Ziele des im NEPP nicht erreicht werden.

[116] Vgl. *Merkel* in: Wicke et al. (Hrsg.), Umweltbezogene Selbstverpflichtungen, S. 92.

[117] Vgl. *Faure*, Umweltrecht in Belgien, S. 31.

[118] Ebenso in der Umweltsituation in Belgien, die *Faure*, Umweltrecht in Belgien, S. 13 als „recht traurig" kennzeichnet.

[119] *Kloepfer/Mast*, Umweltrecht des Auslands, S. 88.

der Verfassung verankert. Heute ist Belgien in drei Gemeinschaften:[120] Die flämische, die deutsche und die wallonische Gemeinschaft sowie in drei Regionen: Die Wallonie, Flandern und Brüssel mit jeweils eigenen Zuständigkeiten eingeteilt. Konstitutionelle Grundlage hierfür ist der Art. 59 der Belgischen Verfassung, der seit 1980 gilt. Jede Region besitzt eine gesetzgebende Körperschaft und eine Regierung,[121] wodurch die Kompetenzen zersplittert sind: Der Nationalstaat ist im Umweltbereich nur noch zuständig für den Meeresschutz, die Durchführung grenzüberschreitender Abfalltransporte, den Schutz gegen ionisierende Strahlen, das Produktrecht und die Ein- und Ausfuhr von Tieren und Pflanzen.[122]

Mit der Gesetzgebungskompetenz ist auch der Vollzug der Gesetze auf die Regionen übergegangen, was zu einer weiteren Unübersichtlichkeit geführt hat. So gibt es in Belgien de facto drei verschiedene Umweltrechte, ein Umstand, der Umweltvereinbarungen nicht gerade förderlich ist. Seit 1980 sind 14 Umweltvereinbarungen gezählt worden, die teils nur in den Regionen, teils unter Beteiligung aller drei Regionen für ganz Belgien gelten.[123]

bb) Umweltvereinbarungen in Flandern

Für die vorliegende Untersuchung ist insbesondere die Rechtslage hinsichtlich Umweltvereinbarungen in Flandern interessant;[124] denn auf Grund schlechter Erfahrungen mit unverbindlichen Vereinbarungen[125] hat Flandern im Juni 1994 ein Dekret[126] über Umweltverträge[127] erlassen, in dem Verfahren und Status solcher Vereinbarungen geregelt werden.[128] Erfaßt von diesen Regeln werden ausdrücklich nur covenants, die regionale Gesetze ersetzen oder ergänzen sollen, also covenants mit regulativem Charakter. Ziel des Dekrets ist es, ein Umgehen der politischen und öffentlichen Kontrolle durch den Gebrauch von covenants statt von Gesetzen zu verhindern.[129] Der Inhalt der covenants wird von dem Dekret nicht geregelt. Einzige inhaltliche Voraussetzung ist, daß sich der covenant mit der Verhinderung von Umweltverschmutzung auseinandersetzt.

---

[120] Zur Regionalisierung Belgiens und den hiermit verbundenen Verfassungsänderungen vgl.: *Faure*, Umweltrecht in Belgien, S. 37 ff.

[121] Vgl. *Boes* in: HdUR I, Sp. 223.

[122] *Kloepfer/Mast*, Umweltrecht des Auslands, S. 90.

[123] Kom (96) 561, S. 25.

[124] Hierzu *Fluck/Schmitt*, VerwArch 89 (1998), 220 (249); *Hucklenbruch*, Umweltrelevante Selbstverpflichtungen, S. 241 ff

[125] Kom (96) 561, S. 25.

[126] Dekrete sind die Gesetze der Regionen.

[127] Vom 15.06.1994, Staatsblatt, S. 18201.

[128] Auch Dänemark hat in Art. 10 und 11 Danish Environmental Protection Act of 1993 einen gesetzlichen Rahmen für Umweltvereinbarungen geschaffen. Vgl. *Hucklenbruch*, Umweltrelevante Selbstverpflichtungen, S. 250 ff.; *Jörgensen* in: van Dunné (Editor), Environmental Contracts and Covenants, S. 73 ff.

[129] *Bocken* in: van Dunné (Editor), Environmental Contracts and Covenants, S. 59.

Gemäß diesem Dekret[130] sind Umweltvereinbarungen nur als verbindlicher Vertrag sui generis mit einer Laufzeit von fünf Jahren zulässig.[131] Als Vertragspartner kommen die Region, vertreten durch die Regierung, und rechtsfähige Organisationen von Unternehmen eines Gebiets in Betracht, die entweder eine gemeinsame Tätigkeit ausüben, mit denselben Umweltproblemen konfrontiert oder in demselben Gebiet angesiedelt sind und die Mitgliedsunternehmen vertreten können. Die Organisation der Unternehmer bindet mit ihrer Unterschrift auch ihre Mitglieder; die rechtlichen Voraussetzungen hierzu müssen verbandsintern geschaffen werden. Ein Austritt aus der Organisation beendet die Bindung nicht.[132]

Obwohl auch die einzelnen Unternehmen durch den covenant verpflichtet werden, können nur die Organisation oder die Regierung den covenant vorzeitig mit einer Frist von sechs Monaten kündigen, nicht aber die einzelnen Unternehmer.

Der Art. 5 des Dekrets regelt die Verfahrensanforderungen an einen covenant. Dieser Artikel schreibt Mitwirkungsrechte der Öffentlichkeit und des Parlaments sowie die Veröffentlichung des covenant im Gesetzblatt vor.

Die Art. 2 und Art. 3 beschäftigen sich mit dem Verhältnis von covenant und regionaler Gesetzgebung. Danach kann ein covenant weder ein bereits existierendes Gesetz ersetzen, noch darf er davon abweichen. Allerdings ist der Regierung untersagt, während der Laufzeit des covenant strengere Gesetze zu erlassen. Ausnahmen gelten jedoch für den Fall von internationalen und europäischen Verpflichtungen oder für dringende Fälle. Außerdem steht es der Regierung frei, den covenant als Gesetz zu erlassen. Das kann zum Beispiel dann der Fall sein, wenn zu viele der beteiligten Unternehmen die ausgehandelten Ziele nicht erreichen, aber auch, um die beteiligten Unternehmen vor Trittbrettfahrern zu schützen.

Der Art. 9 hat die Ansprüche auf Vertragserfüllung oder auf Schadensersatz der Vertragsparteien zum Inhalt, falls es zu einer Verletzung des Vertrags durch eine der Vertragsparteien kommt. Beteiligte Firmen können sich folglich auch gegenseitig bei Verletzung des covenant verklagen. Seit dem Erlaß des Dekrets sind allerdings keine entsprechenden Vereinbarungen mehr in Flandern getroffen worden.[133] Offenbar hat die Verrechtlichung aus der Sicht der Industrie die Attraktivität von solchen Vereinbarungen geschmälert.

---

[130] Siehe Anhang. Ferner abgedruckt in englischer Übersetzung bei *Bocken* in: van Dunné (Editor), Environmental Contracts and Covenants, S. 67 ff. sowie in französischer Sprache bei *Hucklenbruch*, Umweltrelevante Selbstverpflichtungen, S. 265 ff.

[131] *Fluck/Schmitt*, VerwArch 89 (1998), 220 (249).

[132] *Fluck/Schmitt*, VerwArch 89 (1998), 220 (250); *Hucklenbruch*, Umweltrelevante Selbstverpflichtungen, S. 243.

[133] Kom (96) 561, S. 25.

§ 4: Der rechtsverordnungsersetzende Vertrag

I. Die Konjunktur des öffentlich-rechtlichen Vertrags

Verträge zwischen Staat und Bürger sind ihrer Natur nach als Kooperationsinstrumente für den Umweltschutz prädestiniert;[1] denn der Konsens ist nicht nur rechtliches, sondern auch begriffliches Konstruktionsmerkmal des Vertrags.[2] Schließlich ist der Vertrag „eine Urform friedlichen menschlichen Zusammenlebens."[3] Obwohl er der auch förmlichen Gleichstellung mit dem Verwaltungsakt im Verwaltungsverfahrensgesetz und damit seinem früheren Ausnahmecharakter[4] endgültig entwachsen ist, hat sich die umweltrechtliche Literatur bisher um Verwaltungsverträge zwischen Staat und Bürger relativ wenig gekümmert.[5]

Diese schon fast stiefmütterliche Behandlung des öffentlich-rechtlichen Vertrags ist auf die Tradition von *Otto Mayer* zurückzuführen, dem ein solcher Vertrag suspekt war. Diese geringe Beachtung dürfte indes diametral zu der mittlerweile großen praktischen Bedeutung des öffentlich-rechtlichen Vertrags sein,[6] einer Bedeutung, die auf die Einsatzbreite und Funktionsvielfalt des öffentlich-rechtlichen Vertrags zurückzuführen ist. Konnte noch 1982 behauptet werden, daß der öffentlich-rechtliche Vertrag eine völlig untergeordnete Rolle spiele,[7] so hat sich der Vertrag mittlerweile insbesondere im Städtebaurecht als unverzichtbar in der Bauleitplanung etabliert[8] und durch die Novellierung des Baugesetzbuches 1998 mit § 11 BauGB eine weitere Aufwertung erfahren.[9] Aber auch im Sozialrecht rückt der öffentlich-rechtliche Vertrag immer mehr in das allgemeine Bewußtsein.[10] So enthalten die §§ 53 ff. SGB X nahezu mit dem Verwaltungsverfahrensgesetz übereinstimmende Vorschriften zum öffentlich-rechtlichen Vertrag.

---

1 *Rengeling*, Kooperationsprinzip, S. 97. Wobei *Burmeister*, VVDStRL 52 (1993), 190 (228) hingegen meint: „Der gegenseitige Vertrag verkörpert den Gegensatz zur Kooperation zweier Rechtssubjekte."

2 Vgl. *Schlette*, Verwaltung als Vertragspartner, S. 13, der auf die sprachliche Verwandtschaft zwischen „Vertrag" und „vertragen" sowie zwischen „pactum" und „pax" hinweist.

3 *Stern*, VerwArch 49 (1958), 106 (122 ff.).

4 So aber *Püttner*, DVBl. 1982, 122 (125). Dem Vertrag abgeneigt offenbar auch *Burmeister*, VVDStRL 52 (1993), 190 (250 ff.).

5 *Di Fabio*, DVBl. 1990, 338 (339). In diesem Sinne auch *Kloepfer*, Umweltrecht, § 5 Rdnr. 196 und 198.

6 Hierzu *Arnold*, VerwArch 80 (1989), 125 (126 ff.) sowie *Maurer/Bartscher,* Verwaltungsvertrag im Spiegel der Rechtsprechung, S. 6 ff. Zu den Anwendungsfeldern auch *Garlit*, Verwaltungsvertrag und Gesetz, S. 36 ff.

7 *Püttner*, DVBl. 1982, 122 (123). Hierzu dann *Heberlein*, DVBl. 1982, 763 ff.

8 *Bauer* in: FS Knöpfle, S. 13; *Huber*, Planungsbedingte Wertzuwachs, S. 11 ff.; *Jachmann*, Erschließungsbeiträge im Rahmen von Grundstücksverträgen mit Gemeinden, S. 160 ff.; *Krebs*, DÖV 1989, 969 (974); *Schmidt-Aßmann/Krebs*, Rechtsfragen städtebaulicher Verträge, S. 1 ff.; *Schulze-Fielitz* in: Voigt (Hrsg.), Abschied vom Staat - Rückkehr zum Staat ? S. 98; *Spannowsky*, DÖV 2000, 569 (571 ff.); *Weyreuther*, UPR 1994, 121 (123).

9 Zu den Vertragsarten im BauGB etwa *Brohm*, JZ 2000, 321 ff.; *Erbguth*, VerwArch 89 (1998), 189 ff.; *Erbguth/Rapsch*, DÖV 92, 45 ff.; *Grziwotz*, JuS 1998, 807 ff.

10 Vgl. hierzu *Krebs*, VVDStRL 52 (1993), 248 (250 f.) mit weiteren Beispielen.

Auch im Umweltrecht finden sich mittlerweile ausdrückliche Hinweise auf Vertragslösungen. So weist etwa § 13 Abs. 4 BBodSchG für die Abwicklung des Sanierungsplans zur Altlastensanierung auf eine Vertragslösung hin, und weitere Anwendungsfelder des öffentlich-rechtlichen Vertrags ergeben sich in diesem Bereich vornehmlich bei der Altlastensanierung[11] und der Luft- und Gewässerreinhaltung.[12]

Zu Recht kommt *Krebs* deshalb zu dem Schluß, daß der Verwaltungsvertrag in der Verwaltungspraxis „im Trend" liegt und mittlerweile zur Selbstverständlichkeit im administrativen Handlungsarsenal geworden ist.[13] Aber selbst wenn das öffentliche Vertragsrecht noch Entwicklungsrückstände aufweist,[14] so kommt dem öffentlich-rechtlichen Vertrag im kooperativen Staat eine ganz besondere Rolle zu, da er als verbindlich-konsensuales Instrument das Bindeglied zwischen den einseitig formellen und den kooperativen informellen Maßnahmen ist.[15] Der Vertrag vereinigt mithin nicht nur kooperatives, sondern auch rechtsförmliches Verwaltungshandeln. Insofern handelt es sich beim öffentlich-rechtlichen Vertrag um eine materielle Kooperation.[16]

Ein normenersetzender Vertrag als Kooperationsform könnte nun bei der Normgebung als Zwischenstufe von einerseits einseitig gesetzten staatlichen Normen und andererseits gesellschaftlicher Setzung von Regelwerk durch eine Vereinbarung zwischen Staat und Gesellschaft geschaffen werden. Bisher ist allerdings dieser Gedanke einer Normersetzung durch Vertrag nur ansatzweise in der Literatur skizziert worden,[17] obwohl gerade den Eigenarten des Umwelt- und Technikrechts mit ihrem überschaubaren Beteiligtenkreis und ihren oft gleichgelagerten Interessen bei Staat und

---

[11] *Frenz/Heßler*, NVwZ 2001, 13 ff.; *Müllmann*, NVwZ 1994, 879 ff.

[12] Vgl. *Arnold*, VerwArch 80 (1989), 125 (128); *Kloepfer*, Umweltrecht, § 5 Rdnr. 201 ff.; *Maurer/Bartscher*, Praxis des Verwaltungsvertrages im Spiegel der Rechtsprechung; *Salzwedel* in: UTR 48, S. 147 ff.

[13] *Krebs*, VVDStRL 52 (1993), 248 (253); *ders.*, DÖV 1989, 969.
Nichtsdestotrotz herrscht über die Bezeichnung für einen Vertrag gemäß §§ 54 ff. VwVfG Uneinigkeit: Teils wird vom verwaltungsrechtlichen Vertrag, teils vom Verwaltungsvertrag gesprochen. Oft werden beide Begriffe auch synonym gebraucht. Eine im vordringen befindliche Meinung subsumiert unter dem Begriff des Verwaltungsvertrag sogar jeden durch die Verwaltung in Erfüllung ihrer öffentlichen Aufgaben abgeschlossenen Vertrag, sei dieser nun öffentlich-rechtlicher oder zivilrechtlicher Natur. Hier wird der Verwaltungsvertrag also als Oberbegriff verstanden.
Vgl. hierzu: *Bonk* in: Stelkens/Bonk/Sachs, VwVfG, § 54 Rdnr. 68; *Götz*, JuS 1970, 1; *Huber*, Allgemeines Verwaltungsrecht, S. 20; *ders.*, Planungsbedingte Wertzuwachs, S. 47; *Krebs*, VVDStRL 52 (1993), 248 (257); *Martens*, AöR 89 (1964), 429 ff.; *Maurer*, Allgemeines Verwaltungsrecht, § 14 Rdnr. 5 ff.; *Schimpf*, Verwaltungsrechtliche Vertrag, S. 27; *Schmidt-Aßmann* in: FS Gelzer, S. 117; *Spannowsky*, Verträge und Absprachen, S. 47; *Stein*, AöR 86 (1961), 320 ff.; *Stern*, VerwArch 49 (1958), 106.

[14] *Bauer* in: Hoffmann-Riem/Schmidt-Aßmann (Hrsg.), Innovation und Flexibilität des Verwaltungshandelns, S. 249; *Henke*, JZ 1992, 541 (546); *Schmidt-Aßmann* in: Hoffmann-Riem et al. (Hrsg.), Reform des Allgemeinen Verwaltungsrechts, S. 59: „Eine besondere Aufgabe des künftigen Verwaltungsvertragsrechts wird darin bestehen, ein Recht der komplexen Verträge zu entwic??keln."

[15] *Henneke* in: Knack, VwVfG, § 54 Rdnr. 8.3.4; *Krebs*, VVDStRL 52 (1993), 248 (255); *Zeibig*, Vertragsnaturschutz, S. 90.

[16] *Bauer* in: Hoffmann-Riem/Schmidt-Aßmann (Hrsg.), Innovation und Flexibilität des Verwaltungshandelns, S. 250.

[17] Zuerst *Krüger*, NJW 1966, 617 (622).

Wirtschaft eine solche kooperative Handlungsform eher zu entsprechen scheint als einseitig gesetzte Normen.

II. Geschichtlicher Überblick über den öffentlich-rechtlichen Vertrag

Aus historischer Sicht[18] hat sich vor allem die strikte Ablehnung des Verwaltungsvertrags durch *Otto Mayer*,[19] den Begründer des modernen Verwaltungsrechts, hemmend auf die Entwicklung des öffentlich-rechtlichen Vertrags ausgewirkt. Die These *Otto Mayers*, daß auf dem Gebiete des öffentlichen Rechts Verträge nicht möglich seien, weil der Vertrag die Gleichordnung der Rechtssubjekte voraussetze, das öffentliche Recht aber durch die Überordnung des Staates bestimmt sei, wurde immer wieder zitiert und lange als Ausdruck der vermeintlich herrschenden Lehre tradiert.[20] Als *Otto Mayer* in den achtziger Jahren des 19. Jahrhunderts seine Überlegungen zu diesem Thema äußerte, war jedoch der Verwaltungsvertrag schon weithin anerkannt;[21] denn der Vertrag ist nicht nur ein zivilrechtliches Rechtsinstitut, sondern eine Kategorie des Rechts überhaupt.[22] So folgerte *Otto Mayers* Straßburger Fakultätskollege *Laband* im Gegensatz zu *Otto Mayer*, daß der Staat, eben gerade weil er Herrscher sei, sich nach eigenem Belieben aller Rechtsformen bedienen könne.[23]

Vor allem *Imboden*,[24] *Stern*[25] und *Salzwedel*[26] bahnten nach 1949 den Weg für die Anerkennung[27] des öffentlich-rechtlichen Vertrags. Eine entscheidende Wende brachten schließlich das 1976 erlassene Verwaltungsverfahrensgesetz des Bundes[28] und die folgenden Verwaltungsverfahrensgesetze der Länder, die den Verwaltungsvertrag erstmals generell regelten und ihn damit seither als allgemeine Handlungsform der Verwaltung anerkennen. Mit der Einführung der §§ 54 ff. VwVfG ist das Verbot des Paktes Verwaltung - Bürger endgültig ad acta gelegt worden.[29] Der subordinationsrechtliche öffentlich-rechtliche Vertrag ist also auch der Ausdruck eines veränderten Staat-Bürger Verhältnisses, in dem neben einseitig imperativen Entscheidungen durch Verwaltungsakt ein zweiseitiges kooperatives Verwaltungshandeln als Handlungsform öffentlich-rechtlicher Verwaltungstätigkeit zur Regelung von Einzelfällen grundsätz-

---

[18] Vgl. hierzu *Henneke* in: Knack, VwVfG, Vor 54 Rdnr. 6 ff.; *Maurer*, DVBl. 1989, 798 (799 f.); *Schlette*, Verwaltung als Vertragspartner, S. 28 ff.

[19] *Mayer*, AöR 3 (1888), 1 (3 ff.), bezogen auf subordinationsrechtliche Verträge: Der Staat paktiert nicht.

[20] Indessen sollte nach Auffassung *Mayers* der Fiskus die Möglichkeit zum Abschluß von Verträgen haben.

[21] *Maurer*, DVBl. 1989, 798 (799).

[22] *Maurer*, DVBl. 1989, 798 (800).

[23] *Laband*, AöR 2 (1887), 158 ff.

[24] *Imboden*, Der Verwaltungsrechtliche Vertag.

[25] *Stern*, Die Grenzen der Zulässigkeit des öffentlich-rechtlichen Vertrages.

[26] *Salzwedel*, VerwArch 49 (1958), 106 ff.

[27] Hingegen sprach sich *Bullinger*, Vertrag und Verwaltungsakt, noch 1962 gegen den Verrag aus.

[28] Verwaltungsverfahrensgesetz vom 25.03.1976, BGBl. I, S. 1253.

[29] *Bonk* in: Stelkens/Bonk/Sachs, VwVfG, § 54 Rdnr. 4 m.w.N. sowie zur Entwicklung der Diskussion: *Stern*, VerwArch 49 (1958), 106 ff.

lich zugelassen ist. Der Bürger ist infolgedessen nicht Objekt staatlichen Handelns, sondern mitgestaltender Partner.[30]

III. Der Inhalt eines rechtsverordnungsersetzenden Vertrags

1. Einleitende Überlegungen

Zur Schaffung von staatlichen Normen durch eine Vereinbarung zwischen dem Staat und der Gesellschaft ist ein öffentlich-rechtlicher Vertrag vorstellbar, der Anforderungen an die Anlagen, Betriebsweisen und Produkte enthält, die üblicherweise Gegenstand eines Gesetzes oder einer Rechtsverordnung sind.

Die Ausgangslage für einen solchen rechtsverordnungsersetzenden Vertrag ist zunächst vergleichbar mit der, die zum Abschluß von Selbstverpflichtungen führt. Auf diese Ausführungen kann daher verwiesen werden. Es besteht aber in der Ausgangsüberlegung ein eklatanter Unterschied zwischen einer Selbstverpflichtung und einem rechtsverordnungsersetzenden Vertrag: Während bei Selbstverpflichtungen die Verhandlungen in der rechtlich unverbindlichen Erklärung der Privaten münden, ein bestimmtes Verhalten zu tun oder zu unterlassen, kommt es bei einem rechtsverordnungsersetzenden Vertrag statt dessen zu einer vertraglichen Fixierung. Mithin kommt es hier zu einer rechtsverbindlichen und damit vollstreckbaren Erklärung der privaten Seite mit dem staatlichen Vertragspartner. Ein rechtsverordnungsersetzender Vertrag ist insofern eine Rechtsquelle.[31] Insofern unterscheidet sich der rechtsverordnungsersetzende Vertrag von einer Selbstverpflichtung; er ist nicht nur eine Sonderform der Selbstverpflichtung, sondern ein aliud.[32]

Der Zweck der rechtlich verbindlichen Erklärung entspricht derjenigen einer Selbstverpflichtung: Eine einseitig-hoheitliche Normgebung soll durch die Erklärung unnötig gemacht werden; der Vertrag tritt an die Stelle der einseitig-hoheitlichen Regelung. Das bedeutet: Die private Vertragspartei ist an den Inhalt des Vertrags gebunden wie an eine gesetzliche Regelung. Anders als bei einer Selbstverpflichtung kann hier nicht ohne Folgen von der Zusage abgewichen werden. Der Vertrag ist in der Lage, die Norm gegenüber den Vertragspartnern zu ersetzen; er hat mithin normersetzende Funktion. Im Gegenzug verpflichtet sich die staatliche Seite bei Einhaltung des Vertrags durch den privaten Vertragspartner, eine Normsetzung auf dem vertraglich geregelten Gebiet zu unterlassen. Solche normersetzenden Verträge sind als Ersatz für ein formelles Gesetz oder als Ersatz für eine Bundes- oder Landesrechtsverordnung denkbar.

---

[30] *Bonk* in: Stelkens/Bonk/Sachs, VwVfG, § 54 Rdnr. 2. So auch *BVerwG*, NJW 1966, 1936 (1937); *Tiedemann* in: Obermayer, VwVfG, § 54 Rdnr. 2.

[31] Der normersetzende Verrag ist nicht zu verwechseln mit der normsetzenden Vereinbarung. Vgl. zu normsetzenden Vereinbarungen als Rechtsquelle: *Kirchhof* in: FS BVerfG II, S. 90 f.; *Sachs*, VerwArch 74 (1983), 25 ff.; *Stern*, Staatsrecht II, S. 587.
Die Vereinbarung stellt eine eigenständige Form dar, die sich vom Vertrag dadurch absetzen sollte, daß mit ihr gleichgerichtete Interessen verfolgt werden sollten. Als eigenständiges Rechtsinstitut konnte sich die Vereinbarung aber nicht durchsetzen. Vgl. *Schlette*, Verwaltung als Vertragspartner, S. 16.

[32] A.A.: *Frenz*, Selbstverpflichtungen der Wirtschaft, S. 102.

2. Die Begrenzung des Untersuchungsgegenstandes auf rechtsverordnungsersetzende Verträge

In dieser Untersuchung werden nur solche normersetzenden Verträge untersucht, die eine (Bundes-) Rechtsverordnung ersetzen sollen. Die gesetzesersetzenden Verträge sind nicht Gegenstand dieser Untersuchung. Der Grund hierfür ist in dem vertragsfeindlichen Regelungsinhalt der gesetzesersetzenden Verträge zu suchen sowie in der Tatsache, daß die Durchführungsschwierigkeiten, die ein normersetzender Vertrag mit dem Parlament als Vertragspartner aufwerfen, zu groß sind.

Da die Normgebung durch einen normersetzenden Vertrag nicht auf die Privaten übertragen wird, betrifft ein solcher Vertrag die Frage, in welcher Weise die Organkompetenz des Parlaments zur Normgebung ausgeübt wird. Dabei ist zunächst festzuhalten, daß die Gesetzgebungsbefugnis grundsätzlich Gegenstand eines Vertrags sein kann. Dieses ergibt sich aus Art. 59 Abs. 2 Satz 1, 2. Alternative, der eine solche vertragliche Disponibilität im Außenverhältnis voraussetzt.

a) Grundsatz der Diskontinuität

Bei der Frage nach einer Bindung des Parlaments ist zunächst der Grundsatz der Diskontinuität zu beachten, nach dem ein neu gewählter Bundestag unbelastet seine Arbeit beginnen können soll. Daraus ist zu folgern, daß das neu gewählte Parlament an das vorhergehende in keiner Weise gebunden ist.[33] Dieser Grundsatz der Herrschaft auf Zeit ist dem Demokratieprinzip zu entnehmen. In der Konsequenz folgt daraus, daß das neue Parlament nicht an einen gesetzesersetzenden Vertrag gebunden sein kann, den das alte Parlament geschlossen hat. Um mit dem Grundsatz der Diskontinuität konform zu gehen, sind demnach nur Verträge mit einer Laufzeit von einer Legislaturperiode denkbar.[34]

b) Der Vorrang des parlamentarischen Gesetzgebers

Die parlamentarische Kompetenz zur Gesetzgebung ist, abgesehen von ihren Bindungen an die Verfassung nach der Maßgabe des Art. 79 GG, vorrangig und damit rechtlich nicht einschränkbar;[35] der parlamentarische Gesetzgeber hat die letztverbindliche Entscheidungsgewalt.

Dieser Vorrang des Parlaments ergibt sich aus der besonderen Stellung der gewählten Volksvertretung gemäß Art. 20 Abs. 3 GG im Vergleich mit den anderen Verfassungsorganen: Souveränität im institutionellen Sinne.[36] Nur das Parlament kann Normen der höchsten Rangstufe setzen: Parlamentssouveränität im funktionellen Sinne.[37] Eine Rechtsordnung neben der staatlich gesetzten existiert nicht. Unter diesem Ge-

---

[33] *Di Fabio*, DVBl. 1990, 338 (343); *Maurer*, Staatsrecht, § 13 Rdnr. 53; *Ossenbühl* in: HdbStR III, § 63 Rdnr. 39 f.; *Stern*, Staatsrecht II, S. 74 f.

[34] *Di Fabio*, DVBl. 1990, 338 (343); *Zeibig*, Vertragsnaturschutz, S. 155.

[35] *Achterberg*, Parlamentsrecht, S. 94 f.; *Birk*, NJW 1977, 1797; *Di Fabio*, DVBl. 1990, 338 (343); *Frowein* in: FS Flume I, S. 301; *Oebbecke*, DVBl. 1986, 793 (795); *Rengeling*, Kooperationsprinzip, S. 179.

[36] *Meßerschmidt*, Gesetzgebungsermessen, S. 468.

[37] *Heller*, Souveränität, S. 126 ff.; *Kirchhof*, Private Rechtsetzung, S. 116 ff.; *Quaritsch*, Souveränität, S. 41 ff.; *ders.* in: FS Schack, S. 125 ff.

sichtspunkt wird eine Bindung des Parlaments durch einen öffentlich-rechtlichen Vertrag mit Privaten abgelehnt.[38]

Daß ein Vertrag als rangniedrigere Normebene den Gesetzgeber nicht binden kann, ergibt sich evident aus dem Vorrang des Gesetzes. Jedoch fragt sich, ob ein gesetzesersetzender Vertrag nicht unter dem Gesichtspunkt des Vertrauensschutzes eine sekundäre Bindung entfalten kann.

Eine verfassungsrechtliche Pflicht des Parlaments, das Dispositionsinteresse des Bürgers zu berücksichtigen, folgt vor allem aus Art. 2 Abs. 1 GG sowie aus dem rechtsstaatlichen der Rechtssicherheit, aber auch aus dem Rechtsgrundsatz von Treu und Glaube.[39] Das *Bundesverfassungsgericht*[40] hat in seiner Rechtsprechung zur Rückwirkung von Gesetzen herausgearbeitet, daß der Gesetzgeber unter den Gesichtspunkt des Vertrauensschutzes gebunden sein kann und dem Bürger für erlittene Nachteile ein Ausgleich zu gewähren ist. Eine echte Rückwirkung liegt dann vor, wenn ein Gesetz nachträglich ändernd in abgewickelte, der Vergangenheit angehörende Tatbestände eingreift. Eine unechte Rückwirkung ist hingegen gegeben, wenn ein Gesetz nur auf gegenwärtige, noch nicht abgeschlossene Sachverhalte und Rechtsbeziehungen für die Zukunft einwirkt. Während eine echte Rückwirkung grundsätzlich unzulässig ist, ist eine unechte Rückwirkung zulässig, es sei denn, daß der Bürger auf den Fortbestand der Regelung vertrauen durfte und sein Vertrauen gegenüber dem öffentlichen Interesse an einer sofortigen und gleichmäßigen Änderung überwiegt. Mithin führt der Vertrauensschutz zu einer Selbstbindung des Gesetzgebers.

Auch beim Abschluß eines gesetzesersetzenden Vertrags wird ein Vertrauen der Vertragspartner auf die Einhaltung des Vertrags aufgebaut und sogar durch die Zweiseitigkeit und die vorangegangenen Verhandlungen verstärkt. Dieses Vertrauen muß der Gesetzgeber bei seinen Handlungen beachten. Dieses rechtsstaatliche Prinzip würde aber aufgegeben, wenn man eine Vertragsbindung des Gesetzgebers grundsätzlich leugnen würde.[41] Eine solche Bindung würde aber nicht in Widerspruch zur postulierten Souveränität des Parlaments und der daraus gefolgerten ausschließlichen Bindung an das Parlament stehen; denn der Vertrauensschutz wird gerade aus dem Grundgesetz abgeleitet.

c) *Notwendigkeit einer Willensäußerung des Parlaments*

Eine vertragliche Regelung mit dem Parlament bedürfte zudem eines Parlamentsbeschlusses als Willensäußerung des Organs.[42] Die Notwendigkeit eines solchen Beschlusses ergibt sich zwingend aus Art. 59 Abs. 2 GG, wonach völkerrechtliche Ver-

---

[38] *Di Fabio*, DVBl. 1990, 33((344).

[39] *Kisker*, VVDStRL 32 (1973), 149 (161).

[40] Vgl. zu diesen Grundsätzen: *BVerfGE* 13, 261 (270 ff.) (sog. echte Rückwirkung); 14, 288 (297 ff.) (sog. unechte Rückwirkung). Zum neuen Ansatz des zweiten Senats: *BVerfGE* 63, 343 (353 ff.). Anders noch *RGZ* 139, 117 ff. (Gefrierfleischfall).

[41] *Forsthoff* in: Kaiser (Hrsg.), Planung III, S. 37; *Frowein* in: FS Flume I, S. 306 ff.; *Hucklenbruch*, Umweltrelevante Selbstverpflichtungen, S. 130 ff., geht aber offenbar davon aus, daß der Vertrag trotz gegenläufigem Gesetz weiterhin bestand hat und erst durch eine Kündigung seine Wirkung verliert.

[42] *Kirchhof* in: FS BVerfG II, S. 91; *Schneider*, VVDStRL 19 (1960), 1 (24).

träge,[43] die sich auf Gegenstände der Bundesgesetzgebung beziehen, der Zustimmung bedürfen. Weiterhin sind auch noch die Vorschriften für das Gesetzgebungsverfahren zu beachten, die durch den Abschluß eines gesetzesersetzenden Vertrags nicht umgangen werden dürfen. Das Ziel eines normersetzenden Vertrags ist jedoch, möglichst schnell und flexibel zu einer Regelung zu kommen, so daß dann nicht mehr erkennbar ist, worin der Vorteil eines gesetzesersetzenden Vertrags im Vergleich zu einem förmlichen Gesetz bestehen sollte.[44]

Hingewiesen sei an dieser Stelle auf das Problem der fehlenden Sperrwirkung eines gesetzesvertretenden Vertrags im Rahmen der konkurrierenden Gesetzgebung, da der Bundesgesetzgeber hier nicht durch Gesetz Gebrauch von seiner Kompetenz gemacht hat.[45]

Ein Vergleich mit der Praxis der Selbstverpflichtungen zeigt im übrigen, daß Selbstverpflichtungen bisher nahezu ausschließlich an Stelle von Rechtsverordnungen abgegeben werden.[46] Bedeutung kann ein normersetzender Vertrag mithin nur in diesem Bereich gewinnen.

Zusammenfassend läßt sich feststellen, daß die rechtlichen und praktischen Hürden eines gesetzesvertretenden Vertrags es rechtfertigen, diesen Vertrag in dieser Untersuchung nicht weiter zu behandeln, sondern sich auf die Fallgestaltung der rechtsverordnungsersetzenden Verträge und hier auf die Bundesrechtsverordnungen zu konzentrieren; denn für Landesrechtsverordnungen ergeben sich keine wesentlichen weiteren Prüfungspunkte.

3. Die Bedeutung der Rechtsverordnung heute

Der Art. 80 Abs. 1 Satz 1 GG beinhaltet die Möglichkeit des Gesetzgebers, Exekutivorgane zum Erlaß von Rechtsverordnungen zu ermächtigen und damit den in Art. 20 Abs. 2 GG niedergelegten Gewaltenteilungsgrundsatz zu konkretisieren. Zwar ist die Rechtsverordnung verfassungsrechtlich nicht definiert, jedoch versteht man im allgemeinen unter Rechtsverordnungen abstrakt-generelle Regelungen, die von einem Regierungs- oder Verwaltungsorgan auf Grund gesetzlicher Ermächtigungen erlassen werden.[47] Rechtsverordnungen sind dabei gemäß dem dualistischen Gesetzesbegriff

---

[43] Vgl. hierzu etwa: *Stern*, Staatsrecht I, S. 500 ff.

[44] So auch *Knebel/Wicke/Michael*, Selbstverpflichtungen und normersetzende Umweltverträge, S. 202.

[45] *Oebbecke*, DVBl. 1986, 793 (796).

[46] *Dreier*, Staatswissenschaften und Staatspraxis 4 (1993), 647 (654); *Knebel/Wicke/Michael*, Selbstverpflichtungen und normersetzende Umweltverträge, S. 204; *Rengeling*, Kooperationsprinzip, S. 186.

[47] *von Danwitz*, Gestaltungsfreiheit des Verordnungsgebers, S. 27; *Dittmann* in: Biernat et al. (Hrsg.), Grundfragen des Verwaltungsrechts und der Privatisierung, S. 109; *Huber*, Allgemeines Verwaltungsrecht, S. 24; *Stern*, Staatsrecht II, S. 633.
Mit dem Begriff der Rechtsverordnung übernimmt das Grundgesetz einen Begriff, der in der deutschen Verfassungsgeschichte eine lange Tradition hat. Vgl. *Nierhaus* in: Bonner Kommentar, GG VII, Art. 80 Abs. 1 Rdnr. 25 ff.; *Ossenbühl* in: HdbStR III, § 64 Rdnr. 9 ff.; *Stern*, Staatsrecht II, S. 648 ff.

Gesetze im materiellen Sinn[48] und der Schnittpunkt zwischen Gesetzgebung und Exekutive,[49] zwischen Handlungsform und Rechtsquelle.

Die Rechtsverordnung soll ihrer Funktion nach das Gesetz nicht ersetzen, sondern von technischen Details und ephemeren Regelungen sowie rein fachorientierten, sachbedingten Anordnungen ohne oder mit nur geringem politischen Entscheidungsgehalt entlasten.[50]

Der Erlaß einer Rechtsverordnung stellt eine eigenständige, wenn auch delegationsrechtlich[51] abgeleitete Aufgabe der Exekutive dar.[52] Dabei handelt es sich um eine unechte Delegation, da der Gesetzgeber die delegierte Kompetenz jederzeit wieder an sich ziehen kann.[53] Eine ebenbürtige autonome Normsetzungsbefugnis der Exekutive ist folglich nicht vorgesehen, die Übertragung der Kompetenz ist nicht endgültig. Das verdeutlicht auch die materielle verfassungsrechtliche Ausgestaltung der Delegation in Art. 80 Abs. 1 Satz 2 GG, wonach Inhalt, Zweck und Ausmaß der erteilten Ermächtigung im Gesetz bestimmt werden müssen.[54]

Die dem geltenden Verfassungsrecht entsprechende Vorstellung vom Parlamentsgesetz als der beherrschenden Rechtsquelle und den Rechtsverordnungen als ergänzender Regelung[55] ist allerdings bereits aus statistischer Sicht fragwürdig: Seit 1949 bis 1998 wurden „nur“ 5434 Bundesgesetze vom Bundestag beschlossen, hingegen sind aber 17417 Bundesrechtsverordnungen erlassen worden.[56]

Der Bedeutungszuwachs der „vereinfachten“ Gesetzgebung resultiert aus den praktischen Zwängen, die im Regelungsgegenstand liegen. Die Rechtsverordnung hat ihr Anwendungsfeld in staatlichen Notlagen, bei einem Versagen des parlamentarischen Entscheidungsprozesses sowie bei einem komplizierten und einer schnellen Dynamik unterworfenen Regelwerk, wie es namentlich im technischen Sicherheitsrecht und im

---

48 *Bryde* in: von Münch/Kunig, GG III, Art. 80 Rdnr. 6.

49 *Maurer*, Allgemeines Verwaltungsrecht, § 4 Rdnr. 13.

50 *Maurer*, Allgemeines Verwaltungsrecht, § 4 Rdnr. 12; *ders.*, Staatsrecht, § 17 Rdnr. 141; *Nierhaus* in: Bonner Kommentar, GG VII, Art. 80 Abs. 1 Rdnr. 60; *Ossenbühl* in: Erichsen (Hrsg.), Allgemeines Verwaltungsrecht, S. 141; *ders.* in: HdbStR III, § 64 Rdnr. 2; *Stern*, Staatsrecht II, S. 662; *Studenroth*, DÖV 1995, 525 (527).

51 In diesem Zusammenhang stellt sich die Frage, ob dem Art. 80 Abs. 1 GG ein Ausschließlichkeitscharakter zugrunde liegt, d.h. ob die Exekutive Rechtsverordnungen außerhalb des wesentlichen ein eigenes Verordnungsrecht zusteht. Vgl. etwa *Nierhaus* in: Bonner Kommentar, GG VII, Art. 80 Abs. 1 Rdnr. 156; *Ossenbühl* in: HdbStR III, § 64 Rdnr. 16.

52 *Nierhaus* in: Bonner Kommentar, GG VII, Art. 80 Abs. 1 Rdnr. 60.

53 Vgl. *Huber*, Allgemeines Verwaltungsrecht, S. 44; *Maurer*, Allgemeines Verwaltungsrecht, § 4 Rdnr. 11; *Ossenbühl* in: HdbStR III, § 64 Rdnr. 14; *Studenroth*, DÖV 1995, 525 (527). Diese Rückdelegation hat als actus contrarius auch durch Gesetz zu erfolgen.

54 Zur Auslegung des Bestimmtheitstrias erfolgt nach dem Bundesverfassungsgericht nach der Selbstentscheidungs-, der Programm-, und der Vorhersehbarkeitsformel. Etwa *BVerfGE* 8, 274 (307 ff.); 10, 251 (255 ff.); 20, 296 (303 ff.).

55 Zur historischen Entwicklung des Verordnungsrechts siehe *Ossenbühl* in: HdbStR III, § 64 Rdnr. 9 ff.; *Stern*, Staatsrecht II, S. 448.

56 Vgl. *Lücke* in: Sachs (Hrsg.), GG, Art. 80 Rdnr. 2; *Ossenbühl*, ZG 1997, 305 (310). Mit ähnlichen Zahlen: *Dittmann* in: Biernat et al. (Hrsg.), Grundfragen des Verwaltungsrechts und der Privatisierung, S. 107; *Schneider*, Gesetzgebung, Rdnr. 231 sowie *Uhle*, Parlament und Rechtsverordnung, S. 1.

Umweltrecht vorkommt.[57] Insofern vermag eine Rechtsverordnung eine detaillegenauere Steuerung zu gewährleisten.[58]

Beharrung, Stabilität, Rechtssicherheit, Dauerhaftigkeit als Wesenselemente und Ziele des Rechts scheinen mit der Dynamik der permanenten Revolution der Technik in einem unversöhnlichen Widerspruch zu stehen.[59] Gleichwohl müssen Technik und Recht zur Synthese gebracht werden. Die Dynamik der Technik läßt eine Festschreibung im Gesetz grundsätzlich nicht zu. Hierdurch erhält die Rechtsverordnung ihren Bedeutungszuwachs; denn es muß in untergesetzliche und flexiblere Rechtsformen ausgewichen werden, zu denen (auch) die Rechtsverordnung gehört. Das Regelungsbedürfnis im Umwelt- und Technikrecht hat aus diesem Grunde dazu geführt, daß die Ausnahme „Rechtsverordnung" zunehmend Gesetzesfunktion übernimmt. Deshalb ist insbesondere das Umweltrecht seiner Struktur nach durch Rechtsverordnungen geprägt. So enthält allein das Bundesimmissionsschutzgesetz 31 Verordnungsermächtigungen an unterschiedliche Delegatare.[60] Insgesamt sind 22 Rechtsverordnungen auf Grund des Bundesimmissionsschutzgesetzes erlassen worden. Die Verordnungsermächtigungen im Umweltrecht umfassen insbesondere die Festsetzung von Immissions- und Emissionswerten, Anforderungen an Anlagen und Betriebsweisen,[61] die Herstellung, das Inverkehrbringen und die Verwendung von Stoffen und Produkten[62] sowie die Ausgestaltung von Genehmigungs- und Zulassungsverfahren.[63] Auch zur Umsetzung von Gemeinschaftsrecht in nationales Recht sind entsprechende Verordnungsermächtigungen in den Umweltgesetzen vorgesehen.[64] Kritiker sprechen bereits von einer Flucht des Gesetzgebers in das Exekutivrecht.[65]

Der kontinuierlich wachsende Bedarf an Rechtsverordnungen hat mittlerweile zu einer Lockerung der einstmals strikt verstandenen tatbestandlichen Voraussetzungen der gesetzlichen Verordnungsermächtigung geführt. Ging das *Bundesverfassungsgericht* ursprünglich noch von der Forderung nach einer einwandfreien Deutlichkeit der Delegationsnorm aus, was dem Bürger gegenüber zulässig sein solle,[66] so läßt es nunmehr eine nach den allgemeinen Auslegungskriterien zu ermittelnde, den Besonderheiten des jeweiligen Einzelfalls Rechnung tragende hinreichende Bestimmtheit genügen, die jedoch nicht mit maximaler Bestimmtheit zu verwechseln sei.[67] Ferner braucht für die erforderliche Auslegung nicht nur auf die Ermächtigungsnorm zurückgegriffen werden, sondern es kann das gesamte Gesetz samt Entstehungsgeschichte ergänzend hinzugezogen werden.

---

57 *Ossenbühl*, ZG 1997, 305 (306); *Stern*, Staatsrecht II, S. 662.

58 *Huber*, Allgemeines Verwaltungsrecht, S. 41.

59 *Ossenbühl*, ZG 1997, 305 (313).

60 *Frankenberger*, Umweltschutz durch Rechtsverordnung, S. 44.

61 Zum Beispiel: §§ 7; 23; 32; 33; 38 BImSchG; § 12 AtG; § 19d WHG; § 30 GenTG; 19 ChemG.

62 Zum Beispiel: §§ 34; 35 BImSchG; § 11 AtG; § 23; 24 KrW-/AbfG, §§ 14; 17; 18 ChemG.

63 Zum Beispiel: §§ 10 Abs. 10 BImSchG; § 7 Abs. 4 AtG; §§ 34; 49 Abs. 3 KrW-/AbfG.

64 Zum Beispiel: §§ 37; 39; 48a BImSchG, § 25 ChemG; § 26a BNatSchG; § 57 KrW-/AbfG.

65 *Beaucamp*, JA 1999, 39; *Fritsch*, Kreislaufwirtschaft- und Abfallrecht, Vorwort.

66 *BVerfGE* 2, 307 (334 f.); 4, 7 (21); 19, 354 (361 f.); 41, 251 (266).

67 *BVerfGE* 48, 210 (221 f.); 55, 207 (226); 58, 257 (277); 80, 1 (22).

4. Die Qualifizierung des rechtsverordnungsersetzenden Vertrags als öffentlich-rechtlicher Vertrag

a) Der Vertrag

Ein rechtsverordnungsersetzender Vertrag setzt Verhandlungen über den Inhalt voraus. Daher ist zunächst zu überprüfen, ob diese Verhandlungen von Staat und Privaten sich auch tatsächlich in der Form eines Vertrags niedergeschlagen haben oder ob eine unverbindliche Lösung von den Verhandelnden vorgesehen ist. Diese Frage ist dabei losgelöst von dem Problem zu beantworten, ob ein Vertrag im Einzelfall geschlossen werden dürfte oder ob gegenüber Vertragsform oder Vertragsinhalt Bedenken bestehen.[68]

Ein Vertrag ist nach der allgemeinen Rechtslehre die Einigung mindestens zweier Rechtssubjekte über die Herbeiführung eines bestimmten Rechtserfolges.[69] Jeder Vertrag, sei er nun privatrechtlich oder öffentlich-rechtlich, kommt dabei durch miteinander korrespondierende Willenserklärungen[70] zustande: Es ist ein Angebot und dessen Annahme und folglich eine Willenseinigung notwendig.[71]

Charakteristisch für den Vertrag ist weiterhin die Bindung der Parteien: Beide Parteien müssen einen Rechtsbindungswillen aufweisen. Die §§ 145 bis 157 BGB über Antrag und Annahme, offenen und versteckten Einigungsmangel gemäß §§ 154, 155 BGB sowie über die Vertragsauslegung gemäß § 157 BGB gelten auch für öffentlich-rechtliche Verträge.[72] Dementsprechend scheiden bereits auf dieser Ebene Selbstverpflichtungen Privater[73] ebenso aus wie einseitiges Handeln durch den Staat.[74] Ob tatsächlich ein Rechtsbindungswille vorliegt, ist dabei durch Auslegung zu ermitteln. Da dem Abschluß eines Vertrags eine längere Verhandlungsphase vorangegangen sein wird, dürfte die Frage nach dem Rechtsbindungswillen keine Probleme aufwerfen; denn der private Partner, zumeist Unternehmen oder Wirtschaftsverbände, wird sich seines Handelns sehr wohl bewußt sein und Rechtsbindungswillen haben. Dieses wird auch aus der entsprechenden Formulierung, wie etwa „verpflichtet sich“, im Vertragstext hervorgehen.

---

[68] *Schimpf*, Verwaltungsrechtliche Vertrag, S. 29.

[69] *Heinrichs* in: Palandt, BGB, vor § 145 Rdnr. 1; *Martens*, AöR 89 (1964), 429 (447); *Maurer*, Allgemeines Verwaltungsrecht, § 14 Rdnr. 6; *Schimpf*, Verwaltungsrechtliche Vertrag, S. 29 m.w.N.

[70] Ausführlich zur Willenserklärung im öffentlichen Recht: *Kluth*, NVwZ 1990, 608 ff.; *Krause*, VerwArch 61 (1970), 297 ff.; *ders.*, JuS 1972, 425 ff.

[71] *Beyer*, Instrumente des Umweltschutzes, S. 120; *Bonk* in: Stelkens/Bonk/Sachs, VwVfG, § 54 Rdnr. 28; *Maurer*, Allgemeines Verwaltungsrecht, § 14 Rdnr. 5; *Schlette*, Verwaltung als Vertragspartner, S. 15.

[72] *Bonk* in: Stelkens/Bonk/Sachs, VwVfG, § 54 Rdnr. 35 ff.; *Ule/Laubinger*, Verwaltungsverfahrensrecht, S. 743.

[73] Zur Abgrenzung zum informellen Verwaltungshandeln vgl. *Bonk* in: Stelkens/Bonk/Sachs, VwVfG, § 54 Rdnr. 40; *Kopp/Ramsauer*, VwVfG, § 54 Rdnr. 10; *Spannowsky*, Verträge und Absprachen, S. 78 ff.

[74] Zur Abgrenzung zum mitwirkungsbedürftigen Verwaltungsakt vgl.: *Bonk* in: Stelkens/Bonk/Sachs, § 54 Rdnr. 39; *Henneke* in: Knack, VwVfG, § 54 Rdnr. 5.1; *Huber*, Allgemeines Verwaltungsrecht, S. 222 f.; *Maurer*, Allgemeines Verwatungsrecht, § 14 Rdnr. 19; *Spannowsky*, Verträge und Absprachen, S. 70 ff.

b) Der öffentlich-rechtliche Charakter des rechtsverordnungsersetzenden Vertrags

Ein öffentlich-rechtlicher Vertrag begründet, ändert oder hebt ein Rechtsverhältnis auf dem Gebiet des öffentlichen Rechts auf.[75] Der öffentlich-rechtliche Vertrag zielt somit auf die Ausgestaltung oder Abänderung öffentlich-rechtlicher Verpflichtungen und Berechtigungen.

Die Bezugnahme auf das öffentliche Recht macht eine Abgrenzung zum privatrechtlichen Vertrag notwendig. Die Unterscheidung zwischen öffentlichem und privatem Recht durchzieht die gesamte Rechtsordnung vom Grundgesetz bis hin zum einfachen Recht.[76] Alleine die Tatsache, daß ein Verwaltungsträger am Vertrag beteiligt ist, rechtfertigt die Annahme eines öffentlich-rechtlichen Vertrags noch nicht, da die Verwaltung sowohl privatrechtliche als auch öffentlich-rechtliche Verträge abschließen kann.[77]

Ob es sich um einen öffentlich-rechtlichen oder privatrechtlichen Vertrag handelt, ist aber nicht nur für die Rechtswegbestimmung bei Streitigkeiten aus dem Vertrag von Bedeutung, zumal sich diese Abgrenzungsfrage wegen der unterschiedlichen Wirksamkeitsvoraussetzungen und Fehlerfolgen auch auf die Rechtsfolgen der vertraglichen Regelung auswirkt: Die Rechtsnatur des Vertrags ist maßgeblich für die Modalitäten der Vollstreckung und der Haftung.[78] Für diese Untersuchung sind mit der Entscheidung öffentlich-rechtlicher oder privatrechtlicher Vertrag ebenfalls verschiedene Fragenkomplexe verbunden, so zum Beispiel die Frage, ob der Vertrag der Freiheit der Privatautonomie oder der Gesetzmäßigkeit der Verwaltung unterliegt.

Die Rechtsprechung richtet sich bei der Beantwortung der Frage, in welches der beiden Rechtsgebiete ein Vertrag fällt, vornehmlich nach der Rechtsnatur des Gegenstands, den der Vertrag aufweist -Gegenstandstheorie-, und wendet damit objektive Kriterien an.[79]

Gegenstand der vertraglichen Regelung ist der Umfang der durch den Vertrag nach dem Willen der Vertragspartner betroffenen Rechte und Pflichten, also deren Rechts-

---

[75] *Huber*, Allgemeines Verwaltungsrecht, S. 220 f.

[76] *Spannowsky*, Verträge und Absprachen, S. 61.

[77] *Maurer*, Allgemeines Verwaltungsrecht, § 14 Rdnr. 8.
Zum Problem der sog. gemischten Verträge vgl. etwa *Huber*, Allgemeines Verwaltungsrecht, S. 221.
Ausführlich zur Wahlfreiheit der Behörde zwischen Erlaß eines Verwaltungsakt und Abschluß eines öffentlich-rechtlichen Vertrages: *Spannowsky*, Verträge und Absprachen, S. 84 ff.

[78] *Bonk* in: Stelkens/Bonk/Sachs, VwVfG, § 54 Rdnr. 72; *Scherzberg*, JuS 1992, 205 (206); *Spannowsky*, Verträge und Absprachen, S. 111.

[79] Zum Beispiel: *BVerwGE* 22, 138 (140); 25, 290 (301); 30, 65 (67); 42, 331 (332) sowie auch *BGHZ* 32, 214 (216); 35, 69 (71); 54, 287 (291); 56, 365 (368).
Aus der Literatur: *Erichsen* in: Erichsen (Hrsg.), Allgemeines Verwaltungsrecht, S. 393; *Gern*, VerwArch 70 (1979), 219 ff.; *Henneke* in: Knack, VwVfG, § 54 Rdnr. 2; *Maurer*, Allgemeines Verwaltungsrecht, § 14 Rdnr. 10; *Renck*, JuS 1986, 268 ff.; *Spannowsky*, Verträge und Absprachen, S. 113 ff.
Zu den sonstigen Theorien, die zur Abgrenzung benutzt werden vgl. *Punke*, Verwaltungshandeln durch Vertrag, S. 26 ff.; *Schimpf*, Verwaltungsrechtliche Vertrag, S. 57 ff.

folge.[80] Dieser Gegenstand ist ein privatrechtlich oder öffentlich-rechtlich geregelter Sachverhalt: Der Gegenstand des Vertrags ist dann dem öffentlichen Recht zuzurechnen, wenn mit ihm solche Rechte und Pflichten begründet, aufgehoben oder verändert werden, deren Träger notwendig nur ein Subjekt öffentlicher Verwaltung sein kann.[81] Aber auch der Gesamtcharakter und der Zweck des Vertrags sind in Betracht zu ziehen.[82] So ist der Vertrag öffentlich-rechtlich, wenn die eigentliche causa des Vertrags öffentlich-rechtlich ist oder aber wesentliche Elemente nicht ausdrücklich im Text des Vertrags als Vertragsgegenstand genannt werden bzw. sich nur durch Auslegung ermitteln lassen.[83] Es ist also zu überprüfen, welchen Inhalt ein rechtsverordnungsersetzender Vertrag hat.

In einem rechtsverordnungsersetzenden Vertrag verpflichtet sich zunächst die Behörde, den Erlaß einer Rechtsverordnung nicht vorzunehmen. Der Bürger hingegen verpflichtet sich zur Vornahme bestimmter umweltfreundlicher Handlungen. Insoweit liegt ein gegenseitiger Vertrag vor.

Die Verpflichtung, eine Rechtsverordnung nicht zu erlassen, kann ausschließlich von einem Hoheitsträger erfüllt werden. Mit der Entscheidung, eine Norm nicht zu erlassen, wird das Rechtssetzungsermessen in der Form ausgeübt, daß eine Entscheidung hinsichtlich des Unterlassens getroffen wird. Dieses Rechtsetzungsermessen ist fraglos öffentlich-rechtlich.[84] Aus diesem Grund werden überwiegend regulative Selbstverpflichtungen ebenfalls dem öffentlichen Recht zugeordnet;[85] denn nur die öffentliche Hand kann diese Verpflichtung erfüllen. Eindeutig ist ihr ebenfalls die Möglichkeit gegeben, dem Bürger die vertraglich übernommenen Leistungspflichten auch im Wege einer Rechtsverordnung aufzugeben. Unerheblich für die Frage nach der Rechtsnatur ist dabei, ob auf die vom öffentlich-rechtlichen Rechtsträger zu erbringende Leistung tatsächlich ein Anspruch durch den Vertragspartner begründet wird.[86] Wird nun aber der Blick auf die Verpflichtung des Privaten gewendet, so läßt sich bei einer isolierten Betrachtung keine eindeutige Zuordnung zum öffentlichen Recht vornehmen. Eine Verpflichtung, wie etwa die Änderung der Produktionsmechanismen, begründet, ändert oder hebt nicht zwingend eine Rechtsbeziehung zu einem Träger der öffentlichen Gewalt. Auch wenn das Handeln der Privaten der Erfüllung der Staatsaufgabe Umweltschutz und mithin einer öffentlichen Aufgabe dient, wird das Handeln nicht dadurch schon öffentlich-rechtlich.[87] Von einer öffentlichen Auf-

---

[80] *Erichsen* in: Erichsen (Hrsg.), Allgemeines Verwaltungsrecht, S. 394.

[81] *BGHZ* 32, 214 (216); 35, 69 (71); 56, 365 (368); *BVerwGE* 42, 331 (332); *Schimpf*, Verwaltungsrechtliche Vertrag, S. 60 f.

[82] *BVerwGE* 25, 72 (75); 30, 65 (67); 74, 368 (370); *BGHZ* 35. 69 (71); 56, 365 (372).

[83] *Kopp/Ramsauer*, VwVfG, § 54 Rdnr. 7.

[84] *Becker*, DÖV 1985, 1003 (1009); *Bohne*, VerwArch 75 (1984), 343 (362).

[85] *Helberg*, Selbstverpflichtungen, S. 61; *Hucklenbruch*, Umweltrelevante Selbstverpflichtungen, S. 143.

[86] *Kopp/Ramsauer*, VwVfG, § 54 Rdnr. 7.

[87] *OVG Münster*, NJW 1991, 61 (62); *Erichsen* in: Erichsen (Hrsg.), Allgemeines Verwaltungsrecht, S. 395; *Hucklenbruch*, Umweltrelevante Selbstverpflichtungen, S. 143. *Scherzberg*, JuS 1992, 205 (207).

gabe her kann nicht auf den öffentlich-rechtlichen Charakter ihrer Ausführung geschlossen werden.[88]

Ausgehend von der Rechtssprechung des *Bundesverwaltungsgerichts*[89] sind solche gemischten Verträge aber einheitlich dem öffentlichen Recht zu unterwerfen (Grundsatz der Einheitlichkeit).[90] Dieses gebietet die synallagmatische Verknüpfung der Leistungen, wonach die rechtliche Verpflichtung der einen Partei erst ihren rechtlichen Sinn in der Verknüpfung mit der Gegenleistung der anderen Partei findet.[91]

Erklärtes Ziel der Verpflichtung des Bürgers bei einem rechtsverordnungsersetzenden Vertrags ist es, einen Hoheitsakt zu verhindern und einen Einfluß auf das Ermessen zur Normgebung auszuüben. Mithin ist der rechtsverordnungsersetzende Vertrag seiner Rechtsnatur nach ein öffentlich-rechtlicher Vertrag.

5. Anspruch auf Unterlassen einer Verordnungsgebung ?

Steht der Inhalt des rechtsverordnungsersetzenden Vertrags fest, stellt sich die Frage, ob der private Vertragspartner beim Erlaß einer Rechtsverordnung trotz einer gegenteiligen Verpflichtung im rechtsverordnungsersetzenden Vertrag mit Hinweis auf die gegenteilige vertragliche Verpflichtung vor Gericht Erfolg haben kann. Und in der Tat befürwortet *Scherer*,[92] daß der Normgeber durch einen rechtsverordnungsersetzenden Vertrag hinsichtlich seiner Normsetzungsinitiative gebunden werden kann und ein solcher Vertragsinhalt zulässig ist. Die Entscheidungsfreiheit des Gesetzgebers sei schließlich durch § 60 Abs. 1 VwVfG ausreichend geschützt. Wolle man eine vertragliche Bindung des Normgebers zum Unterlassen anerkennen, so konzediere man damit, daß die Freiheit des Gesetzgebers durch einfaches Verwaltungshandeln einschränkbar ist.

Einen Schritt weiter gehen *Knebel/Wicke/Michael,*[93] die einen Anspruch auf Unterlassen der Normsetzung sogar gemäß § 61 VwVfG analog der sofortigen Vollstreckbarkeit unterwerfen wollen. Demnach ist die Bindung des Normgebers auf ein Unterlassen ein zulässiger Inhalt für einen öffentlich-rechtlichen Vertrag.

Eine vertragliche Disposition über das Setzen einer Rechtsverordnung sieht demgegenüber *Di Fabio*[94] zwar grundsätzlich als zulässigen Inhalt für einen öffentlich-recht-

---

88 So etwa *BVerwG*, NVwZ 1999, 754; *Kopp/Ramsauer*, VwVfG, § 54 Rdnr. 28.

89 *BVerwGE* 84, 183 (185 f.).

90 Zu den Problemen der gemischten Rechtsverhältnisse: *Lange*, NVwZ 1983, 313 (319); *Maurer*, Allgemeines Verwaltungsrecht § 14 Rdnr. 11; *Schimpf*, Verwaltungsrechtliche Vertrag, S. 63; *Spannowsky*, Verträge und Absprachen, S. 113 f. und S. 221.
Insbesondere zum Problem bei den Folgekostenverträgen *Gaßner*, Folgekostenverträge, S. 172 ff.; *Huber*, Planungsbedingte Wertzuwachs, S. 107 f.; *Schmidt-Aßmann/Krebs*, Rechtsfragen städtebaulicher Verträge, S. 85 f.; *von Mutius*, VerwArch 65 (1974), 201 ff.

91 Speziell zur Rechtsprechung zu Folgelastverträgen: *BGHZ*, 56, 365 (367 ff.); 71, 386, (388); *BVerwGE* 42, 331 (332 ff.); *OVG Koblenz*, NVwZ 1992, 796 (797); *Bonk* in: Stelkens/Bonk/Sachs, VwVfG, § 56 Rdnr. 20; *Erbguth/Rapsch*, DÖV 1992, 45 (46); *Karehnke,* Rechtsgeschäftliche Bindung kommunaler Bauleitplanung, S. 16; *Scherzberg*, JuS 1992, 205 (207).

92 *Scherer*, DÖV 1991, 1 (6). Vgl. auch *Köpp*, Normvermeidende Absprachen, S. 275, ansonsten müsse ein Vertragsformverbot bestehen.

93 *Knebel/Wicke/Michael*, Selbstverpflichtungen und normersetzende Umweltverträge, S. 195.

94 *Di Fabio*, DVBl. 1990, 338 (344). So auch *Meyer*, NJW 1977, 1705 (1711) sowie *Oebbecke*, DVBl. 1986, 793 (794).

lichen Vertrag an; allerdings spricht er einem solchen Vertrag aus normhierarchischen Gründen die Bindungswirkung ab. Ein Anspruch auf Unterlassen einer Normgebung kann hierdurch somit nicht begründet werden. Der öffentlich-rechtliche Vertrag als Einzelakt ist der Rechtsverordnung untergeordnet und kann deshalb auch keine Derogations- oder Bindungswirkung gegenüber einer Rechtsverordnung haben. Dieses ergibt sich unmittelbar aus dem Vorrang des Gesetzes. Daran können auch die differenzierten Möglichkeiten der Lösung von einer vertraglichen Bindung nichts ändern.[95] Ein Anspruch auf Durchsetzung des Unterlassens einer bestimmten Normgebung durch den Privaten kann mithin nicht erfolgen. Daß ein solcher durchsetzbarer Anspruch gegen den Normgeber entstehen könnte, verneint mit derselben Argumentation auch der UGB-KomE:[96] Eine Bindung bestehe nur indirekt durch eventuell mögliche Entschädigungen beim Erlaß einer Rechtsverordnung, die der vertraglichen Abmachung entgegensteht.

Insoweit liegt kein Fall des Kündigungsrechts nach dem Gedanken des § 60 VwVfG vor:[97] Der § 60 VwVfG findet keine Anwendung in den Fällen, in denen eine später erlassene Rechtsnorm die durch den Vertrag geregelten Rechtsverhältnisse gesetzlich abweichend regelt und dadurch entgegenstehende Verträge gegenstandslos werden läßt.[98] Wird ein Gesetz erlassen, welches unmittelbar in den vom Vertrag geregelten Gegenstand eingreift und diesen anders regelt, so ist dieses ein Anwendungsfall des Vorrangs des Gesetzes: Die rangniedrigere Rechtsquelle -der Vertrag- muß der ranghöheren Rechtsquelle -dem formellen Gesetz- weichen.

6. Schadensersatzansprüche bei Erlaß eines gegenläufigen Gesetzes

Grundsätzlich kommen bei einem nichtigen öffentlich-rechtlichen Vertrag zwar Ansprüche auf Rückabwicklung in Betracht,[99] da es aber auf Grund eines rechtsverordnungsersetzenden Vertrags nicht zu Vermögensverschiebungen kommt, spielt ein öffentlich-rechtlicher Erstattungsanspruch[100] in diesem Fall keine Rolle. Für einen nichtigen Vertrag stellt sich aber die Frage nach der primären Leistungspflicht zum Nichterlaß einer Rechtsverordnung nicht mehr; denn es kommen nur noch Sekundäransprüche in Form von Schadensersatzansprüchen der Privaten gegen den Staat in Betracht.

---

95 So aber *Scherer*, DÖV 1991, 1 (6). Wohl auch *Gellermann/Middeke*, NuR 1991, 457 (464), die auch von einer wirksamen Bindungsmöglichkeit ausgehen, da sie gegen einen Vertrag argumentieren: Verzichte die Exekutive infolge eines Vertrags auf den Einsatz einer Rechtsverordnung, so gebe sie damit eine ihrer effektivsten Waffen im Kampf gegen die Umweltverschmutzung aus der Hand. Auf viele Entwicklungen, die noch nicht den exzeptionellen Tatbestand des § 60 Abs. 1 Satz 2 VwVfG erfüllen, könne nicht mehr sachgerecht und flexibel reagiert werden. Hierdurch werde aber die Durchsetzung der öffentlichen Interessen gefährdet.

96 UGB-KomE, S. 505.

97 A.A. indessen: *Scherer*, DÖV 1991, 1 (6).

98 Vgl. *Henneke* in: Knack, VwVfG, § 60 Rdnr. 3.3; *Kopp/Ramsauer*, VwVfG, § 60 Rdnr. 6a.

99 Vgl. zum Beispiel *Bernsdorff* in: Obermayer, VwVfG, § 59 Rdnr. 117 ff.; *Bonk* in: Stelkens/Bonk/Sachs, § 62 Rdnr. 43; *Maurer*, Allgemeines Verwaltungsrecht, § 14 Rdnr. 46; *Schlette*, Verwaltung als Vertragspartner, S. 567 f.; *Ule/Laubinger*, Verwaltungsverfahrensrecht, S. 800.

100 Vgl. hierzu insbesondere *Huber*, Allgemeines Verwaltungsrecht, S. 220 f.; *ders.*, Planungsbedingte Wertzuwachs, S. 104.

Um dem Schutzbedürfnis des Privaten bei einem rechtsverordnungsersetzenden Vertrag gerecht zu werden, ist zu überlegen, ob der nichtige rechtsverordnungsersetzende Vertrag in eine Entschädigungszusage der Verwaltung an den Privaten umgedeutet werden kann. So hat der *Bundesgerichtshof*[101] in einer seiner Entscheidungen die Verpflichtung einer Gemeinde zum Planerlaß in eine Übernahme des Planungsrisikos für möglich gehalten. Auf Grund dieses Ersatzgeschäftes ist die Gemeinde verpflichtet, ihrem Vertragspartner bei einem Fehlschlag der vereinbarten Bauleitplanung Schadensersatz in Höhe des Erfüllungsinteresses zu leisten, ohne daß es auf das Verschulden der Gemeindeorgane ankommt. Damit entspricht die Übernahme des Planungsrisikos einem verschuldensunabhängigen Schadensersatzanspruch wegen Nichterfüllung.[102] Die entsprechende Anwendung der Umdeutung -Konversion- gemäß § 140 BGB auf das öffentlich-rechtliche Vertragsrecht war bereits vor dem Erlaß des Verwaltungsverfahrensgesetzes anerkannt;[103] einer Anwendung des § 47 VwVfG analog bedarf es daher nicht.[104] Der Sinn und Zweck des § 140 BGB ist es, dem Willen der vertragsschließenden Parteien zum Erfolg zu verhelfen, wenn ein rechtlich zulässiger Weg nicht gewählt wurde, aber zur Verfügung steht. Zwar kann der § 140 BGB bei allen Nichtigkeitsgründen zur Anwendung kommen, dabei darf aber der Zweck des Verbotsgesetzes nicht konterkariert werden. Diese Gefahr besteht insbesondere dann, wenn der Erfolg des Rechtsgeschäfts und nicht bloß der Weg zu diesem Erfolg zu mißbilligen ist. Der Erfolg, d.h. der Nichterlaß einer Rechtsverordnung, soll dabei nicht verhindert werden, sondern nur der Weg, nämlich durch eine vertragliche Bindung der Exekutive. Daher kann ein rechtsverordnungsersetzender Vertrag grundsätzlich umgedeutet werden. Voraussetzung für die Umdeutung einer Verpflichtung zum Nichterlaß einer Rechtsverordnung ist, daß diese Verpflichtung einer anderen Regelung entspricht und die Parteien deren Geltung bei Kenntnis der Nichtigkeit ihrer Vereinbarung erkennbar oder mutmaßlich gewollt haben.

Übertragen auf den rechtsverordnungsersetzenden Vertrag bedeutet das: Deutet man die Verpflichtung des Staates zum Nichterlaß einer Rechtsverordnung in eine Aufwendungsersatzgarantie um, so bleiben die mit dem Ursprungsvertrag verfolgten Ziele eines kooperativ organisierten Umweltschutzes im wesentlichen erhalten.[105] Es entfällt lediglich die kooperative Komponente. Damit besteht eine Schadensersatzverpflichtung der Exekutive, wenn ein dem Vertrag gegenläufiges Gesetz erlassen wird.

---

[101] *BGHZ* 76, 16 (22 f.) sowie *BGH*, NJW 1990, 245 f. Zustimmend: *Dolde/Uechtritz*, DVBl. 1987, 451 (449); *Papier*, JuS 1981, 498 (501 f.); *Krebs*, VerwArch 72 (1981), 49 (60).

[102] *BGHZ* 76, 16 (25); *Karehnke*, Rechtsgeschäftliche Bindung kommunaler Bauleitplanung, S. 118; *Schmidt-Aßmann/Krebs*, Rechtsfragen städtebaulicher Verträge, S. 93.

[103] *BVerwG*, NJW 1980, 2538 (2539); *Bonk* in: Stelkens/Bonk/Sachs, VwVfG, § 54 Rdnr. 34; *Kopp/Ramsauer*, VwVfG, § 62 Rdnr. 7; *Meyer* in: Meyer/Borgs, VwVfG, § 59 Rdnr. 49; *Punke*, Verwaltungshandeln durch Vertrag, S. 213.

[104] Eine analoge Anwendung des § 47 VwVfG auf öffentlich-rechtliche Verträge ist ausgeschlossen: *Kopp/Ramsauer*, VwVfG, § 47 Rdnr. 3; *Punke*, Verwaltungshandeln durch Vertrag, S. 211 ff.

[105] *Di Fabio*, DVBl. 1990, 338 (344), der allerdings § 47 VwVfG analog anwendet.

§ 5: Die Vertragspartner eines rechtsverordnungsersetzenden Vertrags

Ein besonderes Augenmerk bei der Überprüfung der Tauglichkeit eines rechtsverordnungsersetzenden Vertrags ist der Frage nach den richtigen Vertragspartnern zu widmen; denn die Wahl der richtigen privaten Vertragspartner hat entscheidende Auswirkungen auf den Erfolg eines solchen Vertrags: Von den Vertragspartnern ist die Durchsetzung der Pflichten aus dem rechtsverordnungsersetzenden Vertrag entscheidend abhängig.

I. Der Vertragspartner auf der staatlichen Seite

Zunächst ist der Frage nachzugehen, wer auf staatlicher Seite Vertragspartner eines rechtsverordnungsersetzenden Vertrags ist, d.h. wer für den Abschluß dieses Vertrags die entsprechende Zuständigkeit besitzt.

Anders als bei gesetzesersetzenden Verträgen[1] ist diese Frage bei rechtsverordnungsersetzenden Verwaltungsverträgen verhältnismäßig leicht zu beantworten: Verhandlungspartner kann nur die staatliche Stelle sein, der auch die entsprechende Kompetenz zum Erlaß der zu ersetzenden Norm zukommt.

Dieses ist auch insofern sinnvoll, weil nur derjenige, dem auch das Initiativrecht für die Norm zusteht, wirksam mit dem Erlaß drohen, beziehungsweise den Nichterlaß glaubhaft in Aussicht stellen kann.

Daher ist es notwendig und auch naheliegend, die Zuständigkeit zum Abschluß des rechtsverordnungsersetzenden Vertrags hinsichtlich Verbands- als auch Organkompetenz bei der Stelle anzusiedeln, die auch für den Erlaß der entsprechenden Rechtsverordnung zuständig ist.[2] Die Kompetenz zum Abschluß eines normersetzenden Vertrags ist insofern akzessorisch zur Kompetenz zum Erlaß der entsprechenden Rechtsverordnung. Zu stellen ist in diesem Zusammenhang also die Frage nach der Verbands- und der Organkompetenz für den Erlaß einer Rechtsverordnung. Gemäß Art. 80 Abs. 1 GG erfolgt die Ermächtigung zum Erlaß einer Rechtsverordnung durch Gesetz. Zumeist wird die Verordnungsgebung dem Bund zugesprochen, so daß ihm auch die Verbandskompetenz hinsichtlich des Handelns durch den rechtsverordnungsersetzenden Vertrag zukommt.

Hinsichtlich der Organkompetenz gilt dabei Folgendes: Der Art. 80 Abs. 1 GG zählt die möglichen (Erst-) Ermächtigungsadressaten für Rechtsverordnungen und damit das zuständige Organ abschließend auf. Ermächtigt werden können demnach: Bundesregierung, Bundesminister oder Landesregierung.[3] Mithin ergibt sich die Organkompetenz zum Abschluß eines rechtsverordnungsersetzenden Vertrags ebenfalls aus dem ermächtigenden formellen Gesetz im Einzelfall. So ermächtigt beispielsweise § 7

---

[1] Vgl. *Knebel/Wicke/Michael*, Selbstverpflichtungen und normersetzende Umweltverträge, S. 204 ff. Hinsichtlich gesetzesersetzender Selbstverpflichtungen: Vgl. *Helberg*, Selbstverpflichtungen, S. 88 ff.; *Oebbecke*, DVBl. 1986, 793 (796); *Rengeling*, Kooperationsprinzip, S. 177 ff.

[2] So *Brohm*, DÖV 1992, 1025 (1029); *Kloepfer* in: Bohne (Hrsg.), Umweltgesetzbuch als Motor oder Bremse, S. 179; *Oebbecke*, DVBl. 1986, 793 (795).

[3] *Bryde* in: von Münch/Kunig, GG III, Art. 80 Rdnr. 11; *Maunz* in: Maunz/Dürig, GG IV, Art. 80 Rdnr. 38.

Abs. 1 BImSchG die Bundesregierung[4] zum Erlaß einer Rechtsverordnung über die Anforderungen an genehmigungsbedürftige Anlagen. Damit kommt der Bundesregierung für diesen Bereich gleichzeitig die Organkompetenz zum Abschluß eines rechtsverordnungsersetzenden Vertrags zu.

Es fragt sich, ob auch der Bundesrat ein Initiativrecht zum Erlaß einer Rechtsverordnung durch den Art. 80 Abs. 3 GG erhalten hat. Aber auch wenn der Art. 80 Abs. 3 GG dem Bundesrat die Möglichkeit gibt, der Bundesregierung Vorlagen für den Erlaß von Rechtsverordnungen zuzuleiten, spricht die Regelung dem Bundesrat damit noch kein eigenes Initiativrecht zum Erlaß einer Rechtsverordnung zu. Hiermit wird lediglich das Recht statuiert, Verordnungsentwürfe zu erarbeiten. Es steht aber alleine im Entschließungsermessen der Bundesregierung, ob sie diesem Entwurf dann auch folgt.[5] Eine Beeinträchtigung des Bundesrates im Hinblick auf den Art. 80 Abs. 3 GG ist daher durch den Abschluß eines rechtsverordnungsersetzenden Vertrags nicht zu befürchten.[6]

Zu beachten ist hingegen in diesem Zusammenhang, daß durch die Ermächtigung zum Erlaß einer Rechtsverordnung der parlamentarische Gesetzgeber sein Zugriffsrecht auf die delegierte Materie nicht endgültig aufgibt. Er hat vielmehr auch weiterhin jederzeit die Möglichkeit, die erlassene Rechtsverordnung durch Gesetz aufzuheben oder zu ersetzen.[7] Dieses ergibt sich aus dem Vorrang des Gesetzes gemäß Art. 20 Abs. 3 GG. Somit besteht grundsätzlich die Gefahr, daß auch nach Abschluß eines rechtsverordnungsersetzenden Vertrags das Parlament die Zuständigkeit zur Regelung der Materie wieder an sich zieht. Die Wahrscheinlichkeit hierzu dürfte aber als gering einzuschätzen sein; denn schließlich stehen Regierung und die Mehrheit des Parlaments parteipolitisch auf derselben Seite.

II. Der Vertragspartner auf der privaten Seite

Von entscheidender Wichtigkeit für eine erfolgreiche Kooperation ist das Vorhandensein geeigneter Partner auf der gesellschaftlichen Seite. Denn nur wenn der private Partner die Erfüllung des Vertrags gewährleistet und gegebenenfalls auch bei Nichterfüllung in Anspruch genommen werden kann, kann der rechtsverordnungsersetzende Vertrag sich von der unverbindlichen Selbstverpflichtung absetzen.

1. Die Verbände als alleinige Vertragspartner eines rechtsverordnungsersetzenden Vertrags

Der Staat kann realistischer Weise nicht Verhandlungen mit jedem einzelnen Unternehmen der jeweiligen Branche aufnehmen. Wenn die Vertragsverhandlungen in einem absehbaren Zeitraum geführt werden sollen, muß die Zahl der Verhandlungspartner also möglichst klein gehalten werden. Naheliegend ist daher, wie auch bei den Selbstverpflichtungen, die organisierten Interessensverbände einer Branche, die Wirt-

---

4 Weitere Delegaten im Bundesimmissionsschutzgesetz sind: Bundesministerium für Verkehr, Bundesministerium für Umwelt und Bundesministerium der Verteidigung. Sieben Ermächtigungen sind an die Landesregierungen gerichtet.

5 *Hoffmann*, DVBl. 1996, 347 (350); *Sannwald* in: Schmidt-Bleibtreu/Klein, GG, Art. 80 Rdnr. 108.

6 A.A. wohl: *Hucklenbruch*, Umweltrelevante Selbstverpflichtungen, S. 235.

7 *Lücke* in: Sachs (Hrsg.), GG, Art. 80 Rdnr. 7; *Maunz* in: Maunz/Dürig, GG IV, Art. 80 Rdnr. 23.

schaftsverbände, als potentielle Verhandlungs- und Vertragspartner zu begreifen.[8] Denn Kooperation ist in starkem Maße auf die Zusammenfassung, Strukturierung und Vermittlung von Interessen durch Verbände angewiesen.[9]

Verbände sind im Normalfall als eingetragener Verein organisiert, der durch den Vorstand gemäß § 26 BGB gesetzlich vertreten wird, und es ist davon auszugehen, daß der Verband beim Abschluß eines Vertrags sich noch im Rahmen des Vereinszwecks bewegt.[10] Damit kann der Verband selber Vertragspartner eines rechtsverordnungsersetzenden Vertrags werden.

Problematisch ist jedoch, wie eine Verpflichtung der einzelnen Verbandsmitglieder erfolgen kann; denn kennzeichnend für einen Vertrag ist der Umstand, daß der Vertrag grundsätzlich nur zwischen den Vertragspartnern und damit inter partes wirkt. Gibt es zum Beispiel in dem Vertrag die Verpflichtung, die Emission eines bestimmten Stoffes in einem bestimmten Zeitraum zu verringern, so kann ein Industrieverband, der nicht unternehmerisch tätig ist, eine solche vertraglich übernommene Pflicht selber nicht erfüllen.

Ohne das Mitwirken der Mitglieder kann aber kein Anspruch gegen die Mitglieder begründet werden; anderenfalls läge ein, wie § 58 VwVfG zeigt, auch im öffentlichen Recht[11] unzulässiger Vertrag zu Lasten Dritter vor.[12] Eine Verpflichtung der Mitglieder aus einem alleinigen Vertragsschluß zwischen dem Staat und dem Wirtschaftsverband ist daher nach dem gegenwärtigen Recht nicht möglich.[13] Dieser Argumentation kann auch nicht entgegengehalten werden, daß der rechtsverordnungsersetzende Vertrag eventuell weniger rigide ausgefallen wäre als eine einseitig-hoheitliche Norm und deshalb gar kein Vertrag zu Lasten, sondern zum Vorteil Dritter vorliege. Denn eine solche Bewertung, ob eine Last oder ein Vorteil vorliegt, kann nur der Einzelne treffen und steht Dritten nicht zu.[14] Das Grundgesetz respektiert den Lebensentwurf des Einzelnen,[15] so daß das Grundgesetz immer die selbst bestimmbare Freiheit des Einzelnen schützt. Eine „Freiheit" kann mithin niemandem aufgedrängt werden.

Gelingt es nicht, die einzelnen Mitglieder des Verbands zu verpflichten, so haftet der Wirtschaftsverband als Vertragspartner auf Erfüllung des Vertrags. Der Verband

---

8 So auch *Fluck/Schmitt*, VerwArch 89 (1998), 220 (257); *Knebel/Wicke/Michael*, Selbstverpflichtungen und normersetzende Umweltverträge, S. 165; *Sendler*, UPR 1997, 381 (383). Zu den Selbstverpflichtungen vgl.: *Helberg*, Selbstverpflichtungen, S. 32.

9 *Ritter* in: Grimm (Hrsg.), Wachsende Staatsaufgaben - sinkende Steuerungsfähigkeit des Rechts, S. 80.

10 Vgl. zu dieser Problematik: *Heinrichs* in: Palandt, BGB, § 26 Rdnr. 5.

11 *Bonk* in: Stelkens/Bonk/Sachs, VwVfG, § 58 Rdnr. 10; *Erichsen* in: Erichsen (Hrsg.), Allgemeines Verwaltungsrecht, S. 405; *Kopp/Ramsauer*, VwVfG, § 58 Rdnr. 1; *Spannowsky*, Verträge und Absprachen, S. 323; *Staudenmayer*, Verwaltungsvertrag mit Drittwirkung, S. 4.

12 Vgl. *Medicus*, Allgemeines Schuldrecht, Rdnr. 759.

13 Ein Vertrag zu Lasten Dritter wird bei einer entsprechenden gesetzlichen Regelung für möglich gehalten. Vgl. *Bonk* in: Stelkens/Bonk/Sachs, VwVfG, § 8 Rdnr. 10; *Kopp/Ramsauer*, VwVfG, § 58 Rdnr. 3.
Vgl. auch *Knebel/Wicke/Michael*, Selbstverpflichtungen und normersetzende Umweltverträge, S. 164, die prüfen, ob aus der Rechtsverordnungsermächtigung die Ermächtigung zum Vertrag zu Lasten Dritter abgeleitet werden kann, und dies dann verneinen.

14 *Knebel/Wicke/Michael*, Selbstverpflichtungen und normersetzende Umweltverträge, S. 165.

15 *Huber*, Jura 1998, 505 (507).

selber kann aber allein die vertraglich vereinbarte Leistung nicht erbringen, und somit bleibt nur ein Schadensersatzanspruch des Gläubigers wegen anfänglicher subjektiver Unmöglichkeit der Leistung nach § 311a Abs. 2 BGB analog, wenn ein Verschulden des Verbandes vorliegt. Umweltpolitisch ist mithin ein solcher Vertrag sinnlos. Daher muß nach einem Weg gesucht werden, die einzelnen Mitglieder auf einen konkreten Einzelbetrag hin mit zu verpflichten.

Denkbar wäre hierzu zunächst das Satzungsrecht des Vereins, verbandsintern seine Mitglieder zu einem bestimmten Verhalten einseitig rechtlich zu verpflichten. Der Verband ist aber von seinen tatsächlichen Aktionsfeldern in der Politik, den selbstgegebenen Aufgaben sowie der internen Struktur her zunächst auf den Einsatz von bloß politisch bindenden Instrumenten eingerichtet.[1] Weder die verbandsinterne Satzung noch das Vereinsrecht geben dem Verband die Möglichkeit, seine Mitglieder zur Übernahme von rechtlich verbindlichen und konkreten Verpflichtungen zu bewegen.[2]

Als Ausweg bleibt damit nur eine Satzungsänderung,[3] die allerdings eines Mehrheitsbeschlusses der Mitglieder bedarf.[4] Die Satzung müßte eine Vollmachtserteilung im Sinne der §§ 164 ff. BGB an den Verband durch die Mitgliedschaft vorsehen, woraufhin der Verband dann seine Mitglieder beim Vertragsschluß mit verpflichten könnte.[5] Ein Austritt aus dem Verband könnte diese Verpflichtung nicht auflösen, da die einzelnen Mitglieder, vertreten durch den Vorstand des Verbands, selber Vertragspartner geworden sind. Diese Lösung wird zum Beispiel in der belgischen Region Flandern praktiziert: Art. 4 des Dekrets über Umweltverträge fordert, daß nur mit solchen Verbänden Umweltverträge abgeschlossen werden, die deren interne Umsetzung sicherstellen können.

Da solche Satzungen zur Zeit aber in Deutschland nicht vorliegen und die Wahrscheinlichkeit, daß die Mitglieder die Verbandsführung so weitgehend ermächtigen, zudem gering ist, ist diese Variante hier auszuschließen.[6] Mithin scheidet eine einseitige Verpflichtung der Verbandsmitglieder durch ein alleiniges Handeln des Verbandes aus.

---

[1] *Fluck/Schmitt*, VerwArch 89 (1998), 220 (257); *Grimm* in: Parlamentsrecht und Parlamentspraxis, § 15 Rdnr. 19 ff.

[2] *Fluck/Schmitt*, VerwArch 89 (1998), 220 (257); *Schmidt-Preuß*, VVDStRL 56 (1997), 160 (220). Hierzu auch *Hilbert/Voelzkow* in: Glagow (Hrsg.), Gesellschaftssteuerung zwischen Korporatismus und Subsidarität, S. 140 ff.

[3] In diesem Sinne *Hoffmann-Riem*, GewArch 1996, 1 (6): „Soweit die Träger gesellschaftlicher Interessen solche Strukturen nicht in eigener Verantwortung einrichten, bleibt der Staat gefordert, seine Verantwortung wahrzunehmen."

[4] *Kaiser* in: HdbStR II, § 34 Rdnr. 35.

[5] Die vereinsrechtliche Treuepflicht ist für eine Verpflichtung der Mitglieder nicht ausreichend: Sie ist ungeeignet zusätzliche Pflichten für die Mitglieder zu begründen. Zudem führt eine Verletzung der Treuepflicht lediglich zu einem Ausschlußrecht des Vereins. Damit ist dem Verein aber nicht geholfen.
Frenz, Selbstverpflichtungen der Wirtschaft, S. 202 denkt noch eine Anscheins- und Duldungsvollmacht an, verwirft aber dann beide.

[6] Im übrigen sei als Vorgriff angemerkt, daß nach der hier vertretenden keine Vertretung der Verbandsmitglieder durch den Verband denkbar ist. Vgl.: § 17 I.2 (vgl. S. 251).

2. Die einzelnen Unternehmen und der Verband als Vertragspartner eines rechtsverordnungsersetzenden Vertrags

Denkbar ist weiterhin, daß der Verband zwar die Verhandlungen übernimmt, der eigentliche rechtsverordnungsersetzende Vertrag dann aber von allen Verbandsmitgliedern unterzeichnet wird. So haben beispielsweise den Text des (unverbindlichen) Umweltpakts Bayern[22] vom Oktober 1995 nicht nur die Verbände, sondern auch die verbandsangehörigen Unternehmen unterzeichnet. Auf diese Weise wurden die einzelnen Unternehmen ebenfalls Vertragsparteien und zeigten dadurch gegenüber der Öffentlichkeit ihr eigenes Engagement.[23]

Bei der Lösungsfindung ist aber stets darauf zu achten, daß ein solcher Vertrag auch tatsächlich vollstreckbar ist. Hauptproblem ist dabei die Bestimmtheit des Anspruchs des Staates aus dem rechtsverordnungsersetzenden Vertrag gegen das Unternehmen. Ein Titel ist nämlich nur dann zur Vollstreckung geeignet, wenn er inhaltlich hinreichend bestimmt ist. Dazu muß er aus sich heraus verständlich sein und für jeden Dritten erkennen lassen, was der Gläubiger nach Art und Weise vom Schuldner verlangen kann (vollstreckungsrechtliche Bestimmtheitsklausel).[24]

Das bedeutet vorliegend, um bei dem Beispiel der Verringerung der Emission eines bestimmten Stoffes zu bleiben, daß in der Vertragsurkunde für jedes Unternehmen der Anteil der Verringerung konkretisiert und festgelegt wird: Jedes Unternehmen könnte für seinen Anteil in Anspruch genommen werden. Diese Festlegung der einzelnen Unternehmeranteile müßte dann Bestandteil des rechtsverordnungsersetzenden Vertrags werden.

Denkbar wäre, daß diese Lastenaufteilung und Zuweisung verbandsintern anhand eines zu erreichenden Gesamtziels erfolgen. Auf diesem Wege könnte flexibel auf die individuellen Möglichkeiten einzelner Unternehmen eingegangen werden; denn es liegt nahe, daß größere Emittenten auch eine größere Reduzierungslast tragen müssen. Zudem ist denkbar, daß in einigen Unternehmen ein größeres Reduzierungspotential vorhanden ist als in anderen Unternehmen. Solche Unternehmen könnten dann auch mehr zur Reduzierung beitragen und eventuell dieses Potential an andere Unternehmen verkaufen.

Es liegt auf der Hand, daß ein solches Vorgehen nur für Industriesparten mit wenigen Anbietern, wie etwa die Autoindustrie, in Frage kommt, und auch im UGB bei der Konstruktion eines normersetzenden Vertrags wird als Grundprämisse davon ausgegangen, daß der Einsatz eines solchen normersetzenden Vertrags nur für solche Industriebereiche in Frage kommt, in denen nur wenige Unternehmen tätig sind.[25] Nur wenn jedem Einzelunternehmen ein bestimmtes Ziel vorgegeben ist, kann dieses Ziel auch auf Grund des rechtsverordnungsersetzenden Vertrags gegenüber dem Verpflichteten durchgesetzt werden.

---

22 Basierend auf dem Leitbild der nachhaltigen Umweltentwicklung wollten die Beteiligten eine verstärkte Kooperation zwischen Staat und Wirtschaft auf Landesebene im Sinne einer Umweltpartnerschaft betreiben. Hierzu *Böhm-Amtmann*, ZUR 1997, 178 ff.; *dies.*, GewArch 1997, 353 ff. sowie *Fluck/Schmitt*, VerwArch 89 (1998), 220 (223).

23 *Fluck/Schmitt*, VerwArch 89 (1998), 220 (258).

24 *BGHZ* 122, 16 (17 f.); *Gaul* in: Rosenberg, Zivilprozeßrecht, S. 104.

25 *Kloepfer/Elsner*, DVBl. 1996, 964 (972).

Deutlich wird an dieser Stelle, daß der rechtsverordnungsersetzende Vertrag nur so gut sein kann, wie die Kooperationsbereitschaft der Unternehmen es erlaubt.[26] Nehmen zu viele Unternehmen die Möglichkeit eines ordnungsrechtlichen Vorgehens des Staates in Kauf, muß ein rechtsverordnungsersetzender Vertrag scheitern.

3. Ein Vertrag zwischen Verband und Staat und eine verbandsinterne vertragliche Umsetzung

Eine weitere Lösungsmöglichkeit ergibt sich aus der vergleichenden Betrachtung zu den Selbstverpflichtungen: Eine Selbstverpflichtung wird ausschließlich vom Verband abgegeben und intern umgesetzt. Übertragen auf einen rechtsverordnungsersetzenden Vertrag bedeutet dies, daß der Verband den rechtsverordnungsersetzenden Vertrag mit der staatlichen Stelle abschließt und im Anschluß daran intern mit jedem einzelnen Unternehmen einen Vertrag abschließt, um so die Verpflichtung umzusetzen. Es kommt also zu zwei vertraglichen Hauptverhältnissen.

Der jeweilige interne Vertrag zwischen dem Verband und den Unternehmen müßte aber ein genau quantifiziertes Ziel für jedes einzelne Unternehmen enthalten. Insofern verschiebt sich der Aufwand der Aufteilung von der ersten -dem eigentlichen rechtsverordnungsersetzenden Vertrag- lediglich auf die zweite Stufe -die Einzelverträge zwischen dem Verband und den Unternehmen-. Der Verband bedient sich demnach der einzelnen Unternehmen als Erfüllungsgehilfen. Die Umsetzungsverträge bleiben dabei im Rahmen des Privatrechts, auch wenn sie auf Grund staatlicher Einflußnahme und im öffentlichen Interesse erfolgen. Es entsteht nämlich in jedem Fall ein Rechtsverhältnis wechselseitiger Verbindlichkeiten, das typenmäßig jedem beliebigen anderen, zwischen Privatrechtssubjekten rechtsgeschäftlich begründeten Rechtsverhältnis gleicht.[27]

Grundsätzlich besteht zwar die Möglichkeit, daß Private untereinander einen öffentlich-rechtlichen Vertrag abschließen.[28] Diese können aber nur dann über öffentlich-rechtliche Pflichten bestimmen, wenn die Rechtsordnung eine solche Dispositionsbefugnis vorsieht, also Private durch oder auf Grund eines Gesetzes eine Regelungsbefugnis über einen öffentlich-rechtlichen Gegenstand erhalten haben.[29] Eine solche Ermächtigung zum Abschluß eines öffentlich-rechtlichen Vertrags existiert aber für den hier in Rede stehenden Bereich nicht. Mithin kann ein Umsetzungsvertrag zwischen dem Verband und seinen Mitgliedern nicht als öffentlich-rechtlich charakterisiert werden.

Die Konstruktion von einem Basisvertrag und einer Vielzahl von internen Ausführungsverträgen wird von *Knebel/Wicke/Michael* favorisiert,[30] da diese Konstruktion den Vorzug hat, daß der eigentliche Prozeß des Abschlusses des rechtsverordnungsersetzenden Vertrags im Gegensatz zu den Überlegungen, jedes Unternehmen zum Ver-

---

[26] *Knebel/Wicke/Michael*, Selbstverpflichtungen und normersetzende Umweltverträge, S. 167.

[27] *Oldiges*, WiR 1973, 1 (10).

[28] *BGHZ* 32, 214 f.; 56, 365 (368); *Schimpf*, Verwaltungsrechtliche Vertrag, S. 71; *Stern*, VerwArch 49 (1958), 106 (155).

[29] Hierzu *Bohne* in: HdUR I, Sp. 1070; *Erichsen* in: Erichsen (Hrsg.), Allgemeines Verwaltungsrecht, S. 398; *Gern*, NJW 1979, 694 ff.; *Henneke* in: Knack, VwVfG, § 54 Rdnr. 4.1; *Kasten/Rapsch*, NVwZ 1986, 708 (712); *Ule/Laubinger*, Verwaltungsverfahrensrecht, S. 738 f.

[30] *Knebel/Wicke/Michael*, Selbstverpflichtungen und normersetzende Umweltverträge, S. 169 ff.

tragspartner des rechtsverordnungsersetzenden Vertrags zu machen, „entschlackt" wird.

Unklar ist hingegen, wie das für den rechtsverordnungsersetzenden Vertrag charakteristische Kriterium der Vollstreckbarkeit in dieser Vertragskonstruktion gewahrt werden kann. Vertraglich verpflichtet gegenüber dem Hoheitsträger ist nur der Verband, der seinen vertraglich übernommenen Verpflichtungen durch das Hinzuziehen der Unternehmen nachkommt: Die Unternehmen sind Erfüllungsgehilfen des Verbands.

Grundsätzlich ist es auch im öffentlichen Recht zulässig, einen Dritten zum Erfüllungsgehilfen in Erfüllung seiner Schuld heranzuziehen. *Knebel/Wicke/Michael* führen hierfür das Beispiel des Bauunternehmers und des Architekten an:[31] Der Bauherr bedient sich des Architekten, um den bauordnungsrechtlichen Anforderungen an die bauliche Anlage gerecht werden zu können.

Durch den unzweifelhaften Umstand, daß man sich zur Erfüllung seiner Schuld auch im öffentlichen Recht eines Erfüllungsgehilfen bedienen kann, wird das Problem der mangelnden Vollstreckbarkeit jedoch nicht gelöst: Die Schuld bleibt weiterhin eine persönliche Schuld des Geschäftsherrn und geht nicht auf den Erfüllungsgehilfen über. Der Geschäftsherr bleibt alleiniger Schuldner, und daher kann auch nur gegen den Geschäftsherrn vollstreckt werden. Die Vollstreckung eines rechtsverordnungsersetzenden Vertrags gegen die einzelnen Unternehmer ist folglich nicht möglich. Mit dieser Feststellung wird aber im vorliegenden Fall der Erreichung bestimmter umweltpolitischer Ziele nicht Rechnung getragen. Insofern ist dieses Konstrukt zwar rechtlich denkbar, aber nicht zielführend.

[31] *Knebel/Wicke/Michael*, Selbstverpflichtungen und normersetzende Umweltverträge, S. 170.

§ 6: Der rechtlicher Maßstab für einen rechtsverordnungsersetzenden Vertrag: Die Gesetzmäßigkeit der Verwaltung

Die Ordnungs- und Gestaltungsaufgabe des Rechts verlangt die Rechtsbindung allen Verwaltungshandelns. Das Gesetz ist gleichzeitig Grundlage und Grenze des Verwaltungshandelns,[1] es ordnet die Beziehungen der Verwaltung zu ihrer Umwelt und innerhalb ihrer eigenen Organisation.[2] Zu den tragenden Prinzipien der rechtsstaatlichen und demokratischen Ordnung des Grundgesetzes gemäß Art. 20 Abs. 3 GG zählt daher der Grundsatz der Gesetzmäßigkeit der Verwaltung. Dieser Grundsatz bindet die Verwaltung an die Regelungen des Gesetzgebers und unterwirft sie damit zugleich der Kontrolle durch die Verwaltungsgerichtsbarkeit.[3] Im Anschluß an *Otto Mayer*[4] wird dieser Grundsatz in Vorrang und Vorbehalt des Gesetzes eingeteilt und konkretisiert.[5]

Auch die Gestaltungsmacht des Vertragsgestalters eines rechtsverordnungsersetzenden Vertrags muß sich an diesen Vorgaben messen und determinieren lassen: Allein das Wesen des Vertrags, sei er öffentlich-rechtlicher oder zivilrechtlicher Natur, eröffnet der Verwaltung nicht eine Vertragsfreiheit im Sinne einer Vertragsabschlußfreiheit und Vertragsinhaltsfreiheit;[6] denn die Vertragsfreiheit als Ausprägung der Privatautonomie ist gemäß Art. 2 Abs. 1 GG als Ausprägung der allgemeinen Handlungsfreiheit grundrechtlich geschützt.[7] Grundrechte kann der Staat aber grundsätzlich nicht für sich in Anspruch nehmen, da Grundrechte vorrangig Abwehrrechte sind: Konfusionsargument.[8] Mangels Grundrechtsfähigkeit der öffentlichen Gewalt[9] fehlt es dem

---

1 *Badura*, Staatsrecht, Rdnr. D 53; *Schmidt-Aßmann* in: FS Gelzer, S. 92.

2 *Schmidt-Aßmann*, Allgemeines Verwaltungsrecht als Ordnungsidee, S. 43.

3 *Maurer*, Allgemeines Verwaltungsrecht, § 6 Rdnr. 1; *Ossenbühl* in: Erichsen (Hrsg.), Allgemeines Verwaltungsrecht, S. 193; *Spannowsky*, Verträge und Absprachen, S. 297.

4 *Mayer*, Deutsches Verwaltungsrecht I, S. 65.

5 *Degenhart*, Staatsrecht I, Rdnr. 271; *Erichsen*, Jura 1995, 550 ff.; *Huber*, Allgemeines Verwaltungsrecht, S. 22; *Ossenbühl* in: HdbStR III, § 62 Rdnr. 13; *Pietzcker*, JuS 1979, 710 ff.; *Stern*, Staatsrecht I, S. 802 ff. m.w.N.

6 Ule/Laubinger, Verwaltungsverfahrensrecht, S. 780 f. Mißverständlich daher *Göldner*, JZ 1976, 352 (357 f.); *Henneke* in: Knack, VwVfG, § 54 Rdnr. 7.1.

7 *BVerfGE* 8, 274 (328); 10, 89 (99); 12, 341 (347); 18, 315 (327); 25, 371 (407 f.); 31, 222 (229 ff.); 42, 374 (385); 50, 290 (366); 65, 196 (210 f.); 70, 115 (123); 73, 261 (270); 74, 129 (151 f.); 77, 370 (377); *BVerwGE* 1, 321 (323); *Heinrichs* in: Palandt, BGB, Einf. v. § 145 Rdnr. 7; *Murswiek* in: Sachs (Hrsg.), GG, Art. 2 Rdnr. 54; *Papier* in: HdbVerfR, § 18 Rdnr. 76; *Starck* in: von Mangold/Klein/Starck, GG I, Art. 2 Abs. 1 Rdnr. 136; *Stober*, Grundrechtsschutz der Wirtschaftstätigkeit, S. 35.
Teilweise wird zusätzlich noch je nach Vertragsinhalt auf Art. 6 Abs. 1, Art. 9 Abs. 1, Art. 12 Abs. 1 sowie Art. 14 Abs. 1 GG abgestellt: Vgl. *Spannowsky*, Verträge und Absprachen, S. 275; *Stober*, Grundrechtsschutz der Wirtschaftstätigkeit, S. 65.

8 *BVerfGE* 15, 256 (262); 21, 362 (369 f.); 61, 82 (105) (Sasbach); 62, 354 (368); 70, 1 (16 ff.); *Huber* in: von Mangoldt/Klein/Stark, GG I, Art. 19 Abs. 3 Rdnr. 261; *Pieroth/Schlink*, Grundrechte, Rdnr. 155. Ausnahmen gelten auf Grund einer grundrechtstypischen Gefährdungslage für Universitäten (Art. 5 Abs. 3 GG); Rundfunkanstalten (Art. 5 Abs. 1 Satz 2 GG) und öffentlich-rechtliche Religionsgemeinschaften (Art. 4 Abs. 1 und 2 GG). Vgl.: *Huber* in: von Mangoldt/Klein/Stark, GG I, Art. 19 Abs. 3 Rdnr. 271 ff.

9 *BVerfGE* 61, 82 (109).

Staat auch an der Privatautonomie;[10] denn die Privatautonomie schützt nur die Autonomie Privater.[11] Der Staat kann sich mithin beim Abschluß und bei der inhaltlichen Gestaltung weder eines öffentlich-rechtlichen noch eines privatrechtlichen Vertrags auf die Vertragsfreiheit berufen.

Auf Grund dieser Feststellung bietet sich nun eine Prüfung des rechtsverordnungsersetzenden Vertrags in zwei Schritten an:[12]

1. Steht der Verwaltung überhaupt die Möglichkeit und Zulässigkeit für ein Handeln durch Vertrag zur Verfügung oder besteht nicht ein bereichsspezifisches Vertragsformverbot ?
2. Nach der Beantwortung dieser Frage gilt es, dann das „Wie“ des Vertrags, das heißt, die Zulässigkeit des Inhalts eines rechtsverordnungsersetzenden Vertrags zu untersuchen.

---

[10] *Bonk* in: Stelkens/Bonk/Sachs, VwVfG, § 54 Rdnr. 90; *Ehlers*, DVBl. 1983, 422 (424); *Henneke* in: Knack, VwVfG, § 54 Rdnr. 8.3.1; *Huber*, Planungsbedingte Wertszuwachs, S. 45; *Krebs*, VVDStRL 52 (1993), 248 (256); *Maurer*, DVBl. 1989, 798 (805); *Spannowsky*, Verträge und Absprachen, S. 272; *Zuleeg*, VerwArch 73 (1982), 384 (396).

[11] *Schmidt-Aßmann/Krebs*, Rechtsfragen städtebaulicher Verträge, S. 129.

[12] Vgl. etwa *Bleckmann*, VerwArch 63 (1972), 405; *Bonk* in: Stelkens/Bonk/Sachs, VwVfG, § 54 Rdnr. 101; *Huber*, Allgemeines Verwaltungsrecht, S. 226; *Krebs*, VVDStRL 52 (1993), 248 (264); *Maurer*, Allgemeines Verwaltungsrecht, § 14 Rdnr. 3; *Ossenbühl*, AöR 115 (1990), 1 (25); *Schimpf*, Verwaltungsrechtliche Vertrag, S. 171; *Spannowsky*, Verträge und Absprachen, S. 24.

§ 7: Die Einordnung des rechtverordnungsersetzenden Vertrags in bekannte Vertragsarten im öffentlichen Recht.

Im Unterschied zum Zivilrecht, das relativ klar abgegrenzte Vertragstypen kennt, ist dem öffentlichen Recht eine Vertragstypisierung weitgehend unbekannt.[1] Zwar existiert ein Numerus clausus von Vertragstypen auch im öffentlichen Recht nicht,[2] dennoch gibt es mittlerweile eine gewisse Klassifizierung von Verträgen auch im öffentlichen Recht.

I. Die koordinations- und subordinationsrechtlichen Verträge

Bereits vor Inkrafttreten des Verwaltungsverfahrensrechts hat die Literatur zwei Grundtypen von öffentlich-rechtlichen Verträgen unterschieden: Den subordinationsrechtlichen und den koordinationsrechtlichen Vertrag.[3] Diese Unterscheidung hat weitreichende Folgen für die Rechtsmäßigkeitsvoraussetzungen eines öffentlich-rechtlichen Vertrags und ist vom Gesetzgeber aufgenommen worden: Der § 54 Satz 2 VwVfG gibt eine Begriffsumschreibung für den subordinationsrechtlichen öffentlich-rechtlichen Vertrag.[4] Ein solcher Vertrag liegt demnach vor, wenn zwischen den Vertragsbeteiligten außerhalb des Zusammenhangs der Vertragsverhandlungen ein Verhältnis der Über- und Unterordnung besteht. Mithin muß der eine Vertragspartner grundsätzlich -abstrakt- oder jedenfalls hinsichtlich des konkreten Vertragsgegenstandes -konkret- die Rechtsmacht haben, statt durch einen Vertrag einseitig zu handeln.[5] Der Gegenstand von subordinationsrechtlichen Verträgen könnte daher also auch einseitig geregelt werden. Ein Subordinationsvertrag kommt deshalb zwar typischer Weise zwischen Behörde und Bürger zustande, kann aber auch zwischen über– und untergeordneten Behörden geschlossen werden.

Ein koordinationsrechtlicher öffentlich-rechtlicher Vertrag liegt demnach vor, wenn sich die Partner außerhalb des Zusammenhangs der Vertragsverhandlungen im Ver-

---

1 *Spannowsky*, Verträge und Absprachen, S. 31.

2 *Beyer*, Instrumente des Umweltschutzes, S. 15; *Huber*, Allgemeines Verwaltungsrecht, S. 224; *Maurer*, Allgemeines Verwaltungsrecht, § 14 Rdnr. 15; *Ule/Laubinger*, Verwaltungsverfahrensrecht, S. 756.

3 *Beyer*, Instrumente des Umweltschutzes, S. 8; *Huber*, Allgemeines Verwaltungsrecht, S. 224; *Schlette*, Verwaltung als Vertragspartner, S. 381 ff.
Kritisch zur Unterscheidung: *Bonk* in: Stelkens/Bonk/Sachs, VwVfG, § 54 Rdnr. 58. Dem folgend *Knebel/Wicke/Michael*, Selbstverpflichtungen und normersetzende Umweltverträge, S. 160.

4 Der § 54 Abs. 2 VwVfG ist dabei anerkanntermaßen mißverständlich formuliert: Siehe bereits *Bleckmann*, VerwArch 63 (1972), 405 (409); *Bullinger*, DÖV 1977, 812 (813); *Meyer* in: Meyer/Borgs, VwVfG, § 54 Rdnr. 45; *Schimpf*, Verwaltungsrechtliche Vertrag, S. 75.

5 *Bonk* in: Stelkens/Bonk/Sachs, VwVfG, § 54 Rdnr. 58; *Bullinger*, DÖV 1977, 812 (813); *Henneke* in: Knack, VwVfG, § 54 Rdnr. 4.2; *Kopp/Ramsauer*, VwVfG, § 54 Rdnr. 47; *Meyer* in: Meyer/Borgs, VwVfG, § 54 Rdnr. 46; *Spannowsky*, Verträge und Absprachen, S. 202 f.; *Tiedemann* in: Obermayer, VwVfG, § 54 Rdnr. 46; *Ule/Laubinger*, Verwaltungsverfahrensrecht, S. 752 ff.; a.A. mit einleuchtenden Argumenten *Schmidt-Aßmann/Krebs*, Rechtsfragen städtebaulicher Verträge, S. 172 ff., die einen subordinationsrechtlichen Vertrag nur im Verhältnis Staat-Bürger bejahen.
Ausführliche Darstellung der Meinungsgruppen bei *Schlette*, Verwaltung als Vertragspartner, S. 383 ff.

hältnis der Gleichordnung gegenüberstehen.[6] Die meisten koordinationsrechtlichen Verträge werden mithin zwischen Hoheitsträgern geschlossen, aber auch zwischen Privaten sind koordinationsrechtliche Verträge denkbar.

Der Sinn der Unterscheidung der Verträge in Subordinations- und Koordinationsrechtsverhältnisse ist die unterschiedliche Schutzbedürftigkeit der Vertragspartner, weshalb das Verwaltungsverfahrensgesetz den Subordinationsvertrag auch strengeren Anforderungen unterwirft als den koordinationsrechtlichen Vertrag: §§ 55, 56, 58 Abs. 2, § 59 Abs. 2, 61 VwVfG. Ein Machtmißbrauch des Partners am „längeren Hebel“ soll damit verhindert und der Schutz des Vertragspartners gewährleistet werden.[7]

Angewendet auf den rechtsverordnungsersetzenden Vertrag bedeutet dies: Zunächst stehen beim Abschluß des rechtsverordnungsersetzenden Vertrags Behörde und Bürger sich in einem abstrakten Über- und Unterordnungsverhältnis gegenüber. Die Exekutive könnte im konkreten Fall darüber hinaus auch einseitig-hoheitlich den Regelungsbereich des Vertrags regeln, und zwar mit der entsprechenden Rechtsverordnung. Damit liegen die Voraussetzungen für die Einordnung des rechtsverordnungsersetzenden Vertrags als subordinationsrechtlicher Vertrag vor. Bei der Einordnung des rechtsverordnungsersetzenden Vertrags als koordinationsrechtlich oder subordinationsrechtlich spielt dabei die Frage keine Rolle, ob auch eine Schutzbedürftigkeit vorliegt. Mag dieses Schutzbedürfnis bei einem Industrieverband nicht in demselben Maße vorhanden sein wie beim einzelnen Bürger, so ändert dies nichts an dem Umstand, daß hier ein rechtliches Über- Unterverhältnis gegeben ist.[8] Unter der Geltung des Grundgesetzes sind alle Bürger gleichermaßen der Rechtsordnung unterworfen.

Jedoch sei die Frage gestellt, ob die tradierte Unterscheidung der Subordination noch heute in die Welt der kooperativen Verwaltung paßt. Auf den ersten Blick wirken beide Begriffe nämlich widersprüchlich und unvereinbar;[9] denn schließlich zielt eine Kooperation gerade auf eine Absage an ein auf Kompetenzen hin orientiertes Handeln ab. Kooperation bezieht sich lediglich auf den Modus der Problembearbeitung, und so setzt sie begriffsnotwendig bereits unterschiedliche Kompetenzsphären voraus; ansonsten bräuchte man gar nicht zu kooperieren.[10] Eine Einebnung der Kompetenzen ist nicht bezweckt. Aber mag die Kooperation praktisch diese Kompetenzen auch überspielen, so dürfen sie rechtlich nicht überwunden werden: Nur der Staat ist dem öffentlichen Interesse verpflichtet, das Leitmotiv des privaten Handelns bleibt hingegen die Verfolgung von eigennützigen Zielen. Folglich kann hier festgehalten werden, daß die Einordnung des rechtsverordnungsersetzenden Vertrags in die Kategorie des subordinationsrechtlichen Vertrags im Hinblick auf den Kooperationsgedanken geradezu notwendig ist.

---

[6] *Maurer*, Allgemeines Verwaltungsrecht, § 14 Rdnr. 12; *Tiedemann* in: Obermayer, VwVfG, § 54 Rdnr. 48; *Ule/Laubinger*, Verwaltungsverfahrensrecht, S. 516.

[7] *Huber*, Allgemeines Verwaltungsrecht, S. 224; *Schimpf*, Verwaltungsrechtliche Vertrag, S. 70 f.; *Ule/Laubinger*, Verwaltungsverfahrensrecht, S. 753.

[8] Anders *Knebel/Wicke/Michael*, Selbstverpflichtungen und normersetzende Umweltverträge, S. 160.

[9] So nämlich *Knebel/Wicke/Michael*, Selbstverpflichtungen und normersetzende Umweltverträge, S. 160.

[10] *Depenheuer* in: Huber (Hrsg.), Kooperationsprinzip im Umweltrecht, S. 22.

II. Die einseitigen und zweiseitigen öffentlich-rechtlichen Verträge

Auch im öffentlichen Vertragsrecht unterscheidet man in Anlehnung an das Privatrecht zwischen gegenseitigen, unvollkommenen zweiseitig verpflichtenden und einseitig verpflichtenden Verträgen.[11] Der gegenseitige Vertrag wird im Subordinationsbereich Austauschvertrag genannt, der in § 56 VwVfG ausdrücklich zugelassen ist. Ein Austauschvertrag ist dann gegeben, wenn sich der Vertragspartner einer Behörde für eine von dieser versprochenen Leistung, etwa für den Erlaß eines Verwaltungsaktes, zu einer Gegenleistung verpflichtet. Die Leistung braucht keinen Marktwert zu haben und kann auch in einem Unterlassen bestehen.[12] Damit sind zunächst echte synallagmatische Verhältnisse im Sinne eines do ut des gemeint. Allerdings werden auch solche Verträge als Austauschverträge verstanden, in denen nur die Gegenleistung des Bürgers vertraglich fixiert ist, die behördliche Leistung hingegen außerhalb des Vertrags versprochen worden ist. In solchen Fällen wird von einem hinkenden Austauschvertrag gesprochen.[13] In diesen Fällen bildet dann die behördliche Gegenleistung die Geschäftsgrundlage für den Austauschvertrag.[14]

Durch einen einseitig verpflichtenden Vertrag wird hingegen eine Leistung versprochen bzw. das Bestehen einer Leistungspflicht anerkannt.[15] Beispiele hierfür sind das Schuldversprechen und die Schenkung.

Bei einem rechtsverordnungsersetzenden Vertrag werden wie beim Austauschvertrag sowohl Leistung als auch Gegenleistung vertraglich festgehalten: Die private Seite befolgt die Verhaltensanforderungen aus dem Vertrag, während die Behörde eine Normsetzung unterläßt. Beide Leistungen stehen damit in einem do ut des- Verhältnis. Somit handelt es sich beim rechtsverordnungsersetzenden Vertrag um einen Austauschvertrag.

III. Die echten / unechten Normsetzungsverträge

1. Die Normsetzungsverträge

Die vertragliche Regelung hinsichtlich einer Normung läßt an eine ähnliche Problematik denken, wie sie in den 70er Jahren kontrovers im Zusammenhang mit vertraglichen Bindungen der Gemeinde bei der Bauleitplanung unter der Überschrift der Normsetzungsverträge diskutiert worden ist.[16] Dabei handelt es sich um öffentlich-rechtliche Verträge, in denen sich eine Gemeinde zum Erlaß, zur Änderung oder zur

---

[11] *Schimpf*, Verwaltungsrechtliche Vertrag, S. 30 ff.; *Spannowsky*, Verträge und Absprachen, S. 207 f.

[12] *Ule/Laubinger*, Verwaltungsverfahrensrecht, S. 764.

[13] *Bonk* in: Stelkens/Bonk/Sachs, VwVfG, § 56 Rdnr. 20; *Henneke* in: Knack, VwVfG, § 56 Rdnr. 1.3; *Kopp/Ramsauer*, VwVfG, § 56 Rdnr. 4; *Meyer* in: Meyer/Borgs, VwVfG, § 56 Rdnr. 6; *Punke*, Verwaltungshandeln durch Vertrag, S. 40; *Tiedemann* in: Obermayer, VwVfG, § 56 Rdnr. 3.

[14] *Bonk* in: Stelkens/Bonk/Sachs, VwVfG, § 60 Rdnr. 10.

[15] Vgl. § 780 BGB.

[16] Vgl. *Birk*, NJW 1977, 1797 (1798).

Ergänzung eines Bebauungsplans verpflichtet: Bauplanungsabreden.[17] Normsetzungsverträge sind darauf gerichtet, den Vertragspartner zum Erlaß oder zur Abänderung einer Norm zu verpflichten.

Das Städtebaurecht ist seit jeher ein klassisches Feld der Begegnung zwischen Verwaltung und Wirtschaft, in dem deren teilweise gegenläufige Interessen gegeneinander abgewogen und zum Ausgleich gebracht werden müssen.[18] Insbesondere für kleine und mittlere Gemeinden bringt die Schaffung von Baugebieten einen erheblichen verwaltungstechnischen und finanziellen Aufwand. Aus diesem Grund nehmen die Gemeinden bei der Planung und Durchführung größerer Bauvorhaben gerne die Hilfe von privaten Bauträgern in Anspruch, die das betreffende Gebiet bebauen wollen.[19] Da die Bauträger an Investitionssicherheit interessiert sind, kommt es zum Abschluß von Verträgen zwischen ihnen und der Gemeinde. In diesen Verträgen sichert der Bauträger zu, gewisse Beträge zur Deckung von kommunalen Folgelasten beizusteuern, und läßt einen Entwurf für einen Bebauungsplan erarbeiten.[20] Die Gemeinde hingegen verpflichtet sich, für das in Frage kommende Gelände einen Bebauungsplan mit einem bestimmten Inhalt aufzustellen. Bei dieser Interessenkombination drängt sich ein Vertrag geradezu auf: Es kommt zu einer Planaufstellungsabrede bzw. einem Planungsvertrag, die in der Literatur häufig als Normsetzungsvertrag bezeichnet werden. Solche Planaufstellungsabreden werden in der städtebaulichen Praxis mit unterschiedlichen Gegenleistungen in unterschiedlichen Intensitäten der Vorwegbindung der gemeindlichen Bauleitplanung verbunden.[21] Obwohl in der Praxis erwünscht,[22] ist der Planungsvertrag rechtlich jedoch anrüchig, weil ein offener Planungsprozeß durch die Vorwegbindung des Ergebnisses nicht mehr gewährleistet ist.

Die überwiegende Literaturmeinung unterscheidet dabei zwischen echten und unechten Normsetzungsverträgen:[23] Durch echte normsetzende Verträge wird die Ver-

---

[17] Vgl. *Ebsen*, JZ 1985, 57 ff.; *Gaßner*, Folgekostenverträge, S. 132 ff.; *Grigoleit*, Der Staat 33 (2000), 79 (90 ff.); *Gusy*, BauR 1981, 164 ff.; *Huber*, Planungsbedingte Wertzuwachs, S. 58 ff.; *Krebs*, VerwArch 72 (1981), 49 ff.; *Loomann*, NJW 1996, 1439 ff.; *Papier*, JuS 1981, 498 ff.; *Plagemann*, WM 1979, 794 ff.; *Schlette*, Verwaltung als Vertragspartner, S. 207 f.; *Schmidt-Aßmann/Krebs*, Rechtsfragen städtebaulicher Verträge, S. 87 ff.

[18] *Dossmann*, Bebauungsplanzusage, S. 9 ff.; *Stollmann*, WiVerw 2000, 126. Zu den verschiedenen städtebaulichen Verträgen vgl. *Birk*, Städtebaulichen Verträge nach BauGB 98, Rdnr. 27 ff.

[19] Vgl. *Degenhart*, BayVBl. 1979, 289 ff.; *Dolde/Uechtritz*, DVBl. 1987, 446 ff.; *Gaßner*, Folgekostenverträge, S. 124 ff.; *Krebs*, DÖV 1989, 969 (972 f.); *Schmidt-Aßmann/Krebs*, Rechtsfragen städtebaulicher Verträge, S. 82 f.

[20] *Dolde/Uechtritz*, DVBl. 1987, 446 (447 f.); *Karehnke*, Rechtsgeschäftliche Bindung kommunaler Bauleitplanung, S. 10 ff.

[21] *Dossmann*, Bebauungsplanzusage, S. 29 ff.; *Karehnke*, Rechtsgeschäftliche Bindung kommunaler Bauleitplanung, S. 10 ff.; *Krebs* in: Hill (Hrsg.), Verwaltungshandeln durch Verträge und Absprachen, S. 83 ff.; *Schmidt-Aßmann/Krebs*, Rechtsfragen städtebaulicher Verträge, S. 84.

[22] So bereits *Redeker*, DÖV 1966, 543 (544).

[23] *Di Fabio*, DVBl. 1990, 338; *Hartkopf/Bohne*, Umweltpolitik 1, S. 234; *Hoppe/Beckmann*, Umweltrecht, § 9 Rdnr. 33; *Hucklenbruch*, Umweltrelevante Selbstverpflichtungen, S. 122; *Kloepfer* in: Bohne (Hrsg.), Umweltgesetzbuch als Motor oder Bremse, S. 179; *Scherer*, DÖV 1991, 1 (4); *Schimpf*, Verwaltungsrechtliche Vertrag, S. 82; *Schlette*, Verwaltung als Vertragspartner, S. 206 ff. Ausführlich *Karehnke*, Rechtsgeschäftliche Bindung kommunaler Bauleitplanung, S. 24 ff.

pflichtung des Hoheitsträgers zum Erlaß, zur Änderung oder zur Aufhebung einer Norm begründet. Solche Verträge gelten im Subordinationsbereich schlechthin als unzulässig.[24] Bei einem unechten Normsetzungsvertrag spricht sich der Normgeber hingegen nur für das Beibehalten einer Gesetzeslage, des Status quo, aus.[25] Da hier keine Normgebung, sondern lediglich ein Unterlassen gefordert werde, so die Literatur, sei die Verfahrenssicherung noch nicht tangiert, so daß der Zulässigkeit eines unechten Normsetzungsvertrags nichts im Wege stände.[26]

Die Rechtsprechung, die sich diesbezüglich bisher nur mit exekutivischer Normsetzung durch Bauleitplanung befaßt hat, behandelt vertragliche Vereinbarungen über Normsetzung und Normsetzungsverzicht gleich[27] und kommt zu deren grundsätzlicher Unzulässigkeit.[28] Allerdings werden die sogenannten Einheimischenmodelle, in denen es zu einer Ersatzbindung dergestalt kommt, daß der Abschluß eines Bauleitverfahrens von den Vertragsparteien lediglich als Geschäftsgrundlage der Verträge erklärt wird, als zulässig erachtet.[29]

2. Kassenärztliche Verträge – die Normverträge

Von den normsetzenden Verträgen sind die Normverträge zu unterscheiden, die zwischen den Krankenkassen und den kassenärztlichen Vereinigungen abgeschlossen werden.[30] Dabei handelt es sich um Verträge, die die Norm selber enthalten.[31] Da den Krankenkassen keine angestellten Ärzte zur Verfügung stehen, sind sie gezwungen, sich ärztliche Dienste zu verschaffen. Insofern unterscheiden sich die Ortskrankenkassen als Krankenkassen von den privaten Krankenkassen, die keiner ärztlichen Dienstleistung bedürfen, da sie nur zum Kostenersatz verpflichtet sind.

Dabei werden teilweise unechte Normsetzungsverträge auch als normersetzende Verträge bezeichnet, was irreführend ist, da diese Verträge höchstens normvermeidende Verträge darstellen.

[24] *Birk*, NJW 1977, 1797 ff.; *Bohne*, VerwArch 75 (1984), 343 (363); *Frenz*, BayVBl. 1991, 673 (676); *Gusy*, BauR 1981, 164 (169); *Jäde*, BayVBl. 1992, 549 f.; *Karehnke*, Rechtsgeschäftliche Bindung kommunaler Bauleitplanung, S. 94; *Krebs*, VerwArch 72 (1981), 49 (52); *Meyer* in: Meyer/Borgs, VwVfG, § 54 Rdnr. 57; *Papier*, JuS 1981, 498 (500); *Weyreuther*, UPR 1994, 128; a.A. *Degenhart*, BayVBl. 1979, 289 ff., der den Anspruch auf Erlaß eines Bebauungsplans aus Vertrag bejaht.

[25] *Beyer*, Instrumente des Umweltschutzes, S. 82 ff.; *Dempfle*, Normersetzende Absprachen, S. 48; *Hartkopf/Bohne*, Umweltpolitik 1, S. 234; *Meyer* in: Meyer/Borgs, VwVfG, § 54 Rdnr. 54 ff.

[26] *Bohne*, VerwArch 75 (1984), 343 (363); *Meyer* in: Meyer/Borgs, VwVfG, § 54 Rdnr. 58.

[27] *BGHZ* 71, 386 (390 f.); 76, 16 (22); *BGH*, NJW 1980, 826 ff.; *BVerwG*, DVBl. 1977, 529 ff.; NJW 1980, 2538 ff.; DÖV 1981, 878 (879); *VGH Kassel*, NVwZ 1985, 839 ff. Ebenso *Spannowsky*, Verträge und Absprachen, S. 148 ff.

[28] Eine Ausnahme hat das *Bundesverwaltungsgericht* in seinem sogenannten Flachglasurteil zugelassen: *BVerwGE* 45, 309 ff. Ein Abwägungsdefizit bei der Aufstellung des Bebauungsplanes liegt nicht vor, wenn die Vorwegbindung sachlich begründet ist, die Zuständigkeit gewahrt wurden und die Entscheidung im übrigen inhaltlich rechtmäßig ausgewogen ist. Hierzu auch *Schulze-Fielitz*, Jura 1992, 201 ff.

[29] Vgl. *BVerwG*, BayVBl. 1993, 405 (408); *Brohm*, JZ 2000, 321 ff.; *Huber*, Planungsbedingte Wertzuwachs, S. 77 f.

[30] Hierzu *Axer*, Normsetzung der Exekutive in der Sozialversicherung, S. 56 ff.; *Ebsen* in: Schulin (Hrsg.), Handbuch des Sozialversicherungsrechts I, § 6 Rdnr. 110.

[31] Teilweise werden Normverträge auch als Kollektivverträge bezeichnet. Sie sind Rechtsquellen.

Zur Erfüllung ihrer Aufgaben schließen die gesetzlichen Krankenkassen Verträge mit den Kassenärztlichen Vereinigungen, die gemäß § 77 Abs. 5 SGB V ebenfalls juristische Personen des öffentlichen Rechts sind. Die abgeschlossenen Verträge entfalten eine Außenwirkung in Form einer Bindungswirkung auch gegenüber dem einzelnen Kassenarzt, der von der Regelung betroffen ist, obwohl er nicht selber Vertragspartner geworden ist.[32] Vorbild dieser Verbandsrahmenverträge ist der Tarifvertrag.[33] Dieser Vertrag findet seine Rechtfertigung in der Zwangsmitgliedschaft der Kassenärzte in den Kassenärztlichen Vereinigungen; denn im Innenverhältnis der Kassenärztlichen Vereinigung bilden die Verträge verbindliche Normen der Körperschaftsverwaltung.[34] Daher sind nach allgemeiner Ansicht die §§ 53 ff. SGB X nicht auf den Normenvertrag anzuwenden.[35] Die Grundfälle dieser Form der Rechtssetzung sind die Bundesmantelverträge und Gesamtverträge nach §§ 82 und 83 SGB V. Es kommt also nur scheinbar zu einem Vertrag zu Lasten Dritter.

Der rechtsverordnungsersetzende Vertrag ist kein Normsetzungsvertrag. Zwar enthält er selber die „Norm“, sein Inhalt ist aber nicht auf Grund der Mitgliedschaft in einem Verband allgemeinverbindlich.

3. Der rechtsverordnungsersetzende Vertrag als echter / unechter Normsetzungsvertrag ?

Wenn statt des Erlasses einer Rechtsverordnung ein rechtsverordnungsersetzender Vertrag abgeschlossen wird, kommt diesem Vertrag faktisch eine unechte normsetzende Wirkung zu; denn die staatliche Seite verpflichtet sich vertraglich, eine Norm nicht zu erlassen. Dabei ist jedoch zu beachten, daß der rechtsverordnungsersetzende Vertrag eine solche Wirkung nicht immer entfalten muß. Es ist nämlich auch denkbar, daß der Inhalt eines rechtsverordnungsersetzenden Vertrags über den einer möglichen Rechtsverordnung hinaus geht, also eine entsprechende Rechtsverordnung gar nicht erlassen werden könnte. Dieses wird aber nicht der Regelfall sein, so daß die vertragliche Verpflichtung zum Nichterlaß einer Rechtsverordnung dafür spricht, daß der rechtsverordnungsersetzende Vertrag in der Tat als ein unechter Normsetzungsvertrag zu verstehen ist.[36]

Zu bedenken ist aber Folgendes: Auch wenn der rechtsverordnungsersetzende Vertrag normsetzende Elemente enthält, so geht der rechtsverordnungsersetzende Vertrag inhaltlich doch noch einen Schritt weiter. Mit dem Abschluß eines rechtsverordnungsersetzenden Vertrags wollen die Vertragsparteien nämlich nicht nur den rechtlichen Status quo erhalten, sondern es soll eine neue Regelung geschaffen werden. Und der rechtsverordnungsersetzende Vertrag setzt ein eigenständiges Regelwerk und einen eigenständigen Regelungsinhalt[37] an die Stelle der Rechtsverordnung, was der unechte Normsetzungsvertrag jedoch gerade verhindern will. Damit unterscheidet sich der

---

[32] *BSGE* 71, 42 (45 ff.).

[33] *Heinze* in: Schulin, Handbuch des Sozialversicherungsrechts I, § 40 Rdnr. 42.

[34] Vgl. hierzu *Rupp*, DVBl. 1959, 81 (82); *Salzwedel*, Grenzen der Zulässigkeit des öffentlich-rechtlichen Vertrages, S. 101 f.

[35] *BSGE* 70, 240 (243); 71, 42 (45).

[36] *Köpp*, Normvermeidende Absprachen, S. 274.

[37] Vgl. *Kloepfer* in: Bohne (Hrsg.), Umweltgesetzbuch als Motor oder Bremse, S. 179.

rechtsverordnungsersetzende Vertrag entscheidend von einem bloßen unechten Normsetzungsvertrag, so daß man feststellen muß: Der rechtsverordnungsersetzende Vertrag ist kein unechter Normsetzungsvertrag.[38]

Allerdings wird der rechtsverordnungsersetzende Vertrag hierdurch auch nicht zum echten Normsetzungsvertrag; denn der Normgeber verpflichtet sich nicht zum Erlaß einer einseitigen Norm mit einem vorher vertraglich geregelten Inhalt, sondern der rechtsverordnungsersetzende Vertrag ist vielmehr selber diese Regelung. Während also der echte Normsetzungsvertrag lediglich die Vorstufe zu einer einseitig-hoheitlichen Regelung ist, stellt der rechtsverordnungsersetzende Vertrag gerade diese Regelung dar. Gemeinsam ist beiden Verträgen, daß ihr Inhalt in einem kooperativen Austausch zustande kommt. Folglich ist der rechtsverordnungsersetzende Vertrag auch kein echter Normsetzungsvertrag. Ein rechtsverordnungsersetzender Vertrag läßt sich also nicht in die Kategorie der echten/unechten Normsetzungsverträge einpassen. Mithin rechtfertigt sich seine Bezeichnung als rechtsverordnungs*er*setzend, um diese Vertragsform vom Normenvertrag und vom Normsetzungsvertrag eindeutig abzugrenzen.

---

[38] A.A.: *Köpp*, Normvermeidende Absprachen, S. 274.

§ 8: Die möglichen Vertragsformverbote

I. Der Vorrang des Gesetzes

Grundlage für ein mögliches Vertragsformverbot ist der Vorrang des Gesetzes. Das Prinzip des Vorrangs des Gesetzes besagt, daß das parlamentarische Gesetz rechtlich allen Akten der Exekutive vorgeht.[1] Nach dem *Bundesverfassungsgericht* ist der Zweck des Vorrangs des Gesetzes, „staatliche Willensäußerungen niedrigeren Ranges rechtlich zu hindern oder zu zerstören."[2] Dies ergibt sich aus Art. 20 Abs. 3 GG, der die vollziehende Gewalt an Gesetz und Recht bindet, das Verwaltungshandeln mithin gesetzesakzessorisch ist.[3] Demnach ist der Vorrang des Gesetzes eine Kollisionsnorm und nicht nur auf förmliche Gesetze und auf das Verfassungsrecht beschränkt,[4] woraus sich eine Rangordnungsregel ergibt. So darf eine Rechtsverordnung nicht gegen förmliches Gesetz verstoßen, während auch Einzelverwaltungsentscheidungen wiederum nicht gegen die Rechtsverordnung verstoßen dürfen. Unter entgegenstehenden Gesetzen sind im übrigen auch allgemeine, aus dem Grundgesetz abgeleitete Prinzipien wie zum Beispiel das Willkürverbot oder der Grundsatz der Verhältnismäßigkeit zu verstehen.

Heute dient der Gesetzesvorrang maßgeblich dazu, eine geschlossene Normenhierarchie zu gewährleisten. Das Vorrangprinzip gilt uneingeschränkt und unbedingt für den gesamten Bereich der Verwaltung, und zwar unabhängig von der gewählten Rechtsform.[5]

Ausgehend vom Grundsatz vom Vorrang des Gesetzes gilt es hier nun zu fragen, ob die Verwaltung durch Vertrag handeln darf. Verstößt ein Vertrag gegen ein Vertragsformverbot, so hat dieser Verstoß die Nichtigkeit des Vertrags zur Folge:[6] Der nichtige Vertrag entfaltet grundsätzlich keinerlei Rechtswirkungen mehr.[7] Dieses Ergebnis wird aber unterschiedlich begründet. Entweder wird auf die Nichtigkeit bei Verstoß gegen ein Vertragsformverbot direkt aus § 54 Satz 1 VwVfG[8] oder aber aus § 59 Abs. 1 VwVfG in Verbindung mit § 134 BGB[9] geschlossen.

---

1 *Degenhart*, Staatsrecht I, Rdnr. 276.

2 *BVerfGE* 40, 237 (247).

3 *Huber*, Allgemeines Verwaltungsrecht, S. 23.

4 *Sachs* in: Sachs (Hrsg.), GG, Art. 20 Rdnr. 112; *Schmidt-Aßmann* in: HdbStR I, § 24 Rdnr. 42.

5 *BVerwGE* 23, 213 (216); 42, 331 (334); 49, 359 (361); *Achterberg*, JA 1979, 356 (359); *Bleckmann*, NVwZ 1990, 601 (602); *Erichsen* in: Erichsen (Hrsg.), Allgemeines Verwaltungsrecht, S. 407; *Götz*, JuS 1970, 1 (5); *Maurer*, Allgemeines Verwaltungsrecht, § 6 Rdnr. 2; *Staudenmayer*, Verwaltungsvertrag mit Drittwirkung, S. 86.

6 *Beyer*, Instrumente des Umweltschutzes, S. 51; *Bonk* in: Stelkens/Bonk/Sachs, VwVfG, § 54 Rdnr. 102; *Meyer* in: Meyer/Borgs, VwVfG, § 54 Rdnr. 71; *Punke*, Verwaltungshandeln durch Vertrag, S. 155; *Scherzberg*, JuS 1992, 205 (212); *Schmidt-Aßmann/Krebs*, Rechtsfragen städtebaulicher Verträge, S. 215.

7 *Maurer*, Allgemeines Verwaltungsrecht, § 14 Rdnr. 44.

8 *Erichsen*, Jura 1994, 47 (50); *Krebs*, VerwArch 72 (1981), 49 (54); *Müller*, Die Verwaltung 10 (1977), 513 (514); *Schenke*, JuS 1977, 281 (290).

9 *Bonk* in: Stelkens/Bonk/Sachs, VwVfG, § 54 Rdnr. 102; *Henneke* in: Knack, VwVfG, § 54 Rdnr. 6.1; *Huber*, Allgemeines Verwaltungsrecht, S. 234; *Maurer*, Allgemeines Verwaltungsrecht, § 14 Rdnr. 42; *Meyer* in: Meyer/Borgs, VwVfG, § 54 Rdnr. 71.

Echte Vertragsformverbote sind hingegen selten. Zwingend untersagt ist der Vertrag etwa im Rahmen des § 2 Abs. 3 BauGB. Ein Vertragsformverbot liegt hingegen nicht nur dann vor, wenn es ausdrücklich in einer Vorschrift vorgesehen ist, sondern auch dann, wenn nach Sinn und Zweck der Regelung ein Vertrag ausgeschlossen ist. Vertragsformverbote können sich daher ebenfalls aus der Auslegung einer Normenmaterie ergeben.[10] Diese Auslegung muß dabei ergeben, daß die gesetzliche Regelung nur eine einseitige Konkretisierung der Rechtslage zuläßt.[11] So wird etwa in den Kernbereichen des Beamtenrechts, des Staatsangehörigkeitsrechts und des Abgabenrechts durch Auslegung ein Vertragsformverbot angenommen.[12] Alleine aus der Eigenart des Umweltrechts als Sonderordnungsrecht läßt sich hingegen noch kein allgemeines Vertragsformverbot schließen.[13]

II. Ein Vertragsformverbot bei fehlenden Handlungsspielräumen

Der Vertrag als Handlungsform setzt einen Verhandlungsgegenstand voraus. Das bedeutet, daß der Gegenstand zumindest in beschränktem Maße für beide Parteien zur Disposition stehen muß.[14] Raum für vertragliches Handeln hat die Verwaltung regelmäßig dort, wo der Gesetzgeber ihr Freiräume überlassen hat: Handlungsspielräume.[15] Fehlt es an einem solchen Handlungsspielraum, liegt mithin als Konsequenz ein Vertragsformverbot vor.

Verhandlungsspielräume und Gestaltungsfreiheit sind gegeben, wenn es der Behörde freisteht, zu handeln oder aber untätig zu bleiben. Das ist regelmäßig dann der Fall, wenn ihr ein Ermessen zusteht. Es ist somit hier zu prüfen, ob und inwieweit der Exekutive ein solcher Freiraum beim Erlaß einer Rechtsverordnung zukommt. Denn nur wenn ihr ein Freiraum beim Verordnungserlaß zusteht, kann sie statt der Verordnung auch einen rechtsverordnungsersetzenden Vertrag abschließen.

1. Das Verordnungsermessen

Die Verordnungsgebung ist zunächst gesetzesakzessorisch und damit grundsätzlich fremdbestimmt. Im Rahmen dieser Verordnungsermächtigung steht der Exekutive aber dennoch ein Freiraum auf Grund der gesetzlichen Ermächtigung zu; zumeist wird in

---

[10] *Bauer* in: Hoffmann-Riem/Schmidt-Aßmann (Hrsg.), Innovation und Flexibilität des Verwaltungshandelns, S. 264; *Bonk* in: Stelkens/Bonk/Sachs, VwVfG, § 54 Rdnr. 52 ff.; *Henneke* in: Knack, VwVfG, § 54 Rdnr. 6.1; *Huber*, Allgemeines Verwaltungsrecht, S. 227; *ders.*, Planungsbedingte Wertzuwachs, S. 45; *Kopp/Ramsauer*, VwVfG, § 54 Rdnr. 42; *Maurer*, Allgemeines Verwaltungsrecht, § 14 Rdnr. 26; *Scherzberg*, JuS 1992, 205 (208); *Spannowsky*, Verträge und Absprachen, S. 147; *Tiedemann* in: Obermayer, VwVfG, § 54 Rdnr. 67.

[11] *Schmidt-Aßmann/Krebs*, Rechtsfragen städtebaulicher Verträge, S. 217.

[12] *Garlit*, Verwaltungsvertrag und Gesetz, S. 254 ff.; *Heun*, DÖV 1989, 1053 ff.; *Kopp/Ramsauer*, VwVfG, § 54 Rdnr. 43; *Kunig*, DVBl. 1992, 1192 (1196).

[13] *Beyer*, Instrumente des Umweltschutzes, S. 75 ff.

[14] *Birk*, NJW 1977, 1797 (1799); *Brohm* in: Hill (Hrsg.), Zustand und Perspektiven der Gesetzgebung, S. 229 f.; *Ritter* in: Grimm (Hrsg.), Wachsende Staatsaufgaben - sinkende Steuerungsfähigkeit des Rechts, S. 81; *Spannowsky*, Verträge und Absprachen, S. 277.

[15] *Hill*, VVDStRL 47 (1989), 172 (193); *Schneider*, VerwArch 87 (1996), 38 (51); *Spannowsky*, Verträge und Absprachen, S. 147.

diesem Zusammenhang von einem Verordnungsermessen gesprochen.[16] Die Ermächtigung zum Erlaß einer Rechtsverordnung eröffnet dabei der Exekutive stets Spielraum hinsichtlich der näheren Ausgestaltung der Verordnung.[17] Oft wird der Exekutive zudem freigestellt, ob sie von der Verordnungsermächtigung überhaupt Gebrauch machen möchte. Dann kann sie unterhalb einer gesetzlich erlaubten strengeren Rechtsfolge eine mildere Rechtsfolge setzen. Dies gilt nicht nur für den einfachen Gesetzesvollzug, sondern mutatis mutandi auch für die exekutivische Rechtsetzung.[18] Mithin sind sowohl das „Ob“ als auch das „Wie“ der Verordnungsgebung grundsätzlich als Ausgangspunkt nicht fest determiniert.[19] Dieser Umstand erinnert an das verwaltungsrechtliche Entschließungs- und Auswahlermessen.[20] Dogmatisch läßt sich das Verordnungsermessen aber inhaltlich nicht umstandslos in die Kategorie des Verwaltungsermessens einsortieren. Zwar ist die Rechtsverordnung ein Gestaltungsmittel der Verwaltung,[21] darüber hinaus ist die Rechtsverordnung aber auch Rechtsquelle für die nachfolgenden Handlungen der Verwaltung und Teil der objektiven Rechtsordnung. Anders als beim Verwaltungsermessen hat das Verordnungsermessen keine konkret-individuelle, sondern eine abstrakt-generelle Regelung im Auge. Somit ist die Verordnungsgebung funktional Gesetzgebung, die allerdings gemäß Art. 80 Abs. 1 GG engeren Schranken unterliegt als der parlamentarische Gesetzgeber.[22] Der Verordnungsgeber handelt nämlich nicht auf Grund der originären Willensentscheidung des Volkes, sondern nur im Vollzug der gesetzlichen Anordnungen: Inhalt, Zweck und Ausmaß sind vorbestimmt. Eine originäre politische Gestaltungsfreiheit steht der Exekutive bei der Verordnungsgebung mithin nicht zu;[23] vielmehr unterliegt der Verordnungsgeber je nach Konkretheit der Ermächtigung zahlreichen Bindungen, Einschränkungen und

---

[16] Ferner finden sich statt Verordnungsermessen folgende synonym gebrauchte Wörter: „Regelungsermessen“, „Gestaltungsspielraum“, „Beurteilungsfreiraum“, „Gestaltungsermessen“, „Einschätzungsprärogative“ und „Ermessensspielraum“. Nachweise bei *von Danwitz*, Gestaltungsfreiheit des Verordnungsgebers, S. 34; *Ossenbühl* in: HdbStR III, § 64 Rdnr. 34; *Weitzel*, Justiziabilität des Rechtsetzungsermessens, S. 108.

[17] *Maunz* in: Maunz/Dürig, GG IV, Art. 80 Rdnr. 34 ff.; *Weitzel*, Justiziabilität des Rechtsetzungsermessens, S. 108.

[18] *Beyer*, Instrumente des Umweltschutzes, S. 87; *Di Fabio*, DVBl. 1990, 338 (343); *von Danwitz*, Gestaltungsfreiheit des Verordnungsgebers, S. 36 ff.; *Kloepfer*, Umweltrecht, § 5 Rdnr. 205; *Rengeling/Gellermann*, ZG 1991, 317 (328).

[19] *BVerfG*, NJW 1983, 2893 (2894).

[20] *Zuleeg*, DVBl. 1970, 157.

[21] *Maurer*, Allgemeines Verwaltungsrecht, § 13 Rdnr. 1.

[22] *Badura* in: FS Martens, S. 25 ff.; *Ossenbühl* in: HdbStR III, § 64 Rdnr. 34. Ausführlich *von Danwitz*, Gestaltungsfreiheit des Verordnungsgebers, S. 33 ff.; *Maunz* in: Maunz/Dürig, GG IV, Art. 80 Rdnr. 34; *Weitzel*, Justiziabilität des Rechtsetzungsermessens, S. 110 ff.

[23] *BVerfG*, DVBl. 1988, 952 (954 ff.); *BVerfGE* 34, 52 (59); *Badura* in: FS Martens, S. 29; *von Danwitz*, Gestaltungsfreiheit des Verordnungsgebers, S. 169 ff.; *Maunz* in: Maunz/Dürig, GG IV, Art. 80 Rdnr. 34; *Zuleeg*, DVBl. 1970, 157 (159).
Eine Ausnahme muß allerdings für die Verordnungsermächtigungen gelten, die sich unmittelbar aus der Verfassung ergeben, wie zum Beispiel Art. 119, Art. 127 und Art. 132 Abs. 4 GG. Hier liegt nur eine verfassungsrechtliche Bindung vor, so daß dem Verordnungsgeber die selbe Gestaltungsfreiheit zukommt, wie dem parlamentarischen Gesetzgeber.

Weisungen.[24] Dieser Umstand läßt es gerechtfertigt erscheinen, das Verordnungsermessen den Kategorien des Verwaltungsermessens zu unterwerfen. Dem steht auch nicht entgegen, daß das Verwaltungsermessen im allgemeinen nur die Regelung eines Einzelfalls betrifft, sieht doch gerade § 35 Satz 2 VwVfG auch die Figur der Allgemeinverfügung vor.

Ob nun aber das Verordnungsermessen dem gesetzgeberischen Ermessen angenähert ist,[25] dem Verwaltungsermessen gleicht[26] oder aber eine eigene Kategorie des Ermessens sui generis[27] bildet, mag im Ergebnis an dieser Stelle dahinstehen: Wichtig ist für diese Untersuchung nur die Feststellung, daß der Behörde grundsätzlich ein Handlungsspielraum bezüglich des Erlasses einer Verordnung zusteht. Es ist also zu fragen, ob das Entschließungsermessen zum Erlaß einer Verordnung von vornherein dergestalt eingeschränkt ist, daß es der Verwaltung nur gestattet ist, eine Verordnung zu erlassen, die Verwaltung mithin keinen Dispositionsraum hat. Besteht nun bezüglich des „Ob" ein Entscheidungsspielraum, ist es grundsätzlich denkbar, daß die Exekutive statt durch Rechtsverordnung durch Vertrag handelt.

Im Gegenschluß bedeutet dies aber: Mangelt es der Exekutive an Entschließungsermessen hinsichtlich eines Verordnungserlasses, so hat dieser Mangel für den betreffenden Bereich ein Vertragsformverbot zur Folge: Es darf einzig und allein durch eine Rechtsverordnung gehandelt werden.[28]

2. Ein Vertragsformverbot aus einem Anspruch des Bürgers auf den Erlaß einer untergesetzlichen Norm aus dem Grundgesetz

An einem Handlungsspielraum der Verwaltung fehlt es, wenn der Bürger einen Anspruch auf den Erlaß einer Rechtsverordnung hat. Mit dieser Feststellung ist der umfangreiche Themenkomplex des Anspruchs auf Normenerlaß und der (echten)[29] Normenerlaßklage angeschnitten.[30] Das Problem eines solchen Anspruchs berührt nämlich nicht nur Fragen der Gewaltenteilung, sondern auch die des umfassenden Rechtsschutzes gemäß Art. 19 Abs. 4 GG.

---

[24] *BVerfGE* 13, 248 (255).

[25] *Ossenbühl* in: FS Huber, S. 286 ff.; *ders.* in: HdbStR III, § 64 Rdnr. 34.

[26] *Weitzel*, Justiziabilität des Rechtsetzungsermessens, S. 116.

[27] *von Danwitz*, Gestaltungsfreiheit des Verordnungsgebers, S. 177 f.

[28] *Scherer*, DÖV 1991, 1 (5). In einer solchen Situation kann aber daran gedacht werden, ob dann nicht einen echten Normsetzungsvertrag mit einer Verpflichtung zum Setzen einer bestimmten Rechtsverordnung möglich wäre.

[29] Die echte Normerlaßklage umfaßt den Erlaß einer Rechtsnorm, während die unechte Normerlaßklage einen Normenergänzungsanspruch enthält. Vgl. *BayVGH*, BayVBl. 1975, 168 ff.; 1981, 499 (500); *Hufen* Verwaltungsprozeßrecht, § 20 Rdnr. 3 f.

[30] *BVerwGE* 7, 188; dann *BVerwGE* 13, 328 (329); 43, 261 (262). Ferner *BayVerfGH*, NVwZ 1986, 636 (637); *OVG Koblenz*, NJW 1988, 1684. Insgesamt sind die Meinungen in diesem Themenbereich sehr uneinheitlich.

Vgl. aus der Literatur *von Barby*, NJW 1989, 80 f.; *Duken*, NVwZ 1993, 546 ff.; *Gleixner*, Normerlaßklage, S. 38 ff.; *Hartmann*, DÖV 1991, 62 ff.; *Hufen*, Verwaltungsprozeßrecht, § 20 Rdnr. 1 ff.; *Kalkbrenner*, DÖV 1963, 41 (47); *Merten*, DVBl. 1970, 701 ff.; *Peters*, NVwZ 1999, 506 (507); *Reidt*, DVBl. 2000, 602 ff.; *Renk*, JuS 1982, 338 f.; *Robbers*, JuS 1988, 949 (950); *Würtenberger*, AöR 105 (1980), 370 (376).

Die Existenz von Gesetzgebungspflichten stellt sich unter dem Grundgesetz erstmalig; denn noch im System der Weimarer Verfassung waren Verfassung und normales Gesetz rangmäßig auf derselben Stufe angesiedelt.[31] Das Grundgesetz bindet aber gemäß Art. 1 Abs. 3 GG alle Staatsgewalten und damit erstmals auch das Parlament selbst an die Grundrechte. So hat das *Bundesverfassungsgericht* seine anfängliche Zurückhaltung[32] hinsichtlich der Möglichkeit eines Anspruchs des Bürgers auf einen Normenerlaß Schritt für Schritt aufgegeben und befürwortet mittlerweile einen solchen subjektiven Normsetzungsanspruch auf den Erlaß sowohl eines förmlichen[33] als auch eines materiellen[34] Gesetzes. Ebenso ist das *Bundesverwaltungsgericht* mittlerweile von seiner strikt ablehnenden Haltung hinsichtlich einer Normenerlaßklage[35] abgerückt und erkennt im Hinblick auf Art. 19 Abs. 4 GG zumindest einen Anspruch des Bürgers gegen ein mit höherrangigem Recht unvereinbares Unterlassen des Normgebers hinsichtlich untergesetzlicher Normen an.[36] Ein Anspruch kann sich demnach aus Grundrechten oder aber auch aus dem einfachen Recht ergeben. Daß ein solcher Anspruch auf einen Normenerlaß grundsätzlich existiert, zeigt auch der Umkehrschluß aus § 2 Abs. 3 BauGB, der ausdrücklich einen Anspruch auf die Aufstellung eines Bebauungsplans ausschließt.[37] Für einen Anspruch auf einen untergesetzlichen Normenerlaß ist aber ebenso wie bei einer Verpflichtungsklage gemäß § 42 Abs. 1 VwGO entscheidend, daß dem Bürger diesbezüglich ein subjektiv öffentliches Recht zusteht.[38]

Zwei Ansätze, die möglicherweise ein subjektives Recht des Bürgers und damit eine Pflicht zum Verordnungserlaß begründen können, kommen aus dem Grundgesetz in Betracht: Ein ausdrücklicher Verfassungsauftrag[39] oder aber die Verletzung des Gleichheitssatzes gemäß Art. 3 Abs. 1 GG. Ein entsprechender Verfassungsauftrag kann sich dabei vorliegend wiederum entweder aus einer Schutzpflicht des Staates für seine Bürger oder aber aus der Pflicht zum Schutz der natürlichen Lebensgrundlagen gemäß Art. 20a GG ergeben.

a) Eine Verordnungsgebungspflicht aus Art. 20a GG ?

Seit zu Beginn der 70er Jahre die Umweltprobleme in das Bewußtsein der Allgemeinheit und der Politiker gedrungen sind, wurde immer wieder die Forderung erho-

---

[31] *Peine*, NuR 1988, 115 (118).

[32] Ablehnend *BVerfGE* 1, 97 (100 f.).

[33] *BVerfGE* 2, 287 (291); 6, 257 (264); 8, 1 (20); 11, 255 (261); 12, 139 (142); 56, 54 (70 f.); 77, 170 (214).

[34] Allerdings nur im Sinne einer unechten Normerlaßklage: *BVerfGE* 13, 248 (254); 16, 332 (338); 34, 163 (194).

[35] *BVerwGE* 7, 188; 13, 328 (329); 43, 261 (262).

[36] *BVerwG*, NJW 1989, 1495 (1496); *BVerwG*, NVwZ 1990, 162 (163). Ob auch der parlamentarische Gesetzgeber an Art. 19 Abs. 4 GG gebunden ist, blieb hingegen offen. Hierzu *Peters*, NVwZ 1999, 506. Nach h.M. ist der Art. 19 Abs. 4 GG auf die Exekutive beschränkt.

[37] *Robbers*, JuS 1988, 946 (951).

[38] *Gleixner*, Normerlaßklage, S. 31; *Reidt*, DVBl. 2000, 602 (604); *Würtenberger*, AöR 105 (1980), 370 (377 f.).

[39] Hierzu *Kalkbrenner*, DÖV 1963, 42 (43).

ben, den Umweltschutz im Grundgesetz zu verankern.[40] Mit dem Gesetz zur Änderung des Grundgesetzes vom 27.10.1994 wurde der Art. 20a GG als Ergebnis eines mühsamen Kompromisses im Zuge der Verfassungsreformbestrebungen eingefügt. Dieser Art. 20a GG setzt das Staatsziel des Umweltschutzes fest;[41] seine Bestimmungen verpflichten den Staat zum Schutz der natürlichen Lebensgrundlagen. Diese Schutzpflicht erfaßt die klassischen Umweltmedien Luft, Wasser und Boden sowie die Tier- und Pflanzenwelt, wobei dem Begriff des Umweltschutzes ein anthropozentrischer Ansatz zugrunde liegt.[42] Gerichtliche Ausführungen zum Art. 20a GG sind bisher spärlich.[43]

Zum Wesen von Staatszielbestimmungen gehört es, daß sie nur objektiv-rechtlichen Charakter haben. Staatsziele sind in erster Linie Handlungsaufträge an die Gesetzgebung:[44] Sie binden das staatliche Handeln.[45]

Der Bürger kann hingegen aus einem Staatsziel keine subjektiven Rechte herleiten. So hat bereits der Wortlaut des Art. 20a GG allein den Staat als Adressaten, und mithin bleibt die Umsetzung der Verpflichtung aus einem Staatsziel der politischen Gestaltungsfreiheit des Gesetzgebers überlassen.[46] Umweltschutz kann dabei in einer komplexen Industriegesellschaft nicht schlichtweg geboten und Umweltgefährdungen können nicht schlichtweg verboten werden. Der Staat hat bei der Erfüllung des Auftrags daher einen Gestaltungsspielraum, der weiter ist als bei konkret gefaßten Gesetzgebungsaufträgen und der sich nur äußerst selten zu einer Handlungspflicht in einem ganz bestimmten Sinne verdichtet.[47] Somit fehlt der Staatszielbestimmung Umweltschutz der subjektive Rechtsvermittlungscharakter,[48] so daß aus Art. 20a GG keine festgelegten Mittel zur Erreichung dieses Staatsziels abgeleitet werden können.[49] Al-

---

40 Zur Geschichte des Art. 20a GG siehe zum Beispiel: *Kloepfer* in: Bonner Kommentar, GG IV, Art. 20a Rdnr. 1 ff.; *ders.*, DVBl. 1996, 73 ff.; *ders.*, Umweltrecht, § 3 Rdnr. 20 ff.; *ders.* in: Achterberg et al. (Hrsg.), Besonderes Verwaltungsrecht, S. 359 ff.; *Schulze-Fielitz* in: Dreier, GG II, Art. 20a Rdnr. 5.

41 *Brockmeyer* in: Schmidt-Bleibtreu/Klein, GG, Art. 20a Rdnr. 1; *Degenhart*, Staatsrecht I, Rdnr. 367 ff.; *Kloepfer*, DVBl. 1996, 73 (74); *Murswiek* in: Sachs (Hrsg.), GG, Art. 20a Rdnr. 1; *ders.*, NVwZ 1996, 222 ff.; *Schink*, DÖV 1997, 221 (222 f.); *Scholz* in: Maunz/Dürig, GG III, Art. 20a Rdnr. 32 ff.; *Westphal*, JuS 2000, 339 ff.

42 Im Gegensatz zum ökozentrischen Ansatz. *Kloepfer*, DVBl. 1993, 73 (77).

43 Das *Bundsverfassungsgericht* nimmt in zwei Kammerbeschlüssen auf Art. 20a GG bezug: *BVerfG*, NVwZ 1997, 159 und *BVerfG*, NJW 1998, 367 (368). Am bekanntesten ist bisher der Artemis und Aurora-Beschluß des *Bundesverwaltungsgerichts*: *BVerwG*, NJW 1995, 2648 ff. Siehe hierzu *Uhle*, UPR 1996, 55 ff.

44 *Degenhart*, Staatsrecht I, Rdnr. 367a; *Hesse* in: HdbVerfR, § 5 Rdnr. 34; *Maurer*, Staatsrecht, § 6 Rdnr. 14.

45 Insofern verschließt sich das Staatsziel „Umweltschutz" dem umweltrechtlichen dem Kooperationsprinzip. Vgl.: *Kloepfer*, DVBl. 1996, 73 (74). Hingegen lassen sich Vorsorge- und Verursacherprinzip aus Art. 20a GG ableiten. Vgl.: *Murswiek*, ZfU 2001, 7 (12).

46 *Hoffmann-Riem*, Die Verwaltung 28 (1995), 425 (426) spricht insofern von „elastic law".

47 *Kloepfer* in: Bonner Kommentar, GG IV, Art. 20a Rdnr. 27; *Scholz* in: Maunz/Dürig, GG III, Art. 20a Rdnr. 49; *Schulze-Fielitz* in: Dreier, GG II, Art. 20a Rdnr. 58.

48 *BVerwG*, NJW 1995, 2648 (2649); *Kloepfer* in: Bonner Kommentar, GG IV, Art. 20a Rdnr. 12.

49 *Uhle*, DÖV 1993, 947 (951) m.w.N.

lein aus der Staatszielbestimmung läßt sich ebenfalls kein bestimmtes Schutzniveau herleiten.[50]

Der Schutzauftrag des Art. 20a GG umfaßt auch die Verhütung von Schäden, die ohne staatliches Einschreiten eintreten würden. Allerdings läßt sich im Hinblick auf den Schutz von Umweltgütern nicht generell sagen, wann Gefahrenabwehr bzw. wann Risikovorsorge geboten ist. Hier können unter Umständen auch Schäden an Umweltgütern, ja sogar die Zerstörung einzelner Umweltgüter in Kauf genommen werden und somit erst recht auch die Gefährdung einzelner Güter.[51] Selbst bei einer evidenten und willkürlichen Mißachtung der Handlungs- und Schutzpflicht durch den Staat müßte eine Klage des Bürgers, die sich auf Art. 20a GG stützt, mangels Klagebefugnis abgewiesen werden.[52]

Insofern liest sich die prozeßrechtliche Konsequenz, die das *Bundesverwaltungsgericht*[53] gezogen hat, überraschend weit: Wer geltend machen will, daß der Normgeber trotz seines prinzipiellen Gestaltungsspielraums auf Grund von Art. 20a GG zum Erlaß einer ganz bestimmten Regelung verpflichtet ist, hat eine entsprechende Darlegungslast. Es bedarf demnach einer vertieften Darlegung, aus der sich eine Verpflichtung gerade zu dieser Regelung im einzelnen ergibt und aus der hervorgeht, wie der Normgeber dieser Verpflichtung unter Beachtung der darüber hinaus einzuhaltenden Maßstäbe nachkommen kann. Demnach scheint das *Bundesverwaltungsgericht* nicht absolut eine Klagebefugnis ausschließen zu wollen.

Dennoch kann der Art. 20a GG nicht dazu dienen, den Handlungsspielraum des Verordnungsgebers zum Erlaß einer Rechtsverordnung nennenswert einzuschränken. Denn selbst wenn man aus den Ausführungen des *Bundesverwaltungsgerichts* schließt, daß eine Klagebefugnis auf Grund des Art. 20a GG möglich ist, so ist doch nahezu ausgeschlossen, daß es gelingen wird, die Anforderungen an die aufgestellte Darlegungslast zu erfüllen. Aus dem Staatsziel Umweltschutz gemäß Art. 20a GG ergibt sich mithin keine Pflicht zum Erlaß einer bestimmten Regelung und infolgedessen kein Vertragsformverbot.

b) Die Schutzpflicht des Staates aus Art. 2 Abs. 2 Satz 1 in Verbindung mit Art. 1 Abs. 1 GG ?

Grundrechte sind nicht nur subjektive Abwehrrechte,[54] sie verkörpern vielmehr zugleich eine objektive Werteordnung[55] mit verfassungsrechtlichen, zu Handlungspflich-

---

[50] *Murswiek* in: Sachs (Hrsg.),GG, Art. 20a Rdnr. 39; *Schink*, DÖV 1997, 221 (226).

[51] *Murswiek* in: Sachs (Hrsg.), GG, Art. 20a Rdnr. 49; a.A. das *VG Frankfurt am Main*, NVwZ-RR 1997, 92 (95), welches dem Art. 20a GG ein Verschlechterungsverbot entnimmt.

[52] Zum Sozialstaatsprinzip: *BVerfGE* 1, 97 (105); 56, 54 (77); 77, 170 (214); 77, 381 (405); 79, 179 (202); 81, 242 (255). Zum Art. 20a GG: *BVerwG*, NJW 1995, 2648 (2648); *Kloepfer* in: Bonner Kommentar, GG IV, Art. 20a Rdnr. 18.

[53] *BVerwG*, 10.09.1999 - 11 B 22.99. Nachweis bei *Murswiek*, Die Verwaltung 33 (2000), 241 (267).

[54] Vgl. etwa *Bleckmann*, Grundrechte, S. 247; *Isensee* in: HdbStR V, § 111 Rdnr. 9.

[55] Ständige Rechtsprechung: *BVerfGE* 7, 98 (205) (Lüth); 10, 302 (322); 35, 79 (114); 39, 1 (41 ff.); 46, 160 (164 f.); 49, 89 (141 ff.); 53, 30 (57 ff.); 56, 54 (73 ff.); 61, 18 (25); 62, 323 (329); 77, 170 (214); *Bleckmann*, Grundrechte, S. 312 ff.; *Huber*, Allgemeines Verwaltungsrecht, S. 73 ff.; *ders.*, Jura 1998, 505 (508); *Klein*, NJW 1989, 1633 (1634 f.); *von Münch* in: von Münch/Kunig, GG I, Vorb. Art. 1-15 Rdnr. 22; *Robbers*, Sicherheit als Menschenrecht, S. 129 ff.

ten verdichteten Bindungswirkungen.[56] Mithin lassen sich aus den Grundrechten als einer objektiven Werteordnung Schutzpflichten[57] ableiten, die den Staat verpflichten, sich dort schützend und fördernd vor die grundrechtlichen Interessen zu stellen, wo der Bürger diese nicht verwirklichen kann. Das *Bundesverfassungsgericht* hat seit 30 Jahren die grundrechtliche Schutzpflicht im Urteil zur Neuregelung des Schwangerschaftsabbruchs[58] entwickelt und über den Antrag auf einstweilige Anordnung gegen die Bundesregierung zur Befreiung des entführten Arbeitgeberpräsidenten Schleyer weitergeführt.[59] Diese Schutzpflicht leitet das *Bundesverfassungsgericht* in seiner als gefestigt anzusehenden Rechtsprechung unmittelbar aus den Grundrechten ab: „Das menschliche Leben stellt innerhalb der grundgesetzlichen Ordnung einen Höchstwert dar; es ist die vitale Basis der Menschenwürde und die Voraussetzung aller anderen Grundrechte".[60] Der Art. 2 Abs. 2 Satz 1 GG enthält mithin auch eine umfassende Pflicht zum Schutz des Lebens.[61] Dabei weist der grundrechtliche Schutz des Art. 2 Abs. 2 Satz 1 GG einen engen Bezug zum Menschenwürdenschutz des Art. 1 Abs. 1 GG auf; denn der staatliche Zugriff auf die physische Integrität des Menschen wirft auch die Frage auf, ob dabei dessen Würde gewahrt bleibt.[62] Diese grundrechtlichen Schutzpflichten richten sich dabei nicht nur an den parlamentarischen Gesetzgeber:[63] Delegiert der legislative Gesetzgeber die Materie auf die Exekutive, weil diese den Bereich besser regeln kann, wird die Exekutive naturgemäß Adressat des Schutzanspruches.[64] Gemäß Art. 1 Abs. 3 GG ist dann die Exekutive ebenfalls gehalten, in ihrem Aufgabenbereich die Schutzpflichten zu verwirklichen.

Im Umweltschutzbereich verlagert sich der Schutz des Lebens vor allem auf den Schutz der körperlichen Unversehrtheit.[65] Gerade an den Fällen zum Schutz von Leben und Gesundheit hat das *Bundesverfassungsgericht* seine Schutzpflichtrechtsprechung entwickelt. Es stützt seit dem zweiten Abtreibungsurteil[66] die Schutzverpflichtung auf

---

56 *BVerfGE* 39, 1 ff.; hierzu auch *Jarass*, AöR 110 (1985), 363 ff.
Di Fabio, Risikoentscheidungen im Rechtsstaat, S. 46 weist darauf hin, daß der bloße Hinweis auf die Eigenschaft der Grundrechte als objektive Wertordnung verfassungsdogmatisch zur Herleitung eines subjektiven Rechts auf staatlichen Schutz nicht mehr ausreicht.

57 *BVerfGE* 39, 1 ff. 46, 160 (164); 49, 89 (140 ff.); 53, 30 (57); 56, 54 (73); 77, 170 (214 f.); 77, 381 (402 f.); 79, 174 (201 f.); 81, 310 (339); 85, 191 (212); 87, 363 (386); 88, 203 (251 ff.); *Bleckmann*, Grundrechte, S. 336 ff.; *Dietlein*, Lehre von den grundrechtlichen Schutzpflichten; *Hoppe/Beckmann*, Umweltrecht, § 4 Rdnr. 55 ff.; *Huber*, Konkurrenzschutz im Verwaltungsrecht, S. 184 ff.; *Klein*, DVBl. 1994, 489 ff.; *Maurer*, Staatsrecht, § 9 Rdnr. 25; *Wahl/Masing*, JZ 1990, 553 ff.

58 *BVerfGE* 39, 1 ff. Zur Entwicklung der Rechtsprechung des *Bundesverfassungsgerichts* vgl.: *Isensee* in: HdbStR V, § 111 Rdnr. 78.

59 *BVerfGE* 46, 160 ff.

60 *BVerfGE* 49, 89 ff. (Kalkar); 53, 30 (57) (Mülheim-Kärlich).

61 *BVerfGE* 77, 170 (214) (C-Waffenbeschluß); 77, 381 (402 f.) (atomares Zwischenlager); 79, 174 (201) (Verkehrslärm).

62 *Kunig*, Jura 1991, 415.

63 *Klein*, DVBl. 1994, 489 (494); *Stern*, Staatsrecht III/1, S. 951.

64 *Möstl*, DÖV 1998, 1029 (1036); *Unruh/Strohmeyer*, NuR 1998, 225 (230). Zu den exekutivischen Schutzpflichten siehe auch *BVerfGE* 77, 170 ff.

65 Vgl. zu Schutzpflichten speziell im Umweltbereich: *Kloepfer*, Umweltrecht, § 3 Rdnr. 9 ff.

66 *BVerfGE* 88, 203 (251).

Art. 2 Abs. 2 in Verbindung mit Art. 1 Abs. 1 Satz 2 GG,[67] in dessen Schutzbereich aber nicht nur unmittelbare staatliche Eingriffe in das Leben fallen, sondern über dessen abwehrrechtlichen Charakter hinaus dieser Artikel dem Staat auch gebietet, sich schützend und fördernd vor dieses Leben zu stellen.[68] Schutz vor rechtswidrigen Eingriffen von Seiten Dritter ist hier also ausdrücklich gefordert.[69] Insofern ergibt sich ein Rechts-Dreieck mit den Grundrechtsgeschützten, dem Grundrechtsbeeinträchtigenden und dem Grundrechtsschützer als Eckpunkte.[70]

Der Staat setzt im Umweltbereich den Bürger zwar nicht unmittelbar Risiken aus, aber er steuert durch die von ihm erlassenen gesetzlichen Vorgaben das Ausmaß, in dem die Bürger das Leben und die Gesundheit anderer zu respektieren haben.[71]

Ein Mittel zum Schutz des Lebens ist vor allem der Erlaß von Rechtsnormen, die die Verletzung und Gefährdung von Leben und körperlicher Integrität verbieten und entsprechende, gerichtlich durchsetzbare Unterlassensansprüche begründen.[72]

Allerdings beinhaltet allein die Bejahung einer Schutzpflicht noch keinen korrespondierenden Leistungsanspruch. Wie der Staat seine Schutzpflicht erfüllt, ist nämlich in erster Linie vom Gesetzgeber zu entscheiden. Im gewaltengeteilten Staat begrenzt ausschließlich das Grundgesetz den Rahmen, innerhalb dessen die Alternativwahl zu erfolgen hat.[73] Den staatlichen Organen, denen bei der Erfüllung ihrer Schutzpflichten ein weiter Einschätzungs-, Wertungs- und Gestaltungsspielraum zukommt,[74] obliegt es, die Gefahrensituation zu beurteilen und aus der Vielzahl der denkbaren Regelungen die ihm geeignet erscheinende Regelung auszuwählen.

Das *Bundesverfassungsgericht* hat hierzu entschieden, daß diese Schutzpflicht erst verletzt ist, wenn die öffentliche Gewalt Schutzvorkehrungen entweder überhaupt nicht getroffen hat oder die getroffenen Maßnahmen gänzlich ungeeignet oder völlig unzulänglich sind, das Schutzziel zu erreichen.[75] Eine solche Evidenz- und Willkür-

---

[67] Zuletzt im Kammerbeschluß zum Ozongesetz: *BVerfG*, NJW 1996, 651 ff. Kritisch hierzu *Murswiek*, Die Verwaltung 33 (2000), 281 (242), der befürchtet, daß hiermit die Schutzpflicht auf Fälle reduziert wird, die Menschenwürde verletzen, andere Rechtgüter aber nicht.
In *BVerfG*, NJW 1997, 2509 f. (Elektrosmog) und *BVerfG*, NuR 1998, 481 f. hat das Gericht dann wieder nur auf Art. 2 Abs. 2 GG rekurriert.

[68] *Hermes*, Grundrecht auf Schutz von Leben und Gesundheit, S. 43 ff.; *Huber*, Allgemeines Verwaltungsrecht, S. 73; *Kannengießer* in: Schmidt-Bleibtreu/Klein, GG, Art. 2 Rdnr. 20b; *Kunig*, Jura 1991, 415 (419); *Pieroth/Schlink*, Grundrechte, Rdnr. 445; *Zippelius* in: Bonner Kommentar, GG I, Art. 1 Rdnr. 22.

[69] *BVerfGE* 53, 30 (57); *Klein*, NJW 1989, 1633; *Peine*, NuR 1988, 115 (118); *Schmidt-Aßmann*, Allgemeines Verwaltungsrecht als Ordnungsidee, S. 59; *Stern*, Staatsrecht III/1, S. 931.

[70] *Isensee*, Grundrecht auf Sicherheit, S. 34; *Stern*, Staatsrecht III/1, S. 946.

[71] *Kunig*, Jura 1991, 415 (419).

[72] *BVerfGE* 49, 89 (142); *Murswiek* in: Sachs (Hrsg.), GG, Art. 20a Rdnr. 191.

[73] *BVerfGE* 56, 54 (81); 77, 170 (214 f.); 77, 381 (405); 79, 174 (201 f.); *Kunig*, Jura 1991, 415 (419 f.); *Roth*, Verwaltungshandeln mit Drittbetroffenen, S. 239; *Starck* in: von Mangoldt/Klein/Starck (Hrsg.), GG I, Art. 2 Abs. 2 Rdnr. 216.

[74] *BVerfGE* 56, 54 (80 f.); 77, 170 (214 f.); 79, 174 (190 ff.); 88, 203 (261 f.); *Klein*, DVBl. 1994, 489 (495); *Murswiek*, Die Verwaltung 33 (2000), 241 (244).

[75] *BVerfGE* 56, 54 (80 ff.); 77, 170 (215); 79, 174 (202); *BVerfG*, NJW 1996, 651 mit Hinweis auf *BVerfGE* 88, 203 (253); *BVerfG*, NJW 1998, 975 f. Vgl. *Maurer*, Staatsrecht, § 9 Rdnr. 26; *Möstel*, DÖV 1998, 1029 ff.

kontrolle[76] ist dabei nicht nur auf die formelle Gesetzgebung, sondern auch auf die materielle Gesetzgebung anzuwenden.[77] Ähnlich heißt es im Beschluß zum Waldschadensfall: Die Begrenzung der verfassungsgerichtlichen Nachprüfung auf evidente Schutzpflichtverletzungen sei geboten, „weil es regelmäßig eine höchst komplexe Frage ist, wie eine positive staatliche Schutzpflicht, die erst im Wege der Verfassungsinterpretation aus den in den Grundrechten verkörperten Grundentscheidungen hergeleitet wird, durch aktive gesetzgeberische Maßnahmen zu verwirklichen ist."[78]

Ein stärkeres Hervorheben der staatlichen Schutzpflicht hat die Lehre vom sogenannten. Untermaßverbot[79] zur Folge. Diese Rechtsfigur hat das *Bundesverfassungsgericht* erstmals in seinem zweiten Urteil zum § 218 StGB aufgegriffen,[80] demzufolge die Ausgestaltung des Schutzes gewissen Mindestanforderungen entsprechen muß. Dieses Untermaßverbot wird aber erst dann verletzt, wenn der Grundrechtsschutz ansonsten dauerhaft ausgehöhlt ist.[81]

Ob das Untermaßverbot den Handlungsspielraum zur Normgebung zusätzlich begrenzt, erscheint jedoch fraglich. Das Untermaßverbot ist nämlich kein eigener Verfassungsgrundsatz,[82] und bei der Bestimmung des Prüfungsumfangs eines Mindestschutzes stellt das *Bundesverfassungsgericht* grundsätzlich dieselben Erwägungen an wie zur Überprüfung eines Eingriffs.[83] Mithin liegt es nahe, das Untermaßverbot als Ausprägung des Verhältnismäßigkeitsprinzips zu betrachten. Diesen Grundsatz der Verhältnismäßigkeit hat der Gesetzgeber ohnehin zu beachten. Da nun der Staat nur insoweit in die Grundrechte des störenden Dritten eingreifen darf, wenn dies zum Schutz des gefährdeten Grundrechts auch erforderlich ist, decken sich Über- und Untermaßverbot.[84] Eine weitere Einschränkung des gesetzgeberischen Handlungsspielraums folgt also aus dem Untermaßverbot nicht.

Das bedeutet im Ergebnis, daß aus der Schutzpflicht des Staates gegenüber seinen Bürgern nur in einer ganz untergeordneten Anzahl von extremen Situationen der Staat zu einem Handeln verpflichtet ist.[85] Generell kann daher gesagt werden, daß sich aus der grundrechtlichen Schutzpflicht keine Ermessensreduzierung zum Erlaß einer Rechtsverordnung und damit auch kein Vertragsformverbot ergibt.

---

[76] Hierzu kritisch *Murswiek*, WiVerw 1986, 179 (190 ff.).

[77] Zur Evidenzkontrolle bei Rechtsverordnungen vgl. *von Danwitz*, Gestaltungsfreiheit des Verordnungsgebers, S. 208 f.; *Nierhaus* in: Bonner Kommentar, GG VII, Art. 80 Abs. 1 Rdnr. 366.

[78] *BVerfG*, NJW 1998, 3264 (3265).

[79] Geprägt wurde das Untermaßverbot von Canaris, AcP 184 (1984), 201 (232 ff.). Vgl. auch: *Huber*, Allgemeines Verwaltungsrecht, S. 74; *Isensee* in: HdbStR V, § 111 Rdnr. 165 f.; *Jarass*, AöR 110 (1985), 363 (383); *Köck*, AöR 121 (1996), S. 1 ff.; *Ossenbühl*, NuR 1996, 53 (57); *Sachs* in: Sachs (Hrsg.), GG, vor Art. 1 Rdnr. 35; *Steinberg*, NJW 1996, 1985 (1988).

[80] *BVerfGE* 88, 203 (254 f.). Kritisch, ob sich das Untermaßverbot überhaupt auf den Umweltbereich übertragen läßt *Schmidt*, Einführung in das Umweltrecht, S. 48.

[81] *Huber*, Allgemeines Verwaltungsrecht, S. 231.

[82] A.A.: *Canaris*, JuS 1989, 161 (163).

[83] *Hain*, DVBl. 1993, 982 (983).

[84] *Hain/Schlette/Schmitz*, AöR 122 (1997), 32 (51), die keine eigenständige dogmatische Bedeutung dem Untermaßverbot zusprechen. Ferner *Erichsen*, Jura 1997, 85 (88); *Hain*, DVBl. 1993, 982 (983); *Maurer*, Staatsrecht, § 8 Rdnr. 58; *Stern*, Staatsrecht III/2, S. 813; a.A. *Möstl*, DÖV 1998, 1029 (1038), der aber auch hier nur eine Evidenzkontrolle für ratsam hält.

[85] *Fluck/Schmitt*, VerwArch 89 (1998), 220 (239).

c) Der Gleichheitssatz gemäß Art. 3 Abs. 1 GG

Eine Pflicht zum Erlaß einer Rechtsverordnung könnte sich eventuell jedoch aus dem allgemeinen Gleichheitssatz gemäß Art. 3 Abs. 1 GG ergeben. Ein solcher Anspruch ist in der Rechtsprechung[86] und in der Literatur[87] seit langem anerkannt: Dieser Anspruch ergibt sich zum Beispiel dann, wenn der Gesetzgeber einen bestehenden Verfassungsauftrag unter Verletzung des Art. 3 Abs. 1 GG unvollständig ausführt. Ein Unterlassen des Gesetzgebers ist aber nur dann der Fall, wenn eine Person eine staatliche Leistung beansprucht, die andere Personen bereits erhalten,[88] also bei begünstigenden Regelungen. Die Begriffe von Eingriff und Leistung spiegeln sich insofern in den Komplementärbegriffen Handeln und Unterlassen.

Ein rechtsverordnungsersetzender Vertrag vermittelt den Vertragsparteien keine Begünstigung, sondern neue Pflichten: Er ist mithin belastend. Der Art. 3 Abs. GG spielt daher als Anspruchsgrundlage in diesem Zusammenhang keine Rolle, so daß sich hier auch kein Vertragsformverbot ergibt.

3. Ein Vertragsformverbot aus der Pflicht zum Erlaß einer Rechtsverordnung aus der spezialgesetzlichen Verordnungsermächtigung

Nicht nur aus dem Grundgesetz, sondern auch aus der spezialgesetzlichen Ermächtigungsnorm zu einer Rechtsverordnung könnte sich die Pflicht zum Erlaß einer Rechtsverordnung ergeben.

a) Die Ausgangslage

Die Ermächtigung zum Erlaß einer Rechtsverordnung ist ein Akt, mittels dessen einem Organ eine in der Form einer Rechtsverordnung auszuübende rechtsetzende Gewalt verliehen wird: Verordnungskompetenz.[89] Dem Parlament steht bei der Gesetzgebung ein Legislativermessen zu, welches ihm einen Raum eigener Entschließungs- und Gestaltungsfreiheit zubilligt, innerhalb dessen politische Sach- und Willensentscheidungen im Rahmen eines gesetzlichen Programms bestimmen, ob und wie von der Ermächtigung Gebrauch gemacht wird.[90] Das Verordnungsermessen ist hingegen kleiner als das des parlamentarischen Gesetzgebers, weil der Verordnungsgeber demokratisch geringer, weil nur mittelbar, legitimiert ist.[91] Seine gestalterische Freiheit hat mithin qualitativ und quantitativ einen geringeren Umfang als diejenige des Gesetzgebers.

Vor diesem Hintergrund steht es dem Verordnungsgeber zunächst grundsätzlich frei, auf einen Verordnungserlaß zu verzichten.[92] Die Entscheidung der verordnungsgebenden Exekutive, ob und wann sie von einer ihr erteilten Ermächtigung Gebrauch

---

[86] *BVerfGE* 13, 248 (258); *BVerwGE* 74, 67 (72); *BVerwG*, NJW 1997, 956 (957) m.w.N.

[87] *Ossenbühl* in: HdbStR III, § 64 Rdnr. 43; *Gleixner*, Normerlaßklage, S. 110.

[88] *BVerfGE* 9, 338 (342); 15, 46 (75); *BVerwGE*, NJW 1997, 956 (957); *Stern*, Staatsrecht III/2, S. 1316; *Starck* in: von Mangoldt/Klein/Starck, GG I, Art. 3 Rdnr. 229.

[89] *Lücke* in: Sachs (Hrsg.), GG, Art. 80 Rdnr. 4.

[90] *von Danwitz*, Gestaltungsfreiheit des Verordnungsgebers, S. 185 ff.

[91] *BVerfGE* 56, 54 (81).

[92] *Beyer*, Instrumente des Umweltschutzes, S. 87; *Bohne*, VerwArch 76 (1984), 343 (365 f.); *Ossenbühl* in: HdbStR III, § 64 Rdnr. 64.

macht, steht regelmäßig in ihrem Ermessen.[93] Eine Pflicht zum Erlaß einer Rechtsverordnung ergibt sich aus der spezialgesetzlichen Ermächtigung grundsätzlich nicht, allerdings gilt die Entschließungsfreiheit über das „Ob“ der Verordnungsgebung nicht ausnahmslos. Für die Begründung einer solchen Ausnahme sowie zur Beschränkung des Entschließungsermessens des Verordnungsgebers kommen folgende Gesichtspunkte in Betracht:

b) Eine ausdrückliche Verpflichtung zum Erlaß aus der Ermächtigungsnorm

Zunächst ist festzustellen, daß die Legislative die Exekutive ausdrücklich zum Erlaß einer Rechtsverordnung verpflichten kann. Dies kommt in der Ermächtigung selber durch entsprechende imperative Formulierungen zum Ausdruck: „Die Bundesregierung bestimmt (...) durch Rechtsverordnung“ oder „hat (...) zu erlassen“.[94] Beispiele für solche Verpflichtungen sind §§ 13 Abs. 4 Satz 3, 41 Abs. 1 Satz 2 KrW-/AbfG.

Eine solche Verpflichtung zur Rechtsverordnung wird im Einklang mit Art. 80 Abs. 1 GG und damit als verfassungsrechtlich unbedenklich[95] gesehen, obwohl der Art. 80 Abs. 1 GG vom Wortlaut her lediglich von einer „Ermächtigung“ und damit nicht von einer „Verpflichtung“ zum Erlaß einer Rechtsverordnung spricht.[96] Eine solche Möglichkeit der Reduzierung des Entschließungsermessens des Verordnungsgebers ergibt sich aber aus dem Zweck des Art. 80 GG, nämlich der Entlastung des Parlaments: Regelungslücken sollen gerade durch die zweistufige Rechtsetzungstechnik verhindert werden;[97] denn trotz der Delegation trägt das Parlament für den Vollzug der Gesetze die Letztverantwortung.[98] Die Möglichkeit, kein Entschließungsermessen zu erteilen, muß aber die Ausnahme bleiben, da ansonsten die Legislative der Exekutive per se das Entschließungsermessen für Rechtsverordnungen entziehen könnte.

Hat die normsetzende Exekutive eine solche Bindung der Ermächtigung verkannt und infolgedessen die erforderliche Regelung unterlassen, so ist festzustellen, daß der Verordnungsgeber zu Unrecht davon abgesehen hat, von der verpflichtenden Ermächtigung Gebrauch zu machen und eine entsprechende Bestimmung vorzunehmen:[99] Der Abschluß eines Vertrags ist dadurch ausgeschlossen. Mithin besteht in diesen Fällen ein Vertragsformverbot.

---

93 *BVerfGE* 18, 6 (9).

94 *Von Danwitz*, Gestaltungsfreiheit des Verordnungsgebers, S. 130 ff.; *Schneider*, Gesetzgebung, Rdnr. 248.

95 *BVerfGE* 13, 248 (254); 16, 332 (338); 78, 249 (272); 79, 174 (194) sowie *Lepa*, AöR 105 (1980), 337 (346 ff.); *Reidt*, DVBl. 2000, 602 (605); *Sannwald* in: Schmidt-Bleibtreu/Klein, GG, Art. 80 Rdnr. 115.
Ausführlich: *Uhle*, Parlament und Rechtsverordnung, S. 160 ff.

96 *BVerfGE* 34, 165 (195); *von Danwitz*, Gestaltungsfreiheit des Verordnungsgebers, S. 180; *Lepa*, AöR 105 (1980), 337 (347); *Ossenbühl* in: HdbStR III, § 64 Rdnr. 43; *Peine*, ZG 1988, 121 (133); *Reidt*, DVBl. 2000, 602 (605); *Unruh/Strohmeyer*, NuR 1998, 225 (227).

97 Vgl. *Unruh/Strohmeyer*, NuR 1998, 225 (227).

98 *Bryde* in: von Münch/Kunig, GG III, Art. 80 Rdnr. 5; *Möstl*, DÖV 1998, 1029 (1037); *Peine*, ZG 1988, 121 (128); *Reidt*, DVBl. 2000, 602 (605).

99 *BVerwGE* 71, 1 (6).

c) Eine Verpflichtung zum Erlaß aus einer Ermessensreduzierung auf Null bei offenen Formulierungen

Von der Verpflichtung zur Verordnungsgebung aus der Ermächtigung ist der Fall zu unterscheiden, in dem die Verordnungsermächtigung selber dem Verordnungsgeber dem Wortlaut nach wie „wird ermächtigt" zwar grundsätzlich keine Verpflichtung aufgibt,[100] aber das Regelungsvorhaben insgesamt ohne die zu erlassende Verordnung nicht praktikabel ist.[101] Insbesondere Umweltgesetze wie das Atomgesetz, das Bundesimmissionsschutzgesetz und das Strahlenschutzvorsorgegesetz waren zumindest partiell nicht vollzugsfähig, weil der Verordnungsgeber von seiner Ermächtigung erst spät Gebrauch gemacht hat.[102] Prominenteste Gesetzesmaterie ist in diesem Zusammenhang das Kreislaufwirtschafts- und Abfallgesetz. Obwohl hier die Rechtsverordnungsermächtigungen bereits zwei Jahre vor den übrigen Vorschriften in Kraft traten, fehlten die entsprechenden Rechtsverordnungen, als die übrigen Vorschriften Wirkung entfalteten.[103]

In solchen Fällen ist die offene Formulierung der Ermächtigung durch Auslegung als Pflicht zu interpretieren, wodurch das gegebene Entschließungsermessen des Verordnungsgebers ausnahmsweise auf Null reduziert wird.[104] Dieses wird insbesondere dann der Fall sein, wenn sich die Ermächtigung auf die Festlegung von Grenzwerten bezieht.[105] In einem solchen Fall kann der Verordnungsgeber sein Entschließungsermessen nur noch dadurch rechtmäßig ausüben, daß er die entsprechende Rechtsverordnung tatsächlich erläßt.[106]

Im Folgenden wird an einer Auswahl von Umweltgesetzen beispielhaft überprüft, ob diese Umweltgesetze eine Wertung im Sinne eines Vertragsformverbotes für den von ihnen geregelten Bereich enthalten.

aa) Das Atomrecht

Ausgangspunkt des Atomrechts ist das Schutzprinzip, um das Leben und die Gesundheit vor den Gefahren, die von ionisierenden Strahlen ausgehen, wirksam schützen zu können. Unter diesem Gesichtspunkt erscheint das Atomrecht für eine Erprobung eines rechtsverordnungsersetzenden Vertrags per se ungeeignet.

Die Rechtsverordnungen, die das Atomrechts vorsieht, wie etwa der § 12 AtG, dienen entweder als Prüfungsmaßstab für die Erteilung von Genehmigungen oder enthalten allgemeine Zulässigkeitsvoraussetzungen, wie z.B. § 11 Abs. 2 AtG. Diese Bereiche bedürfen zwingend der Allgemeinverbindlichkeit, da sonst der Schutzauftrag des

---

[100] Sog. offene Formulierungen sind in der Praxis häufiger anzutreffen als ausdrückliche Verpflichtungen. Etwa „Die Bundesregierung wird ermächtigt (...) durch Rechtsverordnung (...) zu bestimmen".

[101] *BVerwGE* 31, 177 (179 f.); 78, 249 (274); *Peine*, ZG 1988, 122 (133); *Ossenbühl* in: HdbStR III, § 64 Rdnr. 43; *Reidt*, DVBl. 2000, 602 (606).

[102] Vgl. *Peine*, NuR 1988, 115 ff.

[103] *Kloepfer*, Umweltrecht, § 18 Rdnr. 7; *Weidemann*, NVwZ 1995, 631 (634).

[104] Kritisch hierzu *Peine*, NuR 1988, 115 (119), der bei einer Auslegung der spezialgesetzlichen Ermächtigungsnorm von „Ermächtigung" in „Verpflichtung" zum Erlaß einer Rechtsverordnung den Wortlaut überschritten sieht und folglich eine solche Auslegung für unzulässig hält.

[105] *Hucklenbruch*, Umweltrelevante Selbstverpflichtungen, S. 176; *Sendler*, UPR 1981, 1 (11).

[106] *von Danwitz*, Gestaltungsfreiheit des Verordnungsgebers, S. 181.

Atomrechts nicht erfüllt werden kann. Damit ist für das Atomrecht von einem Vertragsformverbot für einen rechtsverordnungsersetzenden Vertrag auszugehen.[107]

bb) Das Bundesimmissionsschutzgesetz

Ein Vertragsformverbot im Bundsimmissionsschutzgesetz ergibt sich für Rechtsverordnungen gemäß § 43 BImSchG. Diese Rechtsverordnungen regeln Grenzwerte und technische Anforderungen sowie Art und Umfang der zum Schutz vor schädlichen Umwelteinwirkungen durch Geräusche notwendigen Schallschutzmaßnahmen an baulichen Anlagen zur Durchführung des § 41 und des § 42 Abs. 1 und 2 BImSchG. Die Anwendung dieser Vorschriften bedarf nach § 42 BImSchG einer Rechtsverordnung, um vollziehbar zu sein.[108] Es bedarf daher einer allgemeinverbindlichen Regelung, auf Grund derer ein Handlungsformverbot für einen rechtsverordnungsersetzenden Vertrag besteht: Als Handlungsform kommt hier nur der Erlaß einer Rechtsverordnung in Frage.[109]

Schon als klassisch[110] wird ein Vertragsformverbot für die Festsetzung von Belastungsgebieten gemäß § 44 Abs. 2 Satz 2 BImSchG bezeichnet.[111] Eine solche Festsetzung eines Belastungsgebietes stellt dem Staat ein gebietsbezogenes Luftreinhaltungsinstrumentarium zur Verfügung, welches in den §§ 44 ff. BImSchG geregelt ist und dessen Ziel es ist, eine Luftreinhalteplanung zu errichten, Einzelanlagen besser überwachen zu können und bessere Entscheidungsgrundlagen für Genehmigungsverfahren zu erhalten. Hierzu sieht der § 44 Abs. 1 BImSchG fortlaufende Immissionsmessungen, der § 46 Abs. 1 BImSchG die Aufstellung eines Emissionskatasters und der § 47 Satz 1 BImSchG die Auswertung der Emissions- und Immissionserhebungen vor. Um diesen Verpflichtungen nachkommen zu können, verpflichtet der § 27 Abs. 1 BImSchG die Betreiber genehmigungspflichtiger Anlagen in einem Belastungsgebiet zur Abgabe einer jährlichen Emissionserklärung gegenüber der Behörde. Diese Verpflichtung ist hingegen nicht notwendig, wenn anstatt einer Belastungsgebietsverordnung ein rechtsverordnungsersetzender Vertrag geschlossen wird. Mangels Emissionserklärungen ist der Staat in diesem Fall nicht in der Lage, lückenlose Emissionskataster und Luftreinhaltungspläne zu erstellen, und auch die Übernahme einer Erklärungspflicht in dem rechtsverordnungsersetzenden Vertrag löst dieses Manko nicht im ausreichenden Maße. Die Erklärungspflicht gilt nämlich nur für die Vertragspartner und damit weder für neue Unternehmen noch für Rechtsnachfolger.[112] Folglich kann ein rechtsverordnungsersetzender Vertrag in diesem Fall nicht dieselbe Wirkung erzielen wie eine Rechtsverordnung. Daraus ist die Folgerung zu ziehen: Wenn die Voraussetzungen des § 44 Abs. 2 Satz 1 BImSchG vorliegen, besteht eine Pflicht zum Erlaß einer Verordnung und damit ein Vertragsformverbot für einen rechtsverordnungsersetzenden Vertrag.[113]

---

[107] *Rengeling*, Kooperationsprinzip, S. 189.

[108] *BVerwG*, UPR 1981, 27 (29).

[109] *Rengeling*, Kooperationsprinzip, S. 189.

[110] *Knebel/Wicke/Michael*, Selbstverpflichtungen und normersetzende Umweltverträge, S. 182.

[111] *Hartkopf/Bohne*, Umweltpolitik 1, S. 235 f.; a.A. *Hucklenbruch*, Umweltrelevante Selbstverpflichtungen, S. 177 f.

[112] Das scheint *Hucklenbruch*, Umweltrelevante Selbstverpflichtungen, S. 178 zu übersehen.

[113] Vgl. *Bohne*, VerwArch 75 (1984), 343 (371).

cc) Das Gentechnikgesetz

Der Großteil der Verordnungsermächtigungen im Gentechnikgesetz bedarf der Allgemeinverbindlichkeit. So werden etwa durch eine Verordnung gemäß § 7 GenTG die Sicherheitsstufen und die Sicherheitsmaßnahmen konkretisiert. Der § 6 Abs. 3 GenTG verpflichtet die Bundesregierung sogar zum Erlaß einer Rechtsverordnung, die Details über die Form und Aufbewahrungs- und Vorlagepflichten regelt. Mithin sind auch im Gentechnikgesetz Vertragsformverbote für einen rechtsverordnungsersetzenden Vertrag enthalten.

dd) Das Naturschutzrecht

Ein Vertragsformverbot könnte sich auch für das Naturschutzrecht daraus ergeben, daß die Landesnaturschutzgesetze als Handlungsinstrumente die Verordnung vorgeben; denn der § 13 BNatSchG schreibt vor, daß eine Unterschutzstellung rechtsverbindlich zu erfolgen hat. Diese Rechtsverbindlichkeit ist als Forderung nach Allgemeinverbindlichkeit zu übersetzen.[114] Sie kennzeichnet den die Unterschutzstellung bewirkenden Akt als förmliche und konstitutiv wirkende Erklärung, die Allgemeinverbindlichkeit beansprucht und mit weitreichenden ordnungswidrigkeitsrechtlichen Sanktionen versehen ist. Hierdurch werden nur allgemein verbindliche Formen zugelassen und solche mit weniger weitreichenden Rechtswirkungen ausgeschlossen.[115] Diese Forderung nach Allgemeinverbindlichkeit beschränkt die Festsetzung mithin auf eine Verordnung bzw. Satzung.[116] Die Festlegung der Verordnungs- bzw. Satzungsform in den Landesnaturschutzgesetzen ist daher zwingend, eine Unterschutzstellung durch einen Vertrag ist mithin ausgeschlossen.[117] Damit liegt ein naturschutzrechtliches Vertragsformverbot vor.[118]

Diesem Umstand widerspricht die oben geschilderte Praxis des Vertragsnaturschutzes nicht; denn die abgeschlossenen Verträge reichen nicht an den Regelungsumfang einer Unterschutzstellung heran.[119] Vertrag und Rechtsverordnung sind hier nicht regelungskongruent, vielmehr liegt die Regelungsintensität des Vertrags unter der einer Rechtsverordnung.

Mithin enthalten die geltenden Naturschutzgesetze hinsichtlich der Unterschutzstellung unter die festgelegten Schutzkategorien ein Vertragsformverbot. Eine Schutzgebietserklärung in dem gesetzlich beschriebenen Umfang kann also nicht durch eine vertragliche Vereinbarung erfolgen oder erreicht werden.

---

[114] *Zeibig*, Vertragsnaturschutz, S. 99.

[115] *Schmidt-Aßmann*, DVBl. 1989, 533 (535).

[116] *Meßerschmidt*, BNatSchG, § 12 Rdnr. 3.

[117] *Beyer*, Instrumente des Umweltschutzes, S. 88.

[118] *Di Fabio*, DVBl. 1990, 338 (342); *Rengeling/Gellermann*, ZG 1991, 317 (324 f.).

[119] *Rengeling/Gellermann*, ZG 1991, 317 (325); *Zeibig*, Vertragsnaturschutz, S. 100. Anders sieht es hingegen in den Fällen aus, in denen Verordnung und Vertragsnaturschutz gekoppelt werden. Die Verordnung muß aus sich heraus schlüssig sein und die besonders schutzwürdigen Teile von Natur und Landschaft auch tatsächlich schützen. Wird das Regelungsziel hingegen erst durch den Abschluß von Verträgen gesichert, so widerspricht dies dem § 12 Abs. 2 BNatSchG.

4. Kein Handlungsspielraum bei Gefahrenabwehr ?

Im überkommenen Umweltrecht standen die Beseitigung von bereits eingetretenen Schäden sowie die Abwehr von Gefahren für die Gesundheit im Vordergrund.[120] Erst durch das Entstehen des modernen Umweltrechts in den 70er Jahren trat der Gedanke der Vorsorge an die Seite des überlieferten reaktiven Umweltschutzes. Dies zeigt exemplarisch der § 5 Abs. 1 BImSchG, der in Nr. 5 die Gefahrenabwehr regelt und in Nr. 2 Vorsorgegrundsätze statuiert.[121]

Unter Gefahr wird gemeinhin eine Sachlage verstanden, bei der im einzelnen Fall die hinreichende Wahrscheinlichkeit besteht, daß in absehbarer Zeit ein Schaden für die öffentliche Sicherheit und Ordnung eintreten wird.[122] Die Vorsorge greift hingegen bereits früher, nämlich unterhalb der Schwelle praktischer Vorstellbarkeit eines theoretisch möglichen Schadenseintritts.[123]

Es ist nun hier zu fragen, ob bei einer Gefahrensituation ein rechtsverordnungsersetzender Vertrag als Handlungsinstrument ausscheidet. Ein Ausscheiden des rechtsverordnungsersetzenden Vertrags in diesem Bereich könnte man argumentativ damit stützen, daß das Risiko eines Fehlschlages zu hoch sei. Lediglich im Vorsorgebereich wäre mithin das Anwendungsgebiet des rechtsverordnungsersetzenden Vertrags festzulegen.[124]

Dazu ist Folgendes zu sagen: Einen Vorrang des Ordnungsrechtes muß es immer dann geben, wenn im Hinblick auf irreversible Schäden an hochrangigen Rechtsgütern des Einzelnen eine Umweltgefahr alsbald behoben werden muß.[125] Dies ergibt sich aus der staatlichen Schutzpflicht.

Als allgemeingültige Aussage wird diese Argumentation aber nicht gelten können; sie schließt die Anwendung eines rechtsverordnungsersetzenden Vertrags nicht automatisch aus. Die Leitschnur für die Gefahrenabwehr ist im Auswahlermessen die Effektivität des Mittels zur Bekämpfung der Gefahr.[126] So kann zum Beispiel durch den Verzicht etwa auf die Verwendung eines bestimmten Stoffes bereits eine Gefahrenabwehr erreicht werden. Daher wird es stets auf den Einzelfall ankommen, ob auch ein rechtsverordnungsersetzender Vertrag zu diesem Ziel führen kann;[127] denn der rechtsverordnungsersetzende Vertrag ist im Gegensatz zu Selbstverpflichtungen auch mit dem klassischen ordnungsrechtlichen Instrumentarium durchsetzbar. Jedoch ist der Anwendungsbereich des rechtsverordnungsersetzenden Vertrags eher in der Vorsorge zu finden.

---

[120] *Salzwedel* in: HdbStR III, § 85 Rdnr. 8.

[121] Vgl. etwa *Jarass*, BImSchG, § 5 Rdnr. 5 ff.

[122] Grundlegend *PrOVGE* 77, 333 ff. Siehe ferner: *Friauf* in: Schmidt-Aßmann (Hrsg.), Besonderes Verwaltungsrecht, S. 131 m.w.N.

[123] *Breuer* in: Schmidt-Aßmann (Hrsg.), Besonderes Verwaltungsrecht, S. 579.

[124] *von Lersner*, Verwaltungsrechtliche Instrumente des Umweltschutzes, S. 23; *Müggenborg*, NVwZ 1990, 909 (917); *Murswiek*, JZ 1988, 985 (987); *Rennings/Brockmann/Koschel/Bergmann/Kühn*, Nachhaltigkeit, S. 182.

[125] *Rat von Sachverständigen*, Umweltgutachten 1998, Tz. 304.

[126] Vgl. *Fluck/Schmitt*, VerwArch 89 (1998), 220 (239); *Friauf* in: Schmidt-Aßmann (Hrsg.), Besonderes Verwaltungsrecht, S. 139 f.

[127] *Brohm*, DVBl. 1994, 133 (139); *Dempfle*, Normersetzende Absprachen, S. 44; *Trute*, DVBl. 1996, 950 (959).

5. Der § 54 Satz 2 VwVfG als Vertragsformverbot ?

Ein weiteres Vertragsformverbot könnte sich aus § 54 Satz 2 VwVfG ergeben; denn gemäß § 54 Satz 2 VwVfG kann ein Verwaltungsvertrag nur „anstatt eines Verwaltungsaktes“ abgeschlossen werden. Hieraus könnte nun gefolgert werden,[128] daß der Verwaltungsvertrag nach der gesetzgeberischen Intention nur den einzelfallentscheidenden Verwaltungsakt ersetzen soll und nicht etwa eine Rechtsverordnung. Damit bestünde ein Vertragsformverbot für einen rechtsverordnungsersetzenden Vertrag.

Allerdings spricht der § 54 Satz 2 VwVfG im Wortlaut davon, daß der Vertrag „insbesondere“ dazu dient, Verwaltungsakte zu ersetzen.[129] Es handelt sich hier also nur um ein Beispiel für eine Ersetzungsfunktion des Vertrags. Die Intention des § 54 Satz 2 VwVfG ist mithin nicht das Aufstellen von Vertragsverboten, vielmehr versucht er lediglich, das Subordinationsverhältnis zu bezeichnen und für dieses den Vertrag für zulässig zu erklären.[130] Die Ersetzung einer Rechtsverordnung ist damit nicht grundsätzlich ausgeschlossen;[131] ein Vertragsverbot zum Ersatz einer Rechtsverordnung statuiert der § 54 Satz 2 VwVfG also nicht.

6. Das Vertragsformverbot eines verfügenden rechtsverordnungsersetzenden Vertrags

Eine weitere Unterscheidung der Vertragsarten im öffentlichen Recht wird in Anlehnung an das Zivilrecht vorgenommen. So wird unterschieden zwischen verpflichtenden und verfügenden öffentlich-rechtlichen Verträgen.[132] Beide Verträge unterscheiden sich durch ihren Regelungsgehalt: Ein öffentlich-rechtlicher Verfügungs- oder Erfüllungsvertrag ist dann gegeben, wenn eine Leistung erbracht wird, zum Beispiel wenn der zugesagte Verwaltungsakt im Rahmen des Vertrags erlassen wird. Mithin wird hier ein bereits bestehendes Schuldverhältnis inhaltlich verändert, aufgehoben oder übertragen.[133] Ein gesetzlich geregelter Fall eines solchen Verfügungsvertrags ist zum Beispiel die Erteilung einer Befreiung gemäß § 31 Abs. 2 BauGB durch Verwaltungsvertrag.

Bei einem Verpflichtungs- oder obligatorischen Vertrag verpflichten sich ein oder beide Vertragspartner zu einer Leistung. Im Gegenzug erhält der andere Vertragspartner einen Anspruch auf Erfüllung der Leistung.[134] Diese Art des Vertrags ist dem zivilrechtlichen Verpflichtungsgeschäft ähnlich: Der verpflichtende Vertrag schafft ein

---

[128] *Birk*, NJW 1977, 1797 (1798); *Frowein* in: FS Flume I, S. 301 ff.

[129] *Bonk* in: Stelkens/Bonk/Sachs, VwVfG, § 54 Rdnr. 63.

[130] BT-Drucks. 7/910, S. 79 f. zu § 50. Vgl. *Schimpf*, Verwaltungsrechtliche Vertrag, S. 84 spricht sogar von einer gesetzgeberischen Fehlleistung; ähnlich *Schmidt-Aßmann/Krebs*, Rechtsfragen städtebaulicher Verträge, S. 173.

[131] *Bonk* in: Stelkens/Bonk/Sachs, VwVfG, § 54 Rdnr. 63; *Di Fabio*, DVBl. 1990, 338 (342); *Gellermann/Middeke*, NuR 1991, 457 (461); *Karehnke*, Rechtsgeschäftliche Bindung kommunaler Bauleitplanung, S. 42; *Spannowsky*, Verträge und Absprachen, S. 200; *Zeibig*, Vertragsnaturschutz, S. 98.

[132] *Henneke* in: Knack, VwVfG, § 54 Rdnr. 7.2; *Huber*, Allgemeines Verwaltungsrecht, S. 224; *Meyer* in: Meyer/Borgs, VwVfG, § 54 Rdnr. 52; *Ule/Laubinger*, Verwaltungsverfahrensrecht, S. 516.

[133] *Bonk* in: Stelkens/Bonk/Sachs, VwVfG, § 54 Rdnr. 64.

[134] *Bonk* in: Stelkens/Bonk/Sachs, VwVfG, § 54 Rdnr. 62; *Maurer*, Allgemeines Verwaltungsrecht, § 14 Rdnr. 14; *Schmidt-Aßmann/Krebs*, Rechtsfragen städtebaulicher Verträge, S. 211 ff.

Schuldverhältnis. Im Unterschied zum Verfügungsvertrag bedarf der Verpflichtungsvertrag jedoch der Erfüllung etwa durch Erlaß eines Verwaltungsaktes oder durch Realakt.

Ein verfügender Normsetzungsvertrag wird a limine als unzulässig erachtet, da ansonsten hierdurch eine zwingend vorgeschriebene Form umgangen würde. Für einen verfügenden Normsetzungsvertrag liegt demnach ein Vertragsformverbot vor.[135]

Von einem rechtsverordnungsersetzenden Vertrag als Verfügungsvertrag könnte im vorliegenden Zusammenhang nur gesprochen werden, wenn der rechtsverordnungsersetzende Vertrag dieselbe Wirkung hätte wie eine Rechtsverordnung selbst; er müßte demnach dieselbe Bindungswirkung, Regelungsreichweite und –intensität haben wie eine Rechtsverordnung. Ein solcher Vertrag ist nach bisherigem Recht aber nicht konstruierbar; denn Verträge gelten grundsätzlich nur inter partes und können mithin keine abstrakt generelle Wirkung haben. Daher kann auch einem rechtsverordnungsersetzenden Vertrag eine solche Wirkung nicht zukommen. Der rechtsverordnungsersetzende Vertrag begründet hier vielmehr nur ein Schuldverhältnis zwischen der Behörde und den privaten Vertragspartnern. Somit ist der rechtsverordnungsersetzende Vertrag ein Verpflichtungsvertrag, und folglich greift hier nicht das Vertragsformverbot für einen verfügenden Normsetzungsvertrag.

7. Ein Vertragsformverbot für einen exekutivisch geschlossenen gesetzesersetzenden Vertrag

Denkbar wäre auch ein normersetzender Vertrag mit der Bundesregierung als Vertragspartner, der an die Stelle eines förmlichen Gesetzes treten soll. Damit verbunden wäre jedoch als Leistung die Verpflichtung des Parlaments, kein entsprechendes Gesetz zu erlassen. Die Exekutive ist aber nicht in der Lage, eine Verpflichtung zum Nichterlaß eines Gesetzes durch das Parlament zu erzeugen: Das Exekutivorgan kann das Legislativorgan nicht binden.[136] Anderenfalls käme es zu einer Aushöhlung der Kompetenzverteilung und zu einem Verstoß gegen den Gewaltenteilungsgrundsatz gemäß Art. 20 Abs. 2 Satz 2 GG. Daher fehlt es der Exekutive mangels Organzuständigkeit an einer Dispositionsfähigkeit über einen gesetzesersetzenden Vertrag. Mithin besteht für solche Verträge ein Vertragsformverbot.

Ein exekutivisch geschlossener gesetzesersetzender Vertrag ist hingegen in der Form denkbar, daß sich nur die private Seite einseitig zu einem bestimmten Handeln vertraglich bindet. Eine Bindung der Exekutive zum Nichterlaß eines Gesetzes würde vertraglich nicht statuiert, und somit würde auch nicht in die Organkompetenz des Parlaments eingegriffen. Ein solcher Vertrag wäre damit eine verbindliche Selbstverpflichtung.

Es ist aber nur schwer vorstellbar, daß ein solcher Vertrag bei den Industrieverbänden auf Anklang stoßen würde. Vergleicht man einen solchen Vertrag nämlich mit

---

[135] *Beyer*, Instrumente des Umweltschutzes, S. 88; *Di Fabio*, DVBl. 1990, 338 (342); *Knebel/Wicke/Michael*, Selbstverpflichtungen und normersetzende Umweltverträge, S. 179; *Meyer* in: Meyer/Borgs, VwVfG, § 54 Rdnr. 61; *Rengeling/Gellermann*, ZG 1991, 317 (325).

[136] So bereits *RGZ* 177, 188 ff. (Gefrierfleischfall). Ferner: *Becker*, DÖV 1985, 1003 (1010); *Fluck/Schmitt*, VerwArch 89 (1998), 220 (232); *Hartkopf/Bohne*, Umweltpolitik 1, S. 234; *Müggenborg*, NVwZ 1990, 909 (917); *Oebbecke*, DVBl. 1986, 793 (796); *Oldiges*, WiR 1973, 1 (21).

einer (unverbindlichen) Selbstverpflichtung, bietet er für die private Seite nur Nachteile:[137] Während die staatliche Seite keinerlei Primärverpflichtungen eingeht, können die Privaten zur Einhaltung der vereinbarten Leistungen gezwungen werden. Somit fehlt einem solchen Vertrag aber einer der Anreize für die Privaten, die für den „Abschluß" einer Selbstverpflichtung sprechen: Gegebenenfalls von der Vereinbarung jederzeit abweichen zu können, ohne Sanktionen, die über den Erlaß einer entsprechenden Norm hinausgehen, befürchten zu müssen. Denn ein Bruch eines gesetzesersetzenden Vertrags mit der Exekutive würde als Vertragsverpflichtung zu Schadensersatzforderungen führen. Eine solche einseitige Verpflichtung der Industrieverbände ist praktisch ausgeschlossen. Mithin brauchen diese Überlegungen hier nicht weiter verfolgt werden.

8. Exkurs: Der konsensuale Atomausstieg

Die Bundesregierung erstrebt zur Zeit eine energiepolitische Wende; denn einer der Programmpunkte des Koalitionsvertrags der im Herbst 1998 gewählten Bundesregierung ist der „unumkehrbare[138] Ausstieg aus der wirtschaftlichen Nutzung der Kernenergie."[139] Um aus der Kernenergie auszusteigen, werden verschiedene Wege diskutiert. Neben dem vollzugsorientierten und dem legislativen Ausstieg[140] wird auch über eine konsensuale vertragliche Lösung nachgedacht, die für diese Untersuchung von Interesse ist.

a) Der Atomkonsens als öffentlich-rechtlicher Vertrag ?

Anfang des Jahres 1999 hat der Bundeswirtschaftsminister einen öffentlich-rechtlichen Vertrag zwischen Bundesregierung und Atomwirtschaft zwecks Ausstiegs vorgeschlagen: Beide Seiten übernehmen Pflichten. Die Energieversorgungsunternehmen verpflichten sich zum Beispiel zur Rücknahme von Schadensersatzansprüchen für das Atomkraftwerk Mühlheim-Kärlich sowie zur Rücknahme des Antrags auf sofortige Vollziehung für den Planfeststellungsbeschluß für den Schacht Konrad. Die Umsetzung dieser Vereinbarung soll ein Monitoring sichern.[141] Die Bundesregierung hingegen will zum Beispiel einseitig-diskriminierende Maßnahmen der Nutzung der Kernenergie unterlassen und die Vereinbarung bei der Atomgesetz-Novelle beachten.

In einem solchen Vertrag hätte sich die Bundesregierung verpflichten müssen, den gesetzlichen Rahmen für einen Atomausstieg zu schaffen. Der von der Bundesregierung beworbene[142] Atomkonsens mit den vier wichtigsten Energieversorgungs-

---

[137] Vgl. *Knebel/Wicke/Michael*, Selbstverpflichtungen und normersetzende Umweltverträge, S. 209; *Merkel* in: Wicke et al. (Hrsg.), Umweltbezogene Selbstverpflichtungen, S. 93.

[138] Wobei „unumkehrbar" nur politisch verstanden werden kann.

[139] Zur Zeit sind in der Bundesrepublik 19 Kernkraftwerke in Betrieb, die rund 35 % des inländischen Stromverbrauchs abdecken.

[140] Ausführlich zum gesetzlichen und vollzugsorientierten Atomausstieg: *Böhm*, NuR 2001, 62 ff.; *Di Fabio*, Ausstieg aus der wirtschaftlichen Nutzung der Kernenergie; *Koch*, NJW 2000, 1529 ff.; *Ossenbühl*, AöR 124 (1999), 11 ff.; *Schmidt-Preuß*, NJW 2000, 1524 ff.

[141] Vgl. auch die Zusammenfassung bei *Langenfeld*, DÖV 2000, 929 f.

[142] Vgl. etwa FAZ, 23.06.2000, S. 43. Mittlerweile ist der zwischen der Bundesregierung und den Energiekonzernen ausgehandelte Kompromiß in Gesetzesform gebracht worden. Siehe Wochenspiegel, NJW 2000, LXV.

unternehmen vom 14. Juni 2000 ist aber nicht als öffentlich-rechtlicher Vertrag zu charakterisieren.[143]

aa) Nichtigkeit eines öffentlich-rechtlichen Vertrags

Wäre der genannte Atomkonsens als Vertrag geschlossen worden, so wäre er als nichtig anzusehen. Dieses ergibt sich aus zwei Gründen:

1. Gesetze werden gemäß Art. 77 Abs. 1 Satz 1 GG vom Bundestag beschlossen, der Bundesregierung steht lediglich gemäß Art. 76 Abs. 1 GG die Kompetenz zu, Gesetzesvorlagen in den Bundestag einzubringen. Mithin hätte ein echter Normsetzungsvertrag der Bundesregierung über ein formelles Gesetz vorgelegen. Für einen solchen Vertrag besteht aber nach den bisherigen Erkenntnissen ein Vertragsformverbot, das zur Nichtigkeit eines solchen Vertrags führen muß.[144] Der Exekutive mangelt es nämlich an der notwendigen Organkompetenz für einen solchen Vertrag, so daß auf Grund der hohen Grundrechtsrelevanz der Vertrag gegen die Wesentlichkeitsrechtsprechung des *Bundesverfassungsgerichts* verstieße.
2. Ein solcher Atomkonsensvertrag wäre als Vertrag zu Lasten Dritter unzulässig und schwebend unwirksam; denn er würde zum Nachteil in Rechte der Kernkraftwerksnachbarn als auch unbeteiligter Energieversorger eingreifen.[145]

bb) Fehlender Rechtsbindungswille der Parteien

Die Terminologie des Atomkonsenses spricht zudem gegen einen öffentlich-rechtlichen Vertrag.[146] Der Atomkonsens wird nämlich als „Vereinbarung" bezeichnet, und in dem paraphierten Text wird von „Verhandlungspartnern", „Verständigung" sowie von „Verabredung" gesprochen. Außerdem wollen beide Seiten „Beiträge zur Umsetzung leisten", und „Auffassungen" werden „bekräftigt". In der Einleitung der Vereinbarung heißt es darüber hinaus, daß die Bundesregierung und die Versorgungsunternehmen davon ausgehen, daß die Vereinbarung und ihre Umsetzung nicht zu Entschädigungsansprüchen zwischen den Beteiligten führt. Damit wird in dem Text für den objektiven Dritten deutlich gemacht, daß kein Rechtsbindungswille auf beiden Seiten vorhanden ist, sondern daß es sich lediglich um einen informellen Austausch handelt.[147] Ähnlich wie im Umweltpakt Bayern handelt es sich allerdings entgegen den klassischen Selbstverpflichtungen hier um eine zweiseitige gemeinsame Vereinbarung:

b) Der Atomkonsens als Selbstverpflichtung eigener Art

Es fragt sich, ob der Atomkonsens als Selbstverpflichtung gekennzeichnet werden kann, da die Verhandlungen im Vorfeld eines Gesetzgebungsverfahrens stattfinden.

Zu den Reaktionen auf die Vereinbarung vgl. die Zusammenfassung bei: *Klöck*, NuR 2001, 1 (2).

[143] So auch *Böhm*, NuR 1999, 661 (663); *Klöck*, NuR 2001, 1 (3).

[144] Vgl. oben unter § 8 II.7. (S. 150).

[145] *Böhm*, NuR 1999, 661 (663).

[146] Vgl. zum Inhalt: Anhang. Ferner ist der Text abgedruckt in der NVwZ, Beilage IV/2000 zu Heft 10/2000.

[147] So auch *Klöck*, NuR 2001, 1 (3); *Langenfeld*, DÖV 2000, 929 (936). A.A.: *Frenz*, Selbstverpflichtungen der Wirtschaft, S. 86.

Insofern enthält die Absprache eine rechtsunverbindliche Zusage, eine Gesetzesänderung vorzunehmen. Damit unterscheidet sich aber der Atomkonsens von den Selbstverpflichtungen, in denen die Exekutive ein ausschließliches Normsetzungsunterlassen ankündigt. Eine solche Vereinbarung ist in der Rechtslandschaft ein Novum;[148] denn in den bisherigen Selbstverpflichtungen wird gerade auf eine Normsetzung verzichtet. *Schorkopf* spricht insoweit von einer gesetzesvorbereitenden Absprache.[149] Diese Bezeichnung paßt aber nicht zu 100 Prozent, da gleichzeitig verhindert werden soll, daß ein schärferes Gesetz erlassen wird. Damit enthält die Absprache auch ein gesetzesabwendendes Element.

Eine solche Verpflichtung zum Tätigwerden ist nur so lange zulässig, wie sie sich im Rahmen der Organkompetenz bewegt, wobei es grundsätzlich im freien politischen Ermessen der Bundesregierung steht, ob sie ihr Initiativrecht zur Gesetzgebung gemäß Art. 76 Abs. 1 GG ausüben will oder nicht. Daher bestehen auch keine Bedenken, wenn sich die Bundesregierung im Vorfeld politisch mit einer privaten Organisation verpflichtet, einen bestimmten Gesetzesentwurf einzubringen.[150] Denn das Initiativrecht bleibt nach Art. 76 Abs. 1 GG weiterhin ausschließlich bei den Trägern; die Ermessensentscheidung wird lediglich vorgelagert. Zudem ist durch den Atomkonsens nicht garantiert, ob der Entwurf tatsächlich Gesetz wird. Insofern findet keine rechtliche Vorabbindung des Gesetzgebers statt.[151] Solange die Bundesregierung also nicht die Kompetenz anderer Verfassungsorgane beeinträchtigt, sind einer solchen Verpflichtung keine verfassungsrechtlichen Bedenken entgegenzubringen,[152] zumal auch Beeinträchtigungen der Stromversorgungsunternehmen nicht ersichtlich sind.[153]

9. Ein Rechtsnormsetzungsmonopol des Staates als Vertragsformverbot?

Wenn ein ausschließliches Normsetzungsmonopol des Staates bestünde, stellt sich die Frage, ob dann ein rechtsverordnungsersetzender Vertrag in diesem ausgeschlossen wäre. Zwar ist der rechtsverordnungsersetzende Vertrag zweifellos keine Rechtsnorm, dennoch verzichtet der Staat hier auf sein Normgebungsrecht. Der Regelungsadressat verhält sich nach den ausgehandelten Regeln; Fehlverhalten kann sanktioniert werden. Mithin kommt dem rechtsverordnungsersetzenden Vertrag faktisch eine Wirkung wie einer Rechtsnorm zu.

Nach dem Grundsatz der Gewaltenteilung gemäß Art. 20 Abs. 2 GG ist es Aufgabe der Legislative, Gesetze zu erlassen. Diese Normsetzung erfolgt gegenüber der Allgemeinheit durch das Parlament, sie besteht ihrer Natur nach in der Würdigung und Ab-

---

148 Zumindest sind sie nicht öffentlich geworden. Vgl. *Langenfeld*, DÖV 2000, 929 (937).

149 *Schorkopf*, NVwZ 2000, 1111. *Klöck*, NuR 2001, 1 (3) spricht von einer „normeninfluenzierenden Absprache“.

150 Vgl. zu einer ähnlichen Konstellation: *Jachmann*, ZBR 1994, 165 (167).

151 Zuzugeben ist indessen, daß es durch die Vereinbarung zu einer bedenklichen faktischen Zwangswirkung auf das Parlament mit einer Bindung an die Exekutiventscheidung kommt.

152 A.A.: *Schorkopf*, NVwZ 2000, 1111 (1113), der die Vereinbarung für verfassungswidrig hält.

153 Vgl. zu dem Problem des Rechtsmittelverzichts der Kraftwerksbetreiber: *Langenfeld*, DÖV 2000, 929 (939).
Den nicht an den Konsensgesprächen beteiligten Unternehmen bleibt weiterhin der Rechtsweg gegen das Gesetz.

wägung der die Allgemeinheit betreffenden Interessen. Demnach könnte ein Rechtsetzungsmonopol des Staates und seiner Hoheitsträger bestehen.

Ein solches Monopol wird teilweise postuliert.[154] In dieser begrifflichen Form ist ein solches Monopol aber unpräzise und realitätsfern.[155] Es würde nämlich bedeuten, daß dem Staat das exklusive Recht zusteht, in allen Lebensbereichen Rechtsbefehle hervorzubringen. Unstreitig werden aber Rechtsakte mit Rechtsfolgen auch von Privaten gesetzt. Das Zivilrecht gestattet dies ausdrücklich, wenn es den Vertrag und andere Rechtsgeschäftsarten als Rechtsinstitute der privaten Rechtsbildung zur Verfügung stellt. Mithin ist das staatliche Rechtsetzungsmonopol zunächst auf ein Rechtsnormsetzungsmonopol zu reduzieren.[156]

Aber auch ein solches Rechtsnormsetzungsmonopol läßt sich bei genauerer Prüfung nicht halten. Dieses ergibt bereits ein Blick in das Grundgesetz, wo in Art. 20 Abs. 3 GG das Gewohnheitsrecht[157] anerkannt wird. Zudem findet sich in Art. 9 GG die verfassungsrechtliche Garantie für eine Regelproduktion mit Rechtsnormqualität in Form der Tarifverträge oder Betriebsvereinbarungen,[158] die dieselben Wirkungen wie Rechtsnormen entfalten. Auf Grund der privat ausgehandelten sowie der vom Staat Art. 9 Abs. 1 und Abs. 3 GG veranlaßten Tarifverträge wird man der Ansicht zuneigen, daß zumindest vom Grundgesetz her private Rechtsnormsetzung nicht automatisch ausgeschlossen ist. Jedoch ist zu fordern, daß dem Staat in der Normsetzung das „letzte Wort" verbleibt.[159] Es gibt also kein Rechtsnormsetzungsmonopol des Staates, aus dem sich ein Vertragsformverbot für einen rechtsverordnungsersetzenden Vertrag ergibt.

10. Numerus clausus untergesetzlicher Rechtsquellen ?

Es könnte jedoch ein Vertragsformverbot für einen rechtsverordnungsersetzenden Vertrag existieren, wenn das Grundgesetz einen Numerus clausus der untergesetzlichen Rechtsquellen enthielte.[160] Damit wäre nämlich ein rechtsverordnungsersetzender Vertrag ausgeschlossen.

Im Grundgesetz finden sich im Hinblick auf exekutivische Rechtsquellen lediglich die Rechtsverordnung und die Verwaltungsvorschriften. Satzungen werden indessen nicht genannt, und gerade am Beispiel der nicht genannten Satzung zeigt sich, daß eine exekutivische Rechtsquelle nicht durch die Nennung im Grundgesetz bedingt ist. Ihre

---

[154] *Herzog* in: Maunz/Dürig, GG V, Art. 92 Rdnr. 154; *Scholz* in: FS Juristische Gesellschaft Berlin, S. 697.

[155] So *Ossenbühl* in: HdbStR III, § 61 Rdnr. 30.

[156] Ausführlich *Kirchhof*, Private Rechtsetzung, S. 108; *Waltermann*, Rechtssetzung durch Betriebsvereinbarung, S. 122.

[157] Vgl. hierzu *Maurer*, Allgemeines Verwaltungsrecht, § 4 Rdnr. 19: „Normgeber" sind die Rechtsbetroffenen selber. Ferner *Kirchhof* in: FS BVerfG II, S. 92; *Ossenbühl* in: HdbStR III, § 61 Rdnr. 42 ff.; *ders.* in: Erichsen (Hrsg.), Allgemeines Verwaltungsrecht, S. 164 ff.

[158] *Jachmann*, ZBR 1994, 165 (169); *Krüger*, NJW 1966, 617 (623). Ausführlich *Adomeit*, Rechtsquellenfragen im Arbeitsrecht, S. 121 ff.

[159] *Isensee* in: HdbStR I, § 13 Rdnr. 65 ff.; *Kloepfer*, VVDStRL 40 (1982), 63 (77 f.); *Kloepfer/Elsner*, DVBl. 1996, 964 (968); *Koenig*, NVwZ 1994, 937 (939); *Ossenbühl* in: HdbStR III, § 61 Rdnr. 31; *Quaritsch*, Der Staat 1 (1962), 289 (298).

[160] So wohl *Ossenbühl*, NZS 1997, 496 (499 ff.).

Zulässigkeit folgt erst aus Art. 28 Abs. 2 Satz 1 GG, wonach die Gemeinden das Recht haben, alle Angelegenheiten der örtlichen Gemeinschaft in eigener Verantwortung zu regeln. Zwingend ergibt sich aus der Vorschrift hingegen nicht, daß die Gemeinden den Regelungsbereich ausschließlich durch Satzungen regeln dürfen. Daraus ergibt sich wiederum, daß das Grundgesetz keinen detaillierten Katalog von exekutivischen Handlungsformen kennt: Ein Numerus clausus läßt sich aus dem Grundgesetz ausdrücklich nicht ablesen.

Das *Bundesverfassungsgericht* läßt in seiner letzten einschlägigen Entscheidung zur verfassungsrechtlichen Zulässigkeit der Allgemeinverbindlichkeitserklärung eines Tarifvertrags ausdrücklich offen, „ob das Grundgesetz prinzipiell von einem numerus clausus der zulässigen Rechtssetzungsformen ausgeht“.[161] Die Entscheidungen hatten im Hinblick auf eine mögliche Beteiligung des Parlaments an der Rechtsverordnungsgebung in der Form der Zustimmung festgestellt, daß das Grundgesetz in dem hier in Frage stehenden Bereich Rechtssetzungen nur in der Form des Gesetzes oder der Rechtsverordnung vorsehe.[162] Damit wird ausdrücklich nur das Verhältnis von Gesetz und Rechtsverordnung angesprochen, wobei das Gericht sich gegen ein Verwischen der beiden Rechtsformen wendet. Folglich kann aus der Judikatur des *Bundesverfassungsgerichts* keine ausdrückliche Positionierung zur Frage eines abschließenden Kanons von exekutivischen Rechtsquellen gefunden werden.[163] Ein Numerus clausus läßt sich also nicht nachweisen,[164] so daß folglich auch ein Numerus clausus für exekutivische Rechtsquellen als Vertragsformverbot für einen rechtsverordnungsersetzenden Vertrag zu verneinen ist.

III. Zwischenergebnis

Beim Abschluß eines rechtsverordnungsersetzenden Vertrags sind verschiedene partielle Vertragsformverbote zu beachten. Ein Vertragsformverbot für einen rechtsverordnungsersetzenden Vertrag besteht dann, wenn der Exekutive kein Ermessen zum Erlaß oder Nichterlaß der Verordnung zusteht oder aber das entsprechende Fachgesetz ohne Rechtsverordnung nicht vollzugsfähig ist. In letzterem Fall ist zu untersuchen, ob durch den rechtsverordnungsersetzenden Vertrag eventuell eine Vollzugsfähigkeit herbeigeführt werden kann.

---

[161] *BVerfGE* 44, 322 (345 f.).

[162] *BVerfGE* 8, 274 (323); 24, 184 (199).

[163] So auch *Sachs*, VerwArch 74 (1983), 25 (33).

[164] Vgl. im Ergebnis auch *Axer*, Exekutivische Rechtssetzung in der Sozialversicherung, S. 224; *Krüger*, NJW 1963, 617 (623); *Sachs*, VerwArch 74 (1983), 25 (34).

§ 9: Vertragsformgebote ?

In der Diskussion[1] um die Handlungsformen wird danach gefragt, ob der Staat nicht grundsätzlich verpflichtet sei, konsensuale Handlungsformen den imperativen vorzuziehen. Diese Überlegungen lassen sich auch für einen rechtsverordnungsersetzenden Vertrag anstellen.

I. Aus dem Kooperationsprinzip ?

Denkbar ist, dem Kooperationsprinzip eine Vorrangwirkung des Konsensualen zu entnehmen. Das Kooperationsprinzip ist ein Rechtsprinzip.

Festzuhalten ist indessen zunächst, daß das Kooperation kein Verfassungsprinzip ist.[2] Weder findet sich eine Nennung des Kooperationsprinzips im Grundgesetz, noch ist es aus Art. 20a GG herauszulesen. So hat auch das Bundesverfassungsgericht bei der Ableitung des Kooperationsprinzips nicht auf das Grundgesetz, sondern auf Bundesrecht rekurriert.

Der Charakter des Kooperationsprinzips als Rechtsprinzip wird teilweise[3] aus seiner Nennung in Art. 34 Abs. 1 EV Einigungsvertrag geschlossen.

Teilweise wird aus der „Natur der Sache" des Umweltrechts auf ein Rechtsprinzip der Kooperation gefolgert.[4] Denn die Kooperation von Staat und Privaten sei bereits durch das Informationsdefizit des Staates vorprogrammiert. Daher bedürfe es eines Kooperationsprinzips, um einen effizienten Umweltschutz sicher zu stellen.

Diese Argumentationslinie setzt indessen voraus, daß Kooperation automatisch zu einem effektiveren Umweltschutz führt. Dieses kann in dieser Allgemeinheit aber nicht vertreten werden. Gerade die Folge von Kooperation können ökologische Zugeständnisse zur Folge haben.

Vielmehr ergibt sich der Charakter eines Rechtsprinzips aus dem Folgenden: Der Bundesgesetzgeber hat einer Reihe von Umweltgesetzen das Kooperationsprinzip einzelnen Vorschriften zugrunde gelegt, wie etwa in § 13 Abs. 4 BBodSchG oder dem § 25 KrW-/AbfG.

Aus dieser Tatsache allein ergibt sich jedoch noch kein rechtlicher Imperativ; denn das Kooperationsprinzip ist lediglich ein Grundsatz, der aus den bestehenden Umweltgesetzen zu entnehmen ist. Rechtsprinzipien sind nämlich darauf angewiesen, näher konkretisiert zu werden, sei es durch den Gesetzgeber, sei es durch die Rechtsprechung. Erst durch diese Konkretisierung werden sie rechtlich verbindlich: Hängen sie alleine im Raum, lassen sie keine spezifische Aussage zu. Vielmehr bedarf es eines gemeinsamen Konzepts dieser Vorschriften, einer normativen Grundentscheidung. Wird einem solchen Konzept teilweise widersprochen,[5] so ist ein solches aber durch die Rechtsprechung des *Bundesverfassungsgerichtes* in den beiden Entscheidungen

---

[1] *Krebs*, VVDStRL 52 (1993), 248 (262); *Kunig* in: Hoffmann-Riem/Schmidt-Aßmann (Hrsg.), Konfliktbewältigung durch Verhandlungen I, S. 64; *Schulte*, Schlichtes Verwaltungshandeln, S. 175.

[2] *Murswiek*, Die Verwaltung 33 (2000), 241 (279).

[3] So etwa *Kloepfer*, Umweltrecht, § 4 Rdnr. 47. Kritisch hierzu: *Murswiek*, ZfU 2001, 7 (12).

[4] Vgl. *Westphal*, DÖV 2000, 996 (998 ff.).

[5] *Murswiek*, ZfU 2001, 7 (12 f.).

zum Kooperationsprinzip nun erkennbar zu Tage getreten: Nach der Rechtsprechung des *Bundesverfassungsgerichts* zum Kooperationsprinzip ist die Folge einer Kooperation eine Vertrauensbildung. Deshalb resultiert aus der Kooperation ein Konsistenzgebot.[6] Ist in einem Umweltbereich das Kooperationsprinzip gesetzlich ausgeformt, so ist in diesem Bereich die Kooperation vorrangig, d.h. sie entfaltet eine Sperrwirkung für nicht kooperative Instrumente. Diese Sperrwirkung gilt auch für die unteren Gesetzesebenen sowie über die Gesetzgebungsinstanzen hinweg. Die Sperre entfällt erst, wenn der Kooperationsprozeß für gescheitert erklärt worden ist. Daraus ergibt sich ein Gebot zu kooperativem Handeln bzw. das Verbot zum Einsatz von non-kooperativen Instrumenten. Formt der Gesetzgeber ein Gesetzesverhältnis kooperativ aus, so führt dieses zu einer Selbstbindung des Gesetzgebers. Dieses freiheitssichernde Moment des Kooperationsprinzips ist als die notwendige Verbindung und gesetzgeberische Wertentscheidung zu sehen, welche die einfachgesetzlichen Ausprägungen des Kooperationsprinzips systematisch verbindet und aus der sich ein Rechtsprinzip der Kooperation ableiten läßt.

Ein konkret-allgemeines Vertragsformgebot läßt sich daraus aber nicht entnehmen. Eine Pflicht zur Kooperation widerspräche nämlich der grundsätzlichen Letztverantwortlichkeit und dem damit korrespondierenden Letztentscheidungsrecht des Staates. Wollte man ein anderes Ergebnis erzielen, so bedürfte es einer ausdrücklich dahingehenden Kodifizierung.

II. Aus dem Übermaßverbot ?

Ein Vertrag statt einer imperativen Handlungsform könnte unter dem Gesichtspunkt der Verhältnismäßigkeit geboten sein, wenn der Vertrag sich als schonendere Eingriffsalternative darstellt.[7] Das Verhältnismäßigkeitsprinzip ist eine Ausprägung des Rechtsstaatsprinzips;[8] es kommt vor allem bei der Überprüfung von Maßnahmen der Eingriffsverwaltung zur Anwendung, um die Freiheitsräume der Bürger gegenüber dem Staat zu sichern. Somit ist das Verhältnismäßigkeitsprinzip auf eine freiheitssichernde Funktion zugeschnitten:[9] Eingriffe des Staates in Rechtspositionen des Bürgers sind zu minimieren. Das Verhältnismäßigkeitsprinzip fordert infolgedessen, daß eine mit der staatlichen Tätigkeit einhergehende Rechtsgutbeeinträchtigung mit dem verfolgten Zweck in einem angemessenen Verhältnis stehen und daß der Staat prüfen muß, ob es nicht ein gleich geeignetes, aber milderes Mittel zur Erreichung des Zieles gibt.

1. Gesetzlicher Vorrang des Konsensualen

Der Vorrang individuell-selbstregulativer Eigenvornahmen ist dem Verwaltungsrecht nicht fremd und hat sich teilweise als Ausprägung des Verhältnismäßigkeitsgrundsatzes in Gesetzesform konkretisiert. So räumt zum Beispiel das Polizeirecht

---

[6] *Di Fabio*, NVwZ 1999, 1153 (1157).

[7] *Di Fabio*, Risikoentscheidungen im Rechtsstaat, S. 325.

[8] So die überwiegende Ansicht. Vgl. *BVerfGE* 23, 127 (133): „Die Grundsätze der Verhältnismäßigkeit ergeben sich zwingend aus dem Rechtsstaatsprinzip." Siehe auch *Degenhart*, Staatsrecht I, Rdnr. 325 ff. sowie *Sachs* in: Sachs (Hrsg.), GG, Art. 20 Rdnr. 146 ff.

[9] Daher wird das Verhältnismäßigkeitsprinzip teilweise auch direkt aus dem Wesen der Grundrechte abgeleitet. Vgl. *Hill* in: HdbStR VI, § 156 Rdnr. 21.

dem Polizeipflichtigen die Möglichkeit ein, durch ein gleichwertiges Mittel den polizeiwidrigen Zustand selbst zu beseitigen.[10] Die bekannten Fälle sind allerdings auf der Vollzugsseite anzutreffen.

In eine ähnliche Richtung gehen die Bestimmungen zur Enteignung wie etwa § 4 Nr. 2 LEG Rh.-Pf. Danach ist Voraussetzung für ein Enteignungsverfahren, daß der Antragsteller sich ernsthaft darum bemüht hat, ein Grundstück freihändig zu erwerben. Mithin wird in diesem Bereich dem Konsensualen grundsätzlich der Vorrang vor dem Imperativen eingeräumt. Ein Fehlschlag des Konsensualen ist sogar Voraussetzung für Letzteres. Einen entsprechenden Vorrang für einen rechtsverordnungsersetzenden Vertrag vor einer Rechtsverordnung gibt es jedoch grundsätzlich nicht.

Auch im Naturschutzrecht gibt es verschiedene Vertragsformgebote, die der Behörde noch jeweils einen Spielraum zur Ermessensausübung lassen. Normen, die den Vertrag als alleinige Handlungsform vorgeben, finden sich demnach im Naturschutzrecht nicht.[11]

Der Vorrang des konsensualen Handelns wurde dem „Junktim" des § 14 Abs. 2 Satz 1 AbfG, der das Instrument der Zielfestlegung regelte, entnommen.[12] Gemäß dieser Vorschrift ist festgelegt worden, daß die tatbestandlichen Voraussetzungen für den Erlaß einer Rechtsverordnung erst erfüllt sind, „soweit (die Vermeidung oder Verringerung von Abfallmengen) nicht durch Zielfestlegung (...) erreichbar (war)."[13] Diese Ansicht ist aber heute mit der eindeutigen Gesetzesformulierung des neuen § 25 Abs. 1 KrW-/AbfG nicht mehr in Einklang zu bringen.[14]

In die Richtung eines Konsensgebotes ging auch der Entwurf zum UGB-AT. Dieser Entwurf sah in § 6 Abs. 1 Satz 3 UGB-AT ausdrücklich vor, daß kooperative Formen des Handelns gegenüber dem Bürger vorrangig anzuwenden seien, wenn sie denselben Erfolg versprechen und den Betroffenen nicht stärker belasten.[15] Auch wenn hier keine explizite Subsidiarität angeordnet wird, so wird doch zumindest eine Begründungspflicht für einseitiges staatliches Handeln statuiert; denn es heißt in der Begründung zu § 6 Abs. 4 Satz 1: „Dabei ist zu prüfen, ob sich aus dem Grundsatz der Verhältnismäßigkeit ein Vorrang kooperativen Vorgehens herleiten läßt."[16]

Im Gegensatz zum Professorenentwurf geht das UGB-KomE nach heftiger Kritik[17] an dieser Regelung in § 7 UGB-KomE mittlerweile jedoch nicht mehr von einer grundsätzlichen Subsidarität ordnungsrechtlicher Maßnahmen zu kooperativen Instrumenten aus. Die Behörde soll jetzt lediglich prüfen, ob ein konsensuales Handeln nicht vorzuziehen ist, womit die Bedeutung der Vorschrift auf die rein politische Natur reduziert wird.

---

[10] Vgl. *Schmidt-Preuß*, VVDStRL 56 (1998), 160 (212) mit weiteren Beispielen.
[11] *Zeibig*, Vertragsnaturschutz, S. 105.
[12] *Kloepfer*, Umweltrecht, § 18 Rdnr. 66.
[13] *Atzpodien*, DVBl. 1990, 559 (561).
[14] *Fluck* in: Fluck (Hrsg.), KrW-/AbfG I, § 25 Rdnr. 40.
[15] *Kloepfer/Rehbinder/Schmidt-Aßmann/Kunig*, Umweltgesetzbuch AT, S. 159 f. Kritisch hierzu *Bohne*, Informale Rechtsstaat, S. 228 ff.
[16] *Kloepfer/Rehbinder /Schmidt-Aßmann/Kunig*, Umweltgesetzbuch AT, S. 164.
[17] *Lamb*, Kooperative Gesetzeskonkretisierung, S. 177; *Sendler*, UPR 1997, 381 (382).

2. Der rechtverordnungsersetzende Vertrag als milderes Mittel ?

Der Abschluß eines Vertrags stellt gegenüber einer Rechtsverordnung für die Betroffenen in der Regel ein milderes Mittel im Sinne des Verhältnismäßigkeitsprinzips dar; denn im Zusammenhang mit dem Vertragsschluß können die Betroffenen auf die Mittel zur Erfüllung der Zielvorgaben Einfluß nehmen.

Eine mildere Maßnahme kann nur eingesetzt werden, wenn sie zur Erfüllung des Ziels auch gleich geeignet ist. Eine allgemeingültige Aussage darüber, ob ein Vertrag ein umweltpolitisches Ziel ebenso wirkungsvoll erreichen läßt, kann hier generell nicht getroffen werden. Ein unterschiedliches Ergebnis ist aber schon aus der unterschiedlichen Rechtswirkung von Vertrag und Rechtsverordnung wahrscheinlich.[18] Die Beantwortung dieser Frage muß somit dem konkreten Einzelfall überlassen bleiben, und mithin kann aus dem Verhältnismäßigkeitsprinzip auch nicht auf einen allgemeiner Vorrang der Vertragsform geschlossen werden.[19]

III. Aus dem Subsidiaritätsprinzip ?

Das Subsidiaritätsprinzip[20] taucht in der letzten Zeit vor allem in der aktuellen steuerrechtlichen Diskussion eines Halbteilungsgrundsatzes auf.[21] Der Subsidiaritätsgedanke beruht auf der Erkenntnis, daß der Mensch ein auf Freiheit angelegtes Wesen ist, das sich selbst verwirklichen und die in ihm angelegten körperlichen und geistigen Fähigkeiten entfalten will.[22] Genau diesem Menschenbild sieht sich das Grundgesetz verpflichtet.[23]

Das Subsidiaritätsprinzip bedeutet den Autonomievorrang der kleineren Einheit: Eigenverantwortung und Kooperation sind der Staatsverantwortung vorrangig.[24] Trotz der Struktursicherungsklausel des Art. 23 Abs. 1 GG und der darin enthaltenen ausdrücklichen Nennung der Subsidiarität läßt sich dieses Prinzip aber nicht als verbindliche Direktive interpretieren. Eine Ableitung aus dem Grundgesetz ist auf Grund seiner Entstehung unwahrscheinlich,[25] vielmehr stellt das Subsidiaritätsprinzip lediglich ein Gebot der politischen Klugheit dar,[26] denn ansonsten wären die dezidierten Kompetenzvorschriften wie die Art. 72 ff. und Art. 83 ff. GG des Grundgesetzes überflüssig.[27] Das Gebot, bei der Erfüllung öffentlicher Aufgaben zunächst privater Initiative

---

[18] *Zeibig*, Vertragsnaturschutz, S. 116. Vgl. auch *Helberg*, Selbstverpflichtungen, S. 116.

[19] *Brohm*, DÖV 1992, 1025 (1033); *Kunig/Rublack*, Jura 1990, 1 (11); *Schröder*, NVwZ 1998, 1011 (1014).

[20] Hierzu *Kuttenkeuler*, Verankerung des Subsidiaritätsprinzips im Grundgesetz, S. 25 ff. sowie *Oppermann*, JuS 1996, 569 (571).

[21] *Butzer*, Freiheitsrechtliche Grenzen, S. 77 ff.

[22] *Bull*, Staatsaufgaben, S. 191; *Schmidt-Jortzig* in: Schmidt-Jortzig/Schink (Hrsg.), Subsidiaritätsprinzip und Kommunalordnung, S. 5.

[23] Vgl. *BVerfGE* 4, 7 (15 f.); 30, 1 (20); 35, 202 (225); 45, 187 (227); 50, 290 (339); 60, 253 (268).

[24] *Stober*, Wirtschaftsverwaltungsrecht AT, S. 147.

[25] *Bull*, Staatsaufgaben, S. 210; *Schmidt-Jortzig* in: Schmidt-Jortzig/Schink (Hrsg.), Subsidiaritätsprinzip und Kommunalordnung, S. 8.

[26] Siehe *Badura*, Verwaltungsmonopol, S. 315; *Denninger*, Verfassungsrechtliche Anforderungen an die Normsetzung, S. 124 ff.; *Helberg*, Selbstverpflichtungen, S. 115; *Kirchhof*, Verwalten durch mittelbares Einwirken, S. 174; *Rendtorff*, Der Staat 1 (1962), 405 (409 ff.).

[27] *Isensee*, Subsidiaritätsprinzip und Verfassungsrecht, S. 234 f.

den Vortritt zu lassen[28] und damit als Sperre für staatliches Handeln zu fungieren, wirkt insbesondere im Umweltbereich wie ein Fremdkörper[29] und ist insbesondere mit dem Art. 20a GG unvereinbar.

Zudem liegt nicht automatisch auch das Interesse der kleineren Einheit vor, den Bereich eigenständig zu regeln. Je nach Strukturierung des Industriebereiches, in dem eine Regelung angestrebt wird, können nämlich die Privaten selber kein Interesse an einer Lösung durch einen Vertrag haben. Denn ist der Industriebreich schlecht organisiert, so wird es zu einer großen Anzahl von Trittbrettfahrern kommen. In solchen Fällen werden auch die „kooperationswilligen" Unternehmen einer staatlichen Regelung den Vorzug geben.

Darüber hinaus ist der Einsatz eines rechtsverordnungsersetzenden Vertrags gerade kein staatsfreier Raum. Im Hintergrund des rechtsverordnungsersetzenden Vertrags steht schließlich die entsprechende einseitig-hoheitliche Regelung, so daß das Subsidiaritätsprinzip schon begrifflich nicht einschlägig ist. Folglich läßt sich aus dem Subsidiaritätsprinzip keine Verpflichtung zum vorrangigen Abschluß eines rechtsverordnungsersetzenden Vertrags ableiten.

IV. Zwischenergebnis

Als Ergebnis läßt sich festhalten, daß sich ein Vertragsformgebot weder aus der Verfassung noch aus dem einfachen Gesetz ableiten läßt.

---

[28] *Denninger*, Verfassungsrechtliche Anforderungen an die Normsetzung, S. 124 ff.; *Ronellenfitsch* in: HdbStR III, § 84 Rdnr. 33; *Schuppert*, VerwArch 71 (1980), 309 (333 f.).

[29] *Lamb*, Kooperative Gesetzeskonkretisierung, S. 177.

§ 10: Die Sperrwirkung eines rechtsverordnungsersetzenden Vertrags für die Ländergesetzgebung

Bei den Gesetzgebungskompetenzen im Umweltbereich kommt dem Bund zwar ein Übergewicht gegenüber den Ländern zu, dennoch handelt es sich bei der Mehrzahl der Regelungsbereiche um konkurrierende Gesetzgebung[1] gemäß Art. 74 Abs. 1 GG.[2] Für die fünf Hauptsäulen des Umweltrechts gilt dabei Folgendes: Für das Immissionsschutzgesetz liegt für wesentliche Teile eine (konkurrierende) Bundeskompetenz gemäß Art. 74 Abs. 1 Nr. 24 GG Luftreinhaltung vor. Gleiches gilt gemäß Art. 74 Abs. 1 Nr. 24 GG Abfallbeseitigung für das Abfallrecht. Für das Wasserrecht gemäß Art. 75 Abs. 1 Nr. 4 GG Wasserhaushalt sowie für das Naturschutzrecht gemäß Art. 75 Abs. 1 Nr. 3 GG ist jedoch nur eine Rahmenkompetenz des Bundes gegeben.

Grundsätzlich liegen die Kompetenzen zur Gesetzgebung gemäß Art. 70 Abs. 1 GG bei den Ländern, soweit nicht besondere Bundeskompetenzen vorliegen. Liegt eine konkurrierende Gesetzgebungskompetenz vor, steht den Ländern gemäß Art. 72 Abs. 1 GG nur so lange die Kompetenz zu, soweit der Bund von seiner Gesetzgebungszuständigkeit durch Gesetz nicht Gebrauch gemacht hat. Macht der Bund von einer konkurrierenden Gesetzgebung Gebrauch, so ist das Landesrecht in dem geregelten Bereich nichtig.

Unabhängig von der Frage, ob der Gesetzesbegriff im Sinne des Art. 72 Abs. 1 GG nur das formelle oder aber auch das materielle Gesetz umfaßt,[3] macht der Gesetzgeber beim Abschluß eines rechtsverordnungsersetzenden Vertrags keinen Gebrauch durch Gesetz.

Schließt nun der Bund einen rechtsverordnungsersetzenden Vertrag an der Stelle einer Rechtsverordnung, so ist in diesem Fall zu fragen, ob für den so geregelten Bereich dennoch auf Länderebene eine Sperrwirkung für Normen entsteht. Fehlt es an einer solchen Sperrwirkung, dann ist es den Ländern unbenommen, Gesetze auf dem Gebiet der konkurrierenden Gesetzgebung zu erlassen, die dem rechtsverordnungsersetzenden Vertrag zuwider laufen.

Eine Sperrwirkung kommt für die Länderebene nur in Betracht, wenn diese Sperrwirkung im Sinne des Art. 72 Abs. 1 GG bereits durch die Ermächtigung zum Erlaß einer Rechtsverordnung im jeweiligen Spezialgesetz bewirkt worden ist. Damit stellt sich die Frage, ob bereits bei konkurrierender Gesetzgebung nach Art. 74 Abs. 1 GG die bloße Ermächtigung zum Erlaß einer bundesrechtlichen Verordnung eine Sperrwirkung für den Landesgesetzgeber auszulösen vermag oder ob der Landesgesetzgeber trotzdem in dem von der Rechtsverordnung thematisch abgedeckten Bereich eine Landesregelung treffen darf.

Die gesetzgeberische Praxis des Bundes geht von einer solchen Sperrwirkung der Verordnungsermächtigungen aus. Dies ergibt sich im Umkehrschluß aus der Vor-

---

1 Hierzu *Degenhart*, Staatsrecht I, Rdnr. 107 ff.

2 Überblick bei *Kloepfer*, Umweltrecht, § 3 Rdnr. 84; *ders.* in: Achterberg et al. (Hrsg.), Besonderes Verwaltungsrecht, S. 367.

3 Strittig. Vgl.: *Degenhart* in: Sachs (Hrsg.), GG, Art. 72 Rdnr. 19; *Jarass*, NVwZ 1996, 1041 (1046); *Pieroth* in: Jarass/Pieroth, GG, Art. 72 Rdnr. 6; *Ossenbühl*, DVBl. 1996, 19 (20).

schrift des § 23 Abs. 2 BImSchG oder aber des § 8 Abs. 3 KrW-/AbfG. Diese Normen ermächtigen nämlich ausdrücklich die Landesregierung, selber durch Rechtsverordnung zu handeln, wenn die Bundesregierung keinen Gebrauch von ihrer Ermächtigung aus § 23 Abs. 1 BImSchG bzw. § 8 Abs. 1 KrW-/AbfG zum Erlaß einer Rechtsverordnung gemacht hat. Hieraus ist zu folgern, daß der Bundesgesetzgeber davon ausgeht, daß die Ermächtigung zum Erlaß einer Bundesrechtsverordnung landesrechtliche Regelungen gemäß Art. 72 Abs. 1 GG ausschließt.[4] So hat etwa der *Bayerische Verfassungsgerichtshof*[5] argumentiert, daß es dem Gesetzgeber freistehe, ob er ein Sachgebiet in allen Einzelheiten selbst regeln oder aber unter Beachtung der Vorgaben des Art. 80 Abs. 1 GG einen sachnäheren und flexibler entscheidenden Verordnungsgeber damit beauftragen will.

Dies erscheint sachgerecht; denn schließlich hat der parlamentarische Gesetzgeber bereits von seiner Gesetzgebungskompetenz durch Erlaß des Gesetzes samt Rechtsverordnungsermächtigung Gebrauch gemacht: Das Gesetz bedarf lediglich einer näheren Konkretisierung.

Allerdings ist auch Sinn und Zweck des Art. 72 GG zu beachten; denn die Sperrwirkung soll gerade die Effektivität einer Bundesregelung sichern. Macht nun der Bundesgesetzgeber keine Anstalten, das Regelwerk um die nötigen Rechtsverordnungen zu ergänzen, so muß es den Ländern möglich sein, hier handelnd einzugreifen, um eine effektive Umsetzung der Materie in ihrem Zuständigkeitsbereich gewährleisten zu können. Dieses muß um so mehr gelten, wenn durch die Untätigkeit des Bundes grundrechtliche Schutzpflichten verletzt werden.[6] Folglich kann alleine das Vorliegen einer Rechtsverordnungsermächtigung keine Sperrwirkung für die Landesgesetzgebung entwickeln.

Jedoch kann auch dieser Umstand nicht grenzenlos gelten. Sowohl für den Bund als auch für die Länder gibt es nämlich als Kompetenzschranke das Gebot des bundesfreundlichen Verhaltens.[7] Dieses Rücksichtsnahmegebot enthält das Verbot einer mißbräuchlichen Kompetenzausübung sowie ein Abstimmungsgebot. Übertragen auf den rechtsverordnungsersetzenden Vertrag bedeutet dies, daß das Land mißbräuchlich handeln würde, wenn der Bund statt durch Rechtsverordnung durch einen Vertrag handelt. Eine Effektuierung von Bundesregeln wäre dann nämlich nicht mehr notwendig. Mithin läge ein Verstoß gegen den Grundsatz des bundesfreundlichen Verhaltens vor mit der Folge, daß die Landesrechtsverordnung kompetenzwidrig erlassen worden ist.

---

4 *BVerwGE*, NJW 1988, 1161; *BayVGH*, DVBl. 1990, 692 (694); *Degenhart* in: Sachs (Hrsg.), GG, Art. 72 Rdnr. 19; a.A.: *Böhm*, DÖV 1998, 234 ff.; *Bothe*, NVwZ 1987, 938 ff.; *Fonk*, DÖV 1958, 20 (24); *Oeter* in: von Mangoldt/Klein/Stark, GG II, Art. 72 Rdnr. 74; *Zippelius*, NJW 1958, 445 (448).
Vgl. auch § 15 Abs. 4 UGB-KomE, wonach ausdrücklich zugelassen wird, daß Länder entsprechende Regelungen treffen können, soweit und solange der Bund von der Rechtsverordnungsermächtigung keinen Gebrauch gemacht hat. Kritisch hierzu *Dienes* in: Bohne (Hrsg.), Umweltgesetzbuch als Motor oder Bremse, S. 199.

5 *BayVerfGH*, DVBl. 1990, 692 (694).

6 *Böhm*, DÖV 1998, 234 (238); *Bothe*, NVwZ 1987, 938 (945).

7 *BVerfGE* 43, 291 (348); 61, 149 (205); 73, 118 (197); 86, 148 (211); *Degenhart*, Staatsrecht I, Rdnr. 183.

Zusammenfassend kann hier also festgestellt werden, daß die Ermächtigung zum Erlaß einer bundesrechtlichen Verordnung nicht bereits eine Sperrwirkung für die Landesebene auslöst. Trotzdem können die einzelnen Länder nach Abschluß eines rechtsverordnungsersetzenden Vertrags gegenläufige oder strengere Rechtsverordnungen erlassen.

§ 11: Inhaltliche Anforderungen an den rechtsverordnungsersetzenden Vertrag

Wenn zwei Privatpersonen einen zivilrechtlichen Vertrag abschließen, dann können sie nach dem Grundsatz der Vertragsfreiheit ihre Leistungen und Gegenleistungen frei aushandeln und schließlich vereinbaren. Im Unterschied zum Privatrecht unterliegt das öffentliche Recht aber verfassungsrechtlichen Bindungen. Diese wirken sich nicht nur auf die Wahl des Vertrags als Handlungsform, sondern auch auf den Inhalt des Vertrags aus. Die inhaltlichen Grenzen des rechtsverordnungsersetzenden Vertrags müssen also hier gezogen werden. Der Gesetzesvorrang bedeutet für den fraglichen Bereich, daß das Ausmaß der fachgesetzlichen Vorordnung über den Umfang des rechtlichen Entscheidungsrahmens Auskunft erteilt.[1] Eine Vorrangwirkung des Gesetzes kann sich mithin sowohl in materieller als auch in formeller Hinsicht ergeben,[2] und deshalb werden zunächst die verfassungsrechtlichen Anforderungen an den rechtsverordnungsersetzenden Vertrag überprüft, bevor die Überprüfung der einfachgesetzlichen Ebene erfolgt.

---

[1] *Krebs*, VVDStRL 52 (1993), 248 (267).

[2] *Schulte*, Schlichtes Verwaltungshandeln, S. 135.

§ 12: Grundrechte

Zunächst ist zu prüfen, ob es durch den Abschluß eines rechtsverordnungsersetzenden Vertrags zu einem Grundrechtseingriff kommen kann und ob damit der Vorbehalt des Gesetzes aktiviert wird; denn schließlich werden den Vertragspartnern Pflichten auferlegt, die die grundrechtlichen Freiheitsräume beinträchtigen können. Die Grundrechte schützen in ihrer Abwehrfunktion nämlich nicht vor jeder staatlichen Maßnahme, sondern entfalten ihre prozessuale und materielle Wirkung nach herkömmlicher Grundrechtdogmatik nur gegen staatliche Eingriffe.[1] Als Eingriff wird dabei nach herrschender Grundrechtsdogmatik eine Schutzbereichsverletzung durch die öffentliche Hand bezeichnet, die grundrechtlich rechtfertigungsbedürftig ist und so verfahrensmäßig und materiell abwehrrechtliche Schutzfunktionen auslöst.[2]

I. Die Grundlagen des Vorbehalts des Gesetzes

Die Lehre vom Gesetzesvorbehalt[3] wurzelt im Staatsrecht des Konstitutionalismus, dem die Sicherung der bürgerlichen Gesellschaft vor der monarchischen Exekutive aufgegeben war.[4] Obwohl über die normative Herleitung, den genauen Inhalt und Umfang kein Konsens besteht, ist seine prinzipielle Geltung unbestritten.[5] Teilweise wird bei seiner Ableitung wie beim Vorbehalt des Gesetzes auf Art. 20 Abs. 3 GG und das dort niedergelegte Rechtsstaatsprinzip zurückgegriffen,[6] was angesichts des Wortlauts der Norm jedoch fraglich ist. Deshalb werden darüber hinaus die Grundrechte und das Demokratieprinzip für seine Begründung hinzugezogen.[7]

Ziel der Lehre vom Gesetzesvorbehalt ist zunächst die staatliche Mäßigung.[8] Die durch den Gesetzesvorbehalt ebenfalls umschriebene Einflußmöglichkeit des Parlaments signalisiert darüber hinaus, daß bestimmte Entscheidungen der Exekutive nur mit Zustimmung des Parlaments getroffen werden dürfen. Deshalb stellt sich die Vor-

---

1 *Bleckmann*, Grundrechte, S. 411; *Lübbe-Wolff*, Grundrechte als Eingriffsabwehrrechte, S. 25 ff.

2 Diese 3er Schritt Prüfung ist heute ganz herrschend: *Bleckmann*, Grundrechte, S. 395; *Maurer*, Staatsrecht, § 9 Rdnr. 43; *Pieroth/Schlink*, Grundrechte, Rdnr. 345 ff.; *Roth*, Verwaltungshandeln mit Drittbetroffenheit, S. 121.

3 Hierzu etwa *Badura*, Staatsrecht, Rdnr. D 55; *Bauer*, DÖV 1983, 53 ff.; *Degenhart*, Staatsrecht I, Rdnr. 278; *Eberle*, DÖV 1984, 485 ff.; *Jarass*, NVwZ 1984, 473 ff.; *Kisker*, NJW 1977, 1313 ff.; *ders.*, Jura 1979, 304 ff.; *Kloepfer*, JZ 1984, 685 ff.; *Krebs*, Vorbehalt des Gesetzes und Grundrechte; *Papier* in: Götz et al. (Hrsg.), Öffentliche Verwaltung zwischen Gesetzgebung, S. 36 ff.; *Ossenbühl* in: Götz et al. (Hrsg.), Öffentliche Verwaltung zwischen Gesetzgebung, S. 9 ff.; *Stern*, Staatsrecht I, S. 808.

4 *Böckenförde*, Gesetz und gesetzgebende Gewalt, S. 71 ff.; *Huber*, Allgemeines Verwaltungsrecht, S. 78; *Kloepfer*, JZ 1984, 685 (687); *Ossenbühl* in: HdbStR III, § 62 Rdnr. 33.

5 *Kloepfer*, JZ 1984, 685.

6 *BVerfGE* 40, 237 (248); 49, 89 (126); *Stern*, Staatsrecht I, S. 805.

7 *BVerfGE* 40, 237 (248 f.); 49, 89 (126); 58, 257 (258); *Gusy*, JuS 1983, 189 (191); *Maurer*, Allgemeines Verwaltungsrecht, § 6 Rdnr. 4; *Ossenbühl* in: HdbStR III, § 62 Rdnr. 31 ff.; *Scherzberg*, JuS 1992, 205 (211).

8 *Baudenbach*, JZ 1988, 689 (695).

behaltslehre auch als Mittel zur Abgrenzung der Kompetenzen des Parlaments einerseits und der Exekutive andererseits dar.[9]

Bereits im Jahre 1958 zweifelte das *Bundesverfassungsgericht*, ob die „Freiheit- und Eigentumsformel" noch ausreichend sei.[10] Mittlerweile darf es als gesicherte Erkenntnis gelten, daß der Grundsatz vom Vorbehalt des Gesetzes durch zwei Komponenten bestimmend konkretisiert wird: Zum einen ist dies die rechtsstaatliche Komponente, derzufolge Grundrechtseingriffe einer gesetzlichen Ermächtigung bedürfen: Eingriffsvorbehalt, subjektiv-rechtliche Komponente. Zum anderen handelt es sich um die demokratische Komponente, wonach alle bedeutsamen „wesentlichen" Entscheidungen vom Parlament selbst zu treffen sind: Parlamentsvorbehalt, objektiv-rechtliche Komponente.[11] Diese beiden Komponenten machen deutlich, daß die Reichweite des Gesetzesvorbehalts in objektiv-rechtlicher und in subjektiv-rechtlicher Hinsicht nicht identisch sein muß, sondern auseinanderfallen kann. Mit der Entscheidung darüber, welche Verwaltungsmaßnahme nur durch oder auf Grund Gesetz zulässig ist, trifft der Gesetzesvorbehalt zugleich eine kompetenzrechtliche Aussage über die Zuständigkeitsverteilung zwischen Legislative und Exekutive.[12] Für beide Dimensionen der Gesetzesbindung ist dabei der weite, materielle Gesetzesbegriff maßgeblich.[13]

II. Der rechtsstaatliche Gesetzesvorbehalt

Der in Art. 20 Abs. 3 GG nicht ausdrücklich benannte Grundsatz des Vorbehalts des Gesetzes verlangt, daß Eingriffsmaßnahmen des Staates einer parlamentsgesetzlichen Grundlage bedürfen. Im Laufe des 19. Jahrhunderts hatte sich der Grundsatz durchgesetzt, daß die Verwaltung in „Freiheit und Eigentum" des Bürgers nur eingreifen darf, wenn ein Gesetz sie dazu ermächtigt.[14] Primärer Adressat des rechtsstaatlichen Vorbehalts des Gesetzes ist somit die Exekutive, was zur Folge hat, daß Verwaltungsmaßnahmen ohne die erforderliche gesetzliche Ermächtigungsgrundlage rechtswidrig sind.[15]

Am bedeutsamsten sind die speziellen Ausprägungen des Gesetzesvorbehalts in Form von Grundrechtsvorbehalten, die im Blick auf die einzelnen Grundrechte und die grundrechtsgleichen Rechte besondere Voraussetzungen für die Gesetze festlegen, die die grundrechtliche Freiheit der Bürger beschränken und ausgestalten.[16] Auch wenn

---

[9] *BVerfGE* 58, 257 (271); *Rengeling*, NJW 1978, 2217 (2218).

[10] *BVerfGE* 8, 156 (167).

[11] *Bethge*, VVDStRL 57 (1998), 10 (27); *Krebs*, Jura 1979, 304; *Pietzcker*, JuS 1979, 710; *Ossenbühl* in: HdbStR III, § 62 Rdnr. 32 ff.; *Schmidt-Aßmann/Krebs*, Rechtsfragen städtebaulicher Verträge, S. 183; *Schulte*, Schlichtes Verwaltungshandeln, S. 137 ff.

[12] *Schmidt-Aßmann/Krebs*, Rechtsfragen städtebaulicher Verträge, S. 183.

[13] *Sachs* in: Sachs (Hrsg.), GG, Art. 20 Rdnr. 118.

[14] *Pietzcker*, JuS 1979, 710 (711). Zur geschichtlichen Entwicklung vgl. etwa *Krebs*, Jura 1979, 304 f.; *Ossenbühl* in: Götz et al. (Hrsg.), Öffentliche Verwaltung zwischen Gesetzgebung, S. 15 ff.

[15] *BVerfGE* 40, 237 (248 f.); 41, 251 (256 f.); 51 268 (287 f.); 84, 212 (226); 88, 103 (116). Hierzu auch *Jarass* in: Jarass/Pieroth, GG, Art. 20 Rdnr. 29; *Ossenbühl* in: HdbStR III, § 62 Rdnr. 33; *Schulze-Fielitz* in: Dreier (Hrsg.), GG II, Art. 20 (Rechtsstaatsprinzip) Rdnr. 95.

[16] *Schulze-Fielitz* in: Dreier (Hrsg.), GG II, Art. 20 (Rechtsstaatsprinzip) Rdnr. 96.

die Reichweite des Gesetzesvorbehalts nicht ganz eindeutig ist, so deckt sich der grundrechtliche Gesetzesvorbehalt im Bereich der Eingriffsverwaltung mit dem allgemeinen Prinzip des Gesetzesvorbehalts.[17] Nach wie vor löst also der Eingriff in Freiheit und Eigentum des Bürgers eine Rechtfertigung nach dem Grundsatz des Vorbehalts des Gesetzes aus. Mithin ist hier zu fragen, ob es durch einen Vertragsschluß zu einem solchen Eingriff kommen kann.

III. Die Frage der Grundrechtsrelevanz des rechtsverordnungsersetzenden Vertrags

Ob und inwieweit kann es nun durch einen rechtsverordnungsersetzenden Vertrag zu einem Eingriff in grundrechtlich geschützte Freiheiten kommen ? Eine solche Freiheitsverletzung ist in folgenden Relationen möglich: Bei einer Relation zwischen Staat und den direkten Vertragspartnern sowie bei einer Relation zwischen dem Staat und Dritten.

Das zunächst naheliegende Problem ist die Grundrechtsrelevanz des Vertragsschlusses hinsichtlich der Vertragspartner des rechtsverordnungsersetzenden Vertrags. Die Problematik des Grundrechtseingriffs stellt sich dabei in größerer Vehemenz als bei Selbstverpflichtungen; denn im Unterschied zu Selbstverpflichtungen ist beim rechtsverordnungsersetzenden Vertrag ein einfaches Nichteinhalten ohne Sanktionen unmöglich.[18]

Zwei verschiedene Anknüpfungspunkte kommen zur Überprüfung auf ihre Grundrechtsrelevanz in Betracht: Vergleichbar mit der Situation bei Selbstverpflichtungen ist zunächst daran zu denken, daß bereits der Motivationsdruck des Staates auf die Unternehmen hin zu einem Abschluß des Vertrags als Realakt eine Grundrechtsverkürzung darstellt.

Doch auch die weiteren Geschehnisse können im Unterschied zu Selbstverpflichtungen grundrechtsrelevant sein. Denn durch den Abschluß des rechtsverordnungsersetzenden Vertrags werden zu dessen Erfüllung rechtsverbindliche Pflichten übernommen. Mit der Entgegennahme der vertraglichen Verpflichtung des Bürgers greift die Verwaltung mithin in dessen Freiheiten ein, und durch die Rechtsbindung des Bürgers gegenüber dem Verwaltungsträger wird die grundrechtliche Freiheit des Vertragspartners verkürzt.[19]

Eine solche Aufsplitterung ist aber weder sinnvoll noch notwendig. Beide Vorgänge lassen sich nicht trennen, da sie einen einheitlichen Lebenssachverhalt bilden, und auch dogmatisch kommt der Unterscheidung zwischen Vertragsinhalt und -schluß keinerlei Bedeutung zu. Mithin ist bei der Beurteilung der Grundrechtsrelevanz allein auf den Vertragsschluß abzustellen.

Das Grundgesetz kennt neben den grundrechtlichen Gesetzesvorbehalt weitere Gesetzesvorbehalte. So statuiert es etwa einen finanz- und haushaltsrechtlichen Gesetzesvorbehalt sowie Gesetzesvorbehalte im Bereich der auswärtigen Gewalt. Daher wird teilweise zwischen Grundrechts- und Gesetzesvorbehalt differenziert. Etwa *Sachs* in: Sachs (Hrsg.), GG, Art. 20 Rdnr. 70.

[17] *Maurer*, Allgemeines Verwaltungsrecht, § 6 Rdnr. 12.

[18] *Knebel/Wicke/Michael*, Selbstverpflichtungen und normersetzende Umweltverträge, S. 198.

[19] *Schimpf*, Verwaltungsrechtliche Vertrag, S. 216.

Bevor jedoch untersucht werden kann, ob eine Grundrechtsverletzung der Vertragspartner durch den Vertragsschluß erfolgt, ist der Frage nachzugehen, ob nicht die Besonderheiten eines Vertrags eine Anwendbarkeit des Vorbehalts des Gesetzes mangels Grundrechtsbetroffenheit ausschließen. Zwar verkürzt die vertraglich übernommene Verpflichtung zunächst die grundrechtlichen Freiheiten des Vertragspartners, wodurch die Grundrechte fraglos in ihrer Funktion als Abwehrrechte zum Tragen kommen können, jedoch ist zu bedenken, daß ein Vertrag grundsätzlich eine konsensuale Handlungsform ist. Daraus könnte nun der Schluß gezogen werden, daß bei einem solchen einvernehmlichen Handeln zwischen Verwaltung und Privaten der rechtsstaatliche Gesetzesvorbehalt nicht zum Tragen kommt. Es geht hier mithin zunächst um die Frage, ob der Abschluß des rechtsverordnungsersetzenden Vertrags überhaupt eine Grundrechtsbetroffenheit verursacht und damit den rechtsstaatlichen Gesetzesvorbehalt auszulösen vermag.

1. Die Vertragsfreiheit des Bürgers – volenti non fit iniuria

Im Zusammenhang mit dem subjektiv-rechtlichen Charakter des Vorbehalts des Gesetzes formulierte schon *Otto Mayer* zur Begründung des Verwaltungsaktes auf Unterwerfung: Ein belastender Verwaltungsakt kann auch ohne gesetzliche Grundlage auf der Grundlage der Einwilligung des Betroffenen ergehen.[20] Diese Erkenntnis gilt um so mehr bei einem Vertrag; denn die Besonderheit der vertraglichen Regelung ist gerade die Gleichwertigkeit der sie konstituierenden Erklärungen. Anders als der Verwaltung steht dem Bürger eine Vertragsfreiheit zu, die auch im öffentlich-rechtlichen Bereich gilt.[21] Diese Vertragsfreiheit bestimmt den öffentlich-rechtlichen Vertrag als zweiseitigen Rechtsakt mit, und dadurch unterscheidet sich der öffentlich-rechtliche Vertrag gerade vom einseitig-hoheitlichen Handeln. Dementsprechend hat das *Bundesverwaltungsgericht* in einer Entscheidung zu einem Folgelastenvertrag bereits vor Inkrafttreten des Verwaltungsverfahrensgesetzes die Auffassung vertreten, daß es bei einer einvernehmlichen Vertragslösung an der für ein entsprechendes Erfordernis notwendigen Eingriffsintensität fehlt.[22] Auf Grund des Willenskonsenses mangele es an einem rechtlich relevanten Eingriff. Die Rechtsfolge einer solchen wirksamen Einwilligung ist die Schmälerung grundrechtlich geschützter Rechtspositionen.[23]

Vor diesem Hintergrund läßt sich wie folgt argumentieren: Auf Grund des einvernehmlichen Handelns bedarf es des Schutzes des Vorbehalts des Gesetzes grundsätzlich nicht.[24] Eine Beeinträchtigung der Grundrechtsnormen ist nämlich nicht vorhanden.[25] Kernstück der Problematik ist daher die Frage, ob Grundrechte nur Einwirkungen gegen den Willen des Betroffenen verbieten oder auch solche Einwirkungen, mit denen die Betroffenen einverstanden sind.

---

[20] *Mayer*, Deutsches Verwaltungsrecht I, S. 98.

[21] *Maurer*, DVBl. 1989, 798 (805).

[22] *BVerwGE* 42, 331 (335). Kritisch *Huber*, Allgemeines Verwaltungsrecht, S. 230.

[23] *Stern*, Staatsrecht III/2, S. 906.

[24] *Bleckmann*, VerwArch 63 (1972), 404 (434 ff.); *Ehlers*, VerwArch 74 (1983), 112 (126); *Kopp/Ramsauer*, VwVfG, § 54 Rdnr. 44.

[25] *Amelung*, Einwilligung in die Beeinträchtigung eines Grundrechtes, S. 116 f.; *Pietzcker*, Der Staat 17 (1978), 527 (534); *Spannowsky*, Verträge und Absprachen, S. 291.

Diese Frage wird häufig in der Literatur unter dem lateinischen Stichwort des „volenti non fit iniuria“ erörtert,[26] dessen Ursprung auf dem Gebiet der Willensherrschaft, dem Zivilrecht, liegt. Auch findet sich diese Problematik unter dem Begriff des „unfreiwilligen Vertrags“ wieder.[27] Der in diesem Zusammenhang ebenfalls verwendete Begriff des „Grundrechtsverzichts“ ist hingegen irreführend: Eine Grundrechtsposition geht nicht unter, sondern bleibt erhalten; denn ein Totalverzicht von Grundrechten ist, wie Art. 1 Abs. 2 GG zeigt, nicht möglich.[28] Der Träger verzichtet lediglich auf eine Abwehr. Es liegt damit nicht ein Grundrechtsverzicht, sondern lediglich ein Abwehrunterlassen vor.[29]

Mit dem Stichwort des volenti non fit iniuria ist die umfangreiche dogmatische Problematik verbunden,[30] ob und wieweit der Betroffene über seine Grundrechte verfügen kann. Die Meinungen hierzu sind geteilt: So wird teilweise dem Grundsatz des volenti non fit iniuria bereits seine Daseinsberechtigung im öffentlichen Recht abgesprochen, und eine Einwilligung des Betroffenen in die Grundrechtsbeeinträchtigung wird mit dem Argument, Grundrechte als objektive Werteordnung seien nicht käuflich, gänzlich abgelehnt.[31]

Die Gegenposition hebt das Verständnis der Grundrechte als Freiheitsrechte hervor. Ein Grundrechtsgebrauch schließe auch eine Einwilligung in die Grundrechtsverletzung mit ein.[32] Die Rechtsprechung des *Bundesverfassungsgerichts* gibt sich dagegen eher zurückhaltend, lehnt die mögliche Einwilligung zu einer Grundrechtsverkürzung keineswegs prinzipiell ab.[33]

Anerkannt ist aber mittlerweile, daß eine pauschale Aussage mit einer Gültigkeit für alle Grundrechte nicht getroffen werden kann.[34] Die Notwendigkeit eines solchen differenzierten Lösungsansatzes findet ihre Bestätigung im Grundgesetz selber. So schreibt zum Beispiel Art. 16 Abs. 1 GG fest, daß der Verlust der Staatsangehörigkeit nur gegen den Willen des Betroffenen erfolgen kann, wenn dieser dadurch nicht staatenlos wird. Demgegenüber bestimmt Art. 9 Abs. 3 Satz 2 GG, daß Abreden, die das

---

26 „Demjenigen, der einwilligt, geschieht kein Unrecht“. Der Satz wird auf *Ulpian* zurückgeführt. Vgl. *Sachs*, VerwArch 76 (1985), 398.

27 *Schilling*, VerwArch 87 (1996), 191 (198).

28 *Kirchhof*, Verwalten durch mittelbares Einwirken, S. 205; *Robbers*, JuS 1985, 925; *Schwabe*, Probleme der Grundrechtsdogmatik, S. 92 f. m.w.N.

29 So auch *Bethge*, VVDStRL 57 (1998), 7 (44); *Dreier* in: Dreier (Hrsg.), GG I, Vorb vor Art. 1 Rdnr. 83.

30 Vgl. *Bleckmann*, Grundrechte, S. 485 ff.; *Bussfeld*, DÖV 1976, 765 (771); *Dürig*, AöR 81 (1956), 117 (152); *Forsthoff*, Verwaltungsrecht I, S. 279; *Huber*, Allgemeines Verwaltungsrecht, S. 230; *Krüger*, DVBl. 1955, 450 (453); *von Münch* in: von Münch/Kunig, GG I, Vor Art. 1-19 Rdnr. 62 f.; *Oebbecke*, DVBl. 1986, 793 (799); *Pietzcker*, Der Staat 17 (1978), 527 ff.; *Sachs*, VerwArch 76 (1985), 398 (424 f.); *Schulte*, Schlichtes Verwaltungshandeln, S. 99; *Spieß*, Grundrechtsverzicht, S. 12 ff.; *Sturm* in: FS Geiger, S. 173 ff.

31 *Bussfeld*, DÖV 1976, 765 (771); *Krüger*, DVBl. 1955, 450 (453); *Sturm* in: FS Geiger, S. 173 ff.

32 *Dürig*, AöR 81 (1956), 117 (152); *Schwabe*, Probleme der Grundrechtsdogmatik, S. 92 ff.

33 *BVerfG*, NJW 1982, 375 (Lügendetektor) aber *BVerfGE* 9, 194 (199) zum Rechtsbehelfsverzicht. Übersicht zur weiteren Rechtsprechung bei *Robbers*, JuS 1985, 925 (930).

34 *Kirchhof*, Verwalten durch mittelbares Einwirken, S. 207; *Oebbecke*, DVBl. 1986, 793 (799); *Rengeling/Gellermann*, ZG 1991, 317 (331); *Pietzcker*, Der Staat 17 (1978), 527 ff.; *Sachs*, VerwArch 76 (1985), 389 (419 ff.); *Schulte*, Schlichtes Verwaltungshandeln, S. 101 ff.

Recht, Vereinigungen zur Wahrung und zur Förderung der Arbeits- und Wirtschaftsbedingungen zu bilden, einzuschränken oder zu behindern suchen, ausgeschlossen sind. Mithin sind sowohl die Verfügungsmöglichkeit über Grundrechtspositionen als auch das Verbot einer solchen Verfügung dem Grundgesetz bekannt.

Die für einen rechtsverordnungsersetzenden Vertrag wichtigsten Grundrechtsaussagen enthalten die Art. 12 Abs. 1, Art. 14 Abs. 1 und Art. 2 Abs. 1 GG. Hierbei handelt es sich um die sogenannten vertragsnahen Grundrechte,[35] bei denen gerade die vertragliche Bindung den Ausdruck der Freiheitsbetätigung darstellt.[36] Zwar werden durch den Vertragsschluß die Handlungsmöglichkeiten des Bürgers eingegrenzt, jedoch sind grundrechtliche Freiheiten nicht mit Bindungslosigkeit identisch. Griffe immer der Gesetzesvorbehalt ein, wäre mithin dem Bürger eine vertragliche Bindung mit dem Staat und damit eine Freiheitsausübung verwehrt.[37] Die Annahme des Gesetzesvorbehalts für vertragliches Verwaltungshandeln verkürzt die grundrechtlichen Freiheiten, da dadurch ein Vertragsschluß mit der Verwaltung ohne Ermächtigungsgrundlage dem Bürger immer verwehrt bleibt.[38]

Daher ist heute weitgehend anerkannt, daß die Verwaltung einer gesetzlichen Ermächtigung nicht bedarf, wenn sie im öffentlich-rechtlichen oder privatrechtlichen Vertragswege grundrechtlich relevante Entscheidungen im einverständlichen Zusammenwirken mit dem Bürger trifft.[39] Dies heißt im Ergebnis, daß für die inhaltliche Beurteilung einer vertraglichen Regelung die grundrechtssichernde Funktion des Vorbehalts des Gesetzes nicht greift und „nur" der Vorrang des Gesetzes und des Parlamentsvorbehalts zu berücksichtigen ist.

2. Die Voraussetzung für eine wirksame Verfügung – eine freiwillige Einwilligung

Dieser verfassungsrechtliche Befund schließt allerdings nicht die Annahme ein, vertragliches Handeln sei grundsätzlich von den Bindungen des Gesetzesvorbehalts befreit.[40] Voraussetzung für eine Verfügung über Grundrechte ohne das Erfordernis einer

---

[35] Vgl. *Kirchhof*, Verwalten durch mittelbares Einwirken, S. 208; *Rengeling*, Kooperationsprinzip, S. 88; *Oebbecke*, DVBl. 1986, 793 (799); *Menger* in: FS Ernst, S. 315; *Schulte*, Schlichtes Verwaltungshandeln, S. 102; *Würfel*, Informelle Absprachen in der Abfallwirtschaft, S. 53.

[36] *Kirchhof*, Verwalten durch mittelbares Einwirken, S. 209; *Schmidt-Aßmann/Krebs*, Rechtsfragen städtebaulicher Verträge, S. 186. Mißverständlich insoweit *Oebbecke*, DVBl. 1986, 793 (799), der von einem Verfügen über Grundrechte spricht.

[37] *Robbers*, JuS 1985, 925 (930). Es kann daher nicht um die Frage einer Rechtfertigung eines Eingriffs gehen (so aber *Bleckmann*, JZ 1988, 57 (58); *Dempfle*, Normvertretende Absprachen, S. 105; *Nickel*, Absprachen zwischen Staat und Wirtschaft, S. 118; *Spieß*, Grundrechtsverzicht, S. 138) und damit nicht um einen rechtfertigungsbedürftigen Eingriff, sondern ob überhaupt ein solcher vorliegt; denn denknotwendig entfällt nach der Grundrechtsdogmatik bei einer Einwilligung bereits der Eingriff. Vgl. *Di Fabio*, JZ 1997, 969 (974).

[38] *Kirchhof*, Verwalten durch mittelbares Einwirken, S. 208.

[39] *Bauer* in: Hoffmann-Riem/Schmidt-Aßmann (Hrsg.), Innovation und Flexibilität des Verwaltungshandelns, S. 269; *Bonk* in: Stelkens/Bonk/Sachs, VwVfG, § 54 Rdnr. 96; *Henneke* in: Knack, VwVfG, Vor § 54 Rdnr. 7.7.2; *Kopp/Ramsauer*, VwVfG, § 54 Rdnr. 44; *Krebs*, VVDStRL 52 (1993), 248 (264); *Maurer*, DVBl. 1989, 798 (805); *Rengeling/Gellermann*, ZG 1991, 317 (529); *Spannowsky*, Verträge und Absprachen, S. 301; *Ule/Laubinger*, Verwaltungsverfahrensrecht, S. 519; a.A.: *Erichsen* in: Erichsen (Hrsg.), Allgemeines Verwaltungsrecht, S. 407.

[40] *Schmidt-Aßmann/Krebs*, Rechtsfragen städtebaulicher Verträge, S. 188.

gesetzlichen Grundlage ist, daß eine freie vertragliche Gestaltungsmöglichkeit des Bürgers besteht.[41] Denn erst die Freiwilligkeit des Vertragsschlusses beweist, daß der Staat rechtlich wie tatsächlich dem Bürger gleichgeordnet ist, was eine autonome Entscheidung des Grundrechtsträgers voraussetzt.[42] Ist hingegen der Prozeß der Willensbildung gestört und wird dies von der Verwaltung ausgenutzt, dann ist die Verfügung unwirksam, weil sie fremdbestimmt ist: Die Verfügung kann nicht mehr Ausdruck des Freiheitsgebrauches sein. Kommt man also zu dem Schluß, daß der Vertragsschluß unfreiwillig ist, so liegt im Vertragsschluß ein Eingriff in die grundrechtliche Interessenssphäre des Bürgers vor. Die rechtliche Brisanz des Freiwilligkeitspostulats liegt also in dem Machtgefälle zwischen Staat und Bürger.[43]

Entscheidende Bedeutung kommt bei der Beantwortung der Frage nach dem rechtsstaatlichen Gesetzesvorbehalt mithin der Abgrenzung der Freiwilligkeit von der Unfreiwilligkeit des Vertragsschlusses zu. Der Begriff der Freiwilligkeit ist ein Rechtsbegriff, der im Recht der Einwilligung eine bestimmte normative Aufgabe erfüllt und nach den allgemeinen Regeln der teleologischen Begriffsbildung von dieser Aufgabe definiert werden muß.[44] Als freiwillig kann eine Willenserklärung, zivil- und strafrechtlichen Maßstäben entsprechend, dann angesehen werden, wenn sie frei von Zwang im Sinne von vis absoluta und vis compulsiva ist.[45] Das wird dann der Fall sein, wenn Alternativen für das Handeln des Bürgers vorliegen.[46]

Die Situation, die zu einem rechtsverordnungsersetzenden Vertrag führt, ist vergleichbar mit der, die zu einer Selbstverpflichtung führt: Der Staat stellt beim Scheitern der Verhandlungen den Erlaß einer Rechtsnorm in Aussicht, die in seinem Rechtsetzungsermessen steht. Hiermit ist die Möglichkeit verbunden, daß diese Norm für den Adressaten erheblich restriktiver ausfallen kann als der vergleichbare rechtsverordnungsersetzende Vertrag.

Im Zusammenhang mit Selbstverpflichtungen[47] wird die Freiwilligkeit auf Seiten des Bürgers in der Literatur durchweg bezweifelt. So beurteilt *Murswiek* das staatliche Vorgehen wie folgt: „Einstmals war das Vorzeigen der Folterinstrumente die erste Stufe der Folter. Heute zeigt der Umweltminister den Entwurf einer Rechtsverord-

---

[41] *Krebs*, Vorbehalt des Gesetzes und Grundrechte, S. 125; *Murswiek*, JZ 1988, 985 (988); *Robbers*, JuS 1985, 925 (926); *Schulte*, Schlichtes Verwaltungshandeln, S. 102; *Spannowsky*, Verträge und Absprachen, S. 416 ff. *Staudenmayer*, Verwaltungsvertrag mit Drittwirkung, S. 75.

[42] *Amelung*, Einwilligung in die Beeinträchtigung eines Grundrechtes, S. 79 ff.; *Sachs*, JuS 1995, 303 (307); *Stern*, Staatsrecht III/2, S. 887 ff.

[43] So *Forsthoff*, DVBl. 1957, 724 ff.

[44] *Amelung*, Einwilligung in die Beeinträchtigung eines Grundrechtes, S. 83.

[45] *Amelung*, Einwilligung in die Beeinträchtigung eines Grundrechtes, S. 83 f.; *Spieß*, Grundrechtsverzicht, S. 26.

[46] *Kirchhof*, Verwalten durch mittelbares Einwirken, S. 205; *Helberg*, Selbstverpflichtungen, S. 192.

[47] Bei Selbstverpflichtungen wird allgemein eine Freiwilligkeit verneint: Vgl. *Brohm*, DÖV 1992, 1025 (1032 f.); *Di Fabio*, JZ 1997, 969 (971); Grüter, Umweltrecht und Kooperationsprinzip, S. 98; *Helberg*, Selbstverpflichtungen, S. 194; *Kirchhof*, Verwalten durch mittelbares Einwirken, S. 206; *Kloepfer*, JZ 1991, 737 (743); *Knebel/Wicke/Michael*, Selbstverpflichtungen und normersetzende Umweltverträge, S. 61 ff.; *Murswiek*, JZ 1988, 985 (988); *Oebbecke*, DVBl. 1986, 793; *Schulte*, Schlichtes Verwaltungshandeln, S. 102; *Nickel*, Absprachen zwischen Staat und Wirtschaft, S. 120; a.A.: *Baudenbach*, JZ 1988, 689 (697); *Trute*, DVBl. 1996, 950 (958); *ders.* in: UTR 48, S. 50; *Würfel*, Informelle Absprachen in der Abfallwirtschaft, S. 54 f.

nung."[48] *Kloepfer* spricht von einer feineren Form der Nötigung,[49] und *von Lersner*[50] bemüht das Bild vom „Knüppel im Sack", der immer mit von der Partie sei. *Kunig* sieht wiederum in diesem Rahmen die Freiwilligkeit als seltenen Euphemismus,[51] und *Depenheuer* formuliert das staatliche Vorgehen als „Grundrechtseingriff mit dem Angebot der Ersetzungsbefugnis".[52]

Knebel/Wicke/Michael[53] verweisen in ihrem Forschungsbericht nun erstmalig auf empirische Auswertungen einer BMU- und EU-Studie zu Selbstverpflichtungen, die zeigen, daß ein großer Teil der Selbstverpflichtungen tatsächlich unter einem Nötigungsdruck des Staates zustande kommt. Aus der Sicht der Unternehmer ist es der Hauptzweck der „freiwilligen" Zusage, den drohenden Erlaß einer rechtlichen Regelung abzuwenden, und daraus ergibt sich für den rechtsverordnungsersetzenden Vertrag, daß dieselben Beweggründe auch zum Abschluß eines rechtsverordnungsersetzenden Vertrags führen.

Für das Vorliegen des Merkmals der Freiwilligkeit wird argumentiert: Der Staat informiere durch den Hinweis auf den möglichen Erlaß einer Rechtsverordnung lediglich über die Rechtslage,[54] er mache also ein Angebot an die Privaten. Selbst wenn der Staat auf tradiertes ordnungsrechtliches Instrumentarium zurückgreife, sei die Entscheidung über Annahme oder Ablehnung des Vertrags weiterhin primär der Gebrauch von Freiheitsrechten.[55] Die Ablehnung des Vertrags alleine sei jedenfalls nicht mit direkten Nachteilen verbunden.

Dem ist insoweit zuzustimmen, weil erst die erlassene Rechtsverordnung und die auf Grund dieser Verordnung ergehenden Vollzugsakte grundrechtsrelevant werden. Handelt der Staat nach der Ablehnung hingegen gar nicht, liegt auch keine Beeinträchtigung vor.[56]

Insofern stellt sich das Vorgehen des Staates als zweistufiges Geschehen dar. Die erste Stufe, nämlich das Angebot zum Abschluß des Vertrags, ist tatsächlich grundrechtsneutral. Erst auf der zweiten Stufe, dem angedrohten Erlaß der Norm, kommt es dann zum Eingriff. Die Konsequenz dieses Vorgehens des Staates ist aber eine Aushöhlung des Vorbehalts des Gesetzes; denn durch den Vorbau der ersten Stufe könnte der Staat sich um seine Grundrechtsbindungen herumlavieren und entscheiden, wann der Vorbehalt des Gesetzes greift und wann nicht. Nur aus dem Umstand, daß sich das Angebot auf der ersten Stufe befindet und noch eine rechtliche Wahlmöglichkeit be-

---

48 *Murswiek*, JZ 1988, 985 (988).

49 *Kloepfer*, VVDStRL 38 (1980), 371 (373); *ders.*, JZ 1991, 737 (743): „Ein raffinierten Einbau (halber) Freiwilligkeit."

50 *von Lersner*, Verwaltungsrechtliche Instrumente des Umweltschutzes, S. 23.

51 *Kunig* in: Hoffmann-Riem/Schmidt-Aßmann (Hrsg.), Konfliktbewältigung durch Verhandlungen I, S. 59 f.

52 *Depenheuer* in: Huber (Hrsg.), Kooperationsprinzip im Umweltrecht, S. 34.

53 *Knebel/Wicke/Michael*, Selbstverpflichtungen und normersetzende Umweltverträge, S. 61 f.

54 *Baudenbach*, JZ 1988, 689 (697); *Oldiges*, WiR 1973, 1 (27); *Würfel*, Informelle Absprachen in der Abfallwirtschaft, S. 54; *Zeibig*, Vertragsnaturschutz, S. 123. In diese Richtung wohl auch *Rat von Sachverständigen*, Umweltgutachte 1998, Tz. 305.

55 *Zeibig*, Vertragsnaturschutz, S. 123.

56 *Helberg*, Selbstverpflichtungen, S. 194.

steht, läßt sich noch nicht auf eine Freiwilligkeit bei einem tatsächlich erfolgten Abschluß eines rechtsverordnungsersetzenden Vertrags schließen.

Daher kommt es maßgeblich darauf an, welche reale Alternative dem Bürger gegenüber dem Vertragsangebot der Verwaltung verbleibt.[57] Dementsprechend formulieren *Schmidt-Aßmann/Krebs*[58] die Gretchenfrage danach, ob die Möglichkeiten, die sich dem Bürger bieten, nicht zu einem faktischen Kontrahierungszwang führen. Liegt ein solcher faktischer Kontrahierungszwang vor, so kann eine vertragliche Rechtsbindung des Bürgers gegenüber der Verwaltung nur auf Grund einer gesetzlichen Ermächtigung erfolgen. Dabei muß zwischen der rechtlichen und der realen Wahlmöglichkeit unterschieden werden. Rechtlich kann zwar eine Wahlmöglichkeit vorliegen, selbst wenn diese Wahlmöglichkeit tatsächlich nicht mehr gegeben ist. Wer Eins sagt, sagt nämlich auch Zwei. Der Staat muß dieses aber sogar tun, um die Glaubwürdigkeit seiner Drohung für die Zukunft nicht zu verspielen. Insofern hat die zweite Stufe Ausstrahlwirkung auf die erste.

Sieht man nun das Geschehen mit den Augen der Privaten, so hat der Private nur die Wahl zwischen einer sofortigen Belastung durch die Verpflichtungen aus einem rechtsverordnungsersetzenden Vertrag und einer zeitlich versetzten Belastung aus der Rechtsverordnung. Somit ergibt sich für den Privaten nur ein Bild des Aufschiebens, nicht aber des Abwendens: Eine echte Wahlmöglichkeit besteht nicht. Der „vernünftig denkende Unternehmer“ wird in der Hoffnung einer größeren Einflußmöglichkeit auf den Inhalt des rechtsverordnungsersetzenden Vertrags diesen Vertrag der Rechtsverordnung grundsätzlich vorziehen. Mithin liegt ein faktischer Kontrahierungszwang vor

An diesem Ergebnis ändern auch die Mitwirkungsmöglichkeiten am Inhalt des rechtsverordnungsersetzenden Vertrags nichts. Eine Kompensation kann nämlich hierdurch nicht stattfinden. Die Frage nach dem „Ob“ des Eingriffs ist nämlich bereits gefallen. Einfluß besteht nur noch auf die Modalitäten des Eingriffs, also auf das „Wie“.[59]

Da der Vertrag im Gegensatz zu Selbstverpflichtungen verbindlich ist, kann zudem nicht gegen eine Grundrechtsrelevanz damit argumentiert werden, die Unternehmen könnten sich jederzeit von ihrer Zusage lösen.

Ergänzend für die Freiwilligkeit der Entscheidung wird auch dahingehend argumentiert, daß der Druck, der auf dem Unternehmer laste, seine Ursache hauptsächlich in dem Umstand habe, daß das Unternehmen Mitglied eines Verbandes sei.[60] Durch einen einfachen Austritt aus dem Verband könne sich der Unternehmer jedoch diesem Druck entziehen. Mithin liege es ausschließlich in der Entscheidungsfreiheit des Unternehmens, dem durch den Staat erwünschten Verhalten nachzukommen oder sich aber durch einen Verbandsaustritt dem Druck zu entziehen.

---

[57] *Kirchhof*, Verwalten durch mittelbares Einwirken, S. 188; *Neumann*, Freiheitsgefährdung im kooperativen Sozialstaat, S. 417; *Schilling*, VerwArch 87 (1996), 191 (199); *Sturm* in: FS Geiger, S. 184.

[58] *Schmidt-Aßmann/Krebs*, Rechtsfragen städtebaulicher Verträge, S. 189. Ferner *Scherzberg*, JuS 1992, 205 (211).

[59] So *Helberg*, Selbstverpflichtungen, S. 194.

[60] *Würfel*, Informelle Absprachen in der Abfallwirtschaft, S. 88 f.

Eine freie Wahl ergibt sich damit für den Unternehmer allerdings nicht. Denn gerade wenn sich nicht genügend Vertragspartner für einen rechtsverordnungsersetzenden Vertrag finden, wird der Staat zu einem einseitig-hoheitlichen Handeln übergehen.

Aus diesen Gründen muß man hier zu dem Ergebnis kommen, daß ein Unternehmen zum Abschluß eines rechtsverordnungsersetzenden Vertrags keine echte Wahlfreiheit hat. Mangels Freiwilligkeit kann es nicht zur Wirkung des volenti non fit iniuria kommen, so daß der rechtsverordnungsersetzende Vertrag grundsätzlich trotz seines konsensualen Charakters am Maßstab des Vorbehaltes des Gesetzes zu messen ist.

Ein anderes Ergebnis ist aber in Einzelfällen denkbar, nämlich dann, wenn der Motivationsdruck zum Abschuß des Vertrags nicht hauptursächlich im Ausblick auf den Erlaß einer Rechtsverordnung liegt. Dies ist etwa dann der Fall, wenn der Verordnungsgeber tatsächlich nicht in der Lage ist, eine einseitige Regelung mit dem entsprechenden Inhalt auch zu erlassen. Gründe hierfür könnte es zum Beispiel auf der EG-Ebene geben.[61] Der Abschluß des Vertrags kann zudem auf einer eigenen wirtschaftlichen Entscheidung beruhen, etwa wenn der Vertrag werbewirksam eingesetzt werden kann oder aber das Unternehmen ohnehin auf ein verändertes Verbraucherverhalten in der vom Staat erwünschten Art und Weise reagieren müßte.

Hervorzuheben ist aber, daß trotz des staatlichen Drucks, der zur Grundrechtsrelevanz des rechtsverordnungsersetzenden Vertrags führt, diese nicht seinen kooperativen Charakter verliert. Denn auch wenn der Staat das Ziel vorgibt, bleibt auf dem Weg dorthin ein weiter Kooperationsfreiraum.

3. Die Entwicklung des Verständnisses des Grundrechtseingriffs

Trotz der zentralen Bedeutung der Frage nach dem Eingriff in den Schutzbereich für die Dogmatik der Grundrechte in ihrer abwehrrechtlichen Funktion herrscht in Rechtsprechung und Literatur weitgehende Unklarheit darüber, wann genau ein Grundrechtseingriff vorliegt. Dem Begriff des Eingriffs kommt mithin eine Schlüsselposition für das Grundrecht als Abwehrrecht zu.[62]

Für die Verfassungskontrolle eines rechtsverordnungsersetzenden Vertrags kommt es darauf an, daß die Auswirkungen eines rechtsverordnungsersetzenden Vertrags auch tatsächlich zu einem Eingriff in ein Grundrecht führen können.

a) Der „klassische“ Eingriffsbegriff

Der Ausgangspunkt für die Diskussion um den grundrechtlichen Eingriffsbegriff ist der sogenannte „klassische“ Eingriffsbegriff. Trotz der Bezeichnung als „Klassiker“ darf diese Bezeichnung nicht darüber hinwegtäuschen, daß es zu keinem Zeitpunkt eine anerkannte, fest umrissene Definition des Eingriffsbegriffs gegeben hat.[63] Aner-

---

[61] So hätte etwa die Beschränkung über die Substitution von Asbest aus dem Jahr 1984 nicht als Rechtsverordnung ergehen dürfen. Vgl. *Helberg*, Selbstverpflichtungen, S. 50 f. Ebenso bestanden Bedenken gegen eine gesetzliche Regelung des Werbeverbots für Zigaretten. Vgl. *Kaiser*, NJW 1971, 585 (587); *Oebbecke*, DVBl. 1986, 793 (798); *von Zezschwitz*, JA 1978, 497 (503).

[62] *Bethge*, VVDStRL 57 (1997), 7 (11); *Isensee* in: HdbStR V, § 111 Rdnr. 59.

[63] *Di Fabio*, JZ 1993, 689 (694); *Eckhoff*, Grundrechtseingriff, S. 175; *Roth*, Verwaltungshandeln mit Drittbetroffenheit, S. 194; *Roth*, Faktische Eingriffe, S. 29.

kannt ist jedoch, daß die Grundrechte ihre Abwehrfunktion unzweifelhaft entfalten, wenn kumulativ drei Voraussetzungen[64] vorliegen:

1. Eine finale, auf eine Rechtsbeeinträchtigung gerichtete Maßnahme,
2. eine Maßnahme, die unmittelbar auf das Rechtsgut wirkt, und
3. eine Maßnahme in Form eines verbindlichen Rechtsaktes.

So ist unzweifelhaft, daß der Adressat eines belastenden Verwaltungsaktes gemäß § 42 Abs. 2 VwGO stets klagebefugt ist, weil durch die Regelung seines Rechtsverhältnisses zum Staat unmittelbar in den Schutzbereich des Art. 2 Abs. 1 GG eingegriffen wird.[65]

Je mehr nun der moderne Staat aber sein Tätigkeitsfeld erweiterte und die Formen seiner Aufgabenwahrnehmung vervielfältigte, desto weniger wurde unter dem Gesichtspunkt effektiven Rechtsgüterschutzes der überkommene Eingriffsbegriff haltbar.[66] Neben den unmittelbaren, durch imperativen hoheitlichen Zwang gekennzeichneten Eingriff in die Freiheitssphäre des Bürgers sind subtilere Formen staatlicher Einflußnahme getreten. Hier sind außer den gesetzes- und verwaltungsaktersetzenden Vereinbarungen insbesondere behördliche Warnungen, Ankündigungen und Empfehlungen zu nennen: Tripolare Rechtsverhältnisse.[67] Sie können in Intensität und Nachhaltigkeit ihres Belastungsgehaltes dem des klassischen Eingriffs gleich stehen oder ihn sogar übertreffen.

b) Die Erweiterung des Eingriffsbegriffs

Heute wird eine Vielzahl von Arten des Staatshandelns als Eingriff betrachtet. Aber wie es keine Flucht des Staates in das Privatrecht geben darf, so darf es ebensowenig eine Flucht des Staates in die indirekte Steuerung geben.[68] Der Grundrechtsschutz darf nicht abhängig von der Form des staatlichen Handelns sein;[69] denn der Art. 1 Abs. 3

---

[64] Die Zerlegung des Eingriffs in Einzelmerkmale wird nicht einheitlich durchgeführt. Die Einzelmerkmale schwanken von drei bis fünf: *Bleckmann*, Grundrechte, S. 411 ff.; *Bleckmann/Eckhoff*, DVBl. 1988, 373 f.; *Di Fabio*, Risikoentscheidungen im Rechtsstaat, S. 425 ff.; *Eckhoff*, Grundrechtseingriff, S. 175 ff.; *Lübbe-Wolff*, Grundrechte als Eingriffsabwehrrechte, S. 42 ff.; *Maurer*, Staatsrecht, § 9 Rdnr. 46; *Pieroth/Schlink*, Grundrechte, Rdnr. 238; *Roth*, Verwaltungshandeln mit Drittbetroffenheit, S. 136 ff.; *Sachs*, JuS 1995, 303 (304); *Schulte*, Schlichtes Verwaltungshandeln, S. 87.
Ossenbühl, Umweltpflege durch behördliche Warnungen, S. 14 f. hingegen sieht nur zwei Voraussetzungen: Unmittelbarkeit und Finalität.
Siehe zum Grundrechtseingriff die Tagung der Deutschen Staatsrechtslehrer in Osnabrück: *Bethge/Weber-Dürler*, VVDStRL 57 (1998), 10 ff./57 ff.

[65] Vgl. zur sogenannten Adressatentheorie zum Beispiel *Hufen*, Verwaltungsprozeßrecht, § 14 Rdnr. 77 m.w.N.

[66] *Di Fabio*, Risikoentscheidungen im Rechtsstaat, S. 425, der sich kritisch zur dogmatischen Einheit des klassischen Eingriffs äußert. Siehe auch *Schulte*, Schlichtes Verwaltungshandeln, S. 82 ff.

[67] Vgl. etwa *Kloepfer*, Staatliche Informationen als Lenkungsmittel, S. 7 ff.

[68] *Finckh*, Regulierte Selbstregulierung, S. 199; *Roth*, Verwaltungshandeln mit Drittbetroffenheit, S. 211.

[69] *Bleckmann/Eckhoff*, DVBl. 1988, 373 (374); *Di Fabio*, Risikoentscheidungen im Rechtsstaat, S. 426; *Discher*, JuS 1993, 463 (464); *Schoch*, DVBl. 1991, 667 (669).

GG kennt keine Beschränkung auf den klassischen Grundrechtseingriff. Der Grundrechtsschutz bindet vielmehr alle staatliche Gewalt uneingeschränkt an die Grundrechte und ihren jeweiligen Gewährleistungsbereich.[70] Die Grundrechte sollen nicht bloß Rechte schützen, sondern auch Freiräume, so daß nicht nur auf eine rechtliche Belastung abgestellt werden darf. Mithin ist der klassische Eingriffsbegriff zu eng, da dieser sich nur gegen rechtliche Belastungen wendet.

Daher ist mittlerweile in Rechtsprechung[71] und Literatur[72] anerkannt, daß der Grundrechtschutz auch gegenüber sogenannten mittelbaren oder faktischen Beeinträchtigungen[73] zu gewährleisten ist. Dabei spricht man von faktischen Eingriffen in einem bipolaren Verhältnis und von mittelbaren Eingriffen in einem tripolaren Verhältnis.

c) Die Probleme durch die Erweiterung des Eingriffsbegriffs

Die Konturen eines solchen Eingriffs des Staates sind aber trotz mittlerweile mehr als 15-jähriger Diskussion noch unklar. Da die faktischen Auswirkungen einzelner Maßnahmen der Verwaltung in Form eines Tuns oder Unterlassens im Grundrechtsbereich unübersehbar sind, kann nicht jede faktische Beeinträchtigung den Grundrechtsschutz auslösen. Dieses würde zu einer nahezu grenzenlosen Verantwortung des Staates führen,[74] die die Risikogrenze zu Lasten des Staates verschiebt.[75] Eine konsequente Auflösung des Eingriffsbegriffs führt folglich zu einer umfassenden staatlichen Verursacherhaftung und damit letztendlich zu Staatsänderung und Staatszerstörung.[76]

Damit nicht Situationsjurisprudenz und Einzelfallgerechtigkeit herrschen, muß der Grundrechtseingriff sein Profil und seine Konturen behalten. Wie dieses im einzelnen

---

[70] *Bleckmann/Eckhoff*, DVBl. 1988, 373 (376); *Gallwas*, Faktische Beeinträchtigungen, S. 48 ff.; *Huber*, JZ 1996, 893 (898); *ders.*, Allgemeines Verwaltungsrecht, S. 72.

[71] *BVerfGE* 66, 29 (69); *BVerwGE* 71, 183 (191 f.); 75, 109 ff.; 82, 76 ff.; 87, 37 ff.

[72] Zur Thematik Information als hoheitliches Gestaltungsmittel und mittelbarer Grundrechtseingriff: *Albers*, DVBl. 1996, 233 ff.; *Di Fabio*, Risikoentscheidungen im Rechtsstaat, S. 425 ff.; *ders.*, JZ 1993, 689 ff.; *ders.*, JuS 1997, 1 ff.; *Gramm*, NJW 1989, 2917 ff.; *ders.*, Der Staat 30 (1991), 51 ff.; *Gröschner*, DVBl. 1990, 619 ff.; *Heintzen*, VerwArch 81 (1990), 532 ff.; *ders.*, NuR 1991, 301 ff.; *Huber*, Konkurrenzschutz im Verwaltungsrecht, S. 226 ff.; *Isensee* in: HdbStR V, § 111 Rdnr. 63; *Kästner*, NVwZ 1992, 9 ff.; *Kirchhof*, Verwalten durch mittelbares Einwirken, S. 189 ff.; *Kloepfer*, Information als Lenkungsmittel, S. 26; *Lege*, DVBl. 1999, 569 ff.; *Leidinger*, DÖV 1993, 925 ff.; *Lübbe-Wolff*, NJW 1987, 2705 ff.; *von Münch* in: von Münch/Kunig, GG I, Vorb. Art. 1-19 Rdnr. 51a; *Ossenbühl*, Umweltpflege durch behördliche Warnungen, S. 15; *ders.* in: UTR 3, S. 27 ff.; *ders.*, ZHR 1991, 329 ff.; *Philipp*, Staatliche Verbraucherinformationen; *Roth*, Verwaltungshandeln mit Drittbetroffenheit, S. 171 ff.; *Roth*, Faktische Eingriffe, S. 33 ff. m.w.N.; *Schoch*, DVBl. 1991, 667 ff.; *Schulte*, DVBl. 1988, 512 ff.; *Schwerdtfeger* in: FS Juristische Gesellschaft Berlin, S. 714 ff.; *Sodan*, DÖV 1987, 858 ff.; *Spaeth*, Grundrechtseingriff durch Information; *Stillner*, NJW 1991, 1340 ff.; *Zuck*, MDR 1988, 1020 ff.

[73] Grundlegend *Gallwas*, Faktische Beeinträchtigung, S. 12 ff.

[74] *Sodan*, DÖV 1987, 858 (863); *Roth*, Verwaltungshandeln mit Drittbetroffenen, S. 161 ff. mit konkreten Argumenten, die die Eingrenzung des Grundrechtseingriffs bei faktischen Grundrechtsbeeinträchtigungen notwendig erscheinen lassen sowie *Dreier* in: Dreier (Hrsg.), GG I, Vorb. vor Art. 1 Rdnr. 82.

[75] *Bethge*, VVDStRL 57 (1998), 7 (41); *Jarass*, NVwZ 1984, 473 (476).

[76] *Philipp*, Arzneimittellisten und Grundrechte, S. 99.

zu erfolgen hat, konnte bisher jedoch nicht allgemeingültig entschieden werden,[77] und die Frage nach den Voraussetzungen des Grundrechtseingriffs ist mittlerweile zum Kardinalproblem für alle nicht zu regelnden Handlungen geworden.[78]

d) Ansätze zur Begrenzung des faktischen Eingriffs

Es muß mithin ein Weg gefunden werden, die Verantwortung der öffentlichen Verwaltung zu begründen. Die meisten der Lösungsvorschläge zu einer Umgrenzung des Grundrechtseingriffs arbeiten mit einer Kombination von mehreren Merkmalen.[79] Bei der Ermittlung von Kriterien zur Begrenzung des faktischen Eingriffs wird in erster Linie auf die Rechtsprechung des Dritten und Siebten Senats des *Bundesverwaltungsgerichts*[80] zurückgegriffen, für das sich das Problem des mittelbaren Grundrechtseingriffs im Transparenzlisten-Urteil und im Glykol-Urteil jeweils vor dem Hintergrund des Art. 12 Abs. 1 GG sowie in den Jugendsekten-Entscheidungen vor dem Hintergrund des Art. 4 Abs. 1 GG sowie Art. 2 Abs. 1 in Verbindung mit Art. 1 Abs. 1 GG gestellt hat. Hinzu treten noch die Urteile des *Bundesverfassungsgerichts*[81] zum Schutz der Berufsfreiheit, Art. 12 Abs. 1 GG und des *Bundesgerichtshofs* zu Fragen des enteignenden und enteignungsgleichen Eingriffs.[82] Neben der „Unmittelbarkeit" spielen in diesen Urteilen vornehmlich die beiden Elemente der „Intensität" und der „Finalität" der Grundrechtsbeeinträchtigung eine maßgebliche Rolle.[83] Die wichtigsten Ansätze zur Begründung des Grundrechtseingriffs werden im Folgenden kurz vorgestellt.

---

[77] Hierzu *Schulte*, Schlichtes Verwaltungshandeln, S. 88 m.w.N.; *Spaeth*, Grundrechtseingriff durch Informationen, S. 133 ff.

[78] *Di Fabio*, JZ 1993, 689 (694).

[79] So stellt zum Beispiel *Huber*, Konkurrenzschutz im Verwaltungsrechts, S. 236 eine Gesamtbewertung an. Ähnlich *Di Fabio*, Risikoentscheidungen im Rechtsstaat, S. 429 ff.

[80] Die Diskussion begann mit Warnungen und Empfehlungen im Umwelt-, Gesundheits- und Lebensmittelrecht: *BVerwGE* 71, 183 ff. (Arzneimittel-Transparenzliste). Hierzu *Borchert*, NJW 1985, 2741 ff.; *Di Fabio*, JuS 1997, 1 ff.; *Gramm*, NJW 1989, 2817 ff.; *Leidinger*, DÖV 1993, 925 ff.; *Lübbe-Wolff*, NJW 1987, 2705 ff.; *Ossenbühl*, Umweltpflege durch behördliche Warnungen; *Philipp*, Staatliche Verbraucherinformationen; *Schulte*, DVBl. 1988, 512 ff.; *Sodan*, DÖV 1987, 858 ff.; *Spaeth*, Grundrechtseingriff durch Information.
Es folgten die Warnungen vor religiösen Vereinigungen: *BVerwG*, NJW 1989, 2272 ff. m. Anm. *Gusy*, JZ 1989, 1003 ff. sowie *Meyn*, JuS 1990, 630; *BVerfG*, NJW 1989, 3269 ff.; *BVerwG*, NJW 1991, 1770 ff.; *BVerwG*, NJW 1992, 2496 ff.; *BVerwG*, NVwZ 1994, 162 ff.; *OVG Hamburg*, NVwZ 1995, 498 ff.; *VGH München*, NVwZ 1995, 793; *OVG Münster*, NVwZ 1997, 302 ff. Dazu *Albers*, NVwZ 1992, 1164; *Badura*, JZ 1993, 37 ff.; *Discher*, JuS 1993, 463 ff.; *Gröschner*, DVBl. 1990, 619 ff.; *Gusy*, JZ 1989, 997; *Heintzen*, NJW 1990, 1448 ff. sowie *Scholz*, NVwZ 1994, 127 (129 ff.).
Danach glykolversetzter Wein: *BVerwGE* 87, 37 ff. m. Anm. *Gröschner*, JZ 1991, 628 ff.; *Hesse*, JZ 1991, 744 ff. sowie *Schoch*, DVBl. 1991, 667 ff. und verunreinigte Nudelprodukte *OLG Stuttgart*, NJW 1990, 2690 ff. m. Anm. *Schoch*, WUR 1990, 45 ff. sowie *Ossenbühl*, ZHR 155 (1991), 329 ff.

[81] *BVerfGE* 13, 181 (185 f.); 42, 374 (384); 46, 120 (137 f.); 47, 1 (21); 49, 24 (47 f.); 54, 251 (270); 81, 108 (121); 82, 209 (223 f.).

[82] Zum Beispiel *BGHZ* 97, 361 (362 f.).

[83] *Huber*, JZ 1996, 893 (898); *Ossenbühl*, Umweltpflege durch behördliche Warnungen, S. 20; *Philipp*, Arzneimittellisten und Grundrechte, S. 100; *Schulte*, Schlichtes Verwaltungshandeln, S. 88 ff.; *Weber-Dürler*, VVDStRL 57 (1998), 57 (85).

aa) Die Finalität als Begrenzungskriterium

Der Dritte Senat des *Bundesverwaltungsgerichts* mußte sich das erste Mal mit einem faktischen Grundrechtseingriff im sogenannten Transparenzlistenurteil[84] auseinandersetzen. Eine Herstellerin von Arzneimitteln wandte sich als Klägerin gegen die Veröffentlichung von Arzneimitteltransparenzlisten durch die sogenannte Transparenzlistenkommission. In dieser Liste wurden Arzneimittel mit Angaben zu Wirkung, Preis, Nebenwirkungen und der Kennzeichnung bestimmter Qualitätsmerkmale aufgeführt, um so eine dämpfende Wirkung auf das Arzneimittelpreisniveau zu erreichen. Das *Bundesverwaltungsgericht* verbot die Veröffentlichung, da es hierdurch einen mittelbaren Eingriff in das Grundrecht der Berufsfreiheit als gegeben ansah.

Als Ausgangspunkt bei seiner Urteilsfindung nahm der Dritte Senat des *Bundesverwaltungsgerichts* das Merkmal der Finalität[85] und damit die Frage nach der Zielgerichtetheit der Handlung: So kann eine Veränderung der Rahmenbedingungen der Erwerbstätigkeit dann das Grundrecht der Unternehmensfreiheit verletzen, wenn diese Veränderung nicht nur bloßer Reflex ist, sondern Zweck einer staatlichen Maßnahme gewesen ist. Dieses ist dann gegeben, wenn der Staat zielgerichtet die Rahmenbedingungen verändert, um zu Lasten bestimmter Unternehmen einen im öffentlichen Interesse gewünschten Erfolg herbeizuführen.

Das Finalitätskriterium ist dabei nicht erst dann entscheidend, wenn die Beeinträchtigung das Hauptmotiv des staatlichen Handelns ist, sondern dieses Kriterium ist bereits ausreichend, wenn die Beeinträchtigung die notwendige Kehrseite der Maßnahme, hier der Kostendämpfung im Gesundheitswesen, ist.

Das Merkmal der Finalität übernahm dann der Siebte Senat des *Bundesverwaltungsgerichts* in seinem Transzendentalen Meditations (TM)-Urteil.[86] Hierbei ging es um die Warnung des Bundesministeriums für Jugend, Familie und Gesundheit vor der TM-Bewegung. Die auf Unterlassen und Widerruf gerichtete Klage der TM-Bewegung blieb letztendlich ohne Erfolg. Der Schwerpunkt der Bestimmung des Eingriffs liegt in diesem Urteil auf der Frage nach der Absicht des Warnenden. Die Folgen der Warnung müssen dem Staat dann voll zugerechnet werden, wenn diese Folgen beabsichtigt und in Kauf genommen worden sind. Die Formulierung des Urteils erinnert insofern an die strafrechtliche Terminologie zum dolus eventualis. Demnach fallen die Fälle aus dem Finalitäts-Raster, in denen der Staat die Grundrechtsbeeinträchtigung pflichtwidrig nicht vorhersieht oder zwar für möglich hält, aber pflichtwidrig auf ihr Ausbleiben vertraut. Atypische Folgen sind nicht vorhersehbar und können nicht als Eingriff gelten.

Diese Rechtsprechung bestätigt der Siebte Senat des *Bundesverwaltungsgerichts* in seiner Osho II-Entscheidung,[87] in der er ausdrücklich auf das Transparenzlisten-Urteil

---

[84] *BVerwG*, NJW 1985, 2774 (2776).

[85] Kritisch zum Merkmal der Finalität: *Schulte*, DVBl. 1988, 512 (517).

[86] *BVerwG*, NJW 1989, 2272 (2273).

[87] *BVerwG*, NJW 1992, 2496 ff. In der Osho I- Entscheidung ging es auch um Warnungen, entspricht aber von der Konstellation der TM- Entscheidung: Warnung und Informationen durch die Regierung selbst: *BVerwG*, NJW 1991, 1770 ff.

des Dritten Senats Bezug nimmt. Demnach ist die Finalität hinreichende[88] Bedingung für die Annahme eines Eingriffs. Mithin liegt bei einer finalen Grundrechtsbeeinträchtigung stets ein Grundrechtseingriff vor.

bb) Die Unmittelbarkeit als Begrenzungskriterium

Das Kriterium der Unmittelbarkeit, bekannt aus dem Bereich der Rechtsprechung des *Bundesgerichtshofs* zur Staatshaftung[89] und der Rechtsprechung des *Bundesverfassungsgerichts* zur Beschwerdebefugnis (selbst, gegenwärtig und unmittelbar) im Rahmen der Verfassungsbeschwerde,[90] taucht ebenfalls als Kriterium zur Begrenzung des Grundrechtseingriffs in der Diskussion auf.[91] Wenn auch kein Konsens über den Inhalt dieses Begriffs besteht,[92] so wird mit diesem Begriff versucht, die Zurechnung von Beeinträchtigungen zum staatlichen Handeln zu gewährleisten. Je länger eine Kausalkette zwischen staatlichen Maßnahmen und dem belastenden Effekt auf den Grundrechtsträger ist, desto eher solle eine Zurechnung zum Staat ausscheiden.[93] Es kommt somit zu einer wertenden Zurechnung.

Dem Kriterium der Unmittelbarkeit kommt dann gesteigerte Relevanz zu, wenn die Beeinträchtigung erst durch das Handeln eines Dritten erfolgt. Dieser Konstellation liegt die Osho II-Entscheidung des *Bundesverwaltungsgerichts* zugrunde: Nicht der Staat selber warnte vor einer Jugendsekte, sondern der Staat förderte finanziell einen privaten Verein, dessen Ziel es war, vor solchen Jugendsekten zu warnen.

Hierzu hat das *Bundesverwaltungsgericht* ausgeführt, daß zumindest dann die Verlängerung der Kausalkette um ein Glied nicht ins Gewicht fällt, wenn das vom Staat verfolgte Handlungsziel den Geschehensablauf zu einer einheitlichen grundrechtsbeeinträchtigenden Handlung zusammenfaßt. Zu diesem Urteil wird jedoch einschränkend gefordert, daß eine Zurechnung nur dann erfolgen kann, wenn die Handlung des Kausalmittlers auf vernünftigen Erwägungen beruht.[94]

cc) Die Intensität als Begrenzungskriterium

Wenn keine Finalität der Auswirkungen bejaht werden kann, wird vor allem auf die Intensität der Belastung in Abgrenzung zur bloßen Belästigung und Bagatelle verwiesen. So führte der Dritte Senat des *Bundesverwaltungsgerichts* in seiner Glykol-Entscheidung[95] aus, daß durch die Veröffentlichung einer Liste mit den in Deutschland festgestellten, mit Diethylenglykol verseuchten Weinen unter Angabe des jeweiligen

---

88 Hinreichend ist eine Bedingung, wenn sie bereits alleine ausreicht, um einen Beweis zu führen. Im Gegensatz dazu ist eine Bedingung notwendig, wenn ohne sie der Beweis nicht erbracht werden kann.

89 *BGHZ* 37, 44 (47); 54, 332 (338); 55, 229 (231 f.); 92, 34 (41 f.); 100, 335 (337 f.); 102, 350 (358); *Maurer*, Allgemeines Verwaltungsrecht, § 26 Rdnr. 93; *Robbers*, AfP 1990, 84 (85).

90 Etwa *BVerfGE* 40, 141 (156); 53, 30 (48); 70, 35 (50); 76, 1 (42). Vgl. *Pieroth/Schlink*, Grundrecht, Rdnr. 1146.

91 *Eckhoff*, Grundrechtseingriff, S. 197 ff.; *Erichsen* in: HdbStR VI, § 152 Rdnr. 80 ff.; *Jarass*, NVwZ 1984, 473 (476).

92 Siehe *Eckhoff*, Grundrechtseingriff, S. 206 ff.; *Finckh*, Regulierte Selbstregulierung, S. 190 f.; *Roth*, Faktische Eingriffe, S. 51; *Roth*, Verwaltungshandeln mit Drittbetroffenheit, S. 86 ff.

93 *Sodan*, DÖV 1987, 858 (864).

94 *Roth*, Verwaltungshandeln mit Drittbetroffenheit, S. 226.

95 *BVerwG*, DVBl. 1991, 699 ff.

Abfüllers eine intensive freiheits- und rechtsgutmindernde Wirkung erzielt wird. Der Schutz der Grundrechte wäre nämlich unvollständig, wenn an ihm nicht auch die mit staatlicher Autorität vorgenommenen Handlungen gemessen würden, die als nicht bezweckte, aber vorhersehbar in Kauf genommene Nebenfolge eine schwerwiegende Beeinträchtigung der grundrechtlichen Freiheit bewirkten.

Das *Bundesverfassungsgericht* hat die Frage nach einem faktischen Grundrechtseingriff bisher nur im Rahmen des Art. 12 Abs. 1 GG behandelt und bejaht. Hierbei problematisiert das Gericht, ob eine Maßnahme eine deutlich erkennbare objektiv berufsregelnde Tendenz aufweist,[96] womit auch die Intensität einer Maßnahme angesprochen wird. Allein auf das Merkmal der Intensität beziehen sich das *Bundesverwaltungsgericht* in Fällen zur Eigentumsgarantie[97] und der *Bundesgerichtshof* in Fällen zu Fragen des enteignenden Eingriffs.[98]

dd) Zusammenfassung

Aus dem bisher Gesagten ergeben sich folgende Voraussetzungen für das Vorliegen eines faktischen oder mittelbaren Grundrechtseingriff: Die Frage, wann ein Grundrechtseingriff durch den Staate erfolgt, ist eine Frage nach der Verantwortung und damit eine Frage der Zurechnung der Folgen zum staatlichen Handeln.[99] Hat nämlich ein staatliches Organ eine Kausalkette in Gang gesetzt, die Auswirkungen auf die grundrechtlichen Gewährleistungen hat, und wurden diese Auswirkungen vorhergesehen oder in Kauf genommen, so liegt prima facie eine zurechenbare Handlung vor: Der Staat hat einen grundrechtswidrigen Erfolg veranlaßt. Unerheblich ist insoweit, wie schwer die Wirkung ist. Da dem Staat eine Schutzpflicht für die Grundrechte obliegt, reicht diese Vorhersehbarkeit der Folgen zur Bejahung eines rechtfertigungsbedürftigen Eingriffs aus. Erst wenn die Finalität nicht gegeben ist, wird auf die anderen Kriterien zurückgegriffen.

Vor diesem Hintergrund erhebt eine starke Gruppe in der Literatur[100] im Anschluß an die Rechtsprechung zur TM-Bewegung und Osho II das Kriterium der Finalität zum vorrangig zu prüfenden Kriterium bei der Beurteilung, ob eine Eingriffswirkung vorliegt. Erst wenn das staatliche Handeln mangels Finalität nicht zweifelsfrei zurechenbar ist, bleibt Raum für die Frage nach den objektiven Kriterien. Mithin können nur bei nichtfinalen Maßnahmen die Kriterien der Schwere und Unmittelbarkeit ausschlaggebend sein.[101] Je weniger die Grundrechtsbeeinträchtigung vorhersehbar ist, um so größer sind die Anforderungen, die an die Schwere der Beeinträchtigung zu stellen sind.[102]

---

[96] *BVerfGE* 13, 181 (185 f.).

[97] *BVerwGE*, 50, 282 (287); 89, 69 (77 f.).

[98] *BGHZ* 97, 361 (362 f.).

[99] Vgl. *Huber*, Konkurrenzschutz im Verwaltungsrecht, S. 228.

[100] Etwa *Bleckmann/Eckhoff*, DVBl. 1988, 373 (377); *Brohm*, JZ 1989, 324 (327); *Di Fabio*, Risikoentscheidungen im Rechtsstaat, S. 430; *ders.*, JZ 1993, 689 (697); *Discher*, JuS 1993, 463 (467); *Huber*, Konkurrenzschutz im Verwaltungsrecht, S. 235 f.; *Roth*, Verwaltungshandeln mit Drittbetroffenheit, S. 186 ff.

[101] *Di Fabio*, Risikoentscheidungen im Rechtsstaat, S. 429.

[102] *Huber*, Konkurrenzschutz im Verwaltungsrecht S. 237.; *ders.*, Allgemeines Verwaltungsrecht S. 71 ff.; *ders.* in: UTR 48, S. 222.

IV. Die betroffenen Grundrechte

Fest steht, daß der Vorbehalt des Gesetzes auch bei rechtsverordnungsersetzenden Verträgen greift. Nunmehr ist zu fragen, welche Grundrechte durch den Vertragsschluß bei den Vertragspartnern berührt werden. Dabei kommen sowohl die Grundrechte der beteiligten Unternehmen als auch die Grundrechte der Wirtschaftsverbände in Frage, was sich jeweils nach dem Inhalt eines rechtsverordnungsersetzenden Vertrags im Einzelfall bestimmt.

1. Die betroffenen Grundrechte der beteiligten Unternehmen

Zunächst muß gefragt werden, welche betroffenen Grundrechte auf der Seite der beteiligten Unternehmen zu beachten sind. Jeder Grundrechtseingriff setzt die Beeinträchtigung des sachlichen Gewährleistungsgehalts des Grundrechts voraus, und zwar in dem Sinne, daß ein individueller Grundrechtsträger konkret in Interessen betroffen wird, die in diesen sachlichen Schutzbereich fallen.

a) Der Schutz der Berufs- und Wettbewerbsfreiheit des Art. 12 Abs. 1 GG

aa) Schutzbereich

Eine staatliche Wirtschaftslenkung ist vorrangig an Art. 12 Abs. 1 GG zu messen. Der Art. 12 Abs. 1 GG enthält nämlich ein für das Arbeits- und Wirtschaftsleben zentrales Freiheitsrecht, das dem Einzelnen die freie Entfaltung seiner Persönlichkeit zur materiellen Sicherung seiner individuellen Lebensgestaltung ermöglicht.[103] Im Mittelpunkt des Schutzes des Art. 12 GG stehen als Schutzziel damit zunächst alle Teilgewährleistungen der Berufsfreiheit, die sich nach ursprünglichen Vorstellungen des Grundgesetzgebers in die Freiheit der Berufswahl und in die Freiheit der Berufsausübung gliedern.[104]

Grundrechtsträger des Art. 12 Abs. 1 GG können trotz der individualrechtlichen Prägung gemäß Art. 19 Abs. 3 GG auch juristische Personen des Privatrechts sein.[105] Schutzgut des Art. 12 Abs. 1 GG ist bei juristischen Personen des Privatrechts die Freiheit, eine Erwerbszwecken dienende Tätigkeit zu betreiben, soweit diese Tätigkeit ihrem Wesen und ihrer Art nach in gleicher Weise von einer natürlichen und juristischen Person ausgeübt werden kann.[106] Unter diesen Berufsbegriff des Art. 12 Abs. 1 GG fallen unzweifelhaft die Tätigkeiten der Unternehmen als erlaubte bzw. nicht sozial schädliche Tätigkeiten, die auf Dauer angelegt sind und der Schaffung und Erhal-

---

[103] *Stober*, Grundrechtsschutz der Wirtschaftstätigkeit, S. 59; *Tettinger* in: Sachs (Hrsg.), GG, Art. 12 Rdnr. 9.
Zu den Wurzeln des Art. 12 GG: *Schneider*, VVDStRL 43 (1985), 7 (9).

[104] *Scholz* in: Maunz/Dürig, GG II, Art. 12 Rdnr. 1.

[105] *BVerfGE* 21, 261 (266); *Tettinger* in: Sachs (Hrsg.), GG, Art. 12 Rdnr. 22. Dieses gilt zumindest für das Schutzgut der Freiheit der Berufsausübung.

[106] *BVerfGE* 21, 261 (266); 22, 380 (383); 30, 292 (363); 50, 290 (363); 53, 1 (13); 65, 196 (209 f.); 95, 173 (181).

tung der Lebensgrundlage dienen.[107] Der Eingriff in die Berufsfreiheit kann sich zum einen unter dem Aspekt des „Wie“ der Tätigkeit, zum anderen unter dem „Ob“ einer Tätigkeit ergeben. Wenngleich der Wortlaut des Art. 12 Abs. 1 GG in Satz 1 und Satz 2 eine Differenzierung zwischen Berufswahl und Berufsausübungsfreiheit nahelegt, bilden beide Bereiche nach der Rechtsprechung des *Bundesverfassungsgerichts* je ein Element eines einheitlichen Grundrechts der Berufsfreiheit:[108] Die Berufswahl soll unbeeinflußt von fremdem Willen erfolgen können.[109]

Die Berufsausübungsfreiheit gewährleistet die Gesamtheit der mit der Berufstätigkeit, ihrem Ort, ihren Inhalten, ihrem Umfang, ihrer Dauer, ihrer äußeren Erscheinungsform, ihren Verfahrensweisen und ihren Instrumenten zusammenhängenden Modalitäten der beruflichen Tätigkeit.[110]

Daher gehen das *Bundesverfassungsgericht*[111] und nun auch das *Bundesverwaltungsgericht*[112] davon aus, daß das gesamte Verhalten des Unternehmers im Wettbewerb und damit auch die berufliche Wettbewerbsfreiheit von Art. 12 Abs. 1 GG geschützt ist. Geschützt werden die unternehmerische Handlungsfreiheit und damit das Verhalten des Unternehmens im Wettbewerb; denn die bestehende Wirtschaftsverfassung enthält als eines ihrer Grundprinzipien den freien Wettbewerb des als Anbieters und Nachfragers auf dem Markt auftretenden Unternehmens.[113] Demnach ergibt sich aus der wirtschaftlichen Wettbewerbsfreiheit die Freiheit, nicht mit Wettbewerbsnachteilen belastet zu werden.

Denkbarer Inhalt eines rechtsverordnungsersetzenden Vertrags ist die Rücknahmeverpflichtung von wirtschaftlich wertlosen Altprodukten aus zurückliegenden Produktionsreihen des Unternehmens wie etwa Altautos, Batterien oder Elektronikschrott, wie es im Rahmen der Produktverantwortung des Kreislaufwirtschafts- und Abfallgesetzes vorgesehen ist. Mit einer solchen Rücknahmeverpflichtung werden den Unternehmen neue Handlungspflichten im Zusammenhang mit der Berufsausübung auferlegt: Die Berufsausübung für die Herstellung und das Vertreiben der Produkte wird verändert, sowohl Human- als auch Kapitalressourcen werden hierdurch gebunden. Eventuell verändern die Produzenten im Hinblick auf eine bessere Verwertung

---

[107] Zur Berufsbildlehre: *BVerfGE* 7, 377 (393); 32, 1 (28); 50, 290 (362); 54, 301 (322); 58, 358 (364); 81, 70 (85); *Breuer* in: HdbStR VI, § 147 Rdnr. 147; *Pieroth/Schlink*, Grundrechte, Rdnr. 875 ff.; *Scholz* in: Maunz/Dürig, GG II, § 12 Rdnr. 18 ff.; *Stober*, Grundrechtsschutz der Wirtschaftstätigkeit, S. 60 f.

[108] *BVerfGE* 7, 377 (401 f.); 33, 303 (329 f.); 92, 140 (151). *Pieroth/Schlink*, Grundrechte, Rdnr. 875; *Scholz* in: Maunz/Dürig, GG II, Art. 12 Rdnr. 14.

[109] *BVerfGE* 13, 181 (185); 58, 358 (363 f.).

[110] *Tettinger* in: Sachs (Hrsg.), GG, Art. 12 Rdnr. 57.

[111] *BVerfGE* 30, 292 (334); 32, 311 (317); 46, 120 (137); 70, 1 (32).

[112] *BVerwGE*, 71, 183 (189); 87, 37 (39). So auch *Breuer* in: HdbStR VI, § 147 Rdnr. 97; *Papier* in: HdbVerfR, § 18 Rdnr. 78; *Scholz/Aulehner*, BB 1993, 2250 (2260); *Stober*, Grundrechtsschutz der Wirtschaftstätigkeit, S. 65.
Davor hat das *Bundesverfassungsgericht* als auch das *Bundesverwaltungsgericht* die Berufsfreiheit dem Art. 2 Abs. 1 GG zugeordnet. Vgl.: *BVerfGE* 1, 264 (274); 27, 375 (384) und *BVerwGE* 17, 306 (309); 30, 191 (198); 60, 154 (159). So auch noch *Ossenbühl*, Umweltpflege durch behördliche Warnungen, S. 48.

[113] So auch *Henseler*, VerwArch 77 (1986), 249 (252); *Papier*, DVBl. 1984, 801 (804); *Pieroth/Schlink*, Grundrechte Rdnr. 814; *Stober*, Grundrechtsschutz der Wirtschaftstätigkeit, S. 65.

und Entsorgung auch die Produktgestaltung und müssen in den Produktionsprozeß eingreifen.

Ferner kann die Unternehmen auch die Verpflichtung treffen, eine bestimmte Zutat in ihrem Produkt nicht mehr zu verwenden. Durch diese Verpflichtung wird auf das Produkt und dessen Gestaltung durch den Staat Einfluß genommen und in die wirtschaftliche Organisation des Unternehmens und somit in die Berufsfreiheit eingegriffen.

Demgegenüber kann nicht argumentiert werden, das Ziel des staatlichen Handelns sei nicht die Konkretisierung eines Berufsbildes, sondern der Umweltschutz. Zur Auslösung der Schutzwirkung des Art. 12 Abs. 1 GG genügen nämlich Umstände, deren tatsächliche Auswirkungen eine erkennbare, objektiv berufsregelnde Tendenz haben. Dieses hat das *Bundesverfassungsgericht* bereits frühzeitig anerkannt[114] und damit das Erfordernis der Finalität eingegrenzt. Anderenfalls liefe die Schutzwirkung des wichtigsten Grundrechts zur wirtschaftlichen Freiheitssicherung weitgehend leer.[115] Es ist daher für eine Aktivierung des Schutzes aus Art. 12 GG bereits ausreichend, wenn es zu nur mittelbaren Auswirkungen auf die berufliche Tätigkeit kommt.

Ist hingegen eine Verringerung des Geschäftsumfangs die Folge der eingeleiteten Maßnahmen, so trifft dieses den Art. 12 Abs. 1 GG nicht; denn dieser Artikel schützt nicht die Erwerbschancen der Unternehmen.[116] Es ist zwar vorstellbar, daß etwa eine Rücknahmepflicht einen Betrieb unrentabel werden läßt und eventuell sogar zur Aufgabe zwingt, womit dann der Schutz der Berufswahl gemäß Art. 12 GG betroffen wäre. Allerdings wird dieses nur in extremen Ausnahmefällen der Fall sein.

Gegen einen Grundrechtseingriff in Art. 12 Abs. 1 GG könnte aber in dem gewählten Beispiel sprechen, daß die Verpflichtung zur Rücknahme und Entsorgung von Produkten durch den Hersteller der natürlichen Verantwortung für sein Produkt entspricht, die bisher durch die öffentliche Entsorgungsleistung überdeckt worden ist.[117] Dem Grundgesetz ist aber eine solche Reichweite für die Verantwortung des eigenen Produkts nicht zu entnehmen.[118] Vielmehr wird durch die Übereignung des Produkts an den Händler und an den Endverbraucher auch das Entsorgungsproblem vom Hersteller auf diese verlagert.[119] Schließlich steht es im freien Willen der Händler und Konsumenten, ob sie das Produkt und damit auch die entsprechenden Verpflichtungen kaufen oder nicht. Dementsprechend hat das *Bundesverwaltungsgericht* für die Verpackungsverordnung bereits einen Eingriff in die unternehmerische Freiheit im Sinne

---

114 *BVerfGE* 13, 181 (185 f.) (Schankerlaubnissteuer); 22, 380 (384) (Kuponsteuer); 36, 47 (58); 46, 120 (137); 47, 1 (21); 49, 24 (47 f.); 61, 291 (308); 70, 191 (214); 82, 203 (233); 88, 145 (159).

115 *Beaucamp*, JA 1999, 39 (42); *Di Fabio*, NVwZ 1995, 1 (5); *Jarass* in: Jarass/Pieroth, GG, Art. 12 Rdnr. 11; *Hoffmann*, DVBl. 1996, 347 (353); *Pieroth/Schlink*, Grundrecht, Rdnr. 823; *Scholz* in: Maunz/Dürig, GG II, Art. 12 Rdnr. 302 ff.; *Stober*, Grundrechtsschutz der Wirtschaftstätigkeit, S. 83 f.

116 *BVerfGE* 68, 193 (222); 71, 183 (193). Siehe auch *Ossenbühl*, AöR 115 (1990), 1 (28) in bezug auf Art. 14 GG.

117 *Di Fabio*, NVwZ 1995, 1 (5).

118 *Finckh*, Regulierte Selbstregulierung, S. 212 f.

119 *Di Fabio*, NVwZ 1995, 1 (5).

des Art. 12 Abs. 1 GG bejaht.[120] Mithin muß man auf Grund der Beispiele zu dem Schluß kommen, daß ein rechtsverordnungsersetzender Vertrag durchaus in das Grundrecht der Berufsausübungsfreiheit gemäß Art. 12 Abs. 1 GG eingreifen kann.

bb) Eingriff

Es stellt sich nun die Frage, ob es für die Vertragspartner eines rechtsverordnungsersetzenden Vertrags durch eine Berührung des Schutzbereiches des Art. 12 Abs. 1 GG zu einem Eingriff kommt.

Hinsichtlich der Vertragsparteien lautet die Antwort wie folgt: Bei den direkten Vertragsparteien kommt es zu einem Grundrechtseingriff durch den Vertragsschluß selber, und zwar bereits im Sinne des klassischen Grundrechtseingriffs: Der Staat handelt in der Absicht, das Verhalten der Unternehmer zu ändern. Die Rechtsgutbeeinträchtigung ist von der staatlichen Seite also gewollt.

Der rechtsverordnungsersetzende Vertrag bindet die Vertragspartner direkt; gegebenenfalls kann der rechtsverordnungsersetzende Vertrag gegenüber den Privaten vollstreckt werden. Mithin wirkt ein solcher Vertrag auch unmittelbar. Weiterhin müßte das Kriterium der Rechtsqualität ebenfalls erfüllt sein. Rechtsqualität wird nicht nur angenommen, wenn der jeweilige Beschwerdeführer Adressat eines an ihn durch Norm oder Verwaltungsakt gerichteten Befehls ist, sondern auch dann, wenn die Maßnahme wie ein unmittelbarer Gesetzesbefehl wirkt.[121] Dadurch daß die Willenserklärung beim Abschluß eines rechtsverordnungsersetzenden Vertrags nicht freiwillig zustande kommt, sondern, wie oben festgestellt,[122] ein faktischer Kontrahierungszwang vorliegt, ist der rechtsverordnungsersetzende Vertrag vergleichbar mit einer direkten einseitig-hoheitlichen Maßnahme: Er bindet seine privaten Vertragsparteien rechtlich unmittelbar und kann gegebenenfalls auch vollstreckt werden. Mithin kommt es durch den Abschluß des rechtsverordnungsersetzenden Vertrags bei den direkten privaten Vertragspartnern zu einem Grundrechtseingriff nach dem klassischen Eingriffsbegriff.

b) Der Schutz des Eigentums gemäß Art. 14 Abs. 1 GG

Der Art. 14 GG ist neben dem Art. 12 GG das zweite Hauptgrundrecht wirtschaftlicher Freiheit. Die Eigentumsgarantie soll dem Grundrechtsträger einen Freiheitsraum im vermögensrechtlichen Bereich sichern und ihm damit die Entfaltung und eigenverantwortliche Gestaltung des Lebens ermöglichen.[123] In dieser Funktion tritt der Art. 14 GG flankierend an die Seite des Art. 12 GG, um den Schutz der Produktionsfaktoren bzw. Produktionsmittel zu ermöglichen. Denn der Erwerb eines Produkts macht nur Sinn, wenn das Erworbene auch behalten werden darf.[124] Daraus folgt das allgemein gebräuchliche Abgrenzungskriterium von Art. 14 GG zu Art. 12 GG: Während der Art. 12 GG den Erwerb und die Betätigung als solche schützt, sichert Art. 14 GG das Erworbene: „Geronnene Arbeit". Mithin enthält der Art. 14 GG auch eine Einrich-

---

[120] *BVerwG*, DVBl. 1993, 153 (154). Hinsichtlich der Rücknahmeverpflichtung von Altautos durch den Hersteller kommt *Di Fabio*, JZ 1997, 969 (971) zu dem Schluß, daß eine vergleichbare Rechtsverordnung zweifellos als Grundrechtseingriff zu werten wäre.

[121] *BVerfGE* 13, 230 (123); 78, 350 (354); *Eckhoff*, Grundrechtseingriff, S. 218.

[122] Vgl. oben § 12 III.2. (S. 170 ff.).

[123] *BVerfGE* 14, 263 (277); 24, 367 (389); 31, 229 (239); 50, 290 (339).

[124] *Stober*, Wirtschaftsverwaltungsrecht AT, S. 235.

tungs- oder Institutsgarantie für das Privateigentum. Dabei ist der Art. 14 GG grundsätzlich auch neben dem Art. 12 GG anwendbar. Gemäß Art. 19 Abs. 3 GG ist der Art. 14 Abs. 1 GG auf alle juristischen Personen anwendbar.[125]

Die Eigentumsgarantie umfaßt den konkreten Bestand an durch die Rechtsordnung ausgeformten vermögenswerten Rechten in der Hand des Einzelnen.[126] Die Reichweite des Schutzes der Eigentumsgarantie bemißt sich danach, welche Befugnisse einem Eigentümer kraft der einschlägigen eigentumskonstituierenden Normen des privaten oder öffentlichen Rechts zustehen. Die Verdienstmöglichkeiten und Erwerbschancen, die sich aus dem bloßen Fortbestand einer günstigen Gesetzeslage ergeben, werden jedoch nicht von Art. 14 GG umfaßt.[127]

Da das Vermögen als solches nach Judikatur des *Bundesverfassungsgerichts* und nach Literaturmeinung[128] nicht in den Schutzbereich des Art. 14 Abs. 1 fällt, kommt vorliegend nur noch eine Schutzbereichsverletzung in Form der dogmatischen Figur des eingerichteten und ausgeübten Gewerbebetriebs als mögliche Schutzbereichsverletzung in Betracht.[129] Unter dem eingerichteten und ausgeübten Gewerbebetrieb wird die organisatorische Zusammenfassung von persönlichen und sachlichen Mitteln zu einem auf den Erwerb gerichteten Unternehmen verstanden.[130] Die Sach- und Rechtsgesamtheit des Gewerbebetriebs ist dabei aber nur in ihrer Substanz geschützt. Insofern kann der Schutz des Gewerbebetriebs nicht weiter reichen als der seiner Grund-

---

[125] *BVerfGE* 4, 7 (17); 50, 290 (321 f.); *Bryde* in: von Münch/Kunig, GG I, Art. 14 Rdnr. 6; *Wendt* in: Sachs (Hrsg.), GG, Art. 14 Rdnr. 16.

[126] Vgl. etwa *BVerfGE* 24, 367 (396); 53, 256 (290); *Badura* in: HdbVerfR, § 10 Rdnr. 32; *Jarass* in: Jarass/Pieroth, GG, Art. 14 Rdnr. 6; *Kimminich* in: Bonner Kommentar, GG II, Art. 14 Rdnr. 31 f.

[127] *BVerfGE* 30, 292 (334 f.); 74, 129 (148); 78, 205 (211 f.); *BVerwGE* 65, 167 (173); *Jarass* in: Jarass/Pieroth, GG, Art. 14 Rdnr. 13; *Kimminich* in: Bonner Kommentar, GG II, Art. 14 Rdnr. 77; *Papier* in: Maunz/Dürig, GG II, Art. 14 Rdnr. 21; *Wendt* in: Sachs (Hrsg.), GG, Art. 14 Rdnr. 44.

[128] Vgl. *BVerfGE* 4, 7 (17); 8, 274 (330); 10, 89 (110); 11, 105 (126); 14, 221 (241); 19, 119 (128 f.); 26, 327 (338); 28, 119 (142); 30, 250 (271 f.); 63, 312 (327); 65, 196 (209); 68, 287 (310 f.); 70, 219 (230); 78, 249 (277); 89, 48 (61); zuletzt 95, 267 (300).
Vgl. auch *Bryde* in: von Münch/Kunig, GG I, Art. 14 Rdnr. 23; *Papier* in: Maunz/Dürig, GG II, Art. 14 Rdnr. 42 und Rdnr. 169; *Wendt* in: Sachs (Hrsg.), GG, Art. 14 Rdnr. 38.
Teilweise wird allerdings im sogenannten Einheitswertbeschluß *BVerfGE* 93, 121 ff. eine Kehrtwende dieser Rechtsprechung hin zum Ausbau des Art. 14 Abs. 1 GG zum Vermögensschutz gesehen. Vgl. *Bull*, NJW 1996, 281 ff.; *Butzer*, Freiheitsrechtliche Grenzen, S. 50 ff.; *Leisner*, NJW 1995, 2591 ff.

[129] Als sonstiges Recht im Sinne des § 823 BGB anerkannt und vom *Bundesverwaltungsgericht* und *Bundesgerichtshof* sowie dem Gros der Literatur dem Schutzbereich des Art. 14 Abs. 1 GG zugeordnet, hat das *Bundesverfassungsgericht* bisher offen gelassen, ob der eingerichtete und ausgeübte Gewerbebetrieb dem Schutzbereich des Art. 14 Abs. 1 GG unterfällt. Vgl. *BVerfGE* 51, 191 (221 f.); 58, 300 (352 f.); 66, 116 (145); 68, 193 (222 f.); *BVerwGE* 62, 224 (226); 67, 93 (96); *BGHZ* 23, 157 (162 f.); 45, 150 (154); 48, 65 (66); 78, 41 (44); 84, 223 (229); 94, 373 (378); 111, 349 (555 f.); 133, 265 (268). Ferner *Badura* in: HdbVerfR, § 10 Rdnr. 94 ff.; *Di Fabio*, NVwZ 1995, 1 (6); *Ossenbühl*, AöR 115 (1990), 1 (28 f.); *Papier* in: Maunz/Dürig, GG II, Art. 14 Rdnr. 100 ff.; *Stober*, Grundrechtsschutz der Wirtschaftstätigkeit, S. 99 ff.; *Wendt* in: Sachs (Hrsg.), GG, Art. 14 Rdnr. 26.

[130] *Bryde* in: von Münch/Kunig, GG I, Art. 14 Rdnr. 18; *Papier* in: Maunz/Dürig, GG II, Art. 14 Rdnr. 21; *Ossenbühl*, Umweltpflege durch behördliche Warnungen, S. 44; *Scholz/Aulehner*, BB 1993, 2250 (2260); *Stober*, Grundrechtsschutz der Wirtschaftstätigkeit, S. 100.

lage.[131] Ausgeschlossen sind damit sowohl der Schutz von Lagevorteilen als auch der vor Veränderung einer für das Unternehmen günstigen Gesetzeslage.[132]

Sollten durch den rechtsverordnungsersetzenden Vertrag zum Beispiel Kosten durch Produktionsumstellung, Einbau von aufwendigen Filtersystemen oder den Aufbau eines Rücknahmesystems entstehen, so betreffen diese Kosten nur die Veränderung von äußeren Umständen. Bestehende Positionen werden hingegen nicht verletzt. Wenn diese Kosten dazu führen, daß der Betrieb an Wettbewerbsfähigkeit verliert und sich daraufhin seine Marktstellung verändert, kann auch das nicht zu einer Verletzung im Sinne des Art. 14 Abs. 1 GG führen. Denn auch den Ausstrahlungen des eingerichteten und ausgeübten Gewerbebetriebes, wie Kundenstamm und Marktstellung, fehlt die absolute Zuweisung. Ihr Schutz würde dem Charakter des Art. 14 Abs. 1 GG als Bestandsgarantie widersprechen. Diese Ausstrahlungen können daher nicht im Rahmen des Art. 14 Abs. 1 GG geltend gemacht werden, zumal nicht anzunehmen ist, daß der Bestand des Unternehmens durch die anfallenden Kosten gefährdet wird.

Zu fragen ist jedoch, ob das Aufdrängen der wertlosen Altprodukte einen der Enteignung gleichzusetzender „actus contrarius" darstellt.[133] Denn die Gegenstände sind mit einem Negativwert behaftet. Auch hierdurch wird aber der Bestand des Unternehmens nicht gefährdet, es wird vielmehr nur das Vermögen des Pflichtigen belastet, welches nicht in den Schutzbereich des Art. 14 Abs. 1 GG fällt. Mithin stellen rechtsverordnungsersetzende Verträge keine Schutzbereichsverletzung des Art. 14 Abs. 1 GG dar.

c) Der Schutz der wirtschaftlichen Vereinigungsfreiheit gemäß Art. 9 Abs. 1 GG

Nicht übersehen werden darf, daß ein rechtsverordnungsersetzender Vertrag auch auf den Schutzbereich des Art. 9 Abs. 1 GG der Unternehmen wirken kann. Dieser Artikel enthält das Grundrecht der allgemeinen Vereinigungsfreiheit, auf Grund derer alle Deutschen das Recht haben, sich ohne staatliche Behinderungen zur Erreichung eines gemeinsamen Zwecks zu freier gemeinsamer Tätigkeit in „Verein und Gesellschaft" als Vereinigung aller Art zusammenzuschließen.[134] Das Grundgesetz geht zwar von einem Vorrang des Individuums aus, dieses Individuum ist aber nicht ein isoliertes Einzelwesen, sondern sozialbezogen:[135] Das Sich-Assoziieren ist eine elementare Äußerungsform der menschlichen Handlungsfreiheit. Mit der Garantie des Rechts zur freien gesellschaftlichen Selbstorganisation durch Assoziation enthält der Art. 9 Abs. 1 GG ein zentrales Aufbauprinzip des Gemeinwesens.[136]

Zu dieser positiven Vereinigungsfreiheit tritt als Korrelat die negative Vereinigungsfreiheit, also das Recht, einer Vereinigung fernzubleiben bzw. aus einer Vereini-

---

[131] *BVerfGE* 58, 300 (353); *Wendt* in: Sachs (Hrsg.), GG, Art. 14 Rdnr. 47.
[132] *Papier*, BB 1997, 1213 (1218); *Wendt* in: Sachs (Hrsg.), GG, Art. 14 Rdnr. 48.
[133] *Di Fabio*, NVwZ 1995, 1 (6).
[134] *Pieroth/Schlink*, Grundrechte, Rdnr. 720 f.; *Scholz* in: Maunz/Dürig, GG I, Art. 9 Rdnr. 1. Darunter fallen etwa die BGB-Gesellschaften, die Genossenschaften, die Vereine nach § 22 BGB, die Handelsgesellschaften, die GmbH, die AG oder die Dachverbände der Wirtschaft.
[135] *Kemper* in: Starck (Hrsg.), GG I, Art. 9 Rdnr. 2.
[136] *BVerfGE* 38, 281 (303).

gung auszutreten.[137] Nun ist denkbar, daß es für die Unternehmen, um den Verpflichtungen des rechtsverordnungsersetzenden Vertrags folgen zu können, erforderlich ist, einen Verband oder eine ähnliche Organisation zu gründen, denen Aufgaben übertragen werden können. So liegt es zum Beispiel in der Logik der Verpackungsverordnung, daß sich die Unternehmen zusammenschließen, um ein System der Sammlung und der Verwertung von Verpackungsabfällen im Sinne des § 6 Abs. 3 VerpackV zu errichten. Auf diese Weise entstand die Duale System Deutschland (DSD)- GmbH:[138] Die Bildung einer Vereinigung war die unausweichliche Folge der Verpackungsverordnung. Die Notwendigkeit, eine solche Vereinigung zu gründen, könnte nun in das negative Vereinigungsrecht der Unternehmen eingreifen.

Voraussetzung hierfür ist allerdings, daß eine solche Vereinigung eine privatrechtliche und keine öffentlich-rechtliche Vereinigung darstellt; denn nach der Rechtsprechung des *Bundesverfassungsgerichts* und des *Bundesverwaltungsgerichtes* gilt der Schutz der negativen Vereinigungsfreiheit nicht für die Zwangsinkorporation in öffentlich-rechtlichen Verbänden.[139] Maßstab für öffentlich-rechtliche Zwangsverbände ist demnach vielmehr Art. 2 Abs. 1 GG. Mithin ist hier zu fragen, wann sich eine Vereinigung als eine öffentlich-rechtliche oder privatrechtliche qualifizieren läßt.

Eine Vereinigung, wie etwa die DSD-GmbH, wird privatrechtlich organisiert sein. Die Rechtsnatur der Organisationsform ist aber nicht das einzige Kriterium, nach dem sich ein öffentlich-rechtlicher Verband ergeben kann; ein solcher kann sich vielmehr auch aus der Funktion des Verbandes ergeben. So ist ein privatrechtlich organisierter Verband als öffentlich-rechtlicher Zwangsverband einzustufen, wenn der Vereinigung eine Staatsaufgabe übertragen worden ist.[140] Von einer solchen Übertragung spricht man, wenn der Staat die Aufgabe zwar in eigener Regie durchführt, hierzu aber als Mittel sich des Unternehmens bedient. Ein typisches Beispiel für eine solche Übertragung sind der Beliehene und der Verwaltungshelfer.[141] Charakteristisch für eine solche Übertragung ist zudem, daß der Staat weiterhin die Aufsicht führt und die Vereinigung weisungsabhängig ist. Hingegen wird lediglich von einer Überlassung gesprochen, wenn der Hoheitsträger die Aufgabenerfüllung ganz in die Hände der Privaten gibt, solange diese die Aufgabe ordnungsgemäß erfüllen.[142]

Gibt der Staat im Wege eines rechtsverordnungsersetzenden Vertrags den Anstoß zur Bildung einer Vereinigung, will er in einem bestimmten Aufgabenbereich nicht

---

[137] *BVerfGE* 10, 80 (101); 30, 415 (426); 38, 281 (297); 50, 290 (352); *Bleckmann*, Grundrechte, S. 938; *Kemper* in: Starck (Hrsg.), GG I, Art. 9 Rdnr. 14; *Merten* in: HdbStR VI, § 144 Rdnr. 55 ff.; *Papier* in: HdbVerfR, § 18 Rdnr. 62.

[138] Vgl. *Finckh*, Regulierte Selbstregulierung, S. 217.

[139] *BVerfGE* 10, 89 (102); 15, 238 ff.; 38, 89 (102); 38, 281 (297 f.); 78, 320 (329); *BVerwGE* 59, 231 (233); 64, 115 (117); 64, 298 (301); *BVerwG*, DVBl. 1999, 47 ff.; *Jarass* in: Jarass/Pieroth, GG, Art. 9 Rdnr. 5; *Kirchhof*, Verwalten durch mittelbares Einwirken, S. 229; a.A.: *Friauf* in: FS Reinhardt, S. 392; *Höfling* in: Sachs (Hrsg.), GG, Art. 9 Rdnr. 22; *Nickel*, Absprachen zwischen Staat und Wirtschaft, S. 108; *Pieroth/Schlink*, Grundrechte, Rdnr. 795; *Scholz* in: Maunz/Dürig, GG I, Art. 9 Rdnr. 87; *Stober*, Grundrechtsschutz der Wirtschaftstätigkeit, S. 50 f., die auch bei öffentlich-rechtlichen Zwangsvereinigungen Art. 9 Abs. 1 GG für einschlägig halten.

[140] Hierzu *Steiner*, Öffentliche Verwaltung durch Private, S. 150.

[141] Vgl. *Maurer*, Allgemeines Verwaltungsrecht, § 23 Rdnr. 56 ff.

[142] *Steiner*, Öffentliche Verwaltung durch Private, S. 107.

selber Regie führen. Der Anreiz für die private Seite soll gerade sein, daß sie diesen Bereich selber ohne direkte Einflußnahme der hoheitlichen Gewalt regelt.[143] In diesem Fall liegt nicht eine Übertragung, sondern nur eine Überlassung von Staatsaufgaben vor mit der Folge, daß eine solche Vereinigung weiterhin als privatrechtlich zu kennzeichnen ist.

Dennoch erscheint das Eingreifen der negativen Vereinigungsfreiheit in den geschilderten Fällen fragwürdig. Diese Zweifel begründen sich mit dem Schutzziel des Art. 9 Abs. 1 GG.

Die Umstände, die vorliegend zur Bildung einer Vereinigung führen, hängen nämlich mit den berufsbedingten Pflichten zusammen. Der Zusammenschluß soll den Unternehmen ihre berufsbedingten Aufgaben erleichtern oder sie davon befreien. Eine Aufgabenaufbürdung etwa zur Rücknahme von Altbatterien ist der eigentliche Grundrechtseingriff. Die Vereinigung ist bloß ein Mittel, welches die Unternehmen zur Erfüllung dieser Pflichten gebrauchen. Von dem Zweck der Vereinigung sind aber sachlich Pflichten der Berufsausübung betroffen, so daß der Art. 12 Abs. 1 GG alleiniger Prüfungspunkt bleibt.[144] Daher tritt vorliegend der Art. 9 Abs. 1 GG hinter Art. 12 Abs. 1 GG zurück.[145] Somit ist eine Verletzung der negativen Vereinigungsfreiheit gemäß Art. 9 Abs. 1 GG durch einen rechtsverordnungsersetzenden Vertrag im vorliegenden Beispiel nicht gegeben.

d) Der Schutz der allgemeinen Handlungsfreiheit gemäß Art. 2 Abs. 1 GG

Eine Verletzung der allgemeinen Handlungsfreiheit der Vertragspartner gemäß Art. 2 Abs. 1 GG ist ebenfalls zu bedenken. Nach allgemeiner Meinung tritt die Garantie der allgemeinen Handlungsfreiheit gemäß Art. 2 Abs. 1 GG als „Auffanggrundrecht" zurück, wenn im konkreten Fall der Grundrechtsschutz durch speziellere Grundrechte gewährleistet wird.[146] Vorliegend wird Art. 12 Abs. 1 GG immer einschlägig sein, so daß hierdurch der Grundrechtschutz bereits gewährleistet ist und somit Art. 2 Abs. 1 GG dahinter zurücktritt.

e) Der allgemeine Gleichheitssatz gemäß Art. 3 Abs. 1 GG

aa) Inhalt des allgemeinen Gleichheitssatzes

Ein rechtsverordnungsersetzender Vertrag muß sich auch am allgemeinen Gleichheitsgrundsatz messen lassen. Der Art. 3 Abs. 1 GG enthält den allgemeinen Gleichheitssatz und besitzt Maßstabsfunktion für das Verwaltungshandeln,[147] er verlangt allgemein die Rechtsanwendungsgleichheit und die Rechtsetzungsgleichheit.[148] Beim Vollzug von Gesetzen wird dabei die Funktion der Rechtsanwendungsgleichheit ange-

[143] *Helberg*, Selbstverpflichtungen, S. 200.

[144] *Finckh*, Regulierte Selbstregulierung, S. 219. So ähnlich für die öffentliche Zwangsmitgliedschaft *Höfling* in: Sachs (Hrsg.), GG, Art. 9 Abs. 1; *Löwer* in: von Münch/Kunig, GG I, Art. 9 Rdnr. 20.

[145] Vgl. *Finckh*, Regulierte Selbstregulierung, S. 219.

[146] *BVerfGE* 21, 227 (234); 30, 282 (236); 58, 358 (363); 70, 1 (32); *Dürig* in: Maunz/Dürig, GG I, Art. 2 Abs. 1 Rdnr. 6; *Jarass* in: Jarass/Pieroth, GG, Art. 2 Rdnr. 2; *Pieroth/Schlink*, Grundrechte, Rdnr. 363.

[147] *Schulte*, Schlichtes Verwaltungshandeln, S. 105.

[148] Vgl.: *Dürig* in: Maunz/Dürig, GG I, Art. 3 Rdnr. 426; *Pieroth/Schlink*, Grundrechte, Rdnr. 428.

sprochen,[149] wonach es grundsätzlich der Verwaltung verwehrt ist, für gleichgelagerte Sachverhalte Verträge mit unterschiedlichem Inhalt zu schließen. Dabei ist der Gleichheitssatz für alle Staatsorgane in ihrem gesamten Tätigkeitsbereich einschlägig, gesetzlich einschränkbar ist er nicht.[150]

Die rechtliche Prüfung, ob der Gesetzgeber den Gleichheitssatz verletzt hat, beginnt damit, daß zwei Lebenssachverhalte, die unterschiedlich geregelt wurden, mit einander verglichen werden. Da zwei Sachverhalte kaum jemals in jeder Hinsicht übereinstimmen, kann der Art. 3 Abs. 1 GG nicht besagen, daß vollständig Gleiches gleich zu behandeln ist. Diese Norm fordert vielmehr, daß wesentlich Gleiches gleich und wesentlich Ungleiches ungleich zu behandeln ist.[151] Es gilt also, Gemeinsamkeiten und Unterschiede herauszuarbeiten und zu prüfen, von welchen Merkmalen die erwogene Rechtsfolge abhängig sein soll. Es muß mithin eine Abwägung stattfinden.

Für die Suche nach dem Vergleichsmerkmal, dem Bezugspunkt (tertium comparationis) für den relativen Vergleich zwischen verschiedenen Belastungsgründen nennt das Grundrecht des Art. 3 Abs. 1 GG keine Anknüpfungspunkte.[152] In materieller Hinsicht[153] stellt sich somit die Frage, an welches Differenzierungsmerkmal der Gesetzgeber zulässigerweise anknüpfen darf. Hier räumt das *Bundesverfassungsgericht* dem Gesetzgeber einen weiten Gestaltungsspielraum ein.[154] Dieser Gestaltungsspielraum wird aber durch die (materielle) Konkretisierung und Präzisierung des Gleichheitssatzes begrenzt. Diese Konkretisierung und Präzisierung erfolgt zum einen aus besonderen Wertentscheidungen des Grundgesetzes[155] und zum anderen aus der Eigenart des zu regelnden Sachbereichs.[156]

Da Gleichbehandlung der Grundsatz, die Ungleichbehandlung die begründungsbedürftige Ausnahme ist, bedarf jede Ungleichbehandlung eines zureichenden Grundes. Die Rechtsordnung bemüht sich zwar um Gleichbehandlung, muß aber aus den verschiedensten Gründen Menschen und andere Rechtssubjekte unterschiedlich behandeln. Jede Ungleichbehandlung muß angesichts des Gleichheitssatzes allerdings gerechtfertigt werden.

Aus dem Gleichheitssatz ergeben sich je nach Regelungsgegenstand und Differenzierungsmerkmal unterschiedliche Grenzen für den Gesetzgeber bei der Rechtfertigung, die vom Willkürverbot bis zur strengen Bindung an die Verhältnismäßigkeitser-

---

[149] Zu Art. 3 Abs. 1 GG und kooperativen Verwaltungshandeln vgl. *Benz*, Die Verwaltung 23 (1990), 83 (96); *Dauber* in: Becker-Schwarzer et al. (Hrsg.), Wandel der Handlungsformen, S. 94 ff.; *Kunig/Rublack*, Jura 1990, 1 (10).
Zum Thema Konkurrenzschutz als Gleichheitsproblem: *Huber*, Konkurrenzschutz im Verwaltungsrecht, S. 518 ff.

[150] *Huber*, Konkurrenzschutz im Verwaltungsrecht, S. 520; *Lübbe-Wolff*, Grundrechte als Eingriffsabwehrrechte, S. 233.

[151] So bereits *BVerfGE* 1, 14 (56).

[152] Vgl. nur *Arndt*, NVwZ 1988, 787 (789).

[153] In formeller Hinsicht ist dabei erforderlich, daß die Differenzierung auf Grund intersubjektiv nachvollziehbarer Regeln erfolgt und nicht nach freiem Belieben verfahren wird. Vgl. hierzu *Arndt*, NVwZ 1988, 787 (788).

[154] *BVerfGE* 71, 39 (53); 71, 255 (271) m.w.N.; 78, 104 (121).

[155] *BVerfGE* 3, 225 (240); 17, 210 (217); 36, 321 (330); 65, 104 (113).

[156] *BVerfGE* 75, 108 (157); 78, 249 (278); 80, 109 (118).

fordernisse reichen.[157] Bei geringer Intensität versteht das *Bundesverfassungsgericht* das Gleichheitsgebot als Willkürverbot und beschränkt die Rechtfertigungsprüfung auf eine Evidenzkontrolle.[158] Bei Ungleichbehandlungen größerer Intensität versteht das *Bundesverfassungsgericht* das Gleichheitsgebot als Verbot der Ungleichbehandlung ohne gewichtigen sachlichen Grund und verlangt daher eine Verhältnismäßigkeitsprüfung.[159] Werden verschiedene Personengruppen und nicht nur verschiedene Sachverhalte ungleichbehandelt oder aber in den Schutzbereich eines anderen Grundrechts durch die fragliche Maßnahme eingegriffen, wird eine strenge Prüfung vorgenommen; sind hingegen alleine Sachverhalte ungleich behandelt, kommt es zu einer großzügigen Prüfung.

bb) Verletzung des Art. 3 Abs. 1 GG durch einen rechtsverordnungsersetzenden Vertrag ?

Für den rechtsverordnungsersetzenden Vertrag bedeutet das Folgendes: Die Vergleichsgruppen im Sinne des Art. 3 Abs. 1 GG stellen zum einen die vertraglich gebundenen Unternehmen und zum anderen die vertraglich ungebundenen Unternehmen dar. Die ungebundenen Unternehmen können inländische, aber auch ausländische Unternehmen sein. Die vertraglich gebundenen Unternehmen können dabei rechtlich zu einem bestimmten vertragsgemäßen Verhalten verpflichtet werden.

Die vertraglich ungebundenen Unternehmen sind von einer solchen Verpflichtung nicht betroffen, ihr vertragswidriges Verhalten bleibt sanktionslos. Soll etwa die Emission eines Stoffes um einen gewissen Prozentsatz verringert werden, müssen die vertraglich gebundenen Unternehmen als Konsequenz den Anteil der ungebundenen Unternehmen zusätzlich erbringen. Vertragsungebundene Unternehmen könnten sogar den Ausstoß des Stoffes ungehindert erhöhen. Man spricht in diesem Zusammenhang von der Trittbrettfahrerproblematik,[160] die bereits aus den Konstruktionen der Selbstverpflichtungen bekannt ist. Ein drastisches Beispiel für diese Trittbrettfahrerproblematik zeigte sich bereits in der Vergangenheit: Selbst unter dem Druck der in Kraft befindlichen Verpackungsverordnung mit der Drohung des Pflichtpfands und des Rücknahmegebotes für Einwegbehälter weigerte sich der größte deutsche Discounter Deutschlands standhaft, Mehrwegprodukte in sein Sortiment aufzunehmen. Denn „die Anderen" würden schon genug tun, um die vorgeschriebene Mehrwegquote zu unterschreiten.

Beim rechtsverordnungsersetzenden Vertrag tritt diese Trittbrettfahrerproblematik insofern verschärft auf, als es hier den Vertragsunternehmen anders als bei einer Selbstverpflichtung nicht ohne weiteres möglich ist, ihr Verhalten ohne rechtliche Folgen wieder umzustellen. Vertragsgebundene und vertragsungebundene Unternehmen werden also unterschiedlich belastet.

---

[157] *Pieroth/Schlink*, Grundrechte, Rdnr. 481.

[158] Sogenannte „Willkürformel". *BVerfGE* 1, 14 (52); 21, 12 (26); 26, 302 (310); 29, 327 (335); 31, 119 (130); 49, 260 (271); 49, 280 (283). Aus neuerer Zeit zum Beispiel: 61, 138 (147); 68, 237 (250); 83, 1 (23); 89, 132 (141).

[159] Sogenannte „neue Formel", die der Erste Senat des *Bundesverfassungsgerichts* seit 1980 E 55, 72 (88) in ständiger Rechtsprechung anwendet. Vgl. zum Beispiel: *BVerfGE* 82, 126 (146); 84, 133 (157); 84, 197 (199); 85, 238 (244); 87, 1 (36); 87, 234 (255).

[160] Darauf weist bereits *Krüger*, NJW 1966, 617 (623) hin.

Im vorliegenden Fall beruht die Ungleichbehandlung nicht auf einer staatlichen Praxis, sondern auf der unterschiedlichen Reaktion der Unternehmen auf ein Handeln des Staates. Der Staat hatte allen Unternehmen angeboten, statt des Erlasses einer Rechtsverordnung einen Vertrag abzuschließen. Dieses (freiheitsrechtliche relevante) Angebot wurde nun teils angenommen, teils nicht. Diese größere „Unterwerfungsbereitschaft" der Unternehmen kann nicht dem Staat zugerechnet werden. Eigene staatliche Belastungen können nicht mit dem Argument angegriffen werden, daß andere diesen Belastungen nicht nachkommen. So enthebt der Hinweis, der Nachbar komme seiner Steuerzahlpflicht nicht nach, nicht von der eigenen Verpflichtung zur Steuerzahlung. Folglich hat der rechtsverordnungsersetzende Vertrag keine rechtfertigungsbedürftige Ungleichbehandlung im Sinne des Art. 3 Abs. 1 GG zur Folge.[161]

2. Die betroffenen Grundrechte des Wirtschaftsverbandes

a) Die Grundrechtsfähigkeit des Wirtschaftsverbandes gemäß Art. 19 Abs. 3 GG

Der Wirtschaftsverband kann ebenfalls direkter Vertragspartner eines rechtsverordnungsersetzenden Vertrags werden. Somit erscheint es nicht ausgeschlossen, daß auch der Verband dadurch in seinen Grundrechtspositionen betroffen ist.

Bevor jedoch nach einer Grundrechtsverletzung des Wirtschaftsverbandes gefragt werden kann, muß untersucht werden, ob der Wirtschaftsverband grundrechtsfähig ist: Verbände sind meistens als privatrechtliche Vereine organisiert.[162] Der Wirtschaftsverband ist ein rechtsfähiger Verein und damit eine juristische Person des Privatrechts. Antwort auf die Grundrechtsfähigkeit von juristischen Personen gibt der Art. 19 Abs. 3 GG. Da allerdings das Primat der Grundrechtsträgerschaft zunächst für ein Individuum gilt, gelten Grundrechte gemäß Art. 19 Abs. 3 GG nur dann für inländische juristische Personen, soweit die Grundrechte ihrem Wesen nach auf diese Personen anwendbar sind: Wesensvorbehalt.[163] Anliegen des Art. 19 Abs. 3 GG ist es dabei, eine Lücke im Grundrechtsschutz zu verhindern.[164] Eine juristische Person ist immer dann grundrechtsfähig im Sinne des Art. 19 Abs. 3 GG, wenn schutzwürdige Interessen geschaffen werden, die nicht mehr von den hinter ihnen stehenden natürlichen Personen abgedeckt werden.[165] Dabei liegt es auf der Hand, daß sich dieser Mehrwert nur aus solchen Grundrechten ergeben kann, die nicht an die natürlichen Qualitäten des Men-

---

[161] A.A.: *Beyer*, Instrumente des Umweltschutzes, S. 82 sowie *Merkel* in: Wicke et al. (Hrsg.), Umweltbezogene Selbstverpflichtungen, S. 93. Vgl. auch *Knebel/Wicke/Michael*, Selbstverpflichtungen und normersetzende Umweltverträge, S. 166 ff.

[162] *Kaiser* in: HdbStR II, § 34 Rdnr. 35.

[163] Sog. gekorenen Grundrechtsträger. Vgl. *Stern*, Staatsrecht III/1, S. 1103.

[164] *Huber* in: von Mangoldt/Klein/Stark, GG I, Art. 19 Abs. 3 Rdnr. 239; *Stern*, Staatsrecht III/1, S. 1119.

[165] *Huber* in: von Mangoldt/Klein/Stark, GG I, Art. 19 Abs. 3 Rdnr. 238.
Teilweise wird die Schutzwürdigkeit der juristischen Person nicht um ihrer Selbstwillen, sondern nur als derivative Zweckschöpfung der hinter ihnen stehenden natürlichen Personen gesehen (Durchgriff): *BVerfGE* 21, 362 (369); 23, 153 (163); 41, 126 (149).
Andere stellen nur auf die juristische Person ab und Fragen nach einer grundrechtstypischen Gefährdungslage der juristischen Person: *Dreier* in: Dreier, GG I, Art. 19 Rdnr. 21; *Erichsen/Scherzberg*, NVwZ 1990, 8 (11); *Rüfner* in: HdbStR V, § 116 Rdnr. 31.

schen anknüpfen.[166] Daher kann sich auch ein Verein auf seine Grundrechtsfähigkeit gemäß Art. 9 Abs. 1 sowie Art. 12, Art. 14 und Art. 2 Abs. 1 GG berufen.[167]

b) Der Schutz der wirtschaftlichen Vereinigungsfreiheit gemäß Art. 9 Abs. 1 GG

Zu überlegen ist nun, ob ein rechtsverordnungsersetzender Vertrag den Wirtschaftsverband in seinem Grundrecht aus Art. 9 Abs. 1 GG verletzen kann. Nach ständiger Rechtsprechung des *Bundesverfassungsgerichts* gewährleistet der Art. 9 Abs. 1 GG nicht nur das Individualrecht zur freien Vereinsbildung, sondern auch ein kollektives Freiheitsrecht: Status collectivus. Demnach ist der Art. 9 Abs. 1 GG als Doppelgrundrecht zu deuten,[168] und durch ihn wird zum einen die Existenz eines Vereins grundrechtlich abgesichert, zum anderen aber auch die funktionsgerechte Betätigung des Vereins grundrechtlich geschützt.[169]

Instrumentalisiert der Staat einen Verband in der Art und Weise, daß dieser Verband seinen Mitgliedern nur noch als Sprachrohr der Regierungspolitik und nicht mehr als eigene Interessenvertretung erscheint, kann es zu massiven Austritten oder zu einer Spaltung des Verbandes kommen. Mithin darf der Staat durch sein Verhalten den Verband nicht in eine Zerreißprobe drängen.[170] Ferner kann es durch die Stärkung der Verbandsspitze durch den Staat gegen die Mitglieder zu einem Eingriff in die von Art. 9 Abs. 1 GG geschützte Organisationsfreiheit kommen.[171]

Jedoch erscheint es unwahrscheinlich, daß sich der Verband in einem solchen Maße staatlich instrumentalisieren läßt; denn hierzu sind seine Stellung und seine Eigeninteressen zu stark. Das Überschreiten der Eingriffsgrenze durch einen rechtsverordnungsersetzenden Vertrag ist daher zwar nicht ausgeschlossen, aber nicht wahrscheinlich.

3. Die betroffenen Grundrechte von vor- und nachgeordneten Wirtschaftsbranchen

Die Verhaltenssteuerung der Unternehmen durch den Staat mittels Vertrag können auch Grundrechtspositionen Dritter betreffen, sogenannte Drittbetroffene. Als Drittbetroffene wird die Gruppe derjenigen bezeichnet, die nicht unmittelbar selbst an dem Vertrag beteiligt sind, mittelbar aber durch die Maßnahmen zur Umsetzung des Ver-

---

[166] *Pieroth/Schlink*, Grundrechte, Rdnr. 151.

[167] *Bleckmann*, Grundrechtem, S. 130; *Huber* in: von Mangoldt/Klein/Stark, GG I, Art. 19 Abs. 3 Rdnr. 254.

[168] *BVerfGE* 4, 96 (101 f.); 17, 319 (333); 19, 303 (312); 28, 295 (305); 38, 281 (303); 50, 290 (367); 84, 372 (378). Aus der Literatur *Scholz* in: Maunz/Dürig, GG I, Art. 9 Rdnr. 23; *Merten* in: HdbStR VI, § 144 Rdnr. 27 ff.; *Pieroth/Schlink*, Grundrechte, Rdnr. 783; a.A. *Höfling* in: Sachs (Hrsg.), GG, Art. 9 Rdnr. 25.

[169] *Scholz* in: Maunz/Dürig, GG I, Art. 9 Rdnr. 23. Während der Art. 9 Abs. 1 GG primär die Gründung von Verbänden schützt, zielt der Art. 19 Abs. 3 GG auf deren Betätigung ab. Insofern ist der Art. 19 Abs. 3 GG eine komplementäre Ergänzung zu Art. 9 Abs. 1 GG. Vgl. *Huber* in: von Mangoldt/Klein/Stark, GG I, Art. 19 Abs. 3 Rdnr. 250.

[170] *Di Fabio*, JZ 1993, 969 (971).

[171] *Engel*, Staatswissenschaften und Staatspraxis 9 (1998), 535 (563).

trags einen Nachteil erleiden.[172] Der rechtsverordnungsersetzende Vertrag wirkt somit durch das abgestimmte Verhalten der privaten Vertragspartner auch auf Dritte.

Als beispielhaft für eine solche Fallkonstellation kann aus dem Bereich der Selbstverpflichtungen die Asbestabsprache angeführt werden: Die Asbestzementhersteller gaben die Zusage, auf die Verarbeitung von Asbest in Zukunft zu verzichten, und wichen auf Ersatzstoffe aus. Eine solche Ausweichmöglichkeit bestand jedoch für den Lieferanten der Asbestindustrie nicht. Dieser verlor auf Grund dieser Asbestabsprache einen erheblichen Absatzmarkt und erlitt dadurch große wirtschaftliche Verluste. Folglich ist bei der Gruppe der Drittbetroffenen an eine Verletzung des Art. 12 Abs. 1 und Art. 14 Abs. 1 GG zu denken.

a) Verletzung der beruflichen Entfaltungsfreiheit gemäß Art. 12 Abs. 1 GG Dritter durch einen rechtsverordnungsersetzenden Vertrag ?

Vorrangig auf Grund des rechtsverordnungsersetzenden Vertrags verändern die vertraglich beteiligten Unternehmen ihr Verhalten am Markt. Werden bestimmte Stoffe nun substituiert, so führt diese Veränderung zu erheblichen Umsatzeinbußen bei den Zulieferern der fraglichen Stoffe. Die hierdurch hervorgerufenen wirtschaftlichen Nachteile alleine reichen aber für eine Verletzung des Art. 12 Abs. 1 GG nicht aus; denn der Erhalt des Geschäftsumfangs wird von dem Artikel nicht geschützt.

Geschützt wird aber von Art. 12 GG auch der Umfang der Produktion (Produktionsfreiheit). Ist auf Grund der vertraglichen Regelung ein Stoff verboten worden, wird sich dieses auf die Zulieferunternehmen dieses Stoffes auswirken.

In einem solchen Fall liegt ein Eingriff nach den Grundsätzen des mittelbaren Grundrechtseingriffs vor. Zunächst sei hier jedoch darauf hingewiesen, daß bei diesen betroffenen Unternehmen als Unbeteiligten selbstverständlich von einer Einwilligung in eine Grundrechtsbeeinträchtigung nicht die Rede sein kann. Weiterhin steht fest, daß diese Unternehmen nicht durch einen unmittelbar wirkenden Hoheitsakt tangiert werden, so daß ein klassischer Grundrechtseingriff ausscheidet.

Die Situation ist vielmehr die folgende: Der Staat will einen bestimmten umweltpolitischen Erfolg erreichen. Soll etwa ein bestimmter Stoff oder ein bestimmtes Produkt in Zukunft keine Verwendung mehr finden und schließt der Staat mit dem diesen Stoff oder dieses Produkt verwendenden Industriezweig einen rechtsverordnungsersetzenden Vertrag, dann ist die typische Folge dieses Vertrags, daß die Hersteller des Stoffes oder Produktes den Abschluß auf der Nachfrageseite zu spüren bekommen. Diese Marktbeeinflussung nimmt der Staat als notwendige Folge in Kauf. Mithin kommt es zu einem finalen und damit vorhersehbaren Ergebnis bei den Dritten. Problematisch im Zusammenhang mit der Frage nach einem Grundrechtseingriff ist der Umstand, daß der Druck nicht vom Staat ausgeht, sondern durch das Verhalten der Vertragsteilnehmer erzeugt wird. Es fehlt daher an einer unmittelbaren Beeinträchtigung, womit eine Zurechenbarkeit der Beeinträchtigung als Handeln des Staates näher zu begründen ist. Der Umstand, daß die Kausalkette zwischen dem Verhalten des Staates und den Betroffenen hier um ein Glied verlängert wird, ist aber rechtlich unerheblich. Denn, das hat das *Bundesverwaltungsgericht* in seiner Osho II-Entscheidung herausgearbeitet, die Länge der Kausalkette spielt dann keine Rolle, wenn das vom

---

[172] *Oldiges*, WiR 1973, 1 (18).

Staat verfolgte Ziel ereicht wird. Diese Feststellung gilt um so mehr, wenn die Vertragspartner als Zwischenglied nicht autonom handeln. Die Vertragspartner sind durch den rechtsverordnungsersetzenden Vertrag vielmehr gezwungen, auf eine bestimmte Art und Weise zu handeln, und erscheinen somit nur als verlängerter Arm des Staates. Der Staat benutzt die kooperierenden Unternehmen als Werkzeug, um das Umweltziel bei den Produzenten zu erreichen.[173] Mithin hat ein rechtsverordnungsersetzender Vertrag auch Eingriffsqualität bei den am Vertrag nicht beteiligten Dritten.

Dabei ist aber im Einzelfall zu entscheiden und genau zu untersuchen, ob das staatliche Handeln tatsächlich individualisiert-final ist oder ob ein bloßer Reflex vorliegt. Dieses wird nur in solchen Fällen vorliegen, wo es dem Staat gerade auf das Verbot der Produktion eines Stoffes ankommt und der Kreis der Produzenten überschaubar ist. Beispielhaft sei auf die Vereinbarung zum Verzicht des Einsatzes von Asbest im Beton mit der Zementindustrie verwiesen. Hier ist der Anbieterkreis überschaubar, dem Staat kam es gerade auf das erfolgte Ergebnis an.

b) Eingriff in den Schutz des Eigentums gemäß Art. 14 Abs. 1 GG durch einen rechtsverordnungsersetzenden Vertrag ?

Durch den Abschluß eines rechtsverordnungsersetzenden Vertrags könnte der Art. 14 Abs. 1 GG betroffen sein. Wenn man davon ausgeht, daß dieser Artikel auch den eingerichteten und ausgeübten Gewerbebetrieb schützt, so kann dieser Schutz jedoch nicht weiter gehen als der Schutz der wirtschaftlichen Grundlagen des Gewerbebetriebes. Indessen umfaßt der Schutz nicht bloße Chancen, Erwerbsmöglichkeiten und Gewinnaussichten. Der Betrieb ist vielmehr lediglich in seinem situationsbedingten, von politisch-ökonomischen Rahmenbedingungen abhängigen Umfang geschützt. Eine Änderung der Marktverhältnisse und insbesondere der Nachfrage- und Angebotssituation berührt mithin den Schutzbereich nicht. Kommt es durch den rechtsverordnungsersetzenden Vertrag also zu Umsatzeinbrüchen, so sind diese nicht an Art. 14 Abs. 1 GG zu messen. Wie auch bei den Vertragspartnern wird es zu einem Eingriff in Art. 14 Abs. 1 GG nur in Extremfällen kommen,[174] beispielsweise, wenn ein Stoff faktisch durch den rechtsverordnungsersetzenden Vertrag verboten wird und der Dritte deshalb sein Gewerbe aufgeben muß, da er nur mit diesem einen Stoff handelt.

c) Beeinträchtigung der allgemeinen Handlungsfreiheit der Endverbraucher gemäß Art. 2 Abs. 1 GG durch einen rechtsverordnungsersetzenden Vertrag ?

Zu prüfen ist letztlich noch, ob die Endverbraucher durch rechtsverordnungsersetzende Verträge mittelbar in ihren Grundrechten betroffen sind. Wird nämlich zum Beispiel ein Rücknahmesystem durch einen solchen Vertrag eingeführt, obliegt es den Haushalten, Batterien etc. getrennt zu sammeln und der Verwertung zuzuführen.[175] Diese Sammlungen beruhen allerdings nicht auf einer Verpflichtung, sondern auf ei-

---

[173] *Oldiges*, WiR 1973, 1 (29) spricht in diesem Rahmen von einem Transmissionsriemen.

[174] *Helberg*, Selbstverpflichtungen, S. 205; *Rennings/Brockmann/Koschel/Bergmann/Kühn*, Nachhaltigkeit, S. 182 f.

[175] Vgl. zur Verpackungsverordnung: *Finckh*, Regulierte Selbstregulierung, S. 235 f.

nem freiwilligen Verhalten der Verbraucher. Ein Eingriff in die Handlungsfreiheit kann darin nicht gesehen werden.

Es könnte jedoch zu einer Beeinflussung der Warenpreise kommen, da die Unternehmen die Kosten für Rückführung und Verwertung oder Produktionsumstellungen über den Neupreis auf den Endverbraucher weitergeben werden. Bei dieser Warenpreisbeeinflussung handelt es sich aber nur um ökonomische Auswirkungen, die keine Zahlungspflichten vermitteln, so daß auch hier kein Eingriff in die Handlungsfreiheit vorliegt. Hinsichtlich des Lenkungseffektes solcher Preissteigerungen ist ein Grundrechtseingriff erst ab dem Zeitpunkt gegeben, ab dem diese Preissteigerung die Geringfügigkeitsgrenze überschreiten, d.h. wenn die Waren so verteuert werden, daß sie bei vernünftigem Wirtschaften nicht mehr erschwinglich sind.[176]

V. Zwischenergebnis

Zusammenfassend läßt sich festhalten, daß der Abschluß eines rechtsverordnungsersetzenden Vertrags den Schutzbereich von Grundrechten der Vertragsparteien berührt. Bei den Dritten kann es im Einzelfall ebenfalls zu einer Schutzbereichstangierung im Wege eines mittelbaren Grundrechteingriffs kommen. Als Schlußfolgerung ist für einen rechtsverordnungsersetzenden Vertrag eine gesetzliche Ermächtigungsgrundlage zu fordern.

VI. Der demokratische Gesetzesvorbehalt / Parlamentsvorbehalt

1. Die Grundlagen des Parlamentsvorbehalts

Im modernen Sozialwesen gewinnt der Leistungsbereich für die aktive und sinnorientierte Lebensgestaltung zunehmend an Gewicht. Mittlerweile hat sich allgemein die Einsicht durchgesetzt, daß die Begünstigung des einen und die Belastung des anderen oft Hand in Hand gehen. Diese beiden Faktoren haben maßgeblich dazu geführt, daß das *Bundesverfassungsgericht* den Gesetzesvorbehalt vom Merkmal des Eingriffs gelöst hat.[177] In seiner Neudefinition hat das *Bundesverfassungsgericht* den Gesetzgeber dazu verpflichtet, in grundlegenden normativen Bereichen alle wesentlichen Entscheidungen selbst zu treffen, sofern diese Entscheidungen normativen Regelungen zugänglich sind.[178] Der demokratische Gesetzesvorbehalt wendet sich mithin an das Parlament mit der Forderung, seine Gesetzesaufgaben nicht zu vernachlässigen.[179]

---

[176] *Di Fabio*, NVwZ 1995, 1 (7).

[177] Beginnend mit der Strafgefangenenentscheidung 1972: *BVerfGE* 33, 1 (10 ff.); es folgte die Facharztentscheidung BVerfGE 33, 125 (158 f.); es folgten u.a. *BVerfGE* 40, 237 ff.; 47, 46 (78 f.) (Sexualkundeunterricht); 49, 89 (126) (1. Kalkar-Entscheidung); *Punke*, Verwaltungshandeln durch Vertrag, S. 176.

[178] *BVerfGE* 33, 125 (158 f.); 33, 303 (333 f.) (Numerus Clausus); 34, 165 (192 f.) (Hessische Förderstufe); 40, 237 (249); 41, 251 (259 f.) (Speyer-Kolleg); 45, 400 (417 f.); 47, 46 (78 ff.); 49, 89 (126); 57, 295 (320 f.) Saarländisches Rundfunkgesetz); 58, 257 (268 f.) (Schulausschluß); 68, 1 (108 ff.) (Nachrüstung), sowie zur Rechtschreibreform, *BVerfG*, NJW 1998, 2515 ff. Mittlerweile auch vom *Bundesverwaltungsgericht* übernommen: Etwa *BVerwGE* 47, 201 (203); 51, 235 (238); 56, 130 (137); 56, 155 (157); 57, 360 (363); 65, 323 (325); 68, 69 (72).

Dieses wird besonders in dem Bereich deutlich, der dem Parlamentsvorbehalt den Durchbruch verschaffte, nämlich im Bereich des Schulrechts.[180] Bildungspolitische Entscheidungen wurden auf der „Insel des Absolutismus"[181] bis in die 70er Jahre durch bloße Kultusministererlasse getroffen; der Gesetzesvorbehalt wurde also durch die Landesparlamente durch pauschale Rechtsgrundlagengesetze unterlaufen:[182] Die Landesparlamente verweigerten sich ihrer verfassungsrechtlich zukommenden Aufgabe. An dieser Verweigerungshaltung konnte auch der rechtsstaatliche Gesetzesvorbehalt nichts ändern; nur seine Loslösung vom Eingriffsbegriff konnte hier Abhilfe schaffen.

Es geht also nicht mehr allein um die Frage, welche Sachbereiche durch oder auf Grund Gesetz geordnet werden müssen, sondern darum, in welchem Ausmaß der Gesetzgeber den Verwaltungsauftrag verdichten muß:[183] Sachvorbehalt.[184] Maßgeblich ist dabei auf den jeweiligen Sachbereich und die Intensität der geplanten und betroffenen Regelung, also auf den Einzelfall, abzustellen[185] sowie auf die Tatsache, daß das Staatshandeln bedeutsam für die Verwirklichung der Grundrechte ist.[186] Die Funktion der Vorbehaltslehre spitzt sich im Bereich rechtsatzmäßiger Regelungen auf die Trennung delegierbarer von nichtdelegierbaren Regelungsmaterien zu. Somit handelt es sich beim Parlamentsvorbehalt um einen zum partiellen Delegationsverbot verdichteten Gesetzesvorbehalt,[187] der das Parlament vor sich selbst schützt.[188]

Es ist nun zu fragen, welche Regelungen das Parlament selbst treffen muß und demzufolge auch nicht auf die Exekutive übertragen darf, weil diese Regelungen der ausschließlichen Parlamentskompetenz zuzuordnen sind. Dabei gehören die Wesentlichkeitstheorie und der Parlamentsvorbehalt zusammen. Der Parlamentsvorbehalt wird gleichsam durch die Wesentlichkeitstheorie substantiiert.[189] Die Wesentlichkeitslehre tritt dabei nicht an, sondern neben die Stelle des Eingriffsdenkens.[190] Anders formu-

---

Aus der Literatur *von Arnim*, DVBl. 1987, 1241 ff.; *Degenhart*, Staatsrecht I, Rdnr. 294 ff.; *Kisker*, NJW 1977, 1313 ff.; *Kloepfer* in: Hill (Hrsg.), Zustand und Perspektiven der Gesetzgebung, S. 189 ff.; *Ossenbühl* in: HdbStR III, § 62 Rdnr. 9 ff.; *Schulze-Fielitz* in: Dreier (Hrsg.), GG II, Art. 20 (Rechtsstaat) Rdnr. 103.

[179] *Ossenbühl* in: HdbStR III, § 62 Rdnr. 38.

[180] *BVerfGE* 34, 165 (192 f.); 41, 251 (259 f.); 45, 400 (417 f.); 47, 46 (78 f.).

[181] So *Anschütz*. Nachweis bei *Ossenbühl* in: HdbStR III, § 62 Rdnr. 43.

[182] *Ossenbühl*, DÖV 1977, 801.

[183] *BVerfGE* 83, 130 (152) (Josefine Mutzenbacher).

[184] *Erichsen*, VerwArch 70 (1979), 249 (250); *Punke*, Verwaltungshandeln durch Vertrag, S. 177.

[185] *BVerfGE* 49, 89 (126).

[186] *BVerfGE* 47, 46 (79).

[187] *von Danwitz*, Gestaltungsfreiheit des Verordnungsgebers, S. 80; *Erichsen*, DVBl. 1985, 22 (27); *Kloepfer* in: Hill (Hrsg.), Zustand und Perspektiven der Gesetzgebung, S. 192.

[188] *Kloepfer*, JZ 1984, 685 (690).

[189] *Erbguth*, UPR 1995, 369 (376); *Ossenbühl* in: HdbStR III, § 62 Rdnr. 42.

[190] *Ossenbühl* in: HdbStR III, § 62 Rdnr. 43.

liert: Der Parlamentsvorbehalt absorbiert den Eingriffsvorbehalt nicht,[191] vielmehr handelt es sich um zwei sich schneidende Kreise.[192]

Die bloße Existenz eines den jeweiligen Sachbereich regelnden Gesetzes reicht indes nicht aus, um dem Parlamentsvorbehalt zu genügen. Vielmehr muß das Gesetz gerade auch das Wesentliche selber regeln: Das Gesetz muß eine hinreichende Regelungsdichte aufweisen. Die Wesentlichkeitstheorie beansprucht nicht nur eine Entscheidung über das „Ob" des gesetzgeberischen Handelns, sondern auch über das „Wie".[193]

Zum Verhältnis von der Bestimmtheitstrias für Rechtsverordnungen gemäß Art. 80 Abs. 1 Satz 2 GG und Parlamentsvorbehalt findet sich in der verfassungsgerichtlichen Rechtsprechung keine eindeutige Aussage. Die Bedeutung des Parlamentsvorbehalts für den Erlaß einer Rechtsverordnung wird heute in der Literatur überwiegend nicht in Frage gestellt. Der Parlamentsvorbehalt bestimmt die Auslegung der Bestimmtheitstrias und bildet daher den Maßstab für die Zulässigkeit der Übertragung von Normsetzungsbefugnissen auf die Exekutive.[194]

2. Die Anwendungsprobleme

Die Wesentlichkeitstheorie ist ebenso rhetorisch einprägsam wie rechtlich unklar.[195] Ihr Problem ist es, im konkreten Fall zu bestimmen, was denn nun „wesentlich" ist. Sie gleicht mithin lediglich einer „Wesentlichkeitsskizze".[196]
Welche Entscheidungen als „wesentlich" angesehen werden, bedarf dem *Bundesverfassungsgericht* zufolge einer Konkretisierung, die sich an den jeweils betroffenen Lebensbereichen und der Eigenart der Regelungsgegenstände insgesamt zu orientieren hat.[197] Ein Totalvorbehalt ist indessen nicht das Ziel der Wesentlichkeitsrechtsprechung.[198]

Weitgehende Einigkeit besteht darüber, daß es kaum gelingen wird, generelle Kriterien zu entwickeln, die ein verläßliches Urteil über die „Wesentlichkeit" einer Entscheidung ermöglichen.[199] Die bisherige Rechtsprechung des *Bundesverfassungsgerichts* liefert zumindest Anhaltspunkte zur Konkretisierung des Begriffs des „Wesentlichen". Zunächst heißt es dort, daß je intensiver eine Regelung die Grundrechte berührt, sie um so eher in der Form eines Parlamentsgesetzes erfolgen muß. Dieses Kri-

---

[191] *Bethge*, VVDStRL 57 (1998), 7 (31). Diese Feststellung ist allerdings nicht ganz unstrittig. Vgl. Nachweise bei *Ossenbühl* in: HdbStR III, § 62 Rdnr. 40. Volle Klarheit über das Verhältnis der rechtsstaatlichen und demokratischen Komponente des Gesetzesvorbehalts besteht allerdings nicht. Siehe etwa *Böckenförde*, Gesetz und gesetzgebende Gewalt, S. 392 ff.

[192] *Kloepfer* in: Hill (Hrsg.), Zustand und Perspektiven der Gesetzgebung, S. 214.

[193] *Kloepfer*, JZ 1984, 685 (691); *ders.* in: Hill (Hrsg.), Zustand und Perspektiven der Gesetzgebung, S. 193.

[194] Vgl. zum Diskussionsstand etwa: *Lücke* in: Sachs (Hrsg.), GG, Art. 80 Rdnr. 21 ff.; *Nierhaus* in: Bonner Kommentar, GG VII, Art. 80 Abs. 1 93 ff.

[195] *Kloepfer*, JZ 1984, 685 (687). Kritisch ferner *Erichsen*, VerwArch 69 (1978), 387 ff.; *Kisker*, NJW 1977, 1313 (1317); *Ossenbühl*, DÖV 1980, 545 (550); *Ule*, VerwArch 76 (1985), 1 (12).

[196] *Kloepfer* in: Hill (Hrsg.), Zustand und Perspektiven der Gesetzgebung, S. 189.

[197] *BVerfGE* 40, 237 (249); 49, 89 (127).

[198] *Ossenbühl* in: HdbStR III, § 62 Rdnr. 18 ff.; *Stern*, Staatsrecht I, S. 812. Für den „Totalvorbehalt": *Jesch*, Gesetz und Verwaltung, S. 17 f.

[199] *Ossenbühl* in: HdbStR III, § 62 Rdnr. 44.

terium wird aber bereits vom rechtsstaatlichen Vorbehalt des Gesetzes abgedeckt, der jeden Eingriff ohne Rücksicht auf sein Gewicht und seine Tiefe erfaßt. Hinzu kommen noch drei objektiv-rechtliche, d.h. nicht grundrechtsbezogene Anhaltspunkte.[200] Indiz für eine wesentliche Materie ist demnach,

- wenn es sich um eine politisch umstrittene Frage handelt,
- wie stark die Eingriffsintensität ist,
- ob der parlamentarische Gesetzgeber nicht auf Grund seiner Organisation, Zusammensetzung, Funktion und Verfahrensweise zu richtigeren Ergebnissen kommt.

3. Das Umweltrecht als „umgekehrt wesentlich"

Durch den Umstand, daß die Exekutive seit den siebziger Jahren der Motor der umweltrechtlichen Entwicklung war, ist es zu einer Entwicklung gekommen, die als „umgekehrte Wesentlichkeitstheorie"[201] für das Umweltrecht apostrophiert worden ist.[202] Das bedeutet, daß im Gesetz lediglich abstrakte Umschreibungen der Anforderungen an umweltgefährdende Anlagen stehen, das Entscheidende hingegen sich in untergesetzlichen Regelwerken findet. Der für den Normalfall gedachte Gesetzesvorbehalt ist hier faktisch außer Kraft gesetzt, weil er mit den Regelungsbedürfnissen der Praxis in Widerspruch steht: Das Recht ist zur Wirklichkeit akzessorisch.[203]

Das Umweltrecht ist nahezu zwangsläufig ein Gebiet der „offenen" Gesetzgebung;[204] denn die notwendigen technischen Kenntnisse und naturwissenschaftlichen Zusammenhänge für eine zielgenaue Normung unterliegen durch ständigen Wissenszuwachs einer ständigen Veränderung. Dieser Umstand macht das Umweltrecht zu einer gesetzesfeindlichen Materie.[205]

Die umweltrechtliche Praxis muß aber nicht im Gegensatz zur Wesentlichkeitsrechtsprechung des *Bundesverfassungsgerichts* stehen, nach der grundsätzlich davon auszugehen ist, daß dem parlamentarischen Gesetzgeber mehr Mittel zur Verfügung stehen, so daß er zu „richtigeren" Entscheidungen gelangt.

Ähnlich argumentiert das *Bundesverfassungsgericht* in seiner Kalkar-Entscheidung.[206] Dort heißt es im Zusammenhang mit der Verwendung unbestimmter Rechtsbegriffe im technischen Sicherheitsrecht, daß diese Begriffe auf Gebieten mit raschem technischen Fortschritt notwendig für einen dynamischen Grundrechtsschutz sind. Eine gesetzliche Fixierung würde eine angemessene Sicherung eher hemmen als fördern. In solchen Konstellationen erscheint es geradezu geboten, eine Materie auf der Ebene des formellen Gesetzes lediglich durch offene gesetzliche Tatbestände zu erfas-

---

[200] *von Arnim*, DVBl. 1987, 1241 (1242 ff.); *Erbguth*, VerwArch 86 (1995), 327 (341 ff.); *Ossenbühl* in: HdbStR III, § 62 Rdnr. 44 ff.

[201] So *Salzwedel*, zitiert nach *Lübbe-Wolff*, ZG 1991, 219 (239).

[202] *Lamb*, Kooperative Gesetzeskonkretisierung, S. 216 f.; *Reinhardt* in: UTR 40, S. 345; *Wahl*, VBlBW 1988, 387 (391).

[203] *Battis/Gusy*, Technische Normen im Baurecht, S. 17.

[204] Vgl. zu offenen Normen: *Geitmann*, Bundesverfassungsgericht und „offene" Normen, S. 47 ff.

[205] *Ossenbühl*, DVBl. 1999, 1.

[206] *BVerfGE* 49, 134 f.

sen, um sachnäher und flexibler handeln zu können.[207] Mithin kann sich auch aus der Natur des Regelungsgegenstandes eine Einschränkung der Wesentlichkeitstheorie ergeben.

4. Die Bedeutung der Wesentlichkeitstheorie für den rechtsverordnungsersetzenden Vertrag

Ob und wann ein rechtsverordnungsersetzender Vertrag Wesentliches regelt und damit dem Parlamentsvorbehalt unterfällt, kann nur im Einzelfall entsprechend der geregelten Sachmaterie entschieden werden. So erscheint ein Blick auf die bisherige Praxis bei Selbstverpflichtungen angebracht; denn vielfach werden in Selbstverpflichtungen staatspolitische Weichenstellungen im wirtschafts- und umweltpolitischen Bereich getroffen.[208]

Allein der Umstand, daß es sich bei den potentiellen Regelungsfeldern eines rechtsverordnungsersetzenden Vertrags um bedeutsame Bereiche des staatlichen Lebens handelt, kann keinen Parlamentsvorbehalt begründen.[209] Dieses hätte dann nämlich einen bereichsspezifischen Totalvorbehalt zur Folge.[210] Vielmehr ist jeweils eine Einzelfallprüfung erforderlich. Es muß also stets konkret gefragt werden, ob es nicht Umweltprobleme gibt, welche eine so große gesamtgesellschaftliche Relevanz besitzen, daß eine vertragliche Lösung zwischen Staat und Gesellschaft den Parlamentsvorbehalt nicht unzulässig verkürzt.

Zu denken ist hier zum Beispiel an die Selbstverpflichtung der deutschen Industrie zum Klimaschutz. Die dort angesprochene CO_2- Problematik hat essentielle Bedeutung für das jetzige und zukünftige Weltklima und berührt das Leben nicht nur der heute lebenden Menschen, sondern auch das der folgenden Generationen. Diese weltumspannenden und weitreichenden Folgen eines fortgesetzten Ausstoßes des CO_2-Gases läßt die Einordnung in die Kategorie „wesentlich“ als gerechtfertigt erscheinen.[211]

Zudem haben in der Vergangenheit Selbstverpflichtungen gezeigt, daß hierdurch erhebliche Kapitalströme umgeleitet werden und teilweise ganz neue Industriezweige entstehen.[212] Auch diese Erwägungen sprechen dafür, daß ein rechtsverordnungsersetzender Vertrag durchaus Regelungsmaterien beinhaltet, die unter den Parlamentsvorbehalt fallen können.

---

[207] *Lamb*, Kooperative Gesetzeskonkretisierung, S. 217 f. Ob das Argument der mangelnden Leistungsfähigkeit des Gesetzgebers seit *BVerfG*, JZ 1997, 300 ff. (Südumfahrt Stendal) noch gilt, ist zweifelhaft. Dort stellt das *Bundesverfassungsgericht* fest, daß das Parlament auch in der Lage ist, Detailleplanungen im Bereich anlagenbezogener Fachplanung vorzunehmen. Vgl. *Unruh/Strohmeyer*, NuR 1998, 225 Fn. 4.

[208] Kritisch daher *Brohm*, DÖV 1992, 1025 (1033).

[209] So aber *Grüter*, Umweltrecht und Kooperationsprinzip, S. 134. Auch *Schulte*, Schlichtes Verwaltungshandeln, S. 138.

[210] So auch *Dempfle*, Normvertretende Absprachen, S. 122.

[211] So auch *Helberg*, Selbstverpflichtungen, S. 209.

[212] *Di Fabio*, NVwZ 1999, 1153 (1155) im Hinblick auf das Duale System; *Helberg*, Selbstverpflichtungen, S. 209.

§ 13: Das Demokratieprinzip

Nach außen gerichtete Rechtsnormen bedürfen der Legitimation auch jenseits der Grenzen vom Vorbehalt des Gesetzes und der Wesentlichkeitstheorie.[1] Die Art der notwendigen Legitimation hängt vom Geltungsgrund der jeweiligen Norm ab.[2] Der rechtsverordnungsersetzende Vertrag ist zwar keine Rechtsnorm, dennoch kommt seinem Inhalt faktisch diese Wirkung zu; denn schließlich entfaltet der Vertrag an der Stelle einer Rechtsverordnung für einen weiten Kreis von Adressaten Rechtswirkung mit Rechten und Pflichten. Es stellt sich daher die Frage, inwieweit ein solches Mitwirken an einer Quasi-Normsetzung durch Private der demokratischen Legitimation zugänglich ist bzw. ihrer bedarf.

I. Die Grundlagen des Demokratieprinzips

Gemäß Art. 20 Abs. 2 Satz 1 GG geht alle Staatsgewalt vom Volke aus. Diese Aussage steht im Zentrum des in Art. 20 Abs. 1 und Abs. 2 GG für den Bundesbereich verankerten Demokratieprinzips.[3] Als verfassungsrechtlicher Organisationsgrundsatz beinhaltet das Demokratieprinzip, daß die Staatsgewalt so zu organisieren ist, daß sie in ihrer Ausrichtung stets vom Willen des Volkes hergeleitet bzw. auf dessen Willen zurückgeführt werden kann. Staatsgewalt bedarf immer der demokratischen Legitimation. Damit wird die formale Organisation mit einer materielle Legitimation verbunden.[4] Die demokratische Legitimation ist mithin ein Schlüsselbegriff des demokratischen Staates.[5] Legitimation bedeutet in diesem Zusammenhang, einen Grund dafür zu schaffen, daß ein Sein, ein Sollen oder ein Wollen rechtliche Anerkennung verdient.[6] Damit zielt die Frage nach der Legitimation auf die Kompetenz zum Handeln ab.[7] Eine solche Legitimation wird vom Volk[8] als Bezugspunkt abgeleitet: Legitimationssubjekt. Mithin ist eine ununterbrochene demokratische Legitimationskette erforderlich,[9] die vorrangig durch Wahlen und Abstimmungen[10] gemäß Art. 20 Abs. 2 Satz 2 GG erreicht wird. Der Wahlakt wird dabei durch die Wahlgrundsätze in Art. 38 GG und Art. 39 Abs. 1 Satz 1 GG näher bestimmt. Die stärkste demokratische Legitimation erhält also das repräsentativ gewählte Parlament; es hat gleichsam einen Legitimationsvorsprung[11] und von ihm geht jede weitere mittelbare demokratische Legitimation aus.

---

1 *BVerfGE* 64, 208 (214); *Jachmann*, ZBR 1994, 165 (169).

2 *Di Fabio*, DVBl. 1992, 1338 (1343).

3 *Böckenförde* in: HdbStR I, § 22 Rdnr. 14 ff. Zur Geschichte der Demokratie vgl.: *Badura* in: HdbStR I, § 22 Rdnr. 45 ff.

4 *Schmidt-Aßmann*, AöR 116 (1991), 329 (333); *Stern*, Staatsrecht I, S. 552.

5 *Maurer*, Staatsrecht, § 7 Rdnr. 21.

6 *Isensee*, Der Staat 20 (1981), 161.

7 *Isensee*, Der Staat 20 (1981), 161 (162).

8 Zum Begriff des „Volks“ vgl.: *BVerfGE* 83, 37 (50 ff.); *Böckenförde* in: HdbStR I, § 22 Rdnr. 22; *Maurer*, Staatesrecht, § 7 Rdnr. 22. Darunter fallen alle Deutsche im Sinne des Art. 118 GG sowie Unionsbürger in den Gemeinden Und Kreisen.

9 *BVerfGE* 83, 60 (73); *Böckenförde*, HdbStR I, § 22 Rdnr. 11; *Scheuner*, VVDStRL 16 (1958), 124.

10 Wahlen sind dabei Personalentscheidungen, Abstimmungen Willensäußerungen des Volkes.

11 *Herzog* in: Maunz/Dürig, GG II, Art. 20 Abs. 2 Rdnr. 76.

II. Die Notwendigkeit einer demokratischen Legitimation eines rechtsverordnungsersetzenden Vertrags

Der Art. 20 Abs. 2 Satz 1 GG konkretisiert das allgemeine Demokratieprinzip dahingehend, daß das Bedürfnis nach einer Legitimation des staatlichen Handelns auf solche Fälle begrenzt ist, in denen Staatsgewalt ausgeübt wird. Die Staatsgewalt ist mithin das Legitimationsobjekt.

Ein rechtsverordnungsersetzender Vertrag bedarf der demokratischen Legitimation folglich nur dann, wenn es sich bei ihm um die Ausübung von Staatsgewalt im Sinne des Art. 20 Abs. 2 Satz 1 GG handelt. Wie die Staatsgewalt bestimmt werden soll, ist dem Grundgesetz allerdings weder direkt noch aus seiner Entstehungsgeschichte zu entnehmen.[12]

Nach dem Ansatz des *Bundesverfassungsgerichts*[13] wird zur Bestimmung der Staatsgewalt auf die Handlungs- und Organisationsform zurückgegriffen. Demnach bedarf staatliches Handeln der Legitimation, wenn es sich um einen hoheitlichen-obrigkeitsrechtlichen Akt handelt oder aber um eine hoheitliche Verwaltungsaufgabe, die in Form des öffentlichen Rechts wahrgenommen wird: Staatsgewalt und Staatsaufgabe. Das *Bundesverfassungsgericht* schränkt diese Position aber insofern ein, als es einen „Bagatellvorbehalt" statuiert. Verwaltungsentscheidungen, die nur geringe Tragweite aufweisen, unterfallen nicht der demokratischen Legitimation.[14] Mithin muß ein staatliches Handeln einen Entscheidungscharakter dergestalt aufweisen, daß unabhängig von der Rechtsform gestaltend auf die staatliche oder private Sphäre eingewirkt wird.[15]

Bei einem rechtsverordnungsersetzenden Vertrag handelt es sich um die Erfüllung einer staatlichen Aufgabe. Festgestellt wurde bereits, daß es kein Normsetzungsmonopol des Staates gibt. Jedoch impliziert der Umstand, daß der rechtsverordnungsersetzende Vertrag an die Stelle einer Rechtsverordnung treten soll, daß es sich hierbei um die Staatsaufgabe Rechtsetzung und damit um Staatsgewalt handelt,[16] welches einer demokratischen Legitimation bedarf.

III. Die verschiedenen Formen der demokratischen Legitimation

Die Äußerungen von Staatsgewalt müssen ihren Ausgangspunkt im Willen des Volkes haben und dementsprechend vom Volk begründet und gerechtfertigt sein. Insgesamt haben sich drei Haupttypen einer solchen Legimitation herausgebildet:[17]

---

12 *Emde*, Demokratische Legitimation, S. 224 ff.

13 *BVerfGE* 38, 258 (270 f.); 47, 253 (273). Ähnlich *Schmidt-Aßmann*, AöR 116 (1991), 349 (355), *Schulte*, Schlichtes Verwaltungshandeln, S. 165 f.
Im Einzelnen ist hier vieles strittig: Vom Verständnis enger *Herzog* in: Maunz/Dürig, GG II, Art. 20 Abs. 2 Rdnr. 54; weiter hingegen *Böckenförde* in: HdbStR I, § 22 Rdnr. 1; *Maurer*, Staatsrecht, § 7 Rdnr. 25.

14 *BVerfGE* 47, 253 (274) (Bezirksvertretung NRW); und 83, 60 (74) (kommunales Ausländerwahlrecht).

15 *Kluth*, Funktionale Selbstverwaltung, S. 356.

16 Vgl. zu einer ähnlichen Situation: *Jachmann*, ZBR 1994, 165 (170).

17 *Böckenförde* in: HdbStR I, § 22 Rdnr. 14 ff.; *Emden*, Demokratische Legitimation, S. 42 f.; *Kluth*, Funktionale Selbstverwaltung, S. 357; *Maurer*, Staatsrecht, § 7 Rdnr. 27 ff.; *Schmidt-Aßmann*, AöR 116 (1991), 329 (355 ff.); *Schulte*, Schlichtes Verwaltungshandeln, S. 164.

Grundlage für die institutionelle, funktionelle Legitimation[18] ist die Verfassung selber.[19] Der Verfassungsgeber hat nämlich bereits bestimmte Organe konstituiert und mit Kompetenzen ausgestattet. Handlungen dieser Organe, wie etwa die des Bundesrats, der Bundesregierung und des Bundesverfassungsgerichts, besitzen kraft der am Demokratieprinzip orientierten Verfassung eine demokratische Legitimation.

Die organisatorisch-personelle Legitimation wirkt vornehmlich im Verwaltungsbereich. Demnach muß eine staatliche Entscheidung von einem Organ getragen werden, das in ununterbrochener demokratischer Legitimationskette seine Befugnisse vom Willen des Volkes ableitet. Eine solche Legitimation können eine Person oder ein Organ aufweisen, die entweder auf einer Wahlentscheidung des Volkes oder aber deren Einsetzung auf einem durch eine Wahl legitimierten Organ beruhen. Notwendiges Glied in dieser Legitimationskette ist das Parlament.

Die sachlich-inhaltliche Legitimation stellt auf den Inhalt der Staatstätigkeit ab. Diese Legitimation wird sowohl durch die Verankerung des Gesetzgebungsrechts beim Parlament und die Bindung aller anderen staatlichen Organe an die beschlossenen Gesetze als auch durch eine Verantwortlichkeit, kontrolliert durch periodisch wiederkehrende Wahlen, erreicht.

Für die Beantwortung der Frage, ob die staatliche Gewaltausübung eine ausreichende demokratische Legitimation aufweist, sind die unterschiedlichen Formen der Legitimation nicht separat zu betrachten; denn da sie auf dasselbe Ziel hin ausgerichtet sind, ist von einem Zusammenwirken dieser Formen auszugehen.[20] Es kommt mithin auf eine Gesamtschau der Legitimationsformen an. Diese Gesamtschau muß ein bestimmtes Legitimationsniveau, so das *Bundesverfassungsgericht*,[21] erreichen.

IV. Die demokratische Legitimation des rechtsverordnungsersetzenden Vertrags

Da es bisher eine ausdrückliche fachgesetzliche Ermächtigung zum Abschluß eines rechtsverordnungsersetzenden Vertrags nicht gibt und damit eine sachlich-hoheitliche Legitimation nicht bejaht werden kann, fragt sich, ob eine organisatorisch-personelle Legitimation vorliegen kann. Dem staatlichen Vertragspartner als Verordnungsermächtigten wird eine solche organisatorisch-personelle Legitimation nicht abzusprechen sein. Daher stellt sich die Frage, ob das Mitwirken der Privaten an dieser demokratischen Legitimierung der Exekutive nicht eingebunden werden kann. Dies kann aber nur dann der Fall sein, wenn der rechtsverordnungsersetzende Vertrag sich ausschließlich als Entscheidung des institutionell legitimierten Organs darstellt. Dafür ist erforderlich, daß die Letztverantwortlichkeit, zumindest aber die Reservefunktion zu einseitigem Verwaltungshandeln bewahrt wird.[22] Hinsichtlich des Inhalts muß dem Staat also „das letzte Wort" verbleiben, damit eine ununterbrochene Legitimationskette gewährleistet ist.

---

[18] Vgl. *BVerfGE* 49, 89 (125); 68, 1 (86 ff.).

[19] Insofern ist sie eine genuine verfassungsrechtliche Legitimation. So *Kluth*, Funktionale Selbstverwaltung, S. 357.

[20] *Kluth*, Funktionale Selbstverwaltung, S. 358; *Schulte*, Schlichtes Verwaltungshandeln, S. 164.

[21] *BVerfGE* 83, 60 (72); 89, 155 (182); *Böckenförde* in: HdbStR I, § 22 Rdnr. 23; *Schmidt-Aßmann*, AöR 116 (1991), 329 (366 f.).

[22] Grundlegend: *Kunig* in: Hoffmann-Riem/Schmidt-Aßmann (Hrsg.), Konfliktbewältigung durch Verhandlungen I, S. 62. Ferner *Schulte*, Schlichtes Verwaltungshandeln, S. 173 f.

Bei einem rechtsverordnungsersetzenden Vertrag handelt es sich jedoch nicht um eine reine Form von privater Normsetzung, sondern um ein Mitwirken der Privaten. Die Normsetzungsbefugnis wird nicht auf die Privaten übertragen. Gegenstand des rechtsverordnungsersetzenden Vertrags ist lediglich die Frage, ob und wie die Organkompetenz zum Erlaß einer Rechtsverordnung ausgeübt wird. Insoweit ist der Vertragsgegenstand aber disponibel.[23]

Der rechtsverordnungsersetzende Vertrag lebt von einem Kooperationsfreiraum, über den der Staat bereit ist, mit den Unternehmen und Verbänden zu verhandeln. In diesem Raum wird gehandelt und getauscht, und insofern bekommen die Unternehmen und Verbände einen Einfluß auf den Inhalt des rechtsverordnungsersetzenden Vertrags sowie auf die nachher für sie geltenden Rechtspflichten.

Nichtsdestotrotz bleibt es der Exekutive jedoch unbelassen, eine Rechtsverordnung dem rechtsverordnungsersetzenden Vertrag vorzuziehen bzw. sogar nach Abschluß eines rechtsverordnungsersetzenden Vertrags auf einseitig-hoheitliche Maßnahmen umzusteigen. Mithin kommt es zwar zur Beeinflussung des „Wie“, nicht aber des „Ob“ des rechtsverordnungsersetzenden Vertrags. Konstitutiv ist nicht die Zustimmung der Privaten, sondern nur der Exekutive.[24] Diese Situation entspricht weitgehend den Anhörungsrechten von Privaten im Zuge des Rechtsverordnungsgebungsverfahrens: Eine demokratische Legitimation wird hierdurch nicht aufgegeben, sondern lediglich gelockert. Dieses hat zur Folge, daß der rechtsverordnungsersetzende Vertrag zunächst im ausreichenden Maße durch die organisatorisch-personelle Legitimation der Exekutive legitimiert ist. Mithin kommt der rechtsverordnungsersetzende Vertrag nicht mit dem Demokratieprinzip in Konflikt.

V. Zwischenergebnis

Ein rechtsverordnungsersetzender Vertrag ist mit keinem Demokratiedefizit versehen, da er ausreichend organisatorisch-personell legitimiert ist.

---

[23] Vgl. so bereits oben § 8 II. (S. 134 ff.).

[24] Vgl. *Garlit*, Verwaltungsvertrag und Gesetz, S. 313;a.A.: Jachmann, ZBR 1994, 165 (170).

§ 14: Europarechtliche Vorgaben für einen rechtsverordnungsersetzenden Vertrag

Ein rechtsverordnungsersetzender Vertrag ist auf Grund des Vorrangs[1] des europäischen Gemeinschaftsrechts daraufhin zu überprüfen, ob er diesem Gemeinschaftsrecht zuwider läuft. Dabei hängt die Überprüfung maßgeblich davon ab, welchen Bereich der rechtsverordnungsersetzende Vertrag regelt. Liegt in dem Bereich keine gemeinschaftliche Regelung vor, ist der Mitgliedstaat frei, den Bereich national zu regeln. Ansonsten ist zu prüfen, ob Raum für weitergehende Maßnahmen nach dem Sekundärrecht selbst oder nach den Regelungen des EG-Vertrags gegeben ist.

I. Beachtung des Art. 28 EGV

Gemäß Art. 28 EGV sind mengenmäßige Einführbeschränkungen und alle Maßnahmen mit einer vergleichbaren Wirkung[2] im Bereich der Europäischen Gemeinschaft verboten. Zwar ist eine Beeinträchtigung des freien Warenverkehrs durch einen rechtsverordnungsersetzenden Vertrag ohnehin unwahrscheinlich, eine solche Behinderung ließe sich aber gemäß Art. 30 EGV rechtfertigen.[3] Hiernach können Maßnahmen mit einer Beeinträchtigung des Warenverkehrs gerechtfertigt sein, wenn diese Maßnahmen für den Schutz von Gesundheit, Leben der Menschen, Tiere und Pflanzen notwendig sind und kein Mittel zur willkürlichen Diskriminierung oder eine verschleierte Handelsbeschränkung darstellen.[4] Das Ziel des rechtsverordnungsersetzenden Vertrags ist ein verbesserter Umweltschutz, wodurch Leben und Gesundheit von Menschen und Tieren geschützt werden sollen. Wettbewerbsorientiert ist der rechtsverordnungsersetzende Vertrag jedoch nicht, und dadurch wird dieser bei einer eventuellen Warenverkehrsbehinderung nach Art. 30 EGV stets gerechtfertigt sein.

II. Notifizierungspflicht ?

Gemäß einer Vereinbarung der im Rat vereinigten Vertreter der Regierung haben sich die Mitgliedstaaten bereit erklärt, der Kommission alle Umweltinitiativen mitzuteilen, soweit sie sich auf den Gemeinsamen Markt auswirken. Danach wird dann zwei Monate abgewartet, ob die Kommission ihrerseits eine gemeinschaftliche Regelung vorschlagen will.[5] Aus dieser Vereinbarung erwächst für die Mitglieder aber keine

---

[1] Das Verhältnis von nationalen und supranationalen Bestimmungen war Gegenstand heftiger Streitigkeiten. Mittlerweile hat sich aber die Ansicht durchgesetzt, daß das Europarecht keinen Geltungsvorrang sondern nur einen Anwendungsvorrang genießt. Vgl. *BVerfGE* 31, 145 (174); 74, 223 (244); *Huber*, Allgemeines Verwaltungsrecht, S. 33; *Oppermann*, Europarecht, Rdnr.: 632; Schmidt-Aßmann, DVBl. 1993, 924 (930 f.).

[2] Vgl. hierzu die Dasonville-Formel: Jede Handelsregelung, die geeignet ist, den innergemeinschaftlichen Handel unmittelbar oder mittelbar, tatsächlich oder potentiell zu behindern. EuGH Slg. 1974, 837 (852).

[3] Zu denken ist auch an eine Rechtfertigung nach den Grundsätzen der Cassis-Entscheidung (EuGH - Slg. 1979, S. 649 ff.) als immanente Schranke; denn der in der Entscheidung aufgestellte Katalog ist nicht abschließend.

[4] Hierzu *Epiney* in: Calliess/Ruffert (Hrsg.), EUV/EGV, Art. 30 Rdnr. 31.

[5] Abl. 1973, Nr. C 9, S. 1.

rechtliche Verpflichtung, so daß eine Verletzung dieser Verpflichtung keine Auswirkung auf die Wirksamkeit eines rechtsverordnungsersetzenden Vertrags hat.

III. Zwischenergebnis

Die europarechtlichen Rechtmäßigkeitsanforderungen an einen rechtsverordnungsersetzenden Vertrag sind maßgeblich durch den Inhalt des Vertrags determiniert. Eventuelle Auswirkungen auf den Warenverkehr sind gerechtfertigt. Eine Notifizierungspflicht besteht nicht. Hier wird es indessen stark auf die Gegebenheiten des Einzelfalles ankommen.

§ 15: Einfachgesetzliche Anforderungen an den rechtsverordnungsersetzenden Vertrag

I. Die Anwendbarkeit der §§ 54 ff. VwVfG auf den rechtsverordnungsersetzenden Vertrag ?

Der öffentlich-rechtliche Charakter eines rechtsverordnungsersetzenden Vertrags legt die Überlegung nahe, seine Zulässigkeit am Maßstab der §§ 54 ff. VwVfG zu bewerten, durch die die grundsätzliche Zulässigkeit des Verwaltungshandelns durch Vertrag de lege lata endgültig verankert worden ist.[1] Diese Vorschriften enthalten sowohl Vorgaben in formeller als auch in materieller Hinsicht.

Der IV. Teil des Verwaltungsverfahrensgesetzes mit den §§ 54 ff. VwVfG ist mit „öffentlich-rechtlicher Vertrag" überschrieben. Unter Hinweis auf diese Formulierung könnte man nun davon ausgehen, daß die Vorschriften des IV. Teils des Verwaltungsverfahrensgesetzes auf jeglichen öffentlich-rechtlichen Vertrag und damit auch auf einen rechtsverordnungsersetzenden Vertrag anwendbar sind. Es ist allerdings zu überlegen, ob der rechtsverordnungsersetzende Vertrag überhaupt unter den Anwendungsbereich des Verwaltungsverfahrensgesetzes fällt.

Aus der Begrenzung des Verwaltungsverfahrensgesetzes gemäß § 1 Abs. 1 VwVfG[2] auf die öffentlich-rechtliche Verwaltungstätigkeit der Behörden und aus § 9 VwVfG - Begriff des Verwaltungsverfahrens- ergibt sich, daß nur solche Verträge unter den Anwendungsbereich des Verwaltungsverfahrensgesetzes fallen, die von einer Behörde abgeschlossen wurden und dem Bereich des Verwaltungsrechts zuzuordnen sind.[3] Formell fallen unter Verwaltung alle Organe, die schwerpunktmäßig Verwaltungsaufgaben im materiellen Sinne wahrnehmen. Verwaltungstätigkeit im materiellen Sinne zeichnet sich durch drei Kriterien aus:

- Die Tätigkeit wird durch Gesetz oder durch die Regierung bestimmt.
- Die Tätigkeit hat das Gemeinwohl zum Gegenstand.
- Die öffentlichen Interessen werden durch dazu eingerichtete Organe wahrgenommen.[4]

Unter „öffentlich-rechtlichen Verträgen" sind also nur Exekutivverträge zu subsumieren. Infolgedessen fallen völkerrechtliche Verträge, Staatsverträge und kirchen-

---

1 *Bonk* in: Stelkens/Bonk/Sachs, VwVfG, § 54 Rdnr. 1; *Maurer*, Allgemeines Verwaltungsrecht, § 14 Rdnr. 26; *Kopp/Ramsauer*, VwVfG, § 54 Rdnr. 1; *Ule/Laubinger*, Verwaltungsverfahrensrecht, S. 517.

2 Sog. föderativer Anwendungsvorbehalt. Der § 2 VwVfG enthält den sog. sachlichen Anwendungsbereich.

3 *Erichsen* in: Erichsen (Hrsg.), Allgemeines Verwaltungsrecht, S. 391; *Henneke* in: Knack, VwVfG, § 54 Rdnr. 2; *Maurer*, Allgemeines Verwaltungsrecht, § 14 Rdnr. 7; *Scherzberg*, JuS 1992, 205.

4 Im Einzelnen umstritten: Siehe *Huber*, Allgemeines Verwaltungsrecht, S. 12; *Maurer*, Allgemeines Verwaltungsrecht, § 1 Rdnr. 5 ff.
Vgl. zur Definition von materieller Verwaltung durch die Negativklausel *Stelkens/Schmitz* in: Stelkens/Bonk/Sachs, VwVfG, § 1 Rdnr. 145.

rechtliche Verträge nicht unter die §§ 54 ff. VwVfG.[5] Der rechtsverordnungsersetzende Vertrag indessen will den Erlaß einer Rechtsnorm verhindern. Die Normsetzung, und damit auch der rechtsverordnungsersetzende Vertrag, fällt aber grundsätzlich nicht unter den Regelungsbereich des Verwaltungsverfahrensgesetzes.

1. Die Anwendbarkeit des Verwaltungsverfahrensgesetzes auf echte / unechte Normsetzungsverträge ?

Der rechtsverordnungsersetzende Vertrag enthält Elemente eines unechten Normsetzungsvertrags.[6] Daher muß zur Beantwortung der Frage, ob der rechtsverordnungsersetzende Vertrag dem Verwaltungsverfahrensgesetz unterfällt, zunächst die Problemsituation beim echten/unechten Normsetzungsvertrag untersucht werden.

Ob das Verwaltungsverfahrensgesetz sowohl auf echte als auch auf unechte normsetzende Verträge Anwendung findet, ist umstritten. Bereits der Anwendungsbereich des Verwaltungsverfahrensgesetzes wird teilweise als nicht eröffnet gesehen, und es wird wie folgt mit dem Begriff des Verwaltungsverfahrens in § 1 VwVfG argumentiert: Gegen[7] eine Einordnung des normsetzenden Vertrags als Verwaltungstätigkeit im Sinne des Verwaltungsverfahrensgesetzes spreche der Umstand, daß ein normsetzender Vertrag auf den Erlaß bzw. Nichterlaß einer Satzung abzielt. Diese Rechtsform sei aber nicht Gegenstand der Regelungen des Verwaltungsverfahrensgesetzes. Da beim Abschluß des Vertrags ein Teil des gesetzgeberischen Gestaltungsermessens betätigt wird, kann dieser Abschluß nicht der Verwaltungstätigkeit, sondern muß der Normsetzungstätigkeit zugeordnet werden. Der normsetzende Vertrag bewege sich damit auf der Ebene der staatlichen Normgebung. Demnach erscheine es systemwidrig, den normsetzenden Vertrag dem Regime des einfachen Verwaltungshandelns zu unterwerfen. Normsetzungstätigkeit werde vom Verwaltungsverfahrensgesetz nicht erfaßt, und daher könne das Verfahren der Normsetzung auch kein Verwaltungsverfahren im Sinne des Verwaltungsverfahrensgesetzes sein.[8]

Demgegenüber wird eingewandt:[9] Irrelevant sei die Frage, ob die Normsetzung selber Verwaltungstätigkeit im Sinne des Verwaltungsverfahrensgesetzes sei. Nicht die Folgen des normsetzenden Vertrags müßten unter die rechtliche Bewertung fallen, vielmehr sei entscheidend, ob das zum Vertrag führende Verfahren eine Verwaltungs-

---

[5] Vgl. *Bonk* in: Stelkens/Bonk/Sachs, VwVfG, § 54 Rdnr. 68; *Henneke* in: Knack, VwVfG, § 54 Rdnr. 3; *Meyer* in: Meyer/Borgs, VwVfG, § 54 Rdnr. 12 ff.; *ders.*, NJW 1977, 1705 (1706); *Schimpf*, Verwaltungsrechtliche Vertrag, S. 245 ff.; *Tiedemann* in: Obermayer, VwVfG, § 54 Rdnr. 56 ff.

[6] Vgl. oben § 7 III.3. (S. 131).

[7] *Birk*, NJW 1977, 1797 ff.; *Di Fabio*, DVBl. 1990, 338 (342); *Frowein* in: FS Flume I, S. 313; *Hucklenbruch*, Umweltrelevante Selbstverpflichtungen, S. 123 ff.; *Knebel/Wicke/Michael*, Selbstverpflichtungen und normersetzende Umweltverträge, S. 174; *Tiedemann* in: Obermayer, VwVfG, § 54 Rdnr. 62; *Ule/Laubinger*, Verwaltungsverfahrensrecht, S. 512.

[8] *Di Fabio*, DVBl. 1990, 338 (342).

[9] *Beyer*, Instrumente des Umweltschutzes, S. 82; *Bonk* in: Stelkens/Bonk/Sachs, VwVfG, § 54 Rdnr. 63; *Degenhart*, BayVBl. 1979, 289 ff.; *Dossmann*, Bebauungsplanzusage, S. 52; *Gaßner*, Folgekostenverträge, S. 272; *Krebs*, VerwArch 72 (1981), 49 ff.; *Meyer* in: Meyer/Borgs, VwVfG, § 54 Rdnr. 39 ff.; *Schimpf*, Verwaltungsrechtliche Vertrag, S. 83 f.; *Schmidt-Aßmann/Krebs*, Rechtsfragen städtebaulicher Verträge, S. 86.

tätigkeit sei;[10] denn diese Tätigkeit gehöre nicht zum Verordnungsverfahren: Sowohl Vertragsschluß als auch das vertragsvorbereitende Handeln fallen unter Verwaltungstätigkeit. Mithin sei für den Vertrag sehr wohl auf das Verwaltungsverfahrensgesetz zurückzugreifen.

Diesem Streit wird allerdings insofern die Schärfe genommen, als vielfach von Verfechtern der ersten Gruppe das Verwaltungsverfahrensgesetz analog auf den normsetzenden Vertrag angewandt wird.[11]

2. Der rechtsverordnungsersetzende Vertrag als Verwaltungsvertrag ?

Aus den bisherigen Untersuchungsergebnissen kann die Anwendbarkeit des Verwaltungsverfahrensgesetzes auf den rechtsverordnungsersetzenden Vertrag mit dem Hinweis auf die Normsetzungsverträge weder verneint noch bejaht werden.

Gegen eine Anwendung des Verwaltungsverfahrensgesetzes auf einen rechtsverordnungsersetzenden Vertrag spricht aber, daß dieser Vertrag an die Stelle einer Rechtsverordnung treten soll und für die Vertragsparteien eine vergleichbare Wirkung entfaltet. Mithin wird hier der Bereich der Rechtssetzung berührt. Wie der § 54 Satz 2 VwVfG deutlich macht, gehen die §§ 54 ff. VwVfG in ihrem Regelungsziel, wie auch das gesamte Verwaltungsverfahren gemäß § 9 VwVfG, von einem einzelaktersetzenden öffentlich-rechtlichen Vertrag aus, mithin von einer konkreten Einzelfallentscheidung, welche durch eine Bipolarität der Rechtsbeziehungen gekennzeichnet ist. Ein solcher bipolarer Vertrag ist der rechtsverordnungsersetzende Vertrag aber erkennbar nicht: Der rechtsverordnungsersetzende Vertrag ersetzt eine abstrakt-generelle Regelung. Auch wenn der rechtsverordnungsersetzende Vertrag auf Grund seiner inter partes-Wirkung nicht denselben Regelungsumfang wie eine Rechtsverordnung erreichen kann, so handelt es sich bei ihm dennoch wegen der hohen Zahl an Vertragspartnern um einen komplexen Vertrag, der eine Vielzahl von Rechtsverhältnissen des öffentlichen Rechts begründet. Damit kommt eine direkte Anwendung des Verwaltungsverfahrensgesetzes nicht in Betracht. Gestützt wird diese Feststellung durch die Systematik des Grundgesetzes: Dort findet sich nämlich die Ermächtigung zum Erlaß von Rechtsverordnungen im Bereich der Bundesgesetzgebung und nicht im Zusammenhang mit den Ausführungen der Bundesgesetze und der Bundesverwaltung.

Zudem ist zu bedenken, daß es durch die Stützung des rechtsverordnungsersetzenden Vertrags auf das Verwaltungsverfahrensgesetz und damit auf Exekutivzuständigkeiten zu einer unzulässigen Vermischung der Kompetenzgebung zur Gesetzgebung und zum Vollzug käme.[12] Grundsätzlich unterfällt die Kompetenz zum Vollzug von Gesetzen nämlich den Ländern. Die Zuständigkeit zum Erlaß von Rechtsverordnungen liegt im Umweltbereich maßgeblich zwar beim Bund, ihr Vollzug obliegt hingegen den Ländern. Das bedeutet, daß eine Anwendung des Verwaltungsverfahrensgesetzes auf den rechtsverordnungsersetzenden Vertrag gegen die Trennung von Gesetzgebung und Gesetzesvollzug im Grundgesetz verstoßen würde.

---

[10] *Scherer*, DÖV 1991, 1 (4); *Spannowsky*, Verträge und Absprachen, S. 150.

[11] *Bonk* in: Stelkens/Bonk/Sachs, VwVfG, § 54 Rdnr. 63; *Scherer*, DÖV 1991, 1 (4); *Ule/Laubinger*, Verwaltungsverfahrensrecht, S. 513.

[12] So wohl auch *Hucklenbruch*, Umweltrelevante Selbstverpflichtungen, S. 125.

Im Ergebnis bedarf die Frage, ob das Verwaltungsverfahrensgesetz auf den rechtsverordnungsersetzenden Vertrag Anwendung findet, keiner Beantwortung; denn in den §§ 54 ff. VwVfG haben sich allgemeine Rechtsgrundsätze konkretisiert, die nach dem Vorrang der Verfassung ohnehin zu beachten sind.[13]

Hier ist also festzuhalten, daß der rechtsverordnungsersetzende Vertrag nicht als Verwaltungsvertrag[14] im Sinne der §§ 54 ff. VwVfG zu betrachten ist, sondern eine eigene Vertragsart darstellt.[15] Die §§ 54 ff. VwVfG sind aber als Konkretisierung allgemeiner Rechtsgrundsätze im Rahmen des Vorrangs des Gesetzes zu beachten und können daher als Anhaltspunkte dienen.[16] Besondere Beachtung muß dabei der besonderen Tatsache gewidmet werden, daß es sich bei dem rechtsverordnungsersetzenden Vertrag um einen polygonalen Vertrag handelt.

II. Die formellen Rechtmäßigkeitsanforderungen an einen rechtsverordnungsersetzenden Vertrag

Sowohl das Verfahren als auch die Form für einen rechtsverordnungsersetzenden Vertrag müssen noch verdeutlicht werden. Da bisher keine Verfahrensregelungen für den Erlaß eines rechtsverordnungsersetzenden Vertrags existieren, ist zu überlegen, ob die Verfahrensvorschriften der zu substituierenden Rechtsverordnung eine analoge Anwendung auf das Verfahren zum Abschluß eines rechtsverordnungsersetzenden Vertrags finden; denn der Vorrang des Gesetzes besagt, daß bestehende Verfahrensvorschriften nicht durch die Formwahl umgangen werden dürfen. Dabei ist zu beachten, daß Verfahrensregelungen nicht nur den rechtsstaatlichen Ablauf von behördlichen Entscheidungsprozessen sichern, sondern darüber hinaus als Verfahrensgarantie der Grundrechtsverwirklichung dienen.[17] So hat das *Bundesverfassungsgericht* darauf hingewiesen, daß ein ordnungsgemäßes Verfahren dazu dient, Grundrechte durchzusetzen oder wirksam zu gewährleisten.[18] Grundrechte müssen durch Verfahren gefördert werden. Das gesetzlich gestaltete und durchgebildete Verfahren ist gleichsam die erste Abwehrlinie gegen eine Grundrechtsverletzung. Abgeleitet wird diese Forderung aus der Betroffenenbeteiligung im Rechtsstaatsprinzip, aus den Grundrechten, dem Recht auf Gehör und aus der Gewähr eines effektiven Rechtsschutzes gemäß Art. 19 Abs. 4 GG.[19] Diese Forderung gilt in verstärktem Maße im Umweltschutz; denn das Umweltverfahren sichert den grundrechtlichen Individualschutz vor schädlichen Um-

---

[13] In diesem Sinne *Di Fabio*, DVBl. 1990, 338 (342) Fn. 49.

[14] Der rechtsverordnungsersetzende Vertrag ist evident auch kein Verfassungsvertrag, da nicht nur zwischen Verfassungsorganen Rechtsbeziehungen geformt werden. Vgl. hierzu *BVerwGE* 42, 103 (113); *Bonk* in: Stelkens/Bonk/Sachs, VwVfG, § 54 Rdnr. 70; *Friauf*, AöR 88 (1963), 257 ff.; Kopp/Ramsauer

[15] *Hucklenbruch*, Umweltrelevante Selbstverpflichtungen, S. 124, spricht von einem Vertrag sui generis.

[16] Nicht von ungefähr hat sich die Formel vom Verwaltungsrecht als konkretisiertem Verfassungsrecht eingeprägt: *Werner*, DVBl. 1959, 527 ff.

[17] *Pieroth/Schlink*, Grundrechte, Rdnr. 93 ff.; *Schmidt-Aßmann* in: HdbStR III, § 70 Rdnr. 15 ff.; *Schulte*, Schlichtes Verwaltungshandeln, S. 116 ff.; *Wahl*, VVDStRL 41 (1983), 151 (166 f.). Umfassend *Goerlich*, Grundrechte als Verfahrensgarantie.

[18] *BVerfGE* 49, 220 (235); 53, 30 (71 ff.) (Mülheim-Kärlich).

[19] *Schmidt-Aßmann*. Allgemeines Verwaltungsrecht als Ordnungsidee, S. 47.

welteinwirkungen. Diese staatliche Verfahrensverantwortung greift aber nicht nur beim Verwaltungsvollzug, sondern wird auch auf schlichtes Verwaltungshandeln[20] und auf hoheitliche Normsetzung[21] angewandt. Zwar wird durch die Normsetzung bzw. -ersetzung noch keine grundrechtsrelevante Ebene betreten; diese zeichnet sich aber bereits im Normsetzungsverfahren ab. Dabei gilt: Je geringer der Gesetz- oder Verordnungsgeber auf Grund der Komplexität in der Lage ist, genaue inhaltliche Kriterien zu formulieren, desto sorgfältiger sind Organisation und Ablauf des Normerzeugungsprozesses dem Gesichtspunkt der optimalen Grundrechtsberücksichtigung zu unterwerfen. Daraus ergeben sich zwei Wirkrichtungen der staatlichen Schutzpflicht:[22] Objektiv-rechtlich ist die Behörde verpflichtet, bei der Konsensfindung sich eine Verfahrensposition zu sichern, aus der heraus sie betroffene Grundrechtspositionen sichern kann. Subjektiv-rechtlich hingegen bedeutet grundrechtsmäßige Verfahrensgestaltung, daß die Grundrechtsträger die Gelegenheit bekommen, im Verfahren ihre Belange effektiv einbringen zu können. Mithin muß auch der rechtsverordnungsersetzende Vertrag als Normsurrogat einem Verfahren unterworfen werden, das zur Grundrechtssicherung der Bürger beiträgt.

Dabei ist zu bedenken, daß der rechtsverordnungsersetzende Vertrag sowohl Elemente einer Rechtsquelle des öffentlich-rechtlichen Vertrags als auch vom Recht der Rechtsverordnung enthält.[23] Rechtsverordnungsersetzende Verträge begründen Rechtspflichten und verändern die Rechtslage für eine Vielzahl von Bürgern. Insoweit ist die Wirkung des rechtsverordnungsersetzenden Vertrags weitgehend mit der einer Rechtsverordnung zu vergleichen. Ein rechtsverordnungsersetzender Vertrag ist damit geeignet, die verfassungsrechtlich gebotene Wahrnehmung von Regierungsaufgaben und parlamentarischen Kontrollaufgaben sowohl zu beeinflussen als auch zu umgehen. Es ist somit notwendig, das Verfahren zum Abschluß eines rechtsverordnungsersetzenden Vertrags denselben Verfahrenssicherungen zu unterwerfen wie dem Verfahren zum Erlaß einer Rechtsverordnung.[24] Diese Janusköpfigkeit des rechtsverordnungsersetzenden Vertrags ist nicht etwa ein neues Phänomen: Auch Rechtsverordnungen haben rechtsetzende und administrative Elemente.

Um dem rechtsverordnungsersetzenden Vertrag einen passenden Ordnungsrahmen zu geben, ist somit insbesondere auf das Verwaltungsverfahrensgesetz als auch auf Vorschriften zum Erlaß einer Rechtsverordnung zurückzugreifen. Bevor diese Vor-

---

[20] *Kunig/Rublack*, Jura 1990, 1 (9); *Schulte*, Schlichtes Verwaltungshandeln, S. 118. Insbesondere zu normvollziehenden Absprachen: *Beyerlin*, NJW 1987, 2713 (2715 f.).

[21] *Denninger*, Verfassungsrechtliche Anforderungen an die Normsetzung, S. 150.

[22] *Kunig/Rublack*, Jura 1990, 1 (9); *Schulte*, Schlichtes Verwaltungshandeln, S. 118 f.

[23] Allgemein werden nicht nur abstrakt-generellen Vorschriften Rechtsquellencharakter zugesprochen: Vgl. zum strittigen Rechtsquellencharakter des öffentlich-rechtlichen Vertrags: *Erichsen* in: Erichsen (Hrsg.), Allgemeines Verwaltungsrecht, S. 414 und S. 417; *Fluck*, Erfüllung des öffentlichrechtlichen Vertrags durch Verwaltungsakt, S. 15 ff.; *Knuth*, JuS 1986, 523 (524); *Meyer* in: Meyer/Borgs, VwVfG, § 35 Rdnr. 5; *Pauly* in: Becker-Schwarze et al. (Hrsg.), Wandel der Handlungsformen, S. 32; *Punke*, Verwaltungshandeln durch Vertrag, S. 251; *Robbers*, DÖV 1987, 272 (274); *Scherzberg*, JuS 1992, 205 (214); *Schimpf*, Verwaltungsrechtliche Vertrag, S. 194; *Schmidt-Aßmann/Krebs*, Rechtsfragen städtebaulicher Verträge, S. 205; a.A.: *Bullinger*, DÖV 1977, 812 (815); *Henke*, JZ 1984, 441 (445); *Maurer*, DVBl. 1989, 798 (803).

[24] *Kloepfer/Elsner*, DVBl. 1996, 964 (972).

schriften aber zur Anwendung kommen können, ist jeweils zu überprüfen, ob sie nach Sinn und Zweck auf den rechtsverordnungsersetzenden Vertrag anwendbar sind.

1. Das einzuhaltende Verfahren für einen rechtsverordnungsersetzenden Vertrag

Das Verfahren zum Erlaß einer Rechtsverordnung ist zuerst daraufhin zu überprüfen, inwieweit es der Sicherung des Verfahrens gilt. Verfahrenssicherungen müssen nämlich dann analog auf das Verfahren für einen rechtsverordnungsersetzenden Vertrag angewandt werden.

Zur exekutivischen Rechtsetzung auf Bundesebene gibt es nur wenige Regelungen über die Voraussetzungen des Entstehens.[25] Im Grundgesetz werden in Art. 80, 84 Abs. 2 GG solche Regelungen nur unvollständig angesprochen, Einzelheiten des Verfahrens richten sich aber im wesentlichen nach den Regelungen in der gemeinsamen Geschäftsordnung der Bundesministerien Besonderer Teil (GGO II). Im Vergleich zum Gesetzgebungsverfahren ist das Verordnungsverfahren in den §§ 64 ff. GGO II unkompliziert und auf Schnelligkeit der Rechtsetzung ausgerichtet.[26]

a) Die Mitwirkungsrechte

aa) Die Mitwirkung des Bundestages

Die Mitwirkung des Bundestages an der Verordnungsgebung ist eine Form der Kontrolle von Verordnungen und geht auf Vorbilder aus dem Kaiserreich zurück.[27] Sie ist in Art. 109 Abs. 4 Satz 4 GG ausdrücklich verfassungsrechtlich vorgesehen. Insbesondere im Umweltschutzbereich sind in den vergangenen Jahren eine Reihe von gesetzlichen Bestimmungen erlassen worden, die dem Bundestag die unterschiedlichsten Möglichkeiten an der Verordnungsgebung eröffnen.[28] Verfassungspolitisch läßt sich allerdings gegen die Mitwirkungsrechte des Bundestages einwenden, daß diese den Entlastungseffekt, den die Verordnungsgebung dem Parlament bringen soll, durch die Mitwirkung aufbrauchen.[29] Es ist nunmehr zu fragen, inwieweit diese Mitwirkungsbefugnisse des Bundestags auch für den Abschluß eines rechtsverordnungsersetzenden Vertrags gelten.

(1) Die Kenntnisgabe vom Verordnungsentwurf: Kenntnisverordnungen

Durch das ermächtigende Gesetz kann dem Verordnungsgeber die Verpflichtung auferlegt werden, den Entwurf der Verordnung vor Erlaß dem Parlament zur Kenntnisnahme vorzulegen. Hierdurch soll auf eine Harmonisierung von parlamentarischer und exekutivischer Willensbildung hingearbeitet werden.

---

[25] *Ossenbühl* in: Erichsen (Hrsg.), Allgemeines Verwaltungsrecht, S. 145; *Stern*, Staatsrecht II, S. 671.
Auf dem Gebiet des Landesrecht gibt es hingegen sehr viel detailliertere Regeln. Vgl. *Huber*, Allgemeines Verwaltungsrecht, S. 43.

[26] *Lepa*, AöR 105 (1980), 337 (340).

[27] *Ossenbühl* in: HdbStR III, § 64 Rdnr. 50. Ausführlich hierzu *Uhle*, Parlament und Rechtverordnung, S. 15 ff.

[28] Vgl. hierzu *Nierhaus* in: Bonner Kommentar, GG VII, Art. 80 Abs. 1 Rdnr. 188 ff.; *Rupp*, NVwZ 1993, 756 ff.

[29] *von Danwitz*, Gestaltungsfreiheit des Verordnungsgebers, S. 132; *Grupp*, DVBl. 1974, 177 (180).

Als Wirksamkeitsvoraussetzung für die normierte Verfahrenspflicht führt ein Unterlassen des geforderten Mitwirkungsaktes des Bundestages durch den Verordnungsgeber zur Nichtigkeit der betroffenen Verordnung.[30] Hingegen ist der Verordnungsgeber nicht verpflichtet, etwaige Einwände und Anregungen des Parlaments nach Kenntnisnahme auch tatsächlich zu berücksichtigen.[31]

Dieses Zustimmungserfordernis des Bundestags ist analog auch auf einen rechtsverordnungsersetzenden Vertrag anzuwenden, wenn eine solche Zustimmung für eine entsprechende Rechtsverordnung notwendig ist;[32] denn durch den Abschluß eines rechtsverordnungsersetzenden Vertrags statt einer Rechtsverordnung darf die gesetzgeberische Wertung nicht umgangen werden. Zudem erhält der Vertrag durch die Parlamentsbeteiligung ein Plus an demokratischer Legitimation.

Außerdem ist zu bedenken, daß eine Information des Bundestages im Interesse der Vertragsparteien sein dürfte. Da das Parlament jederzeit die durch Vertrag geregelte Materie auch durch ein formelles Gesetz regeln könnte, verhindert die Information ein etwaiges „Aushebeln" des Vertrags.[33]

(2) Das Zustimmungserfordernis

Die Zustimmung des Bundestages ist als Gültigkeitsvoraussetzung für Rechtsverordnungen im Grundgesetz nicht vorgesehen. Gleichwohl werden sogenannte parlamentarische Zustimmungsverordnungen[34] jenseits von bloßen Konsultationspflichten allgemein für verfassungsrechtlich unbedenklich erachtet, da der parlamentarische Zustimmungsvorbehalt „im Vergleich zur vollen Delegation der Rechtsetzung auf die Exekutive ein Minus" darstellt.[35] Art. 80 Abs. 1 Satz 1 GG entbindet den Verordnungsgeber nicht vom Vorrang des Gesetzes.[36] Ein solches Zustimmungserfordernis ist beispielsweise in § 3 Abs. 1 Satz 3 UVP und in § 8a Abs. 1 Satz 3 BImSchG vorgesehen. Die Zustimmung gilt als erteilt, wenn der Bundestag nicht innerhalb von drei Sitzungswochen nach Eingang der Vorlage der Bundesregierung die Zustimmung verweigert. Der Zweck des parlamentarischen Zustimmungsvorbehaltes besteht also in einer präventiven parlamentarischen Kontrolle.

Im „Normalfall" der Konstellation der Zustimmungsverordnung ist hingegen ermächtigungsgesetzlich vorgesehen, daß der von der Exekutive zu erstellende Ent-

---

30 *Maunz* in: Maunz/Dürig, GG IV, Art. 80 Rdnr. 69.

31 *Uhle*, Parlament und Verordnungen, S. 203.

32 *Kloepfer/Elsner*, DVBl. 1996, 964 (973); *Knebel/Wicke/Michael*, Selbstverpflichtungen und normersetzende Umweltverträge, S. 214.

33 So auch *Helberg*, Selbstverpflichtungen, S. 108.

34 *Grupp*, DVBl. 1974, 177; *Klotz*, Aufhebungsverlangen des Bundestages gegenüber Rechtsverordnungen, S. 31 ff.; *Studenroth*, DÖV 1995, 525 (528).

35 *BVerfGE* 8, 274 (321); *Beaucamp*, JA 1999, 39 (40); *Brandner* in: UTR 40, S. 125 ff.; *Frankenberger*, Umweltschutz durch Rechtsverordnung, S. 240; *Hoffmann*, DVBl. 1996, 347 (350); *Huber*, Allgemeines Verwaltungsrecht, S. 43; *Konzak*, DVBl. 1994, 1107 (1110); *Lippold*, ZRP 1991, 254 (256); *Ossenbühl*, ZG 1997, 305 (315); a.A. *von Danwitz*, Gestaltungsfreiheit des Verordnungsgebers, S. 112, der ein Aliud-Verhältnis sieht.

36 *Ossenbühl* in: HdbStR III, § 64 Rdnr. 14.

wurf der Verordnung nur dann als geltendes Recht erlassen werden kann, wenn der Bundestag explizit seine Zustimmung erteilt.[37]

Ist die Zustimmung ausdrücklich erforderlich, ist sie gemäß ihrer Rechtsnatur formelle Wirksamkeitsvoraussetzung für die Verordnungsgebung.[38] Stimmt das Parlament nicht zu, so ist die Verordnung rechtswidrig und nichtig.[39] Liegt hingegen ein solches Zustimmungserfordernis in einem Bereich vor, in dem ein rechtsverordnungsersetzender Vertrag abgeschlossen werden soll, so muß dieses Zustimmungserfordernis analog auch für den rechtsverordnungsersetzenden Vertrag gelten. Hier ist wiederum darauf hinzuweisen, daß durch den rechtsverordnungsersetzenden Vertrag die Wertung des Gesetzgebers nicht umgangen werden darf.

(3) Die Aufhebungs- und Änderungsbefugnis

Der § 20 Abs. 2 UmweltHG und auch der § 59 KrW-/AbfG[40] sehen für den Bundestag über eine Abänderungsbefugnis[41] hinaus noch eine Aufhebungsbefugnis vor: Die Verordnung kann durch Beschluß des Bundestages abgelehnt oder geändert werden. Befaßt sich der Bundestag innerhalb von drei Sitzungswochen seit Eingang der Rechtsverordnung jedoch nicht mit dieser Verordnung, wird sie unverändert an den Bundesrat weitergeleitet: § 59 Satz 5 KrW-/AbfG. Während die Aufhebungsbefugnis nur eine negative Variante des Zustimmungsvorbehalts darstellt,[42] erweist sich die Änderungsbefugnis des Bundestages als problematisch; denn die Änderungsbefugnis geht über die Aufhebungsbefugnis insofern hinaus, als das Parlament dadurch direkten Einfluß auf den Inhalt der Rechtsverordnung erhält. Mangels Schranken der Änderungsbefugnis ist sogar eine völlige Neugestaltung des Verordnungsinhalts denkbar. Bei einem solchen Änderungsvorbehalt handelt es sich also nicht mehr um ein Minus der durch Art. 80 Abs. 1 GG eröffneten Möglichkeiten, sondern um ein Aliud.[43] Die Rechtsverordnung verliert hierdurch ihren Charakter als exekutive Norm. Daher werden Änderungsvorbehalte in der Literatur zu Recht überwiegend für verfassungswidrig gehalten:[44] Zwar wird dem Bundestag nicht das Initiativrecht zur Rechtsverordnungsgebung gegeben, jedoch erhält er indirekt eine Verordnungsgebungskompetenz. Das widerspricht der Formenstrenge des Grundgesetzes: Dem Parlament steht aus-

---

[37] *Uhle*, Parlament und Verordnungsgeber, S. 223 f.

[38] *von Danwitz*, Gestaltungsfreiheit des Verordnungsgebers, S. 114; *Obermayer*, DÖV 1954, 73 (74).

[39] *Uhle*, Parlament und Verordnungseber, S. 236.

[40] Auch der § 40 Abs. 1 GenTG a.F. (Gesetz vom 20.06.1990, BGBl. I, S. 1080) sah ein solches Mitwirkungsrecht vor. Die Vorschrift ist aber mit Gesetz vom 16.12.1993 (BGBl. I, S. 2059) aufgehoben.

[41] *Brandner* in: UTR 40, S. 121 ff.; *Jekewitz*, NVwZ 1994, 956 (959); *Kloepfer*, Umweltrecht, § 18 Rdnr. 10.

[42] *Lücke* in: Sachs, GG, Art. 80 Rdnr. 39; *Rupp*, NVwZ 1993, 756 (757).

[43] *Maurer*, Staatsrecht, § 17 Rdnr. 158; *Rupp*, NVwZ 1993, 756 (758); *Studenroth*, DÖV 1995, 525 (534).

[44] *Bogler*, DB 1996, 1505 (1507 f.); *Hoffmann*, DVBl. 1996, 347 (351); *Konzak*, DVBl. 1994, 1107 (1111 f.); *Lücke* in: Sachs (Hrsg.), GG, Art. 80 Rdnr. 41; *Nierhaus* in: Bonner Kommentar, GG VII, Art. 80 Abs. 1 Rdnr. 210; *Rupp*, NVwZ 1993, 756 (758); *Studenroth*, DÖV 1995, 525 (534); *Thomsen*, DÖV 1995, 989 ff.; *Versteyl/Wendenburg*, NVwZ 1994, 833 (840); a.A. *Brandner* in: UTR 40, S. 130 ff.; *Lippold*, ZRP 1991, 254 (255); *Sommermann*, JZ 1997, 434.

schließlich das Gesetz,[45] der Exekutive nur die Rechtsverordnung als Handlungsform zu.[46] Erhält nun der Bundestag die Kompetenz zur Handlung durch eine Rechtverordnung, so dringt das Parlament in den Bereich der Exekutive ein, womit es zu einer Veränderung der verfassungsrechtlichen Kompetenzordnung und zu einer Vermischung der Gewaltenteilung kommt.[47]

Ossenbühl sieht in den Änderungsverordnungen einen eigenen Rechtscharakter, der zwischen Parlamentsgesetz und Verordnung angesiedelt ist: Parlamentsverordnungen.[48] Dem ist aber entgegenzuhalten, daß das Parlament durch diesen Kunstgriff nicht das Gesetzgebungsverfahren umgehen darf. Ein solches Verordnungsermessen steht zudem nicht mit Art. 80 Abs. 1 Satz 2 GG im Einklang, da der Inhalt der Verordnung nicht klar vorhersehbar wird.[49]

Als Lösung des Problems könnte an die verfassungskonforme Auslegung der Vorschrift in eine reine Ablehnungsbefugnis des Parlaments gedacht werden. Eine solche Lösung kommt aber immer dann nicht in Betracht, wenn sie dem Willen des Gesetzgebers zuwider läuft.[50] Das ist in der vorliegenden Situation der Fall, da der Gesetzgeber hier erkennbar Einfluß auf den Inhalt der Verordnungen nehmen will.[51] Eine verfassungskonforme Auslegung einer solchen Vorschrift kann daher nicht erfolgen. Die Vorschrift darf mithin nicht analog auf einen rechtsverordnungsersetzenden Vertrag angewandt werden, der dann selber verfassungswidrig zustande käme.

bb) Die Mitwirkung des Bundesrates

Mitwirkungsbefugnisse beim Erlaß einer Rechtsverordnung stehen ebenfalls dem Bundesrat zu: Fast die Hälfte aller erlassenen Rechtsverordnungen wird mit Zustimmung des Bundesrates erlassen.[52] Der in Art. 80 Abs. 2 GG umrissene Kreis zustimmungsbedürftiger Verordnungen läßt sich in zwei Gruppen einteilen:[53]

Die Gruppe der Verkehrsverordnungen und die Gruppe der für diese Untersuchung relevanten Föderativverordnungen. Solche Föderativverordnungen ergehen auf Grund eines Zustimmungsgesetzes oder werden auf Grund von Bundesgesetzen erlassen, die die Länder im Auftrag des Bundes oder als eigene Angelegenheiten ausführen.

Der Zustimmungsbedürftigkeit von Rechtsverordnungen auf Grund von Zustimmungsgesetzen liegt die Vorstellung zugrunde, daß die Beteiligung des Bundesrates nicht durch die Delegation der Rechtsetzung an die Exekutive erlöschen soll: Die Länder, in deren Händen überwiegend der Vollzug der Bundesgesetze liegt, sollen über

---

45 *BVerfGE* 22, 330 (346); 24, 184 (199); *Maunz* in: Maunz/Dürig, GG IV, Art. 80 Rdnr. 23; *Stern*, Staatsrecht II, S. 665; *Studenroth*, DÖV 1995, 925 (529); a.A. *Lippold*, ZRP 1991, S. 254 ff.

46 *Studenroth*, DÖV 1995, 925.

47 *Thomsen*, DÖV 1995, 989 (990).

48 *Ossenbühl*, HdbStR III, § 64 Rdnr. 64; *ders.*, ZG 1997, 305 (315).

49 Zu diesem Erfordernis: *BVerfGE* 8, 274 (321). Dort heißt es ausdrücklich auf Seite 323, daß eine Form der Rechtssetzung zwischen Rechtsverordnung und Gesetz dem Sinn des Art. 80 Abs. 1 GG und der Systematik des Grundgesetzes widerspricht. Vgl. ferner *Bogler*, DB 1996, 1505 (1507).

50 *BVerfGE* 48, 40 (47).

51 *Thomsen*, DÖV 1995, 989 (993).

52 *Antoni*, AöR 114 (1989), 220 (224).

53 *Ossenbühl*, AöR 99 (1974), 369 (433).

den Bundesrat ebenfalls an der für den Vollzug relevanten Rechtsverordnungssetzung beteiligt werden.[54]

Die meisten Ermächtigungsgrundlagen zum Erlaß einer Rechtsverordnung in Umweltgesetzen sehen ein Zustimmungserfordernis des Bundesrates vor und stellen damit eine „anderweitige bundesgesetzliche Regelung" im Sinne des Art. 80 Abs. 2 GG dar.[55] Die zustimmungsbedürftige Rechtsverordnung wird vom Bundeskanzler dem Bundesrat gemäß § 69 GGO II zugeleitet, der dann gemäß Art. 77 Abs. 2a GG analog in angemessener Frist über die Zustimmung einen Beschluß zu fassen hat. Mithin ist hier zu fragen, ob auch ein rechtsverordnungsersetzender Vertrag einem solchen Zustimmungserfordernis unterliegt.

Zunächst ist festzuhalten, daß es kein ausdrückliches Zustimmungsbedürfnis des Grundgesetzes für einen rechtsverordnungsersetzenden Vertrag gibt. Daraus könnte nun geschlossen werden, daß es kein Zustimmungsrecht des Bundesrates gibt, wenn die Zustimmungsrechte des Bundesrates abschließend im Grundgesetz festgehalten sind. Jedoch hat das *Bundesverfassungsgericht* immer betont, daß das Enumerationsprinzip nicht abschließend ist, vielmehr sei ein Zustimmungserfordernis auch dann gegeben, wenn ansonsten ein Zustimmungsrecht ausgehöhlt werden könnte.[56] Dies bedeutet, daß immer dann ein Zustimmungserfordernis für staatliches Handeln besteht, wenn der Wille des Verfassungsgebers dahin ging, den materiellen Regelungsbereich zu einem zustimmungsbedürftigen zu machen.

Eine Beteiligung des Bundesrates wird im Falle von Selbstverpflichtungen überwiegend verneint.[57] Sinn und Zweck der Mitwirkung des Bundesrates wird aus den Vollzugsaufgaben der Länder gezogen: Art. 80 Abs. 2, Art. 84 Abs. 2 GG. Selbstverpflichtungen bedürfen aber gerade solcher Vollzugstätigkeit der Länder nicht; sie werden vom Verband „vollzogen". Eine Beteiligung des Bundesrates führt nur zu unnötigen Hindernissen und raubt der Selbstverpflichtung die Flexibilität.

Diese Ansicht geht aber zu pragmatisch an die Frage der Zustimmungsbedürftigkeit heran. Das Zustimmungserfordernis der Länder ist den Ländern grundgesetzlich in Fragen des Vollzugs zugesprochen worden. Umgeht nun der Bund dieses Erfordernis, indem er den Vollzug durch Private regelt, wird hierdurch das föderale Gleichgewicht gestört. Daher erscheint es angebracht, pragmatische und verfassungsrechtliche Gesichtspunkte eines Zustimmungserfordernisses gegeneinander abzuwägen und im Ergebnis eine Informationspflicht des Bundesrates im Hinblick auf Selbstverpflichtungen zu statuieren.[58]

---

[54] *BVerfGE* 24, 184 (198); *Ossenbühl* in: HdbStR III, § 64 Rdnr. 47.

[55] Vgl. zum Beispiel § 5 Abs. 2 BImSchG; § 24 KrW-/AbfG; § 30 GenTG. Im Grundgesetz ist das Zustimmungserfordernis in Art. 109 Abs. 4 Satz 3; Art. 119 Satz 1 und Art. 132 Abs. 4 vorgesehen. *Maurer*, Staatsrecht, § 17 Rdnr. 154 meint, daß rund die Hälfte aller Rechtsverordnungen der Zustimmung des Bundesrates bedürfen.

[56] *BVerfGE* 26, 338 ff.; 28, 66 (77).

[57] *Bohne*, VerwArch 75 (1984), 343 (364); *Brohm*, DÖV 1992, 1025 (1030); *Fluck/Schmitt*, VerwArch 89 (1998), 220 (233); *Helberg*, Selbstverpflichtungen, S. 106 f.; *Kloepfer/Elsner*, DVBl. 1996, 964 (969); *Rengeling*, Kooperationsprinzip, S. 192; *Schmidt-Preuß*, VVDStRL 56 (1997), 160 (218); a.A.: *Dempfle*, Normersetzende Absprachen, S. 133 f.

[58] So *Brohm*, DÖV 1992, 1025 (1030); *Hucklenbruch*, Umweltrelevante Selbstverpflichtungen, S. 237.

Mit dieser Argumentation allein aber kann ein Mitwirken des Bundesrates für den rechtsverordnungsersetzenden Vertrag nicht verneint werden; denn rechtsverordnungsersetzende Verträge können vollzogen werden. Mithin könnte die Bundesregierung durch die Wahl eines rechtsverordnungsersetzenden Vertrags den Ländern ungehindert und gegen deren Willen Vollstreckungsaufgaben zuweisen. Insofern muß diese Vorschrift auch analog auf den rechtsverordnungsersetzenden Vertrag angewandt werden, wenn eine entsprechende Rechtsverordnung zustimmungsbedürftig wäre.[59]

cc) Die Mitwirkungsbefugnisse des Bundeskabinetts

Der Verordnungsentwurf eines Bundesministers, der von allgemeiner politischer Bedeutung ist, muß nach § 15 Abs. 1 b) und c) GOBReg und nach § 68 GGO II dem Kabinett zur Beratung und eventueller Beschlußfassung vorgelegt werden. Insoweit konkretisieren diese Vorschriften die Verteilung der Verantwortlichkeit in der Bundesregierung nach Art. 65 GG. Durch die Vorlagepflicht des Ministers soll verhindert werden, daß die Richtlinienkompetenz des Bundeskanzlers gemäß Art. 65 Abs. 1 Satz 1 GG ausgehöhlt wird.

Es fragt sich nun, ob ein rechtsverordnungsersetzender Vertrag, der von einem Ministerium ausgearbeitet worden ist, dem Kabinett vorgelegt werden muß. Ein rechtsverordnungsersetzender Vertrag wird die Tatbestandsvoraussetzungen hierfür erfüllen: Er ist bereits auf Grund seiner Handlungsform von allgemeinpolitischer Bedeutung. Auch sein Inhalt wird regelmäßig diesen Tatbestand erfüllen: Insbesondere im Umweltrecht müssen Rechtsverordnungen zwischen ökologischen und ökonomischen Konflikten balancieren und sind mit hohen naturwissenschaftlichen Problemen belastet.[60] Somit besteht wie bei einer Rechtsverordnung die Gefahr, daß ein Bundesminister den Sachgegenstand zu seiner Angelegenheit macht und damit die Umweltpolitik bestimmt. Mithin muß auch ein rechtsverordnungsersetzender Vertrag dem Kabinett vorgelegt werden.

Fraglich ist allerdings, ob es dazu eines förmlichen Beschlusses des Kabinetts bedarf. Für den Fall der Selbstverpflichtungen wird dieses mit dem Argument verneint, die Notwendigkeit eines Beschlusses des Kabinetts nähme der Selbstverpflichtung ihre Flexibilität.[61] Dem wird aber zu Recht entgegengehalten, daß bereits bei einer bloßen Vorlage das Kabinett sich gegen die Selbstverpflichtung aussprechen kann. Zudem ist zu bedenken, daß zudem die Wertung des Gesetzgebers zu beachten ist. Sieht der Gesetzgeber die Bundesregierung als Delegat vor, so muß die Bundesregierung auch die Sachentscheidung treffen.[62] Diese Wertung gilt ebenfalls für einen rechtsverordnungsersetzenden Vertrag. Soll mithin ein rechtsverordnungsersetzender Vertrag eine

---

Der § 35 UGB-KomE sieht trotz Aufstellung von Verfahrensgrundsätzen für Selbstverpflichtungen eine Zustimmung des Bundesrates nicht vor.

59 *Kloepfer* in: Bohne (Hrsg.), Umweltgesetzbuch als Motor oder Bremse, S. 180; *Kloepfer/Elsner*, DVBl. 1996, 964 (973); *Knebel/Wicke/Michael*, Selbstverpflichtungen und normersetzende Umweltverträge, S. 215.

60 *Bohne*, VerwArch 75 (1984), 343 (363).

61 *Bohne*, VerwArch 75 (1984), 343 (363 f.). A.A.: *Brohm*, DÖV 1992, 1025 (1030); *Hucklenbruch*, Umweltrelevante Selbstverpflichtungen, S. 233.

62 *Brohm*, DÖV 1992, 1025 (1030); *Helberg*, Selbstverpflichtungen, S. 239; *Knebel/Wicke/Michael*, Selbstverpflichtungen und normersetzende Umweltverträge, S. 147.

Rechtsverordnung der Bundesregierung ersetzen, bedarf es einer Information und eines Beschlusses des Kabinetts.

Trotz der allgemeinpolitischen Bedeutung einer Verordnung ist hingegen eine Vorlage des rechtsverordnungsersetzenden Vertrags im Kabinett nicht erforderlich, falls nur ein Bundesminister zum Erlaß der Rechtsverordnung ermächtigt ist. Die Geschäftsordnung der Bundesregierung hat nämlich nur interne Bedeutung und keinerlei Außenwirkung. Insbesondere die Geschäftsordnung kann als rangniedrigere Regelung nicht die politische Wertung des Ermächtigungsgebers verschieben. Ist also lediglich ein Fachminister zur Verordnungsgebung ermächtigt, ist damit allein dessen Wertung maßgeblich. Verstößt ein Minister gegen diese Bestimmung der Geschäftsordnung, so bleibt die Verordnung trotzdem formell rechtmäßig.[63] Daher bedarf auch ein rechtsverordnungsersetzender Vertrag, der eine Rechtsverordnung eines Fachministers ersetzen soll, keiner Vorlage beim Bundeskabinett.

dd) Die Zustimmungsrechte von Behörden gemäß dem Rechtsgedanken des § 58 Abs. 2 VwVfG

Neben dem § 58 Abs. 1 VwVfG ordnet auch der § 58 Abs. 2 VwVfG die Unwirksamkeit eines öffentlich-rechtlichen Vertrags an, sofern die Mitwirkungsrechte einer Behörde beim Vertragsabschluß nicht beachtet werden. Diese Mitwirkungsrechte des § 58 Abs. 2 VwVfG dienen der Wahrung der Kompetenzordnung[64] und stellen sicher, daß gesetzlich vorgesehene Zustimmungspflichten durch die Wahl der Handlungsform des Vertrags statt der eines Verwaltungsaktes nicht umgangen werden.[65] Dem Wortlaut entsprechend gilt der § 58 Abs. 2 VwVfG nur bei subordinationsrechtlichen verfügenden und verpflichtenden[66] Verträgen. Entsprechend auf einen rechtsverordnungsersetzenden Vertrag angewandt, bedeutet dies, daß ein rechtsverordnungsersetzender Vertrag nicht ohne die Mitwirkungserfordernisse anderer Behörden abgeschlossen werden darf. Diese Kompetenzsicherung erfolgt beim rechtsverordnungsersetzenden Vertrag bereits durch eine analoge Anwendung der Mitwirkungsrechte, so daß es einer analogen Anwendung des § 58 Abs. 2 VwVfG nicht mehr bedarf.

b) Die Beteiligungsrechte

aa) Die Zustimmungsrechte Dritter gemäß dem Rechtsgedanken des § 58 Abs. 1 VwVfG

(1) Kein Vertrag zu Lasten Dritter

Gemäß § 58 Abs. 1 VwVfG wird ein Vertrag, der in die Rechte eines Dritten eingreift, der nicht Vertragspartner ist, erst mit Zustimmung dieses Dritten wirksam. Damit bezweckt der § 58 Abs. 1 VwVfG, den Rechtsschutz des Dritten sicherzustellen,

---

[63] Vgl. *Ossenbühl* in: HdbStR III, § 64 Rdnr. 26; *Schröder* in: HdbStR II, § 50 Rdnr. 24.

[64] *BVerwG*, NJW 1988, 662 (663); *Bonk* in: Stelkens/Bonk/Sachs, VwVfG, § 58 Rdnr. 26; *Staudenmayer*, Verwaltungsvertrag mit Drittwirkung, S. 7.

[65] *BVerfGE* 32, 145 (156); 39, 96 (109); *Ule/Laubinger*, Verwaltungsverfahrensrecht, S. 776.

[66] Strittig: *BVerwG*, NJW 1988, 662 (663); *Bonk* in: Stelkens/Bonk/Sachs, VwVfG, § 58 Rdnr. 26; *Friehe*, DÖV 1980, 673 (674); *Kopp/Ramsauer*, VwVfG, § 58 Rdnr. 15; *Meyer* in: Meyer/Borgs, VwVfG, § 58 Rdnr. 16; *Staudenmayer*, Verwaltungsvertrag mit Drittwirkung, S. 8; a.A.: *Ule/Laubinger*, Verwaltungsverfahrensrecht, S. 777.

da das Rechtsbehelfsverfahren auf den Rechtsschutz gegen drittbelastende Verwaltungsakte zugeschnitten ist. Ein Eingriff in Rechte Dritter liegt immer dann vor, wenn ein Dritter einen Verwaltungsakt mit gleichem Inhalt anfechten könnte. Die von § 58 Abs. 1 VwVfG erfaßten Fallgruppen entsprechen damit denen der Beeinträchtigung durch Verwaltungsakte mit Drittwirkung.[67] Der § 58 VwVfG ist Spiegelbild des zivilrechtlichen Grundsatzes, daß es keine Verträge zu Lasten Dritter geben darf.[68] Die Zustimmung des Dritten ist daher Wirksamkeitsvoraussetzung und keine Rechtmäßigkeitsvoraussetzung für den drittbelastenden Vertrag.[69] Fehlt seine Zustimmung, ist der öffentlich-rechtliche Vertrag schwebend unwirksam.

Im Hinblick auf den Wortlaut des § 58 Abs. 1 VwVfG („in die Rechte Dritter eingreift"), wird die Ansicht vertreten, daß hiermit nur verfügende öffentlich-rechtliche Vertrage gemeint sind.[70] Der rechtsverordnungsersetzende Vertrag ist aber lediglich ein verpflichtender öffentlich-rechtlicher Vertrag, so daß eine Anwendung des § 58 Abs. 1 VwVfG nicht in Frage käme. Um Umgehungsversuche des § 58 Abs. 1 VwVfG zu vermeiden, nimmt die überwiegende Meinung die Anwendung dieses Paragraphen auch auf Verpflichtungsverträge an,[71] so daß der § 58 Abs. 1 VwVfG auch auf verpflichtende öffentliche Verträge zur Anwendung kommen muß.

(2) Grundsatz: Keine Anwendung des § 58 Abs. 1 VwVfG

Zweifelhaft erscheint, ob der § 58 Abs. 1 VwVfG zur analogen Anwendung auf den rechtsverordnungsersetzenden Vertrag kommen kann. Der § 58 Abs. 1 VwVfG soll verhindern, daß es zu einer Verkürzung des Rechtsschutzes des Dritten dadurch kommt, daß die Behörde, statt einen Verwaltungsakt zu erlassen, nun einen öffentlich-rechtlichen Vertrag abschließt. Dies wiederum bedeutet, daß eine analoge Anwendung des § 58 Abs. 1 VwVfG den Zweck haben müßte, den Dritten vor Rechtsschutzdefiziten zu bewahren, die er dadurch erleidet, daß die Verwaltung keine Rechtsverordnung, sondern einen rechtsverordnungsersetzenden Vertrag abschließt. Daraus ergibt sich, daß der § 58 Abs. 1 VwVfG nur bei Einzelaktverträgen zur Anwendung kommen kann. Ein rechtsverordnungsersetzender Vertrag, der den § 58 Abs. 1 VwVfG zu beachten hätte, könnte bei einer bundesweiten Geltung des Vertrags mit den vielfältigen möglichen Betroffenen jedoch niemals Wirksamkeit entfalten.[72] Mithin ist eine ana-

---

[67] *Schmidt-Aßmann/Krebs*, Rechtsfragen städtebaulicher Verträge, S. 228; *Staudenmayer*, Verwaltungsvertrag mit Drittwirkung, S. 17.

[68] *BVerfGE* 73, 261 (270 f.); *Heinrichs* in: Palandt, BGB, Einf. Vor § 328 Rdnr. 10; *Staudenmayer*, Verwaltungsvertrag mit Drittwirkung, S. 4 m.w.N.

[69] *Bonk* in: Stelkens/Bonk/Sachs, VwVfG, § 58 Rdnr. 1 ff.; *Kopp/Ramsauer*, VwVfG, § 58 Rdnr. 1; *Maurer*, DVBl. 1989, 798 (803); *Schimpf*, Verwaltungsrechtliche Vertrag, S. 256 f.

[70] *Bullinger*, DÖV 1977, 812 (816); *Ule/Laubinger*, Verwaltungsverfahrensrecht, S. 775 f.

[71] *BVerwG*, NJW 1988, 663; *Bonk* in: Stelkens/Bonk/Sachs, VwVfG, § 58 Rdnr. 15; *Huber*, Allgemeines Verwaltungsrecht, S. 228; *Kopp/Ramsauer*, VwVfG, § 58 Rdnr. 7; *Knuth*, JuS 1986, 523 (524); vorsichtig *Maurer*, Allgemeines Verwaltungsrecht, § 14 Rdnr. 30; *Meyer* in: Meyer/Borgs, VwVfG, § 58 Rdnr. 9; *Schmidt-Aßmann/Krebs*, Rechtsfragen städtebaulicher Verträge, S. 227. Ausführlich *Staudenmayer*, Verwaltungsvertrag mit Drittwirkung, S. 3 ff.

[72] So auch *Knebel/Wicke/Michael*, Selbstverpflichtungen und normersetzende Umweltverträge, S. 190.

loge Anwendung des § 58 Abs. 1 VwVfG auf den rechtsverordnungsersetzenden Vertrag ausgeschlossen.

Somit ergeben sich an dieser Stelle gewichtige Argumente dafür, daß der rechtsverordnungsersetzende Vertrag einer formellen Ermächtigung bedarf, um den „Ausfall“ des § 58 Abs. 1 VwVfG zu kompensieren.

bb) Die Anhörungsrechte

Die GGO II sieht in den §§ 63 ff. vor, daß gemäß § 24 in Verbindung mit § 67 GGO II zum Beispiel die Vertreter der Fachkreise oder der Verbände frühzeitig informiert werden. Diese Anhörungsrechte dienen der Information[73] und begründen keine Beteiligungsrechte. Diese Unterrichtung steht im Ermessen des entwurfsvorbereitenden Ministeriums, so daß ihre Nichtbeachtung nicht zur Nichtigkeit einer Rechtsverordnung führt.[74] Eine entsprechende zwingende Anwendung der Information auf den rechtsverordnungsersetzenden Vertrag erübrigt sich daher.

Anders ist es hingegen hinsichtlich der spezialgesetzlich vorgesehenen Anhörungsrechte, die sich in vielen umweltrechtlichen Gesetzen finden. Diese Anhörungsregeln könnten einen Hemmschuh für einen rechtsverordnungsersetzenden Vertrag darstellen: Durch die Anhörung wird das Verfahren verzögert, eventuell kommt es zu Nachverhandlungen. Die Anhörung dient aber nicht nur der Informationsbeschaffung der Behörde; sie dient vielmehr dazu, die Qualität und die Akzeptanz der Entscheidung bei aktuellen und potentiellen Betroffenen zu erhöhen. Dieses Ziel soll durch Interessenvertretung, Erkenntnisförderung, Kontrastinformation und Grundrechtsschutz erreicht werden.[75] Auch kritische Ansätze sollen so in das Verfahren Eingang finden können.[76]

Die Verhandlungen, die zu einem rechtsverordnungsersetzenden Vertrag führen, bergen die Gefahr in sich, daß Drittinteressen nicht im ausreichenden Maße beachtet werden. Daher ist es im Hinblick auf einen umfassenden Interessensausgleich notwendig, daß auch im Verfahren zu einem rechtsverordnungsersetzenden Vertrag die Anhörungsrechte zum Zuge kommen. Folglich sind die Anhörungsvorschriften im Verfahren zum Abschluß eines rechtsverordnungsersetzenden Vertrags zu beachten.[77]

c) Der Amtsermittlungsgrundsatz gemäß § 24 Abs. 1 Satz 1 VwVfG

Der Amtsermittlungsgrundsatz gemäß § 24 Abs. 1 Satz 1 VwVfG findet über § 62 Satz 1 VwVfG ebenfalls auf das Verfahren zum Abschluß eines öffentlich-rechtlichen

---

[73] *Schulze-Fielitz*, Theorie und Praxis der Gesetzgebung, 281 f.

[74] *Denninger*, Verfassungsrechtliche Anforderungen an die Normsetzung, S. 41; *Ossenbühl* in: HdbStR III, § 64 Rdnr. 64.

[75] *Denninger*, Verfassungsrechtliche Anforderungen an die Normsetzung, S. 172; *Hoffmann-Riem*, AöR 115 (1990), 400 (437).

[76] *Schutt*, NVwZ 1991, 10 (11).

[77] So auch *Beyer*, Instrumente des Umweltschutzes, S. 85; *Di Fabio*, DVBl. 1990, 338 (345); verklausuliert *Fluck/Schmitt*, VerwArch 89 (1998), 220 (234); *Kloepfer/Elsner*, DVBl. 1996, 964 (973); *Koch* in: Koch/Casper (Hrsg.), Klimaschutz im Recht, S. 179; *Knebel/Wicke/Michael*, Selbstverpflichtungen und normersetzende Umweltverträge, S. 219.
Für die Lage bei Selbstverpflichtungen *Helberg*, Selbstverpflichtungen, S. 242; a.A. *Brohm*, DÖV 1992, 1025 (1030); *Würfel*, Informelle Absprachen in der Abfallwirtschaft, S. 78.

Vertrags Anwendung.[78] Er verpflichtet die Behörde dazu, den für eine Entscheidung maßgeblichen Sachverhalt von Amts wegen zu ermitteln. Das Verwaltungsverfahren wird damit, wie auch der Verwaltungsprozeß gemäß § 68 Abs. 1 VwGO, vom Untersuchungsgrundsatz beherrscht.[79] Analog wird der Amtsermittlungsgrundsatz auch auf das Verfahren zum Erlaß von Satzungen und Rechtsverordnungen angewandt.[80] Mithin trägt die Behörde und nicht die Beteiligten die Verantwortung für die Richtigkeit des ermittelten Sachverhaltes; sie ist Inhaberin der Verfahrensherrschaft.[81] Art und Umfang der Ermittlungen gemäß § 24 Abs. 1 Satz 2 VwVfG stehen also im alleinigen Verantwortungsbereich der Behörde, wobei die Behörde eventuell auf Sachverständige gemäß § 26 Abs. 1 Nr. 1 VwVfG zurückgreifen kann. Letztendlich ist der § 24 VwVfG mithin Ausdruck des Grundsatzes der Gesetzmäßigkeit der Verwaltung,[82] so daß kein Grund ersichtlich ist, der gegen eine analoge Anwendung auf das Verfahren zum Erlaß eines rechtsverordnungsersetzenden Vertrags spricht. Der Untersuchungsgrundsatz begrenzt zwar das kooperative Handeln der Behörde, was aber nicht bedeutet, daß es der Behörde bei der Verwirklichung eines rechtsverordnungsersetzenden Vertrags nicht gestattet ist, sich Informationen von Privaten zutragen zu lassen. Der Amtsermittlungsgrundsatz ist hingegen dann verletzt, wenn die Behörde sich lediglich auf die Angaben der Unternehmen oder Verbände verläßt und keine eigene nachvollziehbare Bewertung der Informationen vornimmt.[83]

2. Die Form eines rechtsverordnungsersetzenden Vertrags

a) Die Schriftform gemäß § 57 VwVfG analog

Gemäß § 10 VwVfG ist das Verwaltungsverfahren an eine bestimmte Form nicht gebunden. Soweit es jedoch um den Abschluß eines öffentlich-rechtlichen Vertrags geht, wird diese Bestimmung durch § 57 VwVfG ergänzt, wonach für einen öffentlich-rechtlichen Vertrag zwingend für dessen Gültigkeit die Schriftform vorgeschrieben ist.[84] Der Sinn der Schriftform umfaßt dabei Abschlußklarheit und -wahrheit, die Inhaltsklarheit, die Warnfunktion sowie eine Beweisfunktion.[85] Diese Vorschrift ist nicht

---

[78] *Bernsdorff* in: Obermayer, VwVfG, § 62 Rdnr. 26.

[79] *Stelkens/Kallerhoff* in: Stelkens/Bonk/Sachs, VwVfG, § 24 Rdnr. 1.

[80] *Kopp/Ramsauer*, VwVfG, § 24 Rdnr. 4.

[81] *Punke*, Verwaltungshandeln durch Vertrag, S. 58.

[82] *Bonk* in: Stelkens/Bonk/Sachs, VwVfG, § 24 Rdnr. 1.

[83] *Dauber* in: Becker-Schwarze et al. (Hrsg.), Wandel der Handlungsformen, S. 85; *Hartkopf/Bohne*, Umweltpolitik 1, S. 235; *Helberg*, Selbstverpflichtungen, S. 247; *Kunig/Rublack*, Jura 1990, 1 (5); *Pitschas*, Verwaltungsverantwortung und Verwaltungsverfahren, S. 729 ff.; *Schneider*, VerwArch 87 (1996), 38 (55).

[84] *Di Fabio*, Risikoentscheidungen im Rechtsstaat, S. 329 ff. spricht sich hingegen überzeugend für ein elastischeres Verständnis der Schriftform beim Verwaltungsvertrag aus. In der Tat ist die Frage berechtigt, ob ein über besondere Fachkompetenz verfügender Verband des Schutzes bedarf. Diese Überlegungen lassen sich aber nicht auf den hier in Diskussion stehenden normersetzenden Vertrag übertragen. Zwar bedarf der private Vertragspartner der Warnfunktion der Schriftform beim normersetzenden Vertrag sicher nicht, jedoch bedarf es der Schriftform aus Gründen der Bestimmtheit und Rechtssicherheit.

[85] *Bonk* in: Stelkens/Bonk/Sachs, VwVfG, § 57 Rdnr. 4.

nur für einzelaktersetzende Verträge konzipiert und findet deshalb analog auf den rechtsverordnungsersetzenden Vertrag Anwendung.

b) Die Verkündung von Rechtsverordnungen gemäß Art. 82 Abs. 1 Satz 2 GG analog

Gemäß Art. 82 Abs. 1 Satz 2 GG werden Rechtsverordnungen vom jeweiligen Verordnungsgeber ausgefertigt und verkündet. Unter Ausfertigen ist dabei die Herstellung der Originalurkunde durch die Unterzeichnung des dafür zuständigen Amtsträgers zu verstehen.[86] Die Verkündung nach Art. 82 Abs. 1 Satz 2 GG erfolgt vorbehaltlich anderweitiger gesetzlicher Regelungen im Bundesgesetzblatt. Von dieser Ermächtigung hat der Gesetzgeber Gebrauch gemacht und das Gesetz über die Verkündung von Rechtsverordnungen vom 30.01.1950 erlassen.[87] Rechtsverordnungen des Bundes werden gemäß § 1 Abs. 1 des Verkündungsgesetzes im Bundesgesetzblatt oder Bundesanzeiger, solche des Landes in dessen Gesetzes- und Verordnungsblättern verkündet.[88] Die Wahl der Verkündungsart liegt im Ermessen des Gesetzgebers.

Der Zweck des aus dem Gewaltenteilungs- und Demokratieprinzip abgeleiteten Veröffentlichungsgebotes für Rechtsnormen ist, daß jeder Betroffene sich verläßlich Kenntnis vom Inhalt der Rechtsnorm verschaffen kann.[89] Gegen eine Analogie zum rechtsverordnungsersetzenden Vertrag könnte sprechen, daß beim rechtsverordnungsersetzenden Vertrag die Vertragsparteien ohnehin den Text des Vertrags kennen, so daß es einer zusätzlichen Veröffentlich nicht bedarf. Allerdings ist an neue Marktteilnehmer zu denken, die den Text des Vertrags nicht kennen. Darüber hinaus dient die Veröffentlichungspflicht allgemein der Regierungskontrolle durch die Öffentlichkeit und das Parlament.[90] Ohne Kenntnis des Wortlauts sind weder das Parlament noch die Öffentlichkeit in der Lage zu kontrollieren, ob der in der Verordnungsermächtigung liegende Gesetzesauftrag von der Bundesregierung ordnungsgemäß wahrgenommen worden ist.[91] Daher ist auch ein rechtsverordnungsersetzender Vertrag analog einer entsprechenden Rechtsverordnung gemäß Art. 82 Abs. 1 Satz 2 GG zu verkünden.[92]

III. Die materiellen Anforderungen an einen rechtsverordnungsersetzenden Vertrag

1. Allgemeine Rechtsgrundsätze des öffentlichen Rechts

Das Verwaltungsverfahrensgesetz findet keine direkte Anwendung auf einen rechtsverordnungsersetzenden Vertrag.[93] Dennoch gelten für den rechtsverordnungsersetzenden Vertrag die allgemeinen Grundsätze des Verwaltungsrechts im

---

[86] *Bryde* in: von Münch/Kunig, GG III, Art. 82 Rdnr. 9; *Lücke* in: Sachs (Hrsg.), GG, Art. 82 Rdnr. 2; *Pieroth* in: Jarass/Pieroth, GG, Art. 82 Rdnr. 2.

[87] BGBl. I (1950), S. 23 f.

[88] Ausführlich *Frankenberger*, Umweltschutz durch Rechtsverordnung, S. 109 f.

[89] *BVerfGE* 65, 283 (291).

[90] *Brohm*, DÖV 1992, 1025 (1031).

[91] *Bohne*, VerwArch 75 (1984), 364 f.; *Würfel*, Informelle Absprachen in der Abfallwirtschaft, S. 78.

[92] So auch *Fluck/Schmitt*, VerwArch 89 (1998), 220 (234); *Kloepfer/Elsner*, DVBl. 1996, 964 (973); *Knebel/Wicke/Michael*, Selbstverpflichtungen und normersetzende Umweltverträge, S. 220; *Kunig/Rublack*, Jura 1990, 1 (8).

[93] Siehe oben § 15 I.2. (S. 208).

Wege des Vorrangs des Gesetzes, die jedoch jeweils bereichsspezifisch heranzuziehen sind. Das bedeutet hier: Unter Berücksichtigung der Besonderheiten des rechtsverordnungsersetzenden Vertrags.

a) Der Rechtsgedanke des Vergleichsvertrags gemäß § 55 VwVfG

Der § 55 VwVfG hat die Sonderkonstellation des Vergleichsvertrags zum Regelungsgegenstand. Ein Vergleich liegt gemäß § 55 VwVfG vor, wenn die Beteiligten eine bei verständiger Würdigung des Sachverhaltes oder der Rechtslage bestehende Ungewißheit durch gegenseitiges Nachgeben beseitigen. Damit ist der § 55 VwVfG an § 106 VwGO und § 779 BGB angelehnt.[94] Mit dem Ziel einer gütlichen Konfliktbeilegung nimmt das Gesetz in Kauf, daß der Vertragsinhalt möglicherweise mit der wahren Rechtslage nicht übereinstimmt:[95] Die strikte Gesetzesbindung wird gelockert.[96] Der Vergleich dient vor allem der Verfahrensökonomie und bringt das Verhältnismäßigkeitsprinzip zum Ausdruck.[97]

Der Umstand, daß der rechtsverordnungsersetzende Vertrag als Austauschvertrag qualifiziert worden ist, steht einer Anwendung des § 55 VwVfG grundsätzlich nicht entgegen; denn Vergleichs- und Austauschvertrag schließen sich nicht gegenseitig aus.[98] Allerdings liegen bei einem rechtsverordnungsersetzenden Vertrag die Voraussetzungen für einen Vergleichsvertrag nicht vor. Der § 55 VwVfG setzt zunächst ein bereits laufendes Behördenverfahren voraus, in dem es zu einem Kompromiß kommen kann, ohne daß verwaltungsgerichtliche Hilfe eingeschaltet wird. Ziel dieses laufenden Verfahrens ist nicht der Abschluß eines Vertrags, sondern eines Verwaltungsaktes. Der Aufwand zur Erfassung des Sachverhaltes als ausreichender Entscheidungsgrundlage für eine einseitige Handlung erscheint aber zu groß, so daß ein Vergleich gerechtfertigt ist. Somit findet ein Wechsel von einseitig-hoheitlichem Handeln zum konsensualen Handeln statt.

Das Verfahren zum Abschluß eines rechtsverordnungsersetzenden Vertrags hat den entgegengesetzten Ansatzpunkt. Hier liegen nämlich grundsätzlich die Voraussetzungen für den Erlaß einer Rechtsverordnung vor: Der Sachverhalt ist aufgeklärt. Die einseitig-hoheitliche Maßnahme soll jedoch nicht erlassen werden, vielmehr wird dem Konsensualen aus rechtspolitischen Überlegungen der Vorzug gegeben. Sollte ausnahmsweise die Sachlage noch ungeklärt sein, so wird beim rechtsverordnungsersetzenden Vertrag die Sach- und Rechtslage bei der Vielzahl von Vertragspartnern anders als in einer Individualentscheidung nicht unverhältnismäßig im Sinne der Verfahrensökonomie sein, um den Sachverhalt oder die Rechtslage eingehend zu ermitteln und die Entscheidung dann auf eine gesicherte Sach- oder Rechtslage zu stützen. Diese Sachverhaltsaufklärung ist notwendig, um wirkungsvoll mit dem Erlaß einer Rechts-

---

[94] *Kopp/Ramsauer*, VwVfG, §55 Rdnr. 1; *Schlette*, Verwaltung als Vertragspartner, S. 486. Kritisch hierzu *Meyer* in: Meyer/Borgs, VwVfG, § 55 Rdnr. 3.

[95] *Ule/Laubinger*, Verwaltungsverfahrensrecht, S. 757.

[96] *BVerwGE* 49, 359 (364): „Der Vergleichsvertrag ist mit dem Privileg gesteigerter Unempfindlichkeit gegenüber Gesetzesverletzungen ausgestattet." Ferner *Kopp/Ramsauer*, VwVfG, § 55 Rdnr. 1; *Schimpf*, Verwaltungsrechtliche Vertrag, S. 244; *Spannowsky*, Verträge und Absprachen, S. 214; *Ule/Laubinger*, Verwaltungsverfahrensrecht, S. 756.

[97] *Bonk* in: Stelkens/Bonk/Sachs, VwVfG, § 55 Rdnr. 2.

[98] *Kopp/Ramsauer*, VwVfG, § 55 Rdnr. 8; *Ule/Laubinger*, Verwaltungsverfahrensrecht, S. 757.

verordnung drohen zu können. Infolgedessen kommt eine Anwendung des Rechtsgedankens des § 55 VwVfG auf den rechtsverordnungsersetzenden Vertrag nicht in Betracht.[99]

b) Der Rechtsgedanke des Kopplungsverbots gemäß § 56 Abs. 1 Satz 2 VwVfG

Für subordinationsrechtliche Austauschverträge sieht der § 56 VwVfG zusätzliche Rechtmäßigkeitsanforderungen zum Schutz des Bürgers vor: In einem Verwaltungsvertrag soll nichts miteinander verknüpft werden, was nicht schon zu dem vertraglich zugeordneten Sachverhalt in Zusammenhang steht.[100] Verspricht der Bürger eine übermäßige oder sachlich nicht gerechtfertigte Gegenleistung, so greift der Mißbrauchsschutz des § 56 VwVfG ein: Ein solcher Vertrag ist gemäß § 59 Abs. 2 Nr. 4 VwVfG nichtig. Dieses in § 56 VwVfG zum Ausdruck kommende Verbot der sachwidrigen Kopplung sowie das Angemessenheitserfordernis sind ein für das gesamte öffentliche Recht geltender allgemeiner Rechtsgedanke; sie haben ihre Grundlagen im Rechtsstaatsprinzip bzw. Verhältnismäßigkeitsprinzip.[101] Als allgemeingültige Aussage kommt das Kopplungsverbot auch auf den rechtsverordnungsersetzenden Vertrag insofern zur Anwendung, als in einem rechtsverordnungsersetzenden Vertrag zum Beispiel verschiedene Umweltbereiche nicht miteinander verknüpft werden dürfen: Ein Vertrag mit der Zusage auf eine Abfallreduzierung als Gegenleistung für den staatlichen Verzicht auf Verschärfung von Emissionswerten ist demnach unzulässig.[102] In Anbetracht des nicht unerheblichen Machtpotentials der Wirtschaftsverbände wird allerdings die Gefahr einer sachwidrigen Kopplung als nicht besonders hoch einzuschätzen sein.[103]

c) Der Rechtsgedanke der Nichtigkeit eines öffentlich-rechtlichen Vertrags gemäß § 59 VwVfG

Der Rechtsgedanke aus § 59 VwVfG, der die Fehlerfolge für öffentlich-rechtliche Verträge enthält, könnte ebenfalls auf den rechtsverordnungsersetzenden Vertrag analog zur Anwendung kommen. Während früher nahezu einhellig die Auffassung vertreten worden ist, daß ein rechtswidriger Verwaltungsvertrag entsprechend einer rechtswidrigen Rechtsnorm nichtig ist,[104] ist der Gesetzgeber dieser Ansicht in § 59

---

[99] Im Ergebnis auch *Knebel/Wicke/Michael*, Selbstverpflichtungen und normersetzende Umweltverträge S. 187.

[100] BVerwG, NJW 1980, S. 1293; *Huber*, Allgemeines Verwaltungsrecht, S. 231; *Schlette*, Verwaltung als Vertragspartner, S. 478.
Zur Anwendbarkeit des Kopplungsverbots auf privatrechtliche Verträge der Verwaltung vgl. *Schmidt-Aßmann/Krebs*, Rechtsfragen städtebaulicher Verträge, S. 158.

[101] *Bonk* in: Stelkens/Bonk/Sachs, VwVfG, § 56 Rdnr. 3; *Huber*, Planungsbedingte Wertzuwachs, S. 56; *Kopp/Ramsauer*, VwVfG, § 56 Rdnr. 1; *Schlette*, Verwaltung als Vertragspartner, S. 478; *Spannowsky*, Verträge und Absprachen, S. 218.

[102] *Brohm*, DÖV 1992, 1025 (1034); *Fluck/Schmitt*, VerwArch 89 (1998), 220 (242); *Oebbecke*, DVBl. 1986, 793 (799).

[103] *Knebel/Wicke/Michael*, Selbstverpflichtungen und normersetzende Umweltverträge S. 188.

[104] Zum Beispiel *Bleckmann*, VerwArch 63 (1972), 404 (437); *Götz*, NJW 1976, 1429 (1430); *Maurer*, JuS 1976, 485 (495); *Schenke*, JuS 1977, 281 (285).

VwVfG[105] nicht gefolgt, sondern hat eine differenzierende Regelung der Rechtsfolgen geschaffen, die auch gut 20 Jahre nach Erlaß des Verwaltungsverfahrensgesetzes noch immer zu den strittigsten Vorschriften des verwaltungsrechtlichen Vertrags gehört. In dieser Vorschrift stoßen nämlich Gesetzmäßigkeitsprinzip einerseits und Rechtssicherheit und Vertrauensschutz andererseits, die gleichwertig nebeneinander stehen, aufeinander.[106] Das daraus entstehende Spannungsverhältnis zwischen Vertrauensschutz einerseits und dem Grundsatz der Gesetzmäßigkeit der Verwaltung andererseits versucht der Gesetzgeber durch einen Kompromiß aufzulösen:[107] Nur qualifizierte Rechtsverstöße sollen die Nichtigkeit eines öffentlich-rechtlichen Vertrags herbeiführen; der bloß rechtswidrige öffentlich-rechtliche Vertrag ist hingegen wirksam.[108] Somit gilt eine Abstufung der Fehlerfolgen.

aa) Die speziellen Nichtigkeitsgründe bei subordinationsrechtlichen Verträgen

In § 59 Abs. 2 VwVfG werden vier Gruppen von speziellen Nichtigkeitsgründen[109] für den rechtswidrigen subordinationsrechtlichen Vertrag aufgeführt, die den allgemeinen Nichtigkeitsgründen des § 59 Abs. 1 VwVfG vorgehen.[110] Da der rechtsverordnungsersetzende Vertrag ein subordinationsrechtlicher Vertrag ist, ist mithin vorrangig zu fragen, ob der Gedanke des § 59 Abs. 2 VwVfG angewendet werden kann. Zweifel hieran läßt insbesondere der § 59 Abs. 2 Nr. 1 VwVfG aufkommen, der besagt, daß ein rechtswidriger öffentlich-rechtlicher Vertrag dann als Rechtsfolge nichtig ist, wenn auch ein rechtswidriger Verwaltungsakt mit entsprechendem Inhalt nichtig wäre. Mithin gelten für subordinationsrechtliche Verträge dieselben Nichtigkeitsgründe nach § 44 VwVfG wie für einen Verwaltungsakt.

Übertragen auf den rechtsverordnungsersetzenden Verwaltungsakt bedeutet dies, daß ein rechtsverordnungsersetzender Vertrag immer dann nichtig ist, wenn auch eine entsprechende Rechtsverordnung nichtig wäre. Könnte sich z.B. die Exekutive durch einen einfachen Formwechsel sämtlicher Beteiligungs- und Mitwirkungsvorschriften für den Erlaß einer Rechtsverordnung entledigen, würde dieses die Kompetenzvertei-

---

[105] Vgl. zu den verfassungsrechtlichen Bedenken aus Art. 20 Abs. 3 und Art. 19 Abs. 4 GG: *Blankennagel*, VerwArch 76 (1985), 276 (278 ff.); *Bonk* in: Stelkens/Bonk/Sachs, VwVfG, § 59 Rdnr. 8; *Erichsen*, Jura 1994, 47; *Huber*, Allgemeines Verwaltungsrecht, S. 233; *Kunig*, DVBl. 1992, 1192 (1200); *Maurer*, Allgemeines Verwaltungsrecht, § 14 Rdnr. 51; *ders.*, DVBl. 1989, 798 (803); *Scherzberg*, JuS 1992, 205 (212); *Schmidt-Aßmann/Krebs*, Rechtsfragen städtebaulicher Verträge, S. 206 ff.; *Staudenmayer*, Verwaltungsvertrag mit Drittwirkung, S. 89 ff.

[106] *Bonk* in: Stelkens/Bonk/Sachs, VwVfG, § 59 Rdnr. 6; *Büchner*, Bestandskraft verwaltungsrechtlicher Verträge, S. 46; *Krebs*, VVDStRL 52 (1993), 248 (269); *Schlette*, Verwaltung als Vertragspartner, S. 541.

[107] *Bonk* in: Stelkens/Bonk/Sachs, VwVfG, § 59 Rdnr. 5; *Büchner*, Bestandskraft verwaltungsrechtlicher Verträge, S. 18; *Huber*, Planungsbedingte Wertzuwachs, S. 97 f.; *Krebs*, VVDStRL 52 (1993), 248 (269).

[108] *BVerwGE* 89, 7 (10); 98, 58 (63).

[109] *Fluck*, Erfüllung des öffentlich-rechtlichen Verpflichtungsvertrages durch Verwaltungsakt, S. 46; *Henneke* in: Knack, VwVfG, § 59 Rdnr. 2; *Kopp/Ramsauer*, VwVfG, § 59 Rdnr. 1.

[110] *Bernsdorff* in: Obermayer, VwVfG, § 59 Rdnr. 64; *Bonk* in: Stelkens/Bonk/Sachs, VwVfG, § 59 Rdnr. 14; *Erichsen*, Jura 1994, 47 (48); *Kopp/Ramsauer*, VwVfG, § 59 Rdnr. 18; *Schimpf*, Verwaltungsrechtliche Vertrag, S. 284; *Schlette*, Verwaltung als Vertragspartner, S. 546; *Spannowsky*, Verträge und Absprachen, S. 282.

lung sowohl zwischen Bund und Ländern als auch zwischen Legislative und Exekutive beeinträchtigen, und Bundesstaatsprinzip und Gewaltenteilungsgrundsatz wären gefährdet. Um ein solches Umgehungsmanöver durch einfachen Formwechsel zu verhindern, ist es notwendig, den rechtsverordnungsersetzenden Vertrag derselben Fehlerfolge wie die entsprechende Rechtsverordnung zu unterwerfen, so daß ein rechtswidriger rechtsverordnungsersetzender Vertrag ebenfalls nichtig wäre.

Der Weg zu diesem Ergebnis führt aber nicht über den Gedanken aus § 59 Abs. 2 VwVfG. Dieses wird deutlich, wenn man sich Sinn und Zweck des § 59 Abs. 2 VwVfG vor Augen führt. Sowohl für Verwaltungsakte als auch für öffentlich-rechtliche Verträge gilt nämlich, daß deren Rechtswidrigkeit nicht ipso iure auch deren Nichtigkeit zur Folge hat. Sowohl beim Verwaltungsakt als auch beim öffentlich-rechtlichen Vertrag überwiegt nach der Einschätzung des Gesetzgebers das Vertrauen[111] gegenüber dem Gesetzmäßigkeitsprinzip; die Gesetzesbindung wird insoweit durchbrochen. Ein solches Überwiegen des Vertrauens über die Gesetzmäßigkeit kann aber nur in einer konkreten Einzelfallentscheidung vorliegen. Diametral hierzu ist jedoch die Fehlerfolge bei einer allgemeinverbindlichen Rechtsverordnung. Die Fehlerfolge bei einer rechtswidrigen Rechtsverordnung ist nicht abgestuft, sondern diese Rechtsverordnung ist ipso iure nichtig. Gleiches muß nun auch für einen rechtsverordnungsersetzenden Vertrag gelten,[112] um eine Flucht aus der Rechtsverordnung in den rechtsverordnungsersetzenden Vertrag zu verhindern. Dieses ist aus Art. 20 Abs. 3 GG zu entnehmen. Der rechtsverordnungsersetzende Vertrag ist zwar nicht allgemeinverbindlich, jedoch entfaltet er für eine Vielzahl von Beteiligten seine Rechtswirkung, und somit muß im Falle der Rechtswidrigkeit eines rechtsverordnungsersetzenden Vertrags einzige Rechtsfolge dessen Nichtigkeit sein. Raum für eine Einzelfallentscheidung ist hier nicht. Deshalb muß zwar im Ergebnis gelten, daß ein rechtsverordnungsersetzender Vertrag immer dann nichtig ist, wenn dieses auch eine vergleichbare Rechtsverordnung wäre, der Gedanke des § 59 Abs. 2 VwVfG kann aber auf Grund der unterschiedlichen Konstruktion der Fehlerfolgen bei konkret individuellen und abstrakt generellen hoheitlichen Handlungenbeschritten nicht analog herangezogen werden. Es zeigt sich also, daß es nicht zu einer Übertragung des Gedankens des § 59 Abs. 2 VwVfG auf den rechtsverordnungsersetzenden Vertrag kommen kann.

bb) Die Nichtigkeit des Vertrags nach den Vorschriften des Bürgerlichen Gesetzbuches

Es stellt sich folglich die Frage, ob der Gedanke des § 59 Abs. 1 VwVfG auf den rechtsverordnungsersetzenden Vertrag zur Anwendung kommen kann. Der § 59 Abs. 1 VwVfG verweist als Auffangtatbestand auf die Nichtigkeitsgründe für Verträge nach dem Bürgerlichen Gesetzbuch.

---

[111] Allerdings beruht das Vertrauen beim öffentlich-rechtlichen Vertrag mehr auf der Schutzwürdigkeit des individuellen Rechtskontaktes und der Individualinteressen, wobei hingegen beim Verwaltungsakt vorrangig der Bestand und die Funktionsfähigkeit der Rechtsordnung die Grundlage des Vertrauens ist.

[112] *Knebel/Wicke/Michael*, Selbstverpflichtungen und normersetzende Umweltverträge, S. 192 f.; a.A.: *Beyer*, Instrumente des Umweltschutzes, S. 85 f.

Mittlerweile ist anerkannt, daß die Verweisung des § 59 Abs. 1 VwVfG auf das Bürgerliche Gesetzbuch entgegen der Begründung des Regierungsentwurfes auch den generalklauselartigen § 134 BGB erfaßt und zentrale Fehlerfolgennorm des öffentlich-rechtlichen Vertragsrechts ist.[113] Demnach sind öffentlich-rechtliche Verträge gemäß § 134 BGB analog nichtig, die gegen ein gesetzliches Verbot verstoßen. Dabei wird heute überwiegend und abweichend von der Begründung des Regierungsentwurfes vertreten, daß der § 134 BGB sowohl auf koordinations- als auch auf subordinationsrechtliche öffentlich-rechtliche Verträge zur Anwendung kommt.[114] Probleme bereitet die Beantwortung der Frage, wann ein gesetzliches Verbot im Sinne des § 134 BGB vorliegt; denn schließlich kann die Nichtigkeit des öffentlich-rechtlichen Vertrags nicht schrankenlos ausgedehnt werden. Ansonsten bedürfte es nämlich nicht der enumerativen Aufzählung der besonderen Nichtigkeitsgründe in § 59 Abs. 2 VwVfG. Mithin ist der § 134 BGB restriktiv auf das öffentliche Vertragsrecht anzuwenden,[115] und nur ein qualifizierter Rechtsverstoß kann die Rechtsfolge der Nichtigkeit auslösen.[116] Bei der Ermittlung eines gesetzlichen Verbotes ist daher die vom Gesetzgeber in § 59 Abs. 2 VwVfG konkretisierte Abwägung zwischen Rechtssicherheit und Vertrauensschutz fortzusetzen. Nicht alle zur Rechtswidrigkeit des Verwaltungshandelns führenden Vorschriften stellen ein Verbotsgesetz im Sinne des § 134 BGB dar, vielmehr ist bei jeder Norm neu zu prüfen, ob diese Norm nach ihrem Sinn und Zweck den Inhalt der getroffenen vertraglichen Vereinbarung untersagen will. Das bedeutet, daß man stets prüfen muß, ob im Einzelfall ein schutzwürdiges öffentliches Interesse an der Einhaltung der Rechtsordnung besteht, hinter das der Grundsatz der Vertragsbindung zurücktreten muß.[117] Mithin setzt das Vorliegen eines gesetzlichen Verbots einen qualifizierten Rechtsverstoß voraus,[118] der sich aus der Verfassung, aus den Ge-

---

[113] Vgl. *BVerwGE* 89, 7 (10); *Bernsdorff* in: Obermayer, VwVfG, § 59 Rdnr. 41; *Beyer*, Instrumente des Umweltschutzes, S. 53; *Bleckmann*, NVwZ 1990, 601 (602); *Bonk* in: Stelkens/Bonk/Sachs, VwVfG, § 59 Rdnr. 49 f.; *Erichsen*, Jura 1994, 47 (49); *Huber*, Allgemeines Verwaltungsrecht, S. 233 f.; *Maurer*, Allgemeines Verwaltungsrecht, § 14 Rdnr. 41 ff.; *Meyer* in: Meyer/Borgs, VwVfG, § 59 Rdnr. 16 ff.; *Scherzberg*, JuS 1992, 205 (212); *Schmidt-Aßmann/Krebs*, Rechtsfragen städtebaulicher Verträge, S. 218; *Staudenmayer*, Verwaltungsvertrag mit Drittwirkung, S. 110 ff.; *Ule/Laubinger*, Verwaltungsverfahrensrecht, S. 788 ff.

[114] *BVerwGE* 89, 7 (10); *Bernsdorff* in: Obermayer, VwVfG, § 59 Rdnr. 41; *Bonk* in: Stelkens/Bonk/Sachs, VwVfG, § 59 Rdnr. 50; *Büchner*, Bestandskraft verwaltungsrechtlicher Verträge, S. 24 ff.; *Huber*, Allgemeines Verwaltungsrecht, S. 233; *Kopp/Ramsauer*, VwVfG, § 59 Rdnr. 9; *Krebs*, VerwArch 72 (1981), 49 (57); *Punke*, Verwaltungshandeln durch Vertrag, S. 145 f.; *Schenke*, JuS 1977, 281 (288); *Scherzberg*, JuS 1992, 205 (212); *Schimpf*, Verwaltungsrechtliche Vertrag, S. 284; *Schlette*, Verwaltung als Vertragspartner, S. 549; *Schmidt-Aßmann/Krebs*, Rechtsfragen städtebaulicher Verträge, S. 218 ff.; *Ule/Laubinger*, Verwaltungsverfahrensrecht, S. 789; a.A.: *Blankennagel*, VerwArch 76 (1985), 276 (282 ff.); *ders.*, NVwZ 1990, 601 (602).

[115] *Huber*, Allgemeines Verwaltungsrecht, S. 233.

[116] *Bonk* in: Stelkens/Bonk/Sachs, VwVfG, § 59 Rdnr. 32.

[117] *Schmidt-Aßmann/Krebs*, Rechtsfragen städtebaulicher Verträge, S. 222 plädieren für eine Fallgruppenbildung.

[118] *BVerwGE* 89, 7 (10); 92, 56 (63); 98, 58 (63); *Bernsdorff* in: Obermayer, VwVfG, § 59 Rdnr. 43; *Bonk* in: Stelkens/Bonk/Sachs, VwVfG, § 59 Rdnr. 52; *Huber*, Allgemeines Verwaltungsrecht, S. 234; *Krebs*, VerwArch 72 (1981), 49 (54); *Maurer*, Allgemeines Verwaltungsrecht, § 14 Rdnr. 42; *Papier*, JuS 1981, 498 (501); *Schmidt-Aßmann* in: FS Gelzer, S. 125.

setzen, den Rechtsverordnungen, den allgemeinen verfassungsrechtlichen Prinzipien, aus dem Gewohnheitsrecht, aus den Grundrechten sowie aus dem EG-Recht ergeben kann.[119]

Übertragen auf den rechtsverordnungsersetzenden Vertrag bedeutet die Anwendung des § 59 Abs. 1 VwVfG in Verbindung mit § 134 BGB, daß ein rechtsverordnungsersetzender Vertrag, der gegen ein gesetzliches Verbot verstößt, nichtig ist. Durch die wertende Ermittlung eines solchen Verbotes besteht jedoch eine sachgerechte Möglichkeit, den Besonderheiten eines rechtsverordnungsersetzenden Vertrags gerecht zu werden und die vergleichbare Fehlerfolge wie bei der entsprechenden rechtswidrigen Rechtsverordnung herbeizuführen. Anders als bei einem herkömmlichen öffentlich-rechtlichen Vertrag bedarf es bei rechtsverordnungsersetzenden Verträgen keiner ausführlichen Abwägung zwischen den widerstreitenden Interessen bei der Ermittlung eines Verbotsgesetzes im Sinne des § 134 BGB. So wird im Fall eines rechtswidrigen rechtsverordnungsersetzenden Vertrags grundsätzlich das Gesetzmäßigkeitsprinzip schwerer wiegen; denn jeder formelle und materielle Rechtsverstoß hat die Nichtigkeit gemäß § 59 Abs. 1 VwVfG in Verbindung mit § 134 BGB analog zur Folge.

Damit bietet die Anwendung des Gedankens des § 59 Abs. 1 VwVfG in Verbindung mit § 134 BGB analog eine praktikable Möglichkeit, den rechtsverordnungsersetzenden Vertrag in seiner Fehlerfolge einer entsprechenden Rechtsverordnung anzupassen. Diese Vorschrift kann auf den rechtsverordnungsersetzenden Vertrag übertragen werden.

cc) Die Unzulässigkeit einer vertraglichen Bindung zum Unterlassen des Erlasses einer Rechtsverordnung wegen Umgehung des Normsetzungsverfahrens ?

Die Rechtsprechung betrachtet normsetzende Verträge, unabhängig ob echte oder unechte, gemäß § 59 Abs. 1 VwVfG in Verbindung mit § 134 BGB analog als nichtig. Auf Grund des normsetzenden Elementes eines rechtsverordnungsersetzenden Vertrags muß hier die Frage gestellt werden, inwieweit sich aus dieser Rechtsprechung auch die Nichtigkeit eines rechtsverordnungsersetzenden Vertrags gemäß § 59 Abs. 1 VwVfG in Verbindung mit § 134 BGB ergeben kann.

Die einschlägige Rechtsprechung mißt die Zulässigkeit normsetzender Verträge an den Kriterien des Bauplanungsrechts, welches hauptsächlich in den §§ 1 ff. BauGB geregelt ist. Das *Bundesverwaltungsgericht* hat hierzu ausgeführt, daß die Entscheidung über den Erlaß eines Bebauungsplans als spezieller Ausformung des gemeindlichen Selbstverwaltungsrechts den rechtsstaatlichen Anforderungen einer angemessenen Abwägung und eines hinreichend durchschaubaren Verfahrenshergangs gerecht werden muß.[120] Das Verfahren müsse an den rechtsstaatlichen Minimalanforderungen einer angemessenen Abwägung und eines hinreichend durchschaubaren Verfahrensganges ausgerichtet sein. Ein verwaltungsrechtlicher Vertrag könne nicht von den Sicherungen des Normsetzungsverfahrens befreien.[121] Solche Sicherungen enthält das

[119] *Staudenmayer*, Verwaltungsvertrag mit Drittwirkung, S. 130.

[120] *BVerwG*, NJW 1980, 2538 (2539). Siehe auch *BVerwGE* 42, 331 (338); 45, 309 (314); *BGHZ* 66, 322 (325 ff.); 71, 386 (390 f.). Ausführlich *Karehnke*, Rechtsgeschäftliche Bindung kommunaler Bauleitplanung, S. 69 ff.; *Papier*, JuS 1981, 498 ff.

[121] *Beyer*, Instrumente des Umweltschutzes, S. 83.

Bauplanungsrecht in § 1 Abs. 6 BauGB, der die gerechte Abwägung von öffentlichen und privaten Belangen fordert. Der gemeindliche Abwägungsvorgang ist seiner Natur nach bindungsfeindlich. Mit der Verfahrenssicherung wird zudem auf die Rechte Dritter, das sind insbesondere Nachbargemeinden und Bürger, Bezug genommen. In Anbetracht der vertraglichen Verpflichtung der Gemeinde zum Planerlaß ist zu befürchten, daß die Gemeinde die Anregungen und Bedenken der Verfahrensbeteiligten, die einer Bauleitplanung entgegenstehen, nicht in ausreichendem Maße würdigen wird. Es kommt möglicherweise zu einem Verstoß gegen das Abwägungsverbot in Form eines Abwägungsdefizits. Bezogen auf die bauplanerischen Normsetzungsverträge kommt die Rechtsprechung daher zum Ergebnis, daß diese Verträge unzulässig und nichtig sind. Diese Rechtsprechung spiegelt sich in dem durch das Bau- und Raumordnungsgesetz von 1998 neugefaßten § 2 Abs. 3 BauGB wider.[122] Demnach kann kein Anspruch auf Aufstellung von Bauleitplänen und städtebaulichen Satzungen durch Vertrag begründet werden. Ein vertraglicher Anspruch unterläuft aber diese Regelungen.[123]

Ob diese Rechtsprechung zu Bauplanungsverträgen auf die Situation eines rechtsverordnungsersetzenden Vertrags übertragen werden kann, erscheint zweifelhaft: Bebauungspläne ergehen als Satzung gemäß § 10 Abs. 1 BauGB. Das Satzungsrecht der Gemeinde leitet sich aus der gemeindlichen Selbstverwaltungsgarantie gemäß Art. 28 Abs. 2 Satz 1 GG ab und gibt der Verwaltung die Befugnis, komplexe Interessensgeflechte nach eigenen Vorstellungen im Rahmen der gesetzlichen Vorgaben schöpferisch zu ordnen und zu gestalten: Gestaltungsauftrag.[124] Das Satzungsermessen wird aber durch übergeordnete gesetzliche Vorschriften eingeschränkt und dirigiert. So gibt es nicht nur eine Planungsbefugnis der Gemeinden, diese Befugnis kann sich auch zu einer Planungspflicht gemäß § 1 Abs. 3 BauGB im Hinblick auf das „Ob“ und das „Wann“ verdichten.[125]

Insbesondere durch das Gebot einer gerechten Abwägung der im Planungsgebiet vorhandenen öffentlichen und privaten Belange gemäß § 1 Abs. 6 BauGB wird die gemeindliche Planung inhaltlich determiniert. Diesem Abwägungsgebot liegt die Vorstellung zugrunde, daß Planung ein komplexer Willensbildungsprozeß ist, der aus Elementen des Erkennens, Wertens und Wollens besteht.[126] Von jeher ist dabei im kommunalen Bereich die Gefahr der unzulässigen Vorteilsgewährung besonders hoch, so daß die Freiheit des Satzungsgebers verschiedener Sicherungen bedarf. Die Intention der Rechtsprechung zu normsetzenden Verträgen ist es nun, eine unzulässige Bindung des planerischen Willens der Gemeinde zu verhindern und ein abwägungsoffenes Verfahren zu gewährleisten. Kurz: Das Normgebungsverfahren und damit die Bindung der Verwaltung an Recht und Gesetz soll gesichert werden.

---

[122] Ebenso schon § 6 Abs. 2 Satz 3 Bau-MaßnahmenG.

[123] *BVerwGE*, NJW 1980, 2538 (2539); *Degenhart*, BayVBl. 1979, 289 (293); *Papier*, JuS 1981, 498 (501); *Stettner*, AöR 102 (1977), 545 (560).

[124] *Ossenbühl* in: HdbStR III, § 66 Rdnr. 46.

[125] Insofern besteht für einen satzungsersetzenden Verwaltungsvertrag bereits ein Vertragsformverbot.

[126] *Finkelnburg/Ortloff*, Bauplanungsrecht, S. 31; *Krebs* in: Schmidt-Aßmann (Hrsg.), Besonderes Verwaltungsrecht, S. 383 ff.

Ein vergleichbares formalisiertes Verfahren hat der Verfassungsgeber für den Erlaß von Rechtsverordnungen aber nicht vorgesehen. Der Verordnungsgeber ist bei der Ausübung seines Verordnungsermessens viel freier als der kommunale Satzungsgeber. Dies zeigt auch der unterschiedliche gerichtliche Kontrollmaßstab für Satzungen und Rechtsverordnungen. Und auch eine dezidierte Abwägungsfehlerlehre für Rechtsverordnungen gibt es im Gegensatz zur Bauleitplanung nicht. Vergleichbare verfahrensrechtliche Sicherungen, die eine unzulässige Bindung des Verordnungsermessens verhindern sollen, sind also beim Verordnungsgebungsverfahren nicht vorgesehen. Insoweit gleicht die Verordnung eher der legislativen Gesetzgebung. Folglich bedarf es auch keines Schutzes solcher Vorschriften, so daß die Ratio der Rechtsprechung zu Normsetzungsverträgen zur kommunalen Bauleitplanung nicht übertragbar ist.[127] Dieses gilt um so mehr, wenn die bestehenden Anhörungsrechte im Verfahren zum Abschluß eines rechtsverordnungsersetzenden Vertrags beachtet werden. Eine Unterlaufung des Art. 20 Abs. 3 GG ist daher bei Einhaltung des Verfahrens zum Erlaß einer Rechtsverordnung durch den rechtsverordnungsersetzenden Vertrag nicht zu befürchten.

Somit ergibt sich aus der Rechtsprechung zu normsetzenden Verträgen im Bauplanungsrecht gemäß dem Gedanken der § 59 Abs. 1 VwVfG in Verbindung mit § 134 BGB kein unzulässiger Vertragsinhalt für einen rechtsverordnungsersetzenden Vertrag.

dd) Die Teilnichtigkeit von Verträgen

Der § 59 Abs. 3 VwVfG sieht vor, daß die Nichtigkeit eines Vertrags auf einen Teil des öffentlich-rechtlichen Vertrags beschränkt bleiben kann. Der Wortlaut der Vorschrift erinnert an § 139 BGB und macht deutlich, daß die Voraussetzung hierfür eine Teilbarkeit des Vertragsinhaltes ist. Zudem ist der Erhaltungswille der Vertragsparteien des Vertrags zu fordern.[128] Diese Voraussetzung liegt aber bei einem rechtsverordnungsersetzenden Vertrag nicht vor: Leistung und Gegenleistung lassen sich in einem synallagmatischen Verhältnis nicht trennen. An einer nur teilweisen Gültigkeit kann zudem keiner der Vertragsparteien gelegen sein. Der § 59 Abs. 3 VwVfG kann daher nicht analog auf rechtsverordnungsersetzende Verträge angewandt werden.[129]

d) Der Rechtsgedanke der Anpassung und Kündigung gemäß § 60 Abs. 1 VwVfG

Der § 60 VwVfG regelt ein Anpassungs- und Kündigungsrecht für öffentlich-rechtliche Verträge. Ist ein Vertrag geschlossen worden, so soll grundsätzlich aus Gründen der Rechtssicherheit keine der Vertragsparteien den Vertrag einseitig beseitigen können.[130] Dieses Prinzip bringt der Grundsatz „pacta sunt servanda" zum Ausdruck, der

---

[127] So auch *Beyer*, Instrumente des Umweltschutzes, S. 84.

[128] *Huber*, Allgemeines Verwaltungsrecht, S. 235.

[129] So auch *Knebel/Wicke/Michael*, Selbstverpflichtungen und normersetzende Umweltverträge, S. 193.

[130] *Frowein* in: FS Flume I, S. 301.

auch im öffentlichen Recht Geltung hat.[131] Dieser Grundsatz wird jedoch durch § 60 VwVfG durchbrochen. Dieser § 60 VwVfG ist die positiv rechtliche öffentlich-rechtliche Übernahme der „clausula rebus sic stantibus", wonach es bei Wegfall der Geschäftsgrundlage gegen Treu und Glauben verstoßen kann, den anderen Vertragspartner am Vertrag festzuhalten.[132] Die Übertragbarkeit dieses allgemeinen Rechtsgrundsatzes in das öffentliche Recht wurde bereits lange vor der Geltung des Verwaltungsverfahrensgesetzes angenommen,[133] zumal das Prinzip des Wegfalls der Geschäftsgrundlage ungeschriebener Bestandteil des Bundesverfassungsrechts ist.[134] Es bestehen daher auch keinerlei Bedenken, diese Grundsätze analog auf einen rechtsverordnungsersetzenden Vertrag zur Anwendung zu bringen.

Diese Grundsätze besagen, daß für beide Vertragsparteien die Möglichkeit einer Anpassung des Vertragsinhalts besteht, wenn sich die tatsächlichen oder rechtlichen Verhältnisse,[135] die für den Vertragsinhalt maßgeblich gewesen sind, so geändert haben, daß der Vertragspartei das Festhalten an der ursprünglichen vertraglichen Gestaltung nicht zuzumuten ist. Ist eine Anpassung nicht möglich, so kommt subsidiär eine Kündigung des Vertrags in Betracht.

Ein solche wesentliche Änderung ist dann gegeben, wenn Änderungen eingetreten sind, mit denen die Vertragsparteien bei Abschluß des Vertrags nicht gerechnet haben und die bei objektiver Betrachtung so erheblich sind, daß davon auszugehen ist, daß der Vertrag bei Kenntnis dieser Umstände nicht mit demselben Inhalt geschlossen worden wäre.[136] Eine solche Änderung ist unzumutbar für einen Vertragspartner, wenn sie gegen Treu und Glauben verstoßen und wenn der Vertragspartner am Vertrag festgehalten würde. Ist die Anpassung nicht möglich oder nicht zumutbar, kann der Vertrag gekündigt werden.

Die Bedeutung des § 60 Abs. 1 Satz 1 VwVfG wird aber in der Praxis nicht besonders hoch sein.[137] Insbesondere kann nicht jede neue technische Entwicklung zu einer Vertragsanpassung führen; denn schließlich ist der § 60 VwVfG eine Ausnahmevorschrift. Die Schwelle einer unzumutbaren Änderung im Sinne eines „untragbaren, mit Recht und Gerechtigkeit schlechthin unvereinbaren Ergebnisses"[138] ist z.B. bei einer technischen Neuerung nicht erfüllt. Zumal ein rechtsverordnungsersetzender Vertrag

---

[131] *Apelt*, AöR 84 (1959), 249 (253); *Schimpf*, Verwaltungsrechtliche Vertrag, S. 198; *Spannowsky*, Verträge und Absprachen, S. 279 ff.; *Stern*, VerwArch 49 (1958), 106 (130). Die zivilrechtlichen Grundsätze des Wegfalls der Geschäftsgrundlage kommen daher nicht mehr zur Geltung: *Kopp/Ramsauer*, VwVfG, § 60 Rdnr. 3. Differenzierend *Spannowsky*, Verträge und Absprachen, S. 284 f. Ausführlich: *Weiß*, Pacta sunt servanda im Verwaltungsvertrag, S. 75 ff.

[132] *BGH*, NJW 1976, 565 (566); *Lorenz*, DVBl 1997, 865 (866); *Spannowsky*, Verträge und Absprachen, S. 284 ff.

[133] *BVerwGE* 25, 299 (302 f.).

[134] *BVerfGE* 34, 216 (230 f.). Hierzu *Groebe*, DÖV 1974, 196; *Krämer*, JZ 1973, 365.

[135] *Bonk* in: Stelkens/Bonk/Sachs, VwVfG, § 60 Rdnr. 9; *Kopp/Ramsauer*, VwVfG, § 60 Rdnr. 9.

[136] *BVerwGE* 87, 77 ff.; *Bonk* in: Stelkens/Bonk/Sachs, VwVfG, § 60 Rdnr. 19; *Kopp/Ramsauer*, VwVfG, § 60 Rdnr. 8.

[137] A.A.: *Knebel/Wicke/Michael*, Selbstverpflichtungen und normersetzende Umweltverträge S. 194, die auf Grund der technischen Entwicklung hohen Bedarf für die Anwendung des § 60 VwVfG sehen.

[138] *BVerwGE* 25, 299 (393).

wird gerade deshalb immer nur befristet abgeschlossen, um der schnellen technischen Entwicklung nicht hinterherzuhinken. Das UGB-KomE schlägt hierfür einen Zeitrahmen von fünf Jahren vor. Dieser Zeitrahmen scheint in der Tat geeignet, um keine wesentliche technische Neuerung zu verpassen. Außerdem könnten entsprechende Anpassungsklauseln in den Vertrag aufgenommen werden, um eine Anpassung des rechtsverordnungsersetzenden Vertrags zu erleichtern, ohne daß es gleich zu einer wesentlichen Änderung kommen muß.

Zudem besteht ein außerordentliches Kündigungsrecht gemäß § 60 Abs. 1 Satz 2 VwVfG analog ausschließlich für die Verwaltungsbehörde. Dieses Kündigungsrecht darf sie als ultima ratio unter der Prämisse ausüben, daß sie schwere Nachteile für das Allgemeinwohl verhüten oder beseitigen will. Ein solches Kündigungsrecht ist z.B. für den Fall denkbar, daß sich die Umweltsituation rapide verschlechtert hat und nunmehr mit einer strengeren Rechtsverordnung sofort gehandelt werden muß. Zu beachten ist jedoch: Eine Kündigung nach § 60 Abs. 1 Satz 2 VwVfG führt zu Schadensersatzansprüchen der privaten Vertragsseite.[139]

e) Der Rechtsgedanke der Unterwerfung unter die sofortige Vollstreckung gemäß § 61 VwVfG

Will eine Vertragsseite ihren Anspruch aus einem öffentlich-rechtlichen Vertrag durchsetzen, so führt sie der Weg zum Verwaltungsgericht, wo im Wege der Leistungsklage ein Vollstreckungstitel erwirkt werden muß. Dieses gilt auch für die Behörde, die einen öffentlich-rechtlichen Vertrag nicht durch einen Verwaltungsakt vollstrecken kann.[140] Der Vertrag ist kein Vollstreckungstitel; denn schließlich hat sich die Behörde durch Abschluß eines Vertrags auf dieselbe Ebene wie der Bürger begeben. Der § 61 Abs. 1 VwVfG sieht nun für subordinationsrechtliche Verträge vor, daß sich jede Vertragspartei der sofortigen Vollstreckung durch eine öffentlich-rechtliche Willenserklärung unterwerfen kann. Diese Erklärung unterliegt stets der Schriftform.[141] Vorbild für den § 61 VwVfG ist der § 794 Abs. 1 Nr. 5 ZPO.

Voraussetzung für eine Unterwerfungserklärung ist ein vollstreckungsfähiger Inhalt auf ein Tun, Dulden oder Unterlassen.[142] Durch diese Unterwerfungsklausel wird der Vertrag selber Vollstreckungstitel[143] und kann ohne den Umweg über das Verwaltungsgericht wie eine Rechtsverordnung sofort vollstreckt werden. Die Vollstreckung richtet sich dann nach § 61 Abs. 2 VwVfG.

---

[139] *Bernsdorff* in: Obermayer, VwVfG, § 60 Rdnr. 71; *Kopp/Ramsauer*, VwVfG, § 60 Rdnr. 22; *Meyer* in: Meyer/Borgs, VwVfG, § 60 Rdnr. 23; *Ule/Laubinger*, Verwaltungsverfahrensrecht, S. 813. Vorsichtiger *Bonk* in: Stelkens/Bonk/Sachs, VwVfG, § 60 Rdnr. 30.

[140] *BVerwGE* 50, 171 ff.; 59, 60 (62); *Huber*, Allgemeines Verwaltungsrecht, S. 237; *Kopp/Ramsauer*, VwVfG, § 61 Rdnr. 6; *Maurer*, Allgemeines Verwaltungsrecht, § 14 Rdnr. 55; *Schlette*, Verwaltung als Vertragspartner, S. 627.

[141] *BVerwGE* 98, 58 (72); *Bernsdorff* in: Obermayer, VwVfG, § 61 Rdnr. 23; *Bonk* in: Stelkens/Bonk/Sachs, VwVfG, § 61 Rdnr. 14.

[142] *Bernsdorff* in: Obermayer, VwVfG, § 61 Rdnr. 11.

[143] *Bonk* in: Stelkens/Bonk/Sachs, VwVfG, § 61 Rdnr. 6; *Henneke* in: Knack, VwVfG, § 61 Rdnr. 4; *Kopp/Ramsauer*, VwVfG, § 61 Rdnr. 7; a.A. hingegen *Bernsdorff* in: Obermayer, VwVfG, § 61 Rdnr. 39.

aa) Die Unterwerfungserklärung des Bürgers

Bedenken gegen eine entsprechende Anwendung des § 61 Abs. 1 VwVfG auf den Bürger bestehen nicht.[144] Um einem rechtsverordnungsersetzenden Vertrag eine ähnliche Wirkweise geben zu können wie einer Rechtsverordnung, ist es essentiell, daß sich die private Seite beim Abschluß des rechtsverordnungsersetzenden Vertrags der sofortigen Vollziehung unterwirft. Ein rechtsverordnungsersetzender Vertrag sollte also nur abgeschlossen werden, wenn sich der Private der sofortigen Vollstreckung des Vertrags unterwirft. Dem kann nicht entgegengehalten werden, daß damit die sofortige Vollstreckung zur Regel würde; denn daß der § 61 Abs. 1 VwVfG als Ausnahme zu verstehen ist, ist nicht ersichtlich.[145]

Die Vollstreckung aus dem rechtsverordnungsersetzenden Vertrag richtet sich nach § 62 Satz 1 VwVfG analog nach dem Verwaltungsvollstreckungsgesetz: Sind die Unternehmen direkte Vertragsparteien geworden, können sämtliche Zwangsmittel im Vollstreckungsverfahren sachgerecht angewandt werden.

bb) Die Unterwerfungserklärung der Behörde

Auch die Verwaltung kann sich gemäß § 61 Abs. 1 VwVfG der sofortigen Vollstrec??kung unterwerfen. Da gemäß § 17 VwVG Zwangsmittel gegen eine Behörde nur auf Grund einer ausdrücklichen Regelung zulässig sind, findet sich in § 61 Abs. 2 Satz 3 VwVfG die Bestimmung, daß gegen die Behörde ebenfalls vollstreckt werden kann.

Es fragt sich aber, ob eine entsprechende Anwendung auf den rechtsverordnungsersetzenden Vertrag in Betracht kommt, bei dem die vertragliche Leistungspflicht der staatlichen Seite das Unterlassen einer Normsetzung ist.

Knebel/Wicke/Michael[146] fordern für einen rechtsverordnungsersetzenden Vertrag eine sofortige Vollstreckung, sehen die Rechtsfolge allerdings nicht auf das Aufheben der Rechtsverordnung als rechtswidrig, sondern gemäß § 61 Abs. 2 Satz 3 in Verbindung mit § 172 VwGO auf ein Zwangsgeld gerichtet.[147] Die sofortige Vollstreckung für einen rechtsverordnungsersetzenden Vertrag würde bedeuten, daß vor Gericht im Wege der allgemeinen Leistungsklage gegen eine erlassene Rechtsverordnung geltend gemacht werden könnte, daß sich der Staat vertraglich zu einem Unterlassen des Erlasses einer Rechtsverordnung verpflichtet hat.

Einen Anspruch auf Unterlassen der Normsetzung aus einem öffentlich-rechtlichen Vertrag kann es aber nicht geben. Dieses widerspricht evident der Normhierarchie.[148] Insofern fehlt es bereits an einem wirksamen Titel. Eine Übertragung der sofortigen Vollstreckung auf den rechtsverordnungsersetzenden Vertrag ist mithin ausgeschlossen.

---

[144] *Knebel/Wicke/Michael*, Selbstverpflichtungen und normersetzende Umweltverträge, S. 194.

[145] A.A.: *Zeibig*, Vertragsnaturschutz, S. 170.

[146] *Knebel/Wicke/Michael*, Selbstverpflichtungen und normersetzende Umweltverträge, S. 195.

[147] Daß hierdurch dem Bürger kein Drohpotential an die Hand gegeben wird, wird aber von *Knebel/Wicke/Michael* selber erkannt.

[148] Siehe bereits die Ausführungen zu § 59 Abs. 1 sowie *Di Fabio*, DVBl. 1990, 338 (344); *Meyer*, NJW 1977, 1705 (1711).

f) Der Rechtsgedanke des § 62 Satz 2 VwVfG

Das Verwaltungsverfahrensgesetz regelt das öffentliche Vertragsrecht nur fragmentarisch,[149] und deshalb gelten ergänzend die Vorschriften des Bürgerlichen Gesetzbuches gemäß § 62 Satz 2 VwVfG entsprechend.[150] Mit dem § 62 Satz 2 VwVfG wird der Dualismus zwischen öffentlichem und privatem Recht zumindest in Frage gestellt. *Spannowsky* spricht daher vom öffentlich-rechtlichen Vertrag als einem normativ-polysynthetischen Rechtsinstitut.[151] Auch der rechtsverordnungsersetzende Vertrag findet nur rudimentäre öffentliche Vorschriften vor, so daß der § 62 Abs. 2 VwVfG auf den rechtsverordnungsersetzenden Vertrag analog anzuwenden ist. Bei der Frage nach der Anwendbarkeit von Normen aus dem Bürgerlichen Gesetzbuch auf den öffentlich-rechtlichen Vertrag ist aber im Hinblick auf die Weite der Verweisung zu überprüfen, ob eine dort enthaltene Vorschrift mit dem Wesen des öffentlich-rechtlichen Vertrags und seinen Besonderheiten vereinbar ist.[152] Diese Verweisung in das Bürgerliche Gesetzbuch ist insbesondere interessant für das Recht der Leistungsstörungen; denn schließlich regelt das Verwaltungsverfahrensgesetz nur den Wegfall der Geschäftsgrundlage in § 60 Abs. 1 VwVfG.[153] Dabei ist der amtlichen Begründung zu entnehmen,[154] daß nicht nur die positiv normierten Fälle der Leistungsstörung wie Unmöglichkeit und Verzug, sondern auch die richterrechtlichen Formen der positiven Forderungsverletzung und der culpa in contrahendo von dem Verweis erfaßt sind.[155]

g) Zwischenergebnis

Nicht alle Vorschriften des Verwaltungsverfahrensgesetzes für einen öffentlich-rechtlichen Vertrag sind auch auf den rechtsverordnungsersetzenden Vertrag umstandslos übertragbar. Das Endergebnis dieser Untersuchung wird insoweit durch die Ergebnisse dieses Abschnittes vorgeprägt, als hier dargelegt wurde, daß ein rechtsverordnungsersetzender Vertrag nicht nur keine Bindungswirkung aufweisen kann, sondern auch gemäß § 59 Abs. 1 VwVfG analog in Verbindung mit § 134 BGB analog nichtig sein muß.

2. Die Vorschriften des Gesetzes gegen Wettbewerbsbeschränkungen

Umwelt- und Kartellrecht[156] weisen Zielkonflikte auf:[157] Zur Lösung der Umweltprobleme ist ein gemeinsames Handeln aller gesellschaftlichen Gruppen vonnöten. Die

---

[149] *Bauer* in: Hoffmann-Riem/Schmidt-Aßmann (Hrsg.), Innovation und Flexibilität des Verwaltungshandelns, S. 247; *Maurer*, Allgemeines Verwaltungsrecht, § 14 Rdnr. 2; *Schlette*, Verwaltung als Vertragspartner, S. 389

[150] Vgl. zur verfassungsrechtlichen Bestimmtheit des § 62 Satz 2 VwVfG: *Schlette*, Verwaltung als Vertragspartner, S. 396.

[151] *Spannowsky*, Verträge und Absprachen, S. 30. *Bonk* in: Stelkens/Bonk/Sachs, VwVfG, § 54 Rdnr. 110 spricht von einer Zwitterstellung des öffentlich-rechtlichen Vertrages

[152] *Bonk* in: Stelkens/Bonk/Sachs, VwVfG, § 62 Rdnr. 23; *Kopp/Ramsauer*, VwVfG, § 62 Rdnr. 6.

[153] *Meyer*, NJW 1977, 1705 (1709).

[154] BT-Drucks. 7/910, S. 83.

[155] Vgl. *Beyer*, Instrumente des Umweltschutzes, S. 170 f.; *Bonk* in: Stelkens/Bonk/Sachs, VwVfG, § 62 Rdnr. 22; *Maurer*, Allgemeines Verwaltungsrecht, § 14 Rdnr. 52; *Ule/Laubinger*, Verwaltungsverfahrensrecht, S. 821.

[156] Zu Umwelt- und Unlauterbarkeitsrecht: *Kloepfer* in: FS von Lersner, S. 181.

erforderlichen Kooperationen können aber leicht zur Abschirmung von Märkten und zum Aufbau von Markteintrittsbarrieren führen.[158] Dieses ist insbesondere in der jüngsten Vergangenheit in der Abfallwirtschaft[159] deutlich geworden: So erfüllt das Duale System Deutschland GmbH nach Auffassung des Bundeskartellamts zwar den Tatbestand des § 1 GWB, wird aber dennoch vom Bundeskartellamt toleriert.[160] Das Bundeskartellamt untersagte hingegen die Gründung eines Entsorgungssystems für Transportverpackungen.[161] Auch die Bundesminister haben aus eigener Verfassungsbindung heraus die Pflicht, den freien Wettbewerb als Strukturvorgabe bei der Verwirklichung umweltpolitischer Ziele zu beachten,[162] wobei der Druck auf das Kartellrecht, für die Verwirklichung öffentlicher Aufgaben eine Ausnahme zu machen, zunimmt.[163] Eine bereichsspezifische Ausnahme sollte aber grundsätzlich nicht gewährt werden.[164] In diese kartellrechtliche Problematik ist ebenso wie eine Selbstverpflichtung[165] auch ein rechtsverordnungsersetzender Vertrag gestellt.

a) Die Vorschriften des GWB

Das Kartellrecht umfaßt die Rechtsnormen, die der Bekämpfung von Beschränkungen des Wettbewerbs durch Wettbewerber dienen: Es sichert die Freiheit des Marktzugangs, damit es zum Wettbewerb kommen kann.[166] Das Kartellrecht ist im Gesetz gegen Wettbewerbsbeschränkungen (GWB) sowie in den Wettbewerbsregeln in den Europäischen Verträgen und den zu ihrer Durchführung erlassenen Verordnungen enthalten. „Klassische" Beispiele sind Absprachen der Unternehmen über den Preis, den

---

[157] Grundsätzlich kein Zielkonflikt besteht zwischen Umweltschutz und Marktwirtschaft: Vgl. *Kloepfer*, UPR 1981, 41 (42).

[158] *Helberg*, Selbstverpflichtungen, S. 256; *Rennings/Brockmann/Koschel/Bergmann/Kühn*, Nachhaltigkeit, S. 160.

[159] Vgl. *Beckmann*, UPR 1996, 41 (48 f.); *Bock*, WuW 1996, 187 ff.; *Riesenkampff*, BB 1995, 833 (834 ff.); *Köhler*, BB 1996, 2577 (2580); *Scholz/Aulehner*, BB 1993, 2250 (2256); *Streck*, Abfallrechtliche Produktverantwortung, S. 174 ff.

[160] *Bock*, WuW 1996, 187 (193); *Sacksofsky*, WuW 1994, 320.

[161] *Helberg*, Selbstverpflichtungen, S. 260; *Köhler*, BB 1996, 2577 (2578).

[162] *Di Fabio*, JZ 1997, 969 (974).

[163] *Di Fabio*, VVDStRL 56 (1997), 235 (255).

[164] So auch *Di Fabio*, JZ 1997, 969 (974).

[165] Vgl. *Baudenbach*, JZ 1988, 687 ff.; *Becker*, DÖV 1985, 1003 (1008); *von Bernuth*, Umweltschutzfördernde Unternehmenskooperationen, 27 ff.; *Brohm*, DÖV 1992, 1025 (1028 f.); *Bohne*, VerwArch 75 (1984), 343 (361 f.); *Dempfle*, Normersetzende Absprachen, S. 95 ff.; *Di Fabio*, JZ 1997, 969 (974); *Faber*, UPR 1997, 431 ff.; ausführlich *Frenz*, Selbstverpflichtungen der Wirtschaft, S. 296 ff. und S. 353 ff.; *Fluck/Schmitt*, VerwArch 89 (1998), 220 (235 f.); *Görgen/Troge*, Branchenabkommen, S. 163 ff.; *Grewlich*, DÖV 1998, 54 (61); *Hartkopf/Bohne*, Umweltpolitik 1, S. 231; *Helberg*, Selbstverpflichtungen, S. 256 ff.; *Kaiser*, NJW 1971, 585 ff.; *Kloepfer*, JZ 1980, 781 ff.; *ders.*, UPR 1981, 41 (45); *ders.*, Jura 1993, 583 (588); *Knebel/Wicke/Michael*, Selbstverpflichtungen und normersetzende Umweltverträge, S. 224 ff.; *Kohlhaas/Praetorius*, Selbstverpflichtungen der Industrie, S. 161 ff.; *Köpp*, Normvermeidende Absprachen, S. 245 ff.; *Oldiges*, WiR 1973, 1 (14); *Schlarmann*, NJW 1971, 1394 ff.; *Scherer*, DÖV 1991, 1 (5); *von Zezschwitz*, JA 1978, 497 ff.

[166] So unterscheidet es sich vom Wettbewerbsrecht im engeren Sinne, das sich in erster Linie gegen unlautere Verhaltensweisen im Wettbewerb richtet.

sie fortan gemeinsam fordern wollen, über die Menge, die jedes Unternehmen anbieten darf, sowie über das Gebiet, das jedem von ihnen reserviert werden soll.[167]

Das GWB wendet sich in § 1 GWB gegen „Vereinbarungen von Unternehmen, Beschlüsse von Unternehmensvereinigungen und aufeinander abgestimmte Verhaltensweisen" und geht damit von einem grundsätzlichen Verbot aller Kartelle aus. Dabei wird zwischen horizontalen und vertikalen Wettbewerbsbeschränkungen unterschieden: Horizontale Wettbewerbsbeschränkungen liegen vor, wenn sie Unternehmen gleicher Wirtschaftsstufen betreffen, die tatsächlich oder potentiell auf demselben Markt tätig sind. Hingegen spricht man von vertikalen Wettbewerbsbeschränkungen, wenn die Unternehmen in aufeinanderfolgenden Wirtschaftsstufen, meistens Käufer-Verkäufer Verhältnis, zu einander stehen. Der Maßstab des Kartellrechts gilt dabei grundsätzlich nur für privatwirtschaftliches Handeln, nicht hingegen für staatliche wirtschaftslenkende Maßnahmen.

Die Beurteilung der Zulässigkeit eines rechtsverordnungsersetzenden Vertrags nach dem Kartellrecht hängt maßgeblich davon ab, welche Variante man bei der Umsetzung der Pflichten aus dem Vertrag wählt: Es ist nämlich zwischen dem eigentlichen rechtsverordnungsersetzenden Vertrag und eventuellen Verträgen zwischen dem Verband und den einzelnen Unternehmen zur Umsetzung der Verpflichtung aus dem rechtsverordnungsersetzenden Vertrag zu unterscheiden.

Während der rechtsverordnungsersetzende Vertrag öffentlich-rechtlicher Natur ist, sind die Umsetzungsverträge als zivilrechtliche Verträge zu charakterisieren. Diese Variante entspricht der Situation bei Selbstverpflichtungen, bei denen die eigentliche Selbstverpflichtung auch öffentlich-rechtlich ist. Zur Umsetzung der Selbstverpflichtung werden innerhalb des Verbandes zwischen Verband und Unternehmen Absprachen getroffen, wie die vertraglichen Ziele erreicht werden können.

Um eine Vollstreckbarkeit des rechtsverordnungsersetzenden Vertrags zu ermöglichen, ist es nach der in dieser Untersuchung vertretenen Auffassung[168] notwendig, daß alle beteiligten Unternehmen Vertragspartner des rechtsverordnungsersetzenden Vertrags werden. Mithin entfallen Umsetzungsverträge zwischen Verband und Unternehmen. Hätte die zuständige Behörde den Regelungsbereich als Rechtsverordnung erlassen, so käme das Gesetz gegen Wettbewerbsbeschränkungen unstrittig nicht zur Anwendung. Gleiches gilt für den rechtsverordnungsersetzenden Vertrag. Zudem fehlt es zwischen Staat und Unternehmen als Partner des Vertrags an einem notwendigen Wettbewerbsverhältnis.[169] Rechtsverordnungsersetzende Verträge werfen also keine wettbewerbsrelevanten Fragen mehr auf, vielmehr beurteilt sich die Zulässigkeit solcher Verträge ausschließlich nach öffentlichem Recht. Für die Wertungen des Kartellrechts bleibt dann kein Raum mehr. Zwar verweist der § 62 Satz 2 VwVfG auf die Bestimmungen des Bürgerlichen Gesetzbuches, eine Verweisung in das Kartellrecht ist damit aber nicht gegeben,[170] was sich sowohl aus dem eindeutigen Wortlaut als auch aus dem Umstand ergibt, daß im Gesetzgebungsverfahren eine solche weitgehende

---

[167] Etwa *Emmerich*, Kartellrecht, S. 27 ff.

[168] Vgl. oben § 5 (S. 117 ff.)

[169] *Emmerich* in: Immenga/Mestmäcker, GWB, § 98 Abs. 1 Rdnr. 35; *Scherer*, DÖV 1991, 1 (5). Ähnlich *Baudenbach*, JZ 1988, 689 (694).

[170] *Ule/Laubinger*, Verwaltungsverfahrensgesetz, S. 744.

Verweisung ausdrücklich abgelehnt worden ist.[171] Mithin sind die §§ 1 ff. GWB auf einen rechtsverordnungsersetzenden Vertrag nicht anwendbar.

b) Die Vorschriften des Art. 81 ff EGV

Auf europäischer Ebene gibt es in den Art. 81 ff EGV wettbewerbsschützende Regeln, die das Ziel verfolgen, einen Wettbewerb innerhalb des gemeinschaftlichen Binnenmarktes zwischen den privaten und öffentlichen Unternehmen zu ermöglichen und zu gewährleisten.

Im EU-Kartellrecht sind in diesem Zusammenhang die Art. 81 ff EGV zu beachten, die nicht nur Vereinbarungen zwischen Unternehmen sowie Beschlüsse von Unternehmensvereinigungen, sondern ausdrücklich auch rein faktische, auf einander abgestimmte Verhaltensweisen erfassen, soweit sie wettbewerbsbehindernd, einschränkend oder verfälschend wirken. Dabei schützt das europäische Kartellrecht auch vor hoheitlichem Handeln, sofern es seiner Natur nach als an sich wirtschaftliches Handeln und damit als unternehmerisch anzusehen ist.[172] Hoheitliche Maßnahmen sind damit jedoch nicht von der Bindung an die Wettbewerbsregeln ausgeschlossen, Adressat der Vorschriften sind auch die Mitgliedstaaten.[173] So hat der *Europäische Gerichtshof*[174] entschieden, daß die Mitgliedstaaten keine Maßnahmen ergreifen oder aufrechterhalten dürfen, durch die die praktische Wirksamkeit der Wettbewerbsregeln beeinträchtigt werden können (Art. 10 Abs. 2 EGV). Eine Anwendbarkeit des europäischen Kartellrechts kann daher nicht mit dem Argument verneint werden, Ursache für die Wettbewerbsverzerrung sei ein staatliches Handeln.

Ein rechtsverordnungsersetzender Vertrag im Umweltbereich wird regelmäßig die Voraussetzung für eine Freistellung gemäß Art. 81 Abs. 3 EGV erfüllen.[175] Insbesondere der Art. 81 Abs. 1 EGV kann bei einem rechtsverordnungsersetzenden Vertrag nicht angewendet werden, wenn das aufeinander abgestimmte Verhalten der Förderung des technischen oder wirtschaftlichen Fortschritts dient, ohne daß den beteiligten Unternehmen Beschränkungen auferlegt werden.

Ein rechtsverordnungsersetzender Vertrag trägt dazu bei, zur Erreichung der Verpflichtungen aus dem Vertrag neue Verfahren zu entwickeln und zu erneuern sowie Verfahrensabläufe zu optimieren. Hierdurch kommt es zu spürbaren objektiven Vorteilen für den Verbraucher, die die Nachteile des Kartells überwiegen.[176] Außerdem kommt es durch den rechtsverordnungsersetzenden Vertrag zu einem verbesserten Umweltschutz und zu einer verbesserten Umweltqualität. Eventuelle Nachteile für die Verbraucher werden hierdurch regelmäßig kompensiert. Dabei ist ein Zusammenwirken der Unternehmen erforderlich, da die Unternehmen nur gemeinsam das erstrebte Ziel erreichen können.

---

[171] *Maltzahn*, GRUR 1993, 235.
[172] *Emmerich*, Kartellrecht, S. 397.
[173] *Oppermann*, Europarecht, Rdnr. 1033.
[174] *EuGH* Slg. 1985, 880 (885 f.); 1991, 2010 (2016 f.)
[175] *Fluck/Schmitt*, VerwArch 89 (1998), 220 (244 f.); *Frenz*, EuR 34 (1999), 27 (46 ff.). Zudem ist an eine Rechtfertigung der Maßnahme aus den Grundsätzen des Art. 30 EGV zu denken.
[176] Vgl. zu diesem Kriterium: *Emmerich*, Kartellrecht, S. 442.

c) Ergebnis

Der rechtsverordnungsersetzende Vertrag ist kartellrechtlich nicht relevant, da er dem deutschen Kartellrecht nicht unterfällt und nach europäischem Kartellrecht des weiteren ein Befreiungsgrund vorliegt.

§ 16: Gesetzliche Grundlagen für eine Ermächtigung zum Abschluß eines rechtsverordnungsersetzenden Vertrags.

Durch einen rechtsverordnungsersetzenden Vertrag kommt es bei den Vertragspartnern zu einem Grundrechtseingriff.[1] Dieser Grundrechtseingriff bedarf, um dem Gesetzesvorbehalt zu genügen, entweder einer gesetzlichen Grundlage oder seiner Rechtfertigung in einem anderen durch die Verfassung geschützten Rechtsgut. Für den Abschluß eines rechtsverordnungsersetzenden Vertrags ist mithin eine formal-gesetzliche Grundlage zu fordern. Da de lege lata eine ausdrückliche Ermächtigungsnorm für einen rechtsverordnungsersetzenden Vertrag fehlt, ist zu überlegen, ob sich aus der geregelten, einfach gesetzlichen oder verfassungsrechtlichen Materie eine ausreichende Grundlage für den Abschluß eines rechtsverordnungsersetzenden Vertrags ergibt.

I. Aus dem Verwaltungsverfahrensgesetz ?

Eine gesetzliche Ermächtigung für einen rechtsverordnungsersetzenden Vertrag könnte in § 54 VwVfG gesehen werden. Diese Regelung geht zunächst nur von der grundsätzlichen Zulässigkeit der Handlungsform des öffentlich-rechtlichen Vertrags aus: Zulässigkeitstheorie. Mithin ist hier abstrakt-generell formuliert, ob überhaupt ein Vertrag auch ohne spezialgesetzliche Ermächtigung geschlossen werden darf.[2] Folglich kommt dem § 54 VwVfG lediglich eine deklaratorische Funktion zu, womit die Frage nach der grundsätzlichen Zulässigkeit der Vertragsform beantwortet ist. Aus dieser grundsätzlichen Zulassung der Vertragsform darf allerdings nicht auf eine unbeschränkte Gestaltungsfreiheit bei der Vereinbarung des Vertragsinhaltes geschlossen werden. Eine solche generelle und allgemeine Ermächtigung, wie es der § 54 VwVfG in diesem Falle wäre, würde den Gesetzesvorbehalt letztendlich leerlaufen lassen. Eine Ermächtigung für den Inhalt eines rechtsverordnungsersetzenden Vertrags kann jedoch nur der Sachgesetzgeber mit Hinblick auf den jeweiligen Sachbereich regeln.[3] Der § 54 VwVfG wird den Anforderungen des Gesetzesvorbehalts mithin nicht gerecht.

Auch die Frage nach § 56 VwVfG als Ermächtigungsgrundlage führt zu keinem anderen Ergebnis; denn dieser Paragraph konkretisiert lediglich das Verhältnismäßigkeitsprinzip, aber nicht die nötigen inhaltlichen Entscheidungsmaßstäbe der Verwaltung.[4] Somit bietet das Verwaltungsverfahrensgesetz keine gesetzliche Ermächtigungsgrundlage für den Abschluß eines rechtsverordnungsersetzenden Vertrags.[5]

---

1 Vgl. oben § 12 IV. (S. 181 ff.).

2 Mittlerweile herrschende Ansicht: *Bonk* in: Stelkens/Bonk/Sachs, VwVfG, § 54 Rdnr. 92 und 102; *Huber*, Allgemeines Verwaltungsrecht, S. 231; *Kopp/Ramsauer*, VwVfG, § 54 Rdnr. 1; *Maurer*, DVBl. 1989, 798 (802); *Punke*, Verwaltungshandeln durch Vertrag, S. 82 m.w.N.

3 *Bleckmann*, VerwArch 63 (1972), 404 (427); *Huber*, Planungsbedingte Wertzuwachs, S. 54; *Pietzcker*, Der Staat 17 (1978), 527 (534); *Schenke*, JuS 1977, 281 (285); *Scherzberg*, JuS 1992, 205 (211); *Schmidt-Aßmann/Krebs*, Rechtsfragen städtebaulicher Verträge, S. 193.

4 Vgl. *Scherzberg*, JuS 1992, 205 (211).

5 So auch *Knebel/Wicke/Michael*, Selbstverpflichtungen und normersetzende Umweltverträge, S. 201.

II. Aus der verfassungsrechtlichen Leitungsaufgabe der Bundesregierung ?

Die Bundesregierung ist auf Grund ihrer verfassungsrechtlichen Leitungsaufgabe zur Möglichkeit des informellen Verwaltungshandelns parallel zum Abschluß eines rechtsverordnungsersetzenden Vertrags befugt. So hat das *Bundesverwaltungsgericht* in seinem Glykohl-Urteil[6] im Jahre 1990 eine Beeinträchtigung der in Art. 12 Abs. 1 GG betroffenen Winzer zwar bejaht, sah aber eine ausreichende gesetzliche Ermächtigungsgrundlage für den staatlichen Eingriff in der Kompetenz der Bundesregierung, in krisenhaften Notsituationen die Öffentlichkeit zu informieren: Diese Kommunikationsfunktion der Regierung sei verfassungsrechtlich vorausgesetzt.

Auch die Osho I-Entscheidung des *Bundesverwaltungsgerichts*[7] hatte eine Warnung als zentralen Punkt. Der konstatierte Eingriff in Art. 4 Abs. 1 GG, so das *Bundesverwaltungsgericht,* sei gerechtfertigt: Die Bundesregierung sei in ihrer spezifischen Regierungsfunktion gemäß Art. 65 GG tätig geworden. Aus der Aufgabe der Bundesregierung, als Organ der Staatsleitung tätig zu werden, liege zugleich die Ermächtigung, in die Grundrechte Einzelner einzugreifen.

Sicher ist trotz der an den genannten Entscheidungen geäußerten Kritik,[8] daß die Rechtsprechung des *Bundesverwaltungsgerichts* diese Befugnis der Bundesregierung nur als Notbefugnis sieht, die als Ausnahmeermächtigung nur für Ausnahmesituationen, zum Beispiel zur Gefahrenabwehr, dient.[9]

Ein rechtsverordnungsersetzender Vertrag wird aber im Regelfall nicht zur Gefahrenabwehr geschlossen, sondern aus langfristigen Überlegungen. Für Ausnahmesituationen kommt er nicht in Frage. Mithin scheidet der Art. 65 GG als Ermächtigungsgrundlage für Abschluß eines rechtsverordnungsersetzenden Vertrags aus.

III. Aus anderen in der Verfassung geschützte Rechtsgüter ?

1. Das Staatsziel Umweltschutz - Art. 20a GG als Ermächtigungsgrundlage ?

In Art. 20a GG könnte ebenfalls eine Ermächtigungsgrundlage zum Grundrechtseingriff gesehen werden, der damit dann eine Konkretisierung von immanenten Grundrechtsschranken wäre.[10] Grundrechte, mit und ohne Gesetzesvorbehalt, finden ihre Grenzen nämlich in den Grundrechten anderer sowie in Gemeinschaftsgütern mit Verfassungsrang.[11] Ein solches Gemeinschaftsgut von Verfassungsrang könnte in dem Art. 20a GG zu sehen sein. Allerdings enthält dieser Artikel nur ein grundlegendes Ziel, welches zudem der Ausfüllung durch den Gesetzgeber bedarf, um anwendbar zu

---

6 *BVerwGE* 87, 37 (46 ff.). Hierzu *Gröschner*, JZ 1991, 628 ff. sowie *Hesse*, JZ 1991, 774; *Schoch*, DVBl. 1991, 667 ff. Gegen das DEG- Urteil des *Bundesverwaltungsgerichts* ist eine Verfassungsbeschwerde anhängig.

7 *BVerwG*, NJW 1991, 1770. Hierzu *Meyn*, JuS 1990, 630.

8 Kritisiert wird insbesondere, daß das Gerichts von einer Aufgabe auf eine Befugnis schließt. Zum Beispiel: *Di Fabio*, Risikoentscheidungen im Rechtsstaat, S. 418 ff. („Rückfall hinter die Kreuzberg-Entscheidung des Preußischen Oberverwaltungsgerichts); *ders*., JuS 1997, 1 ff.; *Lege*, DVBl. 1999, 560 (574); *Schoch*, DVBl. 1991, 667 (672); *Spaeth*, Grundrechtseingriff durch Information, S. 185 ff.

9 *Ossenbühl*, ZHR 155 (1991), 329 (336).

10 *Kuhlmann*, JA 1990, 59 ff.; *Roth*, Verwaltungshandeln mit Drittbetroffenheit, S. 235 ff.

11 *BVerfGE* 66, 110 (136); *BVerwGE* 71, 183 (195 f.).

sein. Staatsziele taugen jedoch ohne interpositio legislatoris noch nicht einmal als Grundrechtsschranke,[12] geschweige denn zu Gesetzesvorbehalten, die zum Grundrechtseingriff ermächtigen. Als unmittelbare Interventionsmöglichkeit ist der Art. 20a GG mithin nicht geeignet:[13] Das Prinzip des Vorbehalts des Gesetzes kann auf diesem Wege nicht umgangen werden.

2. Die grundrechtlichen Schutzpflichten als Ermächtigungsgrundlage ?

Zu beantworten ist ferner die Frage, ob die Exekutive sich in einem grundrechtlichen Dreiecksverhältnis unmittelbar auf ihre Bindung an die grundrechtlichen Schutzpflichten gegenüber Dritten als Ermächtigungsgrundlage berufen kann, so daß sich eine formelle Eingriffsermächtigung erübrigt.

Daß sich aus Art. 2 Abs. 2 Satz 1 GG in Verbindung mit Art. 1 Abs. 1 GG grundsätzlich eine Schutzpflicht des Staates für das Leben und die Gesundheit gegenüber seiner Bürger ergibt, wurde bereits dargestellt. Diese Schutzpflicht trifft gemäß Art. 1 Abs. 3 GG alle Gewalten als eine unmittelbare Verpflichtung, folglich auch die Exekutive.[14]

Bei rechtsverordnungsersetzenden Verträgen ist im Regelfall eine Pflicht des Staates zum Eingreifen, zum Beispiel mit dem Ziel des Gesundheitsschutzes, nicht gegeben, da im Regelfall nicht die Schwelle zur Gesundheitsbeeinträchtigung erreicht ist. Aber selbst wenn diese Voraussetzung gegeben sein sollte, reicht die aus Art. 2 Abs. 2 GG resultierende Schutzpflicht des Staates als Ermächtigungsgrundlage für einen Grundrechtseingriff bei Dritten nicht aus. In einem solchen Ausnahmefall müßte man nämlich folgendermaßen vorgehen: Greift der Staat zum Schutz von Grundrechten in die Grundrechte eines Dritten ein, stehen sich die objektiv-rechtliche Schutzdimension und die subjektiv-rechtliche Abwehrdimension der Grundrechte gegenüber.[15] Es kommt zu einer Grundrechtskollision, deren Auflösung im Wege der Herstellung der praktischen Konkordanz erfolgt. Wird nach einer Konkordanzprüfung ein Überwiegen der objektiv-rechtlichen Dimension festgestellt, wäre die Konsequenz, daß sich die Exekutive dann auf Art. 1 Abs. 3 GG als Eingriffsgrundlage berufen könnte. Damit wäre aber eine formellgesetzliche Eingriffsgrundlage für solche Fälle entbehrlich. Eine solche Gleichrangigkeit der objektiv-rechtlichen und subjektiv-rechtlichen Dimension der Grundrechte kann auf Grund ihrer unterschiedlichen Wirkweise jedoch nicht eintreten. Die Schutzpflicht unterscheidet sich nämlich erheblich in ihrem Inhalt und ihrer Wirkweise von den Eingriffsabwehrrechten:[16]

Die freiheitsrechtliche Dimension der Grundrechte gibt dem Staat einerseits konkrete Schranken für sein Handeln auf, die objektiv-rechtliche Seite der Grundrechte verlangt hingegen andererseits vom Staat ein Tätigwerden, um der Schutzpflicht gerecht zu werden. Wie der Staat seiner Schutzpflicht letztendlich nachkommt, obliegt seiner weiten Einschätzungsprärogative. Insofern sind die Schutzpflichten unspezi-

---

[12] *BVerfGE* 59, 231 (263); *Neumann*, DVBl. 1997, 92 (100).

[13] *Merten*, DÖV 1993, 368 (370).

[14] *BVerfGE* 46, 160 (164 f.); *Enders*, AöR 115 (1990), 610 ff.; *Stern*, Staatsrecht III/1, S. 950; *Wahl/Masing*, JZ 1990, 553 (559).

[15] *Spaeth*, Grundrechtseingriff durch Information, S. 198.

[16] *Wahl/Masing*, JZ 1990, 553 (558).

fisch. Zwar trifft die Schutzpflicht gemäß Art. 1 Abs. 3 GG alle Gewalten und damit auch die Exekutive, es ist jedoch nach den Kompetenzregeln alleinige Aufgabe des Gesetzgebers, einen Rahmen zur Konkretisierung der Schutzpflichten zu schaffen.[17] Der Art. 1 Abs. 3 GG setzt diese Kompetenzen voraus, ist aber nicht in der Lage, solche Kompetenzen zu erschaffen.[18] Daher kann jede staatliche Gewalt ihrer Schutzpflicht nur in dem bereits bestehenden Rahmen nachkommen. Bedarf es hierzu eines Grundrechtseingriffs, so muß der Gesetzgeber hierfür eine gesetzliche Grundlage schaffen. Besonders in den Bereichen der Gefahrenabwehr könnte ansonsten immer auf Ermächtigungsgrundlagen verzichtet werden, was bedeutete, daß der Vorbehalt des Gesetzes konterkariert würde.[19] Diese Konterkarierung des Vorbehalts würde im Ergebnis zu einer rechtsstaatlich unvertretbaren Konsequenz führen.[20] Auch ein Schutzeingriff muß daher dem Eingriffsvorbehalt genügen.[21] Die grundrechtliche Schutzpflicht des Staates ist folglich für die Exekutive kein Eingriffstitel in Grundrechte Dritter und kann daher auch nicht zur Ermächtigung für den Abschluß eines rechtsverordnungsersetzenden Vertrags dienen.

IV. Aus der Ermächtigung zum Erlaß einer Rechtsverordnung ?

Der rechtsverordnungsersetzende Vertrag substituiert eine Rechtsverordnung. Insbesondere in Umweltgesetzen existiert eine Vielzahl von Ermächtigungen zum Erlaß einer Rechtsverordnung. Daher ist es denkbar, daß die Ermächtigung zum Abschluß eines rechtsverordnungsersetzenden Vertrags aus der entsprechenden Ermächtigung zum Erlaß einer Rechtsverordnung in dem jeweiligen Bundesgesetz gezogen werden kann.

1. Die Situation bei Selbstverpflichtungen

In der Literatur wird die Ansicht vertreten, daß es durch Selbstverpflichtungen zwar zu einem Grundrechtseingriff kommen kann, daß dieser Grundrechtseingriff aber durch eine gesetzliche Ermächtigung gedeckt sei. Es liege mithin kein Verstoß gegen den rechtsstaatlichen Vorbehalt des Gesetzes vor. Die Ermächtigungsgrundlage wird in der fachgesetzlichen Verordnungsermächtigung gesehen. Voraussetzung sei jedoch, daß sich die Selbstverpflichtung in dem durch die Verordnungsermächtigung gezogenen Rahmen bewegt.[22] Durch die Verordnungsermächtigung hat das Gesetz exekutivi-

---

[17] *Heintzen*, VerwArch 81 (1990), 532 (553); *Huber*, Allgemeines Verwaltungsrecht, S. 74; *Schmidt-Aßmann*, AöR 106 (1981), 205 (207).

[18] *Spaeth*, Grundrechtseingriff durch Information, S. 202; *Stern*, Staatsrecht III/1, S. 950 f.; *Wahl/Masing*, JZ 1990, 553 (559).

[19] *Huber*, Allgemeines Verwaltungsrecht, S. 74.

[20] *Heintzen*, VerwArch 81 (1990), 532 (553).

[21] *Isensee* in: HdbStR V, § 111 Rdnr. 91.

[22] *Bohne*, VerwArch 75 (1984), 343 (367); *Brohm*, DÖV 1992, 1025 (1034). Ferner *Fluck/Schmitt*, VerwArch 89 (1998), 220 (238); *Grewlich*, DÖV 1998, 54 (59); *Knebel/Wicke/Michael*, Selbstverpflichtungen und normersetzende Umweltverträge, S. 65 ff.
Explizit wird eine Ermächtigungsgrundlage für Selbstverpflichtungen dem §§ 24, 25 Abs. 1 KrW-/AbfG entnommen.
Problematisch wird es auch nach dieser Ansicht, wenn der Gegenstand der Selbstverpflichtung über die Ermächtigung hinaus geht, wie zum Beispiel bei der Selbstverpflichtung der deutschen Wirtschaft zur Klimavorsorge.

sches Handeln und damit eventuell verbundene Eingriffe legitimiert. Es mache nämlich weder vom individual-rechtlichen Gehalt des betroffenen Grundrechts noch von der objektiv-rechtlichen Werteordnung der Verfassung her einen Sinn, einerseits imperatives Handeln zu legitimieren, andererseits freiwilligem Entgegenkommen aber grundrechtlich die Anerkennung zu versagen. Wenn der Staat berechtigt sei, sogar einen Lebenssachverhalt ordnungsrechtlich zu regeln, müsse es dem Staat erst recht erlaubt sein, mit einer grundrechtsrelevanten Selbstverpflichtung zu handeln. Dieses ergebe sich aus dem „a maiore ad minus"-Schluß.[23] Die Ermächtigung zum Erlaß einer Rechtsverordnung decke also auch die grundrechtsbeeinträchtigende Wirkung gegenüber Dritten. Daraus wird der Schluß gezogen: Die Ermächtigung zum Erlaß einer normativen Regelung reicht kompetenzrechtlich auch als Befugnis zu einer einvernehmlichen Regelung aus. Eine Selbstverpflichtung, die im Rahmen dieser Ermächtigung angewendet wird, sei im Hinblick auf den Vorbehalt des Gesetzes als unbedenklich einzustufen.

Dieser Argumentationslinie kann nur beigepflichtet werden, wenn eine Selbstverpflichtung im Vergleich zur Rechtsverordnung tatsächlich ein Minus wäre; denn nur dann ist der Schluß a maiore ad minus zulässig. Wendet man aber den Blick auf das Verfahren des Zustandekommens und auf die Form, die Berücksichtigung von Drittinteressen und die rechtliche Verbindlichkeit, so gerät der a maiore ad minus- Schluß ins Wanken. Selbstverpflichtungen unterliegen nämlich keinem formalisierten Verfahren und werden damit unter Ausschluß der Beteiligung von Dritten abgeschlossen. Zudem erfolgt die Delegation des Parlaments an die Exekutive im Hinblick auf die Verfahrenssicherungen im Rechtssetzungsverfahren. Hinzu tritt der Umstand, daß eine Selbstverpflichtung in der Regel nicht eine „sanftere", sondern vielmehr eine eingriffsverwandte Wirkungsweise aufweist. Die Folgerung, daß eine Selbstverpflichtung ein Minus ist, ist somit nicht zutreffend. Vielmehr ist von einem Aliud-Verhältnis von Selbstverpflichtung und Rechtsverordnung auszugehen,[24] was zur Folge hat, daß eine Selbstverpflichtung nicht auf die Ermächtigungsgrundlage zum Erlaß einer Rechtsverordnung gestützt werden kann. Haben Selbstverpflichtungen eine Eingriffswirkung, sind sie als verfassungswidrig einzustufen.

2. Die Situation des rechtsverordnungsersetzenden Vertrags

Auf Grund des Substitutionscharakters eines rechtsverordnungsersetzenden Vertrags ist die Folgerung, auch der rechtsverordnungsersetzende Vertrag erhalte seine Ermächtigungsgrundlage aus der Verordnungsermächtigung, nicht allzu fernliegend.

A.A.: *Dempfle*, Normersetzende Absprachen, S. 104; *Helberg*, Selbstverpflichtungen, S. 223; *Nickel*, Absprachen zwischen Staat und Wirtschaft, S. 122; *Oebbecke*, DVBl. 1986, 793 (798).

[23] *Becker*, DÖV 1985, 1003 (1010); *Bohne* in: 7. Wissenschaftlichen Fachtagung, S. 128 ff.; *ders.*, VerwArch 75 (1984), 343 (357); *Brohm*, DÖV 1992, 1025 (1034); *Köpp*. Normvermeidende Absprachen, S. 232; *Knebel/Wicke/Michael*, Selbstverpflichtungen und normersetzende Umweltverträge, S. 66.
Zum Maiore ad minus- Schluß: *Larenz*, Methodenlehre, S. 295.

[24] So *Grüter*, Umweltrecht und Kooperationsprinzip, S. 99; *Helberg*, Selbstverpflichtungen, S. 212 f.; *Hucklenbruch*, Umweltrelevante Selbstverpflichtungen, S. 203; *Kunig*, DVBl. 1992, 1193 (1197); *Oebbecke*, DVBl. 1986, 793 (799); *von Zezschwitz*, JA 1978, 497 (504).

Deshalb wird im Folgenden der Vorbehalt des Gesetzes, nach seiner rechtsstaatlichen und demokratischen Dimension unterteilt, untersucht.

a) Rechtsstaatlicher Gesetzesvorbehalt

aa) Drohung mit einer Rechtsverordnung ?

Eingriffe in Grundrechte durch Rechtsverordnung dürfen nur dann erfolgen, wenn das jeweilige Grundrecht einen Eingriff „auf Grund Gesetz“ für zulässig erachtet. Der Gesetzgeber stellt dem Verordnungsgeber hierfür die Verordnungsermächtigung zur Verfügung. Es fragt sich daher, ob der Verordnungsgeber bereits dadurch von der Ermächtigung Gebrauch macht, daß er mit dem bloßen Erlaß einer Verordnung droht. In diesem Fall wird die Verordnungsermächtigung jedoch zweckentfremdet als Druckmittel und nicht als Legitimationsgrundlage eingesetzt.[25] Somit kann eine Drohung mit dem Erlaß einer Rechtsverordnung einem rechtsverordnungsersetzenden Vertrag nicht die Legitimation über die Verordnungsermächtigung verschaffen.

bb) Vergleichbare Wirkung von rechtsverordnungsersetzendem Vertrag und Rechtsverordnung für die Betroffenen ?

Knebel/Wicke/Michael leiten die gesetzliche Ermächtigungsgrundlage für den Abschluß eines rechtsverordnungsersetzenden Vertrags aus der entsprechenden Verordnungsermächtigung des jeweiligen Fachgesetzes ab, sofern sich der rechtsverordnungsersetzende Vertrag an den Regelungsumfang der Ermächtigungsnorm hält.[26] Als Begründung wird angeführt, daß sowohl die Mitglieder der Verbände als auch die Zulieferer- und Abnehmerbetriebe im Falle imperativen hoheitlichen Handelns in tatsächlicher und rechtlicher Hinsicht gleichermaßen betroffen wären.

Vorweg kann festgestellt werden, daß ein Vertragsinhalt, der über den möglichen Inhalt einer Rechtsverordnung hinausgeht, gegen den Vorbehalt des Gesetzes verstößt. Das ist auf Grund der dargelegten Grundrechtsrelevanz des Vertrags evident. Wenn man die fachgesetzliche Rechtsverordnungsermächtigung als Ermächtigung für einen rechtsverordnungsersetzenden Vertrag genügen läßt, so muß man auch die Sperrwirkung des Art. 80 Abs. 1 GG[27] für Rechtsetzung außerhalb des gesetzlich abgesteckten Rahmens akzeptieren. Eine Verordnung wäre nämlich bereits auf Grund der Akzesso-

---

[25] Vgl. *Hucklenbruch*, Umweltrelevante Selbstverpflichtungen, S. 203; *Oebbecke*, DVBl. 1986, 793 (796).

[26] *Knebel/Wicke/Michael*, Selbstverpflichtungen und normersetzende Umweltverträge, S. 201, mit Berufung auf *Grewlich*, DÖV 1998, 54 (59). Ferner auch *Fluck/Schmitt*, VerwArch 89 (1998), 220 (237) sowie *Köpp*, Normvermeidende Absprachen, S. 283.

[27] Zur Sperrwirkung des Art. 80 für exekutivische Rechtsetzung: *von Danwitz*, Gestaltungsfreiheit des Verordnungsgebers, S. 32 f.; *Dittmann* in: Biernat et al. (Hrsg.), Grundfragen des Verwaltungsrechts und der Privatisierung, S. 113; *Nierhaus* in: Bonner Kommentar, GG VII, Art. 80 Abs. 1 Rdnr. 85; *Studenroth*, DÖV 1995, 525 (526) sowie *Ossenbühl* in: HdbStR III, § 64 Rdnr. 16, der aber davon ausgeht, daß die Frage nach einem originären Verordnungsrecht der Verwaltung noch nicht als erledigt zu betrachten ist. So soll die Exekutive in unwesentlichen Bereichen durch Verordnung handeln können.
Eine andere Frage ist hingegen, ob außerhalb des Verordnungsrechts der Verwaltung ein originäres Rechtsetzungsrecht im unwesentlichen Bereich zusteht. Vgl. *Maurer/Schnapp*, VVDStRL 43 (1985), 135 ff./172 ff.

rietät von Verordnung und Ermächtigungsnorm formell rechtswidrig.[28] Die verfassungsrechtliche Sicherung darf aber nicht ausgehöhlt werden; denn andernfalls käme es zu einer originären außenrechtswirksamen Normsetzung, die der Art. 80 Abs. 1 GG gerade verhindern will. Ein „überschießender" Vertragsinhalt kann daher nicht von der fachgesetzlichen Rechtsverordnungsermächtigung gedeckt sein.

Nicht so einfach läßt sich hingegen die Frage beantworten, ob bei einem von der gesetzlichen Ermächtigung zum Erlaß einer Rechtsverordnung aus dem entsprechenden Fachgesetz gedeckten Inhalt eines rechtsverordnungsersetzenden Vertrags die notwendige Ermächtigungsgrundlage in der Verordnungsermächtigung gesehen werden kann. Dies bedarf der genaueren Prüfung.

(1) Bedenken hinsichtlich der Handlungsform

Tatsache ist: Das Parlament hat die Exekutive zum Erlaß einer Rechtsverordnung ermächtigt und nicht zum Abschluß eines rechtsverordnungsersetzenden Vertrags. Auf Grund dieser Tatsache könnte bereits aus formalen Gründen der Abschluß eines rechtsverordnungsersetzenden Vertrags auf der Basis der fachgesetzlichen Verordnungsermächtigung ausscheiden. Der Art. 80 GG ist eine Konkretisierung des Prinzips der Gewaltenteilung und des Rechtsstaates.[29] Dabei sind die in Art. 80 GG zugelassenen Delegationen von Gesetzgebungsbefugnissen auf die Exekutive als Verordnungsgeber die bedeutendste Durchbrechung des Prinzips der Gewaltenteilung.[30] Sowohl Demokratie- als auch Gewaltenteilungsprinzip monopolisieren die politischen Leitentscheidungen beim Parlament und erlauben der Exekutive nur eingeschränkte Normsetzung. Deshalb soll diese Form der Rechtsetzung auch eine Ausnahme bleiben,[31] die an enge Voraussetzungen gebunden ist.

Wie bereits gezeigt wurde,[32] ist das Grundgesetz aber grundsätzlich formoffen: Ein Numerus clausus der exekutivischen Handlungsformen existiert nicht. Sinn des Art. 80 Abs. 1 GG ist es, eine grenzenlose exekutivische Normsetzung zu verhindern oder, um mit den Worten des *Bundesverfassungsgerichts* zu sprechen, das Parlament daran zu hindern, sich seiner Verantwortung als gesetzgebende Körperschaft zu entäußern.[33] Damit soll nach dem Gedanken des Grundgesetzes indessen nicht eine Reduzierung auf die Handlungsform der Rechtsverordnung vorgenommen werden, vielmehr sollen der Kreis der Erstdelegaten sowie Inhalt, Zweck und Ausmaß durch eine gesetzliche Ermächtigung umgrenzt werden. Die Normsetzungsform alleine gewährt einen solchen Schutz aber nicht. Entscheidend muß daher sein, daß eine inhaltliche Sicherung stattfindet. Die Normsetzungsform ist mithin bedeutungslos, solange es durch sie nicht zu einer Befugnisbegründung kommt.[34]

Dieses zeigt auch die Rechtssprechung des *Bundesverfassungsgerichts* zur Zustimmungsverordnung: Diese Zustimmungsverordnungen sind so lange als „Abkömmling"

---

[28] Vgl. hierzu *von Danwitz*, Gestaltungsfreiheit des Verordnungsgebers, S. 143.
[29] *BVerfGE* 18, 52 (59); *Bryde* in: von Münch/Kunig, GG III, Art. 80 Rdnr. 2.
[30] *Sannwald* in: Schmidt-Bleibtreu/Klein, GG, Art. 80 Rdnr. 7.
[31] *BVerfGE* 24, 184 (197).
[32] Vgl. oben § 8 II.10. (S. 154 f.).
[33] *BVerfGE* 78, 249 (272).
[34] Vgl. hierzu *Burmeister*, VVDStRL 52 (1992) 190 (206 ff.) zu Handlungs- und Rechtsformen im Hinblick auf Verwaltungsakt und öffentlich-rechtlichen Vertrag.

der Rechtsquelle Rechtsverordnung unbedenklich, wie sie den Anforderungen des Art. 80 Abs. 1 GG entsprechen. Aus demselben Grund sind Änderungsverordnungen mit der Verfassung nicht vereinbar, da sie den Inhalt der Verordnung nicht klar umgrenzen. Daraus ist zu folgern, daß für die Rechtsgültigkeit einer Handlungsform ausschlaggebend ist, daß der Exekutive ein eigenverantwortlicher Gestaltungsspielraum zugewiesen worden ist, der in den Begrenzungen der Verfassung ausgefüllt werden kann.[35] Mithin besteht so lange ein Formenerfindungsrecht, wie die Sicherungsmechanismen des Grundgesetzes eingehalten sind. Bedenken gegen eine Legitimation des rechtsverordnungsersetzenden Vertrags durch die entsprechende Verordnungsermächtigung bestehen so lange nicht, wie die Grenzen eingehalten werden.

(2) Beeinträchtigungen durch den Formenwechsel ?

Eine Schlüsselstellung kommt bei der Antwort auf die Frage nach der Legitimation des rechtsverordnungsersetzenden Vertrags durch die entsprechende Rechtsverordnung der Prüfung zu, ob der rechtsverordnungsersetzende Vertrag sich in den Grenzen einer entsprechenden Rechtsverordnung bewegt. Ein rechtsverordnungsersetzender Vertrag kann nämlich nur dann auf die entsprechende spezialgesetzliche Ermächtigung zum Erlaß einer Rechtsverordnung gestellt werden, wenn angenommen werden kann, daß dies nicht zu einem Nachteil für die Betroffenen führt.

(a) Eine Rechtsschutzverkürzung für Vertragspartner und Dritte ?

Für die Vertragspartner und Dritte macht der Formwechsel der Verwaltung zwischen Rechtsverordnung und rechtsverordnungsersetzendem Vertrag dann keinen Unterschied, wenn ihnen ein vergleichbarer Rechtsschutz gegen beide Formen zusteht. Ansonsten kommt es zu einem Verstoß gegen Art. 19 Abs. 4 GG. Obwohl der Wortlaut des Art. 19 Abs. 4 GG nicht ganz eindeutig ist, wird diese Vorschrift als Garantie eines lückenlosen und effektiven Rechtsschutzes zusammengefaßt[36] und besitzt selbst Grundrechtsqualität.[37]

Als Rechtsfolge einer fehlerhaften Verordnung wird die Nichtigkeit einer solchen Verordnung ipso iure aus dem Grundsatz „lex superior derogat legi inferiori“ hergeleitet.[38] Eine rechtswidrige und für ungültig erklärte Rechtsverordnung entfaltet keinerlei Rechtswirkung mehr für den Kläger. Im Gegensatz zu formellen Gesetzen besteht bei Rechtsverordnungen kein Verwerfungsmonopol des *Bundesverfassungsgerichts*, so daß jedes deutsche Gericht darüber befinden kann, ob eine Rechtsverordnung rechtswidrig ist.[39] Daher kann der Regelungsadressat gegen einen Verwaltungsakt, der auf einer Rechtsverordnung basiert, im Wege des Widerspruchs und der Anfechtungsklage vorgehen; das Fachgericht wird dann inzident[40] die Rechtmäßig- und

---

[35] Vgl. hierzu *Axer*, Normsetzung der Exekutive in der Sozialversicherung, S. 217 und 255.

[36] *BVerfGE* 24, 367 (401); 40, 382 (401); 46, 166 (178).

[37] *Krüger* in: Sachs (Hrsg.), GG, Art. 19 Rdnr. 107.

[38] Vgl. *von Danwitz*, Gestaltungsfreiheit des Verordnungsgebers, S. 157 ff.; *Degenhart*, Staatsrecht I, Rdnr. 249; *Ipsen*, Rechtsfolgen der Verfassungswidrigkeit von Normen und Einzelakten, S. 313 f.; *Maurer*, Allgemeines Verwaltungsrecht, § 13 Rdnr. 17; *Nierhaus* in: Bonner Kommentar, GG VII, Art. 80 Rdnr. 431 m.w.N.

[39] *Degenhart*, Staatsrecht I, Rdnr. 249; *Huber*, Allgemeines Verwaltungsrecht, S. 47.

[40] Vgl. zur Inzidentkontrolle: *Huber*, Allgemeines Verwaltungsrecht, S. 47.

Wirksamkeit der Verordnung prüfen. Kommt das Gericht zu dem Ergebnis, daß die Rechtsverordnung rechtswidrig ist, wird es diese Verordnung inter partes nicht zur Anwendung kommen lassen.

Vor dem Oberverwaltungsgericht bzw. Verwaltungsgerichtshof kann eine Bundesrechtsverordnung gemäß § 47 Abs. 1 Nr. 2 VwGO allerdings nicht prinzipal kontrolliert werden. Jedoch kann eine Verfassungsbeschwerde gegen eine Rechtsverordnung gemäß Art. 93 Abs. 1 Nr. 4a GG in Verbindung mit § 90 BVerfGG eingelegt werden, wenn diese den Beschwerdeführer bereits selbst, gegenwärtig und unmittelbar verletzt. Eine konkrete Normenkontrolle nach Art. 100 Abs. 1 GG scheidet bei Rechtsverordnungen jedoch aus, weil diese nur für nachkonstitutionelle förmliche Gesetze zulässig ist.[41]

Es fragt sich nun, wie der Rechtsschutz der Vertragspartner im Vergleich gegen einen rechtsverordnungsersetzenden Vertrag aussieht; denn auch ein rechtswidriger öffentlich-rechtlicher Vertrag ist grundsätzlich wirksam. Daher kann er weiterhin als Ermächtigungsgrundlage für Verwaltungsakte dienen und vollstreckt werden.[42] Der wirksame öffentlich-rechtliche Vertrag hat damit Rechtsquellencharakter.[43]

Dieser Grundsatz kann aber, wie hier bereits gezeigt wurde, für einen rechtsverordnungsersetzenden Vertrag nicht gelten: Der rechtsverordnungsersetzende Vertrag muß bei seiner Rechtswidrigkeit analog § 59 Abs. 1 VwVfG in Verbindung mit § 134 BGB nichtig sein.[44]

Soll der nichtige rechtsverordnungsersetzende Vertrag durch einen Verwaltungsakt vollstreckt werden, so kann dieser Verwaltungsakt von dem Adressaten vor dem Verwaltungsgericht angefochten werden. Inzident wird das Gericht dann den rechtsverordnungsersetzenden Vertrag auf dessen Rechtmäßigkeit prüfen.

Ferner besteht für einen Vertragspartner die Möglichkeit, sich vor dem Verwaltungsgericht direkt mit einer Feststellungsklage gegen den rechtsverordnungsersetzenden Vertrag zu wenden; denn dieser Vertrag begründet zwischen den Vertragspartnern ein Rechtsverhältnis im Sinne des § 43 Abs. 1 1. Alt. VwGO. Mithin bestehen für die Vertragspartner dieselben Möglichkeiten, sich gegen einen rechtswidrigen rechtsverordnungsersetzenden Vertrag zu wehren wie gegen die entsprechende nichtige Rechtsverordnung. Eine Rechtsschutzverkürzung für die Vertragspartner kann folglich nicht konstatiert werden.

Wie stellt sich nun die Lage für die Dritten dar ? Die Dritten sind durch die Rechtsverordnung und deren Vollstreckung gegenüber den Adressaten nur mittelbar betrof-

---

[41] Daher wird teilweise im Hinblick auf Art. 19 Abs. 4 GG vertreten, daß gegen eine Rechtsverordnung eine Feststellungsklage zulässig ist. Vgl. etwa *Maurer*, Allgemeines Verwaltungsrecht, § 14 Rdnr. 13; *Schmitt-Glaeser/Horn*, Verwaltungsprozeßrecht, Rdnr. 403

[42] Der rechtswidrige öffentlich-rechtliche Vertrag bleibt insofern „bestandskräftig“. Vgl. *Punke*, Verwaltungshandeln durch Vertrag, S. 196.

[43] *Fluck*, Erfüllung des öffentlichrechtlichen Vertrags durch Verwaltungsakt, S. 15 ff.; *Gusy*, DVBl. 1983, 1222 (1227); *Knuth*, JuS 1986, 523 (524); *Punke*, Verwaltungshandeln durch Vertrag, S. 251; *Scherzberg*, JuS 1992, 205 (214); *Schmidt-Aßmann/Krebs*, Rechtsfragen städtebaulicher Verträge, S. 205; *Schimpf*, Verwaltungsrechtliche Vertrag, S. 194; *Schlette*, Verwaltung als Vertragspartner, S. 15; a.A.: *Bullinger*, DÖV 1977, 812 (815); *Henke*, JZ 1984, 441 (445); *Maurer*, DVBl. 1989, 798 (803).

[44] Vgl. oben § 15 III. 1. c) (S. 223 ff.).

fen, eine Klagebefugnis für sie läßt sich daher nicht begründen. Mithin können sie weder Verfassungsbeschwerde[45] gegen die Rechtsverordnung erheben noch Widerspruch oder Anfechtungsklage gegen die Vollstreckung der Verordnung. Folglich fehlt ihnen jegliche Möglichkeit, gegen eine rechtswidrige Rechtsverordnung, deren Adressat sie nicht sind, vorzugehen.

Wird statt einer Rechtsverordnung jedoch ein rechtsverordnungsersetzender Vertrag abgeschlossen, so kann der Dritte gegen diesen Vertrag Feststellungsklage vor dem Verwaltungsgericht erheben. Gemäß § 43 Abs. 1 VwGO wird für die allgemeine Feststellungsklage zwar ein Feststellungsinteresse über das Bestehen oder Nichtbestehen eines Rechtsverhältnisses als Zulässigkeitsvoraussetzung gefordert, das fragliche Rechtsverhältnis muß aber nicht zwingend zwischen dem Kläger und dem Beklagten in Rede stehen (Drittfeststellungsklage).[46] Das Feststellungsinteresse[47] wird weit ausgelegt, so daß dieses hier kein Hindernis darstellen wird. Folglich können auch die Dritten das Rechtsverhältnis zwischen den Vertragsparteien überprüfen lassen. Damit steht den Dritten sogar ein Mehr an Rechtsschutz gegen einen rechtsverordnungsersetzenden Vertrag als gegen eine entsprechende Rechtsverordnung zu.

Mithin macht es für die Vertragspartner und die Drittbetroffenen keinerlei Unterschied, wenn statt einer Rechtsverordnung ein rechtsverordnungsersetzender Vertrag abgeschlossen wird, so daß das Argument einer Rechtsschutzverkürzung für die Vertragspartner oder Dritte nicht gegen die Anwendung der spezialgesetzlichen Rechtsverordnungsermächtigung als Ermächtigung für den rechtsverordnungsersetzenden Vertrag ins Feld geführt werden kann.

(b) Der rechtsverordnungsersetzende Vertrag als unzulässige mittelbare Bindung des Parlaments

Als weiterer Betroffener bei dem Handlungsformenwechsel von der Rechtsverordnung zu einem rechtsverordnungsersetzenden Vertrag kommt das Parlament in Betracht. Dem Parlament bleibt es grundsätzlich unbelassen, jederzeit den an die Exekutive delegierten Regelungsgegenstand wieder an sich zu ziehen und in einem anderen Sinne durch Gesetz gestalten. Diese Möglichkeit des Parlaments besteht unabhängig von der Frage, ob die Exekutive bereits eine Rechtsverordnung erlassen hat oder nicht: Wenn das Parlament einen Regelungsgegenstand in einem anderen Sinne durch Gesetz gestaltet, verstößt die entsprechende Rechtsverordnung mit gegenläufigem Inhalt gegen formelles und damit höherrangiges Recht und ist deshalb nichtig.

Anders stellt sich hingegen die Sachlage dar, wenn die Exekutive statt einer Rechtsverordnung einen rechtsverordnungsersetzenden Vertrag geschlossen hat: Entschlösse sich nun das Parlament, die delegierte Materie zurück zu delegieren und erließe in diesem Bereich ein konträres Gesetz, bliebe eine Bindung des rechtsverordnungserset-

[45] Der Beschwerdeführer muß geltend machen können, selbst, gegenwärtig und unmittelbar verletzt zu sein. Siehe *Ossenbühl* in: HdbStR III, § 64 Rdnr. 77.

[46] *BVerwGE* 50, 60 (63); DVBl. 1998, 49; *VGH Mannheim*, NVwZ 1990, 680; *OVG Münster*, NVwZ 1984, 522; *Friehe*, DÖV 1980, 673 (675).

[47] Ausreichend für ein Feststellungsinteresse ist jedes nach der Sachlage anzuerkennende schutzwürdige Interesse rechtlicher, wirtschaftlicher oder ideeller Art. Vgl. *BVerwG*, DVBl. 1998, 49 (50); *Kopp/Schenke*, VwGO, § 43 Rdnr. 23.

zenden Vertrags im Verhältnis Exekutive zum Bürger trotzdem weiterhin als Sekundäranspruch bestehen,[48] und das Parlament könnte seine Regelungsbefugnis nicht wieder ohne weiteres an sich ziehen.[49] Die Aussicht auf Schadensersatzleistungen ist nämlich dazu geeignet, das Parlament von einer Rücknahme des Regelungsgehaltes abzuhalten und bei der Ausübung seines Gesetzgebungsermessens unsachgemäß zu beeinflussen. Insofern findet in diesem Fall eine mittelbare Bindung des Parlaments statt.[50] Eine solche mittelbare Bindung will das Parlament durch die Ermächtigung zum Erlaß einer Rechtsverordnung aber nicht eingehen. Für das Parlament macht es daher einen Unterschied, ob die Exekutive eine Rechtsverordnung erläßt oder aber einen rechtsverordnungsersetzenden Vertrag abschließt.

Demgegenüber könnte argumentiert werden, daß dem Rechtsverordnungsgeber für den Fall, daß ein entgegenstehendes Parlamentsrecht erlassen würde, ein Kündigungsrecht gemäß § 60 Satz 1 VwVfG analog zustünde. Mit Ausübung des Kündigungsrechts entfiele dann eine mittelbare Bindungswirkung für das Parlament. Der § 60 VwVfG findet jedoch keine Anwendung in den Fällen, in denen eine später erlassene Rechtsnorm die durch den Vertrag geregelten Rechtsverhältnisse gesetzlich abweichend regelt und dadurch entgegenstehende Verträge gegenstandlos werden läßt.[51] Wird ein Gesetz erlassen, welches unmittelbar in den vom Vertrag geregelten Gegenstand eingreift und diesen anders regelt, so ist dieses ein Anwendungsfall des Vorrangs des Gesetzes: Die rangniedrigere Rechtsquelle -der Vertrag- muß der ranghöheren Rechtsquelle -dem formellen Gesetz- weichen.

Einen weiteren Aspekt gibt *Jachmann*[52] zu bedenken: Eine Bindungswirkung des rechtsverordnungsersetzenden Vertrags greife in unzulässiger Weise in die Etathoheit des Parlaments ein.[53] Denn durch den rechtsverordnungsersetzenden Vertrag würden staatliche Verbindlichkeiten begründet, die mit Haushaltsmitteln zu bestreiten sind. Mithin komme es zu einer unzulässigen Beschränkung der staatlichen Finanzhoheit.

Zusammenfassend läßt sich festhalten: Ein rechtsverordnungsersetzender Vertrag unterscheidet sich von der entsprechenden Rechtsverordnung. Er hält nicht die Vorgaben der entsprechenden Verordnungsermächtigung ein und kann folglich auch nicht auf die entsprechende Ermächtigung gestützt werden.

---

48 Vgl. oben § 4 III.6. (S. 115).

49 So auch *Jachmann*, ZBR 1994, 165 (171).

50 Vgl. hierzu die ähnliche Problematik zur Ersatzbindung bei Planungsabreden. Hier wird eine faktische Bindung des Planungsgebers durch eine Umdeutung zur Übernahme des Planungsrisikos und damit eine Unzulässigkeit einer solchen Abrede von der Rechtsprechung nicht angenommen: *BGHZ* 76, 16 (26 f.); *Dolde*, NJW 1979, 890 (891); *Dolde/Uechteritz*, DVBl. 1987, 446 (449); *Krebs*, VerwArch 72 (1981), 49 (59); *Papier*, JuS 1981, 498 (502); *Schmidt-Aßmann/Krebs*, Rechtsfragen städtebaulicher Verträge, S. 94; a.A. *BGHZ* 66, 322 (326); 67, 320 (326); *Ebsen*, JZ 1985, 57 (61); *Karehnke*, Rechtsgeschäftliche Bindung der kommunalen Bauleitplanung, S. 126 f.

51 Vgl. *Henneke* in: Knack, VwVfG, § 60 Rdnr. 3.3; *Kopp/Ramsauer*, VwVfG, § 60 Rdnr. 6a.

52 *Jachmann*, ZBR 1994, 165 (172).

53 Zur Etathoheit: *Kisker* in: HdbStR IV, § 89 Rdnr. 48 ff.

(c) Konsequenz: Zwingendes Zustimmungserfordernis des Parlaments

Dieses Ergebnis könnte durch den Einbau eines zusätzlichen zwingenden Verfahrenserfordernisses jedoch in Frage gestellt werden. Festgestellt wurde bisher,[54] daß der Rechtsgedanke des § 58 VwVfG für einen rechtsverordnungsersetzenden Vertrag im Grundsatz nicht gelten kann. Hiervon ist aber für das Parlament eine Ausnahme zu machen, wenn man die fachgesetzliche Verordnungsermächtigung auch als Ermächtigung zum Abschluß eines rechtsverordnungsersetzenden Vertrags nutzen will. Daher ist zwingend notwendig, daß das Parlament in das Verfahren zum Abschluß eines rechtsverordnungsersetzenden Vertrags mit einbezogen wird und diesem rechtsverordnungsersetzenden Vertrag zustimmt.

Diese zwingende verfassungsrechtliche Vorgabe führt zu einer weiteren Erschwerung der Praktibilität eines rechtsverordnungsersetzenden Vertrags; denn sein Verfahren wird durch ein zusätzliches Formerfordernis belastet, welches im Verfahren zum Erlaß einer Rechtsverordnung fehlt.

cc) Zwischenergebnis

Der Abschluß eines rechtsverordnungsersetzenden Vertrags de lege lata kann auf die entsprechende fachgesetzliche Rechtsverordnungsermächtigung gestützt werden. Ein rechtsverordnungsersetzender Vertrag genügt mithin dem Vorbehalt des Gesetzes unter der Voraussetzung, daß eine Zustimmung des Parlaments zum Abschluß eines rechtsverordnungsersetzenden Vertrags erfolgt.

b) Der Parlamentsvorbehalt

Bereits die Verordnungsermächtigung des entsprechenden Fachgesetzes könnte jedoch dem Parlamentsvorbehalt genügen. Der parlamentarische Gesetzgeber hat durch diese Ermächtigungsnorm nämlich bereits die wesentlichen Entscheidungen getroffen: Inhalt, Zweck und Ausmaß sind bestimmt. Der Gesetzgeber aktualisiert damit, welche Fragen er für wesentlich hält und welche nicht. Ob das Parlament die betreffende Materie grundsätzlich zum Gegenstand einer Verordnung machen durfte, wird hier jedoch nicht diskutiert. Hält sich der rechtsverordnungsersetzende Vertrag an den Rahmen der Ermächtigungsnorm, kommt er mit dem Parlamentsvorbehalt nicht in Konflikt. Mithin würde die entsprechende Verordnungsermächtigung zumindest insoweit den Anforderungen an den parlamentarischen Gesetzesvorbehalt entsprechen.

V. Zwischenergebnis

Ein rechtsverordnungsersetzender Vertrag bedarf auf Grund seiner Grundrechtsrelevanz bei den Vertragspartnern und Dritten sowie der Wesentlichkeit der von ihm behandelten Fragen einer ausdrücklichen gesetzlichen Ermächtigung. Diese Ermächtigung liegt in der fachgesetzlichen Ermächtigung zum Erlaß einer Rechtsverordnung nach Zustimmung durch das Parlament zu sehen. Diese Ermächtigungsgrundlage ergänzt die demokratische Legitimation des rechtsverordnungsersetzenden Vertrags um eine sachlich-inhaltliche Komponente.

---

[54] Vgl. oben unter § 15 II.1.b)(aa) (2) (S. 212).

§ 17: Bewertung der Rechts- und Regelungssetzung im UGB-KomE

Einleitend ist bereits auf die Überlegungen zu einem normersetzenden Vertrag im Entwurf für ein Umweltgesetzbuch hingewiesen worden, und nun soll im Folgenden anhand der bisherigen Untersuchungsergebnisse eine vergleichende Bewertung des UGB-Entwurfes vorgenommen werden. Da das UGB seinem Wortlaut nach vom normersetzenden Vertrag spricht, wird dieser Begriff im Folgenden auch verwandt.

I. Die Voraussetzungen zum Abschluß eines normersetzenden Vertrags

1. Die Regelung gemäß § 36 Abs. 1 UGB-KomE

Der § 36 Abs. 1 UGB-KomE enthält die Voraussetzungen für den Abschluß eines normersetzenden Vertrags. Die Vertragsabschlußkompetenz für die staatliche Seite ist dabei § 36 Abs. 1, Abs. 5 in Verbindung mit § 34 Abs. 3 UGB-KomE akzessorisch zur Verordnungsgebungskompetenz. Wenn sich aus der Ermächtigung zur entsprechenden Rechtsverordnung nichts anderes ergibt, sind die Vertragspartner die Bundesregierung sowie auf der privaten Seite der jeweilige Verband, der für seine Mitglieder gemäß § 36 Abs. 2 Satz 2 UGB-KomE den Vertrag abschließt. Insofern wird eine gesetzliche Vertretungsmacht des Verbandes für seine Mitglieder angeordnet. Aber auch nichtorganisierte einzelne Unternehmen können Vertragspartner des normersetzenden Vertrags werden. Letztlich werden nur solche Unternehmen und Verbände Vertragspartner eines normersetzenden Vertrags, die auch Adressaten der entsprechenden Rechtsverordnung wären.

Als Abschlußvoraussetzungen für einen normersetzenden Vertrag nennt der § 36 Abs. 1 UGB-KomE zunächst die Voraussetzungen für den Erlaß einer Rechtsverordnung nach § 13 UGB-KomE, also die Anforderungen an Anlagen, Betriebsweise, Produkte usw. Hierdurch soll vermieden werden, daß die Tatbestandsvoraussetzungen für eine Verordnungsgebung umgangen werden. Anders als bei der Zielfestlegung und der Selbstverpflichtung werden die Anforderungen im Entwurf aber nicht nur auf Vorsorgeanforderungen begrenzt, und mithin ist auch der Einsatz des Vertrags zur Gefahrenabwehr prinzipiell möglich.

Diese Differenzierung ist durch den Umstand erklärbar, daß der normersetzende Vertrag gemäß § 36 Abs. 2 Satz 3 UGB-KomE direkt durch Verwaltungsakt vollstreckbar ist. Zudem finden die Überwachungsvorschriften der §§ 130 bis 150 UGB-KomE auf den normersetzenden Vertrag Anwendung. Einer ausdrücklichen Vereinbarung der sofortigen Vollstreckung des Vertrags gemäß § 61 VwVfG bedarf es daher nicht.

Das Verwaltungsverfahrensgesetz ist gemäß § 36 Abs. 1 Satz 5 UGB-KomE bis auf §§ 57 und 60 VwVfG nicht auf den normersetzenden Vertrag des UGB-KomE anwendbar.

Der § 36 Abs. 1 Satz 1 untersagt in Ziffer 4 eine Vertragslaufzeit von mehr als fünf Jahren, wodurch die Flexibilität des normersetzenden Vertrags gesichert werden soll. Sowohl UGB-KomE als auch diese Untersuchung kommen zu dem Ergebnis, daß der § 58 VwVfG nicht auf den Charakter des normersetzenden Vertrags als eines komplexen Vertrags paßt und aus diesem Grund nicht zur Anwendung kommen kann.

2. Bewertung

Die vorliegende Untersuchung geht davon aus, daß rechtsverordnungsersetzende Verträge im Bereich der Gefahrenabwehr grundsätzlich möglich sind und insofern kein Vertragsformverbot gilt.[1] Allerdings wird eine Unterwerfung unter die sofortige Vollstreckung gemäß § 61 VwVfG analog für notwendig erklärt.[2]

Nach § 36 Abs. 1 Satz 1 Ziffer 3 UGB-KomE ist der normersetzende Vertrag jedoch nur zulässig, sofern nicht schutzwürdige Interessen Dritter und der Allgemeinheit betroffen sind. Hierdurch soll ein Vertrag zu Lasten Dritter verhindert werden. Damit wird dem Gedanken des § 58 Abs. 1 VwVfG Rechnung getragen, der aber nach den Vorstellungen des UGB auf den normersetzenden Vertrag nicht anwendbar ist. Es wird jedoch nicht postuliert, daß es überhaupt keinen Eingriff in Rechte Dritter geben darf; denn die Ziffer 3 kommt nur dann zur Anwendung, wenn die betroffenen Drittrechte auch schutzwürdig sind. Wann solche Rechte als schutzwürdig zu qualifizieren sind, darüber schweigt sich das UGB-KomE aus. Mithin sind hier Abgrenzungsschwierigkeiten vorprogrammiert. Insgesamt ist allerdings davon auszugehen, daß die Ziffer 3 nur deklaratorischen Charakter hat und den Gesetzgeber ermahnen soll, die Rechte Dritter und der Allgemeinheit zu beachten. Der eigentliche Drittschutz ist nämlich Gegenstand von § 36 Abs. 4 UGB-KomE.

Das UGB-KomE geht nicht davon aus, daß der normersetzende Vertrag den Verordnungsgeber rechtlich daran hindern kann, eine Rechtsverordnung zu erlassen. Ein durchsetzbarer Anspruch entsteht mit dem Vertragsabschluß also nicht, es kommt nur zu einer indirekten Bindung in dem Sinne, daß Verstöße zu einem Entschädigungsanspruch führen können. Um solche Entschädigungsansprüche zu vermeiden, kann der normersetzende Vertrag gemäß § 60 Abs. 1 VwVfG gekündigt werden.

Die These, daß eine Bindung des Normgebers hinsichtlich des Erlasses einer Rechtverordnung durch den Abschluß eines rechtverordnungsersetzenden Vertrags erfolgt, wird in dieser Untersuchung nicht vertreten. Vielmehr wird ein solcher Vertragsinhalt für grundsätzlich unzulässig erklärt, da die mittelbare Bindung des Verordnungsgebers gleichzeitig auch zu einer unzulässigen mittelbaren Bindung des Parlaments führt. Daher ist eine Zustimmung des Parlaments für den Abschluß eines rechtsverordnungsersetzenden Vertrags zwingend notwendig.[3] Mit einer gesetzlichen Ermächtigung wird diesem Erfordernis im UGB-KomE genüge getan.

Mit der Regelung des § 36 UGB-KomE werden, ähnlich dem § 54 VwVfG, nur die allgemeinen Zulässigkeitsvoraussetzungen des normersetzenden Vertrags kodifiziert. Dies läßt daran zweifeln, ob die Ermächtigung dem Bestimmtheitserfordernis gerecht werden kann.

Nach dem Verständnis der Entwurffassung zum UGB kommt es auch nicht zu einem rechtfertigungsbedürftigen Grundrechtseingriff: Gemäß dem Prinzip des volenti non fit iniuria bedarf es keiner weitergehenden Ermächtigungsgrundlage. Mit diesem Prinzip läßt sich jedoch auch ein Vertragsinhalt verfassungsrechtlich rechtfertigen, der über den Inhalt einer möglichen Rechtsverordnung hinaus geht.

---

[1] Vgl. oben unter § 8 II.4. (S. 148 f.).

[2] Vgl. oben unter § 15 III.1.e) (S. 231).

[3] Vgl. oben unter § 16 IV.2.a) bb) (c) (S. 241).

Ob echte Freiwilligkeit zum Vertragsschluß geführt hat, erscheint zwar angesichts des Damoklesschwertes „Rechtsverordnung“ unwahrscheinlich, ist aber grundsätzlich denkbar insbesondere dann, wenn der Vertragsinhalt gerade nicht Gegenstand auch einer Rechtsverordnung sein könnte. Selbst wenn eine Freiwilligkeit zum Vertragsschluß unterstellt wird, so bestehen dennoch erhebliche Bedenken gegen diese Gedankenführung: Ein Verzicht der Grundrechtsausübung im Sinne des volenti non fit iniuria kann nämlich nur der Grundrechtsträger persönlich wirksam aussprechen. Den normersetzenden Vertrag im Sinne des UGB schließt auf der privaten Seite jedoch der Wirtschaftsverband für seine Mitglieder ab, die einzelnen Unternehmen sind also gar nicht direkt beteiligt. Der Wirtschaftsverband kann mithin nicht über die Grundrechtsausübung seiner Mitglieder verfügen, auch eine Ermächtigung zum Grundrechtsverzicht durch die Mitglieder selber oder durch Gesetz ist auf Grund der Höchstpersönlichkeit eines Grundrechtsverzichts unmöglich. Hierdurch wird der grundlegende Unterschied zwischen der Funktion der Grundrechte als Schutz- oder Abwehrrechte deutlich. Schutz kann repräsentiert werden,[4] das Abwehrrecht hingegen richtet sich gegen den Eingriff des Staates in die grundrechtlich geschützte Freiheit des Einzelnen. Diese Freiheit kann nicht übertragen und nur selbst ausgeübt werden. Die ursprüngliche Freiheit entfällt aber, wenn nicht der Träger über diese Freiheit entscheidet, sondern Dritte.

Mithin kann hier der Satz volenti non fit iniuria keine Geltung beanspruchen und einen Grundrechtseingriff rechtfertigen, wenn der Inhalt des normersetzenden Vertrags notfalls auch als Rechtsverordnung erlassen werden könnte. Die Regelungen des UGB widersprechen mithin in solchen Fällen dem Vorbehalt des Gesetzes.

Der § 36 Abs. 1 Satz 2 UGB-KomE legt die formellen Voraussetzungen für den Abschluß des normersetzenden Vertrags fest: Normersetzende Verträge, die eine Rechtsverordnung ersetzen sollen, die der Zustimmung des Bundesrates bedarf, benötigen ebenfalls die Zustimmung des Bundesrates. Insoweit stimmen UGB und diese Untersuchung überein. Der Text des normersetzenden Vertrags ist gemäß Satz 4 zu veröffentlichen. Die Schriftform für den normersetzenden Vertrag ergibt sich zwingend aus § 36 Abs. 1 Satz 5 UGB-KomE in Verbindung mit § 57 VwVfG.

II. Die Rechtswirkung des normersetzenden Vertrags

1. Die Regelung gemäß § 36 Abs. 2 UGB-KomE

In § 36 Abs. 2 UGB-KomE wird die Rechtswirkung des normersetzenden Vertrags geregelt. Der normersetzende Vertrag ist nicht nur für die direkten Vertragspartner Bundesregierung und Wirtschaftsverband verbindlich, vielmehr wird gemäß § 36 Abs. 2 Satz 1 UGB-KomE diese Verbindlichkeit auch auf die Verbandsmitglieder ausgeweitet. Nach Satz 2 der Vorschrift kann sich ein Unternehmer nicht durch Austritt aus dem Verband von der Bindungswirkung eines normersetzenden Vertrags befreien: Ein Austritt läßt die Leistungspflicht des Unternehmens nicht entfallen.

[4] *Robbers*, Sicherheit als Menschenrecht, S. 160.

2. Bewertung

Diese Regelung erinnert an die akzessorische Haftung des Gesellschafters gemäß §§ 128, 160 HGB in einer Personengesellschaft oder an die Zwangsmitgliedschaften in Körperschaften des öffentlichen Rechts. Ein Vertrag zu Lasten Dritter wird mit dem normersetzenden Vertrag allerdings nicht geschlossen;[5] denn die Mitglieder des Verbandes, seien es nun Alt- oder Neumitglieder, wissen, worauf sie sich einlassen, wenn sie Mitglied des Verbandes bleiben bzw. werden.

Durch diese Regelung hat das UGB einen großen Vorteil gegenüber der derzeitigen Gesetzeslage zu bieten; denn der Abschluß eines normersetzenden Vertrags und die Mitverpflichtung der Verbandsmitglieder wären de lege lata anderenfalls erheblich aufwendiger zu konstruieren.

Gemäß Satz 3 der Vorschrift unterliegt der normersetzende Vertrag der Überwachung, und die in ihm geregelten Pflichten können gegenüber den Unternehmen durch Verwaltungsakt erzwungen werden. Die Entwurfbegründung führt hierzu aus, daß damit der normersetzende Vertrag in seiner Durchsetzbarkeit der Rechtsverordnung gleichgestellt sei.

Ob allerdings in dem normersetzenden Vertrag selber für jedes einzelne Unternehmen bereits Pflichten festgelegt werden, wird in dem Entwurf nicht deutlich. Im Hinblick auf die kartellrechtliche Vorschrift des § 39 UGB-KomE, der auch auf normersetzende Verträge Anwendung findet, scheint der Entwurf davon auszugehen, daß es neben dem vertikalen Vertrag zwischen Staat und Verband auch noch horizontaler Verträge auf der Ebene der Privaten bedarf. Folglich geht das UGB von einer Zweistufigkeit aus: Zunächst wird ein normersetzender Vertrag zwischen Verband und Bundesregierung z.B. über eine Reduzierung von Emissionen geschlossen. Im Anschluß daran muß dieser normersetzende Vertrag dann verbandsintern auf die Verbandsmitglieder aufgeteilt werden, damit mit Hilfe der einzelnen Mitglieder das geforderte Gesamtreduzierungspotential erreicht werden kann.

Wie jedoch eine Vollstreckung des eigentlichen normersetzenden Vertrags gegenüber den einzelnen Unternehmen möglich sein soll, bleibt fraglich; denn die Unternehmen sind bei Abschluß des normersetzenden Vertrags zwar wie Gesamtschuldner aufs Ganze verpflichtet, können diese Schuld aber einzeln nicht erbringen. Damit wäre eine Vollstreckung gegen die einzelnen Unternehmen unmöglich. Somit kann nur gegen den Verband vorgegangen werden. Dem Verband ist es jedoch ebenfalls unmöglich, die Verpflichtung aus dem Vertrag selber zu erfüllen. Auf eine unmögliche Leistung kann aber nicht vollstreckt werden, so daß nur Schadensersatzansprüche aus Unmöglichkeit gegen den Verband geltend gemacht werden können.

Sind solche Schadensersatzansprüche zur Erreichung des eigentlichen Umweltziels ohnehin nur wenig nützlich, so sind solche aus dem Zivilrecht stammenden Ansprüche für den normersetzenden Vertrag nach dem UGB-KomE ausgeschlossen; denn die Verweisungen des Verwaltungsverfahrensgesetzes in das Bürgerliche Gesetzbuch sind

---

[5] Allerdings wäre ein Vertrag zu Lasten Dritter bei einer ausdrücklichen gesetzlichen Legitimierung zulässig. Das ergibt sich aus dem Umkehrschluß bei *Bonk* in: Stelkens/Bonk/Sachs, VwVfG, § 58 Rdnr. 10 und *Kopp/Ramsauer*, VwVfG, § 58 Rdnr. 1, wenn sie schreiben, daß es Verträge zu Lasten Dritter ohne gesetzliche Zulassung nicht gibt.

für den normersetzenden Vertrag ausdrücklich ausgeschlossen. Damit ist nach der Intention des Entwurfs auch ein Rückgriff auf allgemeine Rechtsgrundsätze nicht mehr statthaft. Mithin gibt es gegen den Verband keinerlei Druckmittel, wenn er seinen Verpflichtungen aus dem normersetzenden Vertrag nicht nachkommt.

Mit einem normersetzenden Vertrag ist es nicht möglich, im Wege der Vollstreckung gegen die einzelnen Unternehmen eine Reduzierung ihrer Emissionen zu erreichen.[6] Ein normersetzender Vertrag nach dem UGB ist mithin für die Privaten vollkommen sanktionslos. Da eine Vollstreckung weder gegen die Einzelunternehmen noch gegen den Verband möglich ist, kann der normersetzende Vertrag entgegen der Meinung des UGB auch nicht zur Gefahrenabwehr eingesetzt werden.

III. Das Verhältnis des normersetzenden Vertrags zu Genehmigungsbescheiden gemäß § 36 Abs. 3 UGB-KomE

Das Verhältnis des normersetzenden Vertrags zu den Anforderungen in Genehmigungsbescheiden wird in § 36 Abs. 3 UGB-KomE behandelt. Um den Vertrauensschutz für die Wirtschaft zu erhöhen, sollen Anforderungen im Vorsorgebereich ausgeschlossen sein, soweit der Vertrag bereits abschließende Bestimmungen hierzu enthält. Das bedeutet im Umkehrschluß: Maßnahmen zur Gefahrenabwehr werden von diesem Vertrauensschutz nicht erfaßt.

Die Vorschrift des § 36 Abs. 3 UGB-KomE ist an den § 17 Abs. 3 BImSchG angelehnt, dessen Regelung sich auf Rechtsverordnungen bezieht. Da diese Vorschrift nicht in das Immissionsschutzkapitel des UGB übernommen worden ist, geht mit der vorgeschlagenen Ergänzung die Rechtswirkung eines normersetzenden Vertrags über die Rechtswirkung einer gleichlautenden Rechtsverordnung hinaus. Dies erscheint unter dem Gesichtspunkt des Vertrauensschutzes gegenüber den vertragschließenden Wirtschaftskreisen auch geboten und erhöht für die Wirtschaftskreise den Anreiz auf Abschluß eines normersetzenden Vertrags, der für die Dauer seiner auf maximal fünf Jahren befristeten Laufzeit gewährleistet, daß weitergehende als die vertraglich festgelegten Vorsorgeanforderungen nicht gestellt werden können.

IV. Der Drittschutz

1. Die Regelung gemäß § 36 Abs. 4 UGB-KomE

Der Drittschutz ist Gegenstand des § 36 Abs. 4 UGB-KomE. Diese Vorschrift soll sicherstellen, daß Dritte nicht durch die Wahl des normersetzenden Vertrags statt einer Rechtsverordnung in ihren Rechten benachteiligt werden. Demnach soll ein rechtsverordnungsersetzender Vertrag dann drittschützend sein, wenn auch die entsprechenden Bestimmungen einer Rechtsverordnung drittschützend wären.

2. Bewertung

Ob eine Norm Drittschutz vermittelt, ist durch Auslegung zu ermitteln. Bei der Ermittlung des Drittschutzes einer vertraglichen Bestimmung im Wege der Auslegung ist im Vergleich zu Bestimmungen in Rechtsverordnungen jedoch mit größeren Problemen zu rechnen; denn der normersetzende Vertrag ist durch zweiseitige und gegenläufige Motivationen bestimmt, und daher sind die Intentionen, die zu einer bestimmten

---

[6] Das übersieht *Leitzke*, UPR 2000, 361 (363).

vertraglichen Bestimmung geführt haben, zwangsläufig ungenauer und vielfältiger als bei einseitiger Gesetzgebung.

In diesem Zusammenhang ist auf einen Mangel im UGB hinzuweisen: Es fehlt eine ausdrückliche Fehlerfolge für den normersetzenden Vertrag. Nach der Konzeption des UGB soll ein Dritter nicht durch die Wahl der Handlungsform benachteiligt werden. Aus der Feststellung, daß der § 59 VwVfG mit seiner Unterscheidung zwischen Rechtswidrigkeit und Nichtigkeit nicht auf den normersetzenden Vertrag zur Anwendung kommt, ist zu schließen, daß ein normersetzender Vertrag bei seiner Rechtswidrigkeit wie eine Rechtsverordnung nichtig ist. Eine Überprüfung des normersetzenden Vertrags muß also der Dritte im Wege der Drittanfechtung eines Vollzugsverwaltungsaktes inzident als dessen Ermächtigungsgrundlage vor dem Verwaltungsgericht herbeiführen.

V. Die Verbindlicherklärung des normersetzenden Vertrags

1. Die Regelung gemäß § 37 UGB-KomE

Der § 37 UGB-KomE ermöglicht es, in Anlehnung an das Tarifrecht normersetzende Verträge unter bestimmten Voraussetzungen für verbindlich zu erklären.[7] Um zu vermeiden, daß solche Verträge mit nur einer kleinen Zahl von Verpflichteten in ihrem Geltungsbereich plötzlich weiträumig ausgedehnt werden, fordert Abs. 1 Nr. 1 für eine Verbindlicherklärung des normersetzenden Vertrags, daß die Zahl der vertraglich Verpflichteten mindestens die Hälfte der von einer solchen Erklärung Betroffenen ausmacht. Ferner muß die Erklärung im öffentlichen Interesse sein. Dieses Interesse wird dann vorliegen, wenn sich vertraglich festgelegte Anforderungen in der Praxis bewährt haben oder wenn vertraglich gebundene Unternehmen auf Grund dieser Anforderungen erhebliche Wettbewerbsnachteile erleiden.

Eine Verbindlicherklärung erfolgt nach Anhörung der Umweltkommission durch eine Rechtsverordnung nach dem Verfahren gemäß § 13 UGB-KomE. Durch das in § 37 Abs. 2 UGB-KomE vorgesehene Anhörungsrecht vor einer Verbindlicherklärung soll das fehlende Mitwirken von Betroffenen bei der Vertragsgestaltung kompensiert werden. Die Aufhebung der Verbindlicherklärung regelt Abs. 3 der Vorschrift.

2. Bewertung

Eine Verbindlicherklärung scheint grundsätzlich ein probates Mittel zu sein, um Trittbrettfahrer auszuschalten und damit gleichzeitig eine Ungleichbehandlung im Sinne des Art. 3 Abs. 1 GG zu vermeiden. Dennoch wird an der Zweckmäßigkeit dieser Regelung gezweifelt. So steht etwa der Rat von Sachverständigen der Verbindlicherklärung kritisch gegenüber;[8] denn eine Verrechtlichung des normersetzenden Vertrags mindere seine Akzeptanz. Insbesondere die Idee, diese Verträge in Form einer Allgemeinverbindlichkeitserklärung auch auf Nichtverbandsmitglieder zu erstrecken, stößt mit der Argumentation auf Ablehnung, daß in Zeiten, in denen das Modell des Flächentarifvertrags zunehmend an Funktionsfähigkeit und Überzeugungskraft verliere, simple Anleihen bei diesem Modell nicht zielführend seien.[9] Zu fragen ist zu-

---

[7] Zu dieser Idee bereits *Krüger*, NJW 1966, 617 (628).

[8] *Rat von Sachverständigen*, Umweltgutachten 1998, Tz. 318.

[9] Kritisch auch *Trute* in: UTR 48, S. 46. Zustimmend hingegen *Wägenbaur*, EuZW 1997, 645 (647).

dem, ob ein Umgießen des Vertrags in eine Rechtsverordnung nicht ein einfacheres Mittel zur Zweckerreichung wäre.

VI. Die Unanwendbarkeit des Kartellrechts auf normersetzende Verträge

1. Die Regelung gemäß § 39 Abs. 2 UGB-KomE

Verträge zwischen Verband und den einzelnen Unternehmen zur Erfüllung des normersetzenden Vertrags unterfallen nach der Ansicht des UGB grundsätzlich dem Kartellrecht.[10] Gemäß § 39 Abs. 1 sind Umsetzungsverträge bei der zuständigen Fachbehörde und der Kartellbehörde anzuzeigen. Die kartellrechtliche Problematik der zivilrechtlichen Umsetzung der normersetzenden Verträge entfällt aber durch die mögliche Freistellung vom Kartellverbot des § 1 Abs. 1 GWB gemäß § 39 Abs. 2 UGB-KomE, wenn die Umsetzungsverträge die Voraussetzungen des § 39 Abs. 2 Nr. 1 bis 3 UGB-KomE kumulativ erfüllen:

- Die Verträge dienen der Erfüllung von Anforderungen einer auf Grund des UGB-KomE erlassenen Rechtsverordnung, einer Zielfestlegung oder eines normersetzenden Vertrags gemäß § 36 UGB-KomE,[11]
- die Beschränkung des Wettbewerbs ist aus Gründen des Umweltschutzes erforderlich,
- ein wesentlicher Wettbewerb auf dem Markt bleibt bestehen.

Hintergrund dieser Privilegierung ist die Annahme des UGB, daß diese Umsetzungsverträge allgemeinwohlverträglich sind.

Zu Recht wird bei den Voraussetzungen nach § 39 Abs. 2 UGB-KomE das Kriterium der Erforderlichkeit angegriffen.[12] Erforderlichkeit bedeutet: Der geringstmögliche Eingriff. Daß aber das Umweltziel nicht auch durch andere mildere Mittel erreicht werden kann, wird wohl kaum nachweisbar sein.

Des weiteren sind gemäß § 39 Abs. 3 Satz 2 UGB-KomE vor Abschluß solcher Umsetzungsverträge nach § 39 Abs. 2 UGB-KomE die Wettbewerber, Lieferanten und Abnehmer, die durch den Vertrag betroffen sind, anzuhören. Wie dieser Pflicht in der Praxis nachgekommen werden soll, ist fraglich. Diese Forderung wirft also ähnliche Probleme auf wie die Frage nach der Anwendung des § 58 Abs. 1 VwVfG auf den normersetzenden Vertrag. Der Kreis der Betroffenen ist zu groß, um solche Anhörungen tatsächlich umzusetzen. Dieses Problem wird noch dadurch verschärft, daß unter Abnehmer im Sinne des § 39 Abs. 2 UGB-KomE dem Wortlaut nach auch der Endabnehmer bzw. der Verbraucher fallen kann.

Sind die Voraussetzungen gemäß § 39 Abs. 2 UGB-KomE für den Umsetzungsvertrag nicht erfüllt, so besteht die Möglichkeit einer Ministererlaubnis gemäß § 39 Abs. 4 UGB-KomE für den Vertrag, wenn ausnahmsweise die Beschränkung des

---

[10] So auch die allgemeine Ansicht. Vgl. *Kloepfer*, JZ 1980, 781 (785); *von Zezschwitz*, JA 1978, 497 (505); a.A. *Leitzke*, UPR 2000, 361 (363).

[11] Mithin können Umsetzungsverträge für Selbstverpflichtungen nicht nach § 39 Abs. 2 UGB-KomE privilegiert werden.

[12] *Knebel/Wicke/Michael*, Selbstverpflichtungen und normersetzende Umweltverträge, S. 250.

Wettbewerbs aus überwiegenden Gründen des Umweltschutzes unter Berücksichtigung der Gesamtwirtschaft notwendig ist.

Der § 39 Abs. 4 UGB-KomE enthält eine umweltspezifische Sonderregelung und verdrängt den § 8 GWB, wonach das Bundesministerium der Wirtschaft auf Antrag die Erlaubnis zu einem Vertrag oder Beschluß im Sinne des § 1 GWB geben kann, wenn ausnahmsweise die Beschränkung des Wettbewerbs aus überwiegenden Gründen der Gesamtwirtschaft und des Gemeinwohls notwendig ist.

Eine Ministererlaubnis nach § 39 Abs. 4 UGB-KomE bedarf im Gegensatz zu § 8 GWB nur der Berücksichtigung der gesamtwirtschaftlichen Belange. Eine Ministererlaubnis kann nach dem Wortlaut des § 39 Abs. 4 UGB-KomE bereits dann ergehen, wenn überwiegende Gründe des Umweltschutzes gegeben sind. Zusätzlich fordert aber der § 39 Abs. 4 UGB-KomE für eine wirksame Ministererlaubnis das Benehmen des Wirtschaftsministeriums, um eine angemessene Gewichtung der Umweltschutzbelange zu gewährleisten.

2. Bewertung

Ein entscheidende Neuerung wird durch den § 39 Abs. 4 UGB-KomE nicht eingeführt; denn die überwiegende Ansicht[13] geht mit unterschiedlichen Begründungsansätzen bereits jetzt davon aus, daß die tatbestandlichen Voraussetzungen des § 8 GWB entgegen dem Wortlaut nicht kumulativ vorliegen müssen, sondern eine Alternativität der Tatbestandsmerkmale ausreichend ist. Somit sind auch Kartelle im Rahmen des § 8 GWB aus rein außerökonomischen Gründen erlaubnisfähig. So hat das Bundeswirtschaftsministerium zum Beispiel im Jahr 1972 ein Selbstbeschränkungsabkommen der Zigarettenindustrie zur Beschränkung von Zigarettenwerbung im Fernsehen gemäß § 8 GWB genehmigt.[14] Mithin kommt es durch das UGB sogar zu einer Verschärfung der Anforderungen an Ministerkartelle.[15]

VII. Zwischenergebnis

Zusammenfassend kann festgehalten werden: Der UGB-Entwurf kann einige Probleme eines normersetzenden Vertrags durch eine Änderung der derzeitigen Gesetzeslage ausräumen. Dennoch begegnen dem normersetzenden Vertrag in der Ausgestaltung des UGB weiterhin verfassungsrechtliche und konstruktive Bedenken. Zwar ist der normersetzende Vertrag nach dem UGB auch für die einzelnen Unternehmen verbindlich, dennoch kann er nicht gegen das einzelne Unternehmen vollstreckt werden. Damit entfällt aber der größte Vorteil, den der normersetzende Vertrag gegenüber einer entsprechenden Selbstverpflichtung aufzuweisen hat.

---

13 *Bernuth*, Umweltschutzfördernde Unternehmenskooperationen, S. 43 f.; *Emmerich*, Kartellrecht, S. 326; *Friedrich*, Möglichkeiten und kartellrechtliche Grenzen, S. 178 ff.; *Immenga* in: Immenga/Mästmäcker, GWB, § 8 Rdnr. 33; *Kloepfer*, JZ 1980, 781 (789); *ders.* in: Gutzler (Hrsg.), Umweltpolitik und Wettbewerb, S. 99 ff.

14 Vgl. den teilweisen Abdruck bei *Hübner*, NJW 1972, 1651.

15 So auch *Knebel/Wicke/Michael*, Selbstverpflichtungen und normersetzende Umweltverträge, S. 252.

§ 18: Der rechtsverordnungsersetzende Vertrag im europarechtlichen Blickwinkel

I. Überlegungen zur Terminologie

Bei der Untersuchung der Rechtsfragen für einen normersetzenden Vertrag unter dem europäischen Blickwinkel ergeben sich zwei Problemstellungen:

1. Die im Bereich des gemeinschaftlichen Umweltrechts am häufigsten zur Anwendung kommende Rechtsform ist die Richtlinie.[1] Anders als die Verordnung gilt die Richtlinie grundsätzlich nicht unmittelbar für die Unionsbürger, sondern nur für die Mitgliedsstaaten -vertikale Bindung-.[2] Die Richtlinie weist also eine gewisse Ähnlichkeit zur bundesdeutschen Rahmengesetzgebung auf;[3] sie bedarf noch der Transformation durch nationales Recht. Gemäß Art. 249 EGV sind Richtlinien hinsichtlich ihres Zieles verbindlich, so daß es grundsätzlich den Mitgliedstaaten überlassen bleibt, in welcher Art und Weise die innerstaatlichen Stellen die Richtlinie umsetzen.[4] Es ist mithin vornehmlich die Aufgabe des nationalen Verfassungsrechtes und seiner Ordnungsstruktur zu entscheiden, in welcher Form jeweils transformiert werden soll. Somit stellt sich im Zusammenhang mit dem Thema dieser Untersuchung die Frage, inwieweit ein Vertrag geeignet ist, eine europarechtliche Richtlinie in nationales Recht zu transformieren. Hierbei würde es sich dann um einen normersetzenden Vertrag in Form eines richtlinienumsetzenden Vertrags handeln. Der Umstand, daß die Umsetzung von Richtlinien (auch) durch Rechtsverordnungen erfolgen kann, rechtfertigt es, in diesem Zusammenhang weiterhin vom rechtsverordnungsersetzenden Vertrag zu sprechen.
2. Umweltfragen sind grenzüberschreitend, sodaß besonders im Hinblick auf die Effektivität von normersetzenden Verträgen eine europäische Lösung Sinn macht. Bisher gibt es solche Vereinbarungen auf europäischer Ebene noch nicht, die Europäische Kommission untersucht lediglich Vereinbarungen auf nationaler Ebene. Interessant ist es nun für die vorliegende Untersuchung, die Frage zu diskutieren, ob nicht auch auf europäischer Ebene mit der Europäi-

---

[1] *Huber* in: EUDUR I, § 19 Rdnr. 58; *Pernice*, EuR 29 (1994), 325.

[2] In Ausnahmen kann eine Richtlinie nach der Rechtsprechung des *Europäischen Gerichtshofes* (Slg. 1974, 1337 (1348 f.); Slg. 1977, 13 (126 f.)) auch unmittelbar für den Unionsbürger (horizontale Bindungswirkung) gelten, nämlich dann, wenn eine Bestimmung hinreichend konkret, präzise und unbedingt formuliert ist und der Mitgliedstaat diese Bestimmung nicht, nicht vollständig oder nicht korrekt in sein innerstaatliches Recht überführt hat. Man spricht insofern von der objektiven Wirkung der Richtlinie.
Vgl. *Bleckmann*, Europarecht, Rdnr. 434 ff.; *Epiney*, DVBl. 1996, 409 ff.; *Huber*, Recht der Europäischen Integration, § 6 Rdnr. 51.

[3] *Oppermann*, Europarecht, Rdnr. 547.

[4] *Frenz*, Europäisches Umweltrecht, Rdnr. 198; *Herdegen*, Europarecht, § 9 Rdnr. 178. Zum Begriff und zu den Arten der Durchführung von Gemeinschaftsrecht siehe: *Rengeling* in: EUDUR I, § 27 Rdnr. 3 ff. Zur Umsetzung auch *ders.* in: EUDUR I, § 28 Rdnr. 13 ff.

schen Kommission ein substituierender Vertrag abgeschlossen werden kann.[5] Dieser Vertrag träte dann an die Stelle eines in Art. 249 EGV genannten normsetzenden Hoheitsaktes und ist insofern kein bloßer rechtsverordnungsersetzender Vertrag mehr. Ein solcher Vertrag wird daher neutral als normersetzenden Vertrag bezeichnet, der sowohl öffentlich-rechtlich als auch privatrechtlich denkbar ist.

II. Rechtsverordnungsersetzende Verträge zur Umsetzung von Europäischen Richtlinien ?

Bevor auf die Problemfelder einer Richtlinienersetzung durch einen Vertrag eingegangen werden kann, werden zunächst die Anforderungen für eine Umsetzung von Richtlinien in nationales Recht dargestellt.

1. Europarechtliche Vorgaben zur Umsetzung von Richtlinien

Dem Konzept der gemeinschaftlichen Rechtsetzung durch Richtlinien liegt der Gedanke zugrunde, in einem zweigestuften Vorgehen europäische Impulsgebung und mitgliedstaatliche Regelungssouveränität mit einander in Konkordanz zu bringen:[6] Das gemeinschaftliche Recht soll harmonisiert und die nationalen Rechtsformen respektiert werden.

Allerdings sind die Mitgliedstaaten auf Grund der aus Art. 10 EGV folgenden Mitwirkungspflichten gehalten, innerhalb der ihnen belassenen Entscheidungsfreiheit die Formen und Mittel zu wählen, die sich zur Gewährleistung der praktischen Wirksamkeit der Richtlinie -effet utile- unter Berücksichtigung des mit ihnen verfolgten Zwecks am besten eignen.[7] Jedoch fordert der Europäische Gerichtshof, daß eine Umsetzung nur durch eine allgemeinverbindliche Form erfolgen kann, wenn die Richtlinie nicht ein unverbindliches Vorgehen ausdrücklich erlaubt –sogenannter. Rechtsnormvorbehalt-.[8] Notwendig ist zwar nicht zwangsläufig ein Tätigwerden des Gesetzgebers, jedoch muß die vollständige Anwendung der Richtlinie gewährleistet sein. Setzen die Richtlinien Rechte und Pflichten Einzelner fest, müssen diese in der Lage sein, von ihren Rechten Kenntnis zu erlangen und diese vor nationalen Gerichten geltend zu machen.[9] Der Umstand, daß die Regelung der Richtlinie in der Praxis angewendet wird, reicht alleine mithin nicht aus, da diese Regelung geändert werden kann. In diesem Fall gilt das Gebot der normativen Umsetzung.[10] Bloße Verwaltungs-

---

[5] Zur Möglichkeit zum Abschluß völkerrechtlicher Umweltverträge vgl. zum Beispiel *Klein/Kimms* in: UTR 36, S. 53 ff.; *Oppermann*, Europarecht, Rdnr. 1700 ff.

[6] *Hoppe/Otting*, NuR 1998, 61; *Pernice*, EuR 29 (1994), 325 (327); *Reinhardt* in: UTR 38, S. 349.

[7] *EuGH* Slg. 1976, 497 (517); *Bleckmann*, Europarecht, Rdnr. 559; *Perncie*, EuR 29 (1994), 325 (329); *Rengeling* in: EUDUR I, § 28 Rdnr. 30; *Zuleeg*, VVDStRL 53 (1994), 154 (191).

[8] Etwa *EuGH* Slg. 1985, 1661 (1673); Slg. 1992, 3265 (3309). Vgl. auch *Rengeling* in: EUDUR I, § 28 Rdnr. 32 ff.

[9] *EuGH* Slg. 1991, 825 (867); Slg. 1991, 2567 (2600 f.); Slg. 1991, 2607 (2631); *Pernice*, EuR 1994, 325 (329 ff.).

[10] Auch die sog. Selbstbindung der Verwaltung kann an diesem Dictum nichts ändern. Vgl. *EuGH* Slg. 1985, 1661 (1674).

vorschriften, wie etwa die TA-Luft, erfüllen daher die Umsetzungspflicht nicht.[11]

Auch Selbstverpflichtungen sind in diesem Zusammenhang mit Argwohn zu betrachten. Das Problem der Selbstverpflichtung liegt in ihrer Unverbindlichkeit;[12] denn da Selbstverpflichtungen jederzeit geändert werden können, fehlt es ihnen an dem geforderten allgemeinverbindlichen Charakter. Sie sind daher zur Umsetzung von Richtlinien ungeeignet.[13] Zudem ist ihr Rechtscharakter nicht eindeutig:[14] Sie gestalten nicht das nationale Recht, sondern begründen nur eine tatsächliche Praxis.[15] Daher hat sich die Europäische Kommission in ihrer Mitteilung auch grundsätzlich gegen die Möglichkeit zur Umsetzung von Richtlinien durch Selbstverpflichtungen gewandt, wenn eine rechtliche Zielverwirklichung gefordert wird.[16] Enthält eine Richtlinie hingegen lediglich Programme, die keine strikte Verbindlichkeit besitzen, kann eine Selbstverpflichtung genügen.

Damit rückt die Rechtsverordnung als Rechtsetzungsinstrument zur Bewältigung von Sachverhalten mit internationalen Bezügen mehr und mehr in den Blickpunkt.

2. Probleme für eine Umsetzung von Richtlinien durch einen Vertrag

Es fragt sich nun, welche Folgerungen für eine Umsetzung von Richtlinien durch einen rechtsverordnungsersetzenden Vertrag sich ergeben können:

a) Position der Europäischen Kommission

Ist in der Richtlinie ausdrücklich vorgesehen, daß eine Umsetzung durch eine verbindliche Vereinbarung gestattet ist, so ergeben sich aus der Sicht der Europäischen Kommission keine Probleme, solange sich der umsetzende Staat an die von der Europäischen Kommission genannten Vorgaben hält.

Anders stellt sich die Lage dar, wenn die Richtlinie nicht ausdrücklich bestimmt, daß sie auch durch verbindliche Absprachen umgesetzt werden kann. Dann muß die Umsetzung nämlich außerdem geeignet sein, die Vorgaben verbindlich zu erreichen. Art und Umfang der Verbindlichkeit hängen dabei maßgeblich vom Inhalt der Richtlinie ab. Enthält die Richtlinie lediglich Programme, die keine strikte Verbindlichkeit besitzen, so kann bereits eine entsprechende Vereinbarung ausreichend sein. Auch der *Europäische Gerichtshof* sieht prinzipiell keine Probleme bei der Umsetzung von Richtlinien durch einen richtlinienumsetzenden Vertrag. So verpflichtet zum Beispiel

---

[11] Vgl.: *EuGH* Slg. 1991, 2567 (2602); Slg. 1991, 2607 (2632). Anmerkungen zu den beiden Entscheidungen: Kritisch *Breuer*, NVwZ 1994, 417 (422); *von Danwitz*, VerwArch 84 (1993), 73 (81 ff.); *Weber*, UPR 1992, 5 (6 ff.). Zustimmend *Everling*, NVwZ 1993, 209 (213 ff.); *Steiling*, NVwZ 1992, 134 (135 ff.). Siehe ferner *Guttenberg*, JuS 1993, 1006 ff.; *Hoppe/Otting*, NuR 1998, 61 ff.; *Koch*, DVBl. 1992, 124 (130 f.); *Krings*, UPR 1996, 89 (92).

[12] Zur Umsetzung von Richtlinien durch Selbstverpflichtungen: *Becker*, DÖV 1985, 1003 (1007); *Bohne*, VerwArch 75 (1984), 343 (362); *Dempfle*, Normersetzende Absprachen, S. 134 ff.; *Helberg*, Selbstverpflichtungen, S. 118 ff.; *Krämer* in: Groebe et al. (Hrsg.), EU/EGV III, Art. 130s Rdnr. 40; *Oebbecke*, DVBl. 1986, 793 (797).

[13] *Bohne*, VerwArch 75 (1984), 343 (362); a.A. *Becker*, DÖV 1985, 1003 (1007); *Dempfle*, Normersetzende Absprachen, S. 136 f.

[14] *Fluck/Schmitt*, VerwArch 89 (1998), 220 (247); *Weber*, UPR 1992, 5.

[15] *Bohne*, VerwArch 75 (1984), 343 (362).

[16] Kom (96) 561, S. 18.

die Richtlinie 85/339/EWG[17] über Verpackungen für flüssige Lebensmittel die Mitgliedstaaten, Programme zur Verringerung des Gewichts und des Volumens solcher Lebensmittel zu erstellen. Die französischen Behörden hatten zur Erstellung dieser Programme bereits Vereinbarungen mit den betroffenen Industrien getroffen, und der *Europäische Gerichtshof* erhob grundsätzlich keine Einwände gegen diese Umsetzung durch verbindliche Vereinbarungen,[18] sondern bemängelte nur, daß klare Ziele und Fristen fehlten.

Richtlinien hingegen, die Rechte und Verpflichtungen für Einzelpersonen schaffen, sind für die Umsetzung durch eine bloße Vereinbarung zunächst ungeeignet, da die Vereinbarung nur inter partes wirkt. Die Wahrung der Rechte des Dritten ist hiermit nicht gewahrt; denn für den Dritten entstehen keine einforderbaren Leistungspflichten. In solchen Fällen liegt grundsätzlich ein Vertragsformverbot für den nationalen Gesetzgeber vor.

Allerdings kann diese Problematik durch eine kombinierte Umsetzung, also durch den Abschluß eines Vertrags, flankierend ergänzt durch eine Rechtsverordnung, gelöst werden,[19] wobei die Vereinbarungsbeteiligten eine Art Dispens von der getroffenen flankierenden Regelung erhalten können. Auf diesem Wege soll zudem Trittbrettfahrern der Wind aus den Segeln genommen werden.

Somit sind rechtsverordnungsersetzende Verträge im Gegensatz zu Selbstverpflichtungen grundsätzlich geeignet, Richtlinien in nationales Recht umzusetzen.[20] Ein solcher Vertrag könnte sich sogar auf eine Ermächtigungsgrundlage stützen;[21] die dann gemäß Art. 23 GG die Richtlinie selbst ist. Insoweit ist also dem Gesetzesvorbehalt Genüge getan.[22]

b) Gegenposition

Es bleibt allerdings fraglich, ob ein rechtsverordnungsersetzender Vertrag zur Umsetzung von Gemeinschaftsrecht wegen des von der Europäischen Kommission vorgegebenen engen Spielraums sich als sinnvoll erweist.

aa) Mangelnde Praktikabilität

Die Praktikabilität und der Charme von rechtsverordnungsersetzenden Verträgen mit ihren Möglichkeiten zur Einsparung dürfte unter der Last der beschriebenen Anforderungen zusammenbrechen. Denn selbst wenn nur allgemeine Leitlinien umzusetzen sind, wird es bei überschaubaren Branchen nur selten gelingen, alle potentiellen Regelungsadressaten zur Unterzeichnung eines richtlinienersetzenden Vertrags zu motivieren. Zudem werden durch umweltbezogene Richtlinien im Regelfall auch

---

[17] ABl. Nr. L 176 vom 06.07.1985, S. 18, aufgehoben durch die Richtlinie des Europäischen Parlaments und des Rates über Verpackungen und Verpackungsabfälle, ABl. Nr. L 365 vom 31.12.1994, S. 10.

[18] *EuGH* Slg. 1994, 4949 (4968).

[19] Kom (96) 561, S. 18.

[20] *Knebel* in: Wicke et al. (Hrsg.), Umweltbezogene Selbstverpflichtungen, S. 201 ff.

[21] Vgl. zu diesem Problem für einen rechtverordnungsersetzenden Vertrag oben § 16 (S. 238 ff.).

[22] *Grewlich*, DÖV 1998, 54 (60); *Knebel/Wicke/Michael*, Selbstverpflichtungen und normersetzende Umweltverträge, S. 203.

Rechte und Pflichten von Einzelpersonen mittelbar berührt. Eine Umsetzung von EU-Recht hat aber ausnahmslos zu erfolgen.

Daher wird sich kaum jemals ein Fall ergeben, bei dem eine Umsetzung ausschließlich durch einen richtlinienersetzenden Vertrags erfolgen kann. Muß in einem solchen Fall aber eine Richtlinie mit einer verbindlichen Umsetzung kombiniert werden, dann ist das Einsparungspotential des rechtsverordnungsersetzenden Vertrags aufgebraucht;[23] denn es entsteht ein doppelter Aufwand, selbst wenn die Erkenntnisse aus den Verhandlungen für den Erlaß des flankierenden Gesetzes verwendet werden können.

Wenn man ein solches Ergebnis vermeiden will, müßte man den richtlinienumsetzenden Vertrag drittschützend als Vertrag zugunsten Dritter ausgestalten und Dritte in die Leistungspflicht mit einbeziehen. Dieses Vorgehen dürfte allerdings nicht dazu beitragen, die Attraktivität eines solchen Vertrags für die Wirtschaftsseite zu steigern. Daraus ergibt sich, daß eine Umsetzung von EU-Vorgaben in nationales Recht mittels eines rechtsverordnungsersetzenden Vertrags an die Grenzen der Praktikabilität stößt.

bb) Das Problem der fristgerechten Umsetzung

Ein weiteres Problem bei der Umsetzung von Richtlinien durch rechtsverordnungsersetzenden Verträge wird in der Mitteilung der Europäischen Kommission bereits angedeutet:[24] Zur Umsetzung von Richtlinien gibt es nämlich Fristen. Vereinbarungen müssen demnach so rechtzeitig getroffen werden, daß gegebenenfalls bei Nichteinhaltung noch rechtzeitig vor Fristenablauf entsprechende einseitige Rechtsvorschriften erlassen werden können. Die Mitgliedstaaten haften nämlich ungeachtet der Umsetzungsform gemeinschaftsrechtlich für die fristgerechte Richtlinienumsetzung.[25]

Haben sich die Verhandlungen, etwa durch Verschleppungstaktiken, zu lange hingezogen, besteht die Gefahr, daß eine entsprechende Rechtsverordnung nicht mehr rechtzeitig erlassen werden kann oder daß diese Verordnung parallel zu den Verhandlungen erarbeitet werden muß. In einem solchen Fall kann die staatliche Stelle dann eventuell zeitlich unter Druck geraten und einem Abschluß nur zustimmen, um eine rechtzeitige Umsetzung noch gewährleisten zu können.

Außerdem ist der Vertrag im Regelfall befristet. Dies hat zur Folge, daß entweder nach Ablauf des Vertrags nun mangels Verlängerung doch eine Rechtsverordnung erlassen werden oder daß die staatliche Stelle regelmäßig sich mit dem Themenbereich befassen muß, um eine ausreichende Umsetzung in nationales Recht gewährleisten zu können.

Gleiches gilt für den Fall, daß ein Vertragspartner den Vertrag vorzeitig aufkündigt. Auch in diesem Fall droht ein Umsetzungsdefizit. In dieser Fallgestaltung wird die Umsetzung zudem vom privaten Willen abhängig gemacht, was zusätzlich Rechtsunsicherheit zur Folge hat.

---

23 So auch *Fluck/Schmitt*, VerwArch 89 (1998), 220 (248 f.).

24 Kom (96) 561, S. 20.

25 Vgl. zu den Folgen einer unzureichenden Umsetzung von Richtlinien: *Rengeling* in: EUDUR I, § 28 Rdnr. 66 ff.

Zwar kann eine Richtlinie grundsätzlich durch einen rechtsverordnungsersetzenden Vertrag umgesetzt werden, im Ergebnis erscheinen diese Verträge aber als ungeeignet,[26] um Richtlinien in nationales Recht umzusetzen.

III. Die Europäische Kommission als Vertragspartner eines normersetzenden öffentlich-rechtlichen Vertrags ?

Die Europäische Kommission selber kann der Vertragspartner eines normersetzenden öffentlich-rechtlichen Vertrags sein, wenn sie die Verbandskompetenz der Gemeinschaft zum Handeln als auch die Kompetenz zum Handeln durch die Handlungsform des Vertrags innehat. Im Anschluß daran ist zu fragen, ob der Europäischen Kommission auch die Organkompetenz für einen solchen Vertrag zukommt.

In der Tat ist der Abschluß eines normersetzenden öffentlich-rechtlichen Vertrags auf der Gemeinschaftsebene mit einigen Schwierigkeiten verbunden, die sich aus der vielfältigen Aufgabenteilung und -verschränkung zwischen Rat und Europäischer Kommission ergeben. Die Aufgaben von Rat und Europäischer Kommission sollen daher im Folgenden kurz dargestellt werden.

1. Aufgaben Europäische Kommission / Rat / Rechtsetzungsverfahren

In den Gemeinschaftsverträgen haben die unterzeichnenden Staaten in bestimmten Bereichen eine eigene Rechtsordnung geschaffen, die in die Rechtsordnung der Mitgliedstaaten aufgenommen worden und von deren Gerichten anzuwenden ist.[27] Verfassungsrechtliche Grundlage hierfür sind in Deutschland die Art. 23, 24 GG.[28] In diesem Zusammenhang wird vom kooperationsoffenen Verfassungsstaat des Grundgesetzes gesprochen.[29]

In den Art. 211 ff. EGV finden sich die Regelungen zur Europäischen Kommission, dem genuinen europäischen Organ mit Sitz in Brüssel.[30] Der Europäischen Kommission obliegt es im wesentlichen, das Gemeinschaftsrecht zu definieren. Dabei kommen ihr vier Aufgaben zu: Die Europäische Kommission ist 1. Hüterin der Verträge, 2. Motor der Integration, 3. Entscheidungs- und Ausführungsorgan sowie 4. Sprecherin der Gemeinschaft nach innen und außen.[31] Über die Aufgaben der „Exekutive" der Gemeinschaft hinaus reicht die Funktion der Europäischen Kommission auch auf die Mitgestaltung der Rechtsetzung.[32] In aller Regel erläßt nämlich der Rat die Rechtsakte der EG nur auf Vorschlag der Europäischen Kommission: Art. 252

---

[26] Zweifelnd auch *Leitzke*, UPR 2000, 361 (362).

[27] Grundlegend *EuGH* Slg. 1964, 1251 (1269).

[28] *BVerfGE* 37, 271 (280); 58, 1 (28); 59, 63 (90); 69, 1 (90); 73, 339 (374); 89, 155 (174); *Huber*, Maastricht – ein Staatsstreich ?, S. 13 ff.; *Randelzhofer* in: Maunz/Dürig, GG III, Art. 24 Rdnr. 59; *Streinz* in: Sachs (Hrsg.), GG, Art. 23 Rdnr. 8 ff.

[29] *Hobe*, Der Staat 37 (1998), 521 ff.; *Huber*, Recht der Europäischen Integration, § 3 Rdnr. 2.

[30] *Oppermann*, Europarecht, Rdnr. 332. Vgl. zu den anderen Hauptorganen gemäß Art. 7 EGV Parlament, Rat, Gerichts- und Rechnungshof etwa *Bleckmann*, Europarecht, Rdnr. 208 ff.; *Herdegen*, Europarecht, § 8 Rdnr. 105 ff.; *Huber* in: EUDUR I, § 19 Rdnr. 6; *Schweitzer/Hummer*, Europarecht, § 4 Rdnr. 126 ff.

[31] *Bleckmann*, Europarecht, Rdnr. 254 ff.; *von Sydow* in: Groebe et al. (Hrsg.), EU/EGV IV, Art. 155 Rdnr. 3.

[32] *Herdegen*, Europarecht, § 8 Rdnr. 133; *Huber*, Recht der Europäischen Integration, § 15 Rdnr. 8; *Oppermann*, Europarecht, Rdnr. 352.

Ziffer a) und e) EGV.[33] Der Europäischen Kommission kommt also grundsätzlich, und damit auch für den Umweltbereich,[34] ein Initiativmonopol zu. Dieses Monopol wird allerdings dadurch relativiert, daß sowohl der Rat gemäß Art. 208 EGV als auch das Europäische Parlament nach Art. 192 EGV die Europäische Kommission auffordern können, geeignete Vorschläge vorzulegen.

Durch ihr Initiativmonopol kommt der Europäischen Kommission nichtsdestotrotz eine Schlüsselrolle im Bereich der Rechtsetzung zu, da sie das System des Rechtsaktes von vornherein bestimmt und wesentliche Änderungen in der Struktur des Rechtsaktes im Laufe des Rechtsetzungsverfahrens in der Regel nicht mehr durchsetzbar sind. Folglich hat die Europäische Kommission eine dem Rat ebenbürtige und dem Parlament überlegene Stellung.[35]

Die wesentliche gesetzgebende Gewalt ist gemäß Art. 202 ff. EGV der Rat der Europäischen Union. Seinerseits Gemeinschaftsorgan, ist er gemäß Art. 203 Abs. 1 EGV mit handlungsbefugten Mitgliedern der Regierungen der Mitgliedstaaten besetzt. Aus der Gesamtheit der Aufgaben und der Befugnisse des Rates ergibt sich seine Stellung als primäres gemeinschaftspolitisches Steuerungsorgan der Gemeinschaft.[36] So ist vor allem der Rat für die Verwirklichung der in Art. 174 EGV genannten Ziele verantwortlich.[37] Der Art. 174 EGV konkretisiert dabei die vier grundlegenden verbindlichen umweltpolitischen Ziele der Gemeinschaft im Sinne einer Aufgabenbeschreibung.[38] Über ein Tätigwerden beschließt der Rat im Regelfall gemäß Art. 175 Abs. 1 EGV nach Anhörung des Wirtschafts- und Sozialausschusses gemäß dem Verfahren nach Art. 251 EGV durch Mehrheitsentscheidung, an dem auch das Europäische Parlament nach dem Verfahren des Art. 251 EGV zu beteiligen ist.

2. Die Verbandskompetenz der Europäischen Gemeinschaft

a) Die Kompetenz für den Regelungsbereich Umwelt

Erste Voraussetzung für den Abschluß eines Vertrags, der dieselbe Rechtswirkung wie ein in Art. 249 EGV aufgeführter normsetzender Hoheitsakt erzielen soll, ist die Feststellung, ob die Gemeinschaft überhaupt im Umweltbereich handeln darf. Die Gemeinschaft hat nämlich keine Allzuständigkeit wie ein Staat, sie läßt sich vielmehr

---

[33] Ausnahme der Regelung sind die Durchführungsverordnungen der Kommission gemäß Art. 211 4. Spiegelstrich EGV. Hierbei handelt es sich um eine delegierte Rechtssetzungsbefugnis zur Durchführung der vom Rat erlassenen Vorschriften (sog. tertiäre Gesetzgebung). Diese sind insbesondere für die Festlegung (materieller) Umweltstandards als auch für die nähere Ausgestaltung des Zusammenwirkens von EU und Mitgliedstaaten von Bedeutung.
Vgl. *Huber* in: EUDUR I, § 19 Rdnr. 21; *Oppermann*, Europarecht, Rdnr. 657.

[34] *Huber* in: EUDUR I, § 19 Rdnr. 20; *von Sydow* in: Groebe et al. (Hrsg.), EU/EGV IV, Art. 155 Rdnr. 38.

[35] *von Sydow* in: Groebe et al. (Hrsg.), EU/EGV IV, Art. 155 Rdnr. 48.

[36] *Huber*, Recht der Europäischen Integration, § 13 Rdnr. 1.

[37] *Huber* in: EUDUR I, § 19 Rdnr. 10 auch mit Hinweisen zum Beschlußverfahren.

[38] Hierzu *Bleckmann*, Europarecht, Rdnr. 2840; *Frenz*, Europäisches Umweltrecht, Rdnr. 118 ff.; *Oppermann*, Europarecht, Rdnr. 2007 ff.; *Schröder* in: EUDUR I, § 9 Rdnr. 30.
Allgemein zu den Umweltkompetenzen der Union: *Breier*, NuR 1993, 457 ff.; *Jahns-Böhm*, Umweltschutz durch europäisches Gemeinschaftsrecht, S. 133; *Kloepfer*, UPR 1986, 321 ff.

als supranationale Organisation[39] und Schöpfung ihrer Mitgliedstaaten qualifizieren.[40] Daher kann die Gemeinschaft nur über die Kompetenzen verfügen, welche ihr die Mitgliedsstaaten durch die Gründungsverträge übertragen haben. Die Begrenzung der Kompetenzen und das Erfordernis einer spezifischen Ermächtigungsgrundlage für ein Tätigwerden der Gemeinschaft und ihrer Organe werden als Prinzip der begrenzten Einzelermächtigung -compétence d´attribution- bezeichnet.[41] Die EG handelt also lediglich zur Erfüllung ihrer Aufgaben nach Maßgabe des EG-Vertrags. Durch diesen Vertrag wird festgelegt, daß die EG zur Verwirklichung der ihr durch den EGV gesetzten Ziele und nur im Rahmen der ihr übertragenen Befugnisse tätig werden darf: Die Kompetenz-Kompetenz liegt weiterhin bei den Mitgliedstaaten. Mithin begrenzt das Prinzip der Einzelermächtigung, niedergelegt in Art. 5 EGV, die Verbandskompetenz der Europäischen Gemeinschaft.

Diese Begrenzung bestätigt der Art. 249 EGV. Aus seinem Wortlaut ergibt sich keine generelle Ermächtigungsgrundlage zum Erlaß der in ihm geregelten Akte, er setzt diese Ermächtigungsgrundlage vielmehr prinzipiell voraus und legt deren Rechtswirkung fest.[42]

Durch die Einheitliche Europäische Rechtsakte sowie den Vertrag von Maastricht sind die Kompetenzen der Europäischen Gemeinschaft auf dem Gebiet des Umweltschutzes erheblich ausgeweitet worden.[43] Aus Art. 175 EGV läßt sich nunmehr eine grundsätzliche Verbandskompetenz der Gemeinschaft zum Handeln im Umweltbereich und damit auch zum Abschluß eines umweltschützenden Vertrags ableiten. Jedoch ist für die Frage nach der Verbandskompetenz der Gemeinschaft zusätzlich das Subsidiaritätsprinzip zu beachten.

Nach dem in Art. 5 EGV statuierten Subsidiaritätsprinzip[44] kann die Gemeinschaft nur unter einer doppelten Voraussetzung in Bereichen tätig werden, die ihr nicht ausschließlich zugeordnet sind: Konkurrierende Regelungskompetenz. So muß, als Negativkriterium für die Regelungskompetenz der Gemeinschaft, das Ziel auf der nationalen Ebene nicht ausreichend erreicht werden. Als Positivkriterium verlangt die Vorschrift, daß gerade wegen seines Umfangs oder seiner Wirkung das Ziel besser auf Gemeinschaftsebene erreicht werden kann. Hierdurch soll einer Erosion der mitgliedstaatlichen Zuständigkeiten entgegengewirkt werden. Die Entscheidung, ob eine Maßnahme besser auf der EU-Ebene als auf der Ebene der nationalen einzelnen Mitglied-

---

[39] Die Rechtsnatur der EG ist strittig, vgl.: *Bleckmann*, Europarecht, Rdnr. 140 ff.; *Herdegen,* Europarecht, § 6 Rdnr. 79; *Oppermann*, Europarecht, Rdnr. 890.

[40] *Huber*, Recht der Europäischen Integration, § 5 Rdnr. 4.

[41] *BVerfGE* 89, 155 (192 ff.), wonach das Prinzip der begrenzten Einzelermächtigung als Kompetenzschranke betrachtet wird. Vgl. auch *Bleckmann*, Europarecht, Rdnr. 380; *Herdegen*, Europarecht, § 9 Rdnr. 189; *Huber*, Recht der Europäischen Integration, § 10 Rdnr. 6; *Jarass*, AöR 121 (1996), 173 ff.

[42] *Bleckmann*, Europarecht, Rdnr. 380; *Schmidt* in: Groebe et al. (Hrsg.), EU/EGV IV, Art. 189 Rdnr. 19.

[43] *Bender/Sparwasser/Engel*, Umweltrecht, S. 14 ff.; *Jahns-Böhm*, Umweltschutz durch europäisches Gemeinschaftsrecht, S. 133 ff. und 258 ff.

[44] Vgl. *EuGH* Slg. 1996, 1759 (1788 f.); *von Borries* in: EUDUR I, § 25 Rdnr. 47; *Kahl*, AöR 118 (1993), 414 ff.; *Pipkorn*, EuZW 1992, 697 (698); *Schmidthuber*, DVBl. 1993, 417 ff.; *Scholz* in: FS Helmrich, S. 411 ff.

staaten erfolgt, liegt bei der Gemeinschaft selbst, da sich der Art. 175 EGV an die Gemeinschaftsorgane und nicht an die Mitgliedstaaten wendet.[45]

Konkurrierende Kompetenzen stellen den Regelfall der EG-Zuständigkeiten dar,[46] und auch die Umweltpolitik in den Art. 174 ff. EGV zählt zu den konkurrierenden Kompetenzen.[47] Die erste Stellungnahme des *Europäischen Gerichtshofs*[48] zum Subsidiaritätsprinzip deutet allerdings auf eine geringe Kontrolldichte hin mit der Folge, daß diesem Prinzip auf Grund des erheblichen politischen Spielraums nur eine geringe Wirkung vorausgesagt wird.[49] Im übrigen hat bereits die Vorläufervorschrift der Subsidiaritätsklausel des Art. 5 EGV, nämlich der Art. 130r Abs. 4 EGV, bei der Beschränkung der Verbandskompetenz der Europäischen Union keine nennenswerte Relevanz gezeigt.[50] Folglich wird die Subsidiaritätsklausel dem Abschluß eines normersetzenden öffentlich-rechtlichen Vertrags auf EU-Ebene keine unüberwindlichen Steine in den Weg legen.

Ob die Subsidiaritätsklausel beim Abschluß eines richtlinienersetzenden Vertrags eingreift, ist jedoch jeweils abhängig vom konkreten Inhalt der getroffenen Regelung.[51] Mithin ist hier eine abschließende Beurteilung nicht möglich.

b) Die Kompetenz der Europäischen Gemeinschaft ?

Geht man davon aus, daß die Subsidiaritätsklausel nicht greift und der Europäischen Gemeinschaft grundsätzlich die Verbandskompetenz zum Handeln im Umweltsektor offensteht, bleibt noch die Frage zu beantworten, ob die Europäische Gemeinschaft in der Form eines Vertrags zum Ersetzen von Rechtsakten agieren kann. Dabei ist der Grundsatz der begrenzten Einzelermächtigung in dem Sinne zu verstehen, daß die EG verbindliche Rechtsakte gemäß Art. 249 EGV in den einzelnen Vertragsbereichen nur in denjenigen allgemein zugelassenen Rechtsformen erlassen darf, die bei der betreffenden Einzelkompetenz zugelassen sind.[52] Der Art. 175 EGV hingegen ermächtigt nicht nur zu einer bestimmten Rechtsform, so daß folglich alle Maßnahmenarten nach Art. 249 EGV für ein Handeln auf Grund Art. 175 EGV in Betracht kommen und auch kombiniert werden können.

Das Wesen der Rechtsakte nach Art. 249 EGV liegt darin, daß diese Rechtsakte sich vor allem an Personen außerhalb des Kreises der unmittelbaren Träger der Gemeinschaftsverfassung wenden.[53] Unter der Aufzählung der Handlungsformen in Art. 249 EGV findet sich aber nicht die Nennung eines öffentlich-rechtlichen Vertrags.

---

[45] *Jahns-Böhm*, Umweltschutz durch europäisches Gemeinschaftsrecht, S. 137.

[46] *Huber*, Recht der Europäischen Integration, § 11 Rdnr. 10.

[47] *Bleckmann*, Europarecht, Rdnr. 2828; *Huber*, Recht der Europäischen Integration, § 11 Rdnr. 11; *Kloepfer*, Umweltrecht, § 9 Rdnr. 35; *Steinberg*, Staatswissenschaften und Staatspraxis 6 (1995), 293 ff. m.w.N.;

[48] *EuGH*, EuZW 1996, 751 m. Anm. *Calliess.*

[49] *Breier*, NuR 1993, 457 (461); *Schröder* in: EUDUR I, § 9 Rdnr. 78.

[50] *Krämer* in: Groebe et al. (Hrsg.), EU/EGV III, Vorbemerkung zu den Artikeln 130r bis 130t Rdnr. 61.

[51] *Pommerenke*, RdE 1996, 131 (133).

[52] Zum Beispiel bestimmt Art. 83 EU/EGV, daß nur durch Verordnung oder Richtlinie gehandelt werden darf.

[53] *Schmidt* in: Groebe et al. (Hrsg.), EU/EGV IV, Art. 189 Rdnr. 16.

Hier werden nur Verordnungen, Richtlinien, Entscheidungen, Empfehlungen und Stellungnahmen aufgeführt. Ein Typenerfindungsrecht der Gemeinschaftsorgane darüber hinaus existiert nicht.[54] Zudem findet sich in keiner einzigen Bestimmung des materiellen Rechts eine Ermächtigung zum Handeln durch Vertrag, sei der Vertrag nun privat- oder aber öffentlich-rechtlich.

Dieses spricht zunächst dafür, daß der Gemeinschaft die Handlungsform des Vertrags zum Substituieren von Rechtsakten nicht zusteht. Zwar haben sich im Laufe der Zeit auf der Gemeinschaftsebene auch andere Handlungsformen über die in Art. 249 EGV genannten hinaus entwickelt. Diese atypischen Rechtsakte[55] wenden sich jedoch zumeist dem Verhältnis zwischen den Organen zu, ihr gemeinsames Kennzeichen ist ihr unverbindlicher Charakter: Sie vermögen Rechte und Pflichten für Mitgliedstaaten oder für Einzelpersonen nicht zu begründen.[56] Mithin scheiden diese atypischen Rechtsakte als Kompetenz zum Handeln durch Vertrag aus.

aa) Die Position der Europäischen Kommission

Aus dem bisher Gesagten leitet sich die Position der Europäischen Kommission in ihrer Mitteilung[57] hinsichtlich der Fragestellung einer Umweltvereinbarung auf „Euro-Level“ ab: Im EG-Vertrag sind lediglich Verordnung, Richtlinie und Entscheidungen als verbindliche Maßnahmen genannt. Daher ist es der Europäischen Kommission verwehrt, verbindliche Umweltvereinbarungen zu schließen. Die Europäische Kommission muß sich mithin mit unverbindlichen Vereinbarungen als den Instrumenten zur Förderung einer fortschrittsfreundlichen Haltung der Industrie und zum Ansporn für wirksame Umweltmaßnahmen begnügen.[58] Aus diesem Grunde sind auf europäischer Ebene bisher auch nur solche informalen Vereinbarungen getroffen worden.[59]

bb) Die in der Literatur vertretenen Meinungen

Trotz der Nichtnennung des öffentlich-rechtlichen Vertrags gehen einige Literaturstimmen davon aus, daß die EU sehr wohl in der Lage ist, einen öffentlich-rechtlichen Vertrag abzuschließen und hierdurch Rechtsakte zu ersetzen.[60] Die Lösung dieser Problematik ist eng mit dem Prinzip der begrenzten Einzelermächtigung verbunden. Entscheidend ist dafür, ob der Art. 249 EGV einen Numerus clausus der Handlungsfor-

---

[54] *Oppermann*, Europarecht, Rdnr. 535.

[55] *Bleckmann*, Europarecht, Rdnr. 420 ff. spricht von Akten sui generis. Hierzu auch *Rengeling* in: EUDUR I, § 28 Rdnr. 6.

[56] *Krämer* in: EUDUR I, § 16 Rdnr. 40. Überblick über die verschiedenen atypischen Rechtsakte: *Ipsen*, Europäisches Gemeinschaftsrecht, S. 466 ff.

[57] Kom (96) 561, S. 21. Dem folgt *Krieger*, EuZW 1997, 648 ff.

[58] Bei Selbstverpflichtungen auf europäischer Ebene dürfen allerdings die Mitwirkungsrechte an der Gestaltung der Politik durch beispielsweise Parlament, Wirtschafts- und Sozialausschuß, Ausschuß der Regionen und Rat nicht unterlaufen werden. Hierzu *Krämer* in: EUDUR I, § 16 Rdnr. 87.

[59] Kom (96) 561, S. 21. Ob die Kommission allerdings ohne Ermächtigung Selbstverpflichtungen anerkennen kann, ist fraglich, denn sie wird auch in diesen Fällen politisch tätig und verzichtet auf eine Rechtssetzung. Vgl. *Frenz*, EuR 34 (1999), 27 (35).

[60] *Bleckmann*, NJW 1978, 464 (465); *ders.*, DVBl. 1981, 889 (892); *Fluck/Schmitt*, VerwArch 89 (1998), 220 (245 f.); *Frenz*, EuR 34 (1999), 27 (38 ff.); *ders.*, Europäisches Umweltrecht, Rdnr. 77; *Grunwald*, EuR 19 (1984), 227 ff.; *Spannowsky*, Verträge und Absprachen, S. 490 ff.

men für die Organe errichtet, d.h. ob diesem Artikel tatsächlich eine abschließende Wirkung zukommt.

(1) Gefährdung des effet utile im Umweltbereich durch einen Numerus clausus

(a) Teleologische Reduktion des Art. 249 EGV ?

Speziell für das Umweltrecht wird befürchtet, daß eine Verengung der Handlungsformen auf die in Art. 249 EGV ausdrücklich genannten Instrumente eine Einschränkung der Effektivität der Maßnahmen im Umweltbereich zur Folge hätte;[61] denn die Gemeinschaftsorgane gehen in ihren zahlreichen Äußerungen seit dem Fünften Umweltaktionsprogramm davon aus, daß verbindliche Umweltvereinbarungen im besonderen Maße dazu geeignet sind, den Grundsatz der Nachhaltigkeit gemäß Art. 2 EGV zu verwirklichen. Hätte nun der Art. 249 EGV einen abschließenden Charakter, wären die Folgen kontraproduktiv: Der Gemeinschaft würde gerade das Instrument genommen, das sie selber zur Erfüllung ihrer Aufgaben präferiert. Die Gemeinschaft würde mithin in ihrer Aufgabenerfüllung behindert. Daher müsse der Art. 249 EGV für den Fall, daß er einen Numerus clausus enthält, im Lichte des Grundsatzes des „effet utile" teleologisch reduziert werden.[62]

(b) Der effet utile

In Anlehnung an die im amerikanischen Verfassungsrecht entwickelte „Implied powers"-Lehre ist im Gemeinschaftsrecht anerkannt, daß die Gemeinschaften Kompetenzen wahrnehmen können, die ihnen zwar nicht ausdrücklich zugewiesen sind, deren Inanspruchnahme sich aber mit einer gewissen inneren Logik aus den der Europäischen Gemeinschaft ausdrücklich übertragenen Befugnissen ergibt.[63]

Neben den Abrundungsklauseln, wie beispielsweise dem Art. 308 EGV, ermöglichen die „Implied powers"-Lehre und die teleologische Auslegungsmaxime des „effet utile" (Effektivitätsprinzip) zusätzliche Ausdehnungen beim Erlaß von Gemeinschaftsrecht in Ausnahme zum Prinzip der begrenzten Einzelermächtigung.[64] Demnach enthält der EG-Vertrag auch Vorschriften, bei deren Fehlen die ausdrücklich gegebenen Gemeinschaftskompetenzen sinnlos wären oder aber nicht in vernünftiger und zweckmäßiger Weise zur Anwendung gelangen können.[65] Mithin ist der EG-Vertrag so auszulegen, daß diese Vorschriften zu ihrer vollen Sinnentfaltung gelangen, sodaß ein Schluß von den Aufgaben auf die Befugnis vorgenommen wird.

(c) Bedenken gegen eine teleologische Reduktion des Art. 249 EGV

Grundvoraussetzung für die Auslegung nach den Grundsätzen des effet utile ist, daß ein normersetzender öffentlich-rechtlicher Vertrag die Erfüllung der Aufgaben nach dem EG-Vertrag wirksamer verfolgen kann, als dies mit dem vorhandenen Instru-

---

[61] *Frenz*, EuR 34 (1999), 27 (39).
[62] *Frenz*, Europäisches Umweltrecht, S. 13; *ders.*, EuR 34 (1999), 27 (39).
[63] *Herdegen*, Europarecht, § 9 Rdnr. 191. Damit ist die „Implied powers"-Lehre in etwa mit der Kompetenz kraft Sachzusammenhangs im deutschen Recht zu vergleichen.
[64] *Bleckmann*, Europarecht, Rdnr. 1318 ff.; *Oppermann*, Europarecht, Rdnr. 527.
[65] *EuGH* Slg. 1955/56, 311 ff. und ständige Rechtsprechung.

mentarium möglich ist. Zur Aufgabenerfüllung müßte mithin eine verbindliche Vereinbarung durch Vertrag erforderlich sein. Es wird aber bezweifelt, daß die Aufgaben nach den Verträgen durch einen normersetzenden öffentlich-rechtlichen Vertrag wirksamer erfüllt werden können, so daß kein Raum für eine Anwendung des effet utile verbleibt. Hierfür gibt es folgende Gründe:

(aa) Das Problem der fehlenden Sperrwirkung eines Vertrags für nationale Alleingänge

Das Verhältnis von Gemeinschaftsrecht zum nationalen Recht wird nach ständiger Rechtsprechung des *Europäischen Gerichtshofs* seit dem Urteil in der Rechtssache Costa/ENEL[66] vom Vorrang des Gemeinschaftsrechts im Kollisionsfall bestimmt. Der Anwendungsvorrang des Gemeinschaftsrechts gegenüber dem nationalen Recht gehört zu den wesentlichen Strukturmerkmalen der Europäischen Gemeinschaft und unterscheidet sie maßgeblich von anderen internationalen Organisationen. Die EG-Verträge sind nämlich über ihren völkerrechtlichen Charakter hinaus auch verfassungsrechtliche „Gründungsakte" der Gemeinschaft, für deren Existenz die Gleichheit vor dem europäischen Gesetz für alle Mitgliedstaaten und Unionsbürger die elementare Voraussetzung ist.

An dieser Vorrangwirkung des Gemeinschaftsrechts nimmt auch das sekundäre Europarecht teil.[67] Entgegenstehendes Recht wird durch eine EG-Verordnung verdrängt: Ist eine Richtlinie erlassen und umgesetzt, darf der nationale Gesetzgeber kein Recht erlassen, das dem Inhalt der Richtlinie widerspricht. Anderenfalls liegt eine Vertragsverletzung im Sinne des Art. 226 EGV vor. Für den Umweltbereich schreibt allerdings der Art. 176 EGV ausdrücklich vor, daß es den Mitgliedstaaten offen steht, verstärktere Umweltschutzmaßnahmen zu ergreifen, als von der Gemeinschaft nach Art. 175 EGV getroffen werden.

Ein normersetzender öffentlich-rechtlicher Vertrag mit der Gemeinschaft als Partner stellt aber kein solches sekundäres[68] Gemeinschaftsrecht dar. Mithin nimmt der normersetzende öffentlich-rechtliche Vertrag nicht an der Eigenständigkeit der Gemeinschaftsgewalt teil. Dies hat zur Folge, daß dieser Vertrag keine Vorrangwirkung entfalten kann:[69] Gebunden durch ihn sind nur die Vertragsparteien und nicht die Mitgliedsstaaten. Den Mitgliedsstaaten bleibt es unbenommen, zu einem solchen Vertrag auf Europaebene gegenläufige Gesetze auf nationaler Ebene in den Grenzen des Art. 10 EGV zu erlassen.[70] Damit steht der normersetzende öffentlich-rechtliche Vertrag von Anfang an unter der Ungewißheit, eventuell durch nationales Recht „torpediert" zu werden. Dieser Nachteil des normersetzenden öffentlich-rechtlichen Vertrags könnte nur dadurch vermieden werden, daß eine Mitwirkung des Rates und damit aller Regierungen der Mitgliedstaaten an diesem Vertrag stattfinden würde. Das Aushandeln eines solchen normersetzenden öffentlich-rechtlichen Vertrags im Rat bedeutet

---

[66] *EuGH* Slg. 1964, 1251 ff.

[67] *Oppermann*, Europarecht, Rdnr. 619.

[68] Vgl. zum primären und sekundären Gemeinschaftsrecht *Bleckmann*, Europarecht, Rdnr. 525 ff.

[69] Vgl. zum Vorrang des Gemeinschaftsrechts *Oppermann*, Europarecht, Rdnr. 616 ff.; *Schweitzer* in: EUDUR I, § 26 Rdnr. 1 ff.

[70] *Fluck/Schmitt*, VerwArch 89 (1998), 220 (246).

aber gegenüber dem Verhandeln von Richtlinien oder Verordnungen kein größeres Maß an Flexibilität, Verwaltungsvereinfachung und schnellem Wirksamwerden.[71]

(bb) Das Problem der fehlenden Drohkompetenz

Die Industrie ist oftmals nur dann zur Mitarbeit an der Lösung eines Umweltproblems bereit, wenn sie sich von einem normersetzenden öffentlich-rechtlichen Vertrag gegenüber der einseitig-hoheitlichen Maßnahme Vorteile verspricht. Die staatliche Verhandlungsseite muß daher in der Lage sein, beim Scheitern des Vertrags notfalls auf ein einseitiges Handeln umzuschwenken.

Dies ist aber auf EU-Ebene problematisch, da die Verhältnisse von Bundesregierung, Parlament und Bundesrat sich nicht auf Rat, Europäische Kommission und Europäisches Parlament übertragen lassen. So ist die Europäische Kommission nicht in der Lage, mit dem Erlaß einer Verordnung oder Richtlinie glaubhaft zu drohen; denn die Rechtsetzung liegt gerade nicht ausschließlich in ihrer Hand. Gleiches gilt für den Rat. Damit fehlt aber auf europäischer Ebene das nötige Drohpotential, um ein eventuelles Scheitern zu sanktionieren. Ein Tiger ohne Zähne wird aber auf die Industrieverbände keinen Eindruck machen.

(cc) Das Problem der Überwachung des Vollzugs

In ihrer Mitteilung an den Rat betont die Europäische Kommission die Relevanz von Zielen und Fristen, deren Erreichen es zu überwachen gilt: Die begleitende Erfolgskontrolle kann nicht den wirtschaftlichen Anbietern alleine überlassen werden, die sich zu einem weniger umweltschädigenden Verhalten bereit erklärt haben. Da die Europäische Kommission aber in den einzelnen Mitgliedstaaten über kein eigenes Personal verfügt, ist für die begleitende Erfolgskontrolle die Mitwirkung der Verwaltungen der Mitgliedstaaten unerläßlich. Auf Gemeinschaftsebene ist also eine Mitwirkung des Rates am Abschluß der Vereinbarung unbedingt erforderlich, was wiederum einen erhöhten Aufwand zur Folge hat. Aus diesen Gründen erscheint ein normersetzender öffentlich-rechtlicher Vertrag auf Gemeinschaftsebene nicht geeignet, die Umweltpolitik im Sinne der EG-Verträge zu fördern.

Daraus ergibt sich, daß von einer Erforderlichkeit des normersetzenden öffentlich-rechtlichen Vertrags auf EU-Ebene auf Grund seiner gegenüber den anderen Handlungsinstrumenten überlegenen umweltbezogenen Potentiale nicht gesprochen werden kann. Im Gegenteil: Es zeigt sich, daß Umweltziele durch einen solchen Vertrag nur im geringeren Maße erreicht werden können, da ausschließlich auf das freiwillige Potential der Unternehmen zur Verbesserung der Umweltsituation zurückgegriffen werden kann. Damit ist aber eine Voraussetzung für eine Ausweitung der Handlungskompetenz der Gemeinschaft im Wege des effet utile nicht gegeben. Daher rechtfertigt der Gedanke des effet utile nicht eine Erweiterung der Instrumentenpalette der EU-Ebene.

(d) Zwischenergebnis

Ein normersetzender öffentlich-rechtlicher Vertrag weist keine Vorteile für die Arbeit der Gemeinschaft auf, sodaß es nicht notwendig ist, das Arsenal der Handlungsinstrumentarien zu erweitern. Entgegen der Literaturmeinung kann im Wege des effet

[71] *Krämer* in: EUDUR I, § 15 Rdnr. 80 f.

utile es nicht zu einer teleologischen Reduktion des Art. 249 EGV mit der Folge einer Kompetenzerweiterung der EU für das Handlungsinstrument des normersetzenden öffentlich-rechtlichen Vertrags kommen.

(2) Numerus clausus der Handlungsformen aus Art. 249 EGV ?

Da über den effet utile keine Ausweitung der Kompetenzen zum Abschluß eines normersetzenden öffentlich-rechtlichen Vertrags erfolgen kann, ist die Frage zu stellen, ob sich denn überhaupt ein Numerus clausus der Handlungsformen aus den Art. 249 und Art. 251 EGV ableiten läßt.

Der Art. 249 EGV regelt die wichtigsten Rechtsetzungsinstrumente und unverbindlichen Handlungsformen, die dem Rat und der Europäischen Kommission sowie nunmehr auch dem Europäischen Parlament und dem Rat gemeinsam bei der Erfüllung ihrer Aufgaben nach dem Vertrag zur Verfügung stehen. Aus der systematischen Stellung des Art. 249 EGV im Rahmen der gemeinsamen Vorschriften für mehrere Organe ist der Art. 249 EGV im Zusammenhang mit Art. 251 EGV zu sehen. Sinn des Art. 249 EGV ist es, die Rechtsakte aufzuzählen, zu beschreiben und zu definieren, für die das Verfahren nach Art. 251 EGV einzuhalten ist; er soll hingegen auf keinen Fall den Organen ein Recht zum Erlaß dieser Rechtsakte zubilligen: Art. 249 EGV ist keine Ermächtigungsnorm. Daher kann dieser Artikel im Umkehrschluß auch keine Rechte zum Erlaß begrenzen; eine solche Begrenzung erfolgt ausschließlich durch Art. 5 EGV. Daraus, daß der Art. 249 EGV nur einseitige Handlungsmittel aufzählt und konsensuale Handlungsinstrumente ausgespart sind, ergibt sich ein weiterer Hinweis darauf, daß die Norm auch für bindende Instrumente nicht abschließend zu verstehen ist. Ein Numerus clausus der Handlungsformen kann sich aus Art. 249 EGV mithin nicht ableiten lassen.

(3) Der Verweis des Art. 175 EGV auf Art. 251 EGV als Mittelbegrenzung ?

Es fragt sich indessen, ob die Verweisung des Art. 175 EGV auf das Verfahren nach Art. 251 EGV ein anderes Ergebnis zur Folge hat. Schließlich werden die Rechtsakte des Art. 249 EGV nach dem Verfahren des Art. 251 EGV erlassen. Allein dieser Umstand rechtfertigt aber nicht den Schluß, daß nur die Rechtsakte des Art. 249 EGV nach dem Verfahren gemäß Art. 251 EGV erlassen werden können.[72] Die Verfahrensvorschrift des Art. 251 EGV würde überbewertet, wollte man ihr gleichzeitig eine Mittelbegrenzung zusprechen. Diese Verfahrensvorschrift kann mithin keinen Numerus clausus der Handlungsformen begründen.

(4) Das Argument des Art. 238 EGV gegen einen Numerus clausus des Art. 249 EGV

In Art. 238 EGV[73] sieht der Vertrag vor, daß der Gerichtshof für Entscheidungen auf Grund einer Schiedsklausel zuständig ist, die in einem von der Gemeinschaft oder für ihre Rechnung abgeschlossenen öffentlich-rechtlichen oder privatrechtlichen Vertrag enthalten ist. Der Art. 238 EGV setzt also voraus, daß die Gemeinschaft einen

---

[72] So auch *Frenz*, EuR 34 (1999), 27 (39).

[73] Entspricht Art. 42 EGKSV und Art. 153 EAG.

öffentlich-rechtlichen Vertrag schließen kann. Das Gemeinschaftsrecht trifft hingegen keine Aussage darüber, was unter einem solchen öffentlich-rechtlichen Vertrag zu verstehen ist. Ein solcher Vertrag ist bisher in der Gemeinschaftspraxis auch noch nicht geschlossen worden.

Die parallele Nennung von privatrechtlichem und öffentlich-rechtlichem Vertrag läßt aber den Schluß zu, daß mit öffentlich-rechtlichen Verträgen nicht völkerrechtliche Verträge, sondern Verträge mit Unionsbürgern oder juristischen Personen gemeint sind. Mithin setzt der Art. 238 EGV koordinations- und subordinationsrechtliche Verwaltungsverträge voraus.[74] Daraus läßt sich wiederum folgern, daß grundsätzlich kein Numerus clausus der Handlungsformen auf Gemeinschaftsebene existiert.

cc) Die Zulässigkeit eines normersetzenden öffentlich-rechtlichen Vertrags als Handlungsform ?

Der Umstand alleine, daß es keinen generellen Numerus clausus der Handlungsformen aus Art. 249 EGV gibt, läßt nicht den Schluß zu, daß dadurch per se ein normersetzender öffentlich-rechtlicher Vertrag als Handlungsform zulässig ist. Fraglos schließt die Europäische Gemeinschaft, vertreten durch die Europäische Kommission, sowohl öffentlich-rechtliche als auch privatrechtliche Verträge nach dem Recht der jeweiligen Mitgliedsstaaten ab.[75] Sie besitzt insofern gemäß der statusbegründenden Norm des Art. 282 EGV die Rechts- und Geschäftsfähigkeit einer juristischen Person je nach dem Recht des jeweiligen Mitgliedslandes.

Zu beachten ist allerdings, daß es sich dabei nicht um politische Verträge handelt. Mit dem hier zur Diskussion stehenden normersetzenden öffentlich-rechtlichen Vertrag wird aber Gemeinschaftspolitik wie beim Erlaß eines Rechtsaktes betrieben. Mithin darf ein solcher Verrag nicht mit dem Prinzip der begrenzten Einzelermächtigung aus Art. 5 EGV in Konflikt geraten. Außerdem darf die Zulässigkeit eines normersetzenden öffentlich-rechtlichen Vertrags sich nicht nach nationalem Recht richten; denn zum Beispiel das britische Recht kennt mangels Zweiteilung in öffentliches und privates Recht keine Verwaltungsverträge.[76]

(1) Die Zulässigkeit aus der Ermächtigung zum Erlaß eines Rechtsaktes ?

In der Ermächtigung zum Erlaß eines Rechtsaktes könnte die Ermächtigung zu einem diesen substituierenden Vertrag inhärent sein. Allerdings kann auf Grund der Formenstrenge im Europarecht die Ermächtigung zum Abschluß eines rechtsatzsubstituierenden Vertrags nicht in der Ermächtigung zum Erlaß des Rechtsatzes selber gesehen werden. Der Gemeinschaft ist nämlich nur in einem ganz bestimmten Umfang und in ganz bestimmten Grenzen ein Rechtsatzermessen übertragen worden, mit dem sie in die Rechte Dritter eingreifen kann. Ähnliche oder gleich wirksame Rechtsätze darf sie nicht erlassen. Anderenfalls liefe das Prinzip der begrenzten Einzelermächtigung leer. Daher kann nicht bereits in der Ermächtigung zum Erlaß einer Verordnung

---

[74] *Bleckmann*, NJW 1978, 464 (465).

[75] Kom (96) 251, S. 21.

[76] *Bullinger*, Vertrag und Verwaltungsakt, S. 114; *Spannowsky*, Verträge und Absprachen, S. 488.

oder Richtlinie und damit aus dem Art. 175 oder Art. 95 EGV die Ermächtigung zum Handeln durch Vertrag enthalten sein.

(2) Die Zulässigkeit aus der Schiedsklausel des Art. 238 EGV ?

Die Schiedsklausel des Art. 238 EGV könnte eine Kompetenz zum Handeln durch einen normersetzenden öffentlich-rechtlichen Vertrag begründen; denn nach dieser Vorschrift ist der Gerichtshof für Entscheidungen auf Grund einer Schiedsklausel in öffentlich-rechtlichen und privatrechtlichen Verträgen der Gemeinschaft zuständig.

Diese Vorschrift setzt zwar öffentlich-rechtliche und privatrechtliche Verträge der Gemeinschaft auf der Tatbestandsseite voraus, trifft hingegen keine Aussage darüber, ob, auf welchem Gebiet und unter welcher Voraussetzung die Gemeinschaft zum Abschluß solcher Verträge befugt ist.[77]

(3) Das Prinzip der begrenzten Einzelermächtigung als Ausprägung des Gesetzesvorbehalts

Die Eigenart des Vertrags könnte eine spezielle Ermächtigungsnorm erübrigen. Namentlich *Bleckmann*[78] vertritt die Ansicht, daß das Prinzip der begrenzten Einzelermächtigung für ein vertragliches Handeln der Europäischen Gemeinschaft nicht zum Tragen kommt, denn die Wurzeln dieses Prinzips lägen im Gesetzesvorbehalt. Klassisch verstanden gelte der Gesetzesvorbehalt aber bei vertraglichem Handeln nur eingeschränkt. Daher bestehe kein Erfordernis einer speziellen Einzelermächtigung: Volenti non fit iniuria.

Dieser Ansicht kann hier nicht gefolgt werden; denn, wie gezeigt, beansprucht der Gesetzesvorbehalt grundsätzlich auch bei normersetzenden öffentlich-rechtlichen Verträgen Geltung. Auch der Bedeutung des Prinzips der begrenzten Einzelermächtigung werden die Ausführungen nicht gerecht. Denn selbst wenn das Gemeinschaftsrecht versuchen muß, eigene und daher von mitgliedstaatlichen Begrifflichkeiten befreite Begrifflichkeiten zu entwickeln,[79] sind Vorrang und Vorbehalt des Gesetzes als Bestandteile des Grundsatzes der Gesetzmäßigkeit der Verwaltung in den Rechtsordnungen der Europäischen Union fest verankert und stellen daher gemeineuropäisches Allgemeingut dar.[80]

Das Gemeinschaftsrecht kennt allerdings die Rechtsform des Gesetzes nicht: Die Normativakte der Europäischen Gemeinschaft werden gerade nicht vom Europäischen Parlament gesetzt. Daher ist es begrifflich ungenau, vom Vorrang und Vorbehalt des Gesetzes auf Gemeinschaftsebene zu sprechen, und deshalb wird sprachlich genauer vom Vorrang höherrangigen Rechts und vom gemeinschaftsrechtlichen Vertragsvorbehalt gesprochen.[81]

Für die hier zu beantwortende Frage ist nur der gemeinschaftsrechtliche Vertragsvorbehalt relevant. Der Vorbehalt der vertraglichen Ermächtigung ist dabei identisch

---

[77] *Grunwald*, EuR 19 (1984), 227 (233); a.A. *Spannowsky*, Verträge und Absprachen, S. 493.

[78] *Bleckmann*, NJW 1978, 464 (465); *ders.*, DVBl. 1981, 889 (892); *ders.*, Europarecht, Rdnr. 484.

[79] *Brenner*, Gestaltungsauftrag der Verwaltung in der Europäischen Union, S. 244.

[80] *Schwarze*, Europäisches Verwaltungsrecht I, S. 198 ff.

[81] *Brenner*, Gestaltungsauftrag der Verwaltung in der Europäischen Union, S. 246; *Schwarze*, Europäisches Verwaltungsrecht I, S. 219.

mit dem Grundsatz der beschränkten Einzelermächtigung. Der gemeinschaftliche Vorbehalt unterscheidet anders als der deutsche Gesetzesvorbehalt nicht nach begünstigend oder belastend handelnder Verwaltung; er bindet vielmehr jegliches Gemeinschaftshandeln. Vorrangig dient dabei das Prinzip der Einzelermächtigung der Kompetenzabgrenzung. Erst in zweiter Linie wird eine Begrenzung der Rechtswirkung von Handlungen der Gemeinschaftsorgane gegenüber denen der Unionsbürger markiert.[82]

Selbst wenn man der Meinung ist, daß bei nationalem vertraglichen Handeln ein Gesetzesvorbehalt nicht oder nur begrenzt greift, so kann dies nicht analog auf die europäische Ebene übertragen werden: Der Grundsatz des „volenti non fit iniuria" kann nicht für den Eingriff in die Souveränität eines Mitgliedslandes gelten. Und durch den Erlaß eines normersetzenden öffentlich-rechtlichen Vertrags auf europäischer Ebene wird in die Souveränität der Mitgliedsländer eingegriffen.

Außerdem ist auf europäischer Ebene daran zu denken, daß durch normersetzende öffentlich-rechtliche Verträge durchaus auch Interessen und Rechte von vertragsunbeteiligten Dritten mittelbar betroffen sein können.

In diesem Zusammenhang ergibt sich ein weiteres Problem europäischer normersetzender öffentlich-rechtlicher Verträge, nämlich die Frage, wie diese vertragsunbeteiligten Dritten gegen einen solchen Vertrag Rechtsschutz suchen können. Mangels Umsetzung in nationales Recht ist ihnen zunächst der nationale Rechtsweg versperrt: Der § 40 VwGO eröffnet den Verwaltungsrechtsweg nur gegen öffentlich-rechtliche Verträge, die mit deutschen Behörden abgeschlossen worden sind. Die Klagebefugnisse von Privatpersonen und juristischen Personen sind im EGV nur begrenzt vorgesehen und vom jeweiligen Rechtscharakter der Maßnahme abhängig. Gemäß Art. 230 Abs. 4 EGV ist eine Nichtigkeitsklage gemäß Art. 230 Abs. 1 EGV lediglich gegen direkt adressierte Entscheidungen oder gegen Entscheidungen statthaft, die, obwohl als Verordnung oder als Entscheidung gegen eine andere Person erlassen, unmittelbar und individuell wirken. Mithin ist eine Klage gegen einen normersetzenden öffentlich-rechtlichen Vertrags auf Europäischer Ebene derzeit nicht möglich. Im Hinblick auf die Garantie des effektiven Rechtsschutzes ist aber eine Rechtsschutzmöglichkeit zwingend erforderlich.

dd) Zulässigkeit eines privatrechtlichen normersetzenden Vertrags ?

Zu prüfen ist noch, ob eventuell ein privatrechtlicher normersetzender Vertrag auf europäischer Ebene möglich ist. Allerdings bedarf es für einen privatrechtlichen normersetzenden Vertrag nach dem Prinzip der begrenzten Einzelermächtigung ebenfalls einer Ermächtigungsgrundlage. Diese liegt aber für einen privatrechtlichen normersetzenden Vertrag nicht vor.

c) Zwischenergebnis

Auf europäischer Ebene bedarf vertragliches Handeln im besonderen Maße einer Ermächtigungsgrundlage. Mithin kann auf europäischer Ebene de lege lata kein Vertrag geschlossen werden, der Verordnung, Richtlinie oder Entscheidung ersetzen

---

[82] *Brenner*, Gestaltungsauftrag der Verwaltung in der Europäischen Union, S. 247; *Ipsen*, Europäisches Gemeinschaftsrecht, S. 425 f.

kann.[83] Der Gemeinschaft fehlt damit die Verbandskompetenz zum Abschluß eines normersetzenden öffentlich-rechtlichen oder privatrechtlichen Vertrags.

3. Probleme hinsichtlich der Organkompetenz der Europäischen Kommission

Die Organkompetenz innerhalb der Europäischen Gemeinschaft zum Abschluß eines normersetzenden öffentlich-rechtlichen Vertrags ist nicht unproblematisch. Stellt man wie auf nationaler Ebene die Frage nach der Organkompetenz im Zusammenhang mit dem Initiativrecht zur Rechtsetzung, so ist die Beantwortung eindeutig: Das Initiativrecht steht der Europäischen Kommission zu, der Europäische Rat entscheidet dann auf Vorschlag der Europäischen Kommission. Damit erscheint die Europäische Kommission als Vertragspartner ausgemacht.

Sowohl Europäischer Rat als auch Europäisches Parlament können aber die Europäische Kommission bei Untätigkeit dazu auffordern, gemäß Art. 208 EGV zur Verwirklichung der Ziele nach dem Vertrag Vorschläge zu unterbreiten. Mithin ist es der Europäischen Kommission unmöglich, auf ihr Initiativrecht in verbindlicher Weise zu verzichten. Sie scheidet infolgedessen als alleiniger Vertragspartner aus.

Hauptrechtsetzungsorgan ist der Europäische Rat. Daher könnte man überlegen, ob die Europäische Kommission eventuell als Vertreterin des Rates beim Abschluß eines Vertrags auftreten könnte. Einen ersten Anhaltspunkt für die Bestätigung dieser Überlegung liefert der Art. 282 Satz 2 EGV,[84] nach dem die Europäische Kommission die Europäische Gemeinschaft vertritt. Mithin kann die Europäische Kommission die Gemeinschaft grundsätzlich gemäß Art. 282 Satz 2 EGV analog[85] auch beim Abschluß eines normersetzenden öffentlich-rechtlichen Vertrags vertreten.

Jede Vertretung bedarf jedoch der Bevollmächtigung des Vertretenen an den jeweiligen Vertreter. Eine solche Willenserklärung kann der Art. 211 Satz 2 EGV alleine nicht ersetzen.[86] Solange eine solche Bevollmächtigung aber nicht vorliegt, kann die Europäische Kommission nicht handeln.

Fraglich ist zudem, ob der Europäische Rat die Europäische Kommission zum Abschluß eines normersetzenden öffentlich-rechtlichen Vertrags überhaupt ermächtigen könnte. Gemäß Art. 211 4. Spiegelstrich EGV in Verbindung mit Art. 202 3. Spiegelstrich EGV überträgt der Rat zwar der Europäischen Kommission die Befugnis zur Durchführung der angenommenen Rechtsakte, d.h. der Rat kann also die Europäische Kommission damit beauftragen, zum Vollzug von Gemeinschaftsrecht öffentlich-rechtliche Verträge zu schließen. Bei einem normersetzenden öffentlich-rechtlichen Vertrag ist die Sachlage hingegen anders; denn der normersetzende öffentlich-rechtliche Vertrag vollzieht gerade keine bestehenden Normen, sondern soll an die Stelle eines Rechtsaktes treten. Neue Pflichten und Rechte darf die Europäische Kommission aber nicht setzen. Eine Ermächtigung zum Abschluß und zur Gestaltung eines normersetzenden öffentlich-rechtlichen Vertrags gemäß Art. 211 4. Spiegelstrich EGV in Verbindung mit Art. 202 3. Spiegelstrich EGV widerspräche daher nicht nur

---

[83] A.A.: *Pommerenke*, RdE 1996, 131 (134), die mit dem Argument „volenti non fit iniuria" die Substitution einer Entscheidung für möglich hält.

[84] *Bleckmann*, DVBl. 1981, 889 (898).

[85] Analog deshalb, weil Art. 282 EGV auf privatrechtliche Rechtsgeschäfte zugeschnitten ist.

[86] *Pommerenke*, RdE 1996, 131 (135).

dem Wortlaut des Art. 202 3. Spiegelstrich EGV, sondern würde zudem Kompetenzen entgegen den Vorgaben der Verträge neu bestimmen. Hierdurch würde aber das Prinzip des institutionellen Gleichgewichts, das der *Europäische Gerichtshof* entwickelt hat,[87] verletzt.

Mithin ist die Organkompetenz[88] für den Abschluß eines normersetzenden öffentlich-rechtlichen Vertrags auf europäischer Ebene unklar. Sicher ist aber, daß die Organkompetenz hierfür nicht ausschließlich bei einem Organ liegen kann.

IV. Zwischenergebnis

Grundsätzlich besteht die rechtliche Möglichkeit, EU-Richtlinien durch einen normersetzenden Vertrag in Form eines richtlinienumsetzenden Vertrags national umzusetzen. Als geeignet erscheint diese Möglichkeit jedoch nicht, da ein solches Vorgehen mit großem Aufwand und Risiken verbunden ist.

Ein normersetzender öffentlich-rechtlicher Vertrag auf europäischer Ebene scheitert entgegen der Meinung der Europäischen Kommission zwar nicht bereits an Art. 249 EGV, da diese Vorschrift keinen Numerus clausus der Handlungsinstrumente begründen kann, jedoch ist für jedes Handeln und somit auch für einen normersetzenden öffentlich-rechtlichen Vertrag gemäß dem Prinzip der begrenzten Einzelermächtigung jeweils eine Ermächtigung erforderlich. Da eine solche Ermächtigung nicht der Schiedsklausel des Art. 238 EGV entnommen werden kann, ist ohne eine Vertragsänderung der Abschluß eines normersetzenden öffentlich-rechtlichen Vertrags auf der europäischen Ebene nicht möglich.

---

[87] *EuGH* Slg. 1984, 1751 ff.

[88] Dieses gilt im Umweltbereich um so mehr, als der Art. 175 EGV auf das Verfahren nach Art. 251 EGV Bezug nimmt. Demnach müßte sich auch ein normersetzender öffentlich-rechtlicher Vertrag im Umweltbereich nach diesem Verfahren richten in das Kommission, Europäisches Parlament und Rat eingebunden sind.

§ 19: Vergleich von rechtsverordnungsersetzendem Vertrag mit Rechtsverordnung und Selbstverpflichtung

Um den Nutzen eines rechtsverordnungsersetzenden Vertrags abschätzen zu können, wird dieser Vertrag in der folgenden Übersicht anhand ausgewählter Problemfelder mit der Rechtsverordnung und der Selbstverpflichtung verglichen. Der Vergleich dient der Feststellung, ob sich die Einführung eines solchen Vertrags als eines weiteren Instruments des Umweltschutzes und als Gang in die Kooperation lohnt.

I. Vergleich mit der entsprechenden Rechtsverordnung

- Problem: Rechtsmittelanfälligkeit.

Bei einer vertraglichen Lösung kann der Vertragspartner als Adressat seine Vorstellungen gestaltend einbringen, was bei einer Rechtsverordnung in dieser Form nicht möglich ist. Diese höhere Akzeptanz der vertraglichen Lösung spiegelt sich konsequenter Weise auch in der Rechtsmittelanfälligkeit wieder; denn schließlich haben sich die Vertragspartner auf eine Lösung verständigt, so daß (verfassungs-) rechtliche Zweifelsfragen oftmals gar nicht erst auftreten. Mithin haben die Auseinandersetzungen über Streitpunkte bereits im Vorfeld des Abschlusses stattgefunden und müssen nicht vor Gericht geklärt werden.[1] Insofern kommt dem konsensual ermittelten Ergebnis für eine Entscheidung eine Befriedungswirkung zu.[2] Ein rechtsverordnungsersetzender Vertrag weist also im Vergleich zu einer Rechtsverordnung eine geringere Rechtsmittelanfälligkeit auf.

- Problem: Akzeptanz.

Die gesteigerte Akzeptanz auf Seiten der Privaten ist einer der wichtigsten Vorzüge, die ein auf Konsens abzielendes Handeln der Behörde mit sich bringt.[3] Durch die Beteiligung und die Möglichkeit, eigene Vorstellungen im Rahmen des zur Entscheidung führenden Verfahrens einzubringen, wird Verständnis für die staatliche Maßnahme geweckt. Dies ist ein psychologischer Aspekt, dessen Bedeutung nicht zu unterschätzen ist.[4]

Beim Vertrag spielt darüber hinaus noch eine Rolle, daß hier das Verhalten „belohnt" wird. Selbst wenn die Belohnung nur darin besteht, daß eine stärker belastende Maßnahme vermieden worden ist, wird die Verhaltenspflicht von den Vertragspartnern eher übernommen, als wenn diese Pflicht nur einseitig oktroyiert wird.[5] Eine durch den Einsatz konsensualer Handlungsformen erreichte Erhöhung der Akzeptanz ist eine Vollzugserleichterung, eine bessere Implementation und damit ein wesentliches Element des Abbaus des viel besungenen Vollzugsdefizits.

---

1 *Leitzke*, UPR 2000, 361 (366); *Zeibig*, Vertragsnaturschutz, S. 78.

2 *Bauer*, VerwArch 78 (1987), 241 (252).

3 *Brohm*, DÖV 1992, 1025 (1026); *Gellermann/Middeke*, NuR 1991, 457 (459); *Hoffmann-Riem*, AöR 115 (1990), 400 (423 f.); *Kunig/Rublack*, Jura 1990, 1 (11).

4 *Hoffmann-Riem*, AöR 115 (1990), 400 (423); *Würtenberger*, NJW 1991, 257 (258).

5 *Zeibig*, Vertragsnaturschutz, S. 76.

Insbesondere die Rechtsverordnungsverfahren im Umweltrecht weisen vielfältige Anhörungsrechte auf. Zwar ist der Verordnungsgeber rechtlich nicht an die dort zu Gehör gebrachten Einwände gebunden, dennoch wird de facto auf diesem Wege erheblich auf den Inhalt der Rechtsverordnung Einfluß genommen. Zudem werden bereits vor den eigentlichen Anhörungen die betroffenen Kreise über die geplanten Verordnungen durch die federführenden Ministerien gemäß § 67 in Verbindung mit § 24 GGO II über die Verordnungsentwürfe informiert, womit bereits die Gelegenheit zur Stellungnahme gegeben wird.

Insbesondere im Umweltrecht werden untergesetzliche Normen erst nach intensiven Konsultationen mit den späteren Regelungsadressaten erlassen, die nicht weit von einem Aushandeln entfernt sind.[6] Somit hat der rechtsverordnungsersetzende Vertrag gegenüber der Rechtsverordnung einen Kooperationsvorsprung.

- Problem: Drittschutz.

Im Zusammenhang mit einem kooperativen Verwaltungshandeln besteht die Gefahr, daß in einem bilateralen Entscheidungsprozeß die Rechte Dritter nicht genügend beachtet werden. Diese Befürchtung wird aus der engen Verbindung der Vertragspartner in spe bei den langandauernden Verhandlungen genährt. Jedoch können diese Befürchtungen insofern verringert werden, als auch der rechtsverordnungsersetzende Vertrag in seinem formellen Verfahren dem der Rechtsverordnung angeglichen ist. Auch hier müssen die Beteiligungsrechte verfahrensmäßig Beachtung finden. Zudem bestehen Klagemöglichkeiten gegen den rechtsverordnungsersetzenden Vertrag auch für Dritte. Durch eine Rechtsverordnung werden mithin die Rechte Dritter besser geschützt.

- Problem: Trittbrettfahrer.

Die Trittbrettfahrerproblematik rüttelt an den Grundfesten eines rechtsverordnungsersetzenden Vertrags. Eine Lösung dieser Problematik ist derzeit nicht möglich. Die Möglichkeit von den rechtsverordnungsersetzenden Vertrag flankierenden ordnungsrechtlichen Maßnahmen ist keine Alternative, da diese Möglichkeit der völligen Reglementierung gleich kommt. Zwar ist an Öffnungsklauseln dergestalt zu denken, daß jedes Unternehmen auch nach Abschluß des Vertrags dem rechtsverordnungsersetzenden Vertrag noch beitreten kann; unwahrscheinlich ist jedoch, daß Unternehmen, wenn sie nicht von Anfang an Vertragspartner geworden sind, diese Möglichkeit in Anspruch nehmen werden.[7] Bei Rechtsverordnungen kann es hingegen die Trittbrettfahrerproblematik nicht geben. Insofern weist die Rechtsverordnung gegenüber einem rechtsverordnungsersetzenden Vertrag einen deutlichen Vorteil auf.

- Problem: Schutzstandards.

Ein Vertrag beruht auf einem Leistung- Gegenleistung- Verhältnis: Beide Seiten müssen in den Verhandlungen Zugeständnisse machen. Da die Unternehmen auf ihre

---

6 *Grüter*, Umweltrecht und Kooperationsprinzip, S. 93 ff.; *Knebel/Wicke/Michael*, Selbstverpflichtungen und normersetzende Umweltverträge, S. 231.

7 So auch *Knebel/Wicke/Michael*, Selbstverpflichtungen und normersetzende Umweltverträge, S. 167.

Wirtschaftlichkeit[8] bedacht sind, ist es naheliegend, daß bei ihnen nur das „no regrets"-Potential abgeschöpft werden kann. Verursacht der rechtsverordnungsersetzende Vertrag den Unternehmen zu hohe Kosten, so steigt die Gefahr, daß Unternehmen sich als Trittbrettfahrer betätigen. Auch wenn die Gleichsetzung von Teuer mit Mehr an Umweltschutz nicht immer zutrifft, so ist doch damit zu rechnen, daß zuweilen die Kooperationsbereitschaft der Wirtschaft mit Eingeständnissen beim Schutzstandard erkauft wird.[9] Damit erreicht eine Rechtsverordnung grundsätzlich ein Mehr an Umweltschutz als ein vergleichbarer rechtsverordnungsersetzender Vertrag, da bei rechtsverordnungsersetzenden Verträgen nur der kleinste gemeinsame Nenner gefunden wird.

- Problem: Schnelle Einsatzmöglichkeit.

Verhandlungen bedürfen der Zeit. Dieses gilt um so mehr, wenn es bei den Verhandlungsgegenständen um komplexe Materien geht. Eine zeitliche Dauer der Verhandlungen kann von vornherein nicht festgelegt werden. Erfahrungen aus den Niederlanden zeigen, daß die Verhandlungen sogar sehr zeitaufwendig sein können;[10] denn kooperative Entscheidungen erfordern im Gegensatz zu nichtkooperativen Entscheidungen einen längeren Verständigungsprozeß. Zudem ist der Ausgang dieser Verständigung ungewiß, sodaß bei einem Scheitern die Verwaltung wieder auf das einseitig-hoheitliche Handeln zurückgeworfen ist.[11]

Außerdem besteht die Gefahr, daß die Verhandlungspartner den Verhandlungsprozeß durch eine Verschleppungstaktik mißbrauchen:[12] Durch ein Hinauszögern der Verhandlungen sollen unangenehme Folgen möglichst lange hinausgeschoben werden. Vor solchen Taktiken ist auch ein rechtsverordnungsersetzender Vertrag nicht gefeit. Ein rechtsverordnungsersetzender Vertrag steht außerdem vom Detaillierungsgrad der Vertragsformulierung her einer Verordnung nicht oder nur geringfügig nach; denn der rechtsverordnungsersetzende Vertrag muß notfalls vor Gericht Rechte und Pflichten möglichst genau aufzeigen.

Bei der Verwaltung liegt oft bereits der Entwurf der Rechtsverordnung, mit der „gedroht" wird, fertig in der Schublade, um der staatlichen Position Nachdruck zu verleihen. Eine solche Situation kann bei rechtsverordnungsersetzenden Verträgen auftreten und dadurch werden bereits im Vorfeld Kapazitäten der Verwaltung für die Erstellung des Verordnungsentwurfs verbraucht. Hierzu addieren sich noch die Zeiträume der Verhandlungen beim Abschluß des rechtsverordnungsersetzenden Vertrags. Da die verfahrensrechtlichen Anforderungen für den Erlaß einer Rechtsverordnung nahezu identisch mit denen für einen rechtsverordnungsersetzenden Vertrag sind, kann im Verfahrensbereich dieser Zeitverlust nicht aufgeholt werden. In der Summe werden

---

[8] *Rengeling*, Kooperationsprinzip, S. 164.

[9] Dieses befürchtet auch *Leitzke*, UPR 2000, 361 (365). In diesem Zusammenhang wird von einer „Kooperationsprämie" gesprochen. Vgl.: *Gusy*, ZfU 2001, 1 (3).

[10] Vgl. *Winsemius* in: van Dunné (Editor), Environmental contracts and covenants, S. 12.

[11] *Bauer*, VerwArch 78 (1987), 241 (256); *Dauber* in: Becker-Schwarz et al. (Hrsg.), Wandel der Handlungsformen, S. 82.

[12] Für Selbstverpflichtungen vgl.: *Henneke*, NuR 1991, 267 (273) m.w.N; *Leitzke*, UPR 2000, 361 (365); *Oebbecke*, DVBl. 1986, 793 (794).

Rechtsverordnungen sogar schneller zur Anwendung kommen als ein entsprechender rechtsverordnungsersetzender Vertrag.

Beim rechtsverordnungsersetzenden Vertrag wird die Lastenaufteilung der übernommenen vertraglichen Verpflichtung einen erheblichen Zeit- und Mittelaufwand mit sich bringen; denn schließlich ist für jedes Verbandsmitglied ein bestimmter Anteil an der Gesamtverpflichtung zu ermitteln. Dabei sind Streitereien zwischen den Mitgliedsunternehmen vorprogrammiert. Aus diesen Gründen können Rechtsverordnungen schneller Wirkung entfalten als rechtsverordnungsersetzende Verträge.

- Problem: Begrenzter Anwendungsbereich.

Der größte Unterschied zwischen rechtsverordnungsersetzendem Vertrag und Rechtsverordnung ist sein kooperatives Zustandekommen und sein beschränkter Adressatenkreis. Ein rechtsverordnungsersetzender Vertrag eignet sich daher vor allem für Lösungen in wirtschaftlichen Teilbereichen, in denen die Zahl der an den Vertragsverhandlungen zu Beteiligenden klein und der Gegenstand der Vereinbarung überschaubar ist. Ist der Kreis der potentiellen Vertragspartner zu groß, sinkt die Kooperationsbereitschaft, und die Trittbrettfahrerproblematik steigt. Da es bisher ein Instrument der Verbindlicherklärung für rechtsverordnungsersetzende Verträge nicht gibt, wird deren Anwendungsbereich im Vergleich zu einer Rechtsverordnung erheblich eingegrenzt. Rechtsverordnungsersetzende Verträge können somit nicht im gleichen Maße zur Anwendung kommen wie Rechtsverordnungen.

- Problem: Innovationsbereitschaft.

Staatlich gesetzte Grenzwerte gehen zumeist vom gegenwärtigen Stand der Technologie aus.[13] Wird der gegenwärtige Stand als Leitschnur genommen, fehlt jeglicher Anreiz für die Unternehmen, innovative Techniken zur Verbesserung der Umweltstandards zu erforschen. Der rechtsverordnungsersetzende Vertrag gibt den Unternehmen zwar ein Ziel vor, überläßt die Umsetzung der Zielvorgabe aber den Unternehmen selber. Dadurch können die Unternehmen flexibel nach der effektivsten Lösung suchen.[14]

Für Selbstverpflichtungen ist bereits festgestellt worden, daß der Innovationsschub hier nur so weit reicht, bis das entsprechende Ziel erreicht worden ist. Es wird sogar noch einen Schritt weiter gegangen und gesagt: Im Gegensatz zum Ordnungsrecht herrscht bei Selbstverpflichtungen noch nicht einmal der Anreiz, bestehende Standards aufrecht zu erhalten, da ein Verstoß keine Sanktion nach sich zieht.[15] Diese Feststellung gilt für den vollzugsfähigen rechtsverordnungsersetzenden Vertrag jedoch nicht. Ein rechtsverordnungsersetzender Vertrag fördert also die Innovationsbereitschaft der Wirtschaft nicht mehr als eine Rechtsverordnung.

II. Zwischenergebnis

Der Vergleich zwischen einem rechtsverordnungsersetzenden Vertrag und der entsprechenden Rechtsverordnung zeigt, daß ein rechtsverordnungsersetzender Vertrag

---

[13] *Hoffmann-Riem*, AöR 115 (1990), 400 (422).

[14] *Helberg*, Selbstverpflichtungen, S. 73; *Rennings/Brockmann/Koschel/Bergmann/Kühn*, Nachhaltigkeit, S. 172.

[15] *Rennings/Brockmann/Koschel/Bergmann/Kühn*, Nachhaltigkeit, S. 163.

im Vergleich zu einer Rechtsverordnung einen größeren Zeit- und Mittelaufwand erfordert. Dieser erhöhte Aufwand wird durch das Mehr an Kooperation nicht aufgewogen, so daß ein rechtsverordnungsersetzender Vertrag im Vergleich zu der entsprechenden Rechtsverordnung keine entscheidenden Vorteile aufweist.[16]

III. Vergleich mit der entsprechenden Selbstverpflichtung

- Problem: Drittschutz.

Schließt die Exekutive mit einem Verband eine Selbstverpflichtung und hat diese Selbstverpflichtung dann negative Folgen für die Zulieferindustrie, so fragt sich, wie die betroffene Gruppe von Dritten sich gegen diese negativen Folgen des Realaktes gerichtlich zur Wehr setzen kann. Kommt es durch die Selbstverpflichtung zu einem faktischen Grundrechtseingriff bei den Dritten, so steht den Dritten die Möglichkeit der Verfassungsbeschwerde offen. Aber auch der Weg zu den Verwaltungsgerichten ist eröffnet: Vor dem „Abschluß" einer Selbstverpflichtung kann eine vorbeugende Unterlassungsklage erhoben werden. Ist die Selbstverpflichtung bereits in Kraft, so besteht die Möglichkeit zur Erhebung einer Feststellungsklage.[17]

Anders ist hingegen die Situation bei einem rechtsverordnungsersetzenden Vertrag. Im Gegensatz zu dem Verfahren, welches zum Abschluß einer Selbstverpflichtung führt, werden im Falle des rechtsverordnungsersetzenden Vertrags nicht gesellschaftliche Kräfte durch die Verschwiegenheit ausgeschlossen, sondern weiterhin mit in den Entstehungsprozeß des Vertrags eingebunden. Das Verfahren, welches zum Abschluß eines rechtsverordnungsersetzenden Vertrags führt, ist mithin transparenter als das Verfahren, das eine Selbstverpflichtung zum Ziel hat. Der rechtsverordnungsersetzende Vertrag hat den Vorteil, daß sich hier die Gefahr einer nur einseitig ausgerichteten Lösung mangels Diskussion anderer Alternativen verringert.[18] Insofern sind rechtsverordnungsersetzende Verträge transparenter als Selbstverpflichtungen. Bei einem rechtsverordnungsersetzenden Vertrag besteht für Dritte zudem die Möglichkeit, eine Feststellungsklage zu erheben, da ein rechtsverordnungsersetzender Vertrag ein Rechtsverhältnis auf dem Gebiet des öffentlichen Rechts begründet. Mithin bietet der rechtsverordnungsersetzende Vertrag zwar ein Mehr an Transparenz, besseren Rechtsschutz für Dritte kann er jedoch nicht aufweisen.

- Problem: Schnelle Einsatzmöglichkeit.[19]

Die bisherigen Erfahrungen mit Selbstverpflichtungen haben gezeigt, daß der durch Selbstverpflichtungen hervorgerufene Beschleunigungseffekt „in eher gedämpftem

---

[16] Im Ergebnis auch *Knebel/Wicke/Michael*, Selbstverpflichtungen und normersetzende Umweltverträge, S. 222: „Keine greifbaren Vorteile".

[17] *Dempfle*, Normvertretende Absprachen, S. 143; *Helberg*, Selbstverpflichtungen, S. 251. Ähnlich *Würfel*, Informelle Absprachen in der Abfallwirtschaft, S. 66 f.; a.A. *Knebel/Wicke/Michael*, Selbstverpflichtungen und normersetzende Umweltverträge, S. 120 f., die davon ausgehen, daß kein Rechtsschutz Dritter gegen Selbstverpflichtungen möglich ist.

[18] Hierzu *Hoffmann-Riem*, AöR 115 (1990), 400 (427).

[19] Vgl. *Bauer*, VerwArch 78 (1987), 241 (252); *Brohm*, DÖV 1992, 1025 (1026); *Kettler*, JuS 1994, 909 (913); *Kohlhaas/Praetorius*, Selbstverpflichtungen der Industrie, S. 56; *Oldiges*, WiR 1973, 1 (5 f.).

Licht“ [20] erscheint. So lag zum Beispiel im Fall der Altautoentsorgung bereits vier Jahre vor der im Jahre 1996 ausgesprochenen Selbstverpflichtung ein fertiger Verordnungsentwurf der Bundesregierung vor, die notwendige begleitende Altautoverordnung trat aber erst im Jahre 1998 in Kraft. Deshalb ist der gegenüber Selbstverpflichtungen geäußerte Verdacht, die Selbstverpflichtungen dienten der Industrie der Verzögerung von kostenintensiven Maßnahmen,[21] nicht ganz unbegründet.

Dieser Verdacht trifft in demselben Umfang auch auf den rechtsverordnungsersetzenden Vertrag zu, bei dem als weiteres Verzögerungsmoment sein aufwendiges Verfahren hinzukommt. Werden bei der entsprechenden Selbstverpflichtung viele Verfahrenspunkte „übersprungen“, so unterliegt der rechtsverordnungsersetzende Vertrag denselben Verfahrensanforderungen wie die entsprechende Rechtsverordnung. Bei einem rechtsverordnungsersetzenden Vertrag werden also rechtverbindliche Bestimmungen ausgehandelt mit der Folge, daß die Verhandlungspartner jede Formulierung genauer als bei Selbstverpflichtungen abwägen.[22] Dieses hat eine Verlängerung der Verhandlungen im Vergleich zu den Verhandlungen für eine Selbstverpflichtung zur Folge. Deshalb führt eine Selbstverpflichtung schneller zu Resultaten als ein rechtsverordnungsersetzender Vertrag.

- Problem: Staatsentlastung.

Einseitige staatliche Regelungen bergen das Risiko in sich, daß sie zu einer Fülle unerwünschter Nebenwirkungen führen können.[23] Der Staat ist deshalb gezwungen, durch Kooperation auf den Sachverstand in den Unternehmen zurückzugreifen und ihn sich zunutze zu machen.[24] Das Informationsdefizit des Staates kann auch nicht durch die Einschaltung von externen Gutachten behoben werden;[25] denn eine kontinuierliche Erkenntnissammlung über einen langen Zeitraum können diese Gutachter nicht leisten.[26]

Die Kooperation von Staat und Wirtschaft hat die positive Folge, daß Ermittlungs- und Kontrollaufwand sinken und damit die Effizienz der Verwaltung steigt. Gleichzeitig wird die Sachrichtigkeit von Entscheidungen gesteigert:[27] Die ökologische Feinsteuerung wird verbessert. Diese Feststellung trifft in gleichem Maße auf eine Selbstverpflichtung wie auf einen rechtsverordnungsersetzenden Vertrag zu.

Auch die Rechtsmittelanfälligkeit ist ein Effektivitäts- und Effizienzgesichtspunkt. Gegenüber einem rechtsverordnungsersetzenden Vertrag ist die Wahrscheinlichkeit von Rechtsmitteln gering, bei Selbstverpflichtungen entfallen hingegen die Rechtsmittel auf Grund ihrer Unverbindlichkeit völlig.

---

20 *Helberg*, Selbstverpflichtungen, S. 65 ff. mit weiteren Beispielen sowie *Schrader*, NVwZ 1997, 943 (947).

21 *Bauer*, VerwArch 78 (1987), 241 (256); *Helberg*, Selbstverpflichtungen, S. 64; *Kohlhaas/Praetorius*, Selbstverpflichtungen der Industrie, S. 56; *Murswiek*, JZ 1988, 985 (988).

22 Vgl. *Leitzke*, UPR 2000, 361 (365).

23 *Hartkopf/Bohne*, Umweltpolitik 1, S. 228.

24 So *Breuer* in: Schmidt-Aßmann (Hrsg.), Besonderes Verwaltungsrecht, S. 614; *Müggenborg*, NVwZ 1990, 909 f.; *Ritter*, AöR 104 (1979), 389 (390 f.).

25 So aber *Grüter*, Umweltrecht und Kooperationsprinzip, S. 49.

26 *Dempfle*, Normersetzende Absprachen, S. 29.

27 *Helberg*, Selbstverpflichtungen, S. 72.

Einsparungen bietet die Selbstverpflichtung auch auf der Vollzugsebene,[28] die zwar bei einer Selbstverpflichtung entfällt, nicht aber bei einem rechtsverordnungsersetzenden Vertrag. Mithin weist der rechtsverordnungsersetzenden Vertrag im Lichte der Effizienz erhebliche Nachteile zu der entsprechenden Selbstverpflichtung auf.

- Problem: Akzeptanz bei der Wirtschaft.

Eine Selbstverpflichtung bietet der Wirtschaft durch die fehlende rechtliche Verbindlichkeit ein großes Maß an Flexibilität:[29] Die Industrie kann jederzeit von einer Selbstverpflichtung Abstand nehmen. An einen rechtsverordnungsersetzenden Vertrag ist die Industrie jedoch für die Dauer der vertraglichen Laufzeit grundsätzlich gebunden, wodurch die Unternehmen geringere Verhaltens- und Entscheidungsspielräume erhalten, auf wechselnde Situation einzugehen und sich anzupassen. Damit ist die Flexibilität der Unternehmen im Rahmen eines rechtsverordnungsersetzenden Vertrags geringer als bei einer Selbstverpflichtung.

Zwar ist der Vertrag grundsätzlich ebenfalls ein flexibles Instrument, seine Flexibilität endet aber mit dem Ende der Verhandlungen und dem Abschluß des Vertrags. Ab diesem Zeitpunkt ist es schwierig, den Vertrag abzuändern und anzupassen: Die Flexibilität der Selbstverpflichtung muß beim Vertrag mühsam durch entsprechende Vertragsklauseln nachgeahmt werden.[30] Aus diesen Gründen ist die Selbstverpflichtung für die Wirtschaft attraktiver als der rechtsverordnungsersetzende Vertrag.

- Problem: Sanktionsfähigkeit.

Den rechtsverordnungsersetzenden Vertrag gegenüber den einzelnen Unternehmen vollstreckbar zu machen, gelingt nur mit erheblichem Aufwand. Doch auch einer Selbstverpflichtung kommt eine nicht unerhebliche faktische Bindungswirkung zu; denn ohne zwingende Gründe werden Unternehmen und Verbände sich nicht von der Selbstverpflichtung lösen: Sie sind schließlich an einer weiteren Zusammenarbeit interessiert und auf ihr öffentliches Image bedacht. Insofern ergibt sich aus der Möglichkeit der Vollstreckung kein wesentlicher Nachteil für die Selbstverpflichtung im Vergleich zu einem rechtsverordnungsersetzenden Vertrag.

- Problem: Trittbrettfahrer

Da es derzeit das Instrument der Allgemeinverbindlichkeitserklärung für rechtsverordnungsersetzende Verträge nicht gibt, kann die Rechtswirkung der vertraglichen Regelungen nicht auf außenstehende Dritte ausgebreitet werden. Damit schützt ein rechtsverordnungsersetzender Vertrag genauso viel oder wenig vor Trittbrettfahrern wie die vergleichbare Selbstverpflichtung.

---

[28] *Lange*, VerwArch 82 (1991), 1 (3); *Müggenborg*, NVwZ 1990, 909 (915).

[29] *Bauer*, VerwArch 78 (1987), 241 (253); *Brohm*, DÖV 1992, 1025 (1026); *Kloepfer/Elsner*, DVBl. 1996, 964 (971); *Oldiges*, WiR 1973, 1 (5 f.); *von Zezschwitz*, JA 1978, 497 (501).

[30] Zu den Möglichkeiten, den öffentlich-rechtlichen Vertrag etwa durch Rahmenverträge flexibel zu halten: *Bauer* in: Hoffmann-Riem/Schmidt-Aßmann (Hrsg.), Innovation und Flexibilität des Verwaltungshandelns, S. 274 ff.; *ders.* in: FS Knöpfle, S. 21 ff.; *Fluck/Schmitt*, VerwArch 89 (1998), 220 (258 ff.); *Schlette*, Verwaltung als Vertragspartner, S. 499 ff.

- Problem: Anwendungsbereich.

Zwischen Regelungsinstrument und Regelungsziel befindet sich die Ebene der Operationalisierung, die das Ziel überhaupt erst handhabbar macht. Selbstverpflichtungen eröffnen die Möglichkeit, Ziele zu erreichen, die mit ordnungsrechtlichen Mittel nicht erreichbar wären. Beispielhaft zeigt sich dieses in Fällen von Selbstverpflichtungen zur Produktverantwortung:[31] Der Staat verfolgt das Ziel der Abfallvermeidung und -verwertung. Mit ordnungsrechtlichen Mitteln kann er auf die Produktgestaltung und -herstellung jedoch nur Einfluß nehmen, wenn ein planwirtschaftliches Regime eingeführt würde.

Sowohl bei Selbstverpflichtungen als auch bei rechtsverordnungsersetzenden Verträgen können sich die privaten Vertragspartner freiwillig bis zu einem gewissen Maße zu Leistungen verpflichten, die mit ordnungsrechtlichen Mitteln nicht zu erreichen wären. Ein Vor- bzw. Nachteil der Selbstverpflichtung gegenüber einem rechtsverordnungsersetzenden Vertrag ergibt sich daher nicht.

IV. Zwischenergebnis

Eine Selbstverpflichtung und der entsprechende rechtsverordnungsersetzende Vertrag sind hinsichtlich der Vorteile für die Vertragsinhalte und –folgen weitgehend identisch. Anzunehmen ist jedoch, daß die unverbindliche und damit flexiblere Selbstverpflichtung bei den Unternehmen den Vorzug genießen wird, zumal der entscheidende Nachteil für den rechtsverordnungsersetzenden Vertrag die nur durch hohen Aufwand herbeigeführte Vollstreckbarkeit ist.

[31] Vgl. *Engel*, Staatswissenschaften und Staatspraxis 9 (1998), 535 (570 f.).

§ 20: Thesenartige Schlußüberlegung

Diese Untersuchung sollte zeigen, ob und inwieweit ein rechtsverordnungsersetzender Vertrag de lege lata rechtlich möglich und praktikabel erscheint. Das Ergebnis dieser Untersuchung ist, daß ein rechtsverordnungsersetzender Vertrag im Vergleich zur Selbstverpflichtung und zur Rechtsverordnung keine nennenswerten Vorteile aufweist[1] und daß dem rechtsverordnungsersetzenden Vertrag erhebliche praktische Hindernisse entgegenstehen. Diese Ergebnisse werden im Folgenden thesenartig zusammengefaßt:

1. Ein normersetzender Vertrag existiert bisher im Deutschen Recht nicht. Einen Vorschlag, wie ein solcher Vertrag rechtlich ausgestaltet sein könnte, bietet der Entwurf der unabhängigen Sachverständigenkommission für ein Umweltgesetzbuch von 1997. Auch die EU-Kommission hat sich 1998 mit diesem Thema beschäftigt und spricht sich für die Anwendung von verbindlichen Absprachen aus.

2. Um dem Steuerungsdefizit des imperativen staatlichen Handelns entgegenzuwirken, werden derzeit verstärkt konsensuale Handlungsformen im öffentlichen Recht angewandt. Hiervon verspricht man sich sowohl eine stärkere Akzeptanz als auch eine bessere Nutzbarmachung des privaten Sachverstandes für die staatlichen Maßnahmen. Dabei kommt dem relativ jungen Umweltrecht eine Pionierstellung zu.

3. Die Grundlage für die konsensualen Handlungsformen ist im Umweltrecht das Kooperationsprinzip. Seit der Rechtsprechung des *Bundesverfassungsgerichts* von 1998 zur kommunalen Verpackungssteuer ist das Kooperationsprinzip endgültig als Rechtsprinzip zu betrachten. In dem genannten Urteil führt das Gericht aus, daß, wenn der Gesetzgeber einen Bereich kooperativ regelt, in diesem Teilbereich keine einseitigen Maßnahmen erschwerend hinzutreten dürfen. Ansonsten komme es zur Widersprüchlichkeit der Rechtsordnung.

4. Bisher gibt es im Recht bereits Ansätze zu einer kooperativen Normsetzung. Besonders hervorzuheben ist dabei die Anhörung der beteiligten Kreise bei exekutivischer Normsetzung. Nicht selten gewinnen die beteiligten Kreise in realiter einen erheblichen Einfluß auf den Inhalt der Norm. Eng verwandt mit der Idee eines rechtsverordnungsersetzenden Vertrags sind die Selbstverpflichtungen. Hierbei handelt es sich um unverbindliche Erklärungen der Industrie, um eine umweltpolitische Zielsetzung selbstständig zu regeln. Der Anstoß für eine solche Erklärung kommt allerdings von der staatlichen Seite, die im Gegenzug auf eine Rechtsetzung in dem fraglichen Bereich verzichtet. Selbstverpflichtungen sind als informelles Verwaltungshandeln zu klassifizieren und stellen einen Realakt dar.

---

[1] Ähnlich *Dienes* in: Bohne (Hrsg.), Umweltgesetzbuch als Motor oder Bremse, S. 205 zum UGB-KomE Entwurf des Vertrages: „Hier besteht Streichungspotential."

5. Ein Vertrag kombiniert konsensuale Elemente mit Rechtsverbindlichkeit und damit mit Rechtssicherheit. Insbesondere die Rechtssicherheit fehlt bei den informellen Handlungsinstrumenten.

6. Der normersetzende Vertrag soll eine Rechtsetzung überflüssig machen, er tritt an die Stelle der Rechtsnorm. Für die Beteiligten ist ein solcher Vertrag eine Rechtsquelle.

7. Während der private Vertragspartner an die ausgehandelten Bestimmungen des normersetzenden Vertrags gebunden ist, verpflichtet sich die staatliche Seite, in dem vertraglich geregelten Bereich keine Rechtsnorm zu erlassen.

8. Ein normersetzender Vertrag, der an die Stelle eines förmlichen Gesetzes tritt, ist grundsätzlich rechtlich möglich (gesetzesersetzender Vertrag). Eine Bindung des Parlaments an einen gesetzesersetzenden Vertrag ist nach den Grundsätzen des Vertrauensschutzes für einen Zeitraum von vier Jahren denkbar.

9. Da ein gesetzesersetzender Vertrag das förmliche Gesetzgebungsverfahren nicht umgehen darf, muß dieser Vertrag die entsprechenden Stationen im Verfahren wie ein Gesetz durchlaufen. Damit ist der gesetzesersetzende Vertrag praktisch nicht durchführbar.

10. Praxisrelevanter ist ein solcher normersetzender Vertrag, der an die Stelle einer Rechtsverordnung tritt. Ein solcher Vertrag ist insofern sinnvoll, als vor allem im Umweltrecht große Bereiche durch Rechtsverordnung geregelt werden, da diese einfache Form der Gesetzgebung eher der Dynamik dieses Rechtsgebietes gerecht wird. Ein solcher Vertrag wird in dieser Untersuchung als rechtsverordnungsersetzender Vertrag bezeichnet.

11. Ein rechtsverordnungsersetzender Vertrag ist ein öffentlich-rechtlicher Vertrag. Durch den Abschluß eines Vertrags statt des Erlasses einer Rechtsverordnung wird das Rechtsetzungsermessen des Normgebers betätigt. Dieses ist zweifellos öffentlich-rechtlicher Natur. Irrelevant ist insofern, daß die Gegenleistung der Privaten nicht zwingend dem öffentlichen Recht zugeordnet werden kann.

12. Ein rechtsverordnungsersetzender Vertrag kann für die Exekutive keine bindende Verpflichtung zum Unterlassen der Normsetzung festschreiben. Dieses ergibt sich aus dem Gedanken der Normenhierarchie. Einer Kündigung des Vertrags bedarf es daher nicht. Der Vertrag entfällt mit dem Erlaß einer konträren Norm. Hierdurch werden aber Schadensersatzpflichten begründet.

13. Die Schadensersatzpflicht beim Erlaß eines dem rechtsverordnungsersetzenden Vertrags widersprechenden Gesetzes ergibt sich aus einer Umdeutung der rechtlich nicht möglichen Verpflichtung zum Unterlassen des Rechtsverordnungserlasses in eine Entschädigungszusage.

14. Als Vertragspartner kommt auf der staatlichen Seite die Stelle in Betracht, der auch die Verbands- und Organkompetenz zum Erlaß der entsprechenden Rechtsverordnung zukommt.

15. Auf der privaten Seite ist es sinnvoll, die Verhandlungen mit einem Verband zu führen und zu koordinieren. Der Verband kann allerdings mangels Vertretungsmacht seine Mitglieder nicht binden, ansonsten käme es zu einem unzulässigen Vertrag zu Lasten Dritter. Zwar ist denkbar, daß nur der Verband Vertragspartner eines rechtsverordnungsersetzenden Vertrags wird und dieser Verband dann in einer zweiten Stufe die eingegangenen Verpflichtungen in Verträge mit seinen Mitgliedern umsetzt. Jedoch könnte dann der eigentliche rechtsverordnungsersetzende Vertrag nicht gegenüber den einzelnen Mitgliedern vollstreckt werden. Vollstreckt werden könnte nur gegen den Verband, der aber selber die geforderte Leistung nicht erbringen kann. Alleine mit einem Schadensersatzanspruch ist der Verwirklichung des umweltpolitischen Zieles aber nicht gedient. Daher muß jedes einzelne Unternehmen mit einer bei Vertragsabschluß bereits bestimmten Leistung Vertragspartner werden, was in der Praxis mit erheblichen Problemen und einem hohen Aufwand verbunden ist. Dieser Aufwand entsteht jedoch auch bei der Lösung, in der nur der Verband Vertragspartner ist; er ist hier nur auf die zweite Stufe verschoben worden. Ein rechtsverordnungsersetzender Vertrag ist also nur bei einer Marktstruktur mit wenigen Anbietern interessant, da ansonsten ein zu hoher Aufwand entsteht.

16. Ein rechtsverordnungsersetzender Vertrag ist weder als echter noch als unechter Normsetzungsvertrag zu qualifizieren: Er steht zwischen diesen Kategorien. Zwar enthält der rechtsverordnungsersetzende Vertrag Elemente eines unechten Normsetzungsvertrags, er geht aber über den Inhalt eines unechten Normsetzungsvertrags hinaus, da der Inhalt eines rechtsverordnungsersetzenden Vertrags nicht nur auf das Erhalten eines Status quo gerichtet ist, sondern selber den Gegenstand regelt.

17. Der rechtsverordnungsersetzende Vertrag ist kein Normenvertrag.

18. Der rechtsverordnungsersetzende Vertrag ist als zweiseitiger subordinationsrechtlicher Vertrag in das Schema der bekannten Vertragsarten im öffentlichen Recht einzuordnen.

19. Die Einordnung des rechtsverordnungsersetzenden Vertrags in ein Über-Unterordnungsverhältnis widerspricht nicht dem Gedanken der Kooperation.

20. Rechtlich muß sich der rechtsverordnungsersetzende Vertrag wie jedes Handeln der Verwaltung am Grundsatz der Gesetzmäßigkeit der Verwaltung messen lassen: An Vorrang und Vorbehalt des Gesetzes.

21. Ein Vertragsformverbot für einen rechtsverordnungsersetzenden Vertrag ist gegeben, wenn der Verwaltung in dem konkreten Fall kein Verordnungsermessen zusteht und sie daher nur durch eine Rechtsverordnung handeln kann.

22. Ein Anspruch auf eine bestimmte Rechtsverordnung des Bürgers gegen den Staat kann sich in Ausnahmesituationen der Gefahrenabwehr aus der Schutzpflicht des Staates gemäß Art. 2 Abs. 1 GG in Verbindung mit Art. 1 Abs. 1 GG ergeben.

23. Für einen rechtsverordnungsersetzenden Vertrag kann aus einer Rechtsverordnungsermächtigung ein Vertragsformverbot resultieren, wenn sich aus der Rechtsverordnungsermächtigung die Pflicht zum Erlaß der Rechtsverordnung ergibt oder das entsprechende Fachgesetz ohne eine allgemeinverbindliche Regelung nicht vollzugsfähig ist.

24. Sowohl für einen verfügenden rechtsverordnungsersetzenden Vertrag als auch für einen gesetzesersetzenden Vertrag, der durch die Exekutive abgeschlossen wird und an die Stelle eines förmlichen Gesetzes treten soll, existiert ein Vertragsformverbot.

25. Ein Vertragsformgebot, also ein Gebot zum Abschluß eines rechtsverordnungsersetzenden Vertrags statt des Erlasses einer Rechtsverordnung, existiert nicht.

26. Schließt der Bund auf dem Gebiet der konkurrierenden Gesetzgebungskompetenz, einen rechtsverordnungsersetzenden Vertrag, statt eine Rechtsverordnung zu erlassen, so wird hierdurch eine materielle Gesetzgebung der Länder ausgeschlossen. Eine Sperrwirkung ergibt sich dabei nicht aus der bestehenden Ermächtigungsnorm zum Erlaß der Rechtsverordnung, sondern aus dem Gebot des bundesfreundlichen Verhaltens.

27. Ein rechtsverordnungsersetzender Vertrag ist grundrechtsrelevant. Der Grundsatz des volenti non fit iniuria kommt mangels Freiwilligkeit der Vertragspartner beim Vertragsschluß nicht zum Tragen.

28. Der rechtsverordnungsersetzende Vertrag führt bei den Vertragspartnern zu einem Grundrechtseingriff nach dem klassischen Eingriffsbegriff.

29. Bei den Vertragspartnern sind zunächst Art. 12 Abs. 1 GG und Art. 14 Abs. 1 GG betroffen. Der Art. 9 Abs. 1 GG ist hingegen bei den Unternehmen nicht betroffen.

30. Durch einen rechtsverordnungsersetzenden Vertrag kommt es nicht zu einer staatlichen Ungleichbehandlung im Sinne des Art. 3 Abs. 1 GG. Die Trittbrettfahrerproblematik beruht nicht auf einer Ungleichbehandlung durch den Staat, sondern auf dem unterschiedlichen Verhalten der Unternehmen auf das staatliche Verhalten.

31. Eine Grundrechtsbeeinträchtigung des Verbandes in Art. 9 GG ist nur in Extremsituationen nicht ausgeschlossen. In solchen Extremfällen kommt es zu einem Eingriff nach den Grundsätzen des mittelbaren Grundrechtseingriffs, da das staatliche Handeln final ist.

32. Bei den Dritten kann es in Extremsituationen durch den rechtsverordnungsersetzenden Vertrag zu einer Verletzung der Art. 12 Abs. 1 GG und Art. 14 Abs. 1 GG kommen.

33. Der rechtsverordnungsersetzende Vertrag bedarf auf Grund seiner Eingriffswirkung und damit unter dem Gesichtspunkt des rechtsstaatlichen Gesetzesvorbehalts einer Ermächtigung.

34. Der rechtsverordnungsersetzende Vertrag läßt sich auf die entsprechende fachgesetzliche Verordnungsermächtigung stützen, solange er nach Inhalt, Zweck und Ausmaß dieser Ermächtigung entspricht. Insofern ist der Exekutive ein Entscheidungsspielraum durch die Ermächtigung delegiert worden. Dieser Spielraum kann unabhängig von der Form ausgefüllt werden.

35. Ein rechtsverordnungsersetzender Vertrag kommt nicht mit dem Parlamentsvorbehalt in Konflikt, da das „Wesentliche" bereits an die Exekutive durch die fachgesetzliche Rechtsverordnungsermächtigung delegiert worden ist.

36. Ein rechtsverordnungsersetzender Vertrag ist nicht mit einem Demokratiedefizit versehen. Da der Exekutive das letzte Wort hinsichtlich des „Ob" eines rechtsverordnungsersetzenden Vertrags bleibt, ist ein solcher Vertrag ausreichend organisatorisch-personell legitimiert. Zudem ist der rechtsverordnungsersetzende Vertrag durch die entsprechende fachgesetzliche Ermächtigung zum Erlaß einer Rechtsverordnung sachlich-inhaltlich legitimiert.

37. Allgemeine relevante europarechtliche Vorschriften existieren für den rechtsverordnungsersetzenden Vertrag nicht.

38. Der rechtsverordnungsersetzende Vertrag ist kein Verwaltungsvertrag im Sinne der VwVfG. Insofern ist der rechtsverordnungsersetzende Vertrag ein Vertrag sui generis.

39. Nach dem Grundsatz des Vorrangs des Gesetzes erlangen die allgemeinen Grundsätze, die sich in den §§ 54 ff. VwVfG konkretisiert haben, für den rechtsverordnungsersetzenden Vertrag Bedeutung. Insofern kann eine Prüfung des rechtsverordnungsersetzenden Vertrags an den §§ 54 ff. VwVfG orientiert werden. Dabei ist zu beachten, daß der rechtsverordnungsersetzende Vertrag im Gegensatz zum Vertrag im Sinne der §§ 54 ff. VwVfG nicht darauf gerichtet ist, an die Stelle einer konkret-individuellen Regelung, sondern an die Stelle einer abstrakt-generellen Regelung zu treten.

40. Ein rechtsverordnungsersetzender Vertrag unterliegt in analoger Anwendung denselben formellen Erfordernissen wie die entsprechende Rechtsverordnung.

41. Die Beteiligungsrechte gemäß dem Gedanken des § 58 Abs. 1 VwVfG finden im Grundsatz keine Anwendung auf den rechtsverordnungsersetzenden Vertrag; denn dies hätte bei einem bundesweit geltenden Vertrag unlösbare praktische Probleme zur Folge.

42. Die Rechtswidrigkeit eines rechtsverordnungsersetzenden Vertrags muß eine zur Rechtsverordnung vergleichbare Rechtsfolge und damit die Nichtigkeit des rechtsverordnungsersetzenden Vertrags zur Folge haben. Diese Rechtsfolge kann aber nicht aus dem Gedanken des § 59 Abs. 2 VwVfG abgeleitet werden; denn durch den Bezug auf die Fehlerfolgen bei Verwaltungsakten hat diese Vorschrift einen eindeutigen einzelaktbezogenen Charakter. Die Nichtigkeit eines rechtswidrigen rechtsverordnungsersetzenden Vertrags ergibt sich vielmehr aus dem Gedanken des § 59 Abs. 1 VwVfG in Verbindung mit § 134 BGB analog. Verbotsgesetze im Sinne des § 134 BGB analog sind im Zusammenhang mit dem rechtsverordnungsersetzenden Vertrag etwa die Formvorschriften für den Abschluß eines solchen Vertrags.

43. Der Bürger muß sich regelmäßig der sofortigen Vollstreckung nach § 61 VwVfG analog unterwerfen, um dem rechtsverordnungsersetzenden Vertrag eine der Rechtsverordnung vergleichbare Vollstreckungsmöglichkeit zu geben.

44. Nationales Kartellrecht findet keine Anwendung auf einen einstufig konstruierten rechtsverordnungsersetzenden Vertrag. Da es nur zu einem öffentlichrechtlichen Vertrag zwischen dem Staat und den Unternehmen bzw. dem Verband kommt, fehlt es an einer Wettbewerbssituation zwischen den Vertragspartnern.

45. Europäisches Kartellrecht ist zwar auf einen rechtsverordnungsersetzenden Vertrag anwendbar, es liegt aber regelmäßig ein Befreiungsgrund im Sinne des Art. 81 Abs. 1 EGV vor.

46. Eine Nichtigkeit des rechtsverordnungsersetzenden Vertrags ergibt sich nicht aus dem Gedanken der Verfahrenssicherung, wie dieses die Rechtsprechung für normsetzende Verträge im Bauplanungsrecht anführt. Satzungsrecht und Rechtsverordnungsrecht sind zu unterschiedlich, als daß eine Übertragung der Rechtsprechung möglich wäre.

47. Ein rechtsverordnungsersetzender Vertrag beeinträchtigt die Stellung des Parlaments.

48. Der rechtsverordnungsersetzende Vertrag begründet finanzielle Verpflichtungen der staatlichen Hand. Dadurch wird die Etathoheit des Parlaments beeinträchtigt.

49. Das Parlament kann kein dem rechtsverordnungsersetzenden Vertrag gegenläufiges oder schärferes Gesetz erlassen, ohne daß es zu einer Schadensersatzverpflichtung der Exekutive kommt. Es steht dem Parlament mithin nicht mehr frei, einen delegierten Gegenstand nun selber zu regeln. Dieses führt zu einer mittelbaren Bindung des Parlaments bei seiner Gesetzgebungstätigkeit. Eine Bindung des Parlaments außer an die Verfassung kann es aber nicht geben, so daß hier ein Verstoß gegen Art. 20 Abs. 3 GG vorliegt.

50. Der rechtsverordnungsersetzende Vertrag bedarf wegen seiner Wirkung auf die Stellung des Parlaments der zwingenden Zustimmung des Parlaments bei seinem Abschluß mit der Folge, daß für den Abschluß eines rechtsverordnungsersetzenden Vertrags zusätzliche Verfahrenshindernisse bestehen. Dieser Mehraufwand macht den rechtsverordnungsersetzenden Vertrag unpraktikabel.

51. Auch die Europäische Kommission setzt sich in ihrer Mitteilung von 1998 an den Rat und das Europäische Parlament mit normersetzenden Verträgen auseinander und kommt zu einer positiven Einschätzung solcher Verträge. Sie benutzt jedoch die Bezeichnung „verbindliche Vereinbarungen“. Rechtlich ist diese Mitteilung der Europäischen Kommission allerdings durch Oberflächlichkeit geprägt und deshalb bei der Lösung der rechtlichen Probleme, die mit Umweltvereinbarungen verbunden sind, wenig hilfreich.

52. In anderen europäischen Staaten wurden bereits Erfahrungen mit normersetzenden Verträgen gemacht. Hier sind insbesondere die Niederlande und Belgien zu nennen.

53. Ein rechtsverordnungsersetzender Vertrag kann eine EU-Richtlinie umsetzen. Entgegen der Meinung der EU-Kommission ist ein solcher Vertrag aber grundsätzlich hierfür kein vorzugswürdiges Instrument. Hiergegen spricht schon der Umstand, daß Richtlinien ausnahmslos umgesetzt werden müssen, wenn sie Rechte und Pflichten begründen. Dieses ist aber nur in Kombination von Vereinbarung und Rechtsverordnung zu schaffen, wodurch doppelter Aufwand ent-

steht. Zudem leidet die Flexibilität der Vereinbarung. Außerdem sind Vereinbarungen kündbar und zeitlich begrenzt, was eine dauerhafte Umsetzung der Richtlinie gefährdet. Dieses geht auf Kosten der unabdingbaren Rechtssicherheit.

54. Ein eine Rechtsnorm substituierender Vertrag auf EU-Ebene ist kein Verwaltungsvertrag, da er keine Vollzugselemente enthält. Es kommt vielmehr zu einem normersetzenden öffentlich-rechtlichen Vertrag.

55. Ein normersetzender öffentlich-rechtlicher Vertrag auf EU-Ebene ist entgegen der Mitteilung der EU- Kommission an Rat und Parlament nicht schon deshalb unzulässig, weil in Art. 249 EGV nur Verordnungen, Richtlinien und Entscheidungen als verbindliche Maßnahmen genannt werden. Ein Numerus clausus der Handlungsformen ergibt sich aus Art. 249 EGV nämlich nicht.

56. Das Prinzip der begrenzten Einzelermächtigung und der hierdurch zum Ausdruck kommende gemeinschaftliche Vertragsvorbehalt fordern eine Ermächtigung für den Abschluß eines normersetzenden öffentlich-rechtlichen Vertrags, da ein solcher Vertrag in die Kompetenzen der Mitgliedstaaten eingreift.

57. Der Entwurf der unabhängigen Sachverständigenkommission zu einem Umweltgesetzbuch (UGB) von 1997 macht erstmalig in dem Abschnitt über Rechts- und Regelungssetzung für untergesetzliche Normen einen Vorschlag, wie der Gedanke des normersetzenden Vertrags eine Gesetzesform erhalten kann.

58. Das UGB sieht nur rechtsverordnungsersetzende Verträge vor; bezeichnet diese aber als normersetzende Verträge.

59. Ein verbindlicher Verzicht der Exekutive auf eine Normgebung ist nach dem UGB-KomE nicht möglich. Allerdings kommt es bei einem Vertragsbruch in Form einer Normgebung zu Schadensersatzansprüchen.

60. Nach dem UGB schließen nur die Verbände einen normersetzenden Vertrag, durch den aber auch die Mitgliedsunternehmen gebunden werden. Es kommt mithin zu einer akzessorischen Haftung der Mitglieder. Eine Vollstreckbarkeit gegenüber den einzelnen Unternehmen ist dadurch aber nicht möglich, da jedes Unternehmen auf das Ganze verpflichtet wird, ihm die Erfüllung der geforderten Leistung somit unmöglich ist. Eine unmögliche Leistung kann aber nicht vollstreckt werden. Eine Vollstreckung aus dem normersetzenden Vertrag gegen die Verbände ist ebenfalls nicht möglich; denn auch ihnen ist es nicht möglich, den Erfolg ohne Hilfe der Mitglieder herbeizuführen. Schadensersatzpflichten des Verbandes aus dem Vertrag gegenüber dem Staat entstehen ebenfalls nicht; denn der UGB erklärt die Verweisung in das Bürgerliche Gesetzbuch aus dem Verwaltungsverfahrensgesetz für nicht anwendbar. Mithin ist ein

normersetzender Vertrag nach dem UGB vollkommen sanktionslos. Damit wird aber ein Ziel des normersetzenden Vertrags, nämlich die Gleichstellung mit einer Rechtsverordnung, in punkto Vollstreckung nicht erreicht.

61. Eine ausdrückliche Fehlerfolge für den normersetzenden Vertrag fehlt im UGB. Durch Auslegung ist aber davon auszugehen, daß nach der Konstruktion im UGB ein rechtswidriger normersetzender Vertrag nichtig sein muß.

62. Um der Trittbrettfahrerproblematik zu begegnen, sieht das UGB die Möglichkeit vor, den normersetzenden Vertrag in Anlehnung an das Tarifvertragsrecht für allgemeinverbindlich zu erklären. Ein ähnlicher Effekt könnte aber auch durch den Erlaß des Vertragsinhaltes als Rechtsverordnung erreicht werden.

63. Nach dem UGB bedarf der normersetzende Vertrag der Umsetzung innerhalb des Verbandes durch Verträge. Für diese zweite Stufe der Umsetzung ist das Kartellrecht grundsätzlich einschlägig. Für solche Verträge sieht das UGB unter bestimmten Voraussetzungen eine Privilegierung vor. Auf Grund der weiten Formulierungen dieser Voraussetzungen können diese in praxi aber nur schwer erfüllt werden.

64. Als lex specialis zu § 8 GWB sieht der § 39 Abs. 4 UGB-KomE die Möglichkeit einer Ministererlaubnis vor. Im Vergleich zu § 8 GWB erhöht der § 39 Abs. 4 UGB-KomE unnötig die Voraussetzungen für eine solche Ministererlaubnis.

65. Dem Entwurf zum UGB gelingt es nicht, alle rechtsstaatlichen Bedenken gegen einen rechtsverordnungsersetzenden Vertrag de lege ferenda zu beseitigen. Zudem ist der Entwurf stellenweise rechtlich unpräzise.

66. Der Vergleich eines rechtsverordnungsersetzenden Vertrags mit einer Rechtsverordnung zeigt, daß der Vertrag gegenüber der Rechtsverordnung zwar einen Kooperationsvorsprung aufweist, aber, um seine Vollstreckbarkeit zu gewährleisten, einen erheblichen Mehraufwand verursacht.

67. Im Gegensatz zum rechtsverordnungsersetzenden Vertrag kann es bei einer Rechtsverordnung nicht zur Trittbrettfahrerproblematik kommen.

68. Es ist zu befürchten, daß der rechtsverordnungsersetzende Vertrag auf Grund seiner konsensualen Entstehungsweise zu einem Weniger im Umweltschutz führt.

69. Im Vergleich von rechtsverordnungsersetzendem Vertrag mit der entsprechenden Selbstverpflichtung zeigt sich, daß Selbstverpflichtungen schneller zum Einsatz kommen können als ein rechtsverordnungsersetzender Vertrag.

70. Auf Grund ihrer größeren Flexibilität genießt die Selbstverpflichtung eine höhere Akzeptanz bei der Wirtschaft als ein rechtsverordnungsersetzender Vertrag, so daß sich dessen größter Vorteil, nämlich seine Verbindlichkeit, in einen Nachteil verwandelt.

Zusammenfassend läßt sich feststellen, daß der rechtsverordnungsersetzende Vertrag theoretisch zwar rechtlich umsetzbar ist, seine praktische Umsetzbarkeit aber mit einem erheblichen rechtsstaatlichen Aufwand verbunden ist. Der Nutzen aus der Einführung des rechtsverordnungsersetzenden Vertrags steht in keinem Verhältnis zum damit verbundenen Aufwand.[2]

---

[2] A.A. *Leitzke*, UPR 2000, 361 (366), der sogar anregt, den normersetzenden Vertrag unabhängig vom UGB in bestehende Umweltgesetze wie dem BImSchG zu implantieren.

Anhang

A. Auszug aus dem Entwurf der Unabhängigen Sachverständigenkommission zum Umweltgesetzbuch beim Bundesministerium für Umwelt, Naturschutz und Reaktorsicherheit.

Allgemeiner Teil

Erstes Kapitel: Allgemeine Vorschriften

Zweiter Abschnitt: Grundlagen des Umweltschutzes

§ 5 Vorsorgeprinzip

(1) Risiken für die Umwelt oder den Menschen sollen insbesondere durch eine vorausschauende Planung und geeignete technische Vorkehrungen möglichst ausgeschlossen oder vermindert werden.

(2) [1]Die Vorsorge dient auch dem Schutz empfindlicher Gruppen und empfindlicher Bestandteile des Naturhaushaltes. [2]Für künftige und ökologisch angepaßte Nutzung sollen Freiräume erhalten werden.

(3) Die Umweltqualität soll die belasteten Gebiete verbessern und in wenig belasteten Gebieten erhalten bleiben.

§ 6 Verursacherprinzip

(1) Wer erhebliche nachteilige Einwirkungen, Gefahren oder Risiken für die Umwelt oder den Menschen verursacht, ist dafür verantwortlich.

(2) Werden erhebliche nachteilige Einwirkungen oder Gefahren für die Umwelt oder den Menschen durch den Zustand von Sachen verursacht, so sind auch Eigentümer und Besitzer dafür verantwortlich.

(3) Ist ein Verantwortlicher nach Absatz 1 oder 2 nicht vorhanden, nicht feststellbar, nicht rechtzeitig feststellbar oder nach den Vorschriften dieses Gesetzbuches nicht nur oder nur beschränkt verantwortlich, so ist die Allgemeinheit verantwortlich; die Möglichkeit des Rückgriffs bleibt unberührt.

§ 7 Kooperationsprinzip

(1) [1]Der Schutz der Umwelt ist Bürgern und Staat anvertraut. [2]Behörden und Betroffene wirken bei der Erfüllung der ihnen nach den umweltrechtlichen Vorschriften obliegenden Aufgaben und Pflichten nach Maßgabe der jeweiligen Bestimmungen zusammen. [3]Dem dienen auch die Vorschriften über die Beteiligung der Öffentlichkeit.

(2) Bei Maßnahmen auf Grund der umweltrechtlichen Vorschriften sollen die Behörden prüfen, ob die Zwecke dieses Gesetzbuches in gleicher Weise durch Vereinbarungen mit dem Betroffenen erreicht werden können.

(3) [1]Soweit nichtsstaatlichen Trägern oder Privaten staatliche Umweltschutzaufgaben übertragen werden, haben sie diese eigenverantwortlich wahrzunehmen. [2]Die zuständigen Behörden haben sicherzustellen, daß die übertragenen Aufgaben ordnungsgemäß erfüllt werden. [3]Werden die Aufgaben nicht ordnungsgemäß erfüllt, sollen sie auf die zuständige Behörde zurückübertragen werden.

Dritter Abschnitt: Recht- und Regelsetzung

Erster Unterabschnitt: Rechtsverordnungen

§ 13 Grundsätze für Anforderungen an Anlagen, Betriebsweisen, Stoffe, Zubereitungen und Produkte

(1) Soweit in Rechtsverordnungen nach diesem Gesetzbuch bestimmte Anforderungen gestellt werden an

1. die Errichtung, die Beschaffenheit oder den Betrieb von Anlagen, insbesondere durch die Festlegung von Emissionsgrenzwerten, sowie den Zustand nach der Stillegung,
2. die Einleitung von Abwasser in Gewässer,
3. die Entsorgung von Abfällen,
4. die Forstwirtschaft, die landwirtschaftliche Bodenbehandlung oder Tierhaltung,
5. die Klassifizierung, die Herstellung, das Inverkehrbringen, die Verwendung oder die Entsorgung von bestimmten Stoffen, Zubereitung oder anderen Stoffen oder
6. gentechnischen Arbeiten im geschlossenen System, die Freisetzung gentechnisch veränderter Organismen oder das Inverkehrbringen gentechnischer Produkte

gelten die in den Absätzen 2 bis 5 genannten Grundsätze.

(2) Anforderungen nach Absatz 1 können unter der Berücksichtigung der technischen Entwicklungen auch für einen Zeitraum nach Inkrafttreten der Rechtsverordnung festgesetzt werden.

(3) [1]In der Rechtsverordnung kann bestimmt werden, daß bestehende Anlagen, vorhandene Einleitungen von Abwasser und andere bereits ausgeübte umwelterhebliche Tätigkeiten weniger weitgehende Anforderungen zur Vorsorge oder die Anforderungen zur Vorsorge erst nach Ablauf einer Übergangsfrist erfüllen müssen. [2]Bei der Bestimmung der Anforderungen und der Übergangsfrist sind insbesondere das festgestellte oder mögliche Risiko für die Umwelt oder die Menschen sowie die Nutzungsdauer und technischen Besonderheiten der Anlage, Einleitung, Entsorgungsverfahren und Verfahren der landwirtschaftlichen Bodenbehandlung und Forstwirtschaft zu berücksichtigen.

(4) [1]In der Rechtsverordnung können Methoden zur Überprüfung ihrer Einhaltung festgelegt werden. [2]Hierzu zählen insbesondere Meßverfahren einschließlich der Anforderungen an die Probeentnahme und Probebehandlung sowie die Analysemethoden.

(5) Anforderungen nach Absatz 1 an unterschiedliche Anlagen, Betriebsweisen, Stoffe, Zubereitungen und Produkte sind aufeinander abzustimmen.

Vierter Unterabschnitt: Zielfestlegungen, Selbstverpflichtungen, Verträge, Satzungen

§ 34 Zielfestlegungen

(1) [1]Die Bundesregierung kann für die freiwillige Erfüllung von Anforderungen zur Vorsorge gegen Risiken für die Umwelt oder den Menschen, die Gegenstand einer Rechtsverordnung im Sinne des § 13 sein können, Zielfestlegungen treffen, die innerhalb einer bestimmten Frist erreicht werden sollen. [2]Die Zielfestlegungen sind in geeigneter Weise öffentlich bekanntzumachen.

(2) Wenn nach Absatz 1 festgelegte Ziele innerhalb der vorgegebenen Frist nicht erreicht werden, prüft die Bundesregierung, welche Maßnahmen durch Rechtsverordnung im Sinne des § 13 zu treffen sind; die Befugnis, auch vor Ablauf der vorgegebenen Frist Maßnahmen durch Rechtsverordnung zu treffen, bleibt unberührt.

(3) Ist zum Erlaß die entsprechenden Rechtsverordnung eine andere Behörde ermächtigt, tritt diese an die Stelle der Bundesregierung.

§ 35 Selbstverpflichtungen

(1) [1]Wirtschaftverbände, sonstige Verbände oder einzelne Unternehmen können gegenüber der Bundesregierung erklären oder mit ihr ohne Rechtsverbindlichkeit vereinbaren, daß bestimmte Anforderungen zur Vorsorge gegen Risiken für die Umwelt oder den Menschen, die Gegenstand einer Rechtsverordnung nach diesem Gesetzbuch sein könnte, innerhalb einer angemessenen Frist freiwillig erfüllt werden (Selbstverpflichtung). [2]Die Selbstverpflichtung soll in geeigneter Weise öffentlich bekannt gemacht werden.

(2) Die Selbstverpflichtung soll Angaben erhalten über:

1. den Kreis der Verpflichteten,
2. die Art und den Umfang der zu erfüllenden Anforderungen,
3. die Frist, innerhalb derer die Anforderungen erfüllt werden sollen,
4. die Zeitpunkte der regelmäßigen Berichterstattung gegenüber der Bundesregierung sowie
5. die Art und Weise der Nachweisführung.

(3) [1]Die Verbände oder einzelnen Unternehmen unterrichten die Bundesregierung und im Regelfall die Öffentlichkeit über den Stand der Umsetzung der Selbstverpflichtung. [2]Ist die Selbstverpflichtung öffentlich bekannt gemacht worden, unterrichtet die Bundesregierung die Öffentlichkeit. [3]Spätestens bei Ablauf der in der Selbstverpflichtung angegebenen Frist ist eine Erklärung darüber abzugeben, ob die Anforderungen erfüllt werden. [4]Die Erfüllung der Anforderungen ist in geeigneter Form nachzuweisen. [5]Für die Überprüfung der Nachweise gelten die §§ 134, 135, 137 und 139 bis 142 entsprechend.

(4) [1]§ 34 Abs. 3 gilt entsprechend. [2]Soweit Selbstverpflichtungen durch Vereinbarung mit der Bundesregierung zustande gekommen sind, gilt auch § 34 Abs. 2 entsprechend.

§ 36 Normersetzender Vertrag

(1) [1]Die Bundesregierung kann Anforderungen im Sinne des § 13 auch durch öffentlich-rechtliche Verträge mit Wirtschaftsverbänden, sonstigen Verbänden oder einzelnen Unternehmen vereinbaren, wenn:

1. die Voraussetzungen für den Erlaß einer Rechtsverordnung im Sinne des § 13 vorliegen,
2. der Inhalt des Vertrags den Anforderungen dieses Gesetzbuches entspricht,
3. schutzwürdige Interessen Dritter oder der Allgemeinheit nicht verletzt werden und
4. die Geltungsdauer des Vertrags auf nicht länger als fünf Jahre befristet ist.

[2]Der Vertrag bedarf der Zustimmung des Bundesrates, wenn auch die Rechtsverordnung, an deren Stelle er tritt, der Zustimmung bedürfte. [3]Satz 2 gilt entsprechend für die Erfordernisse nach § 18 Abs. 1, §§ 20 und 22. [4]Der Vertrag ist im Bundesanzeiger zu veröffentlichen. [5]Die Bestimmungen des Verwaltungsverfahrensgesetzes über den öffentlich-rechtlichen Vertrag finden mit Ausnahme der §§ 57 und 60 keine Anwendung.

(2) [1]Die Bestimmungen des Vertrags nach Absatz 1 sind verbindlich für die Mitglieder der Verbände und die Unternehmen, die selbst Vertragsschließende sind. [2]Die Verbindlichkeit bleibt für Mitglieder von Verbänden unabhängig von ihrer Mitgliedschaft bestehen, bis der Vertrag endet. [3]Die Einhaltung der in dem Vertrag geregelten Pflichten unterliegt der Überwachung nach den §§ 133 bis 150 und kann durch Verwaltungsakt erzwungen werden.

(3) Soweit durch den Vertrag Anforderungen zur Vorsorge gegen Risiken für die Umwelt oder den Menschen abschließend festgelegt sind, dürfen weitergehende Anforderungen in Genehmigungsbescheiden oder nachträglichen Anordnungen nicht gestellt werden.

(4) Die Bestimmungen dienen dem Schutz Dritter, soweit auch entsprechende Bestimmungen einer Rechtsverordnung drittschützend wären.

(5) § 34 Abs. 3 gilt entsprechend.

§ 37 Verbindlicherklärung

(1) Ein Vertrag nach § 36 kann durch Rechtsverordnung ganz oder teilweise für jedermann oder einen näher zu bestimmenden Kreis von Verpflichteten für verbindlich erklärt werden, wenn

1. die Zahl der nach § 36 Abs. 2 Satz 1 und 2 Verpflichteten nicht weniger als die Hälfte der durch die Verpflichtungserklärung Verpflichteten beträgt und
2. eine Verbindlichklärung im öffentlichen Interesse geboten erscheint.

(2) Vor Erlaß der Rechtsverordnung nach Absatz 1 ist Verbänden und Unternehmen, die von der Verbindlicherklärung betroffen würden, Gelegenheit zur Stellungnahme zu geben.

(3) [1]Eine Verbindlicherklärung nach Absatz 1 kann durch Rechtsverordnung aufgehoben werden, wenn die Aufhebung im öffentlichen Interesse geboten erscheint. [2]Absatz 2 gilt entsprechend. [3]Im übrigen endet die Verbindlichkeit eines Vertrags im Sinne des Absatzes 1 nach § 36 mit dem Ablauf seiner Geltungsdauer.

§ 39 Private Umweltschutzverträge, Umweltschutzkartelle

(1) Verträge zwischen Unternehmen und Vereinigungen von Unternehmen sowie Beschlüsse von Vereinigungen von Unternehmen, die der Erfüllung von Anforderungen einer auf Grund dieses Gesetzbuches erlassenen Rechtsverordnung, einer Zielfestlegung nach § 34, einer Selbstverpflichtung nach § 35 oder eines normersetzenden Vertrags nach § 36 dienen, sind der für die Festlegung oder die Vereinbarung der Anforderung zuständigen Behörde und der Kartellbehörde anzuzeigen.

(2) Auf Verträge und Beschlüsse nach Absatz 1 ist § 1 des Gesetzes gegen Wettbewerbsbeschränkungen nicht anwendbar, wenn

1. die Verträge oder Beschlüsse der Erfüllung von Anforderungen einer auf Grund dieses Gesetzbuches erlassenen Rechtsverordnung, einer Zielfestlegung nach § 34 oder eines normersetzenden Vertrags nach § 36 dienen,
2. die Beschränkung des Wettbewerbes aus Gründen des Umweltschutzes erforderlich ist und
3. ein wesentlicher Wettbewerb auf dem Markt bestehen bleibt.

(3) [1]Verträge und Beschlüsse im Sinne von Absatz 2 sowie ihre Änderungen und Ergänzungen bedürfen zu ihrer Wirksamkeit der Anmeldung bei der Kartellbehörde. [2]Bei der Anmeldung ist nachzuweisen, daß die Voraussetzungen des Absatzes 2 vorliegen und daß die Wettbewerber, Lieferanten und Abnehmer, die durch die Verträge oder Beschlüsse betroffen werden, in angemessener Weise angehört worden sind. [3]Ihre Stellungnahmen sind der Anmeldung beizufügen. [4]Die Anmeldung ist im Bundesanzeiger bekanntzumachen. [5]Die Verträge und Beschlüsse werden nur wirksam, wenn die Kartellbehörde innerhalb einer Frist von drei Monaten seit Eingang der Anmeldung nicht widerspricht. [6]Die Kartellbehörde hat zu widersprechen, wenn nicht nachgewiesen wird, daß die in Absatz 2 bezeichneten Voraussetzungen vorliegen. [7]Die

Entscheidung der Kartellbehörde ergeht im Benehmen mit der für den Umweltschutz zuständigen Behörde.

(4) [1]Liegen die Voraussetzungen des Absatzes 2 nicht vor, so kann das für die Wirtschaft zuständige Bundesministerium im Benehmen mit dem für den Umweltschutz zuständigen Bundesministerium auf Antrag die Erlaubnis zu einem Vertrag oder Beschluß im Sinne des § 1 des Gesetzes gegen die Wettbewerbsbeschränkung erteilen, wenn ausnahmsweise die Beschränkung des Wettbewerbs aus überwiegenden Gründen des Umweltschutzes unter Berücksichtigung der Gesamtwirtschaft notwendig ist. [2]Dem Antrag ist eine Stellungnahme der betroffenen Wettbewerber, Lieferanten und Abnehmer beizufügen.

B. Draft Decree on Environmental Covenants

Article 1

For the purpose of this Title, „environmental covenants“ shall mean an agreement entered into by the Flanders Region, represented by the Executive and hereinafter referred to as "The Region", on the one hand, and one of more organisations having legal personality and representing enterprises which wither (a) operate in the same field of business, (b) are faced with a common environmental problem or (c) are located in the same area, hereinafter referred to as "the organisation", on the other hand for the purpose of preventing environmental pollution, abating or removing the consequences thereof or of promoting the effective management of the environment.

Article 2

Environment covenants cannot replace existing legislation of regulations nor depart from them in a less strict sense.

Article 3

(1) During the period of applicability of the environmental covenant, the executive of the Region may not issue regulations imposing, with respect to subjects dealt with by the covenant, stricter requirements than the latter. However, the Region shall remain entitled to take measures of issue regulations both in case of urgency and in order to meet obligations imposed by international or European law.
The Region shall be empowered to convert an environmental covenant, either wholly or in part, into regulation, even during the period of applicability of the covenant.
(2) Environmental covenants cannot reduce or limit the authority of any other public body than the Region.

Article 4

Environmental covenants shall be binding on their parties. In accordance with their provisions, they shall also be binding on all the members defined in a general manner.

Article 5

(1) A summery of the draft environmental covenant shall, on the initiative of the Region, be published in the Belgian Official Journal or through any other medium designated for that purpose by the Flanders Executive. This summary shall define at least the subject-matter and the general purpose of the environmental covenant. The full text of the covenant shall for a period of thirty days be available for consultation at the place mentioned in the published summary.
(2) Within a period of thirty days following the date of publication of the summary, any person may communicate in writing his objections and observations to the appropriate departments of the Flanders Executive designated for that purpose in the published summary. These departments shall examine the objections and observations made, and communicate them to the Organisation.

(3) The draft environmental covenant shall be communicated to the Social and Economic Council for Flanders and to the MINA Council, who shall issue a reasoned opinion within a period of thirty days following receipt of the draft. This option shall not be binding on the Region.
Where one of the aforementioned advisory bodies issues a negative option regarding the draft, the Region shall justify its decision nevertheless to conclude the covenant in a report to be added to the published version referred to in subjection 5.
(4) Where the draft environmental covenant is amended in the light of the objections or opinions submitted, the covenant may be concluded without it being necessary once again to follow the procedure described in subsection 1 to 3.
(5) Following its signature by the parties, the environmental covenant shall be published in full in the Belgian Official Journal, where appropriate, preceded by the report referred to in subjection 3.
(6) Unless it provides otherwise, an environmental covenant enters into effect on the tenth day following the date of its publication in the Official Journal.

Article 6

With the consent of the Region and of the Organisation an organisation of business enterprises which meets the requirements set out in Article 1 can accede to an environmental covenant, in accordance with the procedure to be determined by the Flanders Executive. The accession of an organisation shall be published in the Belgian Official Journal. As from the date of its publication, the environmental covenant shall be binding on the acceding organisation. Depending on the provisions of the deed of accession, the covenant shall also be binding on all the members defined in a general manner. By acceding to the covenant, the new organisation shall become a party to it.

Article 7

(1) The Region and one or more of the Organisation which are parties to the covenant may extend the latter unamended. The Region shall propose any such extension to the advisory bodies of its period shall be two years. An environmental covenant be extended by tacit consent.
(2) The Region and one or more of the Organisations which are parties to the covenant may extend the latter unamended. The Region shall propose any such extension to the advisory bodies specified in Article 5(3) at least two months before the expiry of its period of applicability. These bodies shall submit their opinion within a period of thirty days. This option shall not be binding on the Region.
Where one of the aforementioned advisory bodies delivers a negative opinion on a proposal to extend an environmental covenant, the Region shall justify its decision nevertheless to extend the covenant in a report to be added to the publication of the extension.
Any extension of an environmental covenant shall be published by the report referred to in the previous subsection.
(3) In the course of its period of applicability, the parties may agree to amend an environmental covenant, on the condition that neither its content nor its objectives are

changed in any significant way. Any such amendment shall be published in the Belgian Official Journal. It shall be binding on all those on whom the covenant was previously binding.

Article 8

The parties may all times terminate an environmental covenant, subject to giving notice six month in advance. Where the notice is not given by the Region, it must be given jointly by the other parties. A decision made by the Flanders Executive shall determine the procedure to be followed in giving notice of termination.

Article 9

Where the provision of an environmental covenant are violated, anyone who is bound by it may claim specific performance or damages from the person committing the violation.

Article 10

Environmental covenants shall terminate
(a) by common agreement between the parties,
(b) by the expiration of the specified period, or
(c) by notice of termination.
The adoption of regulations in accordance with Article 3 shall not have the effect of terminating the covenant.
The parties shall report to the Flanders Council on the implementation of the environmental covenant. The formalities and conditions which are to observed in making these reports shall be determined by the Flanders Executive.

Article 11

The provision of this Title constitute binding law. They shall apply to those environmental covenants which are concluded after the entry into effect of this Title.

C. Vereinbarung über den Atomausstieg

Vereinbarung zwischen der Bundesregierung und den Energieversorgungsunternehmen vom 14. Juni 2000

I. Einleitung

Der Streit um die Verantwortbarkeit der Kernenergie hat in unserem Land über Jahrzehnte hinweg zu heftigen Diskussionen und Auseinandersetzungen in der Gesellschaft geführt. Unbeschadet der nach wie vor unterschiedlichen Haltungen zur Nutzung der Kernenergie respektieren die EVU die Entscheidung der Bundesregierung, die Stromerzeugung aus Kernenergie geordnet beenden zu wollen.

Vor diesem Hintergrund verständigen sich Bundesregierung und Versorgungsunternehmen darauf, die künftige Nutzung der vorhandenen Kernkraftwerke zu befristen. Andererseits soll unter Beibehaltung eines hohen Sicherheitsniveaus und unter Einhaltung der atomrechtlichen Anforderungen für die verbleibende Nutzungsdauer der ungestörte Betrieb der Kernkraftwerke wie auch deren Entsorgung gewährleistet werden.

Beide Seiten werden ihren Teil dazu beitragen, daß der Inhalt dieser Vereinbarung dauerhaft umgesetzt wird. Die Bundesregierung wird auf der Grundlage dieser Eckpunkte einen Entwurf zur Novelle des Atomgesetzes erarbeiten.

Bundesregierung und Versorgungsunternehmen gehen davon aus, daß diese Vereinbarung und ihre Umsetzung nicht zu Entschädigungsansprüchen zwischen den Beteiligten führt. Bundesregierung und Versorgungsunternehmen verstehen die erzielte Verständigung als einen wichtigen Beitrag zu einem umfassenden Energiekonsens.

Die Beteiligten werden in Zukunft gemeinsam daran arbeiten, eine umweltverträgliche und im europäischen Markt wettbewerbsfähige Energieversorgung am Standort Deutschland weiter zu entwickeln. Damit wird auch ein wesentlicher Beitrag geleistet, um in der Energiewirtschaft eine möglichst große Zahl von Arbeitsplätzen zu sichern.

II. Beschränkung des Betriebs der bestehenden Anlagen

1. Für jede einzelne Anlage wird festgelegt, welche Strommenge sie gerechnet ab dem 01.01.2000 bis zu ihrer Stillegung maximal produzieren darf (Reststrommenge). Die Berechtigung zum Betrieb eines KKW endet, wenn die vorgesehene bzw. durch Übertragung geänderte Strommenge für die jeweilige Anlage erreicht ist.

2. Die Reststrommenge (netto) wird wie folgt berechnet:

Für jede Anlage wird auf der Grundlage einer Regellaufzeit von 32 Kalenderjahren ab Beginn des kommerziellen Leistungsbetriebs die ab dem 01.01.2000 noch verbleibende Restlaufzeit errechnet. Für Obrigheim wird eine Übergangsfrist bis zum 31.12.2002 vereinbart.

Weiterhin wird eine jahresbezogene Referenzmenge zu Grunde gelegt, die für jedes Kraftwerk als Durchschnitt der 5 höchsten Jahresproduktionen zwischen 1990 und 1999 berechnet wird. Die Referenzmenge beträgt für die KKW insgesamt 160,99 TWh/a (ohne Mülheim-Kärlich).

Gegenüber diesen Referenzmengen wird für die Restlaufzeit auf Grund der sich fortsetzenden technischen Optimierung, der Leistungserhöhung einzelner Anlagen und der durch die Liberalisierung u.a. veränderten Reservepflicht zur Netzstabilisierung eine um 5,5 % höhere Jahresproduktion unterstellt.

Die Reststrommenge ergibt sich durch Multiplikation der um 5,5 % erhöhten Referenzmenge mit der Restlaufzeit.

Die sich so für die einzelnen KKW ergebenden Reststrommengen sind in der Anlage 1 aufgeführt. Diese Reststrommengen werden im Anhang zur Novelle des AtG verbindlich festgelegt; Ziff. II / 4 bleibt unberührt.

3. Die EVU verpflichten sich, monatlich dem Bundesamt für Strahlenschutz die erzeugte Strommenge zu melden.

4. Die EVU können Strommengen (Produktionsrechte) durch Mitteilung der beteiligten Betreiber an das BfS von einem KKW auf ein anderes KKW übertragen. Zwischen den Verhandlungspartnern besteht Einvernehmen, daß die Flexibilität genutzt wird, um Strommengen von weniger wirtschaftlichen auf wirtschaftlichere Anlagen zu übertragen. Deshalb werden grundsätzlich Strommengen von älteren auf neuere und von kleineren auf größere Anlagen übertragen. Sollten Strommengen von neueren auf ältere Anlagen übertragen werden, bedarf dies des Einvernehmens zwischen den Verhandlungspartnern im Rahmen der Monitoring-Gruppe (vgl. Ziffer VII) unter Beteiligung des betroffenen EVU; dies gilt nicht bei gleichzeitiger Stillegung der neueren Anlage.

5. RWE zieht den Genehmigungsantrag für das KKW Mülheim-Kärlich zurück. Ebenso nimmt das Unternehmen die Klage auf Schadensersatz gegen das Land Rheinland-Pfalz zurück. Mit der Vereinbarung sind alle rechtlichen und tatsächlichen Ansprüche im Zusammenhang mit dem Genehmigungsverfahren sowie mit den Stillstandszeiten der Anlage abgegolten. RWE erhält die Möglichkeit entsprechend der Vereinbarung 107,25 TWh gemäß Ziff. II/4 auf andere KKW zu übertragen. Es besteht Einvernehmen, daß diese Strommenge auf das KKW Emsland oder andere neuere Anlagen sowie auf die Blöcke B und C des KKW Gundremmingen und max. 20 % auf das KKW Biblis B übertragen werden.

III. Betrieb der Anlagen während der Restlaufzeit

1. Sicherheitsstandard / Staatliche Aufsicht

Unbeschadet unterschiedlicher Einschätzungen hinsichtlich der Verantwortbarkeit der Risiken der Kernenergienutzung stimmen beide Seiten überein, daß die Kernkraftwerke und sonstigen kerntechnischen Anlagen auf einem international gesehen hohen Sicherheitsniveau betrieben werden. Sie bekräftigen ihre Auffassung, daß dieses Sicherheitsniveau weiterhin aufrecht erhalten wird. Während der Restlaufzeiten wird der von Recht und Gesetz geforderte hohe Sicherheitsstandard weiter gewährleistet; die Bundesregierung wird keine Initiative ergreifen, um diesen Sicherheitsstandard und die diesem zugrundeliegende Sicherheitsphilosophie zu ändern. Bei Einhaltung der atomrechtlichen Anforderungen gewährleistet die Bundesregierung den ungestörten Betrieb der Anlagen. Zum weiteren Verfahren der Nachrüstung des KKW Biblis A wird auf die in Anlage 2 enthaltene Erklärung des Bundesumweltministeriums gegenüber der RWE AG verwiesen.

Die EVU werden bis zu den in Anlage 3 genannten Terminen Sicherheitsüberprüfungen (SSA und PSA) durchführen und die Ergebnisse den Aufsichtsbehörden vorlegen. Damit wird eine bei der Mehrzahl der KKW begonnene Praxis fortgesetzt. Die

Prüfungen sind alle 10 Jahre zu wiederholen. Die PSÜ entfällt, wenn der Betreiber verbindlich erklärt, daß er den Betrieb der Anlage binnen 3 Jahren nach den in Anlage 3 genannten Terminen einstellen wird. Die Sicherheitsüberprüfung erfolgt auf der Grundlage des PSÜ-Leitfadens. Bei einer Fortentwicklung des Leitfadens wird BMU die Länder, die Reaktorsicherheitskommission und die Betreiber der KKW beteiligen.

Die Pflicht zur Vorlage einer Sicherheitsüberprüfung wird als Betreiberpflicht zur Unterstützung der staatlichen Aufsicht im Rahmen des § 19 AtG gesetzlich normiert. Die Unabhängigkeit und Qualifikation der GRS bleibt gewährleistet. Die Forschung auf dem Gebiet der Kerntechnik, insbesondere der Sicherheit, bleibt frei.

2. Wirtschaftliche Rahmenbedingungen

Die Bundesregierung wird keine Initiative ergreifen, mit der die Nutzung der Kernenergie durch einseitige Maßnahmen diskriminiert wird. Dies gilt auch für das Steuerrecht. Allerdings wird die Deckungsvorsorge durch Aufstockung der so genannten zweiten Tranche oder einer gleichwertigen Regelung auf einen Betrag von 5 Mrd. DM erhöht.

IV. Entsorgung

1. Zwischenlager

Die EVU errichten so zügig wie möglich an den Standorten der KKW oder in deren Nähe Zwischenlager. Es wird gemeinsam nach Möglichkeiten gesucht, vorläufige Lagermöglichkeiten an den Standorten vor Inbetriebnahme der Zwischenlager zu schaffen.

2. Wiederaufarbeitung

Die Entsorgung radioaktiver Abfälle aus dem Betrieb von KKW wird ab dem 01.07.2005 auf die direkte Endlagerung beschränkt. Bis zu diesem Zeitpunkt sind Transporte zur Wiederaufarbeitung zulässig. Angelieferte Mengen dürfen verarbeitet werden. Die Wiederaufarbeitung setzt den Nachweis der schadlosen Verwertung für die zurückzunehmenden Wiederaufarbeitungsprodukte voraus. Die EVU werden gegenüber ihren internationalen Partnern alle zumutbaren vertraglichen Möglichkeiten nutzen, um zu einer frühestmöglichen Beendigung der Wiederaufarbeitung zu kommen.

Die Bundesregierung und EVU gehen davon aus, daß in dem vorgesehenen Zeitraum die noch verbleibenden Mengen transportiert werden können. Sie gehen des weiteren davon aus, daß die Genehmigungs-verfahren für Transporte zur Wiederaufarbeitung bei Vorliegen der gesetzlichen Voraussetzungen bis zum Sommer 2000 abgeschlossen werden können. Sollte der Prozeß der Abwicklung der Wiederaufarbeitung aus von den EVU nicht zu vertretenden Gründen nicht zeitgerecht durchgeführt werden können, werden beide Seiten rechtzeitig nach geeigneten Lösungen suchen.

3. Transporte

Die EVU können abgebrannte Brennelemente bei Vorliegen der gesetzlichen Voraussetzungen bis zur Inbetriebnahme der jeweiligen standortnahen Zwischenlager in die regionalen Zwischenlager sowie bis zur Beendigung der Wiederaufarbeitung ins Ausland transportieren.

Beide Seiten gehen davon aus, daß die standortnahen Zwischenlager in einem Zeitraum von längstens fünf Jahren betriebsbereit sind. Bundesregierung, Länder und EVU richten gemeinsam eine ständige Koordinierungsgruppe zur Durchführung der Transporte ein. Zu den Aufgaben gehört auch die Zusammenarbeit mit den Sicherheitsbehörden von Bund und Ländern.

4. Gorleben

Die Erkundung des Salzstockes in Gorleben wird bis zur Klärung konzeptioneller und sicherheitstechnischer Fragen für mindestens 3, längstens jedoch 10 Jahre unterbrochen. Die Bundesregierung gibt zur Erkundung des Salzstockes Gorleben eine Erklärung ab, die als Anlage 4 Bestandteil dieser Vereinbarung ist.

5. Pilotkonditionierungsanlage

Die zuständigen Behörden schließen das Genehmigungsverfahren für die Pilotkonditionierungsanlage nach den gesetzlichen Bestimmungen ab. Die Nutzung der Anlage wird auf die Reparatur schadhafter Behälter beschränkt. Ein Antrag auf Sofortvollzug der atomrechtlichen Genehmigung wird nur bei akutem Bedarf gestellt.

6. Schacht Konrad

Die zuständigen Behörden schließen das Planfeststellungsverfahren für den Schacht Konrad nach den gesetzlichen Bestimmungen ab. Der Antragsteller nimmt den Antrag auf sofortige Vollziehbarkeit des Planfeststellungsbeschlusses zurück, um eine gerichtliche Überprüfung im Hauptsacheverfahren zu ermöglichen.

7. Kosten für Gorleben und Schacht Konrad

Es besteht Einvernehmen, daß die Kosten für Gorleben und Schacht Konrad notwendigen Aufwand darstellen. Die EVU werden daher im Hinblick auf Gorleben und auf die von ihnen anteilig zu übernehmenden Kosten für Schacht Konrad keine Rückzahlung von Vorauszahlungen verlangen. Grundlage ist die vom Bund abgegebene Zusage zur Sicherung des Standortes Gorleben während des Moratoriums (vgl. in Anlage 4 die Erklärung des Bundes zur Erkundung des Salzstockes in Gorleben). Die Offenhaltungskosten werden von den EVU (bei Schacht Konrad anteilig) übernommen. Die EVU nehmen zur Kenntnis, daß sich die Bundesregierung um eine vergleichsweise Klärung von Entschädigungsansprüchen des Bundes gegen das Land Niedersachsen im Zusammenhang mit früheren aufsichtlichen Verfügungen bzw. der Nichterteilung von Zulassungen bemüht. Die EVU erklären, daß sie bezüglich der auf sie entfallenden Anteile keine Rückzahlungsansprüche gegen den Bund geltend machen werden.

8. Entsorgungsvorsorgenachweis

Der Entsorgungsvorsorgenachweis wird an die Inhalte dieser Vereinbarung angepaßt.

V. Novelle des Atomgesetzes

1. Die EVU nehmen zur Kenntnis, daß die Bundesregierung die Einführung eines gesetzlichen Neubauverbots für KKW sowie einer gesetzlichen Verpflichtung zur Errichtung und Nutzung von standortnahen Zwischenlagern beabsichtigt.

2. Die Bundesregierung wird auf der Grundlage dieser Eckpunkte einen Entwurf zur Novelle des AtG erarbeiten (siehe dazu die summarische Darstellung in Anlage 5). Die Beteiligten schließen diese Vereinbarung auf der Grundlage, daß das zu novellierende Atomgesetz einschließlich der Begründung die Inhalte dieser Vereinbarung umsetzt. Über die Umsetzung in der AtG-Novelle wird auf der Grundlage des Regierungsentwurfs vor der Kabinettbefassung zwischen den Verhandlungspartnern beraten.

VI. Sicherung der Beschäftigung

Für Bundesregierung und EVU hat die Sicherung der Arbeitsplätze in der Energiewirtschaft einen hohen Stellenwert. Die mittelfristig angelegte Vorgehensweise und insbesondere die Möglichkeit zur flexiblen Handhabung der Laufzeiten sollen diesem Anliegen Rechnung tragen. Bundesregierung und EVU werden darüber sprechen, wie die Rahmenbedingungen für eine umweltverträgliche und im europäischen Markt wettbewerbsfähige Energieversorgung gestaltet werden können, um den Energiestandort Deutschland zu stärken. Im Ergebnis wollen die Beteiligten erreichen, daß mit Investitionen in Kraftwerke sowie Energiedienstleistungen wettbewerbsfähige Arbeitsplätze in möglichst großem Umfang in unserem Land gesichert werden.

VII. Monitoring

Um die Umsetzung der gemeinsamen Vereinbarungen zu begleiten, wird eine hochrangige Arbeitsgruppe berufen, die sich aus drei Vertretern der beteiligten Unternehmen und drei Vertretern der Bundesregierung zusammensetzt. Unter Vorsitz von ChefBK bewertet die Arbeitsgruppe in der Regel einmal im Jahr - ggf. unter Heranziehung externen Sachverstands - gemeinsam die Umsetzung der in dieser Vereinbarung enthaltenen Verabredungen.

Die Vereinbarung wird paraphiert :

für die Energieversorgungsunternehmen von für die Bundesregierung von Dr. Walter Hohlefelder, VEBA AG Staatssekretär Dr. Frank-Walter Steinmeier, Chef des Bundeskanzleramtes Gerald Hennenhöfer, VIAG AG Dr. Gerd Jäger, RWE AG Staatssekretär Rainer Baake, Bundesministerium für Umwelt, Naturschutz und Reaktorsicherheit Dr. Klaus Kasper, Staatssekretär Dr. Alfred Tacke, Energie Baden-Württemberg AG Bundesministerium für Wirtschaft und Technologie

Berlin, den 14. Juni 2000

Literaturverzeichnis

Achterberg, Norbert: Der öffentlich-rechtliche Vertrag, JA 1979, Seite 356 ff.

Ders.: Parlamentsrecht, Tübingen 1984.

Adomeit, Klaus: Rechtsquellenfragen im Arbeitsrecht, München 1969.

Aigner, Martin: Ausgewählte Probleme im Zusammenhang mit der Erteilung der Allgemeinverbindlichkeit von Tarifverträgen, DB 1994, Seite 2545 ff.

Albers, Hans W.: Die schwierige Toleranz, NVwZ 1992, Seite 1164 ff.

Albers, Marion: Faktische Grundrechtsbeeinträchtigungen als Schutzbereichsproblem, DVBl. 1996, Seite 233 ff.

Albin, Silke / Bär, Stefanie: Nationale Alleingänge nach dem Vertrag von Amsterdam, NuR 2000, Seite 185 ff.

Ambrosius, Gerold: Privatisierung in historischer Perspektive, Staatswissenschaften und Staatspraxis 5 (1994), Seite 415 ff.

Amelung, Knut: Die Einwilligung in die Beeinträchtigung eines Grundrechtsgutes, Berlin 1981.

Ammermüller, Martin: Verbände im Rechtssetzungsverfahren, Berlin 1971.

Antoni, Michael: Zustimmungsvorbehalt des Bundesrates zu Rechtssetzungsakten des Bundes, AöR 114 (1989), Seite 220 ff.

Apelt, Willibalt: Der verwaltungsrechtliche Vertrag, AöR 84 (1959), Seite 249 ff.

Arndt, Hans Wolfgang: Gleichheit im Steuerrecht, NVwZ 1988, Seite 787 ff.

Arnim von, Hans Herbert: Zur Wesentlichkeitstheorie des Bundesverfassungsgerichts, DVBl. 1987, Seite 1241 ff.

Arnold, Peter: Die Arbeit mit öffentlich-rechtlichen Verträgen im Umweltschutz beim Regierungspräsidium Stuttgart, VerwArch 80 (1989), Seite 125 ff.

Atzpodien, Christoph: Maßnahmen gegen Verpackungen nach dem Abfallgesetz im Lichte des Übermaßverbots, DB 1987, Seite 727 ff.

Ders.: Zielvorgaben zur Vermeidung oder Verminderung von Abfallmengen nach § 14 Abfallgesetz als Prägung des Kooperationsprinzips, UPR 1990, Seite 7 ff.

Ders.: Instrumente privater Normzweckerfüllung im Rahmen von § 14 Abs. 2 Abfallgesetz, DVBl. 1990, Seite 559 ff.

Axer, Peter: Normsetzung der Exekutive in der Sozialversicherung, Tübingen 1999.

Bachof, Otto: Die Dogmatik ders Verwaltungsrechts vor den Gegenwartsaufgaben der Verwaltung, VVDStRL 30 (1972), Seite 193 ff.

Ders.: Über öffentliches Recht, in: Otto Bachof et al. (Hrsg.), Festgabe aus Anlaß des 25jährigen Bestehens des Bundesverwaltungsgerichts, München 1978, Seite 1 ff.

Badura, Peter: Verwaltungsmonopol, Berlin 1963.

Ders.: Die parlamentarische Demokratie, in: Josef Isensee / Paul Kirchhof (Hrsg.), Handbuch des Staatsrechts der Bundesrepublik Deutschland, Band I, Die Grundlagen von Staat und Verfassung, Heidelberg 1987, § 23, Seite 953 ff.

Ders.: Das normative Ermessen beim Erlaß von Rechtsverordnungen und Satzungen, in: Peter Selmer / Ingo von Münch (Hrsg.), Gedächtnisschrift für Wolfgang Martens, Berlin/New York 1987, Seite 25 ff.

Ders.: Anmerkung zu BVerwG, Urteil vom 27.03.1992, JZ 1993, Seite 37 ff.

Ders.: Eigentum, in: Ernst Benda et al. (Hrsg.), Handbuch des Verfassungsrechts der Bundesrepublik Deutschland, 2. Auflage, Berlin/New York 1994, § 10, Seite 327 ff.

Ders.: Staatsrecht, 2. Auflage, München 1996.

Bandt, Olaf: Selbstverpflichtung im Abfallbereich, in: Lutz Wicke et al. (Hrsg.), Umweltbezogene Selbstverpflichtungen der Wirtschaft – umweltpolitischer Erfolgsgarant oder Irrweg ? Bonn 1997, Seite 125 ff.

Barby von, Hanno: Der Anspruch auf Erlaß einer Rechtsverordnung, NJW 1989, Seite 80 ff.

Battis, Ulrich / Gusy, Christoph: Technische Normen im Baurecht, Düsseldorf 1988.

Baudenbach, Carl: Kartellrechtliche und verfassungsrechtliche Aspekte gesetzesersetzender Vereinbarungen zwischen Staat und Wirtschaft, JZ 1988, Seite 689 ff.

Bauer, Hartmut: Der Gesetzesvorbehalt im Subventionsrecht, DÖV 1983, Seite 53 ff.

Ders.: Informelles Verwaltungshandeln im öffentlichen Wirtschaftsrecht, VerwArch 78 (1987), Seite 241 ff.

Ders.: Anpassungsflexibilität im öffentlich-rechtlichen Vertrag, in: Wolfgang Hoffmann-Riem / Eberhard Schmidt-Aßmann (Hrsg.), Innovation und Flexibilität des Verwaltungshandelns, Baden-Baden 1994, Seite 245 ff.

Ders.: Privatisierung von Verwaltungsaufgaben, VVDStRL 54 (1995), Seite 243 ff.

Ders.: Die negative und die positive Funktion des Verwaltungsvertragsrechts, in: Detlef Merten et al. (Hrsg.), Festschrift für Franz Knöpfle, München 1996, Seite 11 ff.

Bauer, Hartmut: Verwaltungsrechtliche und verwaltungswissenschaftliche Aspekte der Gestaltung von Kooperationsverträgen bei Public Private Partnership, DÖV 1998, Seite 89 ff.

Ders.: Zur notwendigen Entwicklung eines Verwaltungskooperationsrechts, in: Gunnar Folke Schuppert (Hrsg.), Jenseits von Privatisierung und „schlankem" Staat, Baden-Baden 1999, Seite 251 ff.

Bayerische Staatskanzlei (Hrsg.): Umweltpaket Bayern – Miteinander die Umwelt schützen, Broschüre der Bayerischen Staatsregierung, 1995.

Beaucamp, Guy: Rechtsprobleme beim Erlaß einer Verordnung nach dem Kreislaufwirtschafts- und Abfallgesetz, JA 1999, Seite 39 ff.

Ders.: Neuregelungen zum Bundesnaturschutzgesetz, DVBl. 1999, Seite 1345 ff.

Becker, Bernd: Überblick über die umfassende Änderung der Richtlinie über die Umweltverträglichkeitsprüfung, NVwZ 1997, Seite 1167 ff.

Becker, Jürgen: Informales Verwaltungshandeln zur Steuerung wirtschaftlicher Prozesse im Zeichen der Deregulierung, DÖV 1985, Seite 1003 ff.

Ders.: Handlungsformen der Verwaltung gegenüber der Wirtschaft, JA 1986, Seite 359 ff.

Becker-Schwarze, Kathrin et al. (Hrsg.): Wandel der Handlungsformen im Öffentlichen Recht, Stuttgart et al. 1991.

Beckmann, Martin: Die gerichtliche Überprüfung von Verwaltungsvorschriften im Wege der verwaltungsgerichtlichen Normenkontrolle, DVBl. 1987, Seite 611 ff.

Ders.: Produktverantwortung, UPR 1996, Seite 41 ff.

Beckmann, Martin / Große-Hündfeld, Norbert: Wiederverwertung von Industrie- und Gewerbebrachen mit Hilfe von Sanierungsvereinbarungen, BB 1990, Seite 1570 ff.

Bender, Bernd: Die Verbandsbetätigung, DVBl. 1977, Seite 708 ff.

Bender, Bernd / Sparwasser, Reinhard / Engel, Rüdiger: Umweltrecht, 4. Auflage, Heidelberg 2000.

Benz, Angelika: Privatisierung und Deregulierung – Abbau von Staatsaufgaben ? Die Verwaltung 28 (1995), Seite 337 ff.

Benz, Arthur: Verhandlungen, Verträge und Absprachen in der öffentlichen Verwaltung, Die Verwaltung 23 (1990), Seite 83 ff.

Benz, Arthur: Normanpassung und Normverletzung im Verwaltungshandeln, in: Arthur Benz / Wolfgang Seibel (Hrsg.), Zwischen Kooperation und Korruption, Baden-Baden 1993, Seite 31 ff.

Ders.: Kooperative Verwaltung, Baden-Baden 1994.

Ders.: Verhandlungssysteme und Mehrebenen-Verflechtungen im kooperativen Staat, in: Wolfgang Seibel / Arthur Benz (Hrsg.), Regierungssysteme und Verwaltungspolitik, Opladen 1995, Seite 83 ff.

Bernsdorff, Norbert: Bearbeiter in: Roland Fritz (Hrsg.), Kommentar zum Verwaltungsverfahrensgesetz, 3. Auflage, Neuwied 1999.

Bernuth von, Wolf Heinrich: Umweltschutzfördernde Unternehmenskooperation und das Kartellverbot des Gemeinschaftsrechts, Baden-Baden 1996.

Bethge, Herbert: Der Grundrechtseingriff, VVDStRL 57 (1998), Seite 7 ff.

Beyer, Thomas: Europa 1992: Gemeinschaftsrecht und Umweltschutz nach der Einheitlichen Europäischen Akte, JuS 1990, Seite 962 ff.

Beyer, Wolfgang: Der öffentlich-rechtliche Vertrag, informales Handeln der Behörde und Selbstverpflichtung Privater als Instrumente des Umweltschutzes, Köln 1986.

Beyerlin, Ulrich: Schutzpflichten der Verwaltung gegenüber dem Bürger außerhalb des formellen Verwaltungsverfahrens ? NJW 1987, Seite 2713 ff.

Birk, Dieter: Normsetzungsbefugnis und öffentlich-rechtlicher Vertrag, NJW 1977, Seite 1797 ff.

Birk, Hans-Jörg: Die städtebaulichen Verträge nach BauGB 98, Stuttgart et al. 1999.

Blankenagel, Alexander: Folgenlose Rechtswidrigkeit öffentlich-rechtlicher Verträge ? VerwArch 76 (1985), Seite 276 ff.

Bleckmann, Albert: Subordinationsrechtlicher Verwaltungsvertrag und Gesetzmäßigkeit der Verwaltung, VerwArch 63 (1972), Seite 405 ff.

Ders.: Der öffentlich-rechtliche Vertrag der EWG, NJW 1978, Seite 464 ff.

Ders.: Der Verwaltungsvertrag als Handlungsinstrument der Europäischen Gemeinschaft, DVBl. 1981, Seite 889 ff.

Ders.: Probleme des Grundrechtsverzichts, JZ 1988, Seite 57 ff.

Bleckmann, Albert / Eckhoff, Rolf: Der mittelbare Grundrechtseingriff, DVBl. 1988, Seite 373 ff.

Bleckmann, Martin: Verfassungsrechtliche Probleme des Verwaltungsvertrages, NVwZ 1990, Seite 601 ff.

Ders.: Staatsrecht II, Grundrechte, 4. Auflage, Köln et al. 1997.

Ders.: Europarecht, 6. Auflage, Köln et al. 1997.

Blümel, Willi / Pitschas, Rainer (Hrsg.): Reform des Verwaltungsverfahrensrechts, Berlin 1994.

Bock, Mathias: Entsorgung von Verkaufsverpackungen und Kartellrecht, WuW 1996, Seite 187 ff.

Bocken, Hubert: Covenants in Belgien Environmental Law, in: Jan M. Dunné (Editor), Environmental Contracts and Covenants, Rotterdam 1992, Seite 57 ff.

Böckenförde, Ernst-Wolfgang: Gesetz und gesetzgebende Gewalt, Berlin 1958.

Ders.: Die verfassungstheoretische Unterscheidung von Staat und Gesellschaft als Bedingung individueller Freiheit, Opladen 1973.

Ders.: Die politische Funktion wirtschaftlich-sozialer Verbände und Interessensträger in der sozialstaatlichen Demokratie, Der Staat 15 (1976), Seite 457 ff.

Ders.: Demokratie als Verfassungsprinzip, in: Josef Isensee / Paul Kirchhof (Hrsg.), Handbuch des Staatsrechts der Bundesrepublik Deutschland, Band I, Grundlagen von Staat und Verfassung. Heidelberg 1987, § 22, Seite 887 ff.

Boes, Marc: Belgien, in: Otto Kimminich et al. (Hrsg.), Handwörterbuch des deutschen Umweltrechts, Band I, 2. Auflage, Berlin 1994, Spalte 223 ff.

Bogler, Anja: Kreislaufwirtschafts- und Abfallgesetz: Neu und nichtig ? DB 1996, Seite 1505 ff.

Böhm, Monika: Rechtliche Probleme der Grenzwertfindung im Umweltrecht, UPR 1994, Seite 132 ff.

Dies.: Der Normmensch, Tübingen 1996.

Dies.: Sperrwirkung von Verordnungsermächtigungen, DÖV 1998, Seite 234 ff.

Dies.: Der Ausstieg aus der Kernenergienutzung – Rechtliche Probleme und Möglichkeiten, NuR 1999, Seite 661 ff.

Dies.: Ausstieg im Konsens ?, NuR 2001, Seite 62 ff.

Böhm-Amtmann, Edeltraud: Umweltpaket Bayern. Miteinander die Umwelt schützen, ZUR 1997, Seite 178 ff.

Dies.: EMAS – ISO – Substitution von Ordnungsrecht, GewArch 1997, Seite 353 ff.

Böhm-Amtmann, Edeltraud: Recht- und Regelsetzung - Stellungnahme aus der Sicht der Länder, in: Eberhard Bohne (Hrsg.), Das Umweltgesetzbuch als Motor oder Bremse der Innovationsfähigkeit in Wirtschaft und Verwaltung, Berlin 1999, Seite 189 ff.

Dies.: Perspektiven des EU-Umweltrechts, WiVerw 1999, Seite 135 ff.

Bohne, Eberhard: Der informale Rechtsstaat, Berlin 1981.

Ders.: Absprachen zwischen Industrie und Regierung in der Umweltpolitik, in: Volkmar Gessner / Gerd Winter (Hrsg.), Rechtsformen der Verflechtung von Staat und Wirtschaft, Opladen 1982, Seite 266 ff.

Ders.: Informales Staatshandeln als Instrument des Umweltschutzes - Alternativen zur Rechtsnorm, Vertrag, Verwaltungsakt und anderen rechtlich geregelten Handlungsformen ? in: Dokumentation zur 7. Wissenschaftlichen Fachtagung der Gesellschaft für Umweltrecht e.V., Berlin 1984, Seite 97 ff.

Ders.: Informales Verwaltungs- und Regierungshandeln als Instrumente des Umweltschutzes, VerwArch 75 (1984), Seite 343 ff.

Ders.: Informales Verwaltungshandeln, in: Otto Kimminich et al. (Hrsg.), Handwörterbuch des Umweltrechts, Band I, 2. Auflage, Berlin 1994, Spalte 1046 ff.

Ders.: Das Umweltgesetzbuch als Motor oder Bremse der Innovationsfähigkeit in Wirtschaft und Verwaltung, Berlin 1999.

Bongaerts, J.C.: The Commission's Communication on Environmental Agreements, European Environmental Law Review 1997, Seite 84 ff.

Bonk, Heinz Joachim: Bearbeiter in: Paul Stelkens / Heinz Joachim Bonk, / Michael Sachs, Verwaltungsverfahrensgesetz, Kommentar, 5. Auflage, München 1998.

Borchert, Günter: Veröffentlichung von Arzneimittel-Transparenzlisten, NJW 1985, Seite 2741 ff.

Borries von, Reimer: Kompetenzverteilung und Kompetenzausübung, in: Hans Werner Rengeling, (Hrsg.), Handbuch des deutschen und europäischen Umweltrechts, Band I, Allgemeines Umweltrecht, § 25, Köln et al. 1998, Seite 781 ff.

Bothe, Michael.: Rechtliche Spielräume für Abfallpolitik der Länder nach Inkrafttreten des Bundesgesetzes über die Vermeidung und Entsorgung von Abfällen vom 27.08.1986, NVwZ 1987, Seite 938 ff.

Ders.: Zulässigkeit landesrechtlicher Abfallabgaben, NJW 1998, Seite 2333 ff.

Brandner, Thilo: Die Entwicklung des Umwelt- und Technikrechts 1990, in: Rüdiger Breuer et al. (Hrsg.), Jahrbuch des Umwelt- und Technikrechts, UTR Band 15, Düsseldorf 1991, Seite 375 ff.

Ders.: Änderung von Rechtsverordnungsentwürfen durch das Parlament – Zur Verfassungsmäßigkeit von § 59 KrW-/AbfG und von § 20 Abs. 2 UmweltHG, in: Peter Marburger et al. (Hrsg.), Jahrbuch des Umwelt- und Technikrechts 1997, UTR Band 40, Berlin 1997, Seite 119 ff.

Breier, Siegfried: Umweltschutz in der Europäischen Gemeinschaft, NuR 1993, Seite 457 ff.

Ders.: Umweltschutzkooperationen zwischen Staat und Wirtschaft auf dem Prüfstand - Eine Untersuchung am Beispiel der Erklärung der deutschen Wirtschaft zur Klimavorsorge, ZfU 1997, Seite 131 ff.

Ders.: Kompetenzen, in: Hans Werner Rengeling (Hrsg.), Handbuch des deutschen und europäischen Umweltrechts, Band I, Allgemeines Umweltrecht, Köln et al. 1998, § 13, Seite 365 ff.

Brennecke, Volker M.: Normsetzung durch private Verbände, Düsseldorf 1996.

Brenner, Michael: Der Gestaltungsauftrag der Verwaltung in der Europäischen Union, Tübingen 1996.

Breuer, Rüdiger: Direkte und indirekte Rezeption technischer Regeln durch die Rechtsordnung, AöR 101 (1976), Seite 46 ff.

Ders.: Die rechtliche Bedeutung der Verwaltungsvorschriften nach § 48 BImSchG im Genehmigungsverfahren, DVBl. 1978, Seite 28 ff.

Ders.: Wirksamer Umweltschutz durch Reform des Verwaltungsverfahrens und Verwaltungsprozeßrechts ? NJW 1978, Seite 1558 ff.

Ders.: Strukturen und Tendenzen des Umweltschutzrechts, Der Staat 20 (1981), Seite 393 ff.

Ders.: Verwaltungsrechtliche Prinzipien und Instrumente des Umweltschutzes, Köln 1989.

Ders.: Freiheit des Berufs, in: Josef Isensee / Paul Kirchhof (Hrsg.), Handbuch des Staatsrechts der Bundesrepublik Deutschland, Band VI, Freiheitsrechte, Heidelberg 1989, § 147, Seite 877 ff.

Ders.: Verhandlungslösung aus der Sicht des deutschen Umweltschutzrechts, in: Wolfgang Hoffmann-Riem / Eberhard Schmidt-Aßmann (Hrsg.), Konfliktbewältigung durch Verhandlungen, Band I, Baden-Baden 1990, Seite 231 ff.

Breuer, Rüdiger: Empfiehlt es sich, ein Umweltgesetzbuch zu schaffen, gegebenenfalls mit welchem Regelungsbereich, in: Ständige Deputation des Deutschen Juristentages (Hrsg.), Verhandlungen des 59. deutschen Juristentags, Band I, München 1992, Gutachten B.

Ders.: Die Sackgasse des neuen Europaartikels (Art. 23 GG), NVwZ 1994, Seite 417 ff.

Ders.: Das Umweltgesetzbuch über das Problem der Kodifizierung in der Gegenwart, UPR 1995, Seite 365 ff.

Ders.: Zunehmende Vielfältigkeit der Instrumente im deutschen und europäischen Umweltrecht – Probleme der Stimmigkeit und des Zusammenwirkens, NVwZ 1997, Seite 833 ff.

Ders.: Die Fortentwicklung des Wasserrechts auf europäischer und deutscher Ebene, DVBl. 1997, Seite 1211 ff.

Ders.: Umweltschutzrecht, in: Eberhard Schmidt-Aßmann (Hrsg.), Besonderes Verwaltungsrecht, 11. Auflage, Berlin/New York 1998, Seite 433 ff.

Breuer, Rüdiger (Hrsg.): Naturschutz- und Landschaftspflegerecht im Wandel, UTR Band 20, Heidelberg 1993.

Brockmann, Karl Ludwig: Anreizmechanismen und Innovationswirkung freiwilliger Selbstverpflichtungen im Umweltschutz - Eine spieltheoretische Analyse, in: Zentrum für Europäische Wirtschaftsforschung (Hrsg.), Innovation durch Umweltpolitik, Baden-Baden 1999, Seite 103 ff.

Brockmeyer, Hans Bernhard: Bearbeiter in: Bruno Schmidt-Bleibtreu / Franz Klein, Kommentar zum Grundgesetz, 9. Auflage, Neuwied 1999.

Broek van den, Jan: De rol van milieuconvenanten bij de verlening van een milenvergunning, Milieu en Recht 1992, Seite 258 ff.

Ders.: Covenants and Permit in the Dutch Target Group Consultation, in: Jan M. Dunné (Editor), Environmental Contracts and Covenants, Rotterdam 1992, Seite 33 ff.

Brohm, Winfried: Die Dogmatik ders Verwaltungsrechts vor den Gegenwartsaufgaben der Verwaltung, VVDStRL 30 (1972), Seite 245 ff.

Ders.: Situative Gesetzesanpassung durch die Verwaltung, NVwZ 1988, Seite 794 ff.

Ders.: Alternative Steuerungsmöglichkeit als bessere Gesetzgebung ? in: Hermann Hill (Hrsg.), Zustand und Perspektiven der Gesetzgebung, Berlin 1989, Seite 217 ff.

Ders.: Demonstrationsmüll und Straßenreinigung, JZ 1989, Seite 324 ff.

Brohm, Winfried: Verwaltungsverhandlungen mit Hilfe von Konfliktmittlern ? DVBl. 1990, Seite 321 ff.

Ders.: Beschleunigung der Verwaltungsverfahren - Straffung oder konsensuales Verwaltungshandeln ? NVwZ 1991, Seite 1025 ff.

Ders.: Rechtsgrundsätze für normvertretende Absprachen, DÖV 1992, Seite 1025 ff.

Ders.: Rechtsstaatliche Vorgaben für informelles Verwaltungshandeln, DVBl. 1994, Seite 133 ff.

Ders.: Verordnungen ersetzende Absprachen, in: Stanislaw Biernat et al. (Hrsg.), Grund-fragen der Verwaltungsrechts und der Privatisierung, Stuttgart et al. 1994, Seite 135 ff.

Ders.: Sachverständige Beratung des Staates, in: Josef Isensee / Paul Kirchhof (Hrsg.), Handbuch des Staatsrechts der Bundesrepublik Deutschland, Band II, Demokratische Willensbildung - Die Staatsorgane des Bundes, 2. Auflage, Heidelberg 1998, § 36, Seite 207 ff.

Ders.: Städtebauliche Verträge zwischen Privat und Öffentlichem Recht, JZ 2000, Seite 321 ff.

Brugger, Winfried: Rechtsprobleme der Verweisung im Hinblick auf Publikation, Demokratie und Rechtsstaat, VerwArch 78 (1987), Seite 1 ff.

Bryde, Brun-Otto: Bearbeiter in: Ingo von Münch / Philip Kunig, Grundgesetz-Kommentar, Band 1, Präambel – Art. 20, 5. Auflage, München 2000;
Band 3, Art. 70 – 146, 3. Auflage, München 1996.

Büchner, Volker: Die Bestandskraft verwaltungsrechtlicher Verträge, Düsseldorf 1979.

Bull, Hans Peter: Die Staatsaufgaben nach dem Grundgesetz, 2. Auflage, Kronberg 1977.

Ders.: Privatisierung öffentlicher Aufgaben, VerwArch 86 (1995), Seite 621 ff.

Ders.: Vom Eigentums- zum Vermögensschutz - ein Irrweg, NJW 1996, Seite 281 ff.

Bulling, Manfred: Kooperatives Verwaltungshandeln (Vorverhandeln, Arrangements, Agreements und Verträge) in der Verwaltungspraxis, DÖV 1989, Seite 277 ff.

Bullinger, Martin: Vertrag und Verwaltungsakt, Stuttgart 1962.

Ders.: Leistungsstörung beim öffentlich-rechtlichen Vertrag, DÖV 1977, Seite 812 ff.

Bundesministerium für Umwelt, Naturschutz und Reaktorsicherheit (Hrsg.): Denkschrift für ein Umweltgesetzbuch, Gesprächesprotokolle der Klausurtagung am 12./13.11.1993, Berlin 1994.

Bundesministerium für Umwelt, Naturschutz und Reaktorsicherheit (Hrsg.): Umweltgesetzbuch (UGB-KomE), Entwurf der Unabhängigen Sachverständigenkommission zum Umweltgesetzbuch beim Bundesministerium für Umwelt, Naturschutz und Reaktorsicherheit, Berlin 1998.

Bundesverband der Deutschen Industrie e.V.: Freiwillige Vereinbarungen und Selbstverpflichtungen der Industrie im Bereich des Umweltschutzes, Verband der deutschen Wirtschaft e.V., Abteilung für Umweltpolitik, 1996.

Burgi, Martin: Funktionale Privatisierung und Verwaltungshelfer, Tübingen 1999.

Ders.: Privat vorbereitete Verwaltungsentscheidungen und staatliche Strukturschaffungspflicht, Die Verwaltung 33 (2000), Seite 183 ff.

Burmeister, Joachim: Verträge und Absprachen zwischen Verwaltung und Privaten, VVDStRL 52 (1993), Seite 190 ff.

Bussfeld, Klaus: Zum Verzicht im öffentlichen Recht am Beispiel des Verzichts auf eine Fahrerlaubnis, DÖV 1976, Seite 765 ff.

Ders.: Informales Verwaltungshandeln - Chancen und Gefahren in: Hermann Hill (Hrsg.), Verwaltungshandeln durch Verträge und Absprachen, Baden-Baden 1990, Seite 39 ff.

Butzer, Hermann: Freiheitsrechtliche Grenzen der Steuer- und Sozialabgabenlast, Berlin 1999.

Buuren van, Peter: Möglichkeit zur Klageerhebung durch Umweltverbände im Verwaltungsrecht und im Privatrecht, in: Rüdiger Breuer et al. (Hrsg.), Jahrbuch des Umwelt- und Technikrechts 1990, UTR Band 12, Düsseldorf 1990, Seite 381 ff.

Ders.: Harmonisierung und Kodifizierung der Umweltgesetzgebung in den Niederlanden und Deutschland, in: Rüdiger Breuer et al. (Hrsg.), Jahrbuch des Umwelt- und Technikrechts 1992, UTR Band 17, Heidelberg 1992, Seite 207 ff.

Ders.: Environmental covenants possibilities and impossibilities in: Jan M. Dunné (Editor), Environmental Contracts and Covenants, Rotterdam 1992, Seite 49 ff.

Calliess, Christian: Anmerkung zu EuGH, Urteil vom 12.11.1996, EuZW 1996, Seite 757 ff.

Canaris, Claus-Wilhelm: Grundrechtswirkung und Verhältnismäßigkeitsprinzip in der richterlichen Anwendung und Fortbildung des Privatrechts, JuS 1989, Seite 161 ff.

Cansier, Dieter: Erscheinungsformen und ökonomische Aspekte von Selbstverpflichtungen, in: Michael Kloepfer (Hrsg.), Selbst-Beherrschung im technischen und ökologischen Bereich, Berlin 1998, Seite 105 ff.

Clemens, Thomas: Die Verweisung von Rechtsnormen auf andere Vorschriften, AöR 111 (1986), Seite 63 ff.

Czada, Roland: Konjunktur des Korporatismus: Zur Geschichte eines Paradigmenwechsels in der Verbändeforschung, in: Wolfgang Streeck (Hrsg.), Staat und Verbände, Opladen 1994, Seite 37 ff.

Czybulka, Detlef: Akzeptanz als staatsrechtliche Kategorie, Die Verwaltung 26 (1993), Seite 27 ff.

Daele van den, Wolfgang: Regulierung, Selbstregulierung, Evolution – Grenzen der Steuerung sozialer Prozesse, in: Michael Kloepfer (Hrsg.), Selbst-Beherrschung im technischen und ökologischen Bereich, Berlin 1998, Seite 35 ff.

Danwitz von, Thomas: Die Gestaltungsfreiheit des Verordnungsgebers, Berlin 1989.

Ders.: Normkonkretisierende Verwaltungsvorschriften und Gemeinschaftsrecht, VerwArch 84 (1993), Seite 73 ff.

Ders.: Europarechtliche Determination der umweltrechtlichen Instrumente im nationalen Recht, in: Heinrich Hendler et al. (Hrsg.), Rückzug des Ordnungsrechts im Umweltschutz, UTR Band 48, Berlin 1999, Seite 53 ff.

Dauber, Gerlinde: Möglichkeiten und Grenzen kooperativen Verwaltungshandelns, in: Kathrin Becker-Schwarze et al. (Hrsg.), Wandel der Handlungsformen im Öffentlichen Recht, Stuttgart et al. 1991, Seite 67 ff.

De Hoog, Maarten: Environmental agreements in the Netherlands: sharing the responsibility for sustainable industrial development, Industry and Environment 1998, Seite 27 ff.

Degenhart, Christoph: Vertragliche Bindungen der Gemeinde im Verfahren der Bauleitplanung, BayVBl. 1979, Seite 289 ff.

Ders.: Staatsrecht I, 16. Auflage, Heidelberg 2000.

Ders.: Bearbeiter in: Michael Sachs (Hrsg.), Grundgesetz, Kommentar, 2. Auflage, München 1999.

Demmke, Christoph: Umweltpolitik im Europa der Verwaltung, Die Verwaltung 27 (1994), Seite 49 ff.

Dempfle, Ulrich: Normvertretende Absprachen - zugleich ein Beitrag zur Lehre vom Rechtsverhältnis, Pfaffenweiler 1994.

Denninger, Erhard: Verfassungsrechtliche Anforderungen an die Normsetzung im Umwelt- und Technikrecht, Baden-Baden 1990.

Depenheuer, Otto: Der Gedanke der Kooperation von Staat und Gesellschaft, in: Peter M. Huber (Hrsg.), Das Kooperationsprinzip im Umweltrecht, Berlin 1999, Seite 17 ff.

Di Fabio, Udo: Vertrag statt Gesetz ? DVBl. 1990, Seite 338 ff.

Ders.: Verwaltungsentscheidung durch externen Sachverstand, VerwArch 81 (1990), Seite 193 ff.

Ders.: System der Handlungsformen und Fehlerformenlehre, in: Kathrin Becker-Schwarze et al. (Hrsg.), Wandel der Handlungsformen im Öffentlichen Recht, Stuttgart et al. 1991, Seite 47 ff.

Ders.: Verwaltungsvorschriften als ausgeübte Beurteilungsermächtigung, DVBl. 1992, Seite 1338 ff.

Ders.: Grundrechte im präzeptoralen Staat am Beispiel hoheitlicher Informationstätigkeit, JZ 1993, Seite 689 ff.

Ders.: Risikoentscheidungen im Rechtsstaat, Tübingen 1994.

Ders.: Die Verfassungskontrolle indirekter Umweltpolitik am Beispiel der Verpackungsverordnung, NVwZ 1995, Seite 1 ff.

Ders.: Produktharmonisierung durch Normung und Selbstüberwachung, Köln et al. 1996.

Ders.: Selbstverpflichtung der Wirtschaft - Grenzgänger zwischen Freiheit und Zwang, JZ 1997, Seite 969 ff.

Ders.: Verwaltung und Verwaltungsrecht zwischen gesellschaftlicher Selbstregulierung und staatlicher Steuerung, VVDStRL 56 (1997), Seite 235 ff.

Ders.: Information als hoheitliches Gestaltungsmittel, JuS 1997, Seite 1 ff.

Ders.: Privatisierung und Staatsvorbehalt, JZ 1999, Seite 585 ff.

Ders.: Das Kooperationsprinzip - ein allgemeiner Rechtsgrundsatz des Umweltrechts, NVwZ 1999, Seite 1153 ff.

Ders.: Der Ausstieg aus der wirtschaftlichen Nutzung der Kernenergie, Köln et al. 1999.

Dienes, Karsten: Recht- und Regelungssetzung – Stellungnahme aus der Sicht der Unternehmer, in: Eberhard Bohne (Hrsg.), Das Umweltgesetzbuch als Motor oder Bremse der Innovationsfähigkeit in Wirtschaft und Verwaltung, Berlin 1999, Seite 195 ff.

Dietlein, Johannes: Die Lehre von den grundrechtlichen Schutzpflichten, Berlin 1991.

Discher, Thomas: Mittelbarer Eingriff, Gesetzesvorbehalt, Verwaltungskompetenz: Die Jugendsektentscheidungen - BVerwGE 82, 76; BVerwG, NJW 1991, 1770; 1992, 2496; BVerfG, NJW 1989, 3269, JuS 1993, Seite 463 ff.

Dittmann, Armin: Die Rechtsverordnung als Handlungsinstrument der Verwaltung, in: Stanislaw Biernat et al. (Hrsg.), Grundfragen der Verwaltungsrechts und der Privatisierung, Stuttgart et al. 1994, Seite 107 ff.

Dolde, Klaus-Peter: Die Entwicklung des öffentlichen Baurechts 1977/78, NJW 1979, Seite 898 ff.

Ders.: Empfiehlt es sich, ein Umweltgesetzbuch zu schaffen, gegebenenfalls mit welchem Regelungsbereich ? in: Ständige Deputation des Deutschen Juristentages (Hrsg.), Verhandlungen des 59. deutschen Juristentags, Band II, Sitzungsberichte, Teil N, Referat, München 1992, Seite 8 ff.

Dolde, Klaus-Peter / Uechtritz, Michael: Ersatzansprüche aus Bauplanungsabreden, DVBl. 1987, Seite 446 ff.

Dose, Nicolai: Kooperatives Recht, Die Verwaltung 27 (1994), Seite 91 ff.

Ders.: Die verhandelnde Verwaltung, Baden-Baden 1997.

Dose, Nicolei / Voigt, Rüdiger: Kooperatives Recht: Norm und Praxis, in: Nicolei Dose / Rüdiger Voigt (Hrsg.), Kooperatives Recht, Baden-Baden 1995, Seite 11 ff.

Dose, Nicolei / Voigt, Rüdiger (Hrsg.): Kooperatives Recht, Baden-Baden 1995.

Dossmann, Martin: Die Bebauungsplanzusage, Iserlohn 1985.

Dreier, Horst: Informales Verwaltungshandeln, Staatswissenschaften und Staatspraxis 4 (1993), Seite 647 ff.

Ders.: Bearbeiter in: Horst Dreier (Hrsg.), Grundgesetz, Kommentar, Band 1, Art. 1 – 19, Tübingen 1996.

Duken, Hajo: Normerlaßklage und fortgesetzte Normerlaßklage, NVwZ 1993, Seite 546 ff.

Dürig, Günter: Der Grundrechtssatz von der Menschenwürde, AöR 81 (1956), Seite 117 ff.

Ders.: Diskussionsbeitrag, VVDStRL 29 (1971), Seite 126 ff.

Ders.: Bearbeiter in: Theodor Maunz / Günter Dürig, Grundgesetz, Kommentar, Loseblattsammlung, Band I, Art. 1 – 11, Stand der Bearbeitung: Februar 1999, München.

Eberle, Carl-Eugen: Gesetzesvorbehalt und Parlamentsvorbehalt, DÖV 1984, Seite 485 ff.

Ders.: Arrangements im Verwaltungsverfahren, Die Verwaltung 17 (1984), Seite 439 ff.

Ebersbach, Harry: Möglichkeiten und Grenzen des Vertragsnaturschutzes unter besonderer Berücksichtigung des Waldes, AgrarR 1991, Seite 63 ff.

Ebinger, Barbara: Unbestimmte Rechtsbegriffe im Recht der Technik, Berlin 1993.

Ebsen, Ingwer: Der Bauplanungsgarantievertrag – ein neueres Mittel vertraglicher Bindung der Gemeinde bei der Bauleitplanung ? JZ 1985, Seite 57 ff.

Dies.: Bearbeiterin, in: Bertram Schulin, Handbuch des Sozialversicherungsrechts, Band 1, Krankenversicherungsrecht, München 1994.

Eckhoff, Rolf: Der Grundrechtseingriff, Köln et al. 1992.

Ehlers, Dirk: Rechtsstaatliche und prozessuale Probleme im Verwaltungsprivatrecht, DVBl. 1983, Seite 422 ff.

Ders.: Die Handlungsformen bei der Vergabe von Wirtschaftssubventionen, VerwArch 74 (1983), Seite 112 ff.

Eichenberger, Kurt: Gesetzgebung im Rechtsstaat, VVDStRL 40 (1980), Seite 7 ff.

Ellwein, Thomas: Kooperatives Verwaltungshandeln im 19. Jahrhundert, in: Nicolei Dose / Rüdiger Voigt (Hrsg.), Kooperatives Recht, Baden-Baden 1995, Seite 43 ff.

Ellwein, Thomas / Hesse, Joachim Jens: Der überforderte Staat, Baden-Baden 1994.

Emde, Ernst Thomas: Die demokratische Legitimation der funktionalen Selbstverwaltung, Berlin 1991.

Emmerich, Volker: Bearbeiter in: Ulrich Immenga / Ernst–Joachim Mestmäcker, Gesetz gegen Wettbewerbsbeschränkungen, Kommentar zum Kartellgesetz, 2. Auflage, München 1992.

Ders.: Kartellrecht, 8. Auflage, München 1999.

Enders, Christoph: Neubegründung des öffentlich-rechtlichen Nachbarschutzes aus den grundrechtlichen Schutzpflichten ? AöR 115 (1990), Seite 610 ff.

Ders.: Selbstregulierung im Bereich der Produktverantwortung, Staatswissenschaften und Staatspraxis 9 (1998), Seite 535 ff.

Engel, Rüdiger: Der freie Zugang zu Umweltinformationen nach der Informationsrichtlinie der EG und der Schutz von Rechten Dritter, NVwZ 1992, Seite 111 ff.

Epiney, Astrid: Unmittelbare Anwendbarkeit und objektive Wirkung von Richtlinien, DVBl. 1996, Seite 409 ff.

Epiney, Astrid: Bearbeiterin in: Christian Calliess / Matthias Ruffert (Hrsg.), Kommentar des Vertrages über die Europäische Union und des Vertrages zur Gründung der Europäischen Gemeinschaft, Neuwied 2000.

Erbguth, Wilfried: Umweltrecht im Gegenwind: die Beschleunigungsgesetze, JZ 1994, Seite 477 ff.

Ders.: Die nordrhein-westfälische Braunkohleplanung und der Parlamentsvorbehalt, VerwArch 86 (1995), Seite 327 ff.

Ders.: Die Zulässigkeit der funktionalen Privatisierung im Genehmigungsrecht, UPR 1995, Seite 369 ff.

Ders.: Bauleitplanung und private Investition, VerwArch 89 (1998), Seite 189 ff.

Erbguth, Wilfried / Rapsch, Arnulf: Der öffentlich-rechtliche Vertrag in der Praxis: Rechtliche Einordnung und Rechtsfolgen von Entschließungsabreden, DÖV 1992, Seite 45 ff.

Erichsen, Hans Uwe: Zum staatlich-schulischen Erziehungsauftrag und zur Lehre von Gesetz und Parlamentsvorbehalt, VerwArch 69 (1978), Seite 387 ff.

Ders.: Zum Verhältnis von Gesetzgebung und Verwaltung nach dem Grundgesetz, VerwArch 70 (1979), Seite 249 ff.

Ders.: Die sog. unbestimmten Rechtsbegriffe als Steuerungs- und Kontrollmaßgabe im Verhältnis von Gesetzgebung, Verwaltung und Rechtssprechung, DVBl. 1985, Seite 22 ff.

Ders.: Allgemeine Handlungsfreiheit, in: Josef Isensee / Paul Kirchhof (Hrsg.), Handbuch des Staatsrechts der Bundesrepublik Deutschland, Band VI, Freiheitsrechte, Heidelberg 1989, § 152, Seite 1185 ff.

Ders.: Die Nichtigkeit und Unwirksamkeit verwaltungsrechtlicher Verträge, Jura 1994, Seite 47 ff.

Ders.: Vorrang und Vorbehalt des Gesetzes, Jura 1995, Seite 550 ff.

Ders.: Grundrechtliche Schutzpflichten in der Rechtssprechung des Bundesverfassungsgerichts, Jura 1997, Seite 85 ff.

Ders.: Das Verwaltungshandeln, in: Hans-Uwe Erichsen (Hrsg.), Allgemeines Verwaltungsrecht, 11. Auflage, Berlin/New York 1998, Seite 223 ff.

Erichsen, Hans Uwe / Scherzberg, Arno: Verfassungsrechtliche Determinanten staatlicher Hochschulpolitik, NVwZ 1990, Seite 8 ff.

European Environment Agency: Environmental Agreements, Environmental Effectiveness, Environmental Issues Series No. 3, Vol. 1 and 2, Copenhagen 1997.

Everling, Ulrike: Durchführung und Umsetzung des Europäischen Gemeinschaftsrechts im Bereich des Umweltschutzes unter Berücksichtigung der Rechtssprechung des EuGH, NVwZ 1993, Seite 209 ff.

Faber, Angela: Altautoentsorgung: Umweltschutz und Wettbewerb, UPR 1997, Seite 431 ff.

Farthmann, Friedhelm / Coen, Martin: Tarifautonomie, Unternehmensverfassung und Mitbestimmung, in: Ernst Benda et al. (Hrsg.), Handbuch des Verfassungsrechts, 2. Auflage, Berlin/New York 1994, § 19, Seite 851 ff.

Faure, Michael: Umweltrecht in Belgien, Freiburg im Breisgau 1992.

Feldhaus, Gerhard: Entwicklung und Rechtsnatur von Umweltstandards, UPR 1982, Seite 137 ff.

Ders.: Umweltnormung und Deregulierung, in: Hans-Werner Rengeling, (Hrsg.), Umweltnormung, Köln et al. 1998, Seite 137 ff.

Ders.: Kommentar Umweltrecht, Band II, Teil 2, Bundesimmissionsschutzrecht, §§ 22 – 74, Loseblattsammlung, Stand Mai 2000, Heidelberg.

Ders.: Umweltschutz und technische Normung, in: Reinhard Hendler et al. (Hrsg.), Jahrbuch des Umwelt- und Technikrechts 2000, UTR Band 54, Berlin 2000, Seite ff.

Finckh, Andreas: Regulierte Selbstregulierung im Dualen System, Baden-Baden 1998.

Finkelnburg, Klaus / Ortloff, Karsten-Michael: Öffentliches Baurecht, Band I, Bauplanungsrecht, 5. Auflage, München 1998.

Fischer, Hans Georg: Der Amsterdamer Vertrag zur Revision des Vertrages über die Europäische Union, JA 1997, Seite 818 ff.

Fischer, Kristian: Die kommunale Verpackungssteuer und die Widerspruchsfreiheit der Rechtsordnung, JuS 1998, Seite 1096 ff.

Flasbarth, Jochen: Umweltbezogene Selbstverpflichtungen der Wirtschaft aus der Sicht des Naturschutzverbundes Deutschland e.V., in: Lutz Wicke et al. (Hrsg.), Umweltbezogene Selbstverpflichtungen der Wirtschaft – umweltpolitischer Erfolgsgarant oder Irrweg ? Bonn 1997, Seite 63 ff.

Fluck, Jürgen: Erfüllung des öffentlich-rechtlichen Verpflichtungsvertrages durch Verwaltungsakt, Berlin 1985.

Ders.: Das Kooperationsprinzip im Kreislaufwirtschafts- und Abfallrecht, in: Peter M. Huber (Hrsg.), Das Kooperationsprinzip im Umweltrecht, Berlin 1999, Seite 85 ff.

Fluck, Jürgen: Bearbeiter in: Jürgen Fluck (Hrsg.), Kreislaufwirtschafts- Abfall- und Bodenschutzrecht, Kommentar, Band I, Loseblattsammlung, Stand der Bearbeitung: August 2000, Heidelberg.

Fluck, Jürgen / Schmitt, Thomas: Selbstverpflichtungen und Umweltvereinbarungen - rechtlich gangbarer Königsweg deutscher und europäischer Umweltpolitik ? VerwArch 89 (1998), Seite 220 ff.

Fonk, Hans-Joachim: Zuständigkeit der Länder für den Erlaß von Rechtsvorschriften auf dem Gebiet des Strahlenschutzes, DÖV 1958, Seite 20 ff.

Forsthoff, Ernst: Anmerkungen zu BVerwG, Urteil vom 24.10.1956, DVBl. 1957, Seite 724 ff.

Ders.: Über Mittel und Methoden moderner Planung, in: Joseph H. Kaiser (Hrsg.), Planung III, Mittel und Methoden planender Verwaltung, Baden-Baden 1968, Seite 21 ff.

Ders.: Der Staat der Industriegesellschaft, 2. Auflage, München 1971.

Ders.: Verwaltungsrecht, Band 1, Allgemeiner Teil, 10. Auflage München 1973.

Frankenberger, Anke: Umweltschutz durch Rechtsverordnung, Berlin 1998.

Franzius, Claudio: Die Herausbildung der Instrumente indirekter Verhaltenssteuerung im Umweltrecht der Bundesrepublik Deutschland, Berlin 2000.

Frenz, Walter: Durchsetzbarkeit der gemeindlichen Planungspflicht, BayVBl. 1991, Seite 673 ff.

Ders.: Kreislaufwirtschafts- und Abfallgesetz, 2. Auflage, Köln et al. 1996.

Ders.: Europäisches Umweltrecht, München 1997.

Ders.: Freiwillige Selbstverpflichtung/ Umweltvereinbarungen zur Reduzierung des Energieverbrauchs im Kontext des Gemeinschaftsrechts, EuR 34 (1999), Seite 27 ff.

Ders.: Das Prinzip der widerspruchsfreien Normgebung und seine Folgen, DÖV 1999, Seite 41 ff.

Ders.: Selbstverpflichtungen der Wirtschaft, Tübingen 2001.

Frenz, Walter / Heßler, Pascal: Altlastensanierung und öffentlich-rechtlicher Sanierungsvertrag, NVwZ 2001, Seite 13 ff.

Friauf, Karl Heinrich: Zur Problematik des verfassungsrechtlichen Vertrags, AÖR 88 (1963), Seite 257 ff.

Friauf, Karl Heinrich: Die negative Vereinigungsfreiheit als Grundrecht, in: Klemens Pleyer (Hrsg.), Festschrift für Rudolf Reinhardt, Köln 1972, Seite 389 ff.

Ders.: Polizei- und Ordnungsrecht, in: Eberhard Schmidt-Aßmann (Hrsg.), Besonderes Verwaltungsrecht, 11. Auflage, Berlin/New York 1998, Seite 105 ff.

Friedrich, Manfred: Möglichkeiten und kartellrechtliche Grenzen umweltschutzförderndr Kooperationen zwischen Unternehmen, Bochum 1977.

Friehe, Heinz-Josef: Die Konkurrentenklage gegen eine öffentlich-rechtliche Subvention, DÖV 1980, 673 ff.

Fritsch, Klaus: Das neue Kreislaufwirtschafts- und Abfallrecht, München 1996.

Fritz, Klaus: Möglichkeiten und Grenzen von privatrechtlichem und öffentlich-rechtlichem Vertragsnaturschutz, UPR 1997, Seite 439 ff.

Frowein, Jochen: Die Bindung des Gesetzgebers an Verträge, in: Horst Heinrich Jakobs (Hrsg.), Festschrift für Werner Flume, Band I, Köln 1978, Seite 301 ff.

Führ, Martin: Umweltmanagement und Umweltbetriebsprüfung – neue EG- Verordnungen zum Öko- Audit verabschiedet, NVwZ 1993, Seite 858 ff.

Ders.: Reform der europäischen Normungsverfahren, Darmstadt 1995.

Fürst, Dietrich: Diversifikation staatlicher Steuerungsinstrumente, in: Thomas Ellwein / Joachim Jens Hesse (Hrsg.), Staatswissenschaften: Vergessene Disziplin oder neue Herausforderung ? Baden-Baden 1990, Seite 291 ff.

Gallwas, Hans-Ulrich: Die faktische Beeinträchtigung im Bereich der Grundrechte, Berlin 1970.

Gamillscheg, Franz: Kollektives Arbeitsrecht, Band I, München 1997.

Gassner, Erich: Bearbeiter in: Erich Gassner et al.; Bundesnaturschutzgesetz (BNatSchG), Kommentar, München 1996.

Gaßner, Max-Theo: Die Abwälzung kommunaler Folgekosten durch Folgekostenverträge, München 1982.

Gaul, Hans-Friedhelm: Bearbeiter in: Leo Rosenberg, Zwangsvollstreckungsrecht, 11. Auflage, München 1997.

Gawel, Erik: Staatliche Steuerung durch Umweltverwaltungsrecht, Die Verwaltung 28 (1995), Seite 201 ff.

Garlit, Elke: Verwaltungsvertrag und Gesetz, Tübingen 2000.

Geitmann, Roland: Das Bundesverfassungsgericht und „offene“ Normen, Berlin 1971.

Gellermann, Martin / Middeke, Andreas: Der Vertragsnaturschutz, NuR 1991, Seite 457 ff.

Gerhardt, Michael: Normkonkretisierende Verwaltungsvorschriften, NJW 1989, Seite 2233 ff.

Gern, Alfons: Zur Möglichkeit öffentlich-rechtlicher Verträge zwischen Privaten, NJW 1979, Seite 694 ff.

Ders.: Neue Aspekte der Abgrenzung des öffentlich-rechtlichen vom privatrechtlichen Vertrag, VerwArch 70 (1979), Seite 219 ff.

Giesberts, Ludger / Hilf, Juliane: Kreislaufwirtschaft Altauto: Altautoverordnung und freiwillige Selbstverpflichtung, Berlin 1998.

Dies.: Neue Instrumente zur Steuerung der Altautoentsorgung: Altautoverordnung und Freiwillige Selbstverpflichtung, NVwZ 1998, Seite 1158 ff.

Glasbergen, Pieter: Modern Environmental Agreements: A Policy Instrument becomes a Manager Strategy, Journal of Environmental Planning and Management 1998, Seite 693 ff.

Gleixner, Werner: Die Normerlaßklage, Frankfurt am Main 1993.

Goerlich, Helmut: Grundrechte als Verfahrensgarantie, Baden-Baden 1981.

Göldner, Detlef: Gesetzmäßigkeit und Vertragsfreiheit im Verwaltungsrecht, JZ 1976, Seite 352 ff.

Görgens, Egon / Troge, Andreas: Rechtlich verbindliche Branchenabkommen zwischen Staat und Branchen als umweltpolitisches Instrument in der Bundesrepublik Deutschland, Gutachten im Auftrag des Bundesumweltamtes, 1981 (unveröffentlicht).

Götz, Volkmar: Hauptprobleme des verwaltungsrechtlichen Vertrages, JuS 1970, Seite 1 ff.

Ders.: Das neue Verwaltungsverfahrensgesetz, NJW 1976, Seite 1429 ff.

Gramm, Christof: Rechtsfragen der staatlichen Aids-Aufklärung, NJW 1989, Seite 2917 ff.

Ders.: Aufklärung durch staatliche Publikumsinformation, Der Staat 30 (1991), Seite 51 ff.

Ders.: Zur Gesetzgebungskompetenz des Bundes für ein Umweltgesetzbuch, DÖV 1999, Seite 540 ff.

Ders.: Privatisierung und notwendige Staatsaufgaben, Berlin 2001.

Grewlich, Klaus W: Umweltschutz durch Umweltvereinbarungen nach nationalem Recht und Europarecht, DÖV 1998, Seite 54 ff.

Grigoleit, Klaus Joachim: Normative Steuerung von kooperativer Planung, Die Verwaltung 33 (2000), Seite 79 ff.

Grimm, Dieter: Verbände, in: Hans Peter Schneider / Wolfgang Zeh (Hrsg.), Parlamentsrecht und Parlamentspraxis, Berlin/New York 1989, § 15, Seite 657 ff.

Ders.: Der Wandel der Staatsaufgaben und die Krise des Rechtsstaats, in: Dieter Grimm (Hrsg.), Wachsende Staatsaufgaben – sinkende Steuerungsfähigkeit des Rechts, Baden-Baden 1990, Seite 291 ff.

Ders.: Der Staat in der kontinentalen Tradition, in: Rüdiger Voigt (Hrsg.), Abschied vom Stadt – Rückkehr zum Staat ? Baden-Baden 1993, Seite 27 ff.

Ders.: Der Wandel der Staatsaufgaben und die Zukunft der Verfassung, in: Dieter Grimm (Hrsg.), Staatsaufgaben, Baden-Baden 1994, Seite 613 ff.

Grimm, Dieter (Hrsg.): Wachsende Staatsaufgaben – sinkende Steuerungsfähigkeit des Rechts, Baden-Baden 1990.

Groebe, Klaus: Die clausula – ein ungeschriebener Bestandteil des Bundesverfassungsrechts, DÖV 1974, Seite 196.

Grohe, Rainer: Selbstverpflichtungen und Vereinbarungen im Umweltschutz, WiVerw 1999, Seite 177 ff.

Gröschner, Rolf: Öffentlichkeitsaufklärung als Behördenaufgabe, DVBl. 1990, Seite 619 ff.

Ders.: Anmerkung zu BVerwG, Urteil vom 18.10.1990, JZ 1991, Seite 628 ff.

Grosheide, Willem F.: Anwendung des Privatrechts durch den Staat zur Rückerstattung von Kosten für Bodensanierungen (Art. 21 des Interimgesetzes Bodensanierung), in: Rüdiger Breuer et al. (Hrsg.), Jahrbuch des Umwelt- und Technikrechts 1992, UTR Band 17, Heidelberg 1992, Seite 233 ff.

Grunwald, Jürgen: Die nicht-völkerrechtlichen Verträge der Europäischen Gemeinschaft, EuR 19 (1984), Seite 228 ff.

Grupp, Klaus: Zur Mitwirkung des Bundestages bei dem Erlaß von Rechtsverordnungen, DVBl. 1974, Seite 177 ff.

Grüter, Manfred: Umweltrecht und Kooperationsprinzip in der Bundesrepublik Deutschland, Düsseldorf 1990.

Grziwotz, Herbert: Einführung in die Vertragsgestaltung im öffentlichen Recht, JuS 1998, Seite 807 ff.

Günther, Klaus: Der Wandel der Staatsaufgaben und die Krise des regulativen Rechts, in: Dieter Grimm (Hrsg.), Wachsende Staatsaufgaben – sinkende Steuerungsfähigkeit des Rechts, Baden-Baden 1990, Seite 51 ff.

Gusy, Christoph: Zulässigkeit gemeindlicher Verpflichtungen zum Erlaß oder zum Nichterlaß eines Bebauungsplans ? BauR 1981, Seite 164 ff.

Ders.: Öffentlich-rechtliche Verträge zwischen Staat und Bürgern, DVBl. 1983, Seite 1222 ff.

Ders.: Der Vorrang des Gesetzes, JuS 1983, Seite 189 ff.

Ders.: Administrativer Vollzugsauftrag und justizielle Kontrolldichte im Recht der Technik, DVBl. 1987, Seite 497 ff.

Ders.: Probleme der Verrechtlichung technischer Standards, NVwZ 1995, Seite 105 ff.

Ders.: Kooperation als staatlicher Steuerungsmodus, ZfU 2001, Seite 1 ff.

Gusy, Christoph (Hrsg.), Privatisierung von Staatsaufgaben: Kriterien – Grenzen – Folgen, Baden-Baden 1998.

Guttenberg, Ulrich: Unmittelbare Außenwirkung von Verwaltungsvorschriften, EuGH NVwZ 1991, 806 und 868, JuS 1993, Seite 1006 ff.

Häberle, Peter: Grundrechte im Leistungsstaat, VVDStRL 30 (1971), Seite 42 ff.

Habermas, Jürgen: Faktizität und Geltung, Frankfurt am Main 1992.

Hain, Karl-Eberhard: Der Gesetzgeber in der Klemme zwischen Übermaß- und Untermaßverbot ? DVBl. 1993, Seite 982 ff.

Hain, Karl-Eberhard / Schlette, Volker / Schmitz, Thomas: Ermessen und Ermessensreduktion – ein Problem im Schnittpunkt von Verfassungs- und Verwaltungsrecht, AöR 122 (1997), Seite 32 ff.

Hanf, Kenneth / Koppen, Ida: Alternative Decision- Making, Environmental Mediation in the Netherlands, Schriften zu Mediationsverfahren im Umweltschutz Nr. 5, Wissenschaftszentrum Berlin für Sozialforschung, Berlin 1994.

Hansmann, Klaus: Empfiehlt es sich, ein Umweltgesetzbuch zu schaffen, gegebenenfalls mit welchem Regelungsbereich ? in: Ständige Deputation des Deutschen Juristentages (Hrsg.), Verhandlungen des 59. deutschen Juristentags, Band II, München 1992, Sitzungsberichte, Teil N, Referat, Seite 33 ff.

Ders.: Schwierigkeiten bei der Umsetzung und Durchführung des europäischen Umweltrechts, NVwZ 1995, Seite 320 ff.

Ders.: Bearbeiter in: Klaus Hansmann (Hrsg.), Umweltrecht, Band I, Bundes-Immissionsschutzgesetz, Kommentar, Loseblattsammlung, Stand der Bearbeitung: Oktober 1999, München.

Hartkopf, Günter / Bohne, Eberhard: Umweltpolitik 1, Opladen 1983.

Hartmann, Angelika: Zum Anspruch auf Erlaß untergesetzlicher Normen im öffentlichen Recht, DÖV 1991, Seite 62 ff.

Heberlein, Ingo: Wider den öffentlich-rechtlichen Vertrage ? DVBl. 1982, Seite 763 ff.

Heinrichs, Helmut: Bearbeiter in: Otto Palandt (Begr.), Bürgerliches Gesetzbuch, 56. Auflage, München 1997.

Heintzen, Markus: Staatliche Warnungen als Grundrechtsproblem, VerwArch 81 (1990), Seite 532 ff.

Ders.: Hoheitliche Warnungen und Empfehlungen im Bundesstaat, NJW 1990, Seite 1448 ff.

Heinz, Kersten: Verhandlungen durch Verträge und Absprachen, DVBl. 1989, Seite 752 ff.

Heinze, Michael: Bearbeiter in: Bertram ., Handbuch des Sozialversicherungsrechts, Band 1, Krankenversicherungsrecht, München 1994.

Helberg, Andreas: Normabwendende Selbstverpflichtung als Instrumente des Umweltrechts: verfassungs- und verwaltungsrechtliche Voraussetzungen und Grenzen, Sinzheim 1999.

Hengstschläger, Johannes: Privatisierung von Verwaltungsaufgaben, VVDStRL 54 (1995), Seite 165 ff.

Henke, Wilhelm: Allgemeine Fragen des öffentlichen Vertragsrechts, JZ 1984, Seite 441 ff.

Ders.: Praktische Fragen des öffentlichen Vertragsrechts -Kooperationsverträge-, DÖV 1985, Seite 41 ff.

Ders.: Wandel der Dogmatik des öffentlichen Rechts, JZ 1992, Seite 541 ff.

Hennecke, Frank: Zur Neubestimmung des Verhältnisses von Staat und Gesellschaft im Umweltrecht – eine Problemskizze, in: Reinhard Hendler et al. (Hrsg.), Jahrbuch des Umwelt- und Technikrechts 1999, UTR Band 49, Berlin 1999, Seite 7 ff.

Henneke, Hans-Günter: Informelles Verwaltungshandeln im Wirtschaftsverwaltungs- und Umweltrecht, NuR 1991, Seite 267 ff.

Ders.: Bearbeiter in: Hans-Joachim Knack, Verwaltungsverfahrensgesetz (VwVfG), Kommentar, 6. Auflage, Köln et al. 1998.

Ders.: Die Widerspruchsfreiheit der Rechtsordnung als Begrenzung der Gesetzgebungskompetenz für Lenkungssteuern, ZG 1998, Seite 275 ff.

Henseler, Paul: Staatliche Verhaltenslenkung durch Subventionen im Spannungsfeld zur Unternehmensfreiheit des Begünstigten, VerwArch 77 (1986), Seite 249 ff.

Herdegen, Matthias: Europarecht, 2. Auflage, München 1999.

Hermes, Georg: Grundrecht auf Schutz von Leben und Gesundheit, Heidelberg 1987.

Herzog, Roman: Bearbeiter in: Theodor Maunz / Günter Dürig, Grundgesetz, Kommentar, Loseblattsammlung, Stand der Bearbeitung: Oktober 1999, München, Band II, Art. 12 – 21, Band V, Art. 92 – 146.

Hesse, Hans Albrecht: Der Schutz-Staat geht um, JZ 1991, Seite 744 ff.

Hesse, Joachim Jens: Aufgaben der Staatslehre heute, in: Thomas Ellwein et al. (Hrsg.) Jahrbuch zur Staats- und Verwaltungswissenschaft 1987, Baden-Baden 1987, Seite 55 ff.

Hesse, Konrad: Verhandlungslösung und kooperativer Staat, in: Wolfgang Hoffmann-Riem / Eberhard Schmidt-Aßmann (Hrsg.), Konfliktbewältigung durch Verhandlungen, Band 1, Baden-Baden 1990, Seite 97 ff.

Ders.: Verfassung und Verfassungsrecht, in: Ernst Benda et al. (Hrsg.), Handbuch des Verfassungsrechts der Bundesrepublik Deutschland, 2. Auflage, Berlin/New York 1994, § 1, Seite 3 ff.

Ders.: Bedeutung von Grundrechten in: Ernst Benda et al. (Hrsg.), Handbuch des Verfassungsrechts der Bundesrepublik Deutschland, 2. Auflage, Berlin/New York 1994, § 5, Seite 127 ff.

Heun, Werner: Die Zulässigkeit öffentlich-rechtlicher Verträge im Bereich der Kommunalabgaben, DÖV 1989, Seite 1053 ff.

Hilbert, Josef / Voelzkow, Helmut: Umweltschutz durch Wirtschaftsverbände ? in: Manfred Glagow (Hrsg.), Gesellschaftssteuerung zwischen Korporatismus und Subsidarität, Bielefeld 1984, Seite 140 ff.

Hill, Hermann: Das fehlerhafte Verfahren und seine Folgen im Verwaltungsrecht, Heidelberg 1986.

Ders.: Rechtsverhältnisse in der Leistungsverwaltung, NJW 1986, Seite 2602 ff.

Ders.: Rechtsstaatliche Bestimmtheit oder situationsgerechte Flexibilität des Verwaltungshandelns, DÖV 1987, Seite 885 ff.

Ders.: Gesetzesgestaltung und Gesetzesanwendung im Leistungsrecht, VVDStRL 47 (1989), Seite 172 ff.

Ders.: Normkonkretisierende Verwaltungsvorschriften, NVwZ 1989, Seite 401 ff.

Ders.: Verfassungsrechtliche Gewährleistungen gegenüber der staatlichen Strafgewalt, in: Josef Isensee / Paul Kirchhof (Hrsg.), Handbuch des Staatsrechts der Bundesrepublik Deutschland, Band VI, Freiheitsrechte, Heidelberg 1989, § 156, Seite 1305 ff.

Ders.: Schlußwort, in: Hermann Hill (Hrsg.), Verträge und Absprachen, Baden-Baden 1990, Seite 165 ff.

Hill, Hermann: Staatliches Handeln bei veränderlichen Bedingungen, in: Thomas Ellwein / Joachim Hesse (Hrsg.), Staatswissenschaften: Vergessene Disziplin oder neue Herausforderung ? Baden-Baden 1990, Seite 55 ff.

Ders.: Umweltrecht als Motor und Modell einer Weiterentwicklung des Staats- und Verwaltungsrechts, in: Rüdiger Breuer et al. (Hrsg.), Jahrbuch des Umwelt- und Technikrechts 1994, UTR Band 27, Heidelberg 1994, Seite 91 ff.

Ders.: Gesetzgebung in der postindustriellen Gesellschaft, ZG 1995, Seite 82 ff.

Hill, Hermann (Hrsg.): Verwaltungshandeln durch Verträge und Absprachen, Baden-Baden 1990.

Hobe, Stephan: Der kooperationsoffene Verfassungsstaat, Der Staat 37 (1998), Seite 521 ff.

Hoffmann, Michael: Verfassungsrechtliche Anforderungen an Rechtsverordnung zur Produktverantwortung nach dem Kreislaufwirtschaft- und Abfallgesetz, DVBl. 1996, Seite 347 ff.

Hoffmann-Riem, Wolfgang: Selbstbindung der Verwaltung, VVDStRL 40 (1982), Seite 187 ff.

Ders.: Reform des allgemeinen Verwaltungsrechts als Aufgabe - Ansätze am Beispiel des Umweltschutzes, AöR 115 (1990), Seite 400 ff.

Ders.: Interessensausgleich durch Verhandeln, in: Jörg Calließ / Manfred Striegwitz (Hrsg.), Um den Konsens Streiten, Rehburg-Loccum 1991, Seite 9 ff.

Ders.: Verwaltungsreform - Ansätze am Beispiel des Umweltschutzes, in: Wolfgang Hoffmann-Riem et al. (Hrsg.), Reform des allgemeinen Verwaltungsrechts, Baden-Baden 1993, Seite 115 ff.

Ders.: Vom Staatsziel Umweltschutz zum Gesellschaftsziel Umweltschutz, Die Verwaltung 28 (1995), Seite 425 ff.

Ders.: Umweltschutz als Gesellschaftsziel - illustriert an Beispielen aus der Energiepolitik, GewArch 1996, Seite 1 ff.

Ders.: Innovationssteuerung durch die Verwaltung: Rahmenbedingungen und Beispiele, Die Verwaltung 33 (2000), Seite 155 ff.

Hoffmann-Riem, Wolfgang / Schmidt-Aßmann, Eberhard (Hrsg.): Konfliktbewältigung durch Verhandlungen, Band 1 und 2, Baden-Baden 1990.

Dies. (Hrsg.): Innovation und Flexibilität des Verwaltungshandelns, Baden-Baden 1994.

Höfling, Wolfram: Bearbeiter in: Michael Sachs (Hrsg.), Grundgesetz, Kommentar, 2. Auflage, München 1999.

Holzey, Michael / Tegner, Henning: Selbstverpflichtungen - ein Ausweg aus der umweltpolitischen Sackgasse ? Wirtschaftsdienst 1996, Seite 425 ff.

Holznagel, Bernd: Konfliktbewältigung durch Verhandlungen, DVBl. 1990, Seite 569 ff.

Hoppe, Werner: Staatsaufgabe Umweltschutz, VVDStRL 38 (1980), Seite 211 ff.

Ders.: Diskussionsbeitrag, VVDStRL 56 (1997), Seite 283.

Hoppe, Werner / Beckmann, Martin: Umweltrecht, München 1989.

Hoppe, Werner / Otting, Olaf: Verwaltungsvorschriften als ausreichende Umsetzung von rechtlichen und technischen Vorgaben der Europäischen Union ? NuR 1998, Seite 61 ff.

Hoppe, Wolfgang: Umsetzung der IVU-, UVP- und Seveso II-Richtlinie in Europa, DVBl. 2000, Seite 400 ff.

Horn, Hans-Detlef : Experimentelle Gesetzgebung unter dem Grundgesetz, Berlin 1989.

Huber, Peter M.: Der Immissionsschutz im Brennpunkt modernen Verwaltungsrechts, AöR 114 (1989), Seite 252 ff.

Ders.: Konkurrenzschutz im Verwaltungsrecht, Tübingen 1991.

Ders.: Zur Notwendigkeit normkonkretisierender Verwaltungsvorschriften, ZMR 1992, Seite 469 ff.

Ders.: Die Tagung der Vereinigung der deutschen Staatsrechtslehrer 1992 in Bayreuth, AöR 118 (1993), Seite 289 ff.

Ders.: Maastricht – ein Staatsstreich ? Stuttgart et al. 1993.

Ders.: Der planungsbedingte Wertzuwachs als Gegenstand städtebaulicher Verträge, Berlin 1995.

Ders.: Neue Lebensmittel: Marktfreiheit oder Zulassungsprinzip ? in: Udo Di Fabio et al. (Hrsg.), Jahrbuch des Umwelt- und Technikrechts 1996, UTR Band 36, Heidelberg 1996, Seite 459 ff.

Ders.: Die Verwaltungsgerichte und der Mietspiegel, JZ 1996, Seite 893 ff.

Ders.: Recht der Europäischen Integration, München 1996.

Ders.: Die entfesselte Verwaltung, Staatswissenschaften und Staatspraxis 8 (1997), Seite 43 ff.

Ders.: Allgemeines Verwaltungsrecht, 2. Auflage, Heidelberg 1997.

Ders.: Das Menschenbild im Grundgesetz, Jura 1998, Seite 505 ff.

Huber, Peter M.: Grundlagen und Organe, in: Hans Werner Rengeling, (Hrsg.), Handbuch des deutschen und europäischen Umweltrechts, Band I, Allgemeines Umweltrecht, Köln et al. 1998, § 19, Seite 555 ff.

Ders.: Diskussionsbeitrag, in: Reinhard Hendler et al. (Hrsg.), Rückzug des Ordnungsrechts im Umweltschutz, UTR Band 48, Berlin 1999, Seite 217 ff.

Ders.: Bearbeiter in: Christian Stark (Hrsg.), Das Bonner Grundgesetz, Kommentar, Band I, Präambel – Art. 19, 4. Auflage, München 1999.

Ders.: Zum Gestaltungsspielraum des Landesgesetzgebers im Kreislaufwirtschaftsgesetz, ThürVBl. 1999, Seite 97 ff.

Ders.: Vorwort, in: Peter M. Huber (Hrsg.), Das Kooperationsprinzip im Umweltrecht, Berlin 1999, Seite 13 ff.

Ders.: Weniger Staat im Umweltschutz, DVBl. 1999, Seite 489 ff.

Hübner, Klaus: Zur Genehmigung der Beschränkung der Fernsehwerbung für Zigaretten durch den Bundesminister für Wirtschaft und Finanzen nach § 8 GWB, NJW 1972, Seite 1651 ff.

Hucke, Jochen / Wollmann, Helmut: Vollzug des Umweltrechts, in: Otto Kimminich et al. (Hrsg.), Handwörterbuch des Umweltrechts, Band II, 2. Auflage, Berlin 1994, Spalte 2694 ff.

Hucklenbruch, Gabriele: Umweltrelevante Selbstverpflichtungen – ein Instrument progressiven Umweltschutzes ? Berlin 2000.

Hufen, Friedhelm: Verwaltungsprozeßrecht, 3. Auflage, München 1998.

Imboden Max: Der Verwaltungsrechtliche Vertrag, Basel 1958.

Immenga, Ulrich: Bearbeiter in: Ulrich Immenga / Ernst –Joachim Mestmäcker, Gesetz gegen Wettbewerbsbeschränkungen, Kommentar zum Kartellgesetz, 2. Auflage, München 1992.

Ipsen, Jörn: Europäisches Gemeinschaftsrecht, Tübingen 1972.

Ders.: Rechtsfolge der Verfassungswidrigkeit von Normen und Einzelakten, Baden-Baden 1980.

Isensee, Josef: Subsidiaritätsprinzip und Verfassungsrecht, Berlin 1968.

Ders.: Grundrechte und Demokratie, Der Staat 20 (1981), Seite 159 ff.

Ders.: Grundrecht auf Sicherheit, Berlin/New York 1983.

Ders.: Mehr Recht durch weniger Gesetze, ZRP 1985, Seite 139 ff.

Isensee, Josef: Das Grundrecht als Abwehrrecht und als staatliche Schutzpflicht, in: Josef Isensee / Paul Kirchhof, (Hrsg.), Handbuch des Staatsrechts der Bundesrepublik Deutschland, Band V, Allgemeine Grundrechtslehre, 2. Auflage, Heidelberg 2000, § 111, Seite 143 ff.

Jaag, Tobis: Privatisierung von Verwaltungsaufgaben, VVDStRL 54 (1995), Seite 287 ff.

Jachmann, Monika, Erschließungsbeiträge im Rahmen von Grundstücksverträgen mit Gemeinden, Freising 1991.

Dies.: Zur Problematik von Absprachen im normativen Bereich: Die abstrakte Regelung des Inhalts der Beamtenverhältnisse auf der Grundlage gewerkschaftlicher Mitsprachebefugnis, ZBR 1994, Seite 165 ff.

Jäde, Henning: Neue Aspekte städtebaulicher Verträge, BayVBl. 1992, Seite 549 ff.

Jahns-Böhm, Jutta: Umweltschutz durch europäisches Gemeinschaftsrecht am Beispiel der Luftreinhaltung, Berlin 1994.

Jarass, Hans: Der Vorbehalt des Gesetzes bei Subventionen, NVwZ 1984, Seite 473 ff.

Ders.: Grundrechte als Wertentscheidung bzw. objektivrechtliche Prinzipien in der Rechtssprechung des Bundesverfassungsgerichts, AöR 110 (1985), Seite 363 ff.

Ders.: Der rechtliche Stellenwert technischer und wissenschaftlicher Standards, NJW 1987 Seite 1225 ff.

Ders.: Die Kompetenzverleihung zwischen der Europäischen Gemeinschaft und den Mitgliedsstaaten, AöR 121 (1996), Seite 173 ff.

Ders.: Regelungsspielräume des Landesgesetzgebers im Bereich der konkurrierenden Gesetzgebung und in anderen Bereichen, NVwZ 1996, Seite 1041 ff.

Ders.: Bundesimmissionsschutzgesetz (BImSchG), Kommentar, 4. Auflage, München 1999.

Ders.: Bearbeiter in: Hans Jarass / Bodo Pieroth, Grundgesetz, Kommentar, 5. Auflage, München 2000.

Jarass, Hans / Kloepfer, Michael / Kunig, Philip / Papier, Hans-Jürgen / Rehbinder, Eckard / Salzwedel, Jürgen / Schmidt-Aßmann, Eberhard: Umweltgesetzbuch, Besonderer Teil (UGB-BT), Berlin 1994.

Jekewitz, Jürgen: Zielfestlegung nach § 14 Abs. 2 Abfallgesetz - ein Regelungsinstrument mit fraglichem Rechtscharakter, DÖV 1990, Seite 51 ff.

Ders.: Die Mitwirkung des Bundestages bei der Regelung von Fachanwaltsbezeichnungen, ZLR 1991. Seite 281 ff.

Jesch, Dietrich: Gesetz und Verwaltung, Tübingen 1968.

Jobs, Thorsten: Zur Gesetzgebungskompetenz für Umweltsteuern, DÖV 1998, Seite 1039 ff.

Jörgensen, Jesper: Legislation on eco-contracts in Denmark, in: Jan M. Dunné (Editor), Environmental Contracts and Covenants, Rotterdam 1992, Seite 73 ff.

Kahl, Wolfgang: Möglichkeiten und Grenzen des Subsidiaritätsprinzips nach Art. 3b EG-Vertrag, AöR 118 (1993), Seite 414 ff.

Ders.: Die Privatisierung der Entsorgungsordnung nach dem Kreislaufwirtschafts- und Abfallgesetz, DVBl. 1995, Seite 1327 ff.

Ders.: Das Kooperationsprinzip im Baurecht, DÖV 2000, Seite 793 ff.

Kaiser, Joseph: Industrielle Absprachen im öffentlichen Interesse, NJW 1971, Seite 585 ff.

Ders.: Verbände, in: Josef Isensee / Paul Kirchhof (Hrsg.), Handbuch des Staatsrechts der Bundesrepublik Deutschland, Band II, Demokratische Willensbildung - Die Staatsorgane des Bundes, 2. Auflage, Heidelberg 1998, § 34, Seite 149 ff.

Kalkbrenner, Helmut: Verfassungsauftrag und Verfassungsverpflichtung des Gesetzgebers, DÖV 1966, Seite 41 ff.

Kannengießer, Christoph: Bearbeiter in: Bruno Schmidt-Bleibtreu / Franz Klein, Kommentar zum Grundgesetz, 9. Auflage, Neuwied 1999.

Karehnke, Wolfgang: Die rechtsgeschäftliche Bindung kommunaler Bauleitplanung, Dissertation 1983.

Kasten, Hans-Hermann / Rapsch, Arnulf: Der öffentlichrechtliche Vertrag zwischen Privaten - Phänomen oder Phantom ? NVwZ 1986, Seite 708 ff.

Kästner, Karl-Hermann: Kompetenzfragen der Erledigung grundrechtlicher Schutzaufgaben durch Gemeinden, NVwZ 1992, Seite 9 ff.

Kelsen, Hans: Reine Rechtslehre, 2. Auflage, Wien 1992.

Kemper, Michael: Bearbeiter in: Christian Starck (Hrsg.), Das Bonner Grundgesetz, Kommentar, Band I, Einleitung – Art. 5, 4. Auflage, München 1999.

Kettler, Gerd: Instrumente des Umweltrechts, JuS 1994, Seite 826 ff. und Seite 909 ff.

Khalastchi, Ruth / Ward, Halina: New Instruments for Sustainability: An Assessment of Environmental Agreements under Community Law, Journal of Environmental Law, Vol. 18 (1989), Seite 257 ff.

Kimminich, Otto: Bearbeiter in: Rudolf Dolzer / Klaus Vogel (Hrsg.), Bonner Kommentar zum Grundgesetz, Band 2, Art. 6 – 14, Loseblattsammlung, Stand der Bearbeitung: Dezember 1999, Heidelberg.

Kirchhof, Ferdinand: Private Rechtsetzung, Berlin 1987.

Kirchhof, Paul: Rechtsquellen und Grundgesetz, in: Christian Stark (Hrsg.), Festgabe aus Anlaß des 25jährigen Bestehens des Bundesverfassungsgerichts, Band II, Tübingen 1976, Seite 50 ff.

Ders.: Verwalten durch mittelbares Einwirken, Köln et al. 1977.

Ders.: Mittel staatlichen Handelns, in: Josef Isensee / Paul Kirchhof (Hrsg.), Handbuch des Staatsrechts der Bundesrepublik Deutschland, Band III, Das Handeln des Staates, 2. Auflage, Heidelberg 1996, , § 59, Seite 121 ff.

Kisker, Gunter: Vertrauensschutz im Verwaltungsrecht, VVDStRL 32 (1974), Seite 149 ff.

Ders.: Neue Aspekte im Streit um den Vorbehalt des Gesetzes, NJW 1977, Seite 1313 ff.

Ders.: Staatshaushalt, in: Josef Isensee / Paul Kirchhof (Hrsg.), Handbuch des Staatsrechts der Bundesrepublik Deutschland, Band IV, Finanzverfassung – Bundesstaatliche Ordnung, Heidelberg 1990, § 89, Seite 235 ff.

Klages, Christoph: Vermeidungs- und Verwertungsgebote als Prinzipien des Abfallrechts, Düsseldorf 1991.

Klein, Eckard: Grundrechtliche Schutzpflichten des Staates, NJW 1989, Seite 1633 ff.

Klein, Eckard / Kimms, Frank: Die Kompetenz der Europäischen Gemeinschaft zum Abschluß umweltschutzrelevanter Verträge, in: Udo Di Fabio et al. (Hrsg.), Jahrbuch des Umwelt- und Technikrechts 1996, UTR Band 36, Heidelberg 1996, Seite 53 ff.

Klein, Hans Hugo: Die grundrechtliche Schutzpflicht, DVBl. 1994, Seite 489 ff.

Klöck, Oliver, Der Atomausstieg im Konsens – ein Paradefall des umweltrechtlichen Kooperationsprinzips ? NuR 2001, Seite 1 ff.

Kloepfer, Michael: Systematisierung des Umweltrechts, Berlin 1978.

Ders.: Staatsaufgabe Umweltschutz, DVBl. 1979, Seite 639 ff.

Ders.: Diskussionsbeitrag, VVDStRL 38 (1980), Seite 371 ff.

Ders.: Umweltschutz als Kartellprivileg ? JZ 1980, Seite 781 ff.

Ders.: Umweltschutz und Wettbewerb, UPR 1981, Seite 41 ff.

Ders.: Kartellrecht und Umweltrecht, in: Helmut Gutzler (Hrsg.), Umweltpolitik und Wettbewerb, Baden-Baden 1981, Seite 57 ff.

Ders.: Gesetzgebung im Rechtsstaat, VVDStRL 40 (1982), Seite 63 ff.

Kloepfer, Michael: Der Vorbehalt des Gesetzes im Wandel, JZ 1984, Seite 685 ff.

Ders.: Grenzüberschreitende Umweltbelastungen als Rechtsproblem, DVBl. 1984, Seite 245 ff.

Ders.: Europäischer Umweltschutz ohne Kompetenz ? UPR 1986, Seite 321 ff.

Ders.: Instrumente des staatlichen Umweltschutzes in der Bundesrepublik Deutschland, in: Rüdiger Breuer et al. (Hrsg.), Jahrbuch des Umwelt und Technikrechts 1987, UTR Band 3, Düsseldorf 1987, Seite 3 ff.

Ders.: Staatliche Informationen als Lenkungsmittel, Berlin/New York 1988.

Ders.: „Gyosei Shido" und das informelle Verwaltungshandeln im Umweltrecht der Bundesrepublik Deutschland, in: Helmut Coing et al. (Hrsg.), Die Japanisierung des westlichen Rechts, Tübingen 1988, Seite 82 ff.

Ders.: Wesentlichkeitstheorie als Begründung oder Grenzen des Gesetzesvorbehalts ? in: Hermann Hill (Hrsg.), Zustand und Perspektiven der Gesetzgebung, Berlin 1989, Seite 187 ff.

Ders.: Zur Rechtsumbildung durch Umweltschutz, Heidelberg 1990.

Ders.: Umweltschutz als Aufgabe des Zivilrechts aus öffentlich-rechtlicher Sicht, in: Rüdiger Breuer et al. (Hrsg.), Umweltschutz und Privatrecht, UTR Band 11, Düsseldorf 1990, Seite 35 ff.

Ders.: Unlauterbarkeitsrecht und Umweltschutz, in: Werner von Schenke / Peter- Christoph Storm (Hrsg.), Festschrift für Heinrich von Lersner, Berlin 1990, Seite 149 ff.

Ders.: Zu den neuen umweltrechtlichen Handlungsformen des Staates, JZ 1991, Seite 737 ff.

Ders.: Umweltrecht im geeinten Deutschland, DVBl. 1991, Seite 1 ff.

Ders.: Alte und neue Handlungsformen staatlicher Steuerungen im Umweltbereich, in: Klaus König / Nicolai Dose (Hrsg.), Instrumente und Formen staatlichen Handelns, Köln et al. 1993, Seite 329 ff.

Ders.: Umweltinformationen durch Unternehmen, NuR 1993, Seite 353 ff.

Ders.: Marktwirtschaft und Umweltschutz als Rechtsproblem, Jura 1993, Seite 583 ff.

Ders.: Zur Geschichte des deutschen Umweltrechts, Berlin 1994.

Ders.: Vereinheitlichung des Umweltrechts, in: Otto Kimminich et al. (Hrsg.), Handwörterbuch des Umweltrechts, Band II, 2. Auflage, Berlin 1994, Spalte 2574 ff.

Ders.: Interdisziplinäre Aspekte des Umweltstaates, DVBl. 1994, Seite 12 ff.

Ders.: Umweltschutz als Verfassungsrecht: Zum neuen Art. 20a GG, DVBl. 1996, Seite 73 ff.

Kloepfer, Michael: Umweltschutz zwischen Ordnungsrecht und Anreizpolitik: Konzeption, Ausgestaltung, Vollzug, ZAU 1996, Seite 56 ff. und Seite 200 ff.

Ders.: Umweltrecht, 2. Auflage, München 1998.

Ders.: Bearbeiter in: Rudolf Dolzer / Klaus Vogel (Hrsg.), Bonner Kommentar zum Grundgesetz, Band 4, Art. 20 – 37, Loseblattsammlung, Stand der Bearbeitung: Dezember 1999, Heidelberg.

Ders.: Konzeption, Handlungsformen, Organisation und Verfahren der Recht- und Regelungssetzung, in: Eberhard Bohne (Hrsg.), Das Umweltgesetzbuch als Motor oder Bremse der Innovationsfähigkeit in Wirtschaft und Verwaltung, Berlin 1999, Seite 161 ff.

Ders.: Umweltrecht, in: Norbert Achterberg et al. (Hrsg.) Besonderes Verwaltungsrecht, Band II, 2. Auflage, Heidelberg 2000, Seite 338 ff.

Kloepfer, Michael / Dürner, Wolfgang: Der Umweltgesetzbuch-Entwurf der Sachverständigenkommission (UGB-KomE), DVBl. 1997, Seite 1081 ff.

Kloepfer, Michael / Elsner, Thomas: Selbstregulierung im Umwelt- und Technikrecht, DVBl. 1996, Seite 964 ff.

Kloepfer, Michael / Franzius, Claudio: Die Entwicklung des Umweltrechts in Deutschland, in: Rüdiger Breuer et al. (Hrsg.), Jahrbuch des Umwelt- und Technikrechts, UTR Band 27, Heidelberg 1994, Seite 179 ff.

Kloepfer, Michael / Mast, Ekkehart: Das Umweltrecht des Auslandes, Berlin 1995.

Kloepfer, Michael / Meßerschmidt, Klaus: Innere Harmonisierung des Umweltrechts, Berlin 1986.

Kloepfer, Michael / Rehbinder, Eckard / Schmidt-Aßmann, Eberhard / Kunig, Philip: Umweltgesetzbuch, Allgemeiner Teil, Berlin 1990.

Klotz, Theodor: Das Aufhebungsverlangen des Bundestages gegenüber Rechtsverordnungen, München 1977.

Kluth, Winfried: Rechtsfragen der verwaltungsrechtlichen Willenserklärung, NVwZ 1990, Seite 608 ff.

Ders.: Funktionale Selbstverwaltung, Tübingen 1997.

Ders.: Anmerkung zu BVerfG, Urteil vom 7.5.1998, DStR 1998, Seite 892 ff.

Knebel, Jürgen: EU-rechtliche Beurteilung der umweltbezogenen Selbstverpflichtungen, in: Lutz Wicke et al. (Hrsg.), Umweltbezogene Selbstverpflichtungen der Wirtschaft - umweltpolitischer Erfolgsgarant oder Irrweg ? Bonn 1997, Seite 201 ff.

Knebel, Jürgen / Wicke, Lutz / Michael, Gerhard: Selbstverpflichtungen und normersetzende Umweltverträge als Instrumente des Umweltschutzes, Berlin 1999.

Knuth, Andreas: Konkurrentenklage gegen einen öffentlichrechtlichen Subventionsvertrag – OVG Münster, NVwZ 1984, 522, JuS 1986, Seite 523 ff.

Koch, Hans-Joachim: Luftreinhaltung in der Europäischen Gemeinschaft, DVBl. 1992, Seite 124 ff.

Ders.: CO_2-Minderungspotential im Bereich der Industrie(anlagen) und das Instrumentarium des BImSchG, in: Hans-Joachim Koch / Johannes Caspar (Hrsg.), Klimaschutz im Recht, Baden-Baden 1997, Seite 161 ff.

Ders.: Der Atomausstieg und der verfassungsrechtliche Schutz des Eigentums, NJW 2000, Seite 1529 ff.

Köck, Wolfgang: Risikovorsorge als Staatsaufgabe, AöR 121 (1996), Seite 1 ff.

Koeman, Nils: Bilateral Agreements between Goverment and Industry in Dutch environmental law, European Environmental Law Review 1993, Seite 174 ff.

Koenig, Christian: Internalisierung des Risikomanagements durch neues Umwelt- und Technikrecht ? NVwZ 1994, Seite 937 ff.

Köhler, Helmut: Abfallrückführungssysteme der Wirtschaft im Spannungsverhältnis von Umweltrecht und Kartellrecht, BB 1996, Seite 2577 ff.

Kohlhaas, Michael / Praetorius, Barbara: Selbstverpflichtungen der Industrie zur CO_2- Reduktion, DIW Sonderheft 152, Berlin 1994.

Kommission der Europäischen Gemeinschaft: Über Umweltvereinbarungen, Mitteilungen der Kommission an den Rat und das Europäische Parlament, 1996.

König, Klaus: Entwicklung der Privatisierung in der Bundesrepublik Deutschland – Probleme, Stand, Ausblick, VerwArch 79 (1988), Seite 241 ff.

König, Klaus / Dose, Nicolai (Hrsg.): Instrumente und Formen staatlichen Handelns, Köln et al. 1993.

Konrad, Karlheinz: Umweltlenkungsabgaben und abfallrechtliches Kooperationsprinzip, DÖV 2000, Seite 12 ff.

Konzak, Olaf: Die Änderungsvorbehaltsverordnung als Mitwirkungsform des Bundestages beim Erlaß von Rechtsverordnungen, DVBl. 1994, Seite 1107 ff.

Köpl, Christian Peter: Handlungsspielräume der Verwaltung im Naturschutzrecht und gerichtliche Kontrolle, Dissertation 1997.

Kopp, Axel: Altautoentsorgung, NJW 1997, Seite 3292 ff.

Kopp, Ferdinand / Ramsauer, Ulrich: Verwaltungsverfahrensgesetz, 7. Auflage, München 2000.

Köpp, Tobias: Normvermeidende Absprachen zwischen Staat und Wirtschaft, Berlin 2001.

Krämer, Achim: Anmerkung zu BVerfG, Urteil vom 30.01.1973, JZ 1973, Seite 365 ff.

Krämer, Ludwig: Umweltpolitische Aktionsprogramme mit Leitlinien und Regelungsansätzen, in: Hans-Werner Rengeling (Hrsg.), Handbuch zum europäischen und deutschen Umweltrecht, Band I, Allgemeines Umweltrecht, Köln et al. 1998, § 14, Seite 397 ff.

Ders.: Direkte und indirekte Verhaltenssteuerung, in: Hans-Werner Rengeling (Hrsg.), Handbuch zum europäischen und deutschen Umweltrecht, Band I, Allgemeines Umweltrecht, Köln et al. 1998, § 15, Seite 411 ff.

Ders.: Rechtsakte und Handlungsformen, in: Hans-Werner Rengeling (Hrsg.), Handbuch zum europäischen und deutschen Umweltrecht, Band I, Köln et al. 1998, Allgemeines Umweltrecht, § 16, Seite 430 ff.

Ders.: Bearbeiter in: Hans von der Groebe et al. (Hrsg.), Kommentar zum EU-/ EG-Vertrag, Band 3, Art. 102a – 136a EGV, 5. Auflage, Baden-Baden 1999.

Krause, Peter: Die Willenserklärung des Bürgers im Bereich des öffentlichen Rechts, VerwArch 61 (1970), Seite 297 ff.

Ders.: Willensmängel bei mitwirkungsbedürftigen Verwaltungsakten und öffentlich-rechtlichen Verträgen, JuS 1972, Seite 425 ff.

Krebs, Walter: Vorbehalt des Gesetzes und Grundrechte, Berlin 1975.

Ders.: Zum aktuellen Stand der Lehre vom Vorbehalt des Gesetzes, Jura 1979, Seite 304 ff.

Ders.: Zulässigkeit und Wirksamkeit vertraglicher Bindungen kommunaler Bauleitplanung, VerwArch 72 (1981), Seite 49 ff.

Ders.: Konsensuales Verwaltungshandeln im Städtebaurecht, DÖV 1989, Seite 969 ff.

Ders.: Bauplanungs- und Bauordnungsrecht, in: Hermann Hill (Hrsg.), Verwaltungshandeln durch Verträge und Absprachen, Baden-Baden 1990, Seite 77 ff.

Ders.: Verträge und Absprachen der Verwaltung und Privaten, VVDStRL 52 (1993), Seite 248 ff.

Ders.: Verwaltungsorganisation, in: Josef Isensee / Paul Kirchhof (Hrsg.), Handbuch des Staatsrechts der Bundesrepublik Deutschland, Band III, Das Handeln des Staates, 2. Auflage, Heidelberg 1996, § 69, Seite 567 ff.

Ders.: Baurecht, in: Eberhard Schmidt-Aßmann (Hrsg.), Besonderes Verwaltungsrecht, 11. Auflage, Berlin/New York 1998, Seite 327 ff.

Krieger, Stephan: Die Empfehlung der Kommission über Umweltvereinbarungen, EuZW 1997, Seite 648 ff.

Kriele, Martin: Grundrechte und demokratischer Gestaltungsspielraum, in: Isensee, Josef / Kirchhof, Paul (Hrsg.), Handbuch des Staatsrechts, Band V, Allgemeine Grundrechtslehre, Heidelberg 1992, § 110, Seite 101 ff.

Krings, Michael: Die Klagbarkeit europäischer Umweltstandards im Immissionsschutzrecht, UPR 1996, Seite 89 ff.

Krölls, Albert: Rechtliche Grenzen der Privatisierungspolitik, GewArch 1995, Seite 129 ff.

Krüger, Hartmut: Bearbeiter in: Michael Sachs (Hrsg.), Grundgesetz, Kommentar, 2. Auflage, München 1999.

Krüger, Herbert: Die Auflage als Instrument der Wirtschaftsverwaltung, DVBl. 1955, Seite 450 ff.

Ders.: Rechtsetzung und technische Entwicklung, NJW 1966, Seite 617 ff.

Kuhlmann, Max: Staatliches Informationshandeln, JA 1990, Seite 59 ff.

Kuhnt, Dietmar: Energie und Umweltschutz in europäischer Perspektive, DVBl. 1996, Seite 1082 ff.

Kunert, Franz Josef: Normkonkretisierung im Umweltrecht, NVwZ 1989, Seite 1018 ff.

Kunig, Philip: Alternativen zum einseitig-hoheitlichen Verwaltungshandeln, in: Wolfgang Hoffmann-Riem / Eberhard Schmidt-Aßmann (Hrsg.), Konfliktbewältigung durch Verhandlungen, Band 1, Baden-Baden 1990, Seite 43 ff.

Ders.: Grundrechtlicher Schutz des Lebens, Jura 1991, Seite 415 ff.

Ders.: Verträge und Absprachen zwischen Verwaltung und Privaten, DVBl. 1992, Seite 1192 ff.

Ders.: Exekutivische Rechtsetzung, in: Hans-Joachim Koch (Hrsg.), Auf dem Weg zum Umweltgesetzbuch, Baden-Baden 1992, Seite 170 ff.

Kunig, Philip / Rublack, Susanne: Aushandeln statt Entscheiden ? Jura 1990, Seite 1 ff.

Kutscha, Martin: Abschied vom Prinzip demokratischer Legalität ? in: Kathrin Becker-Schwarze et al. (Hrsg.), Wandel der Handlungsformen im Öffentlichen Recht, Stuttgart et al. 1991, Seite 13 ff.

Kuttenkeuler, Benedikt: Die Verankerung des Subsidiaritätsprinzips im Grundgesetz, Frankfurt am Main 1998.

Laband, Paul: Besprechung zur Theorie des französischen Verwaltungsrechts, AöR 2 (1887), Seite 158 ff.

Ladeur, Karl-Heinz: Von der Verwaltungshierarchie zum administrativen Netzwerk? Die Verwaltung 26 (1993), Seite 137 ff.

Lamb, Irene: Kooperative Gesetzeskonkretisierung, Baden-Baden 1994.

Lange, Klaus: Die Abgrenzung des öffentlichrechtlichen Vertrages vom privatrechtlichen Vertrag, NVwZ 1983, Seite 313 ff.

Ders.: Staatliche Steuerung durch offene Zielvorgabe im Lichte der Verfassung, VerwArch 82 (1991), Seite 1 ff.

Langenfeld, Christine: Die rechtlichen Rahmenbedingungen für einen Ausstieg aus der friedlichen Nutzung der Kernenergie, DÖV 2000, Seite 929 ff.

Larenz, Karl: Methodenlehre der Rechtswissenschaft, 6. Auflage, Berlin 1996.

Lecheler, Helmut: Verträge und Absprachen zwischen der Verwaltung und Privaten, BayVBl. 1992, Seite 545 ff.

Ders.: Privatisierung von Verwaltungsaufgaben, BayVBl. 1994, Seite 555 ff.

Lee, Won-Woo: Privatisierung als Rechtsproblem, Hamburg 1999.

Lege, Joachim: Kooperationsprinzip contra Müllvermeidung ? Jura 1999, Seite 125 ff.

Ders.: Nochmals: Staatliche Warnungen, DVBl. 1999, Seite 560 ff.

Leidinger, Tobias: Hoheitliche Warnungen, Empfehlungen und Hinweise im Spektrum staatlichen Informationshandelns, DÖV 1993, Seite 925 ff.

Leisner, Walter: Steuer- und Eigentumswende - die Einheitswert-Beschlüsse des Bundesverfassungsgerichts, NJW 1995, Seite 2591 ff.

Leitzke, Claus: Die Anhörung der beteiligten Kreise nach §§ 51 BImSchG, 60 KrW-/AbfG, 17 Abs. 7 ChemG, 6 WRMG, 20 BodSchG, Berlin 1999.

Ders.: Der normersetzende Vertrag – ein zukunftsfähiges Instrument im Umweltrecht ? UPR 2000, Seite 361 ff.

Lepa, Manfred: Verfassungsrechtliche Probleme der Rechtssetzung durch Rechtsverordnung, AöR 105 (1980), Seite 337 ff.

Lersner Freiherr von, Heinrich: Verwaltungsrechtliche Instrumente des Umweltschutzes, Berlin/New York 1983.

Lippold, Reiner: Erlaß von Rechtsverordnungen durch das Parlament und Wahrnehmung des Parlamentsvorbehalts durch Schweigen ? ZRP 1991, Seite 254 ff.

Loomann, Gundula: Ausverkauf von Hoheitsrechten in Verträgen zwischen Bauherrn und Gebietskörperschaft, NJW 1996, Seite 1439 ff.

Lorenz, Dieter: Der Wegfall der Geschäftsgrundlage beim verwaltungsrechtlichen Vertrag, DVBl. 1997, Seite 865 ff.

Löwer, Wolfgang: Bearbeiter in: Ingo von Münch / Philip Kunig, Grundgesetz-Kommentar, Band 1, Präambel – 20, 5. Auflage, München 2000.

Lübbe-Wolf, Gertrude: Konstitution und Konkretisierung außenwirksamer Standards durch Verwaltungsvorschriften, DÖV 1987, Seite 896 ff.

Dies.: Rechtsprobleme der behördlichen Umweltberatung, NJW 1987, Seite 2705 ff.

Dies.: Die Grundrechte als Eingriffsabwehrrechte, Baden-Baden 1988.

Dies.: Das Kooperationsprinzip im Umweltrecht - Rechtsgrundsatz oder Deckmantel des Vollzugsdefizits ? NuR 1989, Seite 295 ff.

Dies.: Verfassungsrechtliche Fragen der Normsetzung und Normkonkretisierung im Umweltrecht, ZG 1991, Seite 219 ff.

Dies.: Vollzugsprobleme der Umweltverwaltung, NuR 1993, Seite 217 ff.

Dies.: Die EG Verordnung zum Umwelt- Audit, DVBl. 1994, Seite 361 ff.

Dies.: Instrumente des Umweltrechts – Leistungsfähigkeit und Leistungsgrenzen, NVwZ 2001, Seite 481 ff.

Lücke, Jörg: Bearbeiter in: Michael Sachs (Hrsg.), Grundgesetz, Kommentar, 2. Auflage, München 1999.

Luhmann, Niklas: Politische Planung, Opladen 1971.

Ders.: Einführung in die Rechtssoziologie, 3. Auflage, Opladen 1987.

Ders.: Die Wirtschaft der Gesellschaft, 2. Auflage, Frankfurt am Main 1989.

Ders.: Steuerung durch Recht ? Einige klarstellende Bemerkungen, ZfRSoz 1991, Seite 142 ff.

Ders.: Das Recht der Gesellschaft, Frankfurt am Main 1993.

Lund, Heinrich: Allgemeinverbindlicherklärungen von Tarifverträgen und Verwaltungsverfahrensgesetz, DB 1977, Seite 1314 ff.

Maltzahn Freiherr von, Falk: Zur kartellrechtlichen Kontrolle öffentlich-rechtlicher Verträge, GRUR 1993, Seite 235 ff.

Marburger, Peter: Die Regeln der Technik im Recht, Köln et al. 1979.

Marburger, Peter / Gebhard, Thomas: Gesellschaftliche Umweltnormierung, in: Peter Endres / Peter Marburger (Hrsg.), Umweltschutz durch gesellschaftliche Selbststeuerung, Bonn 1993, Seite 1 ff.

Marburger, Peter / Enders, Peter: Technische Normung in der Europäischen Union, in: Peter Breuer et al. (Hrsg.), Jahrbuch des Umwelt- und Technikrechts 1994, UTR Band 27, Heidelberg 1994, Seite 333 ff.

Martens, Joachim: Normenvollzug durch Verwaltungsakt und Verwaltungsvertrag, AöR 89 (1964), Seite 429 ff.

Mäßen, Christian / Maurer, Reinhold: Allgemeinverbindlicherklärung von Tarifverträgen und verwaltungsgerichtlicher Rechtsschutz, NZA 1996, Seite 121 ff.

Maunz, Theodor: Bearbeiter in: Theodor Maunz / Günter Dürig, Grundgesetz, Kommentar, Band IV, Art. 70 – 91b, Loseblattsammlung, Stand der Bearbeitung: Oktober 1999, München.

Maurer, Hartmut: Das Verwaltungsverfahrensgesetz des Bundes, JuS 1976, Seite 485 ff.

Ders.: Der Verwaltungsvorbehalt, VVDStRL 43 (1985), Seite 135 ff.

Ders.: Der Verwaltungsvertrag - Probleme und Möglichkeiten, DVBl. 1989, Seite 798 ff.

Ders.: Der verwaltungsrechtliche Vertrag - Probleme und Möglichkeiten, in: Hermann Hill (Hrsg.), Verwaltungshandeln durch Verträge und Absprachen, Baden-Baden 1990, Seite 15 ff.

Ders.: Allgemeines Verwaltungsrecht, 13. Auflage, München 2000.

Ders.: Staatsrecht, München 1999.

Maurer, Hartmut / Bartscher, Bruno: Die Praxis des Verwaltungsvertrages im Spiegel der Rechtssprechung, 2. Auflage, Konstanz 1997.

Mayer, Otto: Zur Lehre vom öffentlich-rechtlichen Vertrage, AöR 3 (1888), Seite 1 ff.

Ders.: Deutsches Verwaltungsrecht, Band I, unveränderter Nachdruck der 3. Auflage von 1924, Berlin 1969.

Mayntz, Renate: Thesen zur Steuerungsfunktion von Zielstrukturen, in: Renate Mayntz / Fritz W. Scharpf, Planungsorganisation, München 1973, Seite 91 ff.

Dies.: Implementation politischer Programme: Theoretische Überlegungen zu einem neuen Forschungsgebiet, in: Renate Mayntz (Hrsg.), Implementation politischer Programme, Band I, Königstein 1983, Seite 236 ff.

Mayntz, Renate: Politische Steuerung und gesellschaftliche Steuerungsprobleme – Anmerkungen zu einem theoretischen Paradigma, in: Thomas Ellwein et al. (Hrsg.), Jahrbuch zur Staats- und Verwaltungswissenschaft 1987, Baden-Baden 1987, Seite 89 ff.

Dies: Funktionelle Teilsysteme in der Theorie sozialer Differenzierung, in: Renate Mayntz et al. (Hrsg.), Differenzierung und Verselbständigung, Frankfurt am Main 1988, Seite 11 ff.

Dies.: Politische Steuerbarkeit und Reformblockade: Überlegungen am Beispiel des Gesundheitswesens, Staatswissenschaften und Staatspraxis 1 (1990), Seite 283 ff.

Dies.: Soziale Dynamik und politische Steuerung, Frankfurt am Main/New York 1997.

Mayntz, Renate / Hucke, Jochen: Gesetzesvollzug und Umweltschutz: Wirksamkeit und Probleme, ZfU 1978, Seite 217 ff.

Mayntz, Renate / Scharpf, Fritz W.(Hrsg.): Gesellschaftliche Selbstregulierung und politische Steuerung, Frankfurt am Main et al. 1995.

Medicus, Dieter: Umweltschutz als Aufgabe des Zivilrechts aus zivilrechtlicher Sicht, in: Rüdiger Breuer et al. (Hrsg.), Umweltschutz und Privatrecht, UTR Band 11, Düsseldorf 1990, Seite 5 ff.

Ders.: Schuldrecht I, Allgemeiner Teil, 8. Auflage, München 1995.

Menger, Christian-Friedrich: Probleme der Handlungsformen bei der Vergabe von Wirtschaftssubventionen – mitwirkungsbedürftige Verwaltungsakte oder öffentlich-rechtlicher Vertrag ? in: Harry Westermann et al. (Hrsg.), Festschrift für Werner Ernst, München 1980, Seite 301 ff.

Mentzinis, Pablo: Die Durchführbarkeit des europäischen Umweltrechts, Berlin 2000.

Merkel, Angelika: Der Stellenwert von umweltbezogenen Selbstverpflichtungen der Wirtschaft im Rahmen der Umweltpolitik der Bundesregierung, in: Lutz Wicke et al. (Hrsg.), Umweltbezogene Selbstverpflichtrungen der Wirtschaft – umweltpolitischer Erfolgsgarant oder Irrweg ? Bonn 1997, Seite 87 ff.

Merten, Detlef: Anmerkung zu OVG Berlin, Beschluß vom 26.02.1979, DVBl. 1970, Seite 701 f.

Ders.: Vereinsfreiheit, in: Josef Isensee / Paul Kirchhof (Hrsg.), Handbuch des Staatsrechts der Bundesrepublik Deutschland, Band VI, Freiheitsrechte, Heidelberg 1989, § 144, Seite 775 ff.

Ders.: Über Staatsziele, DÖV 1993, Seite 368 ff.

Meßerschmidt, Klaus: Bundesnaturschutzgesetz, Kommentar, Loseblattsammlung, Stand der Bearbeitung: Juli 1999, Heidelberg.

Ders.: Ökonomische rationale Steuerpolitik – rechtswidrig ? in: Erik Gawel / Gertrude Lübbe-Wolff (Hrsg.), Rationale Umweltpolitik – Rationales Umweltrecht, Baden-Baden 1999, Seite 361 ff.

Ders.: Gesetzgebungsermessen, Berlin 2001.

Meyer, Hans: Das neue öffentliche Vertragsrecht und die Leistungsstörungen, NJW 1977, Seite 1705 ff.

Ders.: Bearbeiter in: Hans Meyer / Hermann Borgs-Maciejewski, Kommentar zum Verwaltungsverfahrensgesetz, 2. Auflage, Frankfurt am Main 1982.

Meyer-Cording, Ulrich: Die Rechtsnorm, Tübingen 1971.

Meyn, Karl-Ulrich: Warnung der Bundesregierung vor Jugendsekten – BVerwG, NJW 1989, 2272 und BVerfG, NJW 1989, 3269, JuS 1990, Seite 630 ff.

Molkenbur, Eckard: Umweltschutz in der Europäischen Gemeinschaft, DVBl. 1990, Seite 677 ff.

Möller, Christoph: Braucht das öffentliche Recht einen neuen Methoden- und Richtungsstreit ? VerwArch 90 (1999), Seite 187 ff.

Moog, Martin: Vertragsnaturschutz in der Forstwirtschaft, 2. Auflage, Frankfurt am Main 1994.

Möstl, Markus: Probleme der verfassungsprozessualen Geltendmachung gesetzgeberischer Schutzpflichten, DÖV 1998, Seite 1029 ff.

Müggenborg, Hans-Jürgen: Formen des Kooperationsprinzips im Umweltrecht der Bundesrepublik Deutschland, NVwZ 1990, Seite 909 ff.

Müller, Horst Joachim: Zum Verwaltungsverfahrensgesetz des Bundes, Die Verwaltung 10 (1977), Seite 513 ff.

Müllman, Christoph: Altlastensanierung und Kooperationsprinzip – der öffentlich-rechtliche Vertrag als Alternative zur Ordnungsverfügung, NVwZ 1994, Seite 876 ff.

Münch von, Ingo: Bearbeiter in: Ingo von Münch / Philip Kunig, Grundgesetz-Kommentar, Band 1, Präambel – 20, 5. Auflage, München 2000.

Murswiek, Dietrich: Zur Bedeutung der grundrechtlichen Schutzpflichten für den Umweltschutz, WiVerw 1986, Seite 179 ff.

Murswiek, Dietrich: Freiheit und Freiwilligkeit im Umweltrecht, JZ 1988, Seite 985 ff.

Murswiek, Dietrich: Die Bewältigung der wissenschaftlichen und technischen Entwicklung durch das Verwaltungsrecht, VVDStRL 48 (1990), Seite 207 ff.

Ders.: Staatsziel Umweltschutz (Art. 20a GG), NVwZ 1996, Seite 222 ff.

Ders.: Bearbeiter in: Michael Sachs (Hrsg.), Grundgesetz, Kommentar, 2. Auflage, München 1999.

Ders.: Umweltrecht und Grundgesetz, Die Verwaltung 33 (2000), Seite 241 ff.

Ders.: Das sogenannte Kooperationsprinzip – ein Prinzip des Umweltschutzes ?, ZfU 2001, Seite 7 ff.

Mutius von, Albert: Zulässigkeit und Grenzen verwaltungsrechtlicher Verträge über kommunale Folgekosten, VerwArch 65 (1974), Seite 201 ff.

Ders.: Die Handlungsformen der öffentlichen Verwaltung, Jura 1979, Seite 223 ff.

Nahamowitz, Peter: Staatsinterventionismus und Recht, Baden-Baden 1998.

Nettesheim, Martin: Das Umweltrecht der Europäischen Gemeinschaft, Jura 1994, Seite 337 ff.

Neumann, Volker: Freiheitsgefährdung im kooperativen Sozialstaat, Köln et al. 1991.

Ders.: Sozialstaatsprinzip und Grundrechtsdogmatik, DVBl. 1997, Seite 92 ff.

Nickel, Dietmar: Absprachen zwischen Staat und Wirtschaft - die öffentlich-rechtlichen Aspekte der Selbstbeschränkungsabkommen der deutschen Industrie, Hamburg 1979.

Nicklisch, Fritz: Funktion und Bedeutung technischer Standards in der Rechtsordnung, BB 1983, Seite 261 ff.

Ders.: Technische Regelwerke – Sachverständigengutachten im Rechtssinne ? NJW 1983, Seite 841 ff.

Nierhaus, Michael: Bearbeiter in: Rudolf Dolzer / Klaus Vogel (Hrsg.), Bonner Kommentar zum Grundgesetz, Band 7, Art. 75 – 91b, Loseblattsammlung, Stand der Bearbeitung: Februar 2001, Heidelberg.

Nygaard, Dagfinn: Environmental Agreements, Oil & gas law and taxation review 1999, Seite 185 ff.

Obermeyer, Klaus: Die Rechtsverordnung im formellen Sinne im bayerischen Landesrecht, DÖV 1954, Seite 73 ff.

Ochtendung, Bernd: Die aktuelle Umweltpolitik der Bundesregierung, NVwZ 2000, Seite 1144 ff.

Oebbecke, Janbernd: Die staatliche Mitwirkung an gesetzesabwendenden Vereinbarungen, DVBl. 1986, Seite 793 ff.

Oeter, Stefan: Bearbeiter in: Christian Stark (Hrsg.), Das Bonner Grundgesetz, Kommentar, Band II, Art. 20 – 78, 4. Auflage, München 2000.

Offe, Claus: Staatliche Steuerung bei vermindertem Rationalitätsanspruch ? in: Thomas Ellwein et al. (Hrsg.), Jahrbuch zur Staats- und Verwaltungswissenschaft 1987, Baden-Baden 1987, Seite 309 ff.

Oldiges, Martin: Staatlich inspirierte Selbstbeschränkungsabkommen der Privatwirtschaft, WIR 1973, Seite 1 ff.

Oppermann, Thomas: Subsidarität als Bestandteil des Grundgesetzes, JuS 1996, Seite 569 ff.

Ders.: Grenzüberschreitende Umweltbelastung in: Otto Kimminich et al. (Hrsg.), Handwörterbuch des Umweltrechts, Band I, 2. Auflage, Berlin 1994, Spalte 906 ff.

Ders.: Europarecht, 2. Auflage, München 1999.

Ossenbühl, Fritz: Die verfassungsrechtliche Zulässigkeit der Verweisung als Mittel der Gesetzgebungstechnik, DVBl. 1967, Seite 401 ff.

Ders.: Verwaltungsvorschriften und Grundgesetz, Bad Homburg v.d.H. 1968.

Ders.: Vertrauensschutz im sozialen Rechtsstaat, DÖV 1972, Seite 25 ff.

Ders.: Die Zustimmung des Bundesrates beim Erlaß von Bundesrecht, AöR 99 (1974), Seite 369 ff.

Ders.: Schule und Rechtsstaat, DÖV 1977, Seite 801 ff.

Ders.: Handlungsformen der Verwaltung, JuS 1979, Seite 681 ff.

Ders.: Aktuelle Probleme der Gewaltenteilung, DÖV 1980, Seite 545 ff.

Ders.: Richterliches Prüfungsrecht und Rechtsverordnungen, in: Festschrift für Hans Huber, Bern 1981, Seite 283 ff.

Ders.: Der Vorbehalt des Gesetzes und seine Grenzen, in: Volkmar Götz et al. (Hrsg.), Die öffentliche Verwaltung zwischen Gesetzgebung und richterlicher Kontrolle, München 1985, Seite 9 ff.

Ders.: Umweltpflege durch behördliche Warnungen und Empfehlungen, Köln 1986.

Ders.: Vorsorge als Rechtsprinzip: Gesundheits-, Arbeits- und Umweltschutz, NVwZ 1986, Seite 161 ff.

Ders.: Informelles Hoheitshandeln im Gesundheits- und Umweltschutz, in: Rüdiger Breuer et al. (Hrsg.), Jahrbuch des Umwelt- und Technikrechts 1987, UTR Band 3, Düsseldorf 1987, Seite 27 ff.

Ossenbühl, Fritz: Die Freiheit des Unternehmers nach dem Grundgesetz, AöR 115 (1990), Seite 1 ff.

Ders.: Zur Staatshaftung bei behördlichen Warnungen von Lebensmitteln, ZHR 155 (1991), Seite 329 ff.

Ders.: Verkehr, Ökonomie und Ökologie im verfassungsrechtlichen Spannungsfeld, NuR 1996, Seite 53 ff.

Ders.: Gesetz und Recht - Die Rechtsquellen im demokratischen Rechtsstaat, in: Josef Isensee / Paul Kirchhof (Hrsg.), Handbuch des Staatsrechts der Bundesrepublik Deutschland, Band III, Das Handeln des Staates, 2. Auflage, Heidelberg 1996, § 61, Seite 281 ff.

Ders.: Vorrang und Vorbehalt des Gesetzes, in: Josef Isensee / Paul Kirchhof (Hrsg.), Handbuch des Staatsrechts der Bundesrepublik Deutschland, Band III, Das Handeln des Staates, 2. Auflage, Heidelberg 1996, § 62, Seite 315 ff.

Ders.: Rechtsverordnung, in: Josef Isensee / Paul Kirchhof (Hrsg.), Handbuch des Staatsrechts der Bundesrepublik Deutschland, Band III, Das Handeln des Staates, 2. Auflage, Heidelberg 1996, § 64, Seite 387 ff.

Ders.: Satzungen, in: Josef Isensee / Paul Kirchhof (Hrsg.), Handbuch des Staatsrechts der Bundesrepublik Deutschland, Band III, Das Handeln des Staates, 2. Auflage, Heidelberg 1996, § 66, Seite 463 ff.

Ders.: Zur Kompetenz der Länder für ergänzende abfallrechtliche Regelungen, DVBl. 1996, Seite 19 ff.

Ders.: Richtlinien im Vertragsarztrecht, NZS 1997, 497 ff.

Ders.: Gesetz und Verordnung im gegenwärtigen Staatsrecht, ZG 1997, Seite 305 ff.

Ders.: Rechtsquellen und Rechtsbindungen der Verwaltung, in: Hans-Uwe Erichsen, Allgemeines Verwaltungsrecht, 11. Auflage, Berlin/New York 1998, Seite 127 ff.

Ders.: Verfassungsrechtliche Fragen eines Ausstiegs aus der friedlichen Nutzung der Kernenergie, AöR 124 (1999), Seite 11 ff.

Ders.: Der verfassungsrechtliche Rahmen offener Gesetzgebung und konkretisierender Rechtssetzung, DVBl. 1999, Seite 1 ff.

Osterloh, Lerke: Privatisierung von Verwaltungsaufgaben, VVDStRL 54 (1995), Seite 204 ff.

Paefgen, Thomas Christian: Emanationen des kooperativen Umweltstaates, GewArch 1991, Seite 161 ff.

Papier, Hans-Jürgen: Grunderwerbsverträge mit Bebauungsplanabrede – BVerwG, NJW 1980, 2538, JuS 1981, Seite 498 ff.

Ders.: Art. 12 GG – Freiheit des Berufs und Grundrecht der Arbeit, DVBl. 1984, Seite 801 ff.

Ders.: Der Vorbehalt des Gesetzes und seine Grenzen, in: Volkmar Götz et al. (Hrsg.), Die öffentliche Verwaltung zwischen Gesetzgebung und richterlicher Kontrolle, München 1985, Seite 36 ff.

Ders.: Zur verwaltungsgerichtlichen Kontrolldichte, DÖV 1986, Seite 621 ff.

Ders.: Grundgesetz und Wirtschaftsordnung, in: Ernst Benda et al. (Hrsg.), Handbuch des Verfassungsrechts der Bundesrepublik Deutschland, 2. Auflage, Berlin/ New York 1994, § 18, Seite 798 ff.

Ders.: Durchleitung und Eigentum, BB 1997, Seite 1213 ff.

Ders.: Bearbeiter in: Theodor Maunz / Günter Dürig, Grundgesetz, Kommentar, Band II, Art. 12 – 21, Loseblattsammlung, Stand der Bearbeitung: 1999, München.

Pauly, Walter: Grundlagen einer Handlungsformenlehre im Verwaltungsrecht, in: Kathrin Becker-Schwarze et al. (Hrsg.), Wandel der Handlungsformen im Öffentlichen Recht, Stuttgart et al. 1991, Seite 25 ff.

Peine, Franz-Joseph: Gesetz und Verordnung, ZG 1988, Seite 121 ff.

Ders.: Verfassungsprobleme des Strahlenschutzgesetzes, NuR 1988, Seite 115 ff.

Ders.: Grenzen der Privatisierung – verwaltungsrechtliche Aspekte, DÖV 1997, Seite 353 ff.

Pernice, Ingolf: Auswirkungen des europäischen Binnenmarktes auf das Umweltrecht – Gemeinschafts- (verfassungs) rechtliche Grundlagen, NVwZ 1990, Seite 201 ff.

Ders.: Kriterien der normativen Umsetzung von Umweltrichtlinien der EG im Lichte der Rechtsprechung des EuGH, EuR 29 (1994), Seite 325 ff.

Peters, Jil: Voluntary agreements between Government and Industry, in: Jan M. Dunné (Editor), Environmental Contracts and Covenants, Rotterdam 1992, Seite 19 ff.

Peters, Wilfried: Zur Zulässigkeit der Feststellungsklage § 43 VwGO bei untergesetzlichen Normen, NVwZ 1999, Seite 506 ff.

Philipp, Albrecht: Arzneimittellisten und Grundrechte, Berlin 1995.

Philipp, Renate: Staatliche Verbraucherinformationen im Umwelt- und Gesundheitsrecht, Köln 1989.

Pieroth, Bodo: Bearbeiter in: Hans Jarass / Bodo Pieroth, Grundgesetz, Kommentar, 5. Auflage, München 2000.

Pieroth, Bodo / Schlink, Bernhard: Grundrechte, Staatsrecht II, 16. Auflage, Heidelberg 2000.

Pietzcker, Jost: Die Rechtsfigur des Grundrechtsverzichts, Der Staat 17 (1978), Seite 527 ff.

Ders.: Vorrang und Vorbehalt des Gesetzes, JuS 1979, Seite 710 ff.

Pipkorn, Jörn: Das Subsidiaritätsprinzip im Vertrag über die Europäische Union – rechtliche Bedeutung, EuZW 1992, Seite 697 ff.

Pitschas, Rainer: Die Bewältigung der wissenschaftlichen und technischen Entwicklungen durch das Verwaltungsrecht, DÖV 1989, Seite 785 ff.

Ders.: Verwaltungsverantwortung und Verwaltungsverfahren, München 1990.

Ders.: Entwicklung der Handlungsformen im Verwaltungsrecht - vom Formalismus des Verwaltungsverfahrens zur Ausdifferenzierung der Handlungsformen, in: Willi Blümel / Rainer Pitschas (Hrsg.), Reform des Verwaltungsverfahrensrechts, Berlin 1994, Seite 229 ff.

Plagemann, Hermann: Leistungsstörung beim Folgelastvertrag, WM 1979, Seite 794 – 801.

Pommerenke, Dagmar: Rechtliche Beurteilung von Umweltvereinbarungen nach dem EG-Vertrag, RdE 1996, Seite 131 ff.

Preuß, Ulrich K.: Risikovorsorge als Staatsaufgabe, in: Dieter Grimm (Hrsg.), Staatsaufgaben, Baden-Baden 1994, Seite 523 ff.

Prieur, Michel: Environmental Agreements: Legal Aspects, Review of European Community & international environmental law 1998, Seite 301 ff.

Punke, Jürgen: Verwaltungshandeln durch Vertrag, Kiel 1989.

Ders.: Wider den öffentlich-rechtlichen Vertrag zwischen Staat und Bürger, DVBl. 1982, Seite 122 ff.

Ders.: Der Rechtsstaat und seine offenen Probleme, DÖV 1989, Seite 137 ff.

Quaas, Michael: Bearbeiter in: Hans Schrödter, Baugesetzbuch, Kommentar, 6. Auflage München 1998.

Quaritsch, Helmut: Kirche und Staat, Der Staat 1 (1962), Seite 289 ff.

Ders.: Kirchenvertrag und Staatsgesetz, in: Hans Peter Ipsen (Hrsg.), Hamburger Festschrift für Friedrich Schack, Berlin 1966, Seite 125 ff.

Ders.: Souveränität, Berlin 1986.

Rabe, Stephan Friedrich: Der Rechtsgedanke der Kompensation als Legitimationsgrundsatz für die regelungsersetzende Verwaltungsabsprache, Frankfurt am Main 1996.

Randelzhofer, Albrecht: Bearbeiter in: Theodor Maunz / Günter Dürig, Grundgesetz, Kommentar, Loseblattsammlung, Band III, Art. 22 – 69, Stand: 1999, München.

Rat von Sachverständigen in Umweltfragen: Umweltgutachten 1978, Stuttgart 1978.

Dies.: Umweltgutachten 1994, Stuttgart 1994.

Dies.: Umweltgutachten 1996, Stuttgart 1996.

Dies.: Umweltgutachten 1998, Stuttgart 1998.

Rat von Sachverständigen für Umweltfragen (Hrsg.): Vollzugsprobleme der Umweltpolitik: Empirische Untersuchung der Implementation von Gesetzen im Bereich der Luftreinhaltung und des Gewässerschutzes, Projektleitung Renate Mayntz, Stuttgartet al. 1978.

Rauschning, Dietrich: Staatsaufgabe Umweltschutz, VVDStRL 38 (1980), Seite 167 ff.

Redeker, Konrad: Die Regelungen des öffentlichen Vertrags im Musterentwurf, DÖV 1966, Seite 543 ff.

Reese, Moritz: Das Kooperationsprinzip im Abfallrecht, ZfU 2001, Seite 14 ff.

Rehbinder, Eckard: Prinzipien des Umweltrechts in der Rechtssprechung des Bundesverwaltungsgerichts: Das Vorsorgeprinzip als Beispiel, in: Everhardt Franßen et al. (Hrsg.), Festschrift für Horst Sendler, München 1991, Seite 269 ff.

Ders.: Environmental Agreements - a New Instrument of Environmental Policy, Environmental policy and law 27 (1997), Seite 258 ff.

Rehbinder, Manfred: Vertragsnaturschutz – Erscheinungsformen, Rechtsprobleme, ökologische Wirkung, DVBl. 2000, Seite 859 ff.

Ders.: Einführung in die Rechtswissenschaft, 8. Auflage, Berlin 1995.

Reidt, Olaf: Der Rechtsanspruch auf Erlaß von untergesetzlichen Normen, DVBl. 2000, Seite 602 ff.

Reinhardt, Michael: Die Überwachung durch Private im Umwelt- und Technikrecht, AöR 118 (1993), Seite 617 ff.

Ders.: Die Umsetzung von Rechtsakten der Europäischen Gemeinschaft durch die Exekutive, in: Peter Marburger et al. (Hrsg.), Jahrbuch des Umwelt- und Technikrechts 1997, UTR Band 40, Berlin 1997, Seite 337 ff.

Ders.: Die Ordnung der Gesetzgebungskompetenzen im Umweltrecht – Zur verfassungsrechtlichen Zulässigkeit einer konkurrierenden Gesetzgebungskompetenz des Bundes für den Umweltschutz, in: Peter Marburger et al. (Hrsg.), Jahrbuch des Umwelt- und Technikrechts 1998, UTR Band 45, Berlin 1998, Seite 123 ff.

Renck, Ludwig: Über die Unterscheidung zwischen öffentlichem und privatem Recht, JuS 1986, 268 ff.

Rendtorff, Trutz: Kritische Erwägungen zum Subsidiaritätsprinzip, Der Staat 1 (1962), Seite 405 ff.

Rengeling, Hans Werner: Vorbehalt und Bestimmtheit des Atomgesetzes, NJW 1978, Seite 2217 ff.

Ders.: Das Kooperationsprinzip im Umweltrecht, Köln et al. 1988.

Ders.: Das Kooperationsprinzip, in: Otto Kimminich et al. (Hrsg.), Handwörterbuch des Umweltrechts, Band I, 2. Auflage, Berlin 1994, Spalte 1284 ff.

Ders.: Die Bundeskompetenz für das Umweltgesetzbuch, DVBl. 1998, Seite 997 ff.

Ders.: Einführung, in: Hans-Werner Rengeling (Hrsg.), Handbuch zum europäischen und deutschen Umweltrecht, Band I, Allgemeines Umweltrecht, Köln et al. 1998, § 1, Seite 1 ff.

Ders.: Durchführung des Europäischen Gemeinschaftsrechts – Überblick, in: Hans-Werner Rengeling (Hrsg.), Handbuch zum europäischen und deutschen Umweltrecht, Band I, Allgemeines Umweltrecht, Köln et al. 1998, § 27, Seite 865 ff.

Ders.: Die Ausführung von Gemeinschaftsrecht insbesondere Umsetzung von Richtlinien, in: Hans-Werner Rengeling (Hrsg.), Handbuch zum europäischen und deutschen Umweltrecht, Band I, Allgemeines Umweltrecht, Köln et al. 1998, § 28, Seite 880 ff.

Ders.: Europarechtliche Grundlagen des Kooperationsprinzips, in: Peter M. Huber (Hrsg.), Das Kooperationsprinzip im Umweltrecht, Berlin 1999, Seite 53 ff.

Rengeling, Hans Werner / Gellermann, Martin: Kooperationsrechtliche Verträge im Naturschutzrecht, ZG 1991, Seite 317 ff.

Dies.: Gestaltung des europäischen Umweltrechts und seine Implementation im deutschen Rechtsraum, in: Udo Di Fabio et al. (Hrsg.), Jahrbuch des Umwelt- und Technikrechts 1996, UTR Band 36, Heidelberg 1996, Seite 1 ff.

Renk, Ludwig: Die Normerlaßklage – VGH München, BayVBl. 1980, 209, JuS 1982, Seite 338 ff.

Rennings, Klaus / Brockmann, Karl Ludwig / Koschel, Henrik / Bergmann, Heidi / Kühn, Isabel: Nachhaltigkeit, Ordnungspolitik und freiwillige Selbstverpflichtung, Heidelberg 1996.

Riesenkampff, Alexander: Die private Abfallentsorgung und das Kartellrecht, BB 1995, Seite 833 ff.

Ritter, Ernst Hasso: Der kooperative Staat, AöR 104 (1979), Seite 389 ff.

Ders.: Umweltpolitik und Rechtsentwicklung, NVwZ 1987, Seite 929 ff.

Ders.: Das Recht als Steuerungsmedium im kooperativen Staat, Staatswissenschaften und Staatspraxis 1 (1990), Seite 50 ff.

Ders.: Das Recht als Steuerungsmedium im kooperativen Staat, in: Dieter Grimm (Hrsg.), Wachsende Staatsaufgaben - sinkende Steuerungsfähigkeit des Rechts, Baden-Baden 1990, Seite 69 ff.

Ders.: Von der Schwierigkeit des Rechts mit der Ökologie, DÖV 1992, Seite 641 ff.

Robbers, Gerhard: Der Grundrechtsverzicht, JuS 1985, Seite 925 ff.

Ders.: Schlichtes Verwaltungshandeln, DÖV 1987, Seite 272 ff.

Ders.: Sicherheit als Menschenrecht, Baden-Baden 1987.

Ders.: Anspruch auf Normerlaß – OVG Koblenz, NJW 1988, 1684, JuS 1988, Seite 949 ff.

Ders.: Behördliche Auskünfte und Warnungen gegenüber der Öffentlichkeit, AfP 1990, Seite 84 ff.

Röhl, Hans Christian: Staatliche Verantwortung in Kooperationsstrukturen, Die Verwaltung 29 (1996), Seite 487 ff.

Rönck, Rüdiger: Technische Normen als Gestaltungsmittel des Europäischen Gemeinschaftsrechts, Berlin 1995.

Ronellenfitsch, Michael: Selbstverantwortung und Deregulierung im Ordnungs- und Umweltrecht, Berlin 1995.

Ders.: Wirtschaftliche Betätigung des Staates, in: Josef Isensee/ Paul Kirchhof (Hrsg.), Handbuch des Staatesrechts, Band III, Das Handeln des Staates, 2. Auflage, Heidelberg 1996, § 84, Seite 1171 ff.

Rosse-Stadtfeld, Helge: Gesetzesvollzug durch Verhandlung, NVwZ 2001, Seite 361 ff.

Roßnagel, Alexander: Die rechtliche Fassung technischer Risiken, UPR 1986, Seite 46 ff.

Ders.: Ansätze zu einer rechtlichen Steuerung des technischen Wandels, in: Rüdiger Breuer et al. (Hrsg.), Jahrbuch des Umwelt- und Technikrechts 1994, UTR Band 27, Heidelberg 1994, Seite 425 ff.

Roth, Andreas: Verwaltungshandeln mit Drittbetroffenheit und Gesetzesvorbehalt, Berlin 1991.

Roth, Wolfgang: Faktische Eingriffe in Freiheit und Eigentum, Berlin 1994.

Rüfner, Wolfgang: Grundrechtsträger, in: Josef Isensee / Paul Kirchhof, Handbuch des Staatsrechts der Bundesrepublik Deutschland, Band V, Allgemeine Grundrechtslehre, Heidelberg 1992, § 116, Seite 485 ff.

Ders.: Bearbeiter in: Rudolf Dolzer / Klaus Vogel (Hrsg.), Bonner Kommentar zum Grundgesetz, Band 1, Einleitung – Art. 5, Loseblattsammlung, Stand der Bearbeitung: Februar 2001, Heidelberg.

Rupp, Hans Heinrich: Verwaltungsakt und Vertragsakt, DVBl. 1959, Seite 81 ff.

Ders.: Die Unterscheidung von Staat und Gesellschaft, in: Josef Isensee / Paul Kirchhof (Hrsg.), Handbuch des Staatsrechts der Bundesrepublik Deutschland, Band I, Grundlagen von Staat und Verfassung, Heidelberg 1987, § 28, Seite 1187 ff.

Ders.: Rechtsverordnungsbefugnis des Deutschen Bundestages ? NVwZ 1993, Seite 756 ff.

Sachs, Michael: Die normsetzende Vereinbarung im Verwaltungsrecht, VerwArch 74 (1983), Seite 25 ff.

Ders.: Volenti non fit iniuria, VerwArch 76 (1985), Seite 398 ff.

Ders.: Die relevanten Grundrechtsbeeinträchtigungen, JuS 1995, Seite 303 ff.

Ders.: Bearbeiter in: Paul Stelkens / Heinz Joachim Bonk, / Michael Sachs, Verwaltungsverfahrensgesetz, Kommentar, 5. Auflage, München 1998.

Ders.: Bearbeiter in: Michael Sachs (Hrsg.), Grundgesetz, Kommentar, 2. Auflage, München 1999.

Sacksofsky, Erik: Wettbewerbliche Probleme der Entsorgungswirtschaft, WuW 1994, Seite 320 ff.

Salzwedel, Jürgen: Die Grenzen der Zulässigkeit des öffentlich-rechtlichen Vertrags, Berlin 1958.

Ders.: Umweltschutz, in: Josef Isensee / Paul Kirchhof, Handbuch des Staatsrechts der Bundesrepublik Deutschland, Band III, Das Handeln des Staates, 2. Auflage, Heidelberg 1996, § 85, Seite 1205 ff.

Ders.: Umweltschutz durch öffentlich-rechtlichen Vertrag, in: Reinhard Hendler et al. (Hrsg.), Rückzug des Ordnungsrechts im Umweltschutz, UTR Band 48, Berlin 1999, Seite 147 ff.

Salzwedel, Jürgen / Reinhardt, Michael: Neue Tendenzen im Wasserrecht, NVwZ 1991, Seite 946 ff.

Sannwald, Rüdiger: Bearbeiter in: Bruno Schmidt-Bleibtreu / Franz Klein, Kommentar zum Grundgesetz, 9. Auflage, Neuwied 1999.

Schaub, Günter: Arbeitsrechtshandbuch, 8. Auflage, München 1996.

Ders.: Bearbeiter in: Thomas Dieterich et al. (Hrsg.), Erfurter Kommentar zu Arbeitsrecht, München 1998.

Schendel, Frank Andreas: Selbstverpflichtungen der Industrie als Steuerungsinstrument im Umweltschutz, NVwZ 2001, Seite 494 ff.

Schenke, Rüdiger: Der rechtswidrige Verwaltungsvertrag nach dem Verwaltungsverfahrensgesetz, JuS 1977, Seite 281 ff.

Scherer, Joachim: Rechtsprobleme normsetzender Absprachen zwischen Staat und Wirtschaft am Beispiel des Umweltrechts, DÖV 1991, Seite 1 ff.

Ders.: Umwelt Audit: Instrument zur Durchsetzung des Umweltrechts im europäischen Binnenmarkt, NVwZ 1993, Seite 11 ff.

Scherzberg, Arno: Grundfragen des verwaltungsrechtlichen Vertrages, JuS 1992, Seite 205 ff.

Ders.: Risiko als Rechtsproblem, VerwArch 85 (1994), Seite 484 ff.

Scheuner, Ulrich: Diskussionsbeitrag, VVDStRL 16 (1958), 124.

Ders.: Die Aufgabe der Gesetzgebung in unserer Zeit, DÖV 1960, Seite 601 ff.

Schilling, Theodor: Der unfreiwillige Vertrag mit der öffentlichen Hand, VerwArch 87 (1996), Seite 191 ff.

Schimpf, Christian: Der verwaltungsrechtliche Vertrag unter besonderer Berücksichtigung seiner Rechtswidrigkeit, Berlin 1982.

Schink, Alexander: Aufgaben und Zusammensetzung der Naturschutzbeiräte in der Bundesrepublik, NuR 1992, Seite 113 ff.

Ders.: Vollzugsdefizite im Kommunalen Umweltschutz, ZUR 1993, Seite 1 ff.

Ders.: Umweltschutz als Staatsziel, DÖV 1997, Seite 221 ff.

Ders.: Kodifikation des Umweltrechts, DÖV 1999, Seite 1 ff.

Schink, Alexander / Erbguth, Wilfried: Die Umweltverträglichkeitsprüfung im immissionsschutzrechtlichen Zulassungsverfahren, DVBl. 1991, Seite 413 ff.

Schlachter, Monika: Allgemeinverbindlich-Erklärung des Vorruhestandstarifvertrages im Baugewerbe, BB 1987, Seite 758 ff.

Schlarmann, Josef: Die kartellrechtliche Behandlung von Selbstbeschränkungsabkommen, NJW 1971, Seite 1394 ff.

Ders.: Die Wirtschaft als Partner des Staates, Hamburg 1972.

Schlette, Volker: Die Verwaltung als Vertragspartner, Tübingen 2000.

Schmelzer, Dirk: Freiwillige Selbstverpflichtung in der Umweltpolitik, Aachen 1999.

Schmidt, Gudrun: Bearbeiterin in: Hans von der Groebe et al. (Hrsg.), Kommentar zum EU-/EG-Vertrag, Band 4, Art. 137 – 209a, 5. Auflage, Baden-Baden 1997.

Schmidt, Karl: Die Vertrauensschutzrechtssprechung des Bundesverwaltungsgerichts und das Bundesverfassungsgericht, DÖV 1972, Seite 36 ff.

Schmidt, Reiner: Privatisierung und Gemeinschaftsrecht, Die Verwaltung 28 (1995), Seite 281 ff.

Ders.: Einführung in das Umweltrecht, 5. Auflage, München 1999.

Ders.: Die Reform von Verwaltung und Verwaltungsrecht, VerwArch 91 (2000), Seite 149 ff.

Schmidt, Reiner / Diederichsen, Lars: Anmerkung zu BVerfG, Urteil vom 07.05.1998, JZ 1999, Seite 37 ff.

Schmidt-Aßmann, Eberhard: Die Grundsätze des Naturschutzes und der Landschaftspflege, NuR 1979, Seite 1 ff.

Ders.: Der Grundgedanke des Verwaltungsverfahrens und das neue Verwaltungsverfahrensrecht, Jura 1979, Seite 505 ff.

Ders.: Anwendungsprobleme des Art. 2 Abs. 2 GG im Immissionsschutzrecht, AöR 106 (1981), Seite 205 ff.

Ders.: Der Rechtsstaat, in: Josef Isensee / Paul Kirchhof (Hrsg.), Handbuch des Staatsrechts der Bundesrepublik Deutschland, Band I, Grundlagen von Staat und Verfassung, Heidelberg 1987, § 24, Seite 987 ff.

Ders.: Die Lehre von den Rechtsformen des Verwaltungshandelns, DVBl. 1989, Seite 533 ff.

Ders.: Verwaltungsverträge im Städtebaurecht, in: Werner Lenz (Hrsg.), Festschrift für Konrad Gelzer, Düsseldorf 1991, Seite 117 ff.

Ders.: Verwaltungslegitimation als Rechtsbegriff, AöR 116 (1991), Seite 329 ff.

Ders.: Zur Reform des Allgemeinen Verwaltungsrechts – Reformbedarf und Reformansätze, in: Wolfgang Hoffmann-Riem et al. (Hrsg.), Reform des allgemeinen Verwaltungsrechts, Baden-Baden 1993, Seite 11 ff.

Ders.: Deutsches und Europäisches Verwaltungsverfahrensrecht, DVBl. 1993, Seite 924 ff.

Ders.: Zur Funktion des Allgemeinen Verwaltungsrechts, Die Verwaltung 27 (1994), Seite 137 ff.

Schmidt-Aßmann, Eberhard: Zur Funktion des Allgemeinen Verwaltungsrechts, in: Stanislaw Biernat et al. (Hrsg.), Grundfragen der Verwaltungsrechts und der Privatisierung, Stuttgart et al. 1994, Seite 15 ff.

Ders.: Verwaltungsverfahren, in: Josef Isensee / Paul Kirchhof (Hrsg.), Handbuch des Staatsrechts der Bundesrepublik Deutschland, Band III, Das Handeln des Staates, 2. Auflage, Heidelberg 1996, § 70, Seite 623 ff.

Ders.: Das allgemeine Verwaltungsrecht als Ordnungsidee, Heidelberg 1998.

Schmidt-Aßmann, Eberhard / Krebs, Walter: Rechtsfragen städtebaulicher Verträge, 2. Auflage, Köln 1992.

Schmidthuber, Peter M.: Das Subsidiaritätsprinzip im Vertrag vom Maastricht, DVBl. 1993, Seite 417 ff.

Schmitt-Glaeser, Walter / Horn, Hans-Detlef: Verwaltungsprozeßrecht, 15. Auflage, Stuttgart et al. 2000.

Schmidt-Jortzig, Edzard: Subsidiaritätsprinzip und Grundgesetz, in: Edzard Schmidt-Jortzig / Alexander Schink (Hrsg.), Subsidiaritätsprinzip und Kommunalordnung, Köln et al. 1982, Seite 1 ff.

Schmidt-Preuß, Matthias: Verwaltung und Verwaltungsrecht zwischen gesellschaftlicher Selbstregulierung und staatlicher Steuerung, VVDStRL 56 (1997), Seite 160 ff.

Ders.: Normierung und Selbstnormierung aus der Sicht des Öffentlichen Rechts, ZLR 1997, Seite 249 ff.

Ders.: Private technische Regelwerke – Rechtliche und politische Fragen, in: Michael Kloepfer (Hrsg.), Selbst-Beherrschung im technischen und ökologischen Bereich, Berlin 1998, Seite 89 ff.

Ders.: Atomausstieg und Eigentum, NJW 2000, Seite 1524 ff.

Schmitz, Heribert: 20 Jahre Verwaltungsverfahrensgesetz – neue Tendenzen im Verfahrensrecht auf dem Weg zum schlanken Staat, NJW 1998, Seite 2866 ff.

Schnapp, Friedrich E: Der Verwaltungsvorbehalt, VVDStRL 43 (1985), Seite 172 ff.

Schneider, Hans: Verträge zwischen Gliedstaaten im Bundesstaat, VVDStRL 19 (1960), Seite 1 ff.

Ders.: Gesetzgebung, 2. Auflage, Heidelberg 1991.

Schneider, Hans-Peter: Art. 12 GG – Freiheit des Berufs und Grundrecht auf Arbeit, VVDStRL 43 (1985), Seite 7 ff.

Ders.: Gesetzgebung und Einzelfallgerechtigkeit, ZRP 1998, Seite 323 ff.

Schneider, Jens-Peter: Kooperatives Verwaltungsverfahren, VerwArch 87 (1996), Seite 38 ff.

Schoch, Friedrich: Anmerkung zu OLG Stuttgart, Urteil vom 21.3.1990, WUR 1990, Seite 45 ff.

Ders.: Staatliche Informationspolitik und Berufsfreiheit, DVBl. 1991, Seite 667 ff.

Ders.: Ein Beitrag des kommunalen Wirtschaftsrechts zur Privatisierung öffentlicher Aufgaben, DÖV 1993, Seite 337 ff.

Ders.: Privatisierung von Verwaltungsaufgaben, DVBl. 1994, Seite 962 ff.

Scholz, Rupert: Technik und Recht, in: Dieter Wilke (Hrsg.), Festschrift zum 125. Bestehen der Juristischen Gesellschaft zu Berlin, Berlin 1984, Seite 691 ff.

Ders.: Neue Jugendreligionen und Äußerungsrecht, NVwZ 1994, Seite 127 ff.

Ders.: Das Subsidiaritätsprinzip im Gemeinschaftsrecht – ein tragfähiger Maßstab zur Kompetenzabgrenzung, in: Klaus Letzgus et al. (Hrsg.), Festschrift für Herbert Helmrich, München 1994, Seite 411 ff.

Ders.: Bearbeiter in: Theodor Maunz / Günter Dürig, Grundgesetz, Kommentar, Loseblattsammlung, Band I, Art. 1 – 11, Band II, Art. 12 – 21, Stand der Bearbeitung: Februar 1999, München.

Scholz, Rupert / Aulener, Josef: Grundfragen zum Dualen System, BB 1993, Seite 2250 ff.

Schorkopf, Frank: Die „vereinbarte" Novellierung des Atomgesetzes, NVwZ 2000, Seite 1111 ff.

Schrader, Christian: Das Kooperationsprinzip - ein Rechtsprinzip ? DÖV 1990, Seite 326 ff.

Ders.: Produktverantwortung, Ordnungsrecht und Selbstverpflichtung am Beispiel der Altautoentsorgung, NVwZ 1997, Seite 943 ff.

Ders.: Gebot der Widerspruchsfreiheit, Kooperationsprinzip mit Folgen, ZUR 1998, Seite 155 ff.

Schröder, Heinrich Josef: Gesetzgebung und Verbände, Berlin 1976.

Schröder, Meinhard: Waldschäden als Problem des internationalen und europäischen Rechts, DVBl. 1986, Seite 1173 ff.

Ders.: Das Bundesverfassungsgericht als Hüter des Staates im Prozeß der europäischen Integration, DVBl. 1994, Seite 316 ff.

Schröder, Meinhard: Aktuelle Entwicklungen im europäischen Umweltrecht, NuR 1998, Seite 1 ff.

Schröder, Meinhard: Aufgaben der Bundesregierung, in: Josef Isensee / Paul Kirchhof (Hrsg.), Handbuch des Staatsrechts der Bundesrepublik Deutschland, Band II, Demokratische Willensbildung – Die Staatsorgane des Bundes, 2. Auflage, Heidelberg 1998, § 50, Seite 585 ff.

Ders.: Umweltschutz als Gemeinschaftsziel und Grundsätze des Umweltschutzes, in: Hans Werner Rengeling, (Hrsg.), Handbuch des deutschen und europäischen Umweltrechts, Band I, Allgemeines Umweltrecht, Köln et al. 1998, § 9, Seite 181 ff.

Ders.: Konsensuale Instrumente des Umweltrechts, NVwZ 1998, Seite 1011 ff.

Schulte, Martin: Informales Verwaltungshandeln als Mittel staatlicher Umwelt- und Gesundheitspolitik, DVBl. 1988, Seite 512 ff.

Ders.: Schlichtes Verwaltungshandeln, Tübingen 1995.

Ders.: Die Rechtsverhältnislehre als Struktur- und Ordnungsrahmen für schlichtes Verwaltungshandeln, in: Nicolai Dose / Rüdiger Voigt (Hrsg.), Kooperatives Recht, Baden-Baden 1995, Seite 257 ff.

Ders.: Verfassungsrechtliche Beurteilung der Umweltnormung, in: Hans-Werner Rengeling (Hrsg.), Umweltnormung, Köln et al. 1998, Seite 165 ff.

Ders.: Materielle Regelungen: Umweltnormung, in: Hans-Werner Rengeling (Hrsg.), Handbuch zum europäischen und deutschen Umweltrecht, Band I, Allgemeines Umweltrecht, Köln et al. 1998, § 17, Seite 449 ff.

Schulze-Fielitz, Helmuth: Der informale Verfassungsstaat: Aktuelle Beobachtungen des Verfassungslebens der Bundesrepublik Deutschland im Lichte der Verfassungstheorien, Berlin 1984.

Ders.: Theorie und Praxis parlamentarischer Gesetzgebung, Berlin 1988.

Ders.: Konfliktmittler als verwaltungsverfahrensrechtliches Problem, in: Wolfgang Hoffmann-Riem / Eberhard Schmidt-Aßmann (Hrsg.), Konfliktbewältigung durch Verhandlungen, Band II, Baden-Baden 1990, Seite 55 ff.

Ders.: Staatsaufgabenentwicklung und Verfassung, in: Dieter Grimm (Hrsg.), Wachsende Staatsaufgaben – sinkende Steuerungsfähigkeit des Rechts, Baden-Baden 1990, Seite 11 ff.

Ders.: Das Flachglasurteil des Bundesverwaltungsgerichts, BVerwGE 45, 309, Jura 1992, Seite 201 ff.

Schulze-Fielitz, Helmuth: Der Leviathan auf dem Weg zum nützlichen Haustier ? in: Rüdiger Voigt (Hrsg.), Abschied vom Staat - Rückkehr zum Staat ? Baden-Baden 1993, Seite 95 ff.

Ders.: Kooperatives Recht im Spannungsfeld von Rechtsstaatsprinzip und Verfahrensökonomie, DVBl. 1994, Seite 657 ff.

Ders.: Kooperatives Recht im Spannungsfeld von Rechtsstaatsprinzip und Verfahrensökonomie, in: Nicolai Dose / Rüdiger Voigt (Hrsg.), Kooperatives Recht, Baden-Baden 1995, Seite 225 ff.

Ders.: Bearbeiter in: Horst Dreier, Grundgesetz, Kommentar, Band II, Art. 20 – 80, Tübingen 1998.

Schuppert, Gunnar Folke: Die öffentliche Aufgaben als Schlüsselbegriff der Verwaltungswissenschaft, VerwArch 71 (1980), Seite 309 ff.

Ders.: Zur Neubelebung der Staatsdiskussion: Entzauberung des Staates oder Bringing the State back in ? Der Staat 28 (1989), Seite 91 ff.

Ders.: Selbstverwaltung, Selbststeuerung, Selbstorganisation – Zur Begrifflichkeit einer Wiederbelebung des Subsidiaritätsgedankens, AöR 114 (1989), Seite 127 ff.

Ders.: Recht als Steuerungsinstrument: Grenzen und Alternativen rechtlicher Steuerung, in: Thomas Ellwein / Joachim Jens Hesse (Hrsg.), Staatswissenschaften: Vergessene Disziplin oder neue Herausforderung ? Baden-Baden 1990, Seite 73 ff.

Ders.: Grenzen und Alternativen von Steuerung durch Recht, in: Dieter Grimm (Hrsg.), Wachsende Staatsaufgaben - sinkende Steuerungsfähigkeit des Rechts, Baden-Baden 1990, Seite 217 ff.

Ders.: Verwaltungswissenschaft als Steuerungswissenschaft. Zur Steuerung des Verwaltungshandelns durch Verwaltungsrecht, in: Wolfgang Hoffmann-Riem et al. (Hrsg.), Reform des Allgemeinen Verwaltungsrechts, Baden-Baden 1993, Seite 65 ff.

Ders.: Die Privatisierung in der deutschen Staatsrechtslehre, Staatswissenschaften und Staatspraxis 5 (1994), Seite 541 ff.

Ders.: Rückzug des Staates ? DÖV 1995, Seite 761 ff.

Ders.: Die öffentliche Verwaltung im Kooperationsspektrum staatlicher und privater Aufgabenerfüllung: Zum Denken in Verantwortungsstufen, Die Verwaltung 31 (1998), Seite 415 ff.

Schutt, Wolfgang: Die Anhörung vor abfallrechtlichen Zielvorgaben und Rechtsverordnungen, NVwZ 1991, Seite 10 ff.

Schwabe, Jürgen: Probleme der Grundrechtsdogmatik, Darmstadt 1977.

Schwarze, Jürgen: Europäisches Verwaltungsrecht, Band I, Entstehung und Entwicklung im Rahmen der Europäischen Entwicklung, Baden-Baden 1988.

Schweitzer, Michael: Das Verhältnis des Gemeinschaftsrechts zu nationalem, insbesondere deutschem Recht, in: Hans-Werner Rengeling (Hrsg.), Handbuch zum europäischen und deutschen Umweltrecht, Band I, Allgemeines Umweltrecht, Köln et al. 1998, § 26, Seite 834 ff.

Schweitzer, Michael / Hummer, Waldemar: Europarecht, 5. Auflage, Berlin 1996.

Schwerdtfeger, Gunther: Verbrauchsinformationen durch Information, in: Dieter Wilke (Hrsg.), Festschrift zum 125-jährigen Bestehen der juristischen Gesellschaft zu Berlin, Berlin 1984, Seite 715 ff.

Segerson, Kathleen / Miceli, Thomas J.: Voluntary Environmental Agreements: Good or Bad News for Environmental Protection ? Journal of environmental economics and management 36 (1998), Seite 109 ff.

Seidel, Achim: Privater Sachverstand und staatliche Garantenstellung im Verwaltungsrecht, München 2000.

Selmer, Peter: Unzulässigkeit kommunaler Verpackungssteuer und landesrechtlicher Abfallabgabe, JuS 1998, Seite 1054 ff.

Sendler, Horst: Ist das Umweltrecht normierbar ? UPR 1981, Seite 1 ff.

Ders.: Grundprobleme des Umweltrechts, JuS 1983, Seite 255 ff.

Ders.: Normkonkretisierende Verwaltungsvorschriften im Umweltrecht, UPR 1993, Seite 321 ff.

Ders.: Selbstregulierung im Konzept des Umweltgesetzbuches, UPR 1997, Seite 381 ff.

Ders.: Grundrecht auf Widerspruchsfreiheit der Rechtsordnung ? - Eine Reise nach Absurdistan ? NJW 1998, Seite 2875 ff.

Ders.: Zur Umsetzung der IVU- und der UVP- Änderungsrichtlinie durch ein Umweltgesetzbuch I, in: Peter Marburger et al. (Hrsg.), Jahrbuch des Umwelt- und Technikrechts 1998, UTR Band 45, Berlin 1998, Seite 7 ff.

Sendler, Horst: Selbstregulierung im Konzept des Umweltgesetzbuches, in: Michael Kloepfer (Hrsg.), Selbst-Beherrschung im technischen und ökologischen Bereich, Berlin 1998, Seite 135 ff.

Ders.: Europäisches Umweltrecht und künftiges deutsches Umweltgesetzbuch. Entwurf der Unabhängigen Sachverständigenkommission zum Umweltgesetzbuch (UGB-KomE), in: Hans Werner Rengeling, (Hrsg.), Handbuch des deutschen und europäischen Umweltrechts, Band II, Besonderes Umweltrecht, Köln et al. 1998, § 93, Seite 1563 ff.

Ders.: Verwaltungsverfahrensgesetz und Umweltgesetzbuch, NVwZ 1999, Seite 132 ff.

Smid, Stefan: Zur Einführung: Niklas Luhmanns systemtheoretische Konzeption des Rechts, JuS 1986, Seite 513 ff.

Sodan, Helge: Gesundheitsbehördliche Informationstätigkeit und Grundrechtsschutz, DÖV 1987, Seite 858 ff.

Soell, Hermann: Überlegungen zum europäischen Umweltrecht, NuR 1990, Seite 155 ff.

Ders.: Verordnungsermächtigung und Demokratieprinzip, JZ 1997, Seite 434 ff.

Song, Dongsoo: Kooperatives Verwaltungshandeln durch Absprache und Vertrag beim Vollzug des Immissionsschutzrechts, Berlin 2000.

Spaeth, Wiebke: Grundrechtseingriff durch Information, Frankfurt am Main et al. 1995.

Spanner, Hans: Der Regierungsentwurf eines Bundes- Verwaltungsverfahrensgesetzes, JZ 1970, Seite 671 ff.

Spannowsky, Willy: Grenzen des Verwaltungshandelns durch Verträge und Absprachen, Berlin 1995.

Ders.: Vertragliche Regelungen als Instrumente zur Sicherung der nachhaltigen städtebaulichen Entwicklung, DÖV 2000, Seite 569 ff.

Spieß, Gerhard: Der Grundrechtsverzicht, Frankfurt am Main 1997.

Spieth, Wolfgang Friedrich: Beteiligung an der Rechtsetzung der Raum- und Umweltplanung, Frankfurt am Main 1993.

Starck, Christian: Der Gesetzesbegriff im Grundgesetz, Baden-Baden 1969.

Ders.: Bearbeiter in: Christian Starck (Hrsg.), Das Bonner Grundgesetz, Kommentar, Band I, 4. Auflage, München 1999.

Staudenmayer, Cornelia: Der Verwaltungsvertrag mit Drittwirkung, Konstanz 1997.

Steiling, Ronald: Mangelnde Umsetzung von EG Richtlinien durch den Erlaß und die Anwendung der TA-Luft, NVwZ 1992, Seite 134 ff.

Stein, Ekkehart: Der Verwaltungsvertrag und die Gesetzmäßigkeit der Verwaltung, AöR 86 (1961), Seite 320 ff.

Steinberg, Rudolf: Die Subsidiaritätsklausel im Umweltrecht der Gemeinschaft, Staatswissenschaften und Staatspraxis 6 (1995), Seite 293 ff.

Ders.: Verfassungsrechtlicher Umweltschutz durch Grundrechte und Staatszielbestimmungen, NJW 1996, Seite 1985 ff.

Steiner, Udo: Öffentliche Verwaltung durch Private, Hamburg 1975.

Stelkens, Paul / Kallerhoff, Dieter: Bearbeiter in: Paul Stelkens / Heinz Joachim Bonk / Michael Sachs, Verwaltungsverfahrensgesetz, Kommentar, 5. Auflage, München 1998.

Stelkens, Paul / Schmitz, Heribert: Bearbeiter in: Paul Stelkens / Heinz Joachim Bonk / Michael Sachs, Verwaltungsverfahrensgesetz, Kommentar, 5. Auflage, München 1998.

Stern, Klaus: Zur Grundlegung einer Lehre des öffentlich-rechtlichen Vertrages, VerwArch 49 (1958), Seite 106 ff.

Ders.: Staatsrecht der Bundesrepublik,

Band I, Grundbegriffe und Grundlagen des Staatrechts, Strukturprinzipien der Verfassung, 2. Auflage, München 1984,

Band II, Staatsorgane, Staatsfunktionen, Finanz- und Haushaltsverfassung, Notstandsverfassung, München 1980,

Band III, 1. Halbband, Grundlagen und Geschichte nationaler und internationaler Grundrechtskonstitutionalismus, juristische Bedeutung der Grundrechte, Grundrechtsberechtigte, Grundrechtsverpflichtete, München 1988,

Band III, 2. Halbband, Allgemeine Lehre der Grundrechte, München 1994

Stettner, Rudolf: Die Bindung der Gemeinde durch den Folgekostenvertrag, AöR 102 (1977), Seite 344 ff.

Stillner, Walter: Probleme der Produktwarnung im Lebensmittelrecht, NJW 1991, Seite 1340 ff.

Stober, Rolf: Grundrechtsschutz der Wirtschaftstätigkeit, Köln et al. 1989.

Ders.: Deregulierung im Wirtschaftsverwaltungsrecht, DÖV 1995, Seite 125 ff.

Ders.: Allgemeines Wirtschaftsverwaltungsrecht, 11. Auflage, Stuttgart 1998.

Stollmann, Frank: Verwaltung und Wirtschaft – Kooperationsformen im Städtebaurecht, WiVerw 2000, Seite 126 ff.

Storm, Peter-Christoph: Umweltrecht, AgrarR 1974, Seite 181 ff.

Storm, Peter-Christoph: Auf dem Weg zum Umweltgesetzbuch, in: Hans-Joachim Koch (Hrsg.), Auf dem Weg zum Umweltgesetzbuch, Baden-Baden 1992, Seite 9 ff.

Ders.: Entwicklungsschwerpunkte des Umweltrechts, in: Peter Marburger et al. (Hrsg.), Jahrbuch des Umwelt- und Technikrechts 1997, UTR Band 40, Berlin 1997, Seite 7 ff.

Ders.: Umweltgesetzbuch (UGB-KomE): Einsicht in ein Jahrhundertwerk, NVwZ 1999, Seite 35 ff.

Ders.: Das deutsche Projekt des Umweltgesetzbuchs (UGB), WiVerw 1999, Seite 158 ff.

Streck, Thilo: Abfallrechtliche Produktverantwortung, Frankfurt am Main 1998.

Streinz, Rudolf: Bearbeiter in: Michael Sachs (Hrsg.), Grundgesetz, Kommentar, 2. Auflage, München 1999.

Strenschke, York Christian: Das Inschutznahmeverfahren im Naturschutzrecht, BayVBl. 1987, Seite 644 ff.

Studenroth, Stefan: Einflußnahme des Bundestages auf Erlaß, Inhalt und Bestand von Rechtsverordnungen, DÖV 1995, Seite 525 ff.

Stuer, Berhard / Rude, Stefan: Europäisches Umweltrecht, Abschied vom UGB und Lärmschutz, DVBl. 2000, Seite 250 ff.

Sturm, Gerd: Probleme eines Verzichts auf Grundrechte, in: Gerhard Leipholz et al. (Hrsg.), Festschrift für Willi Geiger, Tübingen 1974, Seite 173 ff.

Suerbaum, Joachim: Die Europäisierung des nationalen Verwaltungsverfahrensrechts am Beispiel der Rückabwicklung gemeinschaftswidriger staatlicher Beihilfen, VerwArch 91 (2000), Seite 169 ff.

Sydow von, Schmitt Helmut: Bearbeiter in: Hans von der Groeben et al. (Hrsg.), Kommentar zum EU-/EG-Vertrag, Band 4, Art. 137 – 203a, 5. Auflage, Baden-Baden 1997.

Tettinger, Peter J.: Bearbeiter in: Michael Sachs (Hrsg.), Grundgesetz, Kommentar, 2. Auflage, München 1999.

Teubner, Gunther: Zu den Regelungsproblemen der Verbände, JZ 1978, Seite 545 ff.

Ders.: Reflexives Recht, Entwicklungsmodelle des Rechts in vergleichender Perspektive, Archiv für Rechts- und Sozialphilosophie 68 (1982), Seite 13 ff.

Ders.: Recht als autopoietisches System, Frankfurt am Main 1989.

Thieme, Werner: Die Grenzen der Steuerung durch Gesetz im Wohlfahrtsstaat, DÖV 1990, Seite 1051 ff.

Thomsen, Silke: Rechtsverordnungen unter Abänderungsvorbehalt des Bundestages, DÖV 1995, Seite 989 ff.

Dies.: Produktverantwortung, Baden-Baden 1998.

Tiedemann, Paul: Bearbeiter in: Roland Fritz (Hrsg.), Kommentar zum Verwaltungsverfahrensgesetz, 3. Auflage, Neuwied 1999.

Tietmann, Karl: Situation der Umwelt in der Europäischen Union, in: Hans Werner Rengeling, (Hrsg.), Handbuch des deutschen und europäischen Umweltrechts, Band I, Allgemeines Umweltrecht, Köln et al. 1998, § 2, Seite 13 ff.

Tokiyasu, Fujita: Streitvermeidung und Streiterledigung durch informelles Verwaltungshandeln in Japan, NVwZ 1994, Seite 133 ff.

Treutner, Erhard: Kooperativer Rechtsstaat, Baden-Baden 1998.

Trute, Hans-Heinrich: Die Verwaltung und das Verwaltungsrecht zwischen gesellschaftlicher Selbstregulierung und staatlicher Steuerung, DVBl. 1996, Seite 950 ff.

Ders.: Vom Obrigkeitsstaat zur Kooperation, in: Reinhard Hendler et al. (Hrsg.), Rückzug des Ordnungsrechts im Umweltschutz, UTR Band 48, Berlin 1999, Seite 13 ff.

Ders.: Verantwortungsteilung als Schlüsselbegriff eines sich verändernden Verhältnisses von öffentlichem und privatem Sektor, in: Gunnar Folke Schuppert (Hrsg.), Jenseits von Privatisierung und „schlankem" Staat, Baden-Baden 1999, Seite 13 ff.

Uhle, Arnd: Das Staatsziel Umweltschutz im System der grundgesetzlichen Ordnung, DÖV 1993, Seite 947 ff.

Ders.: Das Staatsziel Umweltschutz und das Bundesverwaltungsgericht, UPR 1996, Seite 55 ff.

Ders.: Parlament und Rechtsverordnung, München 1999.

Ule, Carl Hermann: Rechtsstaat und Verwaltung, VerwArch 76 (1985), Seite 1 ff.

Ule, Carl Hermann / Laubinger, Hans-Werner: Empfehlen sich unter dem Gesichtspunkt der Gewährleistung notwendigen Umweltschutzes ergänzende Regelungen im Verwaltungsverfahrens- und Verwaltungsprozeßrecht ? in: Ständige Deputation des Deutschen Juristentages (Hrsg.), Verhandlungen des 52. deutschen Juristentags, Band I, München 1978, Gutachten B.

Ule, Carl Hermann / Laubinger, Hans-Werner: Verwaltungsverfahrensrecht, 4. Auflage, Köln et al. 1995.

Ule, Carl Hermann / Laubinger, Hans-Werner: Das Kooperationsprinzip im Immissionsschutzrecht, ZfU 2001, Seite 23 ff.

Unruh, Peter / Strohmeyer, Jochen: Die Pflicht zum Erlaß einer Rechtsverordnung - am Beispiel des Umweltrechts, NuR 1998, Seite 225 ff.

Versteyl, Ludger-Anselm: Bearbeiter in: Philip Kunig / Gerfried Schwermer / Ludger-Anselm Versteyl, Abfallgesetz, Kommentar, 2. Auflage, München 1992.

Versteyl, Ludger-Anselm / Wendenberg, Helge: Änderungen des Abfallrechts, NVwZ 1994, Seite 833 ff.

Vieweg, Klaus: Produktbezogener Umweltschutz und technische Normung, in: Rüdiger Breuer et al. (Hrsg.), Jahrbuch des Umwelt und Technikrechts 1994, UTR Band 27, Heidelberg 1994, Seite 509 ff.

Voelzkow, Helmut: Private Regierungen in der Techniksteuerung, Köln 1996.

Vogel, Hans-Jochen: Zur Diskussion um die Normenflut, JZ 1979, 321 ff.

Voigt, Rüdiger: Abschied vom Staat – Rückkehr zum Staat ? in: Rüdiger Voigt (Hrsg.), Abschied vom Staat – Rückkehr zum Staat ? Baden-Baden 1993, Seite 9 ff.

Ders.: Der kooperative Staat: Krisenbewältigung durch Verhandlung ? in: Rüdiger Voigt (Hrsg.), Der kooperative Staat, Baden-Baden 1995, Seite 11 ff.

Ders.: Der kooperative Staat: Auf der Suche nach einem neuen Steuerungsmodus, in: Rüdiger Voigt (Hrsg.), Der kooperative Staat, Baden-Baden 1995, Seite 33 ff.

Voigt, Rüdiger (Hrsg.): Der kooperative Staat, Baden-Baden 1995.

Voigt, Stefan: Freiwilligkeit durch Zwangsandrohung ? Eine institutionenökonomische Analyse von Selbstverpflichtungserklärungen in der Umweltpolitik, ZU 2000, Seite 393 ff.

Voß, Ulrike / Wenner, Gregor: Der EuGH und die gemeinschaftliche Kompetenzordnung – Kontinuität oder Neuorientierung, NVwZ 1994, Seite 332 ff.

Voß, Ulrike / Wiehe, Frank: Die Entwicklung des Europäischen Umweltrechts im Jahre 1997, in: Peter Marburger et al. (Hrsg.), Jahrbuch des Umwelt- und Technikrechts 1998, UTR Band 45, Berlin 1998, Seite 449 ff.

Voßkuhle, Andreas: Gesetzgeberische Regelungsstrategien der Verantwortungsteilung zwischen öffentlichem und privatem Sektor, in: Gunnar Folke Schuppert (Hrsg.), Jenseits von Privatisierung und „schlankem“ Staat, Baden-Baden 1999, Seite 47 ff.

Wägenbaur, Rolf: Zwölf Thesen zum Thema Umweltvereinbarungen, EuZW 1997, Seite 645 ff.

Wagner, Helmut: Effizienz des Ordnungsrechts für den Umweltschutz ? NVwZ 1995, Seite 1046 ff.

Wagner, Gerd Rainer / Haffner, Friederike: Ökonomische Würdigung des umweltrechtlichen Instrumentariums in: Heinrich Hendler et al. (Hrsg.), Rückzug des Ordnungsrechts im Umweltschutz, UTR Band 48, Berlin 1999, Seite 83 ff.

Wahl, Rainer: Verwaltungsverfahren zwischen Verwaltungseffizienz und Rechtsschutzfragen, VVDStRL 41 (1983), Seite 151 ff.

Ders.: Verwaltungsverantwortung und Verwaltungsgerichtsbarkeit, VBlBW 1988, Seite 387 ff.

Ders.: Staatsaufgaben im Verfassungsstaat, in: Thomas Ellwein / Joachim Jens Hesse (Hrsg.), Staatswissenschaften: Vergessene Disziplin oder neue Herausforderung ? Baden-Baden 1990, Seite 29 ff.

Ders.: Risikobewertung der Exekutive und richterliche Kontrolldichte und die Auswirkungen auf das verwaltungsgerichtliche Verfahren, NVwZ 1991, Seite 409 ff.

Wahl, Rainer / Masing, Johannes: Schutz durch Eingriff, JZ 1990, Seite 553 ff.

Waltermann, Raimund: Rechtssetzung durch Betriebsvereinbarung zwischen Privatautonomie und Tarifautonomie, Tübingen 1996.

Weber, Albrecht: Zur Umsetzung von EG-Richtlinien im Umweltrecht, UPR 1992, Seite 5 ff.

Weber-Dürler, Beatrice: Vertrauensschutz im öffentlichen Recht, Frankfurt am Main 1983.

Dies.: Der Grundrechtseingriff, VVDStRL 57 (1998), Seite 57 ff.

Wedemeyer von, Gerd: Kooperation statt Vollzug im Umweltrecht, Aachen 1995.

Weidemann, Clemens: Umweltschutz durch Abfallrecht, NVwZ 1995, Seite 631 ff.

Ders.: Rechtsstaatliche Anforderungen an Umweltabgaben, DVBl. 1999, Seite 73 ff.

Weiß, Paula Macedo: Pacta sunt servanda im Verwaltungsvertrag, Frankfurt am Main 1999.

Weitzel, Christian: Justiziabilität des Rechtssetzungsermessens, Berlin 1998.

Wendt, Rudolf: Bearbeiter in: Michael Sachs (Hrsg.), Grundgesetz, Kommentar, 2. Auflage, München 1999.

Werner, Fritz: Verwaltungsrecht als konkretisiertes Verfassungsrecht, DVBl. 1959, Seite 527 ff.

Westphal, Simone: Art. 20a GG – Staatsziel Umweltschutz, JuS 2000, Seite 339 ff.

Dies.: Das Kooperationsprinzip als Rechtsprinzip, DÖV 2000, Seite 996 ff.

Weyreuther, Felix: Die Zulässigkeit von Erschließungsverträgen und das Erschließungsrecht, UPR 1994, Seite 121 ff.

Wicke, Lutz: Umweltökonomie, 3. Auflage, München 1991.

Wicke, Lutz / Knebel, Jürgen: Umweltbezogene Selbstverpflichtungen der Wirtschaft – Chancen und Grenzen für Umwelt, (mittelständische) Wirtschaft und Umweltpolitik, in: Lutz Wicke et al. (Hrsg.), Umweltbezogene Selbstverpflichtungen der Wirtschaft – umweltpolitischer Erfolgsgarant oder Irrweg ? Bonn 1997, Seite 1 ff.

Wicke, Lutz / Knebel, Jürgen / Braeseke, Grit (Hrsg.): Umweltbezogene Selbstverpflichtungen der Wirtschaft – umweltpolitischer Erfolgsgarant oder Irrweg ? Bonn 1997.

Wieland, Joachim: Der Wandel von Verwaltungsaufgaben als Folge der Postprivatisierung, Die Verwaltung 28 (1995), Seite 315 ff.

Ders.: Das Kooperationsprinzip im Atomrecht, ZfU 2001, Seite 20 ff.

Willke, Helmut: Entzauberung des Staates, Königstein 1983.

Ders.: Gesellschaftssteuerung, in: Manfred Glagow (Hrsg.), Gesellschaftssteuerung zwischen Korporatismus und Subsidarität, Bielefeld 1984, Seite 29 ff.

Ders.: Systemtheorie entwickelter Gesellschaften, Weinheim 1989.

Ders.: Systemtheorie I, Grundlagen, 5. Auflage, Stuttgart 1996.

Winsemius, Pieter: Environmental Contracts and Covenants: New Instruments for Realistic Environmental Policy ? in: Jan M. Dunné (Editor), Environmental Contracts and Covenants, Rotterdam 1992, Seite 5 ff.

Wolf, Joachim: Die Kompetenz der Verwaltung zur Normsetzung durch Verwaltungsvorschriften, DÖV 1992, Seite 849 ff.

Wolf, Rainer: Normvertretende Absprachen und normvorbereitende Diskurse: Konfliktmanagement im hoheitsreduzierten Staat - Aufgabenfeld für Konfliktmittler ? in: Wolfgang Hoffmann-Riem / Eberhard Schmidt-Aßmann, (Hrsg.), Konfliktbewältigung durch Verhandlungen, Band II, Baden-Baden 1990, Seite 129 ff.

Wolke, Frank: Symposium „Nationale und internationale Perspektiven der Umweltordnung am 30. September 1999 im Umweltbundesamt, Berlin, DVBl. 2000, Seite 402 ff.

Würfel, Wolfgang: Informelle Absprachen in der Abfallwirtschaft, Freiburg im Breisgau 1994.

Würtenberger, Thomas: Die Normerlaßklage als funktionsgerechte Fortbildung verwaltungsprozessualen Rechtsschutzes, AöR 105 (1980), Seite 370 ff.

Ders.: Akzeptanz durch Verwaltungsverfahren, NJW 1991, Seite 257 ff.

Zeibig, Jan: Vertragsnaturschutz als Beispiel konsensualen Verwaltungshandelns, Kiel 1998.

Zezschwitz von, Friedrich: Wirtschaftliche Lenkungstechniken: Selbstbeschränkungen, Gentlemen´s Agreement, Moral Suasion, Zwangskartelle, JA 1978, Seite 497 ff.

Zippelius, Reinhold: Verordnungen der Landesregierung auf Grund bundesgesetzlicher Ermächtigung, NJW 1958, Seite 445 ff.

Ders.: Bearbeiter in: Rudolf Dolzer / Klaus Vogel (Hrsg.), Bonner Kommentar zum Grundgesetz, Band 1, Einleitung – Art. 5, Loseblattsammlung, Stand der Bearbeitung: Dezember 1999, Heidelberg.

Zöllner, Reinhold: Zur Publikation von Tarifverträgen und Betriebsvereinbarungen, DVBl. 1958, Seite 124 ff.

Zöller, Wolfgang / Loritz, Karl-Georg : Arbeitsrecht, 5. Auflage, München 1998.

Zuck, Rüdiger: Eingriffswarnungen, MDR 1988, Seite 1020 ff.

Zuleeg, Manfred: Die Ermessensfreiheit des Verordnungsgebers, DVBl. 1970, Seite 157 ff.

Ders.: Die Anwendungsbereiche des öffentlichen Rechts und des Privatrechts, VerwArch 73 (1982), Seite 384 ff.

Ders.: Deutsches und europäisches Verwaltungsrecht – Wechselseitige Einwirkungen, VVDStRL 53 (1994), Seite 154 ff.

Zühlsdorff, Andreas: Der „Halbteilungsgrundsatz“ im Steuerrecht und im Recht des Bund-Länder- Finanzausgleich, ThürVBl. 2001, Seite 25 ff.

Schriften zum internationalen und zum öffentlichen Recht

Herausgegeben von Gilbert Gornig

Band 1 Michael Waldstein: Das Asylgrundrecht im europäischen Kontext. Wege einer europäischen Harmonisierung des Asyl- und Flüchtlingsrechts. 1993.

Band 2 Axel Linneweber: Einführung in das US-amerikanische Verwaltungsrecht. Kompetenzen, Funktionen und Strukturen der "Agencies" im US-amerikanischen Verwaltungsrecht. 1994.

Band 3 Tai-Nam Chi: Das Herrschaftssystem Nordkoreas unter besonderer Berücksichtigung der Wiedervereinigungsproblematik. 1994.

Band 4 Jörg Rösing: Beamtenstatut und Europäische Gemeinschaften. Eine Untersuchung zu den gemeinschaftsrechtlichen Anforderungen an die Freizügigkeit der Arbeitnehmer im Bereich des öffentlichen Dienstes. 1994.

Band 5 Wolfgang Wegel: Presse und Rundfunk im Datenschutzrecht. Zur Regelung des journalistischen Umgangs mit personenbezogenen Daten. 1994.

Band 6 Sven Brandt: Eigentumsschutz in europäischen Völkerrechtsvereinbarungen. EMRK, Europäisches Gemeinschaftsrecht, KSZE – unter Berücksichtigung der historischen Entwicklung. 1995.

Band 7 Alejandro Alvarez: Die verfassunggebende Gewalt des Volkes unter besonderer Berücksichtigung des deutschen und chilenischen Grundgesetzes. 1995.

Band 8 Martin Thies: Zur Situation der gemeindlichen Selbstverwaltung im europäischen Einigungsprozeß. Unter besonderer Berücksichtigung der Vorschriften des EG-Vertrages über staatliche Beihilfen und der EG-Umweltpolitik. 1995.

Band 9 Rolf-Oliver Schwemer: Die Bindung des Gemeinschaftsgesetzgebers an die Grundfreiheiten. 1995.

Band 10 Holger Kremser: "Soft Law" der UNESCO und Grundgesetz. Dargestellt am Beispiel der Mediendeklaration. 1996.

Band 11 Michael Silagi: Staatsuntergang und Staatennachfolge: mit besonderer Berücksichtigung des Endes der DDR. 1996.

Band 12 Reinhard Franke: Der gerichtliche Vergleich im Verwaltungsprozeß. Auch ein Beitrag zum verwaltungsrechtlichen Vertrag. 1996.

Band 13 Christoph Eichhorn: Altlasten im Konkurs. 1996.

Band 14 Dietrich Ostertun: Gewohnheitsrecht in der Europäischen Union. Eine Untersuchung der normativen Geltung und der Funktion von Gewohnheitsrecht im Recht der Europäischen Union. 1996.

Band 15 Ulrike Pieper: Neutralität von Staaten. 1997.

Band 16 Harald Endemann: Kollektive Zwangsmaßnahmen zur Durchsetzung humanitärer Normen. Ein Beitrag zum Recht der humanitären Intervention. 1997.

Band 17 Jochen Anweiler: Die Auslegungsmethoden des Gerichtshofs der Europäischen Gemeinschaften. 1997.

Band 18 Henrik Ahlers: Grenzbereich zwischen Gefahrenabwehr und Strafverfolgung. 1998.

Band 19 Heinrich Hahn: Der italienische Verwaltungsakt im Lichte des Verwaltungsverfahrensgesetzes vom 7. August 1990 (Nr. 241/90). Eine rechtsvergleichende Darstellung. 1998.

Band 20 Christoph Deutsch: Elektromagnetische Strahlung und Öffentliches Recht. 1998.

Band 21 Cordula Fitzpatrick: Künstliche Inseln und Anlagen auf See. Der völkerrechtliche Rahmen für die Errichtung und den Betrieb künstlicher Inseln und Anlagen. 1998.

Band 22 Hans-Tjabert Conring: Korporative Religionsfreiheit in Europa. Eine rechtsvergleichende Betrachtung. Zugleich ein Beitrag zu Art. 9 EMRK. 1998.

Band 23 Jörg Karenfort: Die Hilfsorganisation im bewaffneten Konflikt. Rolle und Status unparteiischer humanitärer Organisationen im humanitären Völkerrecht. 1999.

Band 24 Matthias Schote: Die Rundfunkkompetenz des Bundes als Beispiel bundesstaatlicher Kulturkompetenz in der Bundesrepublik Deutschland. Eine Untersuchung unter besonderer Berücksichtigung natürlicher Kompetenzen und der neueren Entwicklung im Recht der Europäischen Union. 1999.

Band 25 Hermann Rothfuchs: Die traditionellen Personenverkehrsfreiheiten des EG-Vertrages und das Aufenthaltsrecht der Unionsbürger. Eine Gegenüberstellung der vertraglichen Gewährleistungen. 1999.

Band 26 Frank Alpert: Zur Beteiligung am Verwaltungsverfahren nach dem Verwaltungsverfahrensgesetz des Bundes. Die Beteiligtenstellung des § 13 Abs. 1 VwVfG. 1999.

Band 27 Matthias Reichart: Umweltschutz durch völkerrechtliches Strafrecht. 1999.

Band 28 Nikolas von Wrangell: Globalisierungstendenzen im internationalen Luftverkehr. Entwicklung der Regulierung und Liberalisierung unter Berücksichtigung strategischer Allianzen und des Code-Sharing. 1999.

Band 29 Marietta Hovehne: Ein demokratisches Verfahren für die Wahlen zum Europäischen Parlament. Legitimation gemeinschaftlicher Entscheidungsstrukturen im europäischen Integrationsprozeß. 1999.

Band 30 Nina Kaden: Der amerikanische Clean Air Act und das deutsche Luftreinhalterecht. Eine rechtsvergleichende Untersuchung. 1999.

Band 31 Brigitte Daum: Grenzverletzungen und Völkerrecht. Eine Untersuchung der Rechtsfolgen von Grenzverletzungen in der Staatenpraxis und Folgerungen für das Projekt der International Law Commission zur Kodifizierung des Rechts der Staatenverantwortlichkeit. 1999.

Band 32 Andreas Fürst: Die bildungspolitischen Kompetenzen der Europäischen Gemeinschaft. Umfang und Entwicklungsmöglichkeiten. 1999.

Band 33 Gilles Despeux: Die Anwendung des völkerrechtlichen Minderheitenrechts in Frankreich. 1999.

Band 34 Michael Reckhard: Die rechtlichen Rahmenbedingungen der Sanktionierung von Beitragsverweigerung im System der Vereinten Nationen. 1999.

Band 35 Carsten Pagels: Schutz- und förderpflichtrechtliche Aspekte der Religionsfreiheit. Zugleich ein Beitrag zur Auslegung eines speziellen Freiheitsrechts. 1999.

Band 36 Bernhard Mehner: Die grenzüberschreitende Wirkung direktempfangbaren Satellitenfernsehens aus völkerrechtlicher Sicht. 2000.

Band 37 Karl-Josef Ulmen: Pharmakologische Manipulationen (Doping) im Leistungssport der DDR. Eine juristische Untersuchung. 2000.

Band 38 Jochen Starke: Die verfassungsgerichtliche Normenkontrolle durch den Conseil constitutionnel. Zum Kompetenztitel des Art. 61 der französischen Verfassung. 2000.

Band 39 Marco Herzog: Rechtliche Probleme einer Inhaltsbeschränkung im Internet. 2000.

Band 40 Gilles Despeux: Droit de la délimitation maritime. Commentaire de quelques décisions plutoniennes. 2000.

Band 41 Christina Hackel: Der Untergang des Landes Braunschweig und der Anspruch auf Restitution nach der Wiedervereinigung Deutschlands. 2000.

Band 42 Peter Aertker: Europäisches Zulassungsrecht für Industrieanlagen. Die Richtlinie über die integrierte Vermeidung und Verminderung der Umweltverschmutzung und ihre Auswirkungen auf das Anlagenzulassungsrecht der Bundesrepublik Deutschland. 2000.

Band 43 Karsten Bertram: Die Gesetzgebung zur Neuregelung des Grundeigentums in der ersten Phase der Französischen Revolution (bis 1793) und deren Bedeutung für die deutsche Eigentumsdogmatik der Gegenwart. 2000.

Band 44 Ulrike Hartmann: Die Entwicklung im internationalen Umwelthaftungsrecht unter besonderer Berücksichtigung von *erga omnes*-Normen. 2000.

Band 45 Thomas Jesch: Die Wirtschaftsverfassung der Sonderverwaltungsregion Hongkong. Eine Darstellung vor dem Hintergrund der Wiedereingliederung in die Souveränität der Volksrepublik China. 2001.

Band 46 Sven Gottschalkson: Der Ausschluß des Zivilrechtsweges bei Eigentumsverlusten an Immobilien in der ehemaligen DDR. 2002.

Band 47 Gilbert Hanno Gornig/Gilles Despeux: Seeabgrenzungsrecht in der Ostsee. Eine Darstellung des völkerrechtlichen Seeabgrenzungsrechts unter besonderer Berücksichtigung der Praxis der Ostseestaaten. 2002.

Band 48 Andreas Zühlsdorff: Rechtsverordnungsersetzende Verträge unter besonderer Berücksichtigung des Umweltrechts. 2003.